● 中国水利教育协会
● 高等学校水利类专业教学指导委员　　共同组织编审
● 中国水利水电出版社

U0291724

"十二五"普通高等教育本科国家级规划教材
全国水利行业"十三五"规划教材

农村供水工程

（第二版）

主　编　魏清顺
副主编　刘　丹　刘艳红

中国水利水电出版社
www.waterpub.com.cn
·北京·

内 容 提 要

　　本书主要围绕农村地区给水工程系统，从供水工程的总体规划设计和施工管理等方面详细介绍了农村供水工程总体规划、取水构筑物与调节构筑物设计、输配水规划及泵站设计、水厂与水处理、其他供水工程（雨水集蓄供水工程和引蓄供水工程）和农村供水工程施工及管理等内容。

　　本书可作为高等学校农业水利工程、农业水土工程、水土保持等相关专业教师和学生的教学参考书，也可作为从事村镇给水工程规划、设计、施工、管理和研究人员的参考书。

图书在版编目（CIP）数据

农村供水工程 / 魏清顺主编. -- 2版. -- 北京：
中国水利水电出版社，2016.9
　　"十二五"普通高等教育本科国家级规划教材　全国
水利行业"十三五"规划教材
　　ISBN 978-7-5170-4738-4

　　Ⅰ. ①农… Ⅱ. ①魏… Ⅲ. ①农村给水－给水工程－
高等学校－教材 Ⅳ. ①S277.7

　　中国版本图书馆CIP数据核字(2016)第224158号

书　　名	"十二五"普通高等教育本科国家级规划教材 全国水利行业"十三五"规划教材 **农村供水工程（第二版）** NONGCUN GONGSHUI GONGCHENG
作　　者	主编　魏清顺　副主编　刘丹　刘艳红
出版发行	中国水利水电出版社 （北京市海淀区玉渊潭南路1号D座　100038） 网址：www. waterpub. com. cn E-mail：sales@waterpub. com. cn 电话：(010) 68367658（营销中心）
经　　售	北京科水图书销售中心（零售） 电话：(010) 88383994、63202643、68545874 全国各地新华书店和相关出版物销售网点
排　　版	中国水利水电出版社微机排版中心
印　　刷	北京纪元彩艺印刷有限公司
规　　格	184mm×260mm　16开本　29.5印张　700千字
版　　次	2011年2月第1版第1次印刷 2016年9月第2版　2016年9月第1次印刷
印　　数	0001—3000册
定　　价	**59.00元**

《农村供水工程（第二版）》编委会

主　　编　　魏清顺（山西农业大学）

副　主　编　　刘　丹（沈阳农业大学）

刘艳红（山西农业大学）

编写人员　　魏清顺（山西农业大学）

刘　丹（沈阳农业大学）

柴红敏（华北水利水电大学）

黄理军（湖南农业大学）

刘艳红（山西农业大学）

武海霞（河北工程大学）

江　煜（石河子大学）

第二版前言

《农村供水工程》自 2011 年出版以来，经全国有关高等院校和设计院所使用，效果良好，受到了广大读者的欢迎，并于 2014 年 10 月被列为教育部"十二五"普通高等教育本科国家级规划教材。

本书是在第一版的基础上，根据学科、行业的发展，与时俱进，及时补充反映最新知识、技术和成果的内容，参照"十二五"国家级规划教材的编审要求进行修订的，是高等院校"农业水利工程"专业的专业必修课教材。

在修订中严格按照教学大纲要求，着重加强基本理论、基本概念和案例分析等方面的阐述，尽量做到由浅入深、循序渐进。在第二章至第五章供水工程有关内容中，着重加强了应用方面的内容，如增加了集中式和分散式供水工程规划实例的详细分析等；在第五章着重加强了理论分析与水厂内各部分内在联系方面的阐述；同时注意了水体净化与水处理工艺之间的紧密联系和前呼后应。由于教材的特点，将那些浅显易懂和涉及其他课程范围内容较多的部分，一并删削。

本书由山西农业大学魏清顺主编，参加编写的有全国 6 所院校的教师。具体编写分工如下：魏清顺编写第一章、第四章、第八章第四、第五节；刘丹编写第六章、第七章第一节；刘艳红编写第二章；武海霞编写第三章；柴红敏编写第五章；黄理军编写第七章第二、第三节；江煜编写第八章第一至第三节；书中插图由刘艳红绘制整理。全书由魏清顺统编定稿。

本书在编写过程中，得到了许多兄弟院校及设计院所的热忱帮助和鼎力支持，在此致以诚挚的谢意。

由于编者水平有限，本书难免存在不当和遗漏，恳请广大读者批评指正，以期不断完善。

编　者

2016 年 3 月

第一版前言

本书根据教育部普通高等教育"十二五"规划教材任务编写，主要围绕农村地区给水工程系统，从供水工程的总体规划设计、施工管理等方面详细介绍了农村供水工程总体规划、供水工程中取水构筑物与调节构筑物设计、输配水规划及泵站设计、水厂与水处理、其他供水工程（雨水集蓄供水工程和引蓄供水工程）和农村供水工程施工及管理等方面的内容。

全书共分8章。第1章为绪论，主要内容为农村供水工程的内容、特点和基本任务，农村供水系统的分类、组成与布置，农村供水工程的意义、现状和前景；第2章为农村供水工程的总体规划，主要内容为农村供水工程规划的主要任务、原则、方法和基本程序，供水现状调查分析，用水量预测，供水水源和供水工程规划；第3章为取水构筑物与调节构筑物设计，主要内容为地下水取水构筑物、地表水取水构筑物、调节构筑物；第4章为输配水规划及泵站设计，主要内容为输水管网规划、配水管网规划、输配水管网的水力平衡计算及其优化设计方法、泵站设计；第5章为水厂与水处理，主要内容为水厂总体设计、水质净化；第6章为其他供水工程，主要内容为雨水集蓄供水工程及其施工技术、引蓄供水工程；第7章为农村供水工程施工，主要内容为供水工程构筑物施工、输配水管道工程施工、水厂施工；第8章为农村供水工程管理，主要内容为供水系统水源管理、取水系统运行与管理、供水水处理构筑物的运行与管理、供水管网运行与管理等。

在编写过程中，根据我国农村供水工程的现状和实际，总结了编者多年来的教学实践经验，结合当前农村供水的实际发展，按照与时俱进和创新的理念进行补充和完善，并配以丰富的工程案例，既有系统性和完整性，又强调针对性、实用性。

本书可作为高等学校农村水利工程、农业水土工程、水土保持等相关专业教师和学生的教学参考书，也可作为从事村镇给水工程规划、设计、施工、管理和研究人员的参考书。

本书由山西农业大学魏清顺主编，参加编写的有全国五所院校的教师。具体编写分工如下：魏清顺编写第1章、第4章；刘丹编写第2章；武海霞编写第3章、第8章；柴红敏编写第5章；黄理军编写第6章、第7章；书中插图由刘艳红绘制整理。全书由魏清顺统编定稿。

　　本书在编写过程中得到了中国水利水电出版社的领导和编辑们的热忱帮助和鼎力支持，在此致以诚挚的谢意。

　　由于编者水平有限，本书难免存在不当和遗漏，恳请广大读者批评指正，以期不断完善。

编　者

2010 年 11 月

目 录

第一章　绪　　论

第一节　农村供水工程的内容、特点和基本任务

一、农村供水工程的内容

农村供水主要是指建制镇和乡集镇镇区、村庄及分散的居民点的供水设施。它是以设计用水量为依据从水源取水，按照水源水质和用户对水质的要求，选择合理的净水工艺流程对水进行净化处理，然后按用户对水压的要求将足量的水输送到用水区，并通过管网向用户配水。供水对象为村镇居民的生活用水、禽畜饲养用水、乡镇工业用水、消防用水以及少量的庭院灌溉用水。

然而，天然水与用户对水的要求之间，往往存在着这样或那样的矛盾。例如水在河里或水库里，用户在岸上；天然水不是洁净的，而用户要求洁净的水等。为了使这些矛盾得到解决，必须采取一系列相应的工程措施，这样就需要有：取水工程——把足够数量的水从水源取上来；净水工程——把取上来的天然水经过适当的净化处理，使它在水质上符合用户的要求；输配水工程——把洁净的水，以一定的压力，不间断地（或者定时地）用管道输送出厂，分配到各用户。

取水工程、净水工程和输配水工程三者组成了整个供水工程，这一系统亦称为供水系统。农村供水工程是一项为农民生活、生产服务的主要公用事业，是农村现代化的重要指标之一。供水系统的 3 个组成部分正是供水工程所要研究的主要内容。

二、农村供水工程的特点及要求

1. 特点

农村供水的主要对象为村镇群众生活用水和乡镇企业的生产和生活用水。我国农村地域广阔，特别是山丘区，居住分布零散，各地的自然环境、生活习惯、经济发展状况、水资源条件等差异很大，所以农村供水工程不尽相同。具有下列主要特点：

（1）农村供水用水点多且分散。特别是山区或丘陵地区的居民村更为分散，甚至采用一家一户的供水方式。乡镇所在地的居民较为集中，但超过万人居住的集镇并不多。总之，居住和用水点多而分散的特点仍未改变。因此，农村供水大都采用集中式供水。

（2）在经济不发达地区，农村供水以提供生活饮用水为主，其中包括居民生活用水和农家饲养用水及必要的庭院作物、农田播种所需要的水量。即使是乡镇企业较发达地区，其企业的生产用水量所占比例仍较少。乡镇企业用水并不属于农村供水工作的范围，但结合我国国情和水资源条件，在进行农村供水工程的规划、设计时必须同时考虑这一部分用水量要求，必要时还要留有适当发展余地，以利于生产的长期发展，这是与城市供水不同的。

（3）供水性质单一，用水时间比城市集中，时变化系数大。农村供水对象主要是农

民，人们集居在一起，基本上从事同一性质的工作，其生活和生产活动都有相同规律。据调查，农村供水的时变化系数可达 3.0～5.0，而城市供水时变化系数一般只有 1.3～2.0。

（4）以提供生活饮用水为主的小型供水工程，对不间断供水的安全程度要求较低。由于农村供水工程规模不大，供水范围小，又是以生活用水为主，即使发生短时间停水，所造成的经济损失及对生活的影响都较小。供水设施建成后，一般采取间歇运行，较多采用二班制运行。水厂停止供水时由水塔等调节构筑物供水，甚至夜间停止供水。在设计农村供水工程时，应充分考虑间歇运行的条件。

（5）农村经济相对还不发达，供水设计时限于经济等条件，一般不单独考虑消防用水。一旦发生火灾，可采取临时增加供水量和压缩其他用户用水量的措施，也可就近从河、塘取水灭火。

（6）由于农村地域广阔，人口众多，特别是山丘区，经济状况相对并不富裕，要求在进行农村供水工程设计时，遵循"因地制宜、就地取材、分期实施、逐步完善"的原则。尤其在供水水质方面，有时限于财力、物力条件，一次不可能完全达到国家生活饮用水质标准时，近期可先最低限度地达到国家饮用水水质标准中规定的浑浊度、酸碱度（pH 值）、余氯及细菌总数等指标，在逐步完善水质净化设施后，分期使供水水质完全达到国家饮用水水质标准的要求。

（7）专业技术力量薄弱。施工安装往往由地方非专业队伍承担，运行管理的专门人员也较少，往往还兼管经营管理工作，维修工作往往不及时。

在进行农村供水工程的规划设计时，必须充分考虑上述诸因素和特点，使工程建成后能适应这些特点并正常运行。

2. 供水系统对水的要求

（1）对水质的要求。

1）生活饮用水水质要求。生活饮用水主要是供给人们在日常生活中饮用、烹饪、清洁卫生或洗涤等。这些水与人体健康密切相关，因此其水质必须符合卫生部颁发的《生活饮用水卫生标准》（GB 5749—2006）。

2）生产用水水质要求。村镇企业在从事生产过程中，无论是将水作为生产产品的原材料，还是作为辅助生产资料，不同产品、不同生产工艺条件，对水质都会提出不同的要求，而且水质与产品的质量密切相关，所以对生产用水水质应满足相应行业的标准。

3）牲畜饮用水水质要求。牲畜饮用水要求水中无使其中毒或致病的物质。如过量的氟化物能引发动物斑釉齿等病。

（2）对水量的要求。

1）对生活供水量的要求。主要与供水范围、工程设计年限和供水区内的人口数量等有关，还应考虑村镇发展趋势及其需水量的相应变化。

2）企业生产对水量的要求。村镇企业的生产用水量应根据生产工艺要求确定，并尽量提高水的重复利用率。

3）公共建筑对水量的要求。应按《建筑给水排水设计规范》（GB 50015—2003）的规定计算。

4）消防对水量的要求。消防所需的水量、水压及延续时间应按《建筑设计防火规范》

（GB 50016—2006）选定。

（3）对水压的要求。供水系统中用户对水量的要求，需要由充裕的水压来保证，管网中水压不足，用户就得不到所需的水量。生活用水管网中控制点处的服务水头（地面以上水的压力）根据房屋层数确定：一、二层各为 10m 与 12m，二层以上每增高一层水压增加 4m。某些生产用水有特殊水压要求，而村镇给水系统又不能满足要求或对村镇中个别的高层建筑应自设水泵加压系统。另外，还可设屋顶水箱来调节供水水压。

按《建筑设计防火规范》（GB 50016—2006）规定，消防用水的管网水压不应低于 10m，如因条件所限，消防时管网最低压力不得低于 7m。

三、供水工程的任务

供水工程的任务究竟是什么？为了说明这个问题，首先应了解它的服务对象有哪些，这些对象的要求是什么？农村用水一般可分为 3 大类：第一类是人们日常生活中的用水；第二类是人们从事各种生产活动过程中的用水；第三类是消防用水。这些用户就是农村供水工程的服务对象。

供水工程的基本任务，就是经济合理、安全可靠地向用户输送所需要的水，并满足用户对水量、水质和水压的要求，方便居民生活，改善农村环境，为提高人民生活水平服务。

第二节　农村供水系统的分类、组成与布置

农村供水系统是以设计用水量为依据从水源取水，按照水源水质和用户对水质的要求，选择合理的净水工艺流程对水进行净化处理，然后按用户对水压的要求将足量的水输送到用水区，并通过管网向用户配水。

一、农村供水系统的类型

我国村镇数量多，分布广，气候特征、地形地貌有很大差异，水源及其水质变化较大，而且生活习惯特别是经济发展水平不同，对村镇供水的要求也不一样，因此，村镇供水系统类型众多。

1. 供水系统类型的划分

按水源类型划分，农村供水系统可分为以地表水为水源的系统类型和以地下水为水源的系统类型两大类。

（1）以地表水为水源的系统类型：

1）以雨水为水源的小型、分散系统。该系统为降雨产生的径流，流入地表集水管（渠），经沉淀池、过滤池（过滤层）进入储水窖，再由微型水泵或手压泵取水供用户使用。该类型的优点是结构简单，施工方便，投资少，净化使用方便，便于维修管理。它适用于居住分散、无固定水源或取水困难而又有一定降雨量的小村镇。

2）以河水或湖水为水源的系统类型。图 1-1 为采用压力式综合净水器从河流或湖泊中取水的小村镇给水系统。其中压力式综合净水器是一种将混凝、澄清、过滤综合在一起的一元化净水构筑物。该类型具有投资省，易上马，出水可直接进入用户或进入水塔，省去了清水池和二级泵房，设备可以移动等特点。适用于较小型、分散的小村镇给水。一般

该系统要求原水浊度小于 500 度，短时可达 1500 度。供水能力根据型号不同可在 5～50m³/h 之间。

图 1-1　压力式综合净水器给水系统
1—取水头部；2—水泵；3—压力
式综合净水器；4—水塔

图 1-2　常见地表水给水系统
1—取水构筑物；2—一级泵站；3—水处理构筑物；
4—清水池；5—二级泵站；6—水塔；7—管网

图 1-2 为常见的以地表水为水源的村镇给水工程布置形式。取水构筑物从河流或湖泊中取水，一级泵站提升至水厂沉沙池，待泥沙沉淀后，经过滤、消毒处理后进入清水池，二级泵站从清水池取水送入水塔，水塔中的水通过管网送往用户。

图 1-3 的布置形式和流程基本同图 1-2，但水厂规模较大，适用于大型村镇或远距离输水系统。

图 1-3　常见地表水大型给水系统
1—取水构筑物；2—一级泵站；3—沉淀设备；4—过滤
设备；5—消毒设备；6—清水池；7—二级泵站；
8—输水管；9—配水管网

图 1-4　引泉取水工程布置
1—泉室；2—高位水池；3—溢流管

（2）以地下水为水源的系统类型：

1）引泉取水给水工程布置。图 1-4 为山区以泉水为水源的村镇给水系统。在山区有泉水出露处，选择水量充足、稳定的泉水出口处建泉室，再利用地形修建高位水池，最后通过管道依靠重力将泉水引至用户。取泉水为饮用水，水质一般无需处理，但要求泉水位置应远离污染源或进行必要的防护。

2）单井取水的给水工程布置，如图 1-5 所示。当含水层埋深小于 12m，含水层厚度在 5～20m 之间时，可建大口井或辐射井作为村镇给水系统的水源，如图 1-5（a）所示；该系统一般采用离心泵从井中吸水，送入气压罐（或水塔），由气压罐（或水塔）对供水水压进行调节。当含水层埋深较大时，应采用深井作为村镇给水系统的水源，如图 1-5 （b）所示。

图 1-5　单井水源的村镇给水系统
1—大口井；2—消毒设备；3—水泵；4—气压罐；
5—深井；6—潜水泵；7—水塔；8—输水管

图 1-6　以井群为水源的村镇给水系统
1—管井群；2—集水池；3—泵站；
4—输水管；5—管网

3）井群取水的给水工程系统。图 1-6 为以地下水为水源的大型村镇给水系统。由管井群取地下水送往集水池，加氯消毒，再由泵站从集水池取水加压通过输水管送往用水区，由配水管网送达用户。此种工程比以河水为水源的供水工程简单，投资也较省，适用于地下水水源充裕的地区。但工程上马前需对水源地进行详尽的水文地质勘查。

4）渗渠为水源的系统类型。渗渠是在含水层中铺设的用于集取地下水的水平管渠，由该地下渠道收集和截取地下水，并汇集于集水井中，水泵再从井中取水供给用户。该种供水工程适于修建在有弱透水层地区和山区河流的中、下游，河床砂卵石透水性强，地下水位浅且有一定流量的地方。图 1-7 为常见的渗渠给水工程的平面布置。图 1-7 （a）为在河滩下平行于河流布置；图 1-7 （b）为在河滩下垂直于河流布置；图 1-7 （c）为在河床下垂直于河流布置；图 1-7 （d）为在河床下平行与垂直河流布置。

除此之外，供水系统还可以划分为统一供水系统、分区供水系统和分压供水系统等形式。对工矿企业而言，除了上述几种形式外，还有分质供水系统和循环供水系统等。所谓统一供水系统，指的是供水区域内所有的用户，均以同一个水质标准，统一的出厂压力，通过同一管网供给。分区供水系统一般在大城市或多水源的情况下采用，不同的地区由不同的水厂供给，因此它们之间既可相互连成一体，又可各自独立自成系统；当供水区分散时，为了节省基建费用，降低运行费用，有时也采用分区供水系统。分压供水系统，一般在供水区域内的地形高差较大、用统一供水系统不经济时使用，对不同的区域以不同的压力，通过各自独立的管网向用户供水。至于工矿企业的分质供水系统和循环供水系统，由于在村镇供水中较少遇到，因此不做详述。

根据农村供水的用水点分散、服务面积广、地形复杂、供水不间断和要求低等特点，农村区域供水亦可划分为下述两种类型：

（1）全区域统一供水。全区域统一供水适用于供水服务范围内既无足够用的天然地面

图 1-7 渗渠给水系统布置图

1—河流；2—渗渠；3—输水管；4—集水井；5—泵房；6—堤岸

水源，又缺乏可供饮用的地下水源，或者水源有害物质严重超标，即使经特殊处理也无开采价值，而必须从区外引水的场合。图 1-8 为某县统一供水工程示意图。

图 1-8 某县统一供水工程示意图

1—水源井群；2—配水厂；3—穿山隧洞；4—调节水池；5—水压力平衡水池；
6—水塔；7—气压水罐供水站；8—加压泵站；9—输水干管；10—配水管网

全区域统一供水的主要优点是水源水量及供水水质有保证。由于统一运行管理，有条件设立专门的经营管理机构，使操作运行人员专业化并相对稳定。维修工作也可统一安排并及时进行。其缺点是输水管较长，投资较高，施工工程量大，建设周期较长。

（2）分散型联片多点给水系统。分散型联片多点供水，适用于服务范围内多处具有可作为饮用水的地面水源或地下水源，可根据水源、水质条件和居民点分布情况，由若干个村庄联片建立小型供水工程。图1-9为某区农村分散型联片供水方案示意图。

图1-9　某区农村分散型联片供水方案示意图

1—由水源、净化、清水池、泵房、气压罐组成的联片供水系统；2—由水源、净化、
清水池、泵房、水塔组成的联片供水系统；3—渗渠取水；4—管井或大口井；
5—配水站；6—水塔贮仓；7—加压泵站；8—配水管网；9—单村独立
供水系统；10—大口井泵房；11—加压泵站

分散型联片供水系统的优点是：工程设施可针对水源水质、居民点分布等条件分别采用不同对策，使工程设施简化；输水管线短、管道投资少；每个系统的供水量小，有条件选用现有供水或净水定型设备，使得现场土建施工及安装工程量大为减少，建设周期短，见效快。缺点是管理分散，力量薄弱，给水水质不易保证，维修保养工作往往因不够及时而影响供水。

2. 供水系统的选择

就供水系统的技术性能而言，整个供水系统应满足用户对水质、水量和水压的要求。除此之外，在整个基建过程和生产运行中还要求基建投资省，经常运行费用低，操作管理方便，能安全生产以及充分发挥整个供水系统的经济效益。因此，正确选择供水系统，具有十分重要的意义。

影响供水系统选择的因素很多。主要有村镇或小区的规划、当地地形、用户对供水系统的要求和水源的类型等。由于上述因素的不同，供水系统可以有各种不同的形式及其组成。如以符合卫生要求的深层地下水作水源，供给居民生活饮用，则就不需要净化处理，仅建造取水和输配水工程即可；如以江河水作为居民生活用水的水源时，则需要取水、净化和输配水等过程……在建设过程中，必须根据具体情况，选择合理的供水系统。

选择供水系统和确定其具体组成时，必须根据当地具体情况，通过技术经济比较后确定。村镇供水由于供水范围一般较小，因此都是采取统一供水系统。

二、农村供水系统的组成

供水系统，是将水源的水经提取并按照用户对水质的要求，经过适当的净化处理，然后经调节、储存、加压输送至用户的一系列工程组成。一般由取水构筑物、净水构筑物、输配水管网3部分组成，如图1-10和图1-11所示。

图1-10　地下水源给水系统
1—井；2—泵房；3—输水管道；4—水塔
或高位水池；5—配水管网

图1-11　地表水源给水系统
1—取水口；2—取水泵房；3—输水管道；
4—净水厂；5—配水管网；6—水塔

（1）取水构筑物——一般指从选定的水源（地下水或地表水）取水的构筑物。从地下取水的构筑物按照取水含水层的厚度、含水条件和埋藏深度可选用管井、大口井、辐射井、集泉构筑物、渗渠及相应的水泵或水泵站。从地表取水的构筑物按照地表水水源种类（河流、湖泊、水库）、水位变幅、径流条件和河床特征可选用固定式取水构筑物（取水首部和取水泵站）或移动式取水构筑物（浮船取水、缆车取水）；在山区河流上还有带低拦河坝的取水构筑物；在缺水型人畜饮水困难的地区还有雨水集蓄构筑物。

（2）净水构筑物——对由取水构筑物取来的原水进行净化处理，使其达到村镇生活饮用水水质标准要求的各种构筑物和设备。一般从地下水取水的农村供水工程净水构筑物比较简单或不需要净水构筑物。从地表取水的净水构筑物，主要由一系列去除天然水中的悬浮物、胶体和溶解物等杂质，以及进行消毒处理的构筑物和设备构成，少数情况下还包括某些特殊处理的设施。该部分内容将在第五章中讲述。

（3）输配水管网——将原水从水源输送到水厂，清水从水厂输送到配水管网，由转输水量的输水管承担。清水由配水管网分配到各用户。输配水管网通常由输水管、清水池、二级泵房、配水管网、水塔或高位水池等组成。

三、农村供水系统的布置

农村供水工程可因地制宜采用以下几种供水系统布置形式。

1. 水源水位高于净水厂或用户管网

（1）利用水源高程的有利条件，达到重力自流输水的目的，如图1-12所示。秦皇岛和自贡市都是利用水源与净水厂之间的数米高差，将水自流送至净水厂的。当水厂高程不能满足输水和配水要求时，可在水厂内另设加压泵站。

（2）在有条件时应充分利用水源地和用户之间的水位差，达到全部自流的目的。这种供水系统最为理想。既可节省大量能源，节约基建投资，又可减少大量机电设备，便于运行管理，降低运行费用。

2. 水源水位低，供水用户区地形高，采用分压供水方案

（1）在水源许可条件下，根据地形，分别建立高压区和低压区供水系统，如图1-13

图 1-12 重力输水并加压至管网

1—水源；2—水厂；3—加压泵站；4—管网

所示。此布置方案适合于地形高差变化大，两个区相距较远，又有合适的水源时选用。

图 1-13 分区建立供水系统

1—高低区取水泵房；2—高低区水厂；3—高低区管网

图 1-14 水厂出水，自流-加压相结合供水系统

1—取水泵房；2—净水厂；3—加压泵站；4—管网

（2）建一个取水泵站和净水厂，低区靠重力自流供水，高区靠加压泵站送水，如图 1-14 所示。此供水方案适用于有适当的水厂位置，高、低两区界限明显的情况。

（3）同一净水厂出水，加压泵房内分设不同扬程水泵分别供水，如图 1-15 所示。此方案适用于两个供水区高差大，界限分明，能独立加压供水的情况。

图 1-15 加压泵站分压送水供水系统

1—取水泵房；2—净水厂；3—加压泵站；4—管网

图 1-16 设中间加压泵站的供水系统

1—取水泵房；2—水厂；3—加压泵站；

4—中间加压泵站；5—管网

9

（4）建中间加压泵站的布置方案，如图 1-16 所示。此方案适用于取水点、水厂靠近低压供水区，而距高压区远，需设立中间加压泵站的情况。

第三节 农村供水工程的意义、现状和前景

一、农村供水工程的意义

水和空气一样乃生命源泉、万物之本，是一切生物的基本要素。人的身体中 80% 的重量是水分。没有水，不会有生命和生物的存在，也就没有人类与社会。就社会而言，水是工业、农业、林业、畜牧业、渔业等生产中必不可少而又无法替代的资源。它又是天然能源，正在被人类开发利用于发电、航运。水还具有许多自然特性和独特的功能，比如水是植物光合作用的要素；水具有溶解多种物质的性能；它能将土壤中的养分通过毛细管作用输送给植物；在工业生产中，水可充当介质、原料、配料、清洁剂等多种作用。不仅如此，水还是生态环境中最活跃的构成要素。它绿化大地、美化江山、净化空气、优化环境，既是开展旅游和体育事业的重要资源、又是保证人类卫生与健康的重要条件。

可见，水在人们生活和国民经济各部门中占有极其重要的地位。在当今世界上，人们以用水量的多少、供水水质是否符合卫生要求以及供水人口普及率的高低，作为衡量一个国家或地区的文明先进水平的重要标志之一。

农村供水工程是为了满足农村人们的生活与生产活动过程中对水在量和质两方面的需求。我国有近 14 亿人口，农村人口约占 3/4，因此，解决和发展农村供水事关大局、事关国策，尤其是在解决了基本温饱之后的农民，迫切要求饮清洁水、改善生活条件。当今，发展农村供水事业，必将会产生巨大的社会效益与经济效益，为推动我国的社会进步将产生不可估量的影响。其重要意义主要表现在以下几个方面：

（1）改善农村人民群众生活条件，提高农民的生活质量。确保广大农民能够饮用安全、卫生的自来水，这对提高我国农民的身体健康水平和卫生条件有显著作用，特别是对降低肠道传染病的发病率以及各种以水为介质的地方病有显著作用。据国家有关部门统计，饮用安全、卫生的自来水后，肠道传染病发病率可降低 70%～90%，传染性肝炎、痢疾、伤寒的发病率可降低 75%～85%。

（2）繁荣乡镇企业，促进农村经济的发展。一是促进乡镇和村办企业的发展。由于农村有了集中供水设施，为村办工、副业的发展提供了有利条件。如粮食加工、农副产品加工、畜产品加工、棉毛织品加工、果品加工、饮料加工、化工、印染、建材加工等因地制宜的企业得以充分发展。二是良好的供水条件，改善了投资环境，有利于招商和吸引外资搞开发。优质水源和清洁用水是外商投资搞开发的重要基础条件之一，增加了对外开放的吸引力。

（3）缩小城乡差别、促进全社会协调发展。在当今世界上，人们用水量多少、供水水质的标准以及安全卫生饮水的普及率等，在一定程度上已成为衡量一个国家和地区文明先进程度的重要标志之一。饮用安全卫生的自来水，不仅对提高人民群众的健康水平产生直接的影响，而且使许多家庭卫生设施、设备、洗衣机等进入农村家家户户成为可能，从而有利于改善农户家庭环境，缩小城乡差别，促进全社会协调发展。

（4）提高了水利工作在社会上的影响力和在农村经济中制约因素的重要地位，进一步体现了水利的基础设施与基础产业的重要作用，拓宽了水利服务功能，增强了水利经济实力。

二、农村供水的现状与前景

1. 发展现状

（1）农村饮水与乡镇供水建设严重滞后于当地的经济发展水平。"十一五"末，我国农村年人均纯收入为 5176.9 元，突破 5000 元大关，我国农民以人均纯收入年均增长 6.2% 的发展速度向小康迈进。全国所有行政村都通了公路，99.5% 以上的行政村通了电话，行政村内户户通电已基本实现。目前农村的吃、住、电力、交通普遍得到改善而且在进一步改善，而与农民生活质量密切相关的家庭生活用水发展和改善速度较慢、相对滞后。

我国乡镇级区划总数为 40858 个，大多数乡镇是当地的政治、经济和文化中心，是小城镇建设的重点。改革开放以来，我国乡镇企业一直是以较快的速度增长，对 GDP 的贡献率越来越大，但目前约有一半的乡镇供水不足，影响了当地经济和社会发展及小城镇建设的进程。

（2）地区之间差距过大。在地域分布上，东南沿海是我国经济最发达的地区，农村水利基础条件较好，自来水普及率达到了 75%，农村的饮水基本得到了保障。但在中西部地区尤其是西部的"老、少、边、穷"地区仍存在着比较严重的饮水困难问题。即是在同一地区，城市周边和经济较发达的地方与广大农村的差距也十分巨大。

（3）现有工程建设标准低，多数只解决水源问题，用水方便程度和保证率都较低。农村供水除人畜饮水困难国家积极支持解决外，基本处于一种自然发展的状态，缺少科学规划和有效管理，存在水资源的不合理开采利用、工程标准低和工程利用率低、用水方便程度和保证率低的问题。

（4）缺乏排水设施，卫生条件差。随着我国农村饮水和乡镇供水的持续发展，农村、乡镇居民生活用水量不断增加，其直接的负面影响是家庭废污水的增加。但目前在全国的小城镇和广大农村的居住区缺乏排水设施，更谈不上污水的处理和利用，严重影响人类的可持续发展。

（5）缺乏有效的政策支持。自来水作为农村重要基础设施之一，尚缺乏有效的政策支持。直到目前，我国除对缺水地区解决群众饮水困难有资金补助外，对其他地区约 70% 的农村人口发展农村供水，一直缺乏有力支持。忽视了农村供水系统是农村重要基础设施的属性和一般要求在一定范围内统一建设、成片受益的特点，更没有将其看成是整个国民经济结构中的一部分。

（6）供水水价偏低。水价不到位的现象普遍存在。目前，我国乡镇所在地已建成并投入运行的集中供水工程中，保本微利的，仅达到成本的和达不到成本的约各占 1/3，村级供水工程的水价更低，使工程的正常维修和更新改造难以保证，不仅影响了供水的经济效益，也不利于供水条件的改善和服务水平的提高。

（7）经营管理粗放，模式单一。主要表现为一些工程仍在沿用计划经济体制下的管理模式，管理意识淡薄，管理方式和管理手段落后，管理规章制度不完善。

2. 前景展望

获得安全饮水是人类的基本需求和基本人权。随着工业快速发展，城市化的进程加快，人民生活水平的提高，人们对供水的要求将越来越高。为此，21 世纪初叶的农村饮水和乡镇供水首要目标是为广大农村群众和乡镇居民提供安全、方便的饮水，保障乡镇企业生产用水，以促进农村现代化建设和我国城市化水平的提高，为实现 21 世纪中叶达到中等发达国家水平做出贡献。

"十三五"期间，全国农村饮水安全工作的主要预期目标是到 2020 年，全国农村饮水安全集中供水率达到 85％以上，自来水普及率达到 80％以上；水质达标率整体有较大提高；小型工程供水保证率不低于 90％，其他工程的供水保证率不低于 95％。推进城镇供水公共服务向农村延伸，使城镇自来水管网覆盖村的比例达到 33％。健全农村供水工程运行管护机制，逐步实现良性可持续运行。

第二章　农村供水工程总体规划

第一节　农村供水工程规划概述

一、农村供水工程总体规划的任务

农村供水工程规划是在相关水利规划和乡镇总体规划的基础上，按照确定的对象和供水范围，根据当地的水源、资金、技术等条件和社会、经济发展的需要，对农村居住区生活用水和工业用水等作出一定时期内建设与管理的计划安排。最大限度地保护和合理地利用水资源，合理选择水源，进行村镇水源规划和水资源利用平衡工作，确定村镇自来水厂等给水设施的规模、数量等，科学地进行给水设施和给水管网系统布局，满足村镇用户对水量、水质、水压的要求，制定水源和水资源的保护措施。农业供水工程规划分为宏观的区域规划和具体的供水工程规划两个层次。

区域规划包括省级（省、自治区、直辖市和计划单列市）和县级（县级区、市）规划。省级规划以全国规划为指导，由省级水行政主管部门，在汇总县级规划的基础上制订。县级水行政部门负责农村供水工程规划、建设、管理工作，因此，县级农村供水规划是我国农村供水工程建设与管理的基础。区域规划是指导本区域农村供水工作和安排农村供水工程计划的重要依据。区域规划的主要内容包括农村供水的现状、解决农村供水问题的必要性、规划的指导思想、基本原则和目标任务、总体布局与分区规划、投资估算与资金筹措、工程管理与水源保护、经济和环境影响评价、实施规划的保障措施等。

工程规划是针对具体工程的农村供水规划，主要内容包括需水量预测、确定供水规模、水源选择、确定供水工艺流程和水厂平面布置以及输配水管网系统规划等，要根据水资源的综合利用，地方经济的发展水平、资金状况、工程效益等对工程建设分批做出安排。在可行性研究中，对现状的调查要深入、系统、全面，对当地的经济发展水平、人口增长、用水标准的预测，要力求准确，并要做好水质分析，合理确定工程规模、建设标准、取水方式、结构型式等，要进行技术经济比较，从而做出合理规划方案。

农村供水工程规划是十分重要的工作，应在收集充足资料的基础上，根据规划的依据，遵循规划的程序和原则等，拟订规划方案。因此，合理选择基础资料，确定规划依据、规划程序和规划原则等，对科学规划具有重要意义。

二、农村供水工程规划的原则与思路

1. 规划原则

坚持以人为本，全面、协调、可持续的科学发展观，按照全面建设小康社会和建设社会主义新农村的总体要求，紧紧围绕解决农村居民饮水安全问题，加强农村供水工程建设，深化农村供水管理体制改革，强化水源保护、水质监测和社会化服务，建立健全农村饮水安全保障体系，让农民群众能够及时、方便地获得足量、安全的饮用水，维护生命健

康、提高生活质量、促进农村经济社会可持续发展。

（1）统筹规划。农村供水工程是地区性的水利建设工程，它应以该地区的农业区划、水利规划为依据，并列入地区的国民经济发展计划内，其骨干工程由地方政府水利部门统筹安排基建及日常管理工作。在兴建农村供水工程中，应注意兴利除害、全面治理的原则，有灌有排，并与道路、林带、供电系统，以及居民点规划相结合，有利生产、方便生活、促进流通、繁荣经济、使各项建设合理分布和协调发展。

（2）防治兼顾。水质问题是饮水安全的主要问题。首先要保护好饮用水源，划定水源保护区，加强水源地防护，防止供水水源受到污染和人为破坏；正确处理生活用水与生产用水的矛盾，优先满足生活用水需要；发动群众做好农村环境卫生综合整治，防止废水、垃圾、粪便等造成水源污染。其次，根据不同水源水质、工程类型等具体情况，在工程建设中采用适宜的水处理措施。建立水质检验、监测、监督体系，确保供水安全。

（3）因地制宜。总体规划阶段要根据当地的自然、社会、经济、水资源等条件以及发展需要，合理选择饮用水水源、工程型式、供水范围和规模、供水方式和水处理措施，做好区域供水工程规划。有条件的地方，提倡适度规模的集中供水、供水到户；制水成本较高的地区，实行分质供水。

（4）建管并重。农村供水工程要把建设和管理放在同等重要的位置，克服重建轻管的弊病。进一步完善有关管理办法，加强前期工作，严格项目审批，强化项目建设中的管理。在规划设计、施工建设、运行管理等各个环节，推行用水户全过程参与的工作机制。深化农村供水工程管理体制改革，明晰产权、落实管护责任，按成本确定水价，计量收费，建立良性运行机制。

2. 规划思路

农村供水工程规划按照"统筹规划、防治兼顾、因地制宜、建管并重"的原则，科学规划，合理布局，优先解决水质性缺水、农村集镇、居民聚居点、农村学校等的饮水安全问题。饮水水源要优先考虑水质较好的水库蓄水、河水、山泉水、优质地下水等。有条件的地方尽可能建设集中供水工程；距县城、集镇自来水厂较近的农村居民点，可依托已有自来水厂，进行扩建、改建，辐射延伸供水管线，发展自来水；有良好地下水源条件的地方，可建设集中供水井或分户供水井；在农户居住分散的山丘区，可建设分散式供水工程；严重缺乏淡水资源的地方，可建设雨水集蓄工程；对有可能移民的居民点，修建临时性供水设施。

农村饮水安全工程规划应当合理规划水源保护设施和饮水安全监测网络建设。规划新建集镇、村镇时应充分考虑供水设施和水源保护，对四周水源紧缺的集镇要限制发展或逐步搬迁。各地在兴办学校、居民点、厂矿等建设项目时，要坚持水资源论证制度，成片规划。

三、规划的基础资料

收集地形、气象、水文、水文地质、工程地质等方面的基础资料，并进行综合分析。

（1）1：5000～1：25000地形图（根据规划区域），根据地形、地貌、地面标高，考虑取水点、水厂及输配水管的铺设等规划用图。

（2）1：200～1：500地形图，水厂、净水与取水构筑物等规划用图。

（3）气象资料：根据年降水量和年最大降雨量判断地表水源的补给来源是否可靠和充足，洪水时取水口、泵站等有无必要采取防洪措施；根据年平均气温、月平均气温、全年最低气温、最大冻土深度等考虑处理构筑物的防冻措施和输配水管道的埋设深度。

（4）地下水水文地质资料：了解地下水的埋藏深度、含水层厚度、地下水蕴藏量及开采量、补给来源等。

（5）地表水水文资料：根据地表水的流量、最高洪水位、最低枯水位、冰凌情况等，确定取水口位置、取水构筑物型式及取水量。

（6）土壤性质：用来估算土壤承载能力及透水性能，以便考虑构筑物的结构设计和实施上的可靠性。

（7）水源水质分析资料：包括感官性状、化学、毒理学、细菌等指标的分析结果，用来确定净化工艺和估算制水成本。

（8）水资源的综合利用情况：包括渔业、航运、灌溉等，以便考虑这些因素对水厂的供水量、取水口位置及取水构筑物的影响。

（9）国家、行业和地方的有关法律法规和各类技术规范、规程与标准。

（10）社会经济资料：规划区县（市）的地理位置、面积、所管辖乡（镇）、村（街道委员会）的数量、总人口、农村人口，以及农村饮水不安全人口数量、成因、分布，项目所在地区农村劳动力、农业生产、基础设施建设，财政收入、农民收入、社会经济发展等情况。

四、规划的编制依据

农村供水工程规划设计的主要依据如下：

（1）国家的有关法律法规。如《中华人民共和国城乡规划法》等。

（2）国家相关技术标准、技术规范。如《农村生活饮用水量卫生标准》（GB 11730—89）、《室外给水设计规范》（GB 50013—2006）、《村镇供水工程技术规范》（SL 310—2004）、《城市规划编制办法实施细则》等。

（3）国家发展和改革委员会及水利部关于规划编制工作的有关部署和要求。如水利部《关于开展全国水利发展"十三五"规划编制工作的通知》（水规计〔2013〕652号）、水利部《全国水利发展"十三五"规划编制工作指导意见》。

（4）各地区总体规划、《中华人民共和国国民经济和社会发展第十三个五年计划》《新农村集中居住区规划》《水资源综合规划》等。

（5）《规划设计委托书》和《合同书》。

五、规划的工作流程

农村供水工程规划包括规划编制流程和规划审批流程两个阶段。农村供水工程规划编制和审批流程如图2-1所示。

1. 规划的编制

农村供水工程规划可参照下列基本程序进行：

（1）根据当地农业供水现状、水源、自然地理条件、居住状况、管理水平、发展规划需求、工程建设资金等情况，确定供水工程建设的类型和供水方案。

（2）收集、整理、分析当地多年的水文、地形、地质、气象、水源水质等资料，为初

图 2-1 农村供水工程规划工作流程

步选择和确定供水工程的可利用水源提供依据，并经现场调查，进一步证实水源的水量水质情况和确定取水方案。

（3）根据当地的发展规划，合理确定供水工程的设计年限。

（4）确定供水人口、用水量组成和各类用水量的取值标准。

（5）计算供水工程的供水规模和合理确定供水工程的制水规模。

（6）选择适宜的净水工艺方案和净水构筑物或净水设备及消毒方式。

（7）计算和确定单体构筑物和设备的规模。

（8）根据地形资料和实地测量成果，布置输水管道和配水管网，并通过水力计算确定管径、水泵扬程、调节构筑物的设置。

（9）进行工程总平面布置、水厂的平面布置和高程布置。

（10）对有两个以上供水方案和净水工艺方案可供选择时，应通过技术、经济比较，择优确定。

农村供水工程规划原则上以市（县）为单元，由具有相应资质的规划设计单位编制，并将项目任务落实到项目县并规划到村。

工程规划编制单位的考核与资质管理直接关系到工程规划编制的水平和质量，关系到工程规划、建设、管理工作的互相促进和良性循环，它也是工程规划编制管理工作的一个重要组成部分。农村供水工程所在地供水主管部门应据不同性质和内容，采取委托或者招标等方式，由具有相应编制资质单位或者经水行政主管部门认可的单位承担农村供水工程规划编制工作。规划编制承担单位应深入开展调查研究，核实基础资料，遵循自然规律和经济规律，注重采用新技术、新方法，进行多个规划方案的比选和综合论证，加强技术把关和成果协调，严格质量控制，确保规划质量。

2. 规划的审批管理

农村供水工程规划审批管理包括明确负责规划审批的机构；规定规划审批的程序和内容。具体为：一是根据规划人口，以县为单位编制本县（市、区）农村供水工程实施规划，由市级主管部门审查、核定，由县（市、区）人民政府批准后，报省级备案；二是依据经济批准的规划，各县（市、区）委托有资质单位编制年度可研报告，市发改委、水利局审核后联文上报。由上级主管部门或具有相应资质的中介机构审查，形成审查意见后，由省发改委、水利厅批复项目立项。

各级水行政主管部门组织编制的规划，应当扎根本级人民政府或者其授权的部门批准，并报上级水行政主管部门核备。涉及流域、区域规划及市际、县际水利关系的，需要事先征得有管辖权的水行政主管部门同意，必要时由上级水行政主管部门提出技术审查意见。

3. 规划的实施及监督

农村供水安全项目实施应参照基本建设程序进行建设和管理。

农村供水工程规划一经批准立项，工程建设管理部门应及时做好建设资金和工程建设进度的安排；组织开展好农村供水工程的施工图设计、工程施工和物资设备采购的招（投）标工作、施工监理工作；对批准的规划任务及对策措施进行分解落实，推动规划实施；安排好工程建设的督导检查与监控、竣工工程的验收和运行管理工作。

各级水行政主管部门应当适时对规划实施情况及适应性等进行评估，供规划修订时参考。对于违反农村供水工程规划的项目建设和工程规划实施的行为，各级项目主管部门或者其委托的管理机构，应当依据有关法律、法规予以制止和处置。

第二节　供水现状调查分析

一、农村供水发展概况

新中国成立以来，党和政府高度重视农村供水工作，从物力、财力等各方面给予了大力支持，农村供水事业取得较大进展。从"七五"以来的每个五年计划，国家都将农村改水指标列入国民经济和社会发展的规划中，并按不同类别地区下达改水任务，作为政府任期目标。

纵观50多年来农村供水发展历程，大致可分为以下几个阶段：

（1）20世纪50—60年代。国家重视以灌溉排水为重点的农田水利基本建设，结合蓄、引、提等灌溉工程建设，解决了一些地方农民的饮水难问题。

（2）20世纪70—80年代。解决农村饮水问题正式列入政府工作议事日程，采取以工代赈的方式和小型农田水利补助经费中安排专项资金等措施支持农村解决饮水困难。1983年国务院批转了《改水防治地方性氟中毒暂行办法》，1984年批转了《关于加快解决农村人畜饮水问题的报告》以及《关于农村人畜饮水工作的暂行规定》，逐步规范了农村饮水解困工作。

（3）20 世纪 90 年代。解决农村饮水困难正式纳入国家重大规划。1991 年国家制定了《全国农村人畜饮水、乡镇供水 10 年规划和"八五"计划》，1994 年把解决农村人畜饮水困难纳入《国家"八七"扶贫攻坚计划》，进一步通过财政资金和以工代赈渠道增加投入。90 年代后期，甘肃省实施了"121 雨水集流工程"，贵州省实施了"渴望工程"，内蒙古自治区实施了"380 饮水解困工程"，四川省安排了财政专项资金，专项用于人畜饮水工程建设项目等。到 1999 年底，全国累计解决了约 2.16 亿人的农村饮水困难问题。

（4）2000—2005 年。党中央提出了"三个代表"的重要思想和以人为本的科学发展观，各级政府及有关部门调整工作思路，加大了农村饮水解困工作力度。2000—2005 年，国家发展和改革委员会和水利部共安排国债资金 123 亿元，加上地方配套和农民自筹，共计 235 亿元，解决了 7100 多万人的农村饮水问题，基本结束了我国农村长期严重缺乏饮用水的历史，农村饮水工作进入了以保障饮水安全为中心的新的历史阶段。

（5）2005 年以来。在 2005 年中央人口、资源、环境座谈会上，胡锦涛主席明确指出："要把切实保护好饮用水源，让群众喝上放心水作为首要任务。科学规划，落实措施，统筹考虑城乡饮水，统筹考虑水量水质，重点解决一些地方存在的高氟水、高砷水、苦咸水等饮用水水质不达标的问题以及局部地区饮用水严重不足的问题。"温家宝总理在 2005 年的政府工作报告中指出："我们的奋斗目标是，让人民群众喝上干净的水、呼吸清新的空气，有更好的工作和生活环境"。力争 2013 年以前，全面解决 3.2 亿农村人口的饮水安全问题，建立起较为完善的农村饮水安全保障体系。东部经济发达地区主要依靠地方力量，率先解决农村饮水安全问题。

二、农村供水工程现状

目前全国农村集中式供水工程受益人口 36243 万人，占农村人口的 38％；分散式供水工程受益人口为 58106 万人，占农村人口的 62％。全国农村供水工程受益人口情况见表 2－1。

表 2－1　　　　　　　　　　　　**全国农村供水工程受益人口情况**

分区	集中式供水工程受益人口/万人	占农村总人口比例/％	分散式供水工程受益人口/万人	占农村总人口比例/％
全国	36243	38	58106	62
西部	9479	33	19526	67
中部	13025	32	27750	68
东部	13739	56	10830	44

1. 集中式供水工程基本情况

我国农村的集中式供水工程规模普遍较小，其中供水规模大于 20m³/d 的集中式供水有 25 万多处，受益人口占农村总人口的 33％，供水规模大于 200m³/d 的集中式供水有 2.1 万多处，受益人口占农村总人口的 13％。供水规模大于 20m³/d 的 25 万多处集中式供水工程中，村级的占了 23 万多处，乡镇级的仅有 2.1 万多处。它说明，我国农村集中供水的普及程度较低，而且规模普遍偏小，以单村供水为主。

乡镇及跨乡镇供水工程，北方以地下水源为主，南方以地表水源为主；多数由乡镇水管站管理，计量收费。村级集中式供水工程，多数为单村供水，水源以地下水和山溪水为主；多数承包给村民管理，按人收费和计量收费并存。

集中式供水工程中，多数供水设施简陋，只有水源和管网，无水处理设施和水质监测手段；有水处理设施的集中式供水工程仅占集中供水总处数的8％左右。部分集中供水工程存在供水能力大于实际用水量的问题。原因是部分农民收入水平低，饮用、做饭等使用好水，洗涤、饲养牲畜等仍取用不收费的原水。

全国农村集中式供水工程受益人口情况、全国农村供水规模大于20m³/d的集中式供水工程情况分别见表2-2、表2-3。

表2-2 　　　　　　　　　全国农村集中式供水工程受益人口情况　　　　　　　单位：万人

分区	集中式供水总人口	按供水方式分		按水源分	
		供水到户	集中供水点	地表水	地下水
全国	35737	32354	3384	14933	20734
西部	9479	7797	1683	4655	4755
中部	12195	10990	1205	2765	9430
东部	14063	13567	496	7514	6549

表2-3 　　　　　　　全国农村供水规模大于20m³/d的集中式供水工程情况

分区	小　计		>1000m³/d		200~1000m³/d		20~200m³/d	
	总数/处	受益人口/万人	总数/处	受益人口/万人	总数/处	受益人口/万人	总数/处	受益人口/万人
全国	251514	32191	3648	7503	17549	5515	186228	15248
西部	88558	9057	817	1552	6124	1648	67357	4787
中部	96937	10220	862	804	5247	1548	87932	7581
东部	66019	12914	1969	5146	6178	2318	30939	2880

2. 分散式供水工程基本情况

我国农村的分散式供水工程，多数为户建、户管、户用，普遍缺乏水质检验和监测，分散式供水人口中，67％使用浅井供水，主要分布在浅层地下水资源开发利用较容易的农村，供水设施多数为真空井或筒井、建在庭院内或离农户较近的地方，取水方式主要包括手压井、辘轳或微型潜水电泵；3％为集雨，主要分布在山丘区水资源开发利用困难或海岛淡水资源缺乏的农村，以屋檐和硬化庭院集流场为主，北方以水窖蓄水为主，南方以水池蓄水为主；9％为引泉，主要分布在山丘区，南方较多；21％为无供水设施或供水设施失效，直接取用河水、溪水、坑塘水、山泉水或到其他村拉水，主要分布在南方降水较丰富的山丘区农村。

三、农村供水工程存在的问题

尽管新中国成立以来特别是实施国家"八七扶贫攻坚计划""中西部地区农村饮水解困工程""农村饮水安全工程"以来，我国农村供水工作取得了很大的成绩，有效地解决了一些山区、高原区、牧区及滨海地区大多数农村人口的饮水困难，促进了当地的经济发展。但是，我国的农村供水工作仍然存在着以下几个问题。

1. 农村饮水安全水平低

我国农村安全饮水普及率只有 76% 左右，即使是经济比较发达的广东、江苏等东部地区，农村安全饮水普及率也只有 85% 左右，与美国、日本、法国、德国等发达国家相比差距很大，全国尚有 24% 约 3.2 亿农村人口存在着饮水不安全。

饮水不安全主要表现在 3 个方面：

（1）供水水质标准低。一些农村供水工程，特别是雨水集蓄利用工程，水质处理设施不完善，甚至没有水质处理设施，直接提供饮用，达不到饮用水质标准。如湖南省南县等地区饮用水中铁、锰超标，湖南岳阳等市县还存在血吸虫水问题。除水文地质因素形成的饮用水水质问题外，饮用水源受到污染而形成的水质超标问题也很突出。

（2）水量不足、保证率低、用水不方便。已建农村供水工程特别是饮水解困工程中，相当一部分建设标准偏低，有的工程不完善、不配套，管理不方便或达不到预期效益，有的水源不可靠或保证率低，遇到较大的干旱，又出现饮水困难。

（3）村镇供水工程建设和管理存在问题。主要表现为管理责任不明确、管理机制不活、制度不健全、水价不到位、水费计收难、工程运行管理和维修经费不足等，这些问题导致大量工程管理不善，效益不能充分发挥，有些工程甚至过早报废，给村镇居民的生活生产带来严重影响。因此，加强村镇供水工程管理，保证工程的正常运行和持续发挥效益，是当前村镇供水工作的一项重要而紧迫的任务。

2. 前期工作薄弱，发展不平衡

农村供水工程前期工程薄弱、区域发展不平衡主要表现在以下几个方面：

（1）工程建设前期工作薄弱。通过调研发现，农村饮水困难地区普遍对当地水资源状况不太清楚，有的地区由于资金短缺或因为没有先进的探井机具，前期工作没有做好，缺乏对供水水源可靠性的科学论证和审查，打出的井不出水或水质不合标准，既浪费了大量的人力、物力、财力，又影响了水利部门和政府的声誉。一些工程设计标准太高，实际用水量与设计值相差太大，导致设备运转效率偏低，实际成本价格高于原核算成本价格，运行成本加大，只能勉强维持低水平经营，发展后劲不足。

（2）发展不平衡。就全国而言，农村供水工程一般在经济较发达地区发展速度较快，条件差的则发展缓慢。东部地区农村安全饮水普及率相对较高，江苏、浙江、广东等省达到 70% 以上，上海农村基本达到高标准饮水安全水平；中西部依然存在大量的饮水困难问题，特别是西北地区水资源严重匮乏，解决难度最大。

就同一省、市区而言，由于各地经济发展水平存在差异，农村供水发展同样存在着不平衡。如广东省珠江三角洲一带经济发展水平较高，农村基本达到了高标准饮水安全水平。而地处山区的广大农村地区，经济发展水平相对较差，农村安全饮水普及率只有 30% 左右，还有部分群众存在饮水困难。

3. 行业管理薄弱，体制不顺，机制不活

由于农村供水起步较晚，水利部门管理农村供水的时间不长，有关政策法规体系还不完善，一些地区甚至没有贯彻执行国务院早已确定的水利部门管理农村供水的文件精神，水利部门与城建、卫生部门管理职能交叉，仍然存在"多龙管水"现象。管理体制不顺直接影响农村供水的规范化和科学化管理：水利部门对农村供水的基础数据调查存在一定困难，基础资料没有完全摸清，影响了农村供水总体规划的制定；有的地区从发展当地经济出发，盲目批准企业兴建自备水源，导致水源工程的重复建设，不利于水资源的合理开发、统一管理和高效利用，并造成水资源和建设资金的浪费。

农村供水工程面广量大，单个工程规模小，管理难度大，相当一部分农村供水工程产权不清，管理机构不健全，不少乡村公共饮水骨干工程只有一两个人管理，而且绝大多数是没有经过培训的农民，素质较低。受传统观念的影响，部分干部群众对水是商品认识不足，加上广大农村地区经济发展水平较低，农民承受能力差，部分集中供水工程水价不合理，水费征收率低，有的根本就不收水费，喝"福利水""大锅水"的现象还普遍存在。一些地区行政领导干预多，人为降低或减免水费，致使供水工程水费收缴存在一定困难。加上地方财政困难，没有资金补助，致使供水工程没有资金积累，该维修的工程不能维修，该更换的设备不能更换，不少工程甚至连正常的运行经费也无法保证，老化失修严重，影响了工程效益的发挥，也加剧了农村饮水困难。

第三节　用水量预测

一、用水分类

农村用水量应分为两部分：第一部分应为农村供水工程统一供给的居民生活用水、企业用水、公共设施供水及其他用水量总和；第二部分应为上述统一供给以外的所有用水水量的总和，包括企业和公共设施自备水源供给的用水、河湖环境和河道用水、农业灌溉及畜牧业用水。

二、用水量标准

用水量标准是指设计年限内达到的用水水平，亦即每一种不同性质的用水，所给定的单耗水量标准，即用水定额。如每人每天需耗用多少水量 $[L/(人 \cdot d)]$，乡镇企业生产单位产品需多少水量（m^3/单位产品）或企业生产设备单位时间需多少水量（L/h），每头牲畜每日需多少水量 $[L/(头 \cdot d)]$ 等。

设计用水量标准是确定设计用水量的主要依据，它可影响供水系统相应设施的规模、工程投资、工程新建或扩建的期限、今后水量的保证和水厂的经济效益等诸多方面。在确定用水量标准时，应结合现状和规划资料，并参照类似地区用水情况。

1. 农村居民生活用水量标准

农村居民生活用水是指居民家庭的日常生活用水，包括居民的饮用、烹调、洗涤、清洁、冲厕、洗澡等用水。生活用水量标准用 $L/(人 \cdot d)$ 表示。生活用水量标准与水源条件、经济水平、居住条件、供水设备完善情况、生活水平等因素有关。不同地区人均生活用水量会有较大差别，即使同一地区、不同村镇，因水源条件不同，用水量也可能相差较大。

影响生活用水量的因素很多，设计规划时，农村生活用水量标准可参考《村镇供水工程技术规范》（SL 310—2004）的规定，见表 2-4。

表 2-4　　　　　　　　　　　　最高日农村居民生活用水量标准　　　　　　　　单位：L/(人·d)

主要用（供）水条件	一区	二区	三区	四区	五区
集中供水点取水，或水龙头入户且无洗涤池和其他卫生设施	30~40	30~45	30~50	40~55	40~70
水龙头入户，有洗涤池，其他卫生设施较少	40~60	45~65	50~70	50~75	60~100
全日供水，户内有洗涤池和部分其他卫生设施	60~80	65~85	70~90	75~95	90~140
全日供水，室内有给水、排水设施且卫生设施较齐全	80~110	85~115	90~120	95~130	120~180

注　1. 本表所列用水量包括了居民散养畜禽用水量、散用汽车和拖拉机用水量、家庭小作坊生产用水量。

　　2. 一区包括：新疆，西藏，青海，甘肃，宁夏，内蒙古西北部，陕西、山西黄土高原丘陵沟壑区，四川西部。

　　　　二区包括：黑龙江，吉林，辽宁，内蒙古西北部以外地区，河北北部。

　　　　三区包括：北京，天津，山东，河南，河北北部以外地区，陕西关中平原地区，山西黄土高原丘陵沟壑区以外地区，安徽、江苏北部。

　　　　四区包括：重庆，贵州，云南南部以外地区，四川西部以外地区，广西西北部，湖北、湖南西部山区，陕西南部。

　　　　五区包括：上海，浙江，福建，江西，广东，海南，安徽、江苏北部以外地区，广西西北部以外地区，湖北、湖南西部山区以外地区，云南南部。

　　　　本表不含香港、澳门和台湾。

　　3. 取值时，应对各村镇居民的用水现状、用水条件、供水方式、经济条件、用水习惯、发展潜力等情况进行调查分析，并综合考虑以下情况：村庄一般比镇区低；定时供水比全日供水低；发展潜力小取较低值；制水成本高取较低值；村内有其他清洁水源便于使用时取较低值。调查分析与本表有出入时，应根据当地实际情况适当增减。

　　4. 本表中的卫生设施主要指洗涤池、洗衣机、淋浴器和水冲厕所等。

　2. 乡镇企业用水量标准

　乡镇企业用水包括生产用水和工作人员的生活用水。

　（1）乡镇企业的生产用水量标准。乡镇企业生产用水一般是指乡镇企业在生产过程中用于加工、净化和洗涤等方面的用水。用水量的增长与乡镇经济发展计划、企业工艺的改革和设备的更新等密切相关，因此应通过乡镇工业用水调查以获得可靠资料。

　乡镇企业生产用水量标准，应根据生产工艺过程的要求而定。它包括：①冷却用水，如锅炉、炼钢炉和冷凝器的用水；②生产过程用水，如纺织厂和造纸厂的洗涤、净化和印染等用水，食品工业用水是食品原料之一；③交通用水，如机车和船舶用水等。由于生产工艺过程的复杂性和多样性，生产用水对水质水量要求的标准不一。在确定生产用水的各项指标时，应深入了解生产工艺过程，并参照厂矿实际用水量或有关规范、手册数据等，以确定其对水量、水质、水压的要求。

　乡镇企业的用水量标准与生产规模、生产工艺、设备类型和管理水平等因素有关，各地差异较大。一般有两种计算方法：

　1）按单位产品计算，如每生产 1t 水泥需 1.5~3.0m³ 水，每印染 1 万 m 棉布需 200~300m³ 水。

　2）按每台设备每台或台班的用水量计算，如农用汽车 100~120L/(台·d)，锅炉 1000L/(h·t)（以小时蒸发量计）。

　企业生产用水量通常由工艺部门提供数据，还应参照同类性质工厂的生产用水量并结合当地实际情况决定，表2-5可供参考。

表2-5　　　　　　　　　　　　　乡镇企业用水量标准

企业种类	单 位	需水量/m³	企业种类	单 位	需水量/m³
生铁	t	65～220	豆制品	t	5～15
炼油	m³	45	酿酒	t	20～50
炼焦	t	9～14	制糖	t	15～30
水泥	t	1～7	酱油	t	4～5
玻璃	t	12～24	植物油	t	7～10
皮革	t	100～200	汽水	千瓶	2.4（Ⅰ）
造纸	t	500～800	棒冰	千支	6.2（Ⅰ）
化肥	t	2.0～5.5	冰块	m³	7.4（Ⅲ）
制砖	千块	0.7～1.2	豆腐	50kg黄豆	1.69（Ⅰ）～2.78（Ⅲ）
人造纤维	t	1200～2000	丝绸印染	万 m	180～220
螺丝	t	100～220	肥皂	万条	80～90
棉布印染	万 m	200～300	屠宰（猪）	头	1.0～2.0
肠衣加工	万根	80～120	糕点	50kg原料	0.05（Ⅰ） 0.03（Ⅲ）
制茶	担	0.1～0.3	烙饼	10kg	0.98（Ⅳ）
果脯	t	30～50	冲洗镀件	t	22.7～27.5

注　气候分区：第Ⅰ分区包括黑龙江和吉林的全部，内蒙古和辽宁的大部分地区，河北、山西、陕西、宁夏的一小部分县市。第Ⅱ分区包括北京、天津和山东的全部，河北、陕西、山西的大部分，甘肃、宁夏、辽河、河南、青海、江苏的部分县市。第Ⅲ分区包括上海、浙江、安徽和江西的全部，江苏的大部分地区，福建、湖南、湖北、河南的部分县市。第Ⅳ分区包括广东和台湾的全部，广西的大部分，福建、云南的部分县市。第Ⅴ分区包括贵州的全部，四川、云南的大部分，湖南、湖北、陕西、甘肃、广西的部分县市。

（2）乡镇企业的职工生活用水和淋浴用水标准。它是指每一职工每班的生活用水量和淋浴用水量。职工生活用水标准，应根据车间性质决定，一般采用25～35L/（人·班），一般车间用下限，高温车间采用上限，其时变化系数为2.5～3.0。有淋浴的可根据具体情况确定，职工的淋浴用水标准，可采用表2-6的规定，淋浴延续时间为下班后1h。

表2-6　　　　　　　　　　工业企业内工作人员淋浴用水量标准

分级	车 间 卫 生 特 征			用水标准/［L/（人·班）］
	有毒物质	生产性粉尘	其他	
一级	极易经皮肤吸收引起中毒的剧毒物质（如有机磷、三硝基甲苯、四乙基铅等）		处理传染性材料、动物原料（如皮、毛等）	60
二级	易经皮肤吸收或有恶臭的物质，或高毒物质（如丙烯腈、吡啶、苯酚等）	严重污染全身或对皮肤有刺激的粉尘（如炭黑、玻璃棉等）	高温作业、井下作业	60
三级	其他毒物	一般粉尘（如棉尘）	重作业	40
四级	不接触有毒物质及粉尘，不污染或轻度污染身体（如仪表、机械加工、金属冷加工等）			40

对耗水量大、水质要求低或远离居民区的企业，是否将其列入供水范围应根据水源充沛程度、经济比较和水资源管理要求等确定。

3. 村镇公共建筑用水量标准

公共建筑包括学校、机关、医院、饭店、旅馆、公共浴室、商店等。其用水涉及甚广，难以用统一的指标衡量。机关、学校等行业一般用 L/（人·d）表示，旅馆、医院等行业一般用 L/（床·d）表示，商店、餐饮等行业一般用 L/（营业面积·d）表示。

《建筑给水排水设计规范》（GB 50015—2003）对各种公共建筑用水标准做了较详细的规定，旅馆、学校、医院等，对于条件好的村镇，可按表 2-7 确定公共建筑用水量标准。但对于条件一般或较差的村镇，应根据公共建筑类型、用水条件以及当地的经济条件、气候、用水习惯、供水方式等具体情况对表 2-7 中的公共建筑用水量标准适当折减，折减系数可为 0.5～0.7；无住宿学校的最高日用水量标准可为 15～30L/（人·d），机关的最高日用水量标准可为 20～40L/（人·d）。

表 2-7　　　　　　　　　　　公共建筑用水量标准

公共建筑物名称		最高日生活用水标准	时变化系数	每日用水时间/h	备 注
普通旅馆、招待所	有盥洗室	50～100L/（床·d）	2.5～2.0	24	不包括食堂、洗衣房、空调、采暖等用水
	有盥洗室和浴室	100～200L/（床·d）	2.0	24	
	有淋浴设备的客房	200～300L/（床·d）	2.0	24	
宾馆	客房	400～500L/（床·d）	2.0	24	不包括餐厅、厨房、洗衣房、空调、采暖、水景、绿化等用水。宾馆指各类高级宾馆、饭店、酒家、度假村等，客房内均有卫生间
医院、疗养院、休养所	有盥洗室	50～100L/（床·d）	2.5～2.0	24	不包括食堂、洗衣房、空调、采暖、医疗、药剂和蒸馏水制备、门诊等用水，陪住人员应按人数折算成病床数
	有盥洗室和浴室	100～200L/（床·d）	2.5～2.0	24	
	有淋浴设备的病房	250～400L/（床·d）	2.0	24	
集体宿舍	有盥洗室	50～100L/（人·d）	2.5	24	不包括食堂、洗衣房用水，高标准集体宿舍（如在房间内设有卫生间）可参照宾馆定额
	有盥洗室和浴室	100～200L/（人·d）	2.5	24	
公共浴室	有淋浴器	100～150L/（顾客·次）	2.0～1.5	12	淋浴器与设置方式有关，单间最大，隔断其次，通间最小；单管热水供应比双管热水供应用水量小，女浴室用水比男浴室多；应按浴室中设置的浴盆、淋浴器和浴池的数量及服务人数，确定浴室用水标准，或各类淋浴用水量分别计算然后叠加
	有浴盆	250L/（顾客·次）	2.0～1.5	12	
	有浴池	80L/（顾客·次）	2.0～1.5	12	
	有浴池、淋浴器、浴盆和理发室	80～170L/（顾客·次）	2.0～1.5	12	

续表

公共建筑物名称		最高日生活用水标准	时变化系数	每日用水时间/h	备 注
理发室、美容院		40～100L/(顾客·次)	1.5～2.0	12	
公共食堂	营业食堂	15～20L/(顾客·次)	2.0～1.5	12	不包括冷冻机冷却用水；中餐比西餐用水量大，洗碗机比人工洗餐具用水量大
	工业企业、学校、机关、居民食堂	10～15L/(顾客·次)	2.5～1.5	12	
养老院、托老院	全托	100～150L/(人·d)	2.0～2.5	24	
	日托	50～80L/(人·d)	2.0	10	
幼儿园、托儿所	有住宿	50～100L/(儿童·d)	2.5～3.0	24	
	无住宿	30～50L/(儿童·d)	2.0	10	
中、小学（无住宿）		30～50L/(学生·d)	2.5～2.0	10	中小学校包括无住宿的中专、中技和职业中学，有住宿的可参照高等学校，晚上开班时用水量应另行计算。不包括食堂、洗衣房、校办工厂、校园绿化和教职工宿舍用水
高等学校（有住宿）		100～200L/(学生·d)	2.0～1.5	24	定额值为生活用水综合指标，不包括实验室、校办工厂、游泳池、教职工宿舍用水
剧院		10～20L/(观众·场)	2.5～2.0	6	不包括空调用水
体育场	运动员淋浴	50L/(人·次)	2.0	6	不包括空调、场地浇洒用水；运动员人数按大型活动计算，体育场有住宿时，用水量另行计算
	观众	3L/(人·场)	2.0	6	

在缺乏统计资料时，公共建筑用水量可按居民生活用水量的 5%～25% 估算，其中无学校的村庄不计此项，其他村庄宜为 5%～10%，集镇宜为 10%～15%，建制镇宜为 10%～25%。条件一般的村庄和条件较差的镇取低值，条件较好的村镇取高值。

4．饲养牲畜用水量标准

集体或专业户饲养畜禽，不同饲养方式的用水量标准不同。饲养禽畜最高日用水量，应根据畜禽饲养方式、种类、数量、用水现状和近期发展计划确定。

（1）圈养时，饲养畜禽用水定额可按表 2-8 选取。

表 2-8　　　　　　　饲养畜禽最高日用水量标准

牲　畜	用水量标准/[L/(d·头)]	牲　畜	用水量标准/[L/(d·头)]
乳牛	70～120	母猪	60～90
育成牛	50～60	育肥猪	30～40
马	40～50	羊	5～10
驴	40～50	鸡、兔	0.5～1.0
骡	40～50	鸭	1.0～2.0

（2）放养畜禽时，应根据用水现状对按定额计算的用水量适当折减。

（3）有独立水源的饲养场可不考虑此项。

5．农业灌溉用水量标准

农业灌溉用水多自成系统，主要农业机械用水量标准见表2－9。

表2－9　　　　　　　　　　　主要农业机械用水量标准

机械类别	用水量	机械类别	用水量
柴油机	35～50L/（马力·h）	机床	350L/（台·d）
汽车	100～200L/（辆·d）	汽车拖拉机修理	1500L/（台·次）
拖拉机	100～150L/（台·d）		

6．庭院用水量标准

庭院用水量一般不予考虑，因为它的用水量很少，当采用饮灌两用机井时，庭院用水量一般为当地生活用水量的2～3倍。

7．消防用水量标准

一般是从街道上消火栓和市内消火栓取水。消防给水设备由于经常不工作，可与生活饮用水给水系统结合在一起考虑。对防火要求高的场所，如仓库和工厂，可设立专用的消防给水系统。大型城镇，应根据《建筑设计防火规范》（GB 50016—2006）规定，把消防水量计算在用水量之内。消防用水量标准参照表2－10和表2－11。

表2－10　　　　　　　　　　城镇或居住区室外消防用水量标准

人口数/万人	同一时间内的火灾次数	一次灭火用水量/（L/次）	人口数/万人	同一时间内的火灾次数	一次灭火用水量/（L/次）
1 以下	1	10	30.0～40.0	2	65
1.0～2.5	1	15	40.0～50.0	3	75
2.5～5.0	2	25	50.0～60.0	3	85
5.0～10.0	2	35	60.0～70.0	3	90
10.0～20.0	2	45	70.0～80.0	3	95
20.0～30.0	2	55	80.0～100.0	3	100

表2－11　　　　　　　　工厂、仓库和民用建筑同时发生火灾次数

名称	占地面积/万 m²	附有居住区人口/万人	同一时间内发生火灾次数	备注
工厂	≤100	≤1.5 >1.5	1 2	按需水量最大的一座建筑物（或堆场、储罐）计算工厂、居住区各一次
工厂	>100	不限	2	按需水量最大的两座建筑物（或堆场）算
工厂、民用建筑	不限	不限	1	按需水量最大的两座建筑物（或堆场）算

允许短时间间断供水的村镇，当上述用水量之和高于消防用水量时，确定供水规模可不单列消防用水量。

8. 浇洒道路和绿地用水量标准

浇洒道路和绿地用水量，水资源丰富地区经济条件好或规模较大的镇可根据需要适当考虑，村镇道路的浇洒用水标准可按浇洒面积 $1.0\sim2.0L/(m^2 \cdot d)$ 计算；绿地浇洒用水标准可按浇洒面积 $1.0\sim3.0L/(m^2 \cdot d)$ 计算。若道路的喷洒频率不高，则该项用水量很少，一般也可按综合生活用水量的 $3\%\sim5\%$ 估算，其余镇、村可不计此项。

9. 管网漏失水量和未预见用水量标准

未预见水量是指给水系统设计中，对难于预测的各种因素而准备的水量。村镇的未预见水量和管网漏失水量可按最高日用水量的 $10\%\sim25\%$ 合并计算。村庄取较低值、规模较大的镇区取较高值。

三、用水量变化及预测

由于用水量具有随机性，用水量是时刻变化的，用水量只能按一定时间范围内的平均值进行计算，通常用以下方式表示。

1. 用水量的表示

（1）平均日用水量：即规划年限内，用水量最多一年内的总用水量除以用水天数。该值一般作为水资源规划的依据。

（2）最高日用水量：即用水量最多一年内，用水量最多一天的总用水量。该值一般作为供水取水与水处理工程规划和设计的依据。设计给水工程时，一般以最高日用水量来确定给水系统中各项构筑物的规模。

（3）最高日平均时用水量：即最高日用水量除以 24h，得到的最高日平均每小时的用水量，实际上只是对最高日用水量进行了单位换算，它与最高日用水量作用相同。

（4）最高时用水量：即用水量最多的一年内，用水量最高的 24h 中，用水量最大的 1 小时的总用水量。该值一般作为供水管网工程规划与设计的依据。

2. 用水量变化的表示

无论是生活用水还是生产用水，其耗水量绝不是一个恒定不变的数值，用水量随时都在变化。一年中不同季节的用水量有变化，同一季节中不同日的用水量也有变化，同一天不同小时的用水量也有变化。生活用水量随着生活习惯和气候而变化，如假期比平日高，夏季比冬季用水多；在一天内又以起床后和晚饭前用水最多。农业生产活动有较强的季节性，同工业生产相比年内用水量变化也较大。如工业企业的冷却用水量，随水源的水温而变化，夏季的冷却用水量大于冬季，可是某些生产用水量则变化很少。用水量标准只是一个平均值，在设计给水系统时，还须考虑每日每时的用水量变化。各种用水量的变化幅度和规律有所不同，用水量的变化可以用变化系数表示。规划和设计供水工程时主要是考虑逐日、逐时的变化。

在一年中，每天用水量的变化可以用日变化系数表示，即最高日用水量与平均日用水量的比值，称为日变化系数，记作 K_d，即

$$K_d = \frac{Q_d}{Q_{ad}} \tag{2-1}$$

式中　Q_d——最高日用水量，m^3/d；

　　　Q_{ad}——平均日用水量，m^3/d。

日变化系数应根据供水规模、用水量组成、生活水平、气候条件，结合当地相似供水工程的年内供水变化情况综合分析确定，可在1.3～1.6范围内取值。

在进行供水工程规划和设计时，一般首先计算最高日用水量，然后确定日变化系数，由此，计算出全年用水量或平均日用水量，即

$$Q_y = \frac{365Q_d}{K_d} \tag{2-2}$$

式中　Q_y——全年用水量，m^3/a。

在一日内，每小时用水量的变化可以用时变化系数表示，最高时用水量与平均时用水量的比值，称为时变化系数，记作K_h，即

$$K_h = 24\frac{Q_h}{Q_d} \tag{2-3}$$

式中　Q_h——最高时用水量，m^3/h。

根据最高日用水量和时变化系数，可以计算最高时用水量为

$$Q_h = K_h\frac{Q_d}{24} \tag{2-4}$$

从集中给水龙头取水时，用水时间往往比较集中，时变化系数很大；用水比较均匀时，时变化系数较小。时变化系数，应根据各村镇的供水规模、供水方式，生活用水和企业用水的条件、方式和比例，结合当地相似供水工程的最高日供水情况综合分析确定。

全日供水工程的时变化系数，可按表2-12确定。

表2-12　　　　　　　　　　全日供水工程的时变化系数

供水规模 $w/(m^3/d)$	$w \geqslant 5000$	$5000 > w \geqslant 1000$	$1000 > w \geqslant 200$	$w < 200$
时变化系数 K_h	1.6～2.0	1.8～2.2	2.0～2.5	2.3～3.0

注　乡镇企业日用水时间长且用水量比例较高时，时变化系数可取较低值；乡镇企业用水量比例很低或无企业用水量时，时变化系数可在2.0～3.0范围内取值，用水人口多、用水条件好或用水定额高的取较低值。

定时供水工程的时变化系数，可在3.0～4.0范围内取值，日供水时间长、用水人口多的取较低值。

在设计给水系统时，必须通过合理确定给水系统的设计用水量及各组成部分的设计水量来适应、满足这一变化。在设计时，取水构筑物、一级泵站和水厂等按最高日平均时流量计算，二级泵站及输配水管网按最高日最高时流量计算。

3. 需水量预测方法

需水量预测方法有多种方法，在供水规划时，要根据具体情况，选择合理可行的方法，必要时，可以采用多种方法计算，然后比较确定。

（1）分类计算法。分类估算法先按照用水的性质对用水进行分类，然后分析各类用水的特点，确定它们的用水量标准，并按用水量标准计算各类用水量，最后累计出总用水量。

该法比较细致，当有较详细的基础资料时，采用此方法可以求得比较准确的用水量。

（2）人均综合指标法。农村用水量与其人口具有密切的关系，农村除农业灌溉用水之外所有用水量之和除以农业人口数的商称为农村人均综合用水量，是将所有用水量之和按

人计算的平均值。在村镇供水工程规划，立项、编制项目建议书或审查工程可行性研究报告时，以人均综合用水量乘以设计人口，即为需水量。该方法简便，便于实际操作和掌握。

由于各地水资源条件、经济状况、管网建设情况及生活卫生习惯差异较大，对水量的需求差别也较大，并随着各地村镇经济发展，农村人均综合用水量将有不同程度地增长。不同地区人均综合最高日用水量指标可参考表 2-13。

表 2-13　　　　　　　　农村人均综合最高日用水量指标　　　　　　　　单位：L/(人·d)

地　区	北方（西北、东北、华北）	南方（西南、中南、华东）
人均综合用水量指标	70~80	90~110

注　1. 西北包括青海、陕西、甘肃、宁夏、新疆、兵团；东北包括辽宁、吉林、黑龙江；华北包括北京、天津、内蒙古、河北、山西、山东、河南；西南包括重庆、四川、贵州、云南、西藏；中南包括湖北、湖南、广西、广东、海南；华东包括江苏、浙江、安徽、江西、福建。
　　2. 在取值范围内取值的高低，北方地区可按西北、东北、华北顺序依次增高；南方地区可按西南、中南、华东顺序依次增高。

（3）年递增率法。随着社会经济发展以及社会主义新农村的建设，农村居民生活水平随之不断提高，供水量一般呈现逐年递增的趋势，在过去的若干年内，每年用水量可能保持相近的递增比率，可用如下公式表达，即

$$Q_{ad} = Q_0(1+\delta)^t \qquad (2-5)$$

$$Q_d = K_d Q_{ad} \qquad (2-6)$$

式中　Q_{ad}——起始年份后第 t 年的平均日用水量，m^3/d；

　　Q_0——起始年份平均日用水量，m^3/d；

　　δ——用水量年增长率，%；

　　t——规划年限，a。

上式实际上是一种指数曲线的外推模型，可用来计算未来年份的总用水量。

（4）线性回归法。日平均用水量亦可用一元线性回归模型进行预测计算，公式可写为

$$Q_{ad} = Q_0 + \Delta Q t \qquad (2-7)$$

式中　Q_{ad}——起始年份后第 t 年的平均日用水量，m^3/d；

　　Q_0——起始年份平均日用水量，m^3/d；

　　ΔQ——日平均用水量的年平均增量，$(m^3/d)/a$，根据历史数据回归计算求得；

　　t——规划年限，a。

农村需水总量受到多种因素的影响，诸如农村经济发展状况、农村产业结构的调整、生活条件、人口增长、用水习惯、资源价值观念、科学用水和节约用水、水价及水资源丰富和紧缺程度等。其用水总量在不断地发生变化，用水量增加到一定程度后将会达到一个稳定水平，甚至可能出现负增长趋势。

四、用水量的计算

1. 分类计算法

采用此方式时，应根据当地实际用水需求列项，按最高日用水量进行计算。

（1）最高日生活用水量。最高日生活用水量用下式计算，即

$$Q_1 = \sum \frac{q_{1i} N_{1i}}{1000} \qquad (2-8)$$

$$N_{1i} = P_0 (1+\gamma)^n + P_1 \qquad (2-9)$$

式中　Q_1——居民生活用水量，$\mathrm{m^3/d}$；

　　　N_{1i}——设计用水居民人数，人；

　　　P_0——供水范围内的现状常住人口数，其中包括无当地户籍的常住人口，人；

　　　γ——设计年限内人口的自然增长率，可根据当地近年来的人口自然增长率确定；

　　　n——工程设计年限，a；

　　　P_1——设计年限内人口的机械增长总数，可根据各村镇的人口规划以及近年来流动人口和户籍迁移人口的变化情况按平均增长法确定，人；

　　　q_{1i}——各用水分区最高日居民生活用水标准，可按表 2-1 确定，$\mathrm{L/(人 \cdot d)}$。

（2）公共建筑用水量。经济条件好的村镇，公共建筑用水量可用下式计算，即

$$Q_2 = \sum \frac{q_{2i} N_{2i}}{1000} \qquad (2-10)$$

式中　Q_2——公共建筑用水量，$\mathrm{m^3/d}$；

　　　q_{2i}——各用水分区的公共建筑的用水标准，$\mathrm{L/(人 \cdot d)}$；

　　　N_{2i}——各公共建筑的用水人数，人。

相对城市来说，农村公共建筑比较少，公共建筑用水量可按最高日生活用水量的百分数计或合并到未预见水量中。

（3）乡镇企业用水量。乡镇企业用水量可用下式计算，即

$$Q_3 = \sum q_{3i} N_{3i} (1 - f_i) \qquad (2-11)$$

式中　Q_3——乡镇企业设计用水量，$\mathrm{m^3/d}$；

　　　q_{3i}——各企业最高日生产用水标准，$\mathrm{m^3/万元}$、$\mathrm{m^3/产量单位}$ 或 $\mathrm{m^3/（生产设备单位 \cdot d）}$；

　　　N_{3i}——各企业产值（万元/d）或产量（产品单位/d）或生产设备数量（生产设备到单位）；

　　　f_i——各企业生产用水重复利用率。

企业职工的生活用水和淋浴用水量可按下式计算，为

$$Q_4 = \sum \frac{q_{4i} N_{4i} + q_{5i} N_{5i}}{1000} \qquad (2-12)$$

式中　q_{4i}——各企业职工生活用水量标准，$\mathrm{L/(人 \cdot 班)}$；

　　　q_{5i}——各企业职工淋浴用水标准，$\mathrm{L/(人 \cdot 班)}$；

　　　N_{4i}——各企业最高日职工生活用水总人数，人；

　　　N_{5i}——各工业企业车间最高日职工淋浴用水总人数，人。

对耗水量大、水质要求低或远离居住区的企业，是否将此项列入供水范围应根据水源充沛程度、经济比较和水资源管理要求等确定。

对于仅靠地下水资源供水的地区，在进行需水量计算时，工业用水量可不列项计算，根据当地工业发展的实际情况，可采用生活用水量的 $5\% \sim 10\%$ 估算或不计此项。

（4）饲养畜禽用水量。集体或专业户饲养禽畜用水量可用下式计算，即

$$Q_5 = \sum \frac{q_{6i} N_{6i}}{1000} \qquad (2-13)$$

式中　Q_5——饲养畜禽用水量，m^3/d；

　　　q_{6i}——各用水分区的饲养畜禽的用水量标准，$L/(头，只 \cdot d)$，见表 2-8；

　　　N_{6i}——各用水分区的饲养禽畜数，头或只。

根据我国禽畜发展现状，规模化养殖已成为发展趋势，集体或专业户饲养禽畜用水量应按照以近期为主适当考虑发展的原则确定，一般可考虑 5 年左右的发展计划。另有独立水源的饲养场可不考虑此项。

（5）浇洒道路和绿地用水量。浇洒道路和绿地用水量可用下式计算，即

$$Q_6 = \frac{q_7 N_7 + q_8 N_8}{1000} \qquad (2-14)$$

式中　q_7——浇洒道路用水标准，$L/(m^2 \cdot d)$；

　　　q_8——绿化用水标准，$L/(m^2 \cdot d)$；

　　　N_7——最高日浇洒道路面积，m^2；

　　　N_8——最高日绿地用水面积，m^2。

规模不大且经济条件一般或较差的村镇，特别是水资源贫乏地区，浇洒道路和绿地一般较少，为非日常用水，且用水时一般能避开高峰期，因此，此项可不列。

（6）管网漏失水量和未预见水量。管网漏失水量和未预见水量可用下式计算，即

$$Q_7 = (0.10 \sim 0.25)(Q_1 + Q_2 + Q_3 + Q_4 + Q_5 + Q_6) \qquad (2-15)$$

（7）消防用水量。消防用水量可用下式计算，即

$$Q_8 = q_x f_x \qquad (2-16)$$

式中　q_x——消防用水标准，L/s；

　　　f_x——同时火灾次数。

（8）最高日用水量。最高日用水量可用下式计算，即

$$Q_d = Q_1 + Q_2 + Q_3 + Q_4 + Q_5 + Q_6 + Q_7 \qquad (2-17)$$

允许短时间间断供水的村镇，当上述用水量之和高于消防用水量时，确定供水规模可不单列消防用水量。

2. 人均综合指标法

人均综合指标法较简便易行，其计算公式为

$$Q = \frac{qm}{1000} \qquad (2-18)$$

式中　Q——农村供水工程用水需水量，m^3/d；

　　　q——农村人均综合用水量指标，见表 2-13；

　　　m——预测期农村用水人口数，人。

该方法预测的结果正确与否与人均综合用水量指标的选择有极大的关系，该指标随时空的变化而变化，确定该指标应充分考虑影响用水量指标的各种因素，使确定的用水量指标更符合当地的实际情况。

第四节　供水水源规划

一、水源选择的原则

水源选择的任务是保证良好而足够的各种用水。村镇水源的选择对供水工程是一个非常重要的环节。在选择中，既要掌握详细的第一手材料，又要认真细致地分析研究。同时应根据村镇近远期规划的要求，考虑取水工程的建设、使用、管理等情况，通过技术经济比较，确定合理的水源。此外还应充分注意当地的地方病和群众用水习惯等实际情况。因此，水源选择要密切结合该地区近远期规划和工农业总体布局要求，从整个给水系统（取水、输水、水处理设施）的安全和经济来考虑。选择水源时还应考虑与取水工程有关的其他各种条件，如村镇的水文、水文地质、工程地质、地形、卫生、施工等方面的条件。

正确地选择给水水源，必须根据供水对象对水质水量的要求，对所在地区的水资源状况进行认真的勘查、研究。选择给水水源的原则一般有以下几方面。

1. 给水水源应有足够水量

水源的水量，既要满足当前农村生活、饲养牲畜家禽、副业、小工业和（或）农业生产等需要，也必须考虑适应设计年限内人口增长、生活水平提高和生产发展等诸方面的用水要求。

为保证所选水源的水量充沛可靠，就需要对水源的气象、水文和水文地质等情况，进行详细的调查研究和综合分析；应向当地气象或水利部门了解年降水总量、年蒸发总量、年最大和最小降水量，以便分析当地水源水量的补给和考虑必须采取的防洪措施。对于地下水源，应了解地下水埋藏深度，含水层厚度，地下水储量，最大开采量，附近灌溉井的静水位、动水位和井的影响半径，不同降深时的出水量等，使其取水量小于可开采量，严禁盲目开采。对于地面水源，则应了解江河的最高洪水位、最低枯水位，年平均流量，常年丰水期的最大流量，以及枯水期的最小流量；湖泊、水库的蓄水量，丰水期的最高水位和枯水期的最低水位等，使枯水期的可取水量大于设计取水量，干旱年枯水期设计取水量的保证率，严重缺水地区不低于90％，其他地区不低于95％，枯水期也能满足用水要求。在水源水量不足时，要做好水源的综合平衡分析工作。

2. 给水水源的水质应良好

确定水源时，应尽可能搜集水源历年逐月的水质资料，调查研究水源影响水质的因素，研究污染物的来源及处理措施等。所选水源水质应良好，对于水源水质而言，应根据《地表水环境质量标准》（GB 3838—2002）判别水源水质优劣是否符合要求。一般要求原水的感官性状良好，化学成分无害，卫生上安全。作为生活饮用水水源，其水质要符合《生活饮用水卫生标准》（GB 5749—2006）关于水源水质的若干规定，因此在选择水源时，应掌握必要的水源水质资料，并加以认真分析，选用原水的化学指标，特别是毒理学指标，符合生活饮用水水质要求的水源。

如因条件所限，当地水源不能满足上述水质标准的要求时，应尽可能选取原水水质较为接近生活饮用水水质要求的水源，并根据超过标准的程度，与卫生部门共同研究确定净化处理方案。

工业企业生产用水的水源水质则根据各种生产要求而定。作为农田灌溉应用的水源，其水质应符合《农田灌溉用水水质标准》（GB 5084—2005），农村其他生产用水则应符合各生产工艺要求的相应规定。例如，《渔业水域水质标准》（GB 11607—89），以及一般工业行业的用水水质标准等。

水源水质不仅要考虑现状，还要考虑远期变化趋势。

3. 水源的综合考虑与合理利用

在农村，除生活饮用水以外，农业、渔业、家庭副业、乡镇企业和一些小工业等均需用水，有的用水量还相当大，其中尤以农田灌溉用水量占的比重最大，因此要综合考虑各用水单位对水源的需求，并予以合理地分配和利用。

选择水源时，必须配合经济、计划部门制定水资源开发利用规划，全面考虑、统筹安排、正确处理与给水工程有关部门（如农业灌溉、水力发电、航运、木材流送、水产、旅游及排水等）的关系，以求合理地运用和开发水资源。特别是对水资源比较贫乏的地区，合理开发利用水资源对所在地区的全面发展具有决定性意义。例如：利用经处理后的污水灌溉农田；在工业给水系统中采用循环复用给水，提高水的重复利用率，减少水源取水量，以解决生活用水或工业企业大量用水和农业灌溉用水的矛盾；我国沿海某些淡水资源缺乏地区应尽可能利用海水作为工业企业给水水源；沿海地区地下水的开采与可能产生的污染（与水质不良含水层发生水力关系），地面沉降和塌陷及海水入侵等问题，应予以充分注意。此外，随着我国建设事业的发展，水资源的进一步开发利用，将越来越多的河流实现径流调节，水库水源除了农业灌溉、水力发电，还可根据实际情况及需要作水产养殖、供水、旅游等用途。因此，水库水源的综合利用也是水源选择中的重要课题。在一个地区，地表水源和地下水源的开采和利用有时是相辅相成的。地下水源与地表水源相结合、集中与分散相结合的多水源供水以及分质供水不仅能够发挥各类水源的优点，而且对于降低给水系统投资，提高给水系统工作可靠性有重大作用。

选用塘、库或灌溉水作为农村给水水源时，要合理调节用水量，协调农田灌溉和水产、渔业等的用水要求。对于地下水源，要防止过量开采，使地下水位下降，出水量降低，并注意避免各用水单位间相互争水。

农村供水的水源建设，应尽可能为支援农业、增强农业发展后劲做出贡献。

4. 水源的统一规划和合理布局

选择水源时，应根据农村近期现状和长远发展规划，合理确定水源的位置。一般要求水源的位置尽量靠近净化构筑物和主要用户，以节省投资，方便管理；应尽可能考虑首先采用水位较高、位于用水单位上游且距离较近的水源，如水库、塘堰、山泉和深层自流地下水等，以降低经常性的运行费用。

选择水源时，如存在两种以上可供选用的水源时，应通过技术经济比较，选取技术上安全可靠，经济上合理，施工、运行、管理、维护方便的水源。

5. 水源的卫生条件好，便于卫生防护

对于以农村生活饮用水为主的农村供水工程，在选择水源时，除应考虑上述原则外，还更应注意水源的卫生防护条件，防止由于人们的生活和生产活动，造成人为地污染和恶化水源水质。例如，粪便、生活污水、工矿企业废水，以及农药、化肥等对水源的污染。

要选择卫生防护条件好的水源，或便于依照《生活饮用水卫生标准》中有关规定进行防护的水源。

二、水源选择的一般顺序

由于各地水源情况差异很大，为便于选好农村生活饮用水水源，除依照上述原则选择外，尚可参考下述先后顺序，确定适宜的水源。

（1）适宜生活饮用的地下水源有：①泉水；②承压水（深层地下水）；③潜水（浅层地下水）。

（2）适宜生活饮用的地面水源有：①水库水；②淡水湖泊水；③江河水；④山溪水；⑤塘堰水。

（3）便于开采，但尚需适当处理后，方可饮用的地下水源，如：水中所含的铁、锰、氟等化学成分超过生活饮用水水质卫生标准的地下水源。

（4）需进行深度净化处理，方可饮用的地面水源，如：受到一定程度污染的江河、库、塘湖等水源。

（5）缺水地区，可采用修建蓄水构筑物，如水窖、水窖等，收集降水作为分散式农村供水的水源。

在农村供水工程中，地下水源是一种非常重要的供水水源。特别是在我国北方地区，农村生活饮用水主要取自地下水。采用地下水源，一般具有下列优点：取水条件及取水构筑物简单，造价较低，便于施工和管理；通常地下水水质较好，无须澄清处理，当水质不符合要求时，水处理工艺比地表水简单，故处理构筑物投资和运行费用较为节省；便于靠近用户建立水源，从而降低给水系统特别是输水管网的投资，节省输水运行费用及电耗，同时也提高了给水系统的安全可靠性；便于分期修建；不易被污染，便于建立卫生防护区。

因此，一般情况下，凡符合卫生要求的地下水，应优先考虑作为农村生活饮用水的水源。对于工业企业生产用水而言，取水量不大或不影响当地饮水需要，也可采用地下水源，否则应取用地表水。采用地表水源时，须考虑天然河道中取水的可能性，而后考虑需调节径流的河流。地下水径流量有限，一般不适于用水量很大的情况。有时即使地下水储量丰富，还应做具体技术经济分析。例如由于大量开采地下水，引起取水构筑物过多，过于分散，取水构筑物的单位水量造价相对上升及运行管理复杂等问题。有时，地下水埋深过大，将增加抽水能耗，提高水的成本。水的成本中，电耗占很大比例，节能是降低水价的有效途径。但若过量开采地下水，还会造成建筑物沉降、塌陷，田地干裂等现象，引起人员伤亡，农作物枯死，造成巨大的经济损失。

三、地表水源

地表水水源常能满足大量用水的需要，故常采用地表水作为供水的首选水源。地表水取水中取水口位置的选择非常关键，其选择是否恰当，直接影响取水的水质和水量、取水的安全可靠性、投资、施工、运行管理以及河流的综合利用。

在选择取水构筑物位置时必须根据河流水文、水力、地形、地质、卫生等条件综合研究，提出几个可能的取水位置方案，进行技术经济比较，在条件复杂时，尚需进行水工模型试验，从中选择最优的方案，选择最合理的取水构筑物位置。

1. 水质因素

（1）取水水源应选在污水排放出口上游 100m 以上或 1000m 以下的地方，当江、河边水质不好时，取水口宜伸入江、河中心水质较好处取水，并应划出水源保护范围。

（2）受潮汐影响的河道中污水的排放和稀释很复杂，往往顶托来回时间较长。因此，在这类河道上建取水构筑物时，应通过调查论证后确定。

（3）在泥沙较多的河流，应根据河道横向环流规律中泥沙的移动规律和特性，避开河流中含沙量较多的河流地段。在泥沙含量沿水深有变化的情况下，应根据不同深度的含沙量分布，选择适宜的取水高程。

（4）取水口选择在水流畅通和靠主流的深水地段，避开河流的回流区或死水区，以减少水中漂浮物、泥沙等的影响。

2. 河床与地形

取水河段形态特征和岸形条件是选择取水口的重要因素，取水口位置应根据河道水文特征和河床演变规律，选在比较稳定的河段，并能适应河床的演变。

（1）在弯曲河段上取水，取水构筑物位置宜设在水深岸陡、含泥沙量少的河流的凹岸，并避开凹岸主流的顶冲点，一般宜选在顶冲点的稍下游处。

（2）在顺直河段上，取水构筑物位置宜设在河床稳定、深槽主流近岸处，通常也就是河流较窄、流速较大、水较深的地点。取水构筑物处的水深一般要求不小于 2.5～3.0m。

（3）在有河漫滩的河段上，应尽可能避开河漫滩，并要充分估计河漫滩的变化趋势。在有沙洲的河段上，应离开沙洲 500m 以上，当沙洲有向取水方向移动趋势时，这一距离还需适当加大。

（4）在有支流汇入的河段上，应注意汇入口附近"泥沙堆积堆"的扩大和影响，取水口应与汇入口保持足够的距离，一般取水口多设在汇入口干流的上游河段。

（5）在分汊的河段，应将取水口选在主流河道的深水地段；在有潮汐的河道上，取水口宜选在海潮倒灌影响范围以外。

3. 人工构筑物和天然障碍物

河流上常见的人工构筑物（如桥梁、丁坝、码头等）和天然障碍物，往往引起河流水流条件的改变，从而使河床产生冲刷或淤积，故在选择取水构筑物位置时，必须加以注意。

（1）桥梁。由于桥孔缩减了水流断面，因而上游水流滞缓，造成淤积，抬高河床，冬季产生冰坝。因此，取水口应设在桥前滞流区以上 0.5～1.0km 或桥后 1.0km 以外的地方。

（2）丁坝。由于丁坝将主流挑离本岸，通向对岸，在丁坝附近形成淤积区，因此取水构筑物如与丁坝同岸，则应设在丁坝上游，与坝前浅滩起点相距不小于 150m。取水构筑物也可设在丁坝的对岸（需要有护岸设施），但不宜设在丁坝同一岸侧的下游，因主流已经偏离，容易产生淤积。此外，残留的施工围堰、突出河岸的施工弃土、陡岸、石嘴对河流的影响类似丁坝。

（3）拦河闸坝。闸坝上游流速减缓，泥沙易于淤积，故取水口设在上游时应选在闸坝附近、距坝底防渗铺砌起点 100～200m 处。当取水口设在闸坝下游时，由于水量、水位和水质都受到闸坝调节的影响，并且闸坝泄洪或排沙时，下游可能产生冲刷和泥沙涌入，因此取水口不宜与闸坝靠得太近，而应设在其影响范围以外。取水构筑物宜设在拦河坝影响范围以外的地段。

（4）码头。取水口不宜设在码头附近，如必须设置时，应布置在受码头影响范围以外，最好伸入江心取水，以防止水源受到码头装卸货物和船舶停靠时污染。

4. 工程地质及施工条件

（1）取水构筑物应设在地质构造稳定、承载力高的地基上，不宜设在淤泥、断层、流砂层、滑坡、风化严重的岩层和岩溶发育地段。在地震地区不宜将取水构筑物设在不稳定的陡坡或山脚下。取水构筑物也不宜设在有宽广河漫滩的地方，以免进水管过长。

（2）选择取水构筑物位置时，要尽量考虑到施工条件，除要求交通运输方便、有足够的施工场地外，还要尽量减少土石方量和水下工程量，以节省投资，缩短工期。

四、地下水源

地下水水源一般水质较好，不易被污染，但径流量有限。一般而言，由于开采规模较大的地下水的勘察工作量很大，开采水量会受到限制。采用地下水水源时一般按泉水、承压水、潜水的顺序考虑。

地下水取水中关键是确定地下水水源地。水源地的选择，对于大中型集中供水，是确定取水地段的位置与范围；对于小型分散供水而言，则是确定水井的井位。它不仅关系到建设的投资，而且关系到是否能保证取水设施长期经济、安全地运转和避免产生各种不良环境地质作用。水源地选择是在地下水勘察的基础上，由有关部门批准后确定的。

1. 集中式供水水源地的选择

进行水源地选择，首先考虑的是能否满足需水量的要求，其次是它的地质环境与利用条件。

（1）水源地的水文地质条件。取水地段含水层的富水性与补给条件，是地下水水源地的首选条件。因此，应尽可能选择在含水层层数多、厚度大、渗透性强、分布广的地段上取水。如选择冲洪积扇中、上游的砂砾石带和岩溶含水层，规模较大的断裂及其他脉状基岩含水带。

在此基础上，应进一步考虑其补给条件。取水地段应有较好的汇水条件，应是可以最大限度地拦截区域地下径流的地段，或接近补给水源和地下水的排泄区；应是能充分夺取各种补给量的地段。例如：在松散岩层分布区，水源地尽量靠近与地下水有密切联系的河流岸边；在基岩地区，应选择在集水条件最好的背斜倾没端、浅埋向斜的核部、区域性阻水界面迎水一侧；在岩溶地区，最好选择在区域地下径流的主要径流带的下游，或靠近排泄区附近。

（2）水源地的地质环境。在选择水源地时，要从区域水资源综合平衡的观点出发，尽量避免出现新旧水源地之间、工业和农业之间、供水与矿山排水之间的矛盾。也就是说，新建水源地应远离原有的取水或排水点，减少互相干扰。

为保证地下水的水质，水源地应远离污染源，选择在远离城市或工矿排污区的上游；应远离已污染（或天然水质不良）的地表水体或含水层的地段；避开易于使水井淤塞、涌砂或水质长期浑浊的流砂层或岩溶充填带；在滨海地区，应考虑海水入侵对水质的不良影响；为减少垂向污水渗入的可能性，最好选择在含水层上部有稳定隔水层分布的地段。此外，水源地应选在不易引起地面沉降、塌陷、地裂等有害工程地质作用的地段上。

（3）水源地的经济性、安全性和扩建前景。在满足水量、水质要求的前提下，为节省建设投资，水源地应靠近供水区，少占耕地；为降低取水成本，应选择在地下水浅埋或自流地段；河谷水源地要考虑水井的淹没问题；人工开挖的大口井取水工程，则要考虑井壁的稳固性。当有多个水源地方案可供选择时，未来扩大开采的前景条件也常常是必须考虑的因素之一。

2. 小型分散式水源地的选择

以上集中式供水水源地的选择原则，对于基岩山区裂隙水小型水源地的选择，也基本上是适合的。但在基岩山区，由于地下水分布极不普遍和不均匀，水井的布置将主要取决于强含水裂隙带的分布位置。此外，布井地段的地下水位埋深、上游有无较大的补给面积、地下水的汇水条件及夺取开采补给量的条件也是确定基岩山区水井位置时必须考虑的条件。

五、雨水水源

对于地面水和地下水都极端缺乏，或对这些常规水源的开采十分困难的山区，解决水的问题只能依靠雨水资源。此类地区地形、地质条件不利于修建跨流域和长距离引水工程，而且即使水引到了山上，由于骨干水利工程能够提供的水源往往是一个点，如水库、枢纽，或者是一条线，如渠道，广大山区则是一个面，因此要向分散居住在山沟里的农户供水是十分困难的。而要把水引下山到达为沟壑分割成分散、破碎的地块进行灌溉，更是难题。同时昂贵的供水成本农户难以承担，使工程的可持续运行和效益发挥成为问题。对居住分散、居民多数为贫困人群的山区，应当采用分散、利用就地资源、应用适用技术、便于社区和群众参与全过程的解决方法。与集中的骨干水利工程比较，雨水集蓄利用工程恰恰具有这些特点。雨水是就地资源，无须输水系统，可以就地开发利用；作为微型工程，雨水集蓄工程主要依靠农民的投入修建，产权多属于农户，农民可以自主决定它的修建和管理运用，因而十分有利于农民和社区的参与。而且现代规模巨大的水利工程往往伴生一系列的生态环境问题，雨水集蓄利用不存在大的生态环境问题，是"对生态环境友好"的工程。要实现缺水山区的可持续发展，雨水集蓄利用是一种不可替代的选择。

对于地表水、地下水缺乏或开采利用困难，且多年平均降水量大于 250mm 的半干旱地区和经常发生季节性缺水的湿润、半湿润山丘地区，以及海岛和沿海地区，可利用雨水集蓄解决人畜饮用、补充灌溉等用水问题。

六、水源的卫生防护

水源的卫生防护是保证水质良好的一项重要措施，也是选择水源工作的一个必不可少的组成部分，其目的就是要防止水源受到污染。

作为农村生活饮用水水源，若缺乏必要的卫生防护，不断受到污染，无论水厂内净水设备如何完善，也难以保证供给质量良好的用水；就是水质好的水源，如不加防护，也会逐渐变坏。因此，无论是地面水源还是地下水源，为保障水源的清洁卫生，都应在确定水源和取水点的同时，针对本地区的具体情况，严格按《生活饮用水卫生标准》的有关规定，在水源附近设置卫生防护地带。

由于地面水源和地下水源的特点不同，以及其取水方式各异，它们对水源卫生防护地带的具体要求也不一样。对于农村供水工程，两类水源的卫生防护应着重注意的问题分述如下。

　　1. 地面水源的卫生防护

　　对于集中式供水水源，其卫生防护地带的范围和要求如下：

　　（1）取水构筑物及其附近的卫生防护。为防止取水构筑物及其附近水域受到直接污染，在其取水点周围半径不小于100m的水域内，严禁捕捞、停靠船只、游泳和从事一切可能污染水源的活动。例如，禁止洗衣、洗菜，不得放牧等，并由供水单位设置明显的范围标志和严禁事项的告示牌。

　　（2）取水点上下游的卫生防护。河流取水点上游1000m至下游100m的水域内，不得排入工业废水和生活污水。其沿岸防护范围内，不得堆放废渣、设置有害化学物品的仓库或堆栈，不得设立装卸垃圾、粪便和有毒物品的码头。防护范围内的沿岸农田，不得使用工业废水或生活污水灌溉，以及施用有持久性或有剧毒的农药，不得从事放牧等有可能污染该段水域水质的活动。

　　（3）水库、湖泊水源的卫生防护。作为人畜饮用的专用水库和湖泊，应视具体情况将全部或部分水面及沿岸列入防护范围。它的防护要求与前述要求相同。

　　（4）水厂的卫生防护。在水厂生产区，或单独设立的泵站、沉淀池和清水池等构筑物外围，要求在其不小于10m的范围内，不得设立生活居住区和修建禽畜饲养场、渗水厕所、渗水坑，不得堆放垃圾、粪便、废渣或铺设污水管（渠）道。水厂要保持良好的卫生状况，并应充分进行绿化。

　　（5）水源卫生防护地带以外的卫生防护。对水源卫生防护地带以外的周围地区，应经常了解工业废水和生活污水的排放、污水灌溉农田、传染病发病和其他事故污染等情况。如发现有可能污染水源时，应及时采取必要的防护措施，保护水源水质。通常要求，在取水点上游1000m以外排放的工业废水和生活污水应符合现行的《工业"三废"排放试行标准》（GBJ 4—73）和《工业企业设计卫生标准》（GBZ 1—2002）的规定；医疗卫生、科研和畜牧兽医等机构含病原体较多的污水，必须经过处理和严格消毒，彻底消灭病原体后才准许排放。

　　对于受潮汐影响的河流取水点上下游和湖泊、水库取水点两侧的防护范围，以及其沿岸防护范围的宽度，均应根据地形、水文和卫生等具体情况，参照上述要求确定。

　　对于分散式供水水源，其卫生防护地带的范围和要求可以参照采用集中式供水水源的卫生防护地带的范围和要求，或根据具体条件和实际情况采取分段用水、分塘用水等措施，将生活饮用水水源或取水点与其他用水水源或取水点隔离开，以防止相互干扰和污染生活用水。

　　2. 地下水源的卫生防护

　　（1）取水构筑物的卫生防护。取水构筑物的卫生防护，主要取决于水文地质条件、取水构筑物的类型和附近地区的卫生状况。它的卫生防护措施和要求与地面水源水厂的卫生防护要求相同。

　　（2）防止取水构筑物周围含水层的污染。为了防止对取水构筑物周围含水层的污染，在单井或井群的影响半径范围内，不得使用工业废水和生活污水灌溉农田和施用有持久性或剧毒的农药。井的影响半径大小与水文地质条件和抽水量的大小有关。一般情况下，粉砂含水层，影响半径为 25～30m；砂砾含水层，影响半径可达 400～500m。如覆盖层较薄，含水层在影响半径范围内露出地面或与地面水有相互补充关系时，在井的影响半径范围内，亦不得修建渗水厕所、渗水坑、堆放废渣或铺设污水管道，并不得从事破坏深土层的活动。如取水层在水井影响半径范围内未露出地面，或取水层与地面水没有相互补充关系时，可以根据具体情况设置较小的防护范围。

（3）做好封井工作。地下水取水构筑物种类很多，用作生活饮用水水源的水井，一定要认真做好封井工作，以防地面水下渗污染井水水质。

（4）分散式地下水源的卫生防护。对于分散式地下水源，其水井周围 20～30m 的范围内不得设置渗水厕所、渗水坑、粪坑、垃圾堆和废渣堆等污染源，并应建立必要的卫生制度。如规定不得在井台处洗菜、洗衣物、喂牲畜，严禁向井内投扔脏物等；规定要求将井台抬高，加设井盖，设置公用提水桶，定期清掏井中污泥，以及加强消毒等措施。

3. 雨水水源的卫生防护

雨水水源的水质不仅与区域地理位置、大气质量有关，而且与当地集流场所的周边环境和卫生条件有关。控制工业废气排放，防治大气污染是减少雨水污染的重要途径；集雨工程规划布局要合理，在进水口要增设拦污网，窖体要做防渗处理，沉沙池容积不能太小，否则起不到沉淀泥沙的作用；要合理选址，家禽要远离集流场，厕所、禽畜圈应远离集流区；要加强管理，集雨设施要经常加以维护保养，要定期清扫集流面和沉沙池，保持集流区清洁卫生，加强水窖周围的环境卫生管理，确保饮水安全。

4. 加强饮用水源水质检验

饮用水源的水质应由当地卫生防疫站、环境卫生监测站根据需要进行检测。要加强对集中式供水水源、水厂和用水点的水质监测，对取水、制水、供水实施全过程管理，及时掌握饮用水水源环境、供水水质状况。供水单位要建立以水质为核心的质量管理体系，建立严格的取样、检测和化验制度。水厂应采取必要的消毒净化措施，保证出厂水质达到饮用水标准。以规模较大的供水站为依托，分区域设立监测点，对小型供水站提供水质检验服务。分散式供水水源地和雨水水源也要求当地卫生防疫站做抽样检测。建立村民、乡镇机关和社会力量相结合的多层监督体系，加强水质检验和监测工作，完善农村饮水安全监测体系。

5. 做好水源保护宣传工作

要加大对广大村民进行防止水源污染的宣传，让广大村民自觉提高水源保护意识，并结合村镇实际，制定和落实保护水源措施，杜绝一切可能造成污染水源的现象发生。

七、供水水源水质标准

1. 饮用水水质标准

我国生活饮用水现行国家标准为 1986 年开始实施的《生活饮用水卫生标准》（GB 5749—85），该标准共有 35 项指标，见表 2-14。与世界卫生组织及发达国家相比，我国指标中规定的项目较少。因此，GB 5749—85 标准已被修订，即将试行。新《生活饮用水卫生标准》的水质指标共有 88 项。为保证生活饮用水的质量，卫生部颁布了《生活饮用水卫生规范》，于 2001 年 9 月开始执行。该规范包括了 34 项常规检测项目（表 2-15）和 62 项非常规检测项目（表 2-16），并对水源水质进行了规定。该规范将《生活饮用水卫生标准》中原有的一些指标定得更加严格，检测项目也更加全面。这个规范的实施，对保证我国生活饮用水的卫生质量起到了重要作用。

表 2-14　　　　　　　　　　　　　　生活饮用水卫生标准

序号	项　　目	标　　准
感官性状和一般化学指标		
1	色	色度不超过 15 度，并不得呈现其他异色
2	浑浊度	不超过 3 度，特殊情况不超过 5 度
3	嗅和味	不得有异臭、异味
4	肉眼可见物	不得含有
5	pH 值	6.5～8.5
6	总硬度（以 $CaCO_3$ 计）	450mg/L
7	铁	0.3mg/L
8	锰	0.1mg/L
9	铜	1.0mg/L
10	锌	1.0mg/L
11	挥发酚类（以苯酚计）	0.002mg/L
12	阴离子合成洗涤剂	0.3mg/L
13	硫酸盐	250mg/L
14	氯化物	250mg/L
15	溶解性总固体	1000mg/L
毒理学指标		
16	氟化物	1.0mg/L
17	氰化物	0.05mg/L
18	砷	0.05mg/L
19	锶	0.01mg/L
20	汞	0.001mg/L
21	镉	0.01mg/L
22	铬（六价）	0.05mg/L
23	铅	0.05mg/L
24	银	0.05mg/L
25	硝酸盐（以 N 计）	20mg/L
26	氯仿	60μg/L
27	四氯化碳	3μg/L
28	苯并芘	0.01μg/L
29	滴滴涕	1μg/L

续表

序号	项　目	标　准
30	六六六	5μg/L
	细菌学指标	
31	细菌总数	100 个/mL
32	总大肠菌群	3 个/L
33	游离余氯	在接触 30min 后不低于 0.3mg/L。集中式给水除出厂水应符合上述要求外，管网末梢水不应低于 0.05mg/L
	放射性指标	
34	总 α 放射性	0.1Bq/L
35	总 β 放射性	1Bq/L

注　我国即将实行有 88 项水质指标的饮用水标准。

表 2－15　　　　　　　　　　　　生活饮用水水质常规检测项目及限值

序号	项　目	限　值
	感官性状和一般化学指标	
1	色	色度不超过 15 度，并不得呈现其他异色
2	浑浊度	不超过 1 度（NTU）[①]，特殊情况不超过 5 度（NTU）
3	嗅和味	不得有异臭、异味
4	肉眼可见物	不得含有
5	pH 值	6.5～8.5
6	总硬度（以 $CaCO_3$ 计）	450mg/L
7	铝	0.2mg/L
8	铁	0.3mg/L
9	锰	0.1mg/L
10	铜	1.0mg/L
11	锌	1.0mg/L
12	挥发酚类（以苯酚计）	0.002mg/L
13	阴离子合成洗涤剂	0.3mg/L
14	硫酸盐	250mg/L
15	氯化物	250mg/L
16	溶解性总固体	1000mg/L
17	耗氧量（以 O_2 计）	3mg/L，特殊情况下不超过 5mg/L[②]
	毒理学指标	
18	砷	0.05mg/L
19	镉	0.005mg/L
20	铬（六价）	0.05mg/L
21	氰化物	0.05mg/L

续表

序号	项　目	限　值
22	氟化物	1.0mg/L
23	铅	0.01mg/L
24	汞	0.001mg/L
25	硝酸盐（以N计）	20mg/L
26	硒	0.01mg/L
27	四氯化碳	0.002mg/L
28	氯仿	0.06mg/L
	毒理学指标	
29	细菌总数	100CFU/mL③
30	总大肠菌群	每100mL水样中不得检出
31	粪大肠菌群	每100mL水样中不得检出
32	游离余氯	在接触30min后不低于0.3mg/L，管网末梢水不应低于0.05mg/L（适用于加氯消毒）
	放射性指标	
33	总α放射性	0.5Bq/L④
34	总β放射性	1Bq/L④

① NTU为散射浊度单位。

② 特殊情况包括水源限制等情况。

③ CFU为菌落形成单位。

④ 放射性指标规定数值不是限值，而是参考水平。放射性指标超过本表中所规定的数值时，必须进行核素分析和评价，以决定能否饮用。

表2-16　　　　　　　　　　生活饮用水水质非常规检测项目及限值

序号	项　目	限　值
	感官性状和一般化学指标	
1	硫化物	0.02mg/L
2	钠	200mg/L
	毒理学指标	
3	锑	0.005mg/L
4	钡	0.7mg/L
5	铍	0.002mg/L
6	硼	0.5mg/L
7	钼	0.07mg/L
8	镍	0.02mg/L
9	银	0.05mg/L
10	铊	0.0001mg/L
11	二氯甲烷	0.02mg/L

续表

序号	项 目	限 值
12	1,2—二氯乙烷	0.03mg/L
13	1,1,1—三氯乙烷	2mg/L
14	氯乙烯	0.005mg/L
15	1,1—二氯乙烯	0.03mg/L
16	1,2—二氯乙烯	0.05mg/L
17	三氯乙烯	0.07mg/L
18	四氯乙烯	0.04mg/L
19	苯	0.01mg/L
20	甲苯	0.7mg/L
21	二甲苯	0.5mg/L
22	乙苯	0.3mg/L
23	苯乙烯	0.02mg/L
24	苯并芘	0.00001mg/L
25	氯苯	0.3mg/L
26	1,2—二氯苯	1mg/L
27	1,4—二氯苯	0.3mg/L
28	三氯苯（总量）	0.02mg/L
29	邻苯二甲酸二（2—乙基己基）酯	0.008mg/L
30	丙烯酰胺	0.0005mg/L
31	六氯丁二烯	0.0006mg/L
32	微囊藻毒素—LR	0.001mg/L
33	甲草胺	0.02mg/L
34	灭草松	0.3mg/L
35	叶枯唑	0.5mg/L
36	百菌清	0.01mg/L
37	滴滴涕	0.001mg/L
38	镍氢菊酯	0.02mg/L
39	内吸磷	0.03mg/L（感官限值）
40	乐果	0.08mg/L（感官限值）
41	2,4—滴	0.03mg/L
42	七氯	0.0004mg/L
43	七氯环氧化物	0.0002mg/L
44	六氯苯	0.001mg/L
45	六六六	0.005mg/L
46	林丹	0.002mg/L

续表

序号	项　目	限　值
47	马拉硫磷	0.25mg/L（感官限值）
48	对硫磷	0.003mg/L（感官限值）
49	甲基对硫磷	0.02mg/L（感官限值）
50	五氯酚	0.009mg/L
51	亚氯酸盐	0.2mg/L（适用于二氧化氯消毒）
52	一氯胺	3mg/L
53	2,4,6 三氯酚	0.2mg/L
54	甲醛	0.9mg/L
55	三卤甲烷[①]	该类化合物中每种化合物的实测浓度与其各自限值的比值之和不得超过 1
56	溴仿	0.1mg/L
57	二溴一氯甲烷	0.1mg/L
58	一溴二氯甲烷	0.06mg/L
59	二氯乙酸	0.05mg/L
60	三氯乙酸	0.1mg/L
61	三氯乙醛（水合氯醛）	0.01mg/L
62	氯化氢（以 CN^- 计）	0.07mg/L

① 三氯甲烷包括氯仿、溴仿、二溴一氯甲烷和一溴二氯甲烷共 4 种化合物。

2. 工业用水水质标准

工业用水种类繁多，水质要求各不相同。水质要求高的工艺用水，不仅要求去除水中悬浮杂质和胶体杂质，而且还需要不同程度地去除水中的溶解杂质。

食品、酿造及饮料工业的原料用水，水质要求应当高于生活饮用水的要求。

纺织、造纸工业用水，要求水质清澈，且对易于在产品上产生斑点从而影响印染质量或漂白度的杂质含量，加以严格限制。如铁和锰会使织物或纸张产生锈斑。水的硬度过高也会使织物或纸张产生锈斑。

对锅炉补给水水质的基本要求是凡能导致锅炉、给水系统及其他热力设备腐蚀、结垢及引起汽水共腾现象的各种杂质，都应大部分或全部去除。锅炉压力和构造不同，水质要求也不同。汽包锅炉和直流锅炉的补给水水质要求相差悬殊。锅炉压力越高，水质要求也越高。如低压锅炉（压力小于 2450kPa），主要应限制给水中的钙、镁离子含量，含氧量及 pH 值。当水的硬度符合要求时，即可避免水垢的产生。

在电子工业中，零件的清洗及药液的配制等，都需要纯水。特别是半导体器件及大规模集成电路的生产，几乎每道工序均需"高纯水"进行清洗。高灵敏度的晶体管和微型电路所需的高纯水，总固体残渣应小于 1mg/L。电阻率（在 25℃ 左右）应大于 $10 \times 10^6 \Omega \cdot$ cm。水中微粒尺寸即使在 $1\mu m$ 左右，也会直接影响产品质量甚至造成次品。

此外许多工业部门在生产过程中都需要大量冷却水，用以冷凝蒸汽以及工艺流体或设备降温。冷却水首先要求水温低，同时对水质也有要求。如水中存在悬浮物、藻类及微生物等，会使管道和设备堵塞；在循环冷却系统中，还应控制在管道和设备中由于水质所引起的结垢、腐蚀和微生物繁殖。

总之工业用水的水质优劣，与工业生产的发展和产品质量的提高关系很大。各种工业用水对水质的要求由有关工业部门制订。

3. 农田灌溉用水水质标准

农田灌溉用水水质，应符合表2-17的标准。

表2-17　　　　　　　　　　农田灌溉用水水质标准

序号	项　目	标　准
1	水温	不超过35℃
2	pH 值	5.5～8.5
3	全盐量	非盐碱农田不超过1500mg/L
4	氯化物（按 Cl 计）	非盐碱农田不超过300mg/L
5	硫化物（按 S 计）	不超过1mg/L
6	汞及其化合物（按 Hg 计）	不超过0.001mg/L
7	镉及其化合物（按 Cd 计）	不超过0.005mg/L
8	砷及其化合物（按 As 计）	不超过0.05mg/L
9	六价铬化合物（按 Cr^{+6} 计）	不超过0.1mg/L
10	铅及其化合物（按 Pb 计）	不超过0.1mg/L
11	铜及其化合物（按 Cu 计）	不超过1.0mg/L
12	锌及其化合物（按 Zn 计）	不超过3.0mg/L
13	硒及其化合物（按 Se 计）	不超过0.01mg/L
14	氟化物（按 F 计）	不超过3.0mg/L
15	氰化物（按游离氰根计）	不超过0.5mg/L
16	石油类	不超过10mg/L
17	挥发性酚	不超过1mg/L
18	苯	不超过2.5mg/L
19	三氯乙醛	不超过0.5mg/L
20	丙烯醛	不超过0.5mg/L

第五节　供水工程规划

一、供水范围和供水方式

供水范围和供水方式，应根据区域的水资源条件、用水需求、地形条件、居民点分布等进行技术经济比较，按照优水优用、便于管理、单方水投资和运行成本合理的原则确定。

（1）水源水量充沛，在地形、管理、投资效益比、制水成本等条件适宜时，应优先选择适度规模的联片集中供水。

（2）水源水量较小，或受其他条件限制时，可选择单村或单镇供水。

（3）距离城镇供水管网较近，条件适宜时，应选择管网延伸供水。

（4）有地形条件时，宜选择重力流供水。

（5）应按自来水入户设计。

（6）当用水区地形高差较大或个别用水区较远时，应分压供水。

（7）只有唯一水质较好水源且水量有限时，或制水成本较高、用户难于接受时，可分质供水。

（8）有条件时，应全日供水；条件不具备的Ⅳ、Ⅴ型供水工程，可定时供水。

二、县域供水工程规划

1. 县域供水工程规划的特点

县域供水工程规划和单项供水工程规划同属于供水工程规划，县域供水工程规划相对于单项供水工程规划具有以下特点：

（1）规划的基准点不同。县域供水工程规划是从县域整体出发，对县域范围内所有供水工程的系统全面安排；单项供水工程规划则是从某个具体的供水工程出发，对县域供水工程规划的细化，属于局部规划。

（2）规划运用的资源范围不同。县域供水工程规划，可以实现水资源、供水工程、地形条件等资源或因素在全县范围内的优化配置和高效利用。

县域供水工程规划不以乡镇、村庄为界限，可以跨区域选择、调度水资源，水源选择余地大；而单项供水工程规划，一般限于行政区域范围内寻找水源，有时难以找到优质水源，甚至就没有合适的水源可供选择，水源可选范围小。县域供水工程规划可以从全局角度匹配每个单项供水工程的供水能力与其供水范围，调剂单项工程的供水余缺，使得供水工程物尽其用，不至于造成产能浪费；而单项供水工程规划供水余缺很难进行调剂，容易造成产能浪费或供水不足。县域供水工程规划可以充分利用跨区域的地形条件，从而提高供水系统的效率，如借助其他区域的水源和地势高差实现跨区的重力供水；而单项供水工程规划则局限于本区域的地形条件，可能无法实现此类重力供水。

（3）规划的效益不同。县域供水工程规划作为县内分区供水工程规划和单项供水工程规划的上层规划，其规划效益更为人们所重视。县域供水工程规划追求县域范围内供水工程总体效益的最大化，在具体规划实践中，为了追求总体效益的最大化，可能会牺牲单项供水工程的利益；单项供水工程规划追求单项供水工程自身的最佳效益，并不考虑其他区域供水工程效益的发挥。由于县域供水工程规划的约束条件变得宽松，因此，相对于单项供水工程规划来说，更容易取得规划效益。

2. 县域供水工程规划的内容

县域供水工程规划是一件非常复杂的工作，其规划思路较多，很难程式化。一般而言，县域供水工程规划应由有经验的规划人员结合当地的具体情况作出。常见的县域供水工程规划应包括以下内容：

（1）简介农村供水现状。主要说明农村自来水普及情况及安全饮水情况、供水工程的布局及利用情况、水资源的质量及其分布、供水的经验与教训等。

（2）分析县域内现状供水的主要问题。通过对农村供水现状的分析，找出制约县域供水的主要矛盾。可从供水标准、工程设施、工程管理等方面进行分析。

（3）论证供水工程规划建设的必要性与可行性。通过对供水问题的危害性分析，提出供水工程规划建设的必要性；通过对供水工程的建设条件分析，判断规划建设供水工程的可行性。

（4）提出县域供水工程规划的期限目标和解决思路。这包括两层含义：一是要提出县域供水工程规划在规划期限内的总体目标及实现总体目标的解决思路；二是要提出各个分阶段目标及实现分阶段目标的具体对策。这里的分阶段目标是从时间序列上对总体规划目标的分解，思路和对策是从技术、经济、管理等方面提出解决县域供水主要问题的措施。

（5）进行供需平衡分析。对县域的需水量进行预测，并与县域内现有供水能力进行比较，测算拟订县域内分年度新增供水能力计划，对于涉及跨县域供水规划的，应考虑县域间供需水量的调剂。

（6）选择水源。对照饮用水源水质标准，从可供水量满足要求的水资源中进行选择，提出县域供水的可能饮用水源。

（7）结合分区拟订县域供水工程总体方案。县域作为一个范围较大的整体，可分为若干个区域分别进行规划。县域供水工程总体方案与分区的方案息息相关，两者相互制约、相互影响。

根据水源、地形地势、经济等条件，初步判断县域是否有必要划分为集中供水、分散供水两类区域。分散供水一般发生在集中供水水源缺乏、地势较高、远离集中供水工程、施工不便、经济落后的地区。条件许可的地区，应尽可能采用集中供水方式，对于划分出来的集中供水区域和分散供水区域，分别计算其区域需水量。

对于初步划定的集中供水区域和分散供水区域，仍可进一步进行分区，以充分利用区域自然条件，发挥供水工程效益。对于集中式供水工程方案的拟订，应优先考虑利用县域内原有供水工程的富余供水能力，采用管网延伸供水。与邻县接壤的乡镇，条件许可时，可将邻县供水作为选项，与本县供水进行比选。对于利用原有供水工程需要改扩建的，且具备改扩建条件的，宜与新建供水工程进行技术经济比较。新建供水工程，宜建成适度规模的供水工程。可选择单村镇供水，鼓励跨越乡镇、村庄界限，实行联片供水。对于分散式供水工程方案的拟订，可结合区域情况采用集雨、分散式供水井、引泉等分散式供水方案。

（8）选择较优方案。在对拟订供水工程方案投资估算的基础上，进行技术经济比较。选择技术上可行、经济上合理、环境上许可的方案。需要强调的是，这里的技术经济比较是从整个县域角度去进行评价的，是对县域供水方案而不是对单项供水工程方案的技术经济比较。优选方案中的县域供水工程规划和分区工程规划即为规划推荐方案。

（9）提出分期实施的计划和保障规划实施的方案。对选出的县域供水工程方案，宜结合规划的近远期目标、资金筹措及实施规划的程序等因素，合理安排分期建设计划；并在此基础上，提出保障规划顺利实施的具体措施。

3. 分区规划与分期规划

分区规划是从空间上落实县域规划的目标，分期规划是从时间上执行县域规划的任务。确定县域供水工程总体规划方案，分区规划、分期规划是基础。

（1）分区规划。要分区规划，首先必须进行规划分区。规划分区是将整个县域的供水区域划分为若干个小的区域，以利于充分利用水资源和地形条件，合理布局供水工程，并有利于分期实施。规划分区是分区规划的前提和基础。规划分区应根据区域内水资源的分布、地形条件、经济条件、人口分布、供水存在的问题、当地经济发展水平、拟采取的供水工程方案等情况，以有利于发挥整个区域供水效益为目标，将全县划分为若干个相对独立又相互联系的小区域。

规划分区后，应对每一区进行规划。分区供水工程规划是对县域供水工程规划的细化。分区供水工程规划应根据总体规划建议的思路，结合分区内的具体情况进行进一步规划。其规划成果是指导单项供水工程规划的指南。分区规划的内容包括分区的界限、面积、总人口、饮水存在的问题和分布、采取的工程方案和总投资等。分区规划中，如发现整体规划不符合实际情况的，应对县域规划进行调整。

（2）分期规划。由于受到建设资金、供水技术等因素的制约，农村集中供水工程不但要进行分区规划，而且常常需要制订分期实施方案。分期实施应明确每个阶段主要解决的问题和实现的目标，分析主要问题的解决对策，提出工程建设标准和方案。各个阶段规划目标的集合应与总体规划目标一致。分期规划是从时间角度落实总体规划的目标。

确定农村供水工程规划分期实施方案，一般应遵循以下原则：

1）先急后缓，确保重点。农村供水工程规划应在摸清当地饮水不安全问题的基础上，优先解决饮用水中氟大于 2mg/L、砷大于 0.05mg/L、溶解性固体大于 2g/L、耗氧量（COD_{Mn}）大于 6mg/L、无供水设施、用水极不方便、季节性缺水等供水问题。

2）量力而行，适度超前。农村供水工程规划应结合当地财力、上级政府拨款、农村居民自筹能力等情况，合理安排供水工程建设进度。同时，由于农村供水问题涉及农民身体健康、生命安全，因此，各地应在新农村总体规划的基础上，适度超前规划建设供水工程，尽早实现规划目标。

3）分清主次，近远结合。农村供水工程规划还应遵循基本建设程序，分清规划分区、供水系统各组成部分间的供水关系，如在串联分区供水中，高地势区域是通过低地势区域进行供水，应先规划低地势区域供水工程，后规划高地势区域供水工程；通过不同规划阶段的规划内容的近远结合，实现供水规划整体目标。

第六节　集中式供水工程规划

集中式供水系统是从水源集中取水，通过输配水管网送到农村用户或者公共取水点的供水系统。它由相互联系的一系列构筑物所组成，其任务是从天然水源取水，按照用户对水质的要求进行处理，然后将水输送至供水区，并向农村用户配水。

一、集中式供水系统的组成

集中式供水系统通常由取水工程、净水工程和输配水工程 3 部分组成。

1. 取水工程

用以从选定的水源（包括地表水和地下水）取水，并输往水厂，由取水构筑物和取水泵房组成。其主要任务是保证净水工程获得足够的水量和质量良好的原水。

2. 净水工程

一般由净化构筑物、清水池、供水泵站及附属构（建）筑物组成。其主要任务是对天然水质进行处理，满足国家生活饮用水卫生标准或工业生产用水水质标准要求，并将净化后的水送至配水管网。

3. 输配水工程

输配水包括输水工程和配水工程两部分。

输水工程是指水源泵房或水源集水井至水厂的管道（或渠道）及水厂至配水管网前的管道，包括其各项附属构筑物、中途加压泵站等。

配水工程分为配水厂和配水管网两部分，配水厂是起调节加压作用的设施，包括泵房、清水池、消毒设备和附属建筑物；配水管网包括各种口径的管道及附属构筑物、高位水池和水塔。

二、集中式供水系统的分类

集中式供水系统可根据不同的标准和特性进行分类。集中式供水工程按建设需要不同，可分为新建、改建和扩建3大类；按供水规模可分为Ⅰ、Ⅱ、Ⅲ、Ⅳ、Ⅴ型集中式供水工程；按供水方式可分为联片集中供水、单村（或单镇）供水、管网延伸供水；按水源种类可分为地下水源供水和地表水源供水；按水源数目可分为单水源供水和多水源供水；按系统构成方式可分为统一供水和分系统供水（分区供水、分质供水和分压供水）；按供水动力来源可分为重力供水、压力供水和混合供水。

1. 新建、改建、扩建供水工程

新建供水工程，是指不以原有供水工程为依托，新建造供水工程。改建供水工程，是指对原有供水系统的组成部分进行技术改造和升级，以提高供水系统的效能。扩建供水工程，是指在原有供水系统的基础上，通过新建造供水系统，以扩大供水系统产能或扩大供水范围，扩建部分和原有供水工程构成一个统一的供水系统。

2. Ⅰ、Ⅱ、Ⅲ、Ⅳ、Ⅴ型供水工程

Ⅰ型供水工程，是指供水规模大于 $10000m^3/d$ 的供水工程；Ⅱ型供水工程，是指供水规模大于 $5000m^3/d$，但小于等于 $10000m^3/d$ 的供水工程；Ⅲ型供水工程，是指供水规模大于 $1000m^3/d$，但小于等于 $5000m^3/d$ 的供水工程；Ⅳ型供水工程，是指供水规模大于 $200m^3/d$，但小于等于 $1000m^3/d$ 的供水工程；Ⅴ型供水工程，是指供水规模小于 $200m^3/d$ 的供水工程。

3. 联片集中供水、单村（或单镇）供水、管网延伸供水

联片集中供水：在一定区域内，采用同一供水系统同时向多处村、镇供水，形成适度规模的供水系统。该系统由专门人员集中管理，供水安全，水质保证率高，单位水量的基建投资与制水成本较低。凡有可靠水源、居住又比较集中的地区，应首先考虑采用这种系统。

单村（或单镇）供水：一个村（镇）采用一个独立的供水系统。该系统按照行政区划进行供水，适合方便管理，但不能从系统的角度分析考虑区域供水系统，不能进行供水系统的优化安排，有时会造成资源的浪费。适用于居住独立的单村（或单镇）、村（镇）间

距离较远的地区。

管网延伸供水：依靠城市给水管网或已有的镇村级管网向其他村镇供水。距离城市管网或已有的可靠的镇村级管网比较近，可利用它们的富余水量，只需建给水管网。该系统成本低，采用时需对已有供水系统的水量和水压进行复核。

4. 地下水源供水、地表水源供水

地下水源供水即以地下水为原水的供水系统。近年来，在广大农村地区，地下水凭借其水质优良、造价低廉、管理运行便利，选用该系统的村镇较多。但随着地下水源供水系统的广泛应用，人们发现地下水源供水系统存在不少问题：①随着各地工业经济的发展，地下水特别是浅层地下水受到不同程度的污染；②部分地区地下水超采严重，甚至造成地质灾害，很多地区做出了限采地下水的规定；③地下水一般存在矿化度高，部分地区苦咸水、铁、锰、氟、砷超标严重；④地下水源单位时间的补给能力受到限制，供水系统一般规模较小，常实行间歇式供水，且管理落后，难以实现规模经济。这些问题的存在，影响了地下水源供水系统的推广使用。地下水源供水系统如图2-2所示。

图2-2　地下水源供水系统
1—管井群；2—集水池；3—供水泵站；
4—输水管；5—水塔；6—管网

图2-3　地表水源供水系统
1—取水构筑物；2—取水泵站；3—原水输水管；
4—水处理厂；5—清水池；6—供水泵站；
7—输水管；8—管网；9—调节构筑物

地表水源供水即以地表水为原水的供水系统。地表水源供水系统虽可克服地下水源供水系统的部分不足，实现规模化生产和规范管理，提高供水安全度，但合格的地表水饮用水源往往难以寻找。西北部地区饮用水源资源性缺乏，偶见水质、水量符合要求的地表水源，也因其地理位置远离供水区等原因而较少采用。东南部地区地表水资源虽丰富，但很多地区处于水质型缺水状态，净化成本较高。地表水源供水系统如图2-3所示。

5. 单水源供水、多水源供水

单水源供水即只有一个清水池（清水库），清水经过泵站加压后进入输水管和管网，用户的用水来源于一座水厂的清水池（清水库）单水源供水系统，可以适应不同的分区。单水源供水系统如图2-4所示。

多水源供水即有多座水厂的清水池（清水库）作为水源的供水系统工程，清水从不同的地点经输水管进入配水管网，用户的用水可以来源于不同的水厂。多水源供水系统可以从几条河流取水，或从一条河流的不同位置取水，或同时取地表水和地下水，或取不同地层的地下水。多水源供水系统如图2-5所示。

图 2-4　单水源供水系统
1—清水池；2—供水泵站；3—水塔；4—管网

图 2-5　多水源供水系统
1—水厂；2—水塔；3—管网

对于一定的总供水量，供水系统的水源数目较多时，各水源供水量与平均输水距离减小，因而可以降低供水能耗；同时多水源管网系统较单水源管网系统的供水保证率高，但多水源供水系统的管理较复杂。

6. 统一供水、分系统供水

统一供水即整个供水区域的生活、生产和消防等各类用水，均以同一水压和水质，用统一的供水管网供给。统一供水系统可由单水源供水，也可由多水源进行供水。单水源、多水源的统一供水系统如图 2-4 和图 2-5 所示。

分系统供水因供水区域内各用户对水质、水压的要求差别较大，或地形高差较大，或功能分区比较明显，且用水量较大时，可根据需要采用几个相互独立工作的供水系统分别供给。分系统供水和统一供水系统一样，也可以采用单水源或多水源供水。根据具体情况，分系统供水又可分为分区供水、分质供水和分压供水。

分区供水即将供水系统划分为多个区域，各区域系统都可以独立运行，同时分区间尽可能建立适当的联系，以增强分区供水系统的调度灵活性和供水可靠性。分区供水可以降低管网压力，避免局部水压过高的现象，减少漏水量和泵站能量的浪费；但增加管网造价且管理比较分散。分区供水有并联分区和串联分区两类。图 2-6 为并联分区，不同压力要求的区域由不同泵站（或泵站中不同水泵）供水；图 2-7 为串联分区，通过加压泵站（或减压措施）从某一分区取水，向另一区供水。

图 2-6　并联分区供水系统
1—清水池；2—Ⅰ区供水泵站；3—Ⅱ区供水泵站；
4—Ⅰ区管网；5—Ⅱ区管网；6—水塔；
7—连通阀门

图 2-7　串联分区供水系统
1—清水池；2—供水泵站；3—加压泵站；
4—Ⅰ区管网；5—Ⅱ区管网；
6—水塔

分质供水是指取水构筑物从同一水源或不同水源取水，经过不同工艺的净化过程，通过不同的管道系统，分别将不同水质的水供应给各类用户的供水系统。图2-8是按生活、生产两类用户的不同水质要求进行供水的分质供水系统。由于分质供水通常需布置两套供水管网，供水系统造价相对较高，因此很难在农村推广应用。但在饮水水源稀缺地区，为减少优质水源的消耗，或在一些边远贫困地区，为减少供水工程投入、减小工程规模，农村供水工程只布置一套管线，仅提供农村居民的饮用水，其他用水仍采用传统未经任何处理的小土井、河水等。

図2-8　分质供水系统

1—管井群；2—供水泵站；3—生活用水管网（实线）；

4—生产用水管网（虚线）；5—取水构筑物；

6—生产用水处理构筑物

图2-9　分压供水系统

1—取水构筑物；2—水处理构筑物；3—供水泵站；

4—高压管网；5—低压管网；6—水塔

　　分压供水是指当地形高差较大，为满足不同用户的用水压力，节省能耗和有利于供水安全，按地形高低、用户用水压力的不同，采用扬程不同的水泵分别为用户提供不同压力的供水系统。该系统可减少动力费用，降低管网压力，减少高压管道和高压设备用量，供水较为安全，并可分期建设；但管理相对复杂，所需管理人员较多。分区供水系统如图2-9所示。

图2-10　重力供水系统

(a) 剖面图；(b) 平面图

1—清水池；2—输水管；3—配水管网

7. 重力供水、压力供水和混合供水

　　重力供水是指水厂地势较高，供水区地势较低，清水池（清水库）中的水在重力作用下，输送至管网并供用户使用。该系统无动力消耗，十分经济；但使用受到地形条件的严格限制。重力供水系统如图2-10所示。

　　压力供水是指水厂清水池（清水库）中的水由泵站加压送出，经输水管送至管网并供用户使用，此类管网有时要经过多级加压，将水送至更远或更高处的用户。该系统需要动力消耗；但容易满足用户的水压要求。图2-2～图2-9均为压力供水系统。

　　混合供水是指利用地势高差，将重力供水和

压力供水结合起来使用的供水系统。该系统的优点是充分利用地形条件，尽可能减少动力消耗；缺点是系统布置考虑因素较多，需做多方案比较。

三、集中式供水工程规划

供水系统型式确定后，即可对供水系统中的取水工程、净水工程和输配水工程进行规划设计。不同型式的供水系统规划对以上 3 个部分的内容有所取舍，如管网延伸系统一般只需对输配水工程进行规划，而对取水工程、净水工程做适当复核。不同层次的供水工程规划对以上 3 个部分的内容有所侧重，并随着规划层次的下移而逐步深化和量化。

（一）取水工程规划

取水工程规划的内容包括取水工程规模的确定、取水点的选择、取水方式与构筑物型式的选择等。取水工程规模、地点、型式选择的合理性，不仅直接影响取水的水质、水量、安全可靠性和取水工程的投资、施工及运行管理，而且关系到水源的使用年限和可持续性。

1. 取水工程规模的确定

规划区是否要新建取水工程，应结合供水系统方案，在考察现有取水工程的基础上进行分析。如无可利用的取水工程供规划区使用，宜新建取水工程。如有可利用的取水工程，当规划区域拟取水量小于已有取水工程富余水量时，可选择扩建或新建取水工程。取水工程的规模由净水工程近、远期的供水量确定，同时受限于水源可供水量的大小。

2. 取水构筑物位置的选择

（1）地表水取水构筑物位置选择。取水构筑物位置的选择，应根据取水河段的水文、地形、地质及卫生防护、河流规划和综合利用等条件，全面分析，综合考虑，尤其是设计年限内取水构筑物位置处的水源可供水量变化、取水口上游河道供水情况的变化。总体上，应按以下原则或要求进行方案选择，并通过技术经济比较确定。

1）取水点应设在具有稳定的河床、靠近主流和有足够水深的地段。取水河段的形态特征和岸形条件是选择取水口位置的重要因素。取水口位置应选在河床比较稳定、含沙量不太高的河段，并能适应河床的演变。不同类型河段适宜的取水位置也应不同，如：顺直河段取水点应选在主流靠近岸边、河床稳定、水深较大、流速较快的地段，通常设在河流较窄处，水深不小于 2.5～3.0m；弯曲河段取水点应布置在凹岸顶冲点下游 15～20m；游荡型河段应将取水口布置在主流线密集的河段上；有边滩、沙洲的河段，不宜将取水点设在可移动的边滩、沙洲下游附近，一般应设在上游距沙洲 500m 以外处；有支流汇入的顺直河段应离开支流入口处上下游有足够的距离，一般取水口多设在汇入口干流的上游河段上；山区浅水河流取水口的位置一般应选在河床稳定、纵坡大、水流集中和山洪影响较小的河段。

2）取水点应设在水质较好的地带、尽可能不受污废水、泥沙、漂浮物、冰凌、冰絮和咸潮的影响。农村供水系统中的取水构筑物应设在城市、乡镇、村庄和工业企业的上游清洁河段，距离污水排放口上游 100m 以外，并应建立卫生防护地带。取水点应避开河流中的回流区和死水区，以减少水中泥沙、漂浮物进入和堵塞取水口。在北方地区的河流上设置取水构筑物时，取水口应设在不受冰凌直接冲击的河段，并应使冰凌能顺畅地顺流而下；冰冻严重的地区，取水口应选在急流、冰穴、冰洞及支流入口的上游河段；有冰的河道，应避免将取水口设在流冰易于堆积的浅滩、沙洲、回流区和桥孔的上游附近；在流冰较多的河流中取水，取水口宜设在冰水分层的河段，从冰层下取水。此外，在沿海地区受潮汐影响的河流上设置取水构筑物时，应考虑到海水对水质的影响。

3）取水点应设在具有稳定地质条件的河（湖、库）床及岸边，有较好的地形条件、施工条件。取水构筑物应尽量设在地质构造稳定、承载力高的地基上。同时，取水口应考虑选在对施工有利的地段，不仅要交通运输方便，有足够的施工场地，而且不会发生较多的土石方量和水下工程量，以节省投资、缩短工期。

4）取水点应尽量靠近主要用水区。在保证安全取水的前提下，取水点的位置应尽可能靠近主要用水地区，以缩短输水管线的长度，减少输水工程的基建投资和运行费用。

5）取水点应避开人工构筑物和天然障碍物的影响。河流上常见的人工构筑物有桥梁、丁坝、码头、拦河闸坝等，天然障碍物有突出河岸的陡崖和石嘴等。它们的存在常常改变河道的水流状态，从而使河床产生沉积、冲刷和变形，或者形成死水区。因此选择取水口位置时，应对此加以分析，尽量避免各种不利因素。如：桥梁处取水点应选在桥墩上游0.5～1.0km；或桥墩下游1.0km以外的地段；丁坝处取水口应设在本岸丁坝的上游（离坝前浅滩起点一定距离）或对岸；码头处取水口应设在距码头边缘至少100m处，并应征求航运部门的意见；在拦河闸坝上游处设置取水口，应选在闸坝附近、距坝底防渗铺砌起点100～200m处；在拦河闸坝下游处设置取水口，不宜与闸坝靠得太近，应设在其水流冲刷和泥沙拥入影响范围以外；陡崖、石嘴处不宜设置取水口。

6）取水点的位置应与河流的综合利用相适应，不妨碍航运和排洪，并符合河道、湖泊、水库整治规划的要求。选择取水地点时，应注意河流的综合利用，如航运、灌溉、排水等。同时，还应了解在取水点的上下游附近近期内拟建的各种水工构筑物（堤坝、丁坝及码头等）和整治河道的规划以及对取水构筑物可能产生的影响。

（2）地下水取水构筑物位置选择。对地下水取水构筑物位置的选择，实际上是对地下水水源地的选择，关键是确定取水地段的位置与范围。选择时，要充分考虑能够满足长期持续稳定开采的需水要求，不产生地下漏斗、地质灾害等。总体上，应按以下原则或要求进行方案选择，并通过技术经济比较确定。

1）取水地段含水层应有较好的富水性与补给条件。水源地应选在含水层透水性强、厚度大、层数多、分布面积广的地段上，同时取水地段应有良好的补给条件，可以最大限度拦截、汇集区域地下径流，或接近地下水的集中补给、排泄区。

2）取水点应位于水质好、不易受污染的地段。水源地应选在远离城市或工矿排污区的上游；远离已污染（或天然水质不良）的地表水体或含水层的地段；避开易于使水井淤塞、涌砂或水质长期浑浊的沉砂层和岩溶充填带；在滨海地区，应考虑海水入侵对水质的不良影响；为减少垂向污水入渗的可能性，最好选在含水层上部有稳定隔水层分布的地段。

3）取水点尽量靠近主要用水地区，提高工程效益。在满足水量、水质要求的前提下，为缩短输水线路的长度，节省建设投资，水源地应选在靠近用户、少占耕地的地段；为降低取水成本，有条件的地区应选在自流或地下水浅埋地段。

4）取水地点应尽量选在施工、运行和维护方便的地段。取水地点应考虑选在对施工有利的地段，不仅要交通运输方便，有足够的施工场地，还要便于维护和管理。

5）取水地点尽量避开地震区、地质灾害区和矿产采空区，确保取水构筑物的安全。取水地点应选在不易引发地面沉降、塌陷、地裂等地质灾害的地段，避开对取水构筑物有破坏性的地震区、洪水淹没区、矿产资源采空区和易发生地质灾害地区。河谷水源地要考虑水井的淹没问题；人工开挖的大口井取水工程，要考虑井壁的稳固性。

3. 取水构筑物型式的选择

（1）地表水取水构筑物型式的选择。由于地表水水源的种类、性质和取水条件不同，地表水取水构筑物的型式也多样。

按水源可分为河流取水构筑物、湖泊取水构筑物、水库取水构筑物、海水取水构筑物。

按取水构筑物的结构型式一般可分为固定式、活动式、山区潜水河流式和湖泊水库取水构筑物等型式。固定式，可用于不同取水量，全国各地都有使用，其可分为岸边式、河床式、斗槽式，前两者应用较普遍，后者使用较少。活动式，适用于中、小取水量，水位变化大，用在建造固定式有困难时，多建在长江中上游和南方地区。流量和水位变幅较大，取水深度不够的山区河流可采用低坝式和底栏栅式。各种取水构筑物的特点及适用条件见表 2-18～表 2-21。

表 2-18　　　　　　　　地表水固定式取水构筑物的型式和适用条件

名　称		特点与适用条件	备注
岸边式	合建式	（1）取水构筑物设于岸边，集水井和泵房合建； （2）布置紧凑，总建筑面积小，吸水管路短，运行安全，维护方便，土建结构复杂，施工较困难； （3）适用于河岸坡度较陡，岸边水流较深，地质条件较好，水位变幅和流速较大的河流	图 2-11
岸边式	分建式	（1）取水构筑物设于岸边，集水井和泵房分建，泵房离开河岸，设于地质条件好的位置； （2）土建结构简单，易于施工，吸水管较长，水头损失大，维护管理不方便，运行安全性较差； （3）适用于岸边的地质条件较差地区	图 2-12
岸边式	潜水泵取水式	（1）潜水泵可安装在岸边的进水井中或直接安装在斜坡上； （2）取水方式简单，投资少，上马快；运行安全性较差； （3）适用于河流的水位变化较大，水中漂浮物较少的情况	图 2-13
河床式	自流管式	（1）取水头部设于河心，经自流管流入岸边集水井； （2）工作可靠性强；土方量大，头部伸入河床，检修、清洗不便，洪水期，底部泥沙多，水质差； （3）适用于河床较稳定，河岸较平坦，主流距河岸较远，河岸水深较浅，水中漂浮物较少和岸边水质较差的情况	图 2-14
河床式	虹吸管式	（1）取水头部设于河心，经虹吸管流入岸边集水井； （2）可减少水下施工量和土石方量，缩短工期，节约投资，虹吸管施工要求质量高，需要一套虹吸真空装置，虹吸管径大，启动时间长，运行管理不便； （3）适用于水位变幅大，河漫滩较宽，河岸为坚硬岩石，埋没自流管需开挖大量土石方而不经济或管道需要穿越防洪堤的情况	图 2-15

续表

名 称		特 点 与 适 用 条 件	备注
河床式	直接吸水式	(1) 进水口设于河心，由水泵吸水管直接取水； (2) 不设集水井，施工简单，造价低，利用水泵吸上高度，减少泵房深度，施工质量要求高，吸水管不能漏气，当河流泥沙、漂浮物多时，易堵，水泵叶轮易磨损；吸水管不宜过长，影响运行安全； (3) 适用于河流漂浮物较少，水位变化不大，取水量较小，水泵允许吸上真空高度较大，吸水管不宜太长的情况	图 2-16
	桥墩式	(1) 整个取水构筑物建在河心，在进水间的壁上开设进水孔，从江心取水，取水构筑物与岸边之间架设引桥； (2) 容易造成附近河床冲刷，基础埋设深，影响航运；施工复杂，造价高，维护管理不便； (3) 适用于取水量较大，岸坡较缓，水流含砂量高，水位变幅较大，河床地质条件较好的情况	图 2-17
	淹没泵方式	(1) 集水井、泵房位于常年洪水位下，洪水期处于淹没状态； (2) 泵房深度浅，土石方量较少，构筑物受浮力小，结构简单，造价较低，建筑物隐蔽，通风采光条件差，噪声大，操作管理维护不便，结构防身要求高，洪水期格栅不便起吊清洗； (3) 适用于河床地基稳定，含砂量较少，水位变幅大，但洪水期短，平枯水位期长的河流	图 2-18
	湿式竖井泵房式	(1) 泵房下部为集水井，上部为机电室； (2) 采用深井泵，泵房面积小，对集水井防渗、抗浮要求低，运行管理方便，水泵不便检修，集水井泥沙不便清淤； (3) 适用于水位变化幅度大（水位变幅大于10m，尤其骤然降落每小时变幅大于2m），含砂量少的河流	图 2-19
斗槽式	顺流式	(1) 在取水口附近设置堤坝形成斗槽，开口方向迎着来水方向； (2) 适用于含砂量较高但冰凌不严重的河流	图 2-20
	逆流式	(1) 在取水口附近设置堤坝形成斗槽，开口方向背着来水方向； (2) 适用于含砂量较少但冰凌严重的河流	
	侧坝进水逆流式	(1) 在逆流式斗槽渠道的进口端建两个斜向的堤坝，伸向河心； (2) 适用于含砂量较高的河流	
	双向式	(1) 在取水口附近设置堤坝形成斗槽，斗槽的上游端和下游端均开口或设置闸门； (2) 适用于含少量高，冰凌严重的河流	

图 2-11 岸边合建式取水构筑物

（a）底板呈阶梯布置；（b）底板呈水平布置（采用卧式泵）；（c）底板呈水平布置（采用立式泵）

1—进水口；2—格网；3—集水井；4—泵房；5—阀门井

图2-12　岸边分建式取水构筑物

1—进水口；2—格网；3—集水井；
4—泵房；5—引桥

图2-13　岸边潜水泵式取水

1—支撑桩；2—潜水泵；3—潜水电动机

图2-14　河床自流管式取水构筑物

1—取水头部；2—自流管；3—集水井；4—泵房；5—进水孔；6—阀门井

图2-15　河床虹吸管式取水构筑物

1—取水头部；2—虹吸管；
3—集水井；4—泵房

图2-16　河床直接吸水式取水构筑物

1—取水头；2—吸水管；3—出水管；
4—泵房；5—栅条

图2-17　河床桥墩式取水构筑物

1—集水井；2—进水孔；3—泵房；
4—引桥；5—出水管

图2-18　河床淹没泵房式取水构筑物

1—自流管；2—集水井；3—泵房；
4—交通廊道；5—出水管

图 2-19　河床湿式竖井泵房式取水构筑物

1—低位自流管；2—高位自流管；3—集水井；4—深井泵；5—水泵电动机

图 2-20　斗槽式取水构筑物

（a）顺流式斗槽；（b）逆流式斗槽；（c）侧坝进水逆流式斗槽；（d）双向式斗槽

表 2-19　　　　　　　　地表水活动式取水构筑物的型式和适用条件

名称	特点与适用条件	备注
浮船式	（1）取水泵安装在浮船上，由吸水管直接从河床中取水，经联络管将水输入岸边输水斜管； （2）投资少，建设快，水下工程量小，适应性强，灵活性大，操作管理复杂，受水流、风浪、航运等的影响，安全可靠性差； （3）适用于河流水位变化幅度大，枯水期水深在1m以上，水流平稳，风浪小，停泊条件较好，且漂浮物少和不受冰凌影响的情况	图 2-21
缆车式	（1）取水泵安装在缆车上，由吸水管直接从河床中取水，经联络管将水输入岸边输水斜管； （2）特点与浮船式（2）基本相同；缆车移动方便，受风浪影响小，比浮船稳定；水下工程量和基建投资比浮船式大； （3）适用于河流水位变化幅度大，涨落速度不大（小于2.0m/h），河岸地质条件较好，并有10°～28°的岸坡，且漂浮物较少和无冰凌的情况	图 2-22
潜水泵直接取水式	（1）取水方式简单，水下工程量少，施工方便，投资较省； （2）适用于取水量较小，河水中漂浮物和含砂量小的情况	图 2-23

图 2-21　浮船式取水构筑物

(a) 柔性联络管连接；(b) 刚性联络管连接

图 2-22　缆车式取水构筑物

(a) 斜坡式；(b) 斜桥式

图 2-23　潜水泵直接取水式取水构筑物

表 2-20　　　　　　　　　　　　山区浅水河流取水构筑物的型式和适用条件

名称	特点与适用条件	备注
固定低坝式	(1) 当河流的取水深度不够，或取水量占枯水期河水水量的 30%～50%，且沿河床表面随河水流动而移动的泥沙杂质不多时，可在河上修筑固定式低坝以抬高水位或拦截足够的水量，在坝上靠岸边设置进水闸或取水泵房； (2) 适用于推移质不多，枯水期河水流量小，水浅，不通航，不放筏的小型山溪河流	图 2-24
活动低坝式	(1) 基本上与固定式低坝取水相同，在河上修筑活动式低坝以抬高水位或拦截足够的水量，枯水期能挡水和抬高上游的水位，洪水期可以开启，减少上游淹没的面积，有橡胶坝、浮体闸等型式； (2) 适用于推移质不多，枯水期河水流量小的山区浅水河流	图 2-25、图 2-26
底栏栅式	(1) 通过坝顶带有栏栅的引水廊道取水； (2) 适用于河床较窄、水深较浅、河底纵坡较大、大颗粒推移质多、取水量比例较大的山区浅水河流	图 2-27

图 2-24 固定低坝式取水构筑物

1—低坝；2—取水口；3—冲沙闸

图 2-25 活动低坝式取水构筑物

1—橡胶坝袋；2—闸墙；3—闸底板；4—消力池；

5—充（排）水（气）泵房

图 2-26 活动低坝式取水构筑物

（a）充水升闸；（b）排水降闸

1—主闸板；2—上副闸板；3—下副闸板；4—中铰；5—前铰；6—后铰；7—顶铰

图 2-27 底栏栅式取水构筑物

1—溢流坝（低坝）；2—底栏栅；3—冲沙室；

4—进水闸；5—第二冲沙室；6—沉沙池；

7—排沙渠；8—防洪护坦

表 2-21　　　　　　　　　湖泊、水库取水构筑物的型式和适用条件

名　　称	适　用　条　件	备注
与坝身合建的取水塔取水式	适用于水位变化幅度和取水量较大的深水湖泊和水库取水	图 2-28
与底部泄水口合建的取水塔取水式	适用于水位变化幅度和取水量较大的深水湖泊和水库取水	图 2-29
潜水泵直接取水式	适用于水中漂浮物较少，取水量较小的情况	图 2-23
岸边自流管取水式	适用于水位变化幅度较小的浅水湖泊和水库取水	图 2-30
岸边虹吸管取水式	适用于水位变化幅度较小的浅水湖泊和水库取水	图 2-31

图 2-28 与坝身合建的取水塔
（单位：mm）
1—混凝土坝；2—取水塔；3—进水口；
4—引水管；5—廊道

图 2-29 与底部泄水口合建的
取水塔（单位：mm）
1—底部泄水口；2—取水塔；3—进水口；
4—引水管；5—廊道

图 2-30 岸边自流管取水构筑物

图 2-31 岸边虹吸管取水构筑物

地表水取水构筑物型式应根据取水量和水质要求，考虑取水河段的水深、水位及其变化幅度，岸坡、河床的形状，河水含沙量的分布，冰冻与漂浮物，航运，施工条件，安全程度等因素,结合各种构筑物的特点及适用条件进行选择,并通过技术经济比较确定。

(2)地下水取水构筑物型式的选择。地下水取水构筑物的型式包括管井、大口井、辐射井、渗渠、泉室等。地下水取水构筑物型式应根据取水位置,考虑地下水埋深、含水层厚度及层数、含水层岩性等因素,结合各种构筑物的特点及适用条件进行选择,并通过技术经济比较确定。各种取水构筑物的型式及适用条件见表 2-22。

表 2-22 地下水取水构筑物的型式和适用条件

型式	井深	井径	适用条件	出水量	备注
管井	在 20~1000m,常用为 300m 以内	50~1000mm,常用为 150~600mm	(1) 含水层厚度大于 4m,底板埋藏深度大于 8m; (2) 适用于任何砂、卵、砾石层、构造裂隙、岩溶裂隙含水层	单井出水量一般 500~6000m³/d,最大为 20000~30000m³/d	图 2-32
大口井	在 20m 以内,常用为 6~15m	2~12m,常用为 4~8m	(1) 含水层厚度在 5m 左右,底板埋藏深度小于 15m; (2) 适用于任何砂、砾石层,渗透系数最好在 20m/d 以上的含水层	单井出水量一般 500~10000m³/d,最大为 20000~30000m³/d	图 2-33
渗渠	埋深为 10m 以内,常用为 4~7m	管径为 0.45~1.5m,常用为 0.6~1.0m	(1) 含水层厚度小于 5m,渠底埋藏深度小于 6m; (2) 适用于中砂、粗砂、砾石或卵石层	一般为 15~30m³/(d·m),最大为 50~100m³/(d·m)	图 2-34
辐射井	集水井井深常用 3~12m	集水井直径4~6m,辐射管管径 50~300mm,常用 75~150mm,长度一般在 30m 以内	(1) 含水层厚度、底板埋藏深度同大口井; (2) 含水层最好为中、粗砂或砾石; (3) 宜于开采水量丰富、含水层较薄的地下水和河床渗透水	单井出水量一般 5000~50000m³/d	图 2-35
泉室			适用于有泉水露头,流量稳定,且覆盖层厚度小于 5m	差别很大,出水量一般为 30~80000m³/d	图 2-36

图 2-32 管井

(a) 完整式管井;(b) 非完整式管井

图 2-33 大口井

（a）完整式大口井；（b）非完整式大口井

图 2-34 渗渠

（a）完整式渗渠；（b）非完整式渗渠

1—集水管；2—集水井；3—泵站；4—检查井

图 2-35 辐射井   图 2-36 引泉池

（二）净水工程规划

净水工程规划的内容包括净水厂生产规模的确定、厂址的选择、净水工艺的选择、净水工程设施类型的选择等。净水工程规模、建设地点、净水工艺、设施类型选择的合理性，影响着供水系统供水范围的大小、供水水质的优劣、运行管理的难易、投资成本的高低。

1. 净水工程规模的确定

水处理构筑物的规模，应以最高日供水量加自用水量进行确定。最高日供水量的计算方法在第二章中已述及；水厂的自用水量可由自用水率计算确定，一般采用最高日供水量的 5%～10%。净水工程的规模受规划水平年、供水范围、节水措施等因素的影响。净水工程的规模应满足规划近远期的用水需求，要适应不同年份的用水量变化；净水工程在规划期内，其供水范围可能会发生增减变化，同时，随着节水措施的推进，用户的用水量标准也可能会发生变化，净水工程要根据这些动态的变化作出相宜的规模安排。

规划区是否需要建设净水工程，应结合供水系统方案，在考察现有净水工程的基础上进行分析。如无可利用的净水工程供规划区使用，宜新建净水工程。如有可利用的净水工程，当规划区域需水量小于已有净水工程富余水量时，可直接利用已有的净水工程；当规划区域需水量大于已有净水工程富余水量时，可选择扩建或新建净水工程。净水工程建设规模应适度超前，但过大会造成资源浪费，过小又会造成规模不经济。

2. 厂址的选择

水厂厂址选择正确与否，涉及整个供水工程系统的合理性，并对工程投资、建设周期和运行维护等方面都会产生直接的影响。影响水厂厂址的因素很多，规划中宜根据下列要求，通过技术经济比较确定水厂厂址。

（1）水厂厂址应与村镇建设规划相协调。

（2）水厂厂址应充分利用地形高程，靠近用水区，整个供水系统布局合理。水厂厂址应尽可能利用供水区的地势高差，使原水输送和净水输配能充分利用重力，以减少动力费；考虑到农村供水范围广、水头损失大等特殊情况，一般情况下宜靠近用水区域设置水厂，以减少配水管网的工程造价和水厂的运行成本。

（3）满足水厂近、远期布置需要，有便于远期发展控制用地的条件。

（4）水厂应布置在不受洪水与内涝威胁的地方。

（5）水厂应选在有良好的卫生环境，并便于设立防护地带。

（6）水厂应选在有良好的工程地质条件，一般选在地下水位低、承载力较大、湿陷性等级不高、岩石较少的地层。

（7）水厂应布置在交通方便、靠近可靠电源的地方，以利于降低施工管理费用和降低输电线路的造价，并考虑沉淀池排泥及滤池冲洗水排除方便。

（8）水厂应选在少拆迁、不占或少占良田的地方。

3. 净水工艺流程的选择

净水工艺流程的选用及主要构筑物的组成，是净水处理能否取得预期效果的关键，应根据原水水质、设计的运行经验，结合当地操作管理条件，通过技术经济比较综合研究确定。现按地表水水源和地下水水源的不同水质，分别介绍常见的水处理工艺流程，以供选用。

（1）地表水净水工艺流程：

1）常规净水工艺流程。适用于净化原水浊度长期低于500NTU，瞬间不超过1000NTU的地表水。其净水工艺流程有3种，如图2-37所示。其中图2-37（a）所示工艺为一般地表水厂广泛采用的常规净水流程，一般进水悬浮物含量应小于2000～3000mg/L；图2-37（b）所示工艺为对水质要求不高或原水水质较好时采用的净水流程；图2-37（c）所示工艺为一体化净水装置采用的净水流程。

图2-37 地表水常规净水工艺流程

2）低浊度原水净水工艺流程。适用于净化原水浊度长期不超过20NTU，瞬间不超过60NTU的地表水。其处理流程一般选用快滤池或慢滤池，比常规流程省去沉淀工艺，一般可用于对浊度和色度低、水质稳定变化较小且无藻类繁殖的湖泊水或水库水处理，进水悬浮物含量一般应小于100mg/L。其净水工艺流程如图2-38所示。其中如图2-38（a）所示工艺采用慢滤池，慢滤池虽然滤速低，出水量少，占地面积大，洗砂工作繁重，在城市净水工艺中已被淘汰，但其具有的构造简单，便于就地取材，截留细菌能力强，出水水质好等优点，使其在小型农村水厂仍在使用；如图2-38（b）所示工艺采用的快滤池，克服了传统慢滤池的缺点，是目前比较常用的处理方式。

图2-38 低浊度地表水净水工艺流程

3）高浊度原水净水工艺流程。适用于净化原有含砂量变化较大，浊度经常超过500NTU的地表水。其典型工艺在常规净水工艺前采取预沉措施，经预沉后原水含砂量可降低到 1000mg/L。其净水工艺流程如图 2-39 所示。

图 2-39　高浊度地表水净水工艺流程

4) 微污染水净水工艺流程。当地表水受到轻微有机污染，采用常规净水工艺无法使水质达到生活饮用水卫生标准时，可考虑采用强化常规净水工艺，在常规净水工艺前增加生物预处理或化学氧化处理〔图 2-40 (a)〕，也可采用滤后深度处理〔图 2-40 (b)〕。图 2-40 两个工艺流程的选用，应结合微污染的状况、污染物的种类、净化效果、工程投资、维护费用、能耗、管理技术等因素进行。

图 2-40　微污染地表水净水工艺流程

5) 含藻水净水工艺流程。对于含藻量不高的一般地表水，可采用常规工艺并投加除藻剂进行处理；对于浑浊度常年低于 100NTU 的富营养化湖水和水库水，宜在常规净水工艺中增加气浮工艺。其净水工艺流程如图 2-41 所示。

图 2-41　含藻水净水工艺流程

(2) 地下水净水工艺流程：

1) 原水水质良好的地下水净水工艺流程。水质良好的地下水，仅需进行消毒处理。其净水工艺流程如图 2-42 所示。

图 2-42　水质良好的地下水净水工艺流程

2) 铁、锰超标的地下水净水工艺流程。铁、锰超标的地下水应采用氧化、过滤、消毒的净水工艺。图 2-43 净化工艺流程适用于原水含铁、锰量高于标准不多，锰含量不超过 1mg/L 时。当铁、锰超标高于标准很多时，其工艺可采用二次接触氧化过滤法或加氧化剂、二次过滤法。

图2-43 铁、锰超标的地下水净水工艺流程

3) 氟超标的地下水净水工艺流程。氟超标的地下水可采用活性氧化铝吸附、混凝沉淀、电渗析、反渗透等净水工艺，目前使用活性氧化铝除氟的较多。图2-44（a）为吸附法，应用活性氧化铝、骨炭或活性炭作为吸附剂以吸附去除水中的氟，国内以颗粒状活性氧化铝应用较广；图2-44（b）为混凝沉淀法，适用于含氟量较低或须同时去除浊度的地下水；图2-44（c）为电渗析、反渗透法，设备费用高，操作较复杂，使用较少。

图2-44 氟超标的地下水净水工艺流程

4) 砷超标的地下水净水工艺流程。砷超标的地下水可采用混凝法、直接沉淀法、离子交换法、生物法等处理方法，但对于处理饮用水中微量砷，较为有效和成熟的方法仍是通过混合池和反应池的传统处理构筑物中进行，或者通过粒状多介质复合滤料除去，其流程如图2-45所示。

图2-45 砷超标的地下水净水工艺流程

5) 苦咸水净水工艺流程。苦咸水淡化可采用电渗析或反渗透等膜处理工艺。其工艺流程如图2-46所示。

图2-46 苦咸水净水工艺流程

4. 净水工程设施类型的选择

净水工程设施主要包括净水构筑物和净水装置两种类型。当供水规模大于 $1000 \mathrm{m}^3/\mathrm{d}$ 时，宜选择净水构筑物型式；当供水规模小于 $1000 \mathrm{m}^3/\mathrm{d}$ 时，可以在净水构筑物和净水装置两种型式中进行比选。净水装置由于体积小，容纳污泥能力低，对原水浊度变化的适应能力差等自身缺点，一般只宜在供水规模较小、地点偏远（距集中居住区或乡镇）、地形复杂的村庄使用；在具体规划实践中，是否选用净水装置还需与净水构筑物方案进行技术经济比较。

（三）输配水工程规划

输配水工程规划的内容包括管网布置形式的选择，管网定线，输配水管网设计流量的确定，管网水力计算，水压水量调节设施的规模、型式和位置，管材选择等。输配水工程管网布置形式、管网定线、设计流量、管材、管径、调节设施选择的合理性，不仅影响供水系统效能的发挥，而且还影响工程投资、运行成本、施工及维护。

输配水工程规划时，应先对现状输配水管网进行评估。对于尚能使用的管网，在规划时可作为选项进行考虑，以尽可能减少工程投资。

1. 输配水管网布置形式的选择

（1）输水管（渠）布置形式的选择。输水管道输水方式可采用重力式、压力式或两种并用方式，应通过技术经济比较后选定。原水的输送宜选用管道或暗渠（隧洞）；当采用明渠输送原水时，必须有可靠的防止水质污染和水量流失的安全措施。清水输送宜选择管道。

（2）配水管网布者置形式的选择。在农村供水工程规划中，配水管网一般分成配水骨干管网和村（或集中居住区）配水管网。

1）配水骨干管网。配水骨干管网是指农村集中式供水工程中水厂至乡镇、村或集中居住区的配水管网。在农村地区，配水骨干管网一般较长，且管径相对较大，该部分投资在整个供水系统中占据较大比重，是输配水工程规划中的重点。

配水管网有树状和环状两种基本布置形式。一般情况下，村庄及规模较少的镇，可布置成树状管网；规模较大的镇，有条件时，宜布置成环状或环、树结合的管网。由于树状管网构造简单、投资较省，在目前农村配水骨干管网中采用较多，随着今后农村经济发展与农村生活水平的提高，农村配水管网可向环状管网与树状管网相结合的布置方式过渡，以提高供水保证率。

2）村（或集中居住区）配水管网。村（或集中居住区）配水管网指由村或集中居住区的供水点配水至用户的管网。一般多布置成树状管网。由于村（或集中居住区）的数量较多且较分散，规划村（或集中居住区）配水管网时宜采用典型村（或典型集中居住区）的方式进行。

2. 输配水管网的选线与布置

（1）输水管（渠）选线与布置。输水管（渠）是连接水源与水厂、水厂至配水管网或水厂至用水大户的管（渠）。输水管道的特点是输水管内流量均匀、无沿程出流。

输水线路选择与布置，宜按照以下原则或要求确定；必要时，应通过技术经济比较进行选择。

1) 输水线路的选择应使整个供水系统布局合理。

2) 应尽量缩短输水线路的长度。输水管（渠）的长度，特别是断面较大的管（渠），对投资的影响很大；缩短管线的长度，既可有效地节省工程造价，又能降低水头损失。

3) 输水线路的选择应尽量少拆迁、少占农田。

4) 输水线路施工、运行、维护、管理方便。输水线路应尽量避免急转弯、较大的起伏、穿越不良地质地段，减少与铁路、公路和河流的交叉，尽量沿现有或规划道路敷设，便于施工、检修、管理和降低造价。

5) 充分利用地形条件，优先采用重力输水。

6) 应与当地总体规划结合、考虑近远期结合和分步实施的可能。

7) 输水管（渠）布置时还应注意以下几点具体要求：除供水规模较大、要求不得间断供水，需布置两条输水管道外，一般情况下可布设一条输水管。当采用两条输水管道时，应设置连通管，其管径与输水管相同；连通管的布置应满足事故、维护时的供水要求。根据地形情况，应在管道的适当位置设置排气阀、减压阀和泄水阀等。

（2）配水管网选线与布置：

1) 配水骨干管网选线与布置。配水骨干管网在具体规划工作中宜通过多方案比选确定，其选线与布置应注意以下几个方面：管网应合理分布于整个用水区，线路尽量短，并符合村镇有关建设规划；管线宜沿现有道路或规划道路路边布置，宜通过两侧村庄；管道布置应避免穿越毒物、生物性污染或腐蚀性地段，无法避开时，应采取防护措施；保证用户有足够的水量和水压；在地形起伏较大的地区应考虑分区分压配水。该部分的主要规划成果可由规划表或规划图进行表示。

2) 村（或集中居住区）配水管网布置。村（或集中居住区）配水管网宜根据村或集中居住区内的用户、道路等分布情况进行规划布置。该部分的主要规划成果为典型村（或典型集中居住区）配水管网布置图与人均配水管道长度，可用于村级管网工程估算。

3. 输配水管网流量确定与水力计算

（1）管网设计流量确定：

1) 输水管（渠）设计流量确定。

a. 浑水输水管（渠）设计流量。从水源至净水厂的原水输水管（渠）的设计流量，应按最高日平均时供水量确定，并计入净水厂自用水量，同时应满足净水工程近远期的供水需要。

b. 清水输水管设计流量。从净水厂至配水管网的清水输水管道的设计流量，应按最高日最高时用水量计算。多水源供水的清水输水管道的设计水量应按最高日最高时用水量条件下，综合考虑配水管网设计水量、各个水源的分配水量、管网调节构筑物的设置情况等确定。

2) 配水管网设计流量确定。配水管网设计总流量应按最高日最高时用水量确定，各管段设计流量是由其供给区域内所有用户最高日最高时用水量确定，并满足供水区近远期用水的需要。

a. 树状管网管段流量的推算。管段上的出流量可分为沿线流量和集中流量。沿线流量可按长度比流量、面积比流量、人均用水当量等方法计算。由于村庄规模小，居住比较分散，用水人口明确且宜统计，因此，村庄采用人均用水当量计算沿线流量较为合理。人均用水当量计算公式见式（2-19）。但对于沿线供水人数不清楚，分布比较均匀的集中居住区，改用长度比流量较简便。长度比流量计算公式见式（2-20）。

人均用水当量为

$$q = \frac{Q_{h\max} - \sum q_{ni}}{\sum P_i} \qquad (2-19)$$

式中　q——人均用水当量，L/(s·人)；

　　$Q_{h\max}$——乡镇或村庄的最高日最高时用水量，L/s；

　　q_{ni}——各企业、机关及学校等用水大户的用户量，即集中流量，L/s；

　　P_i——沿线各乡镇或村庄设计用水人口，人。

长度比流量为

$$q_L = \frac{Q_{h\max} - \sum q_{ni}}{\sum L_i} \qquad (2-20)$$

式中　q_L——长度比流量，L/(s·m)；

　　L_i——各管段配水长度，m。

管段上的沿线流量，可由人均用水当量（或长度比流量）与该管段上设计用水人口（或管段配水长度）计算确定，即

$$q_{mi} = qP_i（或\ q_L L_i） \qquad (2-21)$$

式中　q_{mi}——沿线流量，L/s。

管段上的集中流量一般根据集中用水户在最高日的用水量及其时变化系数计算，即

$$q_{ni} = \frac{K_{hi}Q_{di}}{86.4} \qquad (2-22)$$

式中　Q_{di}——各集中用水户最高日用水量，m³/d；

　　K_{hi}——时变化系数。

管段设计流量由该管段沿线流量的 50%、该管段下游各管段沿线流量和该管段下游各管段集中流量 3 部分之和确定。

若水厂至各乡镇或至各村（或集中居住区）的管网沿途不配水，只进行转输用水，在各乡镇、各村或集中居住区处将水集中分配出去，这时，可将各乡镇、各村或集中居住区接管点处作为集中出流点，其流量可作为集中流量。此时管段设计流量为该管段下游各管段集中流量之和。

b. 环状管网管段流量的推算。农村供水管网如布置成环状管网，一般环数都较少，无论手工计算还是采用计算机辅助计算均十分方便。环状管网手工计算时，一般多采用解环方程法。

环状管网的计算要满足以下两个方程：①节点流量方程，流入任一节点的流量必须等于流出该节点的流量；②环能量方程，同一环内，若水流顺时针方向为正，逆时针方向为负，则任一闭合环内水头损失的代数和为零，即 $\Delta h = 0$，即水流顺时针方向管段的水头损失等于逆时针方向管段的水头损失。

解环方程的思路是在拟定各管段水流方向的基础上，满足节点流量方程情况下，假设各管段的流量初值；并根据各管段的流量初值确定管径；将各管段流量初值带入每个环流

量方程中得到水头损失闭合差 Δh；若 $\Delta h = 0$，说明满足能量方程，原假设的各管段流量初值满足要求，即为管段设计流量；若 $\Delta h \neq 0$，则要进行平差计算，将原假设的各管段流量初值进行校正，校正流量为 Δq；对各个管段施加 Δq，得到新的管段流量；将新的管段流量代入环能量方程，再判断环能量方程是否满足；通过不断的调整管段流量，直至环能量方程满足。最终满足要求的管段流量即为管段设计流量。

（2）管径确定。管径和管段流量、设计流速有关，管径计算式为

$$d = \sqrt{\frac{4q}{\pi v}} \qquad (2-23)$$

式中　d——输配水管道内径，m；

q——输配水管段设计流量，m^3/s；

v——管段设计流速，m/s。

设计流速在技术和经济土都有一定的要求，设计时一般采用由各地统计资料计算出的平均经济流速来确定管径。缺乏资料时，可参考以下经验数据：管径小于150mm 时，流速可为 0.5～1.0m/s；管径 150～300mm，流速为 0.7～1.2m/s；管径大于 300mm 时，流速为 1.0～1.5m/s。输送浑水的输水管，设计流速不宜小于 0.6m/s。重力流管道的经济流速，应充分利用地形高差确定。配水管网中各级支管的经济流速，应根据其布置、地形高差、最小服务水头，按充分利用分水点的压力水头确定。

应当注意的是，设置消火栓的管道内径，不应小于 100mm。

（3）水头损失计算。水头损失包括沿程水头损失和局部水头损失两部分。

1）沿程水头损失。输配水管网沿程水头损失可根据《村镇供水工程技术规范》（SL 310—2004）的规定，不同管材选用不同的水力公式计算；或者选用目前国内外用得比较多的海曾-威廉公式计算；或者根据设计手册中的各种管材的水力计算表查得。

UPVC、PE 等塑料管的沿程水头损失计算公式为

$$h = 0.000915 \frac{q^{1.774}}{d^{4.774}} L \qquad (2-24)$$

钢管、铸铁管的沿程水头损失计算公式为

$v < 1.2 m/s$ 时　　　　$$h = 0.000912 \frac{v^2}{d^{1.3}} \left(1 + \frac{0.867}{v}\right)^{0.3} L \qquad (2-25)$$

$v \geqslant 1.2 m/s$ 时　　　　$$h = 0.00107 \frac{v^2}{d^{1.3}} L \qquad (2-26)$$

混凝土管、钢筋混凝土管的沿程水头损失计算公式为

$$h = 10.294 \frac{n^2 q^2}{d^{5.333}} L \qquad (2-27)$$

海曾-威廉计算公式为

$$h = 10.67 \frac{q^{1.852}}{C_h^{1.852} d^{4.87}} L \qquad (2-28)$$

式中　h——沿程水头损失，m；

q——管段流量，m^3/s；

d——管道内径，m；

v——管道流速，m/s；

n——粗糙系数；

L——管段长度，m；

C_h——海曾-威廉系数。

公式中所用的各种管道的 n 和 C_h 值可参考表2-23选用。

表2-23　　　　　　　**各种管道沿程水头损失水力计算参数（n、C_h）**

管道种类		粗糙系数 n	海曾-威廉系数 C_h
钢管、铸铁管	水泥砂浆内衬	0.011～0.012	120～130
	涂料内衬	0.0105～0.0115	130～140
	旧钢管、旧铸铁管（未做内衬）	0.014～0.018	90～100
	预应力混凝土管（PCP）	0.012～0.013	110～130
	预应力钢筒混凝土管（PCCP）	0.011～0.0125	120～140
矩形混凝土管 DP（渠）道（现浇）		0.012～0.014	—
塑料管、玻璃钢管、内衬塑料的钢管		—	140～150

2）局部水头损失。由于配水管网局部水头损失比较小，一般可不作详细计算，可按沿程水头损失的5%～10%进行估算。

（4）水塔高位水池高度和水泵扬程的计算。首先选定控制点。控制点（又称最不利点）的选择很重要，在保证该点达到最小服务水头时，整个管网的水压均满足服务水头的要求。控制点往往是地形较高、离供水点较远、最小服务水头较大的点，一般可选择几个点比较确定。但有时由于管网的节点数较多，难以确定控制点时，可以先通过假定控制点的办法，通过水力分析，在得到各点的水压后，判断各点水压的满足情况，在不满足的节点中，找到压力最难满足的节点即真正的控制点，并根据控制点的服务水头调整所有节点水头。

然后由控制点的水压，利用管段间的能量关系，推求各节点的水压。

能量方程为

$$H_{F_i} - H_{T_i} = h_i \qquad (2-29)$$

式中　F_i、H_{F_i}——管段 i 的上端点编号和上端点水头，m；

T_i、H_{T_i}——管段 i 的下端点编号和下端点水头，m；

h_i——管段 i 的水头损失，m。

当水压推求至水塔、高位水池或水泵处时，即可知道水塔、高位水池的高度和水泵的扬程。

对于无水塔或高位水池等调节构筑物的管网，水泵设计扬程计算式为

$$H_P = Z_c - Z_清 + H_c + h_s + h_c + h_n \qquad (2-30)$$

式中　H_P——水泵设计扬程，m；

Z_c——控制点的地面标高，m；

$Z_清$——清水池最低水位的标高，m；

H_c——控制点要求的最小服务水头，m；

h_s——水泵吸、压水管中的水头损失，m；

  h_c——输水管中的水头损失，m；

  h_n——配水管网中的水头损失，m。

  对于有水塔或高位水池等调节构筑物的管网，水塔或高位水池高度计算公式为

$$H_t = H_c + h_n - (Z_t - Z_c) \tag{2-31}$$

式中 H_t——水塔或高位水池高度，m；

   Z_t——水塔或高位水池处的地面标高，m；

   h_n——水塔或高位水池至控制点的管网中的水头损失，m。

  设置调节构筑物后，水泵扬程要视调节构筑物在管网的位置来确定。如水塔或高位水池设置在管网的末端，在最高供水时，管网用水由泵站和水塔同时供给，此时水泵设计扬程按式（2-30）计算；又如水塔或高位水池设置在管网的前端，靠近水厂，水泵只要供水到水塔或高位水池即可，水泵设计扬程按式（2-32）计算，为

$$H_P = H_t + H_0 + Z_t - Z_{清} + h_s + h_c \tag{2-32}$$

式中 H_0——水塔或高位水池的有效水深，m；

   h_c——水泵到水塔或高位水池的输水管线水头损失，m。

  4. 水压水量调节设施的选择

  （1）水压调节设施。

  1）型式的选择。农村供水由于范围广、地势高差大、地形复杂，输配水过程中经常需要增压或减压。增压是为了满足远离水厂的供水区域或地形较高的供水区域用户的水压要求；减压是为了降低和稳定输配水系统局部的水压，以避免水压过高造成管道或其他设施的漏水、爆裂、水锤破坏，或避免用水的不舒适感。

  加压供水的方式有加压泵直接从管道中抽吸加压、无负压供水设备和加压泵联合使用、调节水池和加压泵房联合使用等。从管道中直接抽吸的加压会带来加压泵房附近的用户水压不足，但能充分利用管网内的剩余压力，在村级等小型管网中可以选用。无负压供水设备和加压泵联合使用的型式，能充分利用骨干管网的压力，又不产生负压，不会对骨干管网产生任何不良影响，保证了用水的安全性，但受其稳定性和造价等因素限制，目前在实际工程中应用还不多。调节水池和加压泵房联合使用的型式，不影响上游管道的压力，具有很强的可靠性，但会带来二次污染且造价较高，在大、中型供水管网中应用较多。

  当管网内水压过高时必须设置减压设施。常见的减压设施包括跌水井、减压池和减压阀等。输送浑水宜采用跌水井或减压池，输送清水亦可采用既减动压又减静压的减压阀。

  2）规模的确定。加压泵的设计流量由其下游供水区的最高日最高时用水量确定，其扬程由加压泵站和控制点的高程差、控制点处的服务水头和沿途的水头损失计算确定。减压的大小由管网承压能力和下游用户需要的压力确定。

  （2）水量调节设施。

  1）型式与位置的选择。鉴于农村供水工程的规模、管理、供电、间歇运行等因素，一般情况下均应设置调节构筑物。调节构筑物的合理设置，能有效调节产水量、供水量与用水量的不平衡，提高供水保证率、管理灵活性和供水泵站效率。调节构筑物主要包括清

水池、高位水池和水塔几种形式。其位置设置可以设在水厂内，如清水池、网前水塔；也可以设在水厂外，如高位水池、网中水塔、对置水塔。在规划中，宜根据地形和地质条件、净水工艺、供水规模、居民点分布和管理条件等，通过技术经济比较确定调节构筑物的型式和位置。常见的调节构筑物的型式、布置位置及适用条件见表2-24。

表2-24　　　　　　　　　调节构筑物的型式、布置位置及适用条件

调节构筑物型式	布置位置	适 用 条 件
清水池	厂内低位	（1）取用地表水源的净水厂，需要处理的地下水水厂，设在滤池（或净水器）的下游或多水源井的汇流处； （2）管网分压供水时，配合加压泵和减压设施设置； （3）调节容量较大
高位水池	厂外高位	（1）有适宜高地形条件的水厂和管网； （2）调节容量较大
水塔	厂内、外高位	（1）地形平坦的小型水厂和管网； （2）调节容量较小； （3）供水范围和供水规模较小

2）规模的确定。调节构筑物的有效容积应根据用水区域供需情况及消防储备水量等确定；当缺乏资料时，可参照相似条件下的经验数据确定，或根据《村镇供水工程技术规范》（SL 310—2004）的要求，通过技术经济比较确定。

a. 有可靠电源和可靠供水系统的工程，单独设立的清水池和高位水池可按最高日用水量的20%～40%设计；同时设置清水池和高位水池时，清水池可按最高日用水量的10%～20%设计，高位水池可按最高日用水量的20%～30%设计；水塔可按最高日用水量的10%～20%设计；向净水设施提供冲洗用水的调节构筑物，其有效容积应增加水厂自用水量。取值时，规模较大的工程宜取低值，小规模工程宜取高值。

b. 供电保证率低或输水管道和设备等维修时不能满足基本生活用水需要的Ⅳ型（供水规模在200～1000m³/d）、Ⅴ型（供水规模小于200m³/d）工程，调节构筑物的有效容积可按最高日用水量的40%～60%设计。企业用水比例高的工程应取低值，经常停电地区宜取高值。

c. 在调节构筑物中加消毒剂时，其有效容积应满足消毒剂与水的接触时间不小于30min的要求。

d. 供农村生活饮用水的调节构筑物容积不应考虑灌溉用水。清水池的最高运行水位，应满足净水构筑物或净水器的竖向高程布置；高位水池和水塔的最低运行水位，应满足最不利用户接管点和消火栓设置处的最小服务水头要求。

5. 管材的选择

管材的选择对工程造价和供水安全性的影响很大，因此，合理地选择管材十分重要。管材的选择取决于输送流量大小、输送方式（压力/重力）、施工方法、管道埋深、管道内压、工程造价等因素，不同的管材各有利弊，现就目前供水工程常用的几种管材的特点、性能进行比较。

（1）钢管（SP）。钢管应用历史较长，范围较广，属于市场上广泛应用的输水管材，

输水安全可靠性好，强度较高，可承受的内压高，不易爆管，单管长，接口少，加工制作方便，可加快工程施工进度，尤其适合顶管工程及过河、过路等部位。缺点是耐腐蚀性差，管壁内外都需进行防腐处理，防腐要求高，造价高。

（2）球墨铸铁管（DIP）。球墨铸铁管是近年来较为常用的输配水管道。球墨铸铁管接近于钢管的强度，承受内、外压的能力较强，不易爆管；抗腐蚀的能力较强，施工时不需另外作防腐处理；管道有一定的延伸率，采用柔性接口，管道接口性能好，施工、维修方便且不易漏水；使用寿命长。正因为球墨铸铁管的这些优异性能，目前已成为国内输配水管道的主要管材。

（3）预应力钢筋混凝土管（PCP）。PCP 管属于较为传统的输水管材，具有较成熟的制作工艺和施工经验，可以根据不同的埋深、内压进行配制，管道系列齐全。PCP 管耐腐蚀，不污染水质，价格便宜，适用于开槽埋管。缺点是重量大，对起吊设备要求较高，施工难度大；管材制作过程中存在弊病，如管喷浆质量不稳定，易脱落和起鼓；工作压力在 0.4～0.8MPa；预应力钢筋混凝土管的水量漏失较大。

（4）预应力钢筒混凝土管（PCCP）。PCCP 管属于近几年来发展的新型管材，是一种钢筒与混凝土制作的复合管，口径一般较大。PCCP 管采用承插连接，现场敷设方便，接口的抗渗漏性能好，有较高的强度和刚度，耐腐蚀，不污染水质，寿命长，管材价格比金属管便宜。其缺点是管体自重较重，选用时应考虑从制管厂到工地的运输条件及费用，还应考虑现场的地质情况及施工措施等因素。

（5）玻璃钢夹砂管（RPMP）。玻璃钢夹砂管属于近年来国内广泛应用的新型管材，又称玻璃纤维缠绕增强、热固性树脂加砂压力管，是将预浸有树脂基体的连续玻璃纤维，按照特定的工艺条件逐层缠绕到旋转的芯模上，并进行适当固化、脱膜而成。该管道具有耐腐、重量轻、施工安装方便、摩阻系数小等优点。在相同管径、相同流量条件下比其他材质管道水头损失小、节省能耗。缺点是密封性一般，相对易老化，耐冲击性差，对铺设要求较高，要求回填土的密度达 90％以上，一般不能采用顶管施工，使用范围受到一定限制。

（6）塑料管。塑料管具有表面光滑、不易结垢、水头损失小、耐腐蚀、重量轻、加工和接口方便等优点，但是管材的强度较低，膨胀系数较大。塑料管有多种，如 ABS、PE、PP 和 UPVC 等，其中 UPVC 和 PE 应用较广。

UPVC 管是近年来发展起来的新型供水管材，具有承压能力好，耐腐蚀，阻燃性能好，内壁光滑，水力条件好，管基础简单，施工周期短的特点，同时管材的价格具有一定的优势。PE 管管材重量轻，承压能力好，耐腐蚀，内壁光滑，水力条件好，管道接口采用熔接，密封性好，强度较 UPVC 管高，管基础简单，施工周期短，但管道施工时对回填的要求高，管材价格较高。

在农村供水工程规划过程中，应根据各种管材的优缺点，结合规划地区的地质地势、输配水特点选择管材。如地质松软的地方宜选择金属管材，穿越公路桥梁等障碍物时宜选择钢管。还可根据输配水管的口径进行选择。如输水管口径在 800mm 以上建议优先采用球墨铸铁管、预应力钢筒混凝土管等；口径在 800mm 以下建议优先采用球墨铸铁管、硬聚氯乙烯管、高密度聚乙烯管、钢管等。配水管口径在 300mm 以上建议优先采用球墨铸铁管、硬聚氯乙烯管、高密度聚乙烯管、塑料与金属复合管、钢管等；配水管口径在

300mm 以下建议优先采用硬聚氯乙烯管、高密度聚乙烯管、塑料与金属复合管、球墨铸铁管、钢管等。

目前，农村供水系统中，采用供水塑料管、球墨铸铁管、钢管、铝塑管、自应力钢筋混凝土管或预应力钢筋混凝土管较多，规划时，宜经技术经济比较后合理选择。

四、集中式供水工程规划实例

（一）四川省巴中市巴州区后溪沟供水工程

1. 工程概况

四川省巴中市巴州区平梁乡场镇、炮台村和玉皇庙村，由于其独特的地理环境，在县域供水规划时，作为一个单独的区域进行规划。该区位于莲花山的山腰及延伸岭梁的山坡台地上，共 1408 户、6184 人；村民居住点最高海拔 708.5m，最低海拔 384m，大都在海拔 400～680m 之间；地形呈台状分布，平均坡度约 20°。由于长期饮水困难，拟通过集中式供水工程规划和建设解决区域的饮水问题。

2. 工程规划

基于现状人口，参考现状用水标准，考虑人口增长和社会发展等因素，经预测，规划区远期需水量为 700m³/d，由于规划区现状无集中式净水工程，同时考虑到一定的自用水量和一定的富余能力，规划区需新增供水能力 740m³/d，才能保持供需水量平衡。

规划区可供选择的水源方案包括人工井、溪河、雨水积蓄和水库 4 种。由于当地地下水为孔隙潜水，蓄存条件较差，地下水资源贫乏，水质属重碳酸钙型水，因此，地下水不能作为集中式供水工程的水源。规划区附近的溪流为巴河，距规划区 2.6km。村民最高居住点与巴河高差为 378m，如利用巴河为水源，输水成本高昂。规划区内山高坡陡（平均坡度为 20°），现状无蓄水工程，也难以修建蓄水工程蓄积降雨。现状的后溪山水库由两座水库组成：二库在上游，坝顶高程 798.7m；一库在下游，坝顶高程 728.8m。两库大坝相距 1.6km，高程相差 69.9m。水库位置较供水区高。规划选择后溪沟水库作为水源。该水源剔除农业灌溉等用水后，二库有余水 60 万 m³，一库有余水 20 万 m³，而水厂年需水量为 27 万 m³，如两库联合运行，水源保证率可达 95％。

规划主取水口设在后溪沟水库二库东南侧，通过自流管引水至水厂；次取水口设在后溪沟水库一库东侧，通过水泵提水至水厂；在一般年份，水厂直接从二库自流引水，仅在特大干旱年需从一库动力提水进行联合运行。

水厂规模确定为 740m³/d；位置选在后溪沟水库一库东侧管理所后面的台地上，该位置位于水源与供水区之间，且可满足二库原水和水厂清水的重力输水条件；由于后溪沟水库水质较好，达到生活饮用水水源水质标准，规划采用常规工艺（絮凝、沉淀、过滤、消毒）处理，出厂水水质即可满足生活饮用水卫生标准；由于净水规模较小，且水源水质较好，宜选择净水器形式净水。

考虑到水源、水厂、供水区的地形地势条件，浑水和清水输水管网工程均选择重力输水方式；同时考虑到输水的安全性，规划选择管道输水方式；输水线路沿水源、水厂和供水区之间的道路布置。

考虑到供水区内的地形地势特点，配水管网分成平梁乡场镇和炮台玉皇庙两个区域分别规划。平梁乡场镇区域拟直接敷设树状配水管网至用户。炮台玉皇庙区域将被分为 15

个不同高程的用水分区，规划利用 15 个减压池将水由高区供给低区用户。规划的减压池发挥 3 个作用：①作为水压调节池，对上游管道进行减压；②作为水量调节池，储存一定水量以供应低区用户使用；③利用地势高差进行重力配水。每个用水分区内的配水管布置成树状管网。

考虑到管材的使用特性和工程投资的影响，输水管采用 PE 管，配水管采用 UPVC 管。

考虑到建设资金的筹集进度，该工程分两期建设，一期主要解决平梁乡场镇和玉皇庙村的供水问题，二期主要解决炮台村的供水问题。

后溪沟供水工程规划如图 2-47 所示。该工程作为中英合作中国水行业发展项目农村供水与卫生示范，其规划在输水配水环节充分利用地势条件，实现了重力输配水，节约了供水成本，这在贫困山丘区值得推广和借鉴。

（二）陕西省渭南市大荔县羌八供水工程

1. 工程概况

大荔县地处陕西省关中平原东部，羌白镇、八鱼乡位于县城西南 15～25km 处，108 国道两侧，辖区有 22 个行政村（其中：羌白镇 17 个、八鱼乡 5 个）、53 个自然村，现有人口 5.22 万人（其中羌白 3.58 万人、八鱼 1.64 万人），总面积 110.1km²。

羌白、八鱼两乡镇居民原均由村庄小水厂集中供水或分散供水，水源均为高氟苦咸的地下水。由于长期饮用高氟苦咸水，造成氟中毒患病人数达 2.84 万人，氟斑牙患病率高达 90%。经评估，原有村庄内部分管道可续用。

找好水源、兴建相关供水工程是解决羌白镇、八鱼乡地区饮水问题的关键。

2. 工程规划

（1）工程规划方案。经预测，羌白镇远期需水量为 2070m³/d，八鱼乡远期需水量为 928m³/d；两乡镇合计为 2998m³/d。通过对两个乡镇全面的水源水质调查，在八鱼乡南部沙苑区找到浅层地下潜水，可开采量 5846 万 m³/a，水量充沛，水质较好，可作为本工程供水的水源。

供水方案经多方案比较后，确定在沙苑区水源井取水后，输送至八鱼乡水厂，经净化处理后，由供水管网配送给八鱼乡用户用水，同时输水至羌白水厂，经羌白水厂加压后供羌白区用水，两个乡镇供水管道独立设置，均为树状网。

其供水流程如图 2-48 所示。

（2）工程主要规划内容。八鱼水源井：设计单井取水量 20～60m³/h，水源地共打井 9 眼，其中备用 1 眼。设计水源井深 90m，井泵出水管和取水管采用 80 钢塑复合管，计算井泵扬程 88.2m，每眼井配装 150TQSG20-96-15 型潜水深井泵。

八鱼水厂：位于吕苏公路旁，占地 3.26 亩，内建蓄水池、生产楼、办公楼、料场等建（构）筑物。生产楼包括水泵房、变配电室、加氯化验间；办公楼包括办公、宿舍和食堂。该厂供水规模 2998m³/d，其中：八鱼地区使用 928m³/d，转输水量 2070m³/d。八鱼水厂蓄水池容积 250m³，半地下式布置。设计水泵扬程为 49.7m，流量为 67.78L/s，选用 KQL125-200 型水泵 3 台，2 用 1 备，与 HBL16055 型全自动给水设备配套工作，用变频调速装置控制运行。采用二氧化氯消毒，选用 WHL-8 型高效混合消毒净水器，消

图 2-47　四川省巴中市巴州区后溪沟供水工程规划图

图 2-48 陕西省大荔县羌八供水流程

毒液投入蓄水池。

羌白水厂：位于 108 国道南侧，占地 3.0 亩，内建蓄水池、生产楼、办公楼、服务楼等建（构）筑物。该水厂为转供水厂，取水于八鱼水厂，供水规模 2070m³/d。

羌白水厂蓄水池容积 400m³，半地下式布置。设计水泵扬程 54.2m，流量为 74.4L/s，选用 KQL125-250B 型水泵 3 台，2 用 1 备，与 HBL16055 型全自动给水设备配套工作，用变频调速装置控制运行。

输配水管网：输配水管线布置如图 2-49 所示，村内管线略。输配水管道均采用 UP-VC 硬聚氯乙烯给水塑料管，管径 $\varphi \geq 70mm$ 的干支管道采用 R 型扩口管材，橡胶圈接口，管径 $\varphi \leq 70mm$ 的配水管网采用平承口管材，黏接。输水管理深 1.2m，配水管埋深 1.0m，

图 2-49 陕西省大荔县羌八供水工程平面布置图

沙土基础。

大荔县羌八供水工程平面布置图如图 2-49 所示。

该工程于 2003 年年底建成运行，总投资 940 万元。通过近几年的运营，该供水工程在社会、经济效益方面均取得了一定的成效，特别是未发现一例新增氟病患者。

该规划方案的特点是：①采用跨乡连村集中供水方式，这样的工艺既使得供水线路布局合理，又能够分区管理，管网压力小，节能，投资低；②水厂内引入变频调速恒压变量供水设备，节省水塔投资，节能；③由于沙苑区采沙方便、沙石价廉，该工程采用 PVC-U 塑料管，其基础采用沙土基础；④设置一级泵站超越管，在水源井高水位、近期用水量小，用深井水泵直接供水，减少一级泵站的运行时间，降低运行费用。

第七节 分散式供水工程规划

一、分散式供水工程概述

我国农村地域辽阔，各地的自然条件、水资源状况、经济状况、生活方式等差异较大。许多农民居住在条件恶劣、远离城镇、贫穷落后、地形复杂的地方。为了改善农民的生活条件、有效提高农民的健康水平，对于尚无条件采用集中式供水工程的农村，可根据当地的具体情况，设计、建造分散式供水工程。分散式供水工程作为集中式供水工程的补充，是解决人口稀少、居住分散、水源匮乏的贫困地区人民饮水问题的一种有效型式。

（一）分散式供水工程的组成与型式

农村分散式供水指单户或联户用手压井、大口井、集雨、引泉等设施供水，为无配水管网，由用户自行取水的供水系统。主要型式有分散式供水井工程、雨水集蓄供水工程和引蓄供水工程。

图 2-50 分散式供水井工艺流程

1. 分散式供水井工程

分散式供水井工程通常以地下水为水源，由水源井和提水设备等组成。适用于有良好地下水源、居住分散的地区。其工艺流程如图 2-50 所示。

2. 雨水集蓄供水工程

雨水集蓄供水工程以雨水为水源，主要由集雨设施、净水设施和蓄水设施等组成。适用于淡水资源缺乏或开发利用困难，远距离输水又没有条件，但多年平均降水量大于250mm 的地区。其工艺流程如图 2-51 所示。

图 2-51 雨水集蓄供水系统工艺流程

3. 引蓄供水工程

引蓄供水工程以季节性客水或泉水为水源，主要由引水管网或渠网、蓄水设施等组成。适用于水资源缺乏，但有季节性客水或泉水的地区。其工艺流程如图2-52所示。

图2-52　引蓄供水系统工艺流程

（二）分散式供水工程的现状与特点

1. 农村分散式供水工程现状

现有分散式供水工程多数为户建、户管、户用的微型工程，普遍缺乏水质检验和监测。

2. 农村分散式供水工程的特点

农村分散式供水工程与集中式供水工程相比，具有以下特点：

（1）点多面广，水质安全得不到保障。分散式供水工程规模小、工程分散，水源防护措施差，特别是浅层地下水极易受到污染，再加上农民饮水安全意识差，水质安全性得不到保证。某些经济落后的地区，几乎没有像样的集雨设施，大都靠村里的露天集雨池，加上村里管理不当，造成水质严重恶化，直接影响其生命和健康安全。

（2）水源保证率不高，供水水量不易保证。因降水时空分布不均，在干旱少雨季节，地下水位下降严重，供水量不易保证。我国西北地区特别是宁夏中南部山区是全国最缺水的贫困地区之一，单位国土水资源仅为2.54万 m³/km²，约为全国均值的8.6%，平均年降水量不足400mm，并且年内与年际的时空分布不均匀，降水集中在6—9月。许多地区既没有机井、浅井等地下水源，也没有泉水等地表水源，饮水完全依赖于雨季蓄积的雨水，水量很难得到保证。

（3）工程设施灵活，技术简单。工程设施可根据水源水质、居民分布等条件分别采取不同的对策，不受地形和居住状况限制；可选用成套供水或净水设备，工程建设成效快，技术简单，易于维护。

（4）因地制宜，节约投资。实施分散供水工程的地方一般都是居住分散，无可靠水源保障，若实施集中供水必须远距离供水，投资会较高。

（5）产权清晰，但管理分散。分散式供水工程一般以国家补助为辅、单户或联户农民集资为主修建，所有权归农民私人所有，与农户的切身利益紧密相关，农村居民积极性高，工程产权和管理责任制明确，但技术管理力量单薄，往往因维修保养不及时影响正常供水。

（三）分散式供水工程的规划建设与发展

1. 农村分散式供水工程的规划建设

根据农村供水现状和全国农村饮水安全工程规划，未来在我国的华北、华东、中南、西南、西北地区都需建设不同规模和数量的分散式供水工程，根据各分区特点可采用不同的工程措施。有浅层地下水的地区，采用浅井供水工程；有山溪（泉）水的地区，建设引溪（泉）水设施；水资源缺乏或开发利用困难的地区，建设雨水集蓄供水工程。各分区分散式供水工程规划建设情况见表2-25。

表 2-25　　　　　　　　　　　　　全国分散式供水工程规划建设情况

分区	省（自治区、直辖市）	工程措施
华北	河北 内蒙古 山东 河南	山丘区居住分散的农户，兴建雨水集蓄供水工程。 居住分散的牧民，兴建基本供水井
华东	安徽 福建 江西	海岛居民兴建雨水集蓄供水工程。 山丘区农户，蓄引水质良好的山涧溪（泉）水，采用慢滤池净化，充分利用自然落差实现自流供水
中南	湖北 湖南 广西	山丘区居住分散的农户，兴建单户或联户雨水集蓄供水工程或浅井供水工程
西南	重庆 四川 贵州 云南 西藏	居住分散的农户，兴建单户或联户雨水集蓄供水工程或浅井供水工程
西北	陕西 甘肃 青海 宁夏 新疆	无地表水和地下水源的山丘区农户，兴建雨水集蓄供水工程。 居住分散的牧民，兴建基本供水井

2. 农村分散式供水工程的发展

针对农村分散式供水工程的特点，应从以下几方面来促进分散式供水工程的发展。

（1）提高水源保证率：

1）通过新建水源工程作为分散式供水工程的备用水源，提高水源保证率。

2）根据各地区水资源状况采取多种分散式供水工程组合模式，合理利用各种水资源，提高水源保证率。如西南峰丛地区农村居民主要采用溶井、水柜与水窖 3 种模式进行分散式供水，其水源分别来自地下河、岩溶泉及雨水。溶井供水主要适用于有竖井的峰丛洼地底部及溶丘谷地边缘；水柜供水适用于有使用价值的泉水出露的峰丛山区；水窖供水多用于地势较高、地表垂向岩溶极为发育、仅有雨水可供利用的峰丛山区。

（2）确保供水可靠性：

1）研究适于分散式供水工程的技术模式及成套技术，如从经济、实用、操作维修简单的角度对集流面、蓄水设施的型式及材料、水质净化和消毒技术等进行研究，保证供水水量和水质。

2）集成现有专利技术和研究成果，提高供水可靠性。分散式供水工程技术目前已有较多的研究成果，如解决水窖防渗问题和提高水窖利用率的专利技术"蓄水窖的塑料防渗膜与气压出水盖"；通过水的自净沉淀方式净化水和蓄水的民用蓄水自净沉淀一体化设备等。通过对现有技术的集成与推广，可提高供水可靠性。

（3）建立合理的管理体制和运行机制。探索建立适应社会主义市场经济体制要求，符合各地区农村分散供水工程特点，产权归属明确，管理主体到位，责任权利相统一，有利于调动各方面积极性，有利于工程可持续利用的管理体制、运行机制，促进工程良性运行。

1）明晰工程产权。研究总结以农户自用为主的分散式供水工程的管理。该类工程实行"自建、自有、自用、自管"，其产权归个人所有，由水行政主管部门颁发产权证书明确农户的所有权，可以继承和转让，使其真正走上产权明晰、自我使用、自我管理的良性循环之路。

2）定期检测水质。对分散式供水必须要加强管理，建立必要的卫生制度和水质定期检测制度，做好经常维护和管理工作，保障安全用水。在水质管理方面，可通过成立村用水户协会进行定期检测并将其数据上报主管部门，主管部门不定期对工程情况、设备使用状况、水质指标进行抽查。

3）监督管理制度。应建立各级管理组织，明确职责，并制定实施细则或管理办法，如水源卫生管理制度、设备管理办法、水费征收办法与水费标准等，从而保证各项工作和工程设施的正常运行，为运行管理制度化、规范化奠定基础。

4）加强技术培训。分散式供水工程建设和管理是一项技术性较强的工作，应使各级项目执行人员和管理人员了解项目执行程序和管理程序。对乡村水管员、技术工人应加强培训，使他们掌握供水工程设备的安装、使用和维修技术。

二、分散式供水工程规划

（一）分散式供水工程规划应考虑的因素

农村分散式供水工程规划应根据当地的自然、社会、经济、水资源等条件，考虑村镇发展需要，因地制宜、合理布局；采取资源节约型的建设方式，进行合理分区，确定不同类型地区的分散式供水工程模式和工程布局；合理选择取水水源、工程型式，确定供水规模、建设地点和水质净化措施。

1.水源选择

（1）首先应查明项目区的水文地质条件，地下水开采和污染情况，收集年降雨量资料和多年平均年蒸发量资料。

（2）对可供开采的地下水、雨水等水资源进行水量、水质评价和预测。

（3）按照优质水源优先保证生活用水的原则，优先取用水量和水质均满足要求的地下水。若有位置较高的山泉可利用时，应尽可能利用山泉作为水源；选用可靠的浅层地下水比深井经济，但要注意水源保护；在缺乏地下水源的地区，可选用雨水和其他水源作为水源；地表水由于可靠性差，水质难以控制，水处理费用高，分散式供水工程一般不宜利用。

2.工程型式选择

分散式供水工程型式多样，应根据水源条件、地质条件、居住条件和当地经验确定。

（1）有良好地下水源，但用户少、居住分散、电源没有保证时，可建造分散式供水井。

（2）淡水资源缺乏或开发利用困难，远距离输水又没有条件，但多年平均降水量大于250mm时，可建造雨水集蓄工程。如陕西省延安市延长县地处陕北黄土高原丘陵沟壑区，位于延安市东部70km的延河下游。该县属于干旱大陆性季风气候，干旱与雨涝相间；冬季寒冷干燥，雨雪稀少，持续时间长；降水时空分布不均，年际变化大，多年平均降雨量

527mm，降雨多集中在 7 月、8 月。县境内地形复杂，沟壑纵横，梁峁起伏，水资源贫乏。东部地区水源流量小，含氟量大；西部地区水源较为充沛，但水质有不同程度污染，农村人畜饮水特别困难。全县自然村庄多，人口相对少，农村居民居住分散，集中式供水条件不具备，修建集雨水窖是解决人畜饮水问题的主要途径。通过水窖工程的建设，不仅解决了农村居民生活用水困难，改良了饮用水质，保证了农村居民的身心健康，而且进一步解放了生产力，为农村经济繁荣和社会稳定奠定了基础，对全县的农村供水工作起到了积极的推动作用。

（3）水资源缺乏，但有季节性客水或泉水时，可利用已有的引水设施建造引蓄供水工程。如吉林省临江市六道沟镇向阳村共 7 个社，有村民 203 户，该村居住分散，水源丰富，但水源来水量不足，集中供水困难，采用以泉水为水源，形成多水源的分散供水方式，通过集水井、高位水池和输水管路解决了该村的饮水问题。

（4）为提高供水可靠性，在地下水资源缺乏的地区，可采用打井、集雨或引蓄相结合的方法。如河南省林州市姚村镇水河村位于太行山东麓的半山腰，坐落在海拔高程 490m 处，十年九旱，水贵如油。该村因地制宜，科学规划，采取丰水季节引蓄山泉水，沿山坡集雨径流条件好的地方，布置了集雨与引山泉相结合的蓄水池和水窖，汛期可集蓄雨水，在各家院内建成约 30m³ 的水窖，彻底解决了全村 450 余口人的饮水困难。

3. 供水工程规模确定

（1）供水人数的确定。首先应根据居住分散情况确定采用单户供水还是多户联合供水。居住户分散、偏远的农村地区可采用单户供水工程；居住户相对集中的可采用多户联合供水工程。

（2）供水规模的确定。分散式供水工程的规模主要考虑生活用水和牲畜用水，用水定额应满足《村镇供水工程技术规范》（SL 310—2004）的要求，其中生活用水定额根据各地所属分区，按照集中供水点取水的用水条件确定。

4. 工程选址

工程选址要结合水源选择情况，考虑用水方便程度，取水往返时间不超过 20min；同时工程建设要考虑地质条件和地形条件，应避开滑坡体、高边坡和泥石流危害地段，基础宜选在坚实土层或完整的岩基之上。

5. 水质净化与消毒

分散式供水工程应根据具体情况，设置必要的净水设施，确保向用水户提供水质达标的饮用水。

（1）做好水源的保护工作。取水点周围要防止各种污染，并设立明显防护标志。

（2）采取适宜的净化方式。应根据水源种类和水质状况合理选择净化方式，水质净化工艺应简单、实用，便于操作，适合当地实际情况。

地下水水源若化学性指标超标可采用一体化特殊处理设备。如已注册的专利"高氟水分质处理技术"，该技术是将一个底部带有特殊过滤装置的塑料桶放入农户盛有高氟水的水缸，经自然过滤使渗入桶内的水的含氟量达到国家饮用水标准。

地表水水源因地表水悬浮物含量高、易受污染，通常需借助混凝沉淀过滤的方式。集雨工程和引蓄工程中，贮水池供水应经过必要的过滤和消毒后才能直接饮用。

（3）进行必要的消毒。分散式供水应进行消毒，消毒方法应综合考虑运行管理成本、操作方便以及用户接受度，选择适宜的工艺与设备，在保证处理效果的基础上降低运行成本。一般可采用氯制剂消毒，如漂白粉等或小型的消毒设备。

（二）分散式供水井的规划

1. 分散式供水井的组成

分散式供水井工程是以地下水为水源、用人工操作的手动泵或微型潜水泵等设备提水的一种供水型式，如图 2-53 所示，主要由水源井、井台、提水设备和排水渠（沟）等部分组成，一般建在庭院内或离农户较近的地方。根据取水深度可分为浅井手动泵系统和深井手动泵系统，浅井手动泵一般采集地下潜水，虽然造价低，施工方便，但不易进行卫生防护，容易造成污染，地下水资源较丰富的地区可采用深井手动泵系统，以保证供水水质。

图 2-53　分散式供水井

（1）水源井。水源井为分散式供水井重要的取水构筑物。其作用是从含水层取水并保持含水层的稳定性，根据深度，主要形式有真空井、筒井和管井等。

（2）提水设备。提水设备的作用是提升水源井内的水，可采用微型潜水电泵、真空手压泵和手动泵等，应根据具体情况选用。

附属构筑物由井台、排水渠（沟）、渗水井等组成。井台是用于取水的工作平台，也是安装手动泵，保护井水免受污染以及进行维护管理的场所，可建成圆形或方形，同时还可收集取水时滴、洒的水，沿排水沟排出。

2. 分散式供水井的特点

（1）水源井较浅，取水量不大，易于开凿。

（2）供水系统简单，技术要求不高，使用可靠，便于管理，易于维修保养。

（3）造价低廉，运行成本低。

（4）适应性强，适于边远、缺电、经济条件差的地区，弱含水层分布区也可建造，是一种较好的小型分散式供水系统。

3. 分散式供水井的规划设计

（1）井位的确定。分散式供水井工程区域内水井的密度要根据取水距离、用水量等合理确定。由于这种系统供水分散，井深较浅，取水量小，一般井距已超过影响半径，相互之间没有干扰，不必考虑井的平面和垂直布局，仅需按单井水文地质条件和使用、保护条件，选定井位即可。

井址选择应从水量、水质及便于防护和使用等方面加以考虑，井位宜选择在水量充足、水质良好，工程地质条件良好，施工、使用、管理方便，环境卫生、安全可靠的地点。为防止污染，水井应尽可能设在地下水的上游。松散孔隙水分布地区，宜选择在含水层厚度大、颗粒粗、集水半径小、没有洪涝和滑坡的居住区上游地区；采取裂隙水、岩溶水的地区，宜选择在裂隙、岩溶发育地区的富水地带。

（2）水源井设计。

1）水源井型式的选择。应在保证取水要求的前提下，尽可能降低工程造价。地下水埋深较浅时，可选择手压机井、真空井，砖砌或石砌的筒井、大口井，深度不宜超过15m；地下水埋深较深时，可选择便于小型机械施工的小管井。

2）水源井的设计要求。根据含水层的埋藏条件、厚度、岩性、施工条件及当地凿井能力确定井深、井径、出水量、水位下降值，并进行水源井构造设计。

a．为防止和减轻手动泵活塞或螺杆的磨损，井水的含砂量应小于 10mg/L，多户使用的井，出水量应不低于 1m³/h。

b．井口应设置井台和井盖，井台应高出井口 100～200mm。一般多建成直径 1200～1500mm，高 100～150mm 的圆形浅池，池底坡度为 1：30；坡向排水沟，如排水无出路，需在排水沟末端建造渗水坑；渗水坑内填充砂、石子，使水渗入地下，防止地面污染；渗水坑与水井的间距，不得小于 30m，以防污染水源。在透水土壤中，散水坡下面还应填厚度不小于 1.5m 的黏土层。井台周围应建围栏，加以保护。对于无隔水层的井泵外壁和底部，需要用黏土填塞，井口要用黏土或水泥等不透水材料封闭，以防污染。

c．井口周围应经常保持清洁；应将井周围 30m 范围划分为卫生防护区，防护区内不得设置厕所、渗水坑、粪坑、垃圾堆和畜禽圈等污染源，并建立卫生检查制度。

d．大口井井底应用卵石和粗砂铺垫；井壁应为不透水材料，以防污水渗入井内。

e．管井的设计可参见一般管井的有关规定，管井井壁管可采用壁厚大于 5mm 的 UP-VC 塑料管，滤水管的长度可根据地下含水层的情况选用，一般 3～6m，滤水面积不超过 2%，采用缠丝滤管、包网滤管等形式，管外填充颗粒为 3～10mm 的滤料。

f．井的使用寿命至少要保证正常供水 15 年以上。

（3）提水设备的设计。

1）提水设备的选择。提水设备形式的选择应根据水源井动水位、用水量、运行可靠性、使用寿命、价格等综合比较后确定。

a．电源有保障时，宜选择微型潜水电泵。

b．电源无保障时，若枯水位到井口的深度不超过 8m 时，可采用真空手压泵；枯水位到井口的深度在 8～30m 范围内时，可采用深井手动泵。手动泵是以人工为动力的提水工具，有深井手动泵和浅井手动泵两种。深井手动泵与一般浅井手动泵不同，其泵体淹没在水面下工作，因此可以提升水位较深的井水。深井手动泵主要有活塞泵、螺杆泵两类。活塞泵依靠活塞的往复运动提水，螺杆泵依靠螺杆转子在螺杆定子中旋转抽水。

2）提水设备的设计要求。

a．采用深井手动泵时，要求活塞或螺杆淹没在动水位 1m 以下。

b．真空手压泵和深井手动泵应安装在坚固的混凝土基础上，在基础周围修建井台。在寒冷地区，应采取防冻措施。

c．根据动水位和出水量大小及井径来选择泵的型号，力争在最小降深条件下开采最大出水量，同时要保证泵体最大部分外径至少小于井管直径 50mm。

（三）雨水集蓄供水工程的规划

我国有着长远的雨水利用历史，特别是对那些地表水和地下水极端缺乏的干旱山区，雨水作为可利用的水资源，应当充分利用。

1. 雨水集蓄供水工程的组成

雨水集蓄供水工程是指通过工程措施，收集天然降雨并储存在水窖或蓄水池中，再向居民供水的工程。一般由集雨设施、净水设施、蓄水设施和提水设备组成，其流程如图2-54所示。

图 2-54 雨水集蓄供水工程流程

（1）集雨设施。集雨设施主要指收集雨水的措施，包括集雨场、集雨槽和连接管道等。

1）集雨场。集雨场指收集雨水的场地。在一定程度上决定了进入蓄水设施的雨水量和水质。可分为屋顶集雨场和地面集雨场。有条件的地方最好能选择靠近泉水、引水渠、溪沟、道路边沟等便于引蓄天然径流的场所；若无引蓄天然径流条件的，需开辟新的集雨场，修建引洪沟引水。

2）集雨槽和连接管道。集雨槽和连接管道的主要作用是将雨水场收集的雨水聚集起来，输送到后续设备内。集雨槽一般安装在屋檐下，其设计应合理，要求既能将聚集的雨水全部输送到储水容器内，也不浪费材料。集雨槽的材料和形状多种多样，可采用 PVC或铁皮制作，断面形状有矩形、半圆形和三角形。屋顶集流系统中，为降低造价也有采用屋檐下铺设凹陷的混凝土地面汇集和输送雨水，但水质会受到影响。

（2）净水设施。雨水水质往往达不到饮用水卫生标准，主要问题是浊度和细菌学指标超标，且因水在水窖中储存的时间较长，一些细菌、病原微生物等有毒物质会在水中滋生，使水质恶化。因此雨水集蓄工程的水不能直接饮用，所收集的雨水进入蓄水设施之前，须经过一定净化处理，常用的净化方法主要是沉淀过滤，为去除杂物还需增设沉砂池、拦污栅等。蓄水设施中的水还需经过消毒才能直接使用。

（3）蓄水设施。蓄水设施主要作用是储存雨水，保证和调节水量。生活用水蓄水构筑物的主要型式有水窖、蓄水池（水柜）等。以水窖居多，多为地下式，顶上设保温层。

（4）提水设备。蓄水设施的水可使用专用水桶或通过手压泵人工取水提出来利用，亦可安装水泵，通过管道或高位水池供水。

2. 雨水集蓄供水工程的分类与特点

（1）分类：

1）按照供水规模可分为单户集雨和公共集雨两种形式。单户集雨，规模小，适应性强，管理简单，使用方便，应用广泛；公共集雨，规模较大，需要有适宜的地形才能建造，供居民生活饮用水时应建在村外便于卫生防护的地段。一般可选择单户集雨，有适宜地形时可选择公共集雨。

2）按照集雨收集场地又分为屋顶集水式雨水收集系统与地面集水式雨水收集系统两类，如图 2-55 和图 2-56 所示。

图 2-55 屋顶集水式雨水收集系统

图 2-56 地面集水式雨水收集系统

屋顶集水式雨水收集系统利用屋顶作集雨面，在屋檐下设接水槽，然后由管道将雨水经过过滤引入水窖存储利用，由屋顶集雨场、集水槽、落水管、输水管、简易净化装置、蓄水池、取水设备组成，多为一家一户使用。

地面集水式雨水收集系统由地面集雨场、汇水渠、简易净化装置（沉砂池、沉淀池、粗滤池等）、蓄水池和取水设备组成，一般可供几户、几十户甚至整个小村庄使用。地面集水式又可分为硬化路面集水和池塘蓄水等型式。

（2）特点：

1）由于降雨的就地分布特性和居住的分散性，以及地形条件决定了雨水集蓄利用只能分散进行，所以雨水集蓄利用工程主要是单户或几户农户为单位进行，工程的规模较小。

2）雨水集蓄供水工程适用于地表水、地下水缺乏或开采利用困难，且多年平均降水量大于 250mm 的半干旱地区和经常发生季节性缺水的湿润、半湿润山丘地区，以及海岛和沿海地区，以屋顶和硬化庭院集流场为主。在我国，建设雨水集蓄利用工程的重点地区是西北、华北的半干旱缺水山区、西南石灰岩溶地区和石山区以及海岛和沿海地区。这些地区的共同特点是：严重缺乏或季节性缺乏地表水和地下资源；多为山区，沟壑纵横，引水、输水条件十分困难；居住分散，适宜利用就地资源，分散开发。

3）雨水集蓄利用不同于常规的雨水利用，常规雨水利用是指对原始状态下的雨水进行利用，一般是在天然坡面上拦集，集流效率低，雨水主要储存于土壤孔隙中，调节能力差。而雨水集蓄利用工程是一种对雨水资源有效控制利用的形式，包括集、蓄、用 3 部分，采取工程措施来收集雨水，集雨效率较高；通过蓄水工程对雨水进行调节利用，调节能力强，雨水利用效率高。

3. 雨水集蓄供水工程的规划设计

雨水集蓄供水工程设计除应符合《村镇供水工程技术规范》（SL 310—2004）要求外，还应符合《雨水集蓄利用工程技术规范》（SL 267—2001）的有关规定，同时应对工程范围内已建的雨水集流面性质、面积、蓄水设施的种类、数量及容积进行调查，选择适宜方式。

（1）工程规模的确定。雨水集蓄供水工程为年调节工程，与集中式供水工程采用最高日用水量计算不同，设计供水规模应根据年生活用水量、年饲养牲畜用水量，扣除已有工程的供水能力确定。

（2）集雨设施的设计：

1）集雨场型式和材料的选择。集雨工程的集雨场型式多样，根据集雨方式的不同，集雨场可分为自然集雨场和人工集雨场，亦可根据位置分为屋顶集雨场和地面集雨场。

自然集雨场主要利用天然或其他已形成的集流效率高、渗透系数小、适宜就地集流的自然集流面集流，如瓦屋面、公路路面、乡村道路、学校操场、场院等。最常用的集雨面是屋面，屋面的结构和材料影响着屋面收集雨水时的稳定性和收集的雨水的质量，宜收集黏土瓦、石板、水泥瓦、镀锌铁皮等材质屋顶的水，而不宜收集草质屋顶、石棉瓦屋顶、油漆涂料屋顶的水，因为草质屋顶中会积存微生物和有机物，石棉瓦板在水冲刷浸泡下会析出对人体有害的石棉纤维，油漆不仅会使水中有异味，还会产生有害物质。当屋顶已铺有机瓦及青瓦时，应尽量利用其作为集流面，当屋面为草泥抹面时应改造为水泥瓦。

人工集雨场指无直接利用场地作为集流场的地方，而为集流专门修建人工场场地。对于集流效率较低的场地可采取人工措施，减少地面入渗，常用的防渗材料有混凝土、瓦、塑料薄膜、衬砌片石、天然坡面夯实土等，应注意不能增加水的污染。

屋顶集雨场是按用水量的要求，收集降落在屋顶的雨水。

地面集雨场是按用水量的要求在地面上单独建造的雨水收集场。

集雨场应根据蓄水构筑物布置、居住环境、地形地貌和地质等条件确定。生活用水应优先选用集雨水质好、集雨效率高的屋顶集流面、人工硬化集流面或二者结合的集流面。在湿润和半湿润山区也可利用自然坡面集流，不应采用马路、石棉瓦屋面和茅草屋面作集流面。

2）集雨场位置的选择。供生活饮用水的单户集雨工程宜建在庭院内。公共集雨工程宜布置在村外便于集雨和卫生防护的地段。集雨场应避开畜禽养殖、堆放物、施肥等污染源。

3）集雨场的设计。为保证集雨效果，地面集雨场宜建成有一定坡度的条形集雨区，坡度不小于1：200，用围栏加以保护。在低处修建一条汇水渠，汇集来自各条形集雨区的降水，并将水引至沉砂池，汇水渠坡度应不小于1：400，并应有足够的断面，注意防渗。为避免集雨场外地面径流的污染，可在集雨场上游建造截流沟。集雨场周围种树绿化，可防止风沙。

混凝土硬化集流面应设变形缝，混凝土厚度应根据冻胀、地面荷载等因素确定。

4）集流面大小的设计。

a. 设计要求。集流面的集流能力应与蓄水构筑物的有效容积相配套。设计时，应采用保证率为90％时的年降雨量计算集流面的水平投影面积，不应采用平水年降雨量计算集流面，平水年降雨量的保证率只有50％左右，供水保证率太低；屋顶集水场的集水面积，应按集水部分屋顶的水平投影面积计算，不应将水平投影面积直接作为集流面积采用，易造成集流面太小。集流面坡度应大于0.2％，并设汇流槽或汇流管。

设计时应考虑降雨损失。在降雨强度较大时有一部分水会溅出集雨面，降雨结束后还有一部分雨水存留在集雨面上，损失的多少主要取决于集雨面的入渗性能，常用径流系数表示。

b. 集雨面积计算。集雨面积的大小应根据当地径流的特点及水窖（水池等）的容积来确定。

集雨面积与用水量、降雨量和径流系数的大小有关，可按下式计算，即

$$F=\frac{1000QK}{q\psi} \tag{2-33}$$

式中　F——集雨面积（水平面积），m^2；

　　　Q——用水量，m^3/a；

　　　q——保证率为 90% 的年降雨量，mm；

　　　K——面积利用系数，人工集流面可为 $1.05\sim1.1$，自然坡面集流可为 $1.1\sim1.2$；

　　　ψ——径流系数（与集流面材质及降雨量的大小有关，一般取 $0.6\sim0.9$）。

实际集雨面积应根据集流面坡度对水平投影面积进行换算。

（3）蓄水设施的设计。蓄水设施应根据当地的地形、地质条件和供水系统要求进行选择和设计。蓄水设施的选址要具备集水容易、引蓄方便的条件，按照少占耕地、安全可靠、来水充足、水质符合要求、经济合理的原则进行，同时还要考虑到管理方便和便于发展庭院经济的特点，优先选择在房前屋后的适宜位置。

1）蓄水设施的型式。蓄水设施根据建造位置可分为地下式、半地下式或地面式构筑物，根据规模大小有贮水池和水窖两种型式。

a. 贮水池。贮水池一般建造成圆形或矩形水池，可用钢筋混凝土建造，也可用砖、块石砌筑，其结构型式及要求与清水池相同，一般工程规模较大。

b. 水窖。水窖因其工程规模小，施工简单，造价低廉，运行管理费用低，节省劳力，应用普及程度很高。传统窖体一般由水窖、旱窖、窖口与窖盖等部分组成。水窖位于窖体下部，是主体部分，也是蓄水位置所在，旱窖位于水窖上部，窖口和窖盖起稳定上部结构的作用。

c. 蓄水设施型式的选择要求。蓄水设施应满足渗漏小、安全蓄水和具有一定使用年限的要求。在选择蓄水设施型式时，要充分考虑自然和社会经济条件、地形地质条件、造价、结构安全和当地的经验习惯等因素。湿陷性黄土地区修建水池时，为防止因地基沉陷造成结构物破坏，应尽量采用整体性好的混凝土或钢筋混凝土结构，不宜采用浆砌石结构。

2）蓄水设施的设计要求。

a. 保障蓄水设施安全的关键是防渗和衬砌，蓄水设施设计时，可根据具体情况采用浆砌石、混凝土、水泥砂浆或胶泥等防渗衬砌结构。蓄水设施建成后，混凝土和水泥砂浆衬砌的蓄水构筑物，水泥残留物较多，应多次清洗，以保证蓄水水质；应检查有无裂缝，有裂缝时应及时处理，以保证构筑物和蓄水安全；有条件时，可充水浸泡，以达到清洗和检查防渗效果的目的。寒冷地区应采取防冻措施。

b. 应根据具体情况设置必要的进水管、取水口、溢流管、排空管、通风孔和检修孔，检修孔应高出地面 $300mm$ 并加盖，保证水质及维修方便。

c. 在寒冷地区，最高设计水位应低于冰冻线。

d. 蓄水构筑物宜设计成封闭式构筑物；并且应设两座或分成可独立工作的两格，以保证检修时仍能满足供水要求。

3）蓄水设施的容积计算。雨水集蓄供水工程中，蓄水容积是一个关键参数，它决定了系统的建设成本。蓄水容积的大小取决于当地的降雨和气候情况、地形地质条件、集流面的大小和材料、水量供需、经济投入等因素。在降雨比较充沛、集雨面足够大的地区，主要考虑用水需求；在降雨少或降雨在时间上分布不均的地区，主要根据降雨确定容积；一般计算过程中，两种情况同时考虑。如果地形地质条件较差，则不允许修建截面积较大或是深度较大的水窖。

a. 蓄水设施有效容积的计算。蓄水设施有效容积系指设计水位以下的容积，须能满足干旱缺水期间饮用水的需要，应根据设计供水规模和容积系数确定。容积系数为在不发生弃水又能满足供水要求的情况下，需要的蓄水容积与全年供水量的比值，半干旱地区可取 0.8～1.0，湿润、半湿润地区可取 0.25～0.4。

有效容积可按下式计算，即

$$V = \frac{MQ}{1-\alpha} \tag{2-34}$$

式中　V——有效蓄水容积，m^3；

　　　M——容积系数，半干旱地区取 0.8～1.0，半湿润地区取 0.25～0.4；

　　　Q——年用水量，m^3/a；

　　　α——蒸发、渗漏损失系数，封闭式构筑物可取 0.05，开敞式构筑物可取 0.1～0.2。

雨水充足的地区，蓄水设施的容积计算可采用简化的容积系数法。即根据降雨量保证率为 90% 的最大连续干旱天数、复蓄次数确定。对于一般降雨地区，由于天然降雨的不均匀性和用水量的随时变化，可根据水量平衡分析计算。

b. 蓄水设施的总容积。蓄水设施的总容积应根据有效容积和蓄水设施结构型式确定。对顶盖只用黏土或水泥砂浆防渗的水窖，应限制其蓄水水位不得超过拱顶的起拱线。采用水泥混凝土顶盖的水窖，可以允许在拱顶部分蓄水，但应有一定的安全超高，寒冷地区还应考虑防冻要求。

（4）净水设施的设计。为防树叶、泥砂等进入蓄水构筑物，保证水源水质，收集的雨水在流入蓄水设施前，应进行净化，净水设施可因陋就简，宜根据雨水集蓄的型式采用适宜的净化技术，根据具体情况设置格栅、沉淀池、粗滤池、慢滤池等设施。

1）工艺流程的选择。屋顶集水水质比地面集水水质稍好，但多在房前屋后，受占地条件限制，这种系统的净化设施，多采用粗滤池。地面集水式雨水收集系统与屋顶集水式相比较，一般水量较大，水质稍差，但场地较为宽敞。为了保证饮用水质，有条件的地方均应进行净化处理，可采用如图 2-57 所示的净化工艺流程。

图 2-57　雨水集蓄工程净化工艺流程

2）净水设施。

a.冲洗设施。屋面和集雨槽内常积存一些尘土、树叶等杂物。在下一次降雨时，这些杂物就会随雨水进入贮水容器内，造成雨水的污染和水质下降。为保证水质，应在每次降雨时排弃初期降水，再将水引入简易净化设施。主要有以下 3 种型式：

Ⅰ.手动冲洗。最简单的办法是在降雨开始前将进入贮水容器的水管移开，将污物排在贮水容器的外面，待污物排尽后，再将进水管移回原来的位置。其优点是结构比较简单，缺点是需有人在降雨开始前移开水管，并在冲洗干净后移回原来的位置，可靠性比较低。

Ⅱ.翻转水槽式冲洗。当降雨开始时，首先收集到的混有污物的雨水从水槽的后端进入挂在水槽前端的吊桶内。当吊桶内的雨水和污物达到一定的重量后，水槽就会向前翻转，收集到的雨水从水槽的前端进入贮水容器内，完成首次冲洗过程。

Ⅲ.浮球式冲洗。当降雨开始时，收集到的混有污物的雨水首先进入一个集污桶内。集污桶内有一个浮球，随着雨水进入集污桶，浮球不断上升，最终将集污桶的进口关闭，雨水开始进入贮水容器内。

翻转水槽式冲洗机构和浮球式冲洗机构都存在一个共同的缺点，即每次降雨结束后都要把吊桶或集污桶内的雨水和污物排出。

b.格栅。为防止树叶、泥砂等进入贮水池，收集的雨水在流入贮水池前，应采用拦污栅拦截杂物，常用型式有梅花状孔拦污栅或筛网拦污栅，如图 2−58 所示。

（a） （b）

图 2−58　拦污栅示意图
（a）梅花状孔拦污栅；（b）筛网拦污栅

c.沉砂池。沉砂池（图 2−59）连接汇水渠，当水流入池内后，由于过水断面扩大，流速降低，降雨初期集水中所含颗粒较大的泥砂可在池内沉降下来，以减少沉淀池的负荷。沉砂池容积较小，可用砖、石砌筑，对于防渗的要求不高。雨停后要及时掏挖，清除淤积的泥砂。

（a） （b）

图 2−59　沉砂−过滤池结构图
（a）平面图；（b）剖面图

d. 过滤。雨水集蓄供水过滤方式根据雨水水质主要有慢滤和粗滤池过滤，也可采用小型家用净水器处理。过滤设备根据供水规模可与蓄水设施合建或分建。慢滤是一种适合小规模供水的生物净水技术，可有效去除水中的杂质、细菌和有机物，技术简单、管理方便。慢滤池（图 2-60）滤速为 0.1～0.3m/h，一般采用石英砂滤料，粒径 0.5～1.0mm，不均匀系数 $K_{80} < 2.0$，总厚度约 1.5m。砂滤层下用砾石、卵石或碎石承托。池深约 2～3m，滤层表面水深要求 0.5～1.5m。为保证滤池正常运转，通常要求进水的浑浊度低于 20NTU，否则需采取预沉等措施降低源水的浊度。当出水水质不满足要求时，应对滤池进行刮砂。

图 2-60 慢滤池　　　　　　图 2-61 粗滤池

粗滤池（图 2-61）一般为 0.6m×0.4m×0.8m 的长方形池子，滤速为 0.3～1.0m/h，内填粗滤料，铺设粒径自上至下依次为 2～4mm、4～8mm、8～24mm 的粗砂、豆石和砾石，每层厚 150mm。出水管管口处装有筛网。池子结构多由砖、石砌筑，内部以水泥砂浆抹面。粗滤池顶部应设木制或混凝土盖板。

e. 消毒。为保证饮用水的水质卫生，收集至水窖中的雨水，必须经过消毒才可使用。常用的消毒剂为漂白粉或漂白精，宜采用间歇法或持续法，要求消毒时间不小于 30min，水中余氯含量不小于 0.3mg/L。

（5）提水设备及辅助设施的设计。

1）提水设备的选择。

a. 专用水桶绳索取水。庭院内或住房附近的井窖，可将专用水桶系在绳索上，用手提或用绞水辘轳提水。

b. 水龙头取水。地面式水池或水窖，可在出水管上安装水龙头，从水龙头放水，用桶接取。

c. 手动泵取水。地下式水窖可在窖口处安装手动泵，将水压入桶内取用。半地下式水池或水窖，由于位置较高，可以在手动泵出口处接塑料管，将水直接压送至屋内水缸中，还可以用虹吸管从池内取水。

d. 潜水泵取水。经济条件较好、供电有保证的农村，可安装微型潜水泵及管道，从窖内取水。

2）连接管道的设计。雨水集蓄解决农村供水的工程绝大多数离农户家庭很近或直接位于庭院内，供水管道一般不需要进行水力计算。当利用雨水集蓄工程的水源需经提水或远距离输水的，应按有关规范参照集中供水工程设计管道。

（四）引蓄供水工程的规划

1. 引蓄供水系统的组成

引蓄供水系统主要由季节性客水（或泉水）、引水管（渠）、蓄水设施、净水设施等组成。引水管主要作用是将水源水引入蓄水构筑物。蓄水设施及净水设施作用与雨水集蓄供水工程相同。

2. 引蓄供水工程的规划设计

（1）一般规定。为提高供水保证率，引蓄供水系统宜与雨水集蓄供水系统相结合，互为补充。引蓄供水工程的设计供水规模与雨水集蓄工程基本相同。

季节性客水水质应符合《生活饮用水卫生标准》（GB 5749—2006）的要求，并定期进行化验。客水为灌溉水时，应选择水质较好的时段引水，先冲引水管，再引入蓄水设施；客水泥砂含量较高时应先进行沉淀或过滤。

（2）引水管设计要求。

1）引水管网或渠网应布置在环境良好、水质不宜受污染的地段。

2）应充分利用已有输水管道。

3）有条件时应优先采用管道引水；采用明渠引水时，为避免引水过程中的水质污染，应有防渗、卫生防护措施。

4）引水管不应与污废水管相连接，不应输送污废水或灌溉退水。

（3）蓄水设施。引蓄供水工程的蓄水设施的设计要求与雨水集蓄供水工程的蓄水设施基本相同。蓄水设施宜选择地埋式水窖或地下水池，其位置应便于引水、取水和卫生防护；蓄水容积应根据年用水量、引蓄时间和次数确定。

三、分散式供水工程规划实例

（一）甘肃省定西市安定区青岚乡大坪村集雨水窖工程

1. 工程概况

大坪村位于定西市安定区东部的青岚乡境内，距定西市区约5km，包括大坪、碾盘、贾家湾3个社，现有农户123户、318个劳动力。总流域面积4.21km²，人均耕地面积0.3km²，人均梯田面积0.28km²。区域内气候干燥，降雨稀少，既无地下水，又无地表水，多年平均降雨量仅为380mm，蒸发量高达1500mm以上。长期以来，这里生活用水极其困难，主要靠饮用沟道苦咸水和冬季消冰水为生，既严重危害人民群众的身体健康，又耗费大量人力和时间。

通过雨水集蓄，大坪村现已建成人畜饮水集雨水窖246眼，户均达到2眼，彻底解决了全村123户601人，120头大牲畜，618头（只）猪、羊的饮水问题。

2. 工程设计特点

（1）水窖。根据确定的水窖容积，采用内径3.2m、深4.5m的混凝土拱盖拱底、水泥浆抹面的圆柱形水容。窖顶及窖底均为拱形，其中拱顶矢高1.0m，拱底矢高0.6m，窖底拱形基础夯填3∶7灰土厚30cm，其上现浇C15混凝土厚20cm，然后在混凝土底板上部夯填红黏土抹平，用于改善水质。窖顶采用C15混凝土现浇，厚10cm，并在窖顶颈部留一孔径为50cm、高60cm、侧壁厚6cm的窖孔，孔顶部设6cm厚铅丝网预制混凝土窖盖，窖顶覆土50cm。窖壁采用M10砂浆抹面，壁厚3cm。

（2）沉淀池。沉淀池为一级沉淀池，尺寸为0.2m（长）×0.2m（宽）×0.2m（深），入池壁、底、挡板均厚8cm，为C15混凝土浇筑。

（3）窖台、窖盖。窖台为M10砂浆砌单砖，外围尺寸为0.72m（长）×0.72m（宽）

×0.36m（高）；窖盖尺寸为 0.84m（长）×0.84m（宽）×0.06m（厚），取水窖孔直径 0.36m。

（4）集流场。混凝土集流场基础原土翻夯 30cm，夯实干容重要求大于 1.5g/cm³，其上现浇 C15 混凝土厚 6cm。硬化分块尺寸为 2.0m×2.0m，伸缩缝采用三油二毡伸缩缝，厚度大于 1cm，缝宽为 1.0～1.5cm。集流面的纵横方向都应有一定的坡度，横向 1%，纵向 2%，向汇流方向找坡。

3. 经济效益分析

每眼水窖及 80cm² 集流场平均投 2853.59 元，水窖一次性投资建成，年运行按 100.00 元计算（包括工程养护、水质净化等费用）。根据混凝土工程使用年限，集雨水窖使用期确定 30 年，年工程投资及费用为 $K_0 = 2853.59/30 + 100.00 = 195.12$（元）。

4. 水窖设计图

水窖设计如图 2-62 所示。

（二）河南省林州市姚村镇水河村饮水工程

1. 工程概况

林州市姚村镇水河村位于太行山东麓的半山腰，坐落在海拔高程 490m 处。地域面积 6km²，辖 5 个自然村，耕地 792 亩，总人口 457 人。十年九旱，水贵如油。该村西靠太行山，山顶海拔高程 1250m，山坡植被条件好，森林茂密，在位于海拔分别为 1150m、800m、560m 处有 3 处山泉水出流，丰水季节出流量可达 500m³/d，枯水季节出流量不少于 50m³/d。

图 2-62 集雨水窖设计图（单位：mm）

林州市水务局因地制宜，科学规划，采取丰水季节引蓄山泉水，将管道沿等高线布置，建成阶梯状分布的蓄水池、水窖，构成地下管道网络，在各家院内建成约 30m³ 的水窖，彻底解决了全村 450 余口人的饮水困难。

2. 工程设计特点

（1）充分合理利用水源。布置了集雨与引山泉相结合的蓄水池和水窖，丰水季节蓄集山泉水源和雨水，旱时利用。

（2）水质不会受到污染。从水源处埋设管道到蓄水池，再埋管道到用户，水质有保障。在 3 处山泉水源处分别建成了小型集水池，而后埋设 PE 管道共 98000m，将水引下山，汇流后再建过滤池，在过滤池旁边建设 3 处蓄水池，蓄水池容积分别为 400m³、200m³、600m³，在蓄水池附近建成 3m×3m 的管理闸阀房而后埋设如 ϕ90mm、ϕ63mm 的入户管道。

（3）户内户外水窖设计因地制宜，就地取材，经济适用。

3. 浆砌石水窖设计图

浆砌石水窖设计如图 2-63 所示。

图 2-63 浆砌石水窖平面图、剖面图（单位：mm）

（a）浆砌石水窖结构剖面图；（b）浆砌石水窖结构平面图

（三）湖北省丹江口市农村饮水截潜流集水工程

1. 工程概况

丹江口市位于鄂西北，属秦巴山区。以丘陵为主，占 61%；低山次之，占 35%；二高山极少，占 4%。多年平均降雨量汉江北 787mm，汉江南 806mm，干旱频率高且连续时间长，两年一遇连续无雨日 121 天。秦家庄位于丹江口市南部，全村 3 个组，150 户，495 人，牲畜 640 头，片岩地质。

丹江口市沟岔多，沟岔以上有较大的汇水面积，在干旱季节，即使河床断明流，但在山体、河床下仍有潜流。丹江口市已建截潜流工程 181 处，截潜流集水工程主要由截水坝、水池组成。通过在沟岔或河道上修筑一截水墙，拦截潜流；同时在截水墙上游修筑集水池，从而将水引出来引用。丹江口市将这种工程称为坝池。坝池的特点是利用沟岔或适宜筑坝的地方筑坝将水截住，坝后建能过滤的清水池蓄水，池后铺设过滤层，坝池一体，平常水渗至池中，洪水从封闭的池顶流走，发生山洪时洪水呛不进水池。坝池能够集上层滞水、潜水、承压水、泉水，也能集山溪水、雨水。

2. 工程设计特点

工程位置选择在河床较窄、基础不透水、能够自流、汇水面积大、补给条件好、能截取较多的潜流量的地方。同一条河道截潜流工程的数目根据工程间的补给条件、补给量大小以及上下游工程的出水量、用水量平衡方法确定。

秦家庄 2002 年利用两山夹一池建坝池。坝池以上承雨面积 0.45km²，其中：0.1km² 风化深度 0.4m，0.1km² 砂砾石深度 3m，0.1km² 砂砾石深度 4m。坝池砂砾石深度 5.4m。坝池容积为 80m³。

经测算，石灰岩条件，平均坡积体深 2m，连续 87 天无雨平均每平方公里每天汇集水量 44m³。片岩、片麻岩条件，平均坡积体深 2m，连续 87 天无雨平均每平方公里每天汇集水量 67m³。黄土条件，连续 87 天无雨平均每平方公里每天汇集水量 53m³。

3. 坝池设计图

坝池设计如图 2 - 64 所示。

图 2 - 64 饮水工程坝池平面图、剖面图（单位：cm）

（a）坝池平面图；（b）坝池剖面图

第三章　取水构筑物与调节构筑物设计

取水构筑物是给水工程的重要组成部分，其作用是从各类水源中取水，并将水送至水厂或用户。取水构筑物设计的是否合理，直接影响到工程投资、经济效益和运行安全等问题。根据农村给水特点的水源种类，可分为地表水取水构筑物和地下水取水构筑物两大类。

自地表水源取水或自地下水源取水，需要净化处理的农村水厂，由于规模小，且考虑管理与停电等因素，大多采用间歇工作，其设计水量一般按最高日工作时计算。而配水设施，需要满足供水区逐时用水量的变化。两者之间水量不平衡；取用地下水源不用净化处理的农村水厂，取水泵一般兼做输配水，选择水泵时，无论按照什么流量（最高日平均时、最高日工作时、最高日最高时），输水量与供水区逐时变化的用水量不平衡，需要进水量的调节。在农村给水工程中，需要建造能够调节水量，以平衡负荷变化的建筑物，即调节构筑物。

第一节　地下水取水构筑物

一、概述

地下水取水构筑物指从地下含水层取集表层渗透水、潜水、承压水和泉水等地下水的构筑物。它的任务是从地下水水源中取出合格的地下水，并送至水厂或用户，是给水工程的重要组成部分之一。

地下水取水构筑物位置的选择主要取决于水文地质条件和用水要求，应选择在水质良好、不易受污染的富水地段；应尽可能靠近主要用水区；应有良好的卫生防护条件；为避免污染，农村生活饮用水的取水点应设在地下水的上游；应考虑施工、运转、维护管理方便，不占或少占农田；应注意地下水的综合开发利用，并与农村总体规划相适应。

由于地下水的类型、埋藏条件、含水层的性质等各不相同，开采和集取地下水的方法以及地下水取水构筑物的形式也各不相同。地下水取水构筑物按取水形式主要分为两类：垂直取水构筑物——井；水平取水构筑物——渠。井主要用于开采较深层的地下水；渠主要依靠其长度来集取浅层地下水。

井的主要形式有管井、大口井、辐射井、复合井等，渠的主要形式为渗渠。其适用范围见表 3-1。

表 3-1　　　　　　　　　地下水取水构筑物的种类及其适用范围

形式	尺寸	深度	水文地质条件			单井出水量
			地下水埋深	含水层厚度	水文地质特征	
管井	井径为 50～1000mm，常用为 150～600mm	井深为 10～1000m，常用为 300m 以内	在抽水设备能解决的情况下不受限制	一般 5m 以上	适用于任何砂、卵、砾石层、构造裂隙、岩溶裂隙	一般 100～6000m³/d，最大 20000～80000m³/d

续表

形式	尺寸	深度	水文地质条件			单井出水量
			地下水埋深	含水层厚度	水文地质特征	
大口井	井径为2～12m，常用为4～8m	井深为20m以内，常用为6～15m	埋深较浅一般在10m以内	一般在5～15m	适用于任何砂、卵、砾石层、渗透系数最好在20m/d以内	一般600～10000m³/d，最大20000～80000m³/d
辐射井	同大口井	同大口井	同大口井	同大口井	含水层最好为中、粗砂或砾石，不得含有漂石	一般5000～50000m³/d，
渗渠	井径为0.45～1.5m，常用为0.6～1.0m	井深为7m以内，常用为4～6m	埋深较浅一般在2m以内	厚度较薄，一般4～6m	适用于中砂、粗砂、砾石或卵石层	一般为10～30m³/(d·m)，最大为50～100m³/(d·m)

二、管井

1. 管井的形式与构造

管井又称机井，一般指用凿井机械开凿至含水层中，用井壁管保护井壁，垂直地面的直井，是地下水取水构筑物中应用最广的一种。一般用钢管做井壁，在含水层部位设滤水管进水，防止砂砾进入井内。管井口径较小（一般为150～600mm，以200～400mm最常用）、深度较大（一般为50～300m，以100m左右最多见）、构造复杂，适用于各种岩性、埋深、厚度和多层次的含水层。但是在细粉砂地层中易堵塞、漏砂；含铁的地下水中，易发生化学沉积。按井底是否达到隔水层底板，分为完整井和非完整井，如图3-1所示。

图3-1 管井
(a) 完整井；(b) 非完整井

管井的结构因其水文地质条件、施工方法、提水机具和用途等的不同，其结构形式各种各样。但大体可分为井室、井壁管、过滤器、沉淀管4部分，如图3-2所示。

（1）井室。井室位于最上部，是用来保护井口免受污染，放置设备，进行维护管理的场所。井室的形式主要取决于抽水设备，同时还受到气候及水源地卫生条件的影响。常见井室按所安装的抽水设备不同，可建成深井泵房、深井潜水泵房和卧式泵房等，其形式可分为地面式、地下式或半地下式。

图 3-2 管井的一般构造
(a) 单层过滤管井；(b) 多层过滤管井
1—井室；2—井壁管；3—过滤器；4—沉淀管；
5—黏土封闭；6—填砾

为防止井室地面的积水进入井内，井口应高出地面 0.3～0.5m。为防止地下含水层被污染，井口周围需用黏土或水泥等不透水材料封闭，其封闭深度不得小于 3m。井室应有一定的采光、通风、采暖、防水和防潮设施。

（2）井壁管。井壁管不透水，其作用是加固井壁、隔离不良（如水质较差、水头较低）的含水层。它主要安装在不需进水的岩土层段（如咸水含水层段、出水少的黏性土层段等）。

井壁管应具有足够的强度，能经受地层和人工充填物的侧压力，不易弯曲，内壁平滑圆整，经久耐用。井壁管材料常用以铸铁管、混凝土管、砾石水泥管和硬质塑料管等，也有采用钢管、钢筋混凝土管及玻璃钢管的，一般情况下钢管适用的井深范围不受限制，但管壁厚度需随井深而加厚；铸铁管一般适用于井深小于 250m；钢筋混凝土管一般适用于井深小于 150m。

井壁管内径应按出水量要求、水泵类型、吸水管外形尺寸等因素确定，通常大于或等于过滤器的内径，当采用潜水泵或深井泵扬水时，井壁管的内径应比水泵井下部分最大外径大 100mm。在井壁管与井壁间的环形空间中填入不透水的黏土形成的隔水层，称作黏土封闭层。如在我国华北、西北地区，由于地层的中、上部为咸水层，所以需要利用管井开采地下深层含水层中的淡水。此时，为防止咸水沿着井壁管和井壁之间的环形空间流向填砾层，并通过填砾层进入井中，必须采用黏土封闭以隔绝咸水层。

（3）过滤器。过滤器是管井取水的核心部分，它直接连接与井壁管，安装在含水层中，是管井用以阻挡含水层中的砂粒进入井中，集取地下水，并保持填砾层和含水层稳定的重要组成部分，俗称花管。它的结构形式及材料应取决于井深、含水层颗粒组成、水质对滤水管的腐蚀性及施工方法等因素。正确选用其结构形式及材料，是保证井出水量和延长井寿命的主要因素。过滤器表面的进水孔尺寸，应与含水层土壤颗粒组成相适应，以保证其具有良好的透水性和阻砂性。过滤器的基本要求是有足够的强度和抗腐蚀性能，具有良好的透水性，能有效地阻挡含水层砂粒进入井中，并保持人工填砾层和含水层的稳定性。

常用的过滤器有钢筋骨架过滤器，圆孔、条孔过滤器，缠丝过滤器，包网过滤器，填砾过滤器，装配式砾石过滤器。

（4）沉淀管。井的下部与过滤器相接的是沉淀管，用以沉淀进入井内的细小砂粒和自水中析出的沉淀物，其长度一般依含水层的颗粒大小和厚度而定，一般为 2～10m，当含水层厚度在 30cm 以上且属细粒度时，沉淀管长度不宜小于 5m。

2. 管井的水力计算

单井出水量与含水层的厚度和渗透系数、井中水位降落值及井的结构等因素有关。管井水力计算的目的是在已知水文地质等参数的条件下,通过计算确定管井在最大允许水位降落值时的可能出水量,或在给定出水量时计算确定管井可能的水位降落值。井的出水量(或水位降落)计算公式通常有两类,即理论公式和经验公式。在工程设计中,理论公式多用于根据水文地质初步勘察阶段的资料进行的计算,其精度差,故只适用于考虑方案或初步设计阶段;经验公式多用于水文地质详细勘察和抽水试验基础上进行的计算,能较好地反映工程实际情况,故通常适用于施工图设计阶段。

(1) 理论公式。井的实际工作情况十分复杂,因而其计算情况也是多种多样的。例如,根据地下水流动情况,可以分为稳定流与非稳定流、平面流与空间流、层流与紊流或混合流;根据水文地质条件,可以分为承压与无压、有无表面下渗及相邻含水层渗透、均质与非均质、各向同性与各向异性;根据井的构造,又可分为完整井与非完整井等。实际计算中都是以上各种情况的组合,因此情况比较复杂,要根据具体情况选择合适的计算方法。管井出水量计算的理论公式繁多,计算地下水稳定流条件下井的出水量,一般采用裘布依公式。

1) 稳定流完整井。

a. 潜水含水层完整井。潜水含水层完整井如图 3-3 所示,单井出水量采用下列计算公式:

$$Q=\frac{1.364K(H^2-h_0^2)}{\lg\dfrac{R}{r_0}}=\frac{1.364K(2H-S_0)S_0}{\lg\dfrac{R}{r_0}} \tag{3-1}$$

式中 Q——单井出水量,m^3/d;

K——渗透系数,m/d;

H——含水层厚度,m;

S_0——稳定抽水时,井外壁水位降落深度(简称降深),m;

h_0——稳定抽水时,井外壁水位至不透水底板高差,m;

R——影响半径,m;

r_0——井的半径,m。

图 3-3 潜水含水层完整井计算简图

图 3-4 承压含水层完整井计算简图

b. 承压含水层完整井。承压含水层完整井如图 3-4 所示，单井出水量计算公式：

$$Q=\frac{2.73KM(H-h_0)}{\lg\dfrac{R}{r_0}}=\frac{2.73KMS_0}{\lg\dfrac{R}{r_0}} \tag{3-2}$$

式中　H——自由水面与含水层底板的高差，即承压含水层水头，m；

M——承压含水层厚度，m；

其他符号意义同前。

上述公式中水文地质参数 K 与 R 可参考经验数据确定，见表 3-2、表 3-3。

表 3-2　　　　　　　　　　　　渗透系数 K 经验数值表

岩　　性	渗透系数/(m/d)	岩　　性	渗透系数/(m/d)
重亚黏土	<0.05	中粒砂	5～20
轻亚黏土	0.05～0.1	粗粒砂	20～50
亚黏土	0.1～0.5	砾石	100～200
黄土	0.25～0.5	漂砾石	200～500
粉土质砂	0.5～1.0	漂石	500～1000
细粒砂	1～5		

表 3-3　　　　　　　　　　　　影响半径 R 经验值表

地层类型	地　层　颗　粒		影响半径 R/m	地层类型	地　层　颗　粒		影响半径 R/m
	粒径/mm	所占重量/%			粒径/mm	所占重量/%	
粉砂	0.05～0.1	70 以下	25～50	极粗砂	1～2	>50	400～500
细砂	0.1～0.25	>70	50～100	小砾石	2～3		500～600
中砂	0.25～0.5	>50	100～300	中砾石	3～5		600～1500
粗砂	0.5～1.0	>50	300～400	粗砾石	5～10		1500～3000

2）稳定流非完整井。

a. 潜水含水层非完整井。潜水含水层非完整井如图 3-5 所示，单井出水量计算公式：

$$Q=\pi kS_0\left[\frac{l+S_0}{\ln\dfrac{R}{r_0}}+\frac{2M}{\dfrac{1}{2\bar{h}}\left(2\ln\dfrac{4M}{r_0}-2.3A\right)-\ln\dfrac{4M}{R}}\right] \tag{3-3}$$

$$M=h_0-0.5l$$

$$A=f(\bar{h})$$

$$\bar{h}=\frac{0.5l}{M}$$

式中　$\bar{h}$——由辅助曲线确定；

其他符号意义同前。

图 3-5　潜水含水层非完整井

图 3-6　承压含水层非完整井

b. 承压含水层非完整井。承压含水层非完整井如图 3-6 所示，单井出水量计算公式：

$$Q = \frac{2.73KM(H-h_0)}{\dfrac{1}{2\overline{h}}\left(2\lg\dfrac{4M}{r_0}-A\right)-\lg\dfrac{4M}{R}} \tag{3-4}$$

$$\overline{h} = \frac{l}{M}$$

$$A = f\left(\frac{\overline{h}}{n}\right)$$

式中　$\overline{h}$——过滤器插入含水层的相对深度；

　　　A——由辅助曲线确定的函数值；

　　　l——过滤器长度，m；

其他符号意义同前。

对于很厚的含水层（$l \leqslant 0.3M$），承压含水层非完整井出水量的计算可采用下列公式：

$$Q = \frac{2.73KMS_0}{\lg\dfrac{1.32l}{r_0}} \tag{3-5}$$

式中符号意义同前。

3）非稳定流。在自然界中，地下水的稳定流动只是相对的，当地下水位持续下降时，就应该采用非稳定流理论来解释地下水运动的动态变化过程。包含时间变量的承压含水层完整井非稳定流管井出水量理论公式可采用泰斯公式如式（3-6）所示：

$$S = \frac{Q}{4\pi KM}W(u) \tag{3-6}$$

式中　Q——井的出水量，m³/d；

　　　S——水井以恒定出水量 Q 抽水 t 时间后，观测点处的水位降落值，m；

　　$W(u)$——井函数，$W(u) = f(r,t,K,M,\mu_s)$；

μ_s——储水系数；

其他符号意义同前。

非稳定流管井的出水量计算比较复杂，其他各种情况的计算可参考其他相关文献。

由于水源地的实际水文地质条件往往与裘布依公式的假定条件有较大的差别，所以有时管井的实际出水量与理论公式计算所得的出水量相差较大。因此，在实际工程中管井出水量的确定，可采用实际抽水试验与理论公式计算相结合的方法。

（2）经验公式。在工程实践中，常直接根据水源地或水文地质相似地区的抽水试验所得的井出水量与水位降落值即 Q-S 曲线进行井的出水量计算。这种方法的优点在于不必考虑井的边界条件，避开难以确定的水文地质参数，能够全面地概括井的各种复杂影响因素，因此计算结果比较符合实际情况。由于井的构造形式对抽水试验结果有较大的影响，故试验井的构造应尽量接近设计井，否则应进行适当的修正。

经验公式，是根据抽水试验资料，绘制出水量 Q 和水位降落 S 之间的关系曲线，继而求出曲线的方程式，即经验公式。根据得出的经验公式，可计算在设计水位降落时井的出水量，或根据已定的井出水量预测相应的水位降落值。

工程实践中常用的 Q-S 曲线有以下几种类型：直线型，抛物线型，幂函数型，半对数型，见表 3-4。

表 3-4　　　　　　　　　　　单井出水量经验公式

类型	经验公式	Q-S 曲线	直线化后的公式	直线化后的曲线
直线型	$Q=qS$			
抛物线型	$S=aQ+bQ^2$		$S_0=a+bQ$	
幂函数型	$Q=n\sqrt[m]{S}$		$\lg Q=\lg n+\lg S$	
半对数型	$Q=a+b\lg S$		$Q=a+b\lg S$	

选用经验公式计算时，应利用不小于三次的抽水实验数据，绘制 Q-S 曲线，进而利用不同的直角坐标，作出其直线化了的图形，以助判别出水量曲线类型。

3. 管井的设计

管井的设计主要包括以下几个方面：

（1）初步确定管井的井位、形式、构造等。根据水文地质资料和相关参数，以及用户对水质水量等的要求，确定水源产水能力和备用井数，选择抽水设备并进行井群布置。

（2）确定管井最大出水量。可根据理论公式或经验公式确定。

（3）管井井径的确定。由稳定流理论公式可知，井径增大，进水过水断面面积增大，井的出水量增加。然而，实际测定表明，单纯地依靠增大井径来增加出水量的措施并不理想，只有在一定范围内，井径对井的出水量有较大影响，而且增加的水量与井径的增加不成正比。如，井径增加 1 倍，井的出水量仅增加 10% 左右；井径增大 10 倍，井的出水量只增加 50% 左右。这是由于理论公式假定地下水流为层流、平面流，忽视了过滤器附近地下流态变化的影响。实际上，水流趋近井壁，进水断面缩小，流速变大，水流由层流转变为混合流或紊流状态，且过滤器周围水流为三维流。因此管井的井径不宜选择的过大，否则出水量增加不明显，建井成本却增加较多，经济上不合理。

一般认为，管井的井径以 200～600mm 为宜。井径与出水量的关系也可采用经验公式计算，常用的形式为：

1）在透水性较好的承压含水层，如砾石、卵石、砂砾石层可用直线型经验公式，如式（3-7）。

$$\frac{Q_1}{Q_2} = \frac{r_1}{r_2} \qquad (3-7)$$

式中　Q_1、Q_2——小井和大井的出水量，m^3/d；

　　　r_1、r_2——小井和大井的半径，m。

2）在无压含水层，可用抛物线型经验公式，如式（3-8）。

$$\frac{Q_1}{Q_2} = \frac{\sqrt{r_2}}{\sqrt{r_1}} - n \qquad (3-8)$$

式中　n——系数，$n = 0.021\left(\frac{r_2}{r_1} - 1\right)$。

在设计中，设计井和勘探井井径不一致时，可结合具体条件应用上述或其他经验公式进行修正。

（4）过滤器设计。过滤器设计包括形式选择，直径和长度的确定，安装位置确定等。过滤器类型很多，概括起来有不填砾和填砾两大类。常见的有以下几种形式：

1）钢筋骨架过滤器。如图 3-7 所示，钢筋骨架过滤器每节长 3～4m，是将两端的钢制短管、直径 16mm 的竖向钢筋和支撑环焊接而成的钢筋骨架，外边再缠丝或包网组成过滤器。此种过滤器用料省，易加工，孔隙大；但抗压强度低，抗腐蚀性差，一般仅用于不稳定的裂隙含水

图 3-7　钢筋骨架过滤器
1—短管；2—支撑环；3—钢筋；4—加固环

层。不宜用于深度大于 200m 的管井和侵蚀性较强的含水层。

2）圆孔、条孔过滤器。圆孔、条孔过滤器是由金属管材或非金属管材加工制成的，如钢管、铸铁管、钢筋混凝土管及塑料管等。过滤器孔眼的直径和宽度与其接触的含水层颗粒粒径有关，孔眼大，进水通畅，但挡砂效果差；孔眼小，挡砂效果好，但进水性能差。孔眼在管壁上的平面布置形式常采用相互错开品字形分布。进水孔眼的直径或宽度可参照表 3-5 选取。

表 3-5　　　　　　　　　　　　过滤器进水孔眼直径或宽度

过滤器名称	进水孔眼的直径或宽度	
	均匀颗粒（$d_{60}/d_{10} < 2$）	不均匀颗粒（$d_{60}/d_{10} > 2$）
圆孔过滤器	$(2.5 \sim 3.0)d_{50}$	$(3.0 \sim 4.0)d_{50}$
条孔和缠丝过滤器	$(1.25 \sim 1.5)d_{50}$	$(1.5 \sim 2.0)d_{50}$
包网过滤器	$(1.5 \sim 2.0)d_{50}$	$(2.0 \sim 2.5)d_{50}$

注　1. d_{60}、d_{50}、d_{10} 是指颗粒中按重量计算有 60%、50%、10% 粒径小于这一粒径。
　　2. 较细砂层取小值，较粗砂层取大值。

为保证管材具有一定的机械强度，各种管材的孔隙率宜为：钢管 25%～30%、铸铁管 23%～25%、石棉水泥管和钢筋混凝土管 15%～20%、塑料管 15%。

近年来，非金属过滤器的使用有了发展，其中钢筋混凝土过滤器的应用，在农灌井中取得较好的效果。如内径 300mm 的钢筋混凝土条孔过滤器，其孔隙率可达 16.2%，耗钢量仅为同口径的钢质过滤器的 10% 左右。又如玻璃钢、硬质聚氯乙烯过滤器具有抗蚀性强、重量小、便于成批生产等优点。虽然塑料井管仍存在一些缺点，如环向耐压强度低、热稳定性差等，但是在今后推广使用中将能得到进一步改善。

圆孔、条孔过滤器可用于粗砂、砾石、卵石、砂岩、砾岩和裂隙含水层。但实际上单独应用较少，多数情况下用作缠丝过滤器、包网过滤器和填砾石过滤器等的支撑骨架。

图 3-8　缠丝过滤器

3）缠丝、包网过滤器。缠丝过滤器是以圆孔、条孔过滤器为骨架，并在滤水管外壁铺放若干条垫筋（$\phi 6 \sim 8$mm），然后在其外面用直径 2～3mm 的镀锌铁丝并排缠绕而成，如图 3-8 所示。缠丝材料应无毒，耐腐蚀，抗拉强度大和膨胀系数小；缠丝断面形状宜为梯形或三角形；缠丝孔隙尺寸应根据含水层的颗粒组成和均匀性确定，碎石土类含水层宜为 d_{20}，砂土类含水层宜为 d_{50}。缠丝面孔隙率，可按式（3-9）计算。

$$P_c = (1 - d_1/m_1)(1 - d_2/m_2) \qquad (3-9)$$

式中　P_c——缠丝面孔隙率；

　　　d_1——垫筋直径或宽度，mm；

　　　m_1——垫筋中心距离，mm；

d_2——缠丝直径或宽度，mm；

m_2——缠丝中心距离，mm。

缠丝过滤器适用于粗砂、砾石和卵石含水层，进水挡砂效果良好，强度较高，但成本高；铁丝一旦生锈，可形成铁饼状，对进水影响极大。近年来，采用尼龙丝等耐腐蚀性的非金属丝。

包网过滤器由支撑骨架、支撑垫筋或支撑网、滤网组成，在滤网外常缠金屑丝以保护滤网。滤网由直径为 0.2～1.0mm 的金属丝编织成，网孔大小可根据含水层颗粒组成，参照表 3-5 确定。

包网过滤器适用于砂、砾卵石含水层，但由于包网阻力大，易被细砂堵塞、易腐蚀，因此已逐渐为缠丝过滤器所取代。

4）填砾过滤器。填砾过滤器多数是在上述各类过滤器的外围填充一定规格的砾石组成。这种人工填砾层亦称人工反滤层。填砾层一般对进水影响不大，而能截流含水层中的骨架颗粒，使含水层保持稳定。实际上，填充砾石（亦称填砾或填料）也是一般管井施工的需要，因为管井施工过程中在钻孔时，过滤器与井壁管之间形成的环状间隙必须充填砾石，以保持含水层的渗透稳定性。

填砾过滤器的滤料厚度，应根据含水层岩性确定，可为 75～150mm；滤料高度应超过过滤器的上端。

填砾过滤器适用于各类砂质含水层和砾石、卵石含水层，在地下水取水工程中应用较广泛。

5）装配式砾石过滤器。装配式砾石过滤器便于分层填砾（或贴砾）、砾石层薄、井的质量易于控制、井的开口直径小、可以组织工厂化生产，相应地减少现场的施工工作量。但是，这种形式过滤器的加工较复杂、造价高、运输不便、吊装重量较大。

常见的装配式砾石过滤器有以下几种：

a. 笼状砾石过滤器。笼状砾石过滤器是在地面事先将砾石包于支撑骨架外围，外包的砾石层厚度一般仅 50mm 左右。这种过滤器的内外层砾石颗粒级配可参照填砾过滤器的要求确定。

由于这种过滤器一般需要现场包填砾石，操作工序多，工作量大，材料消耗亦较多。

b. 贴砾过滤器。贴砾过滤器是用粘接剂将砾石直接胶结固定在穿孔管外围的一种过滤器。支撑的孔眼可以是圆孔、条孔或桥孔，从构造上讲以桥孔最好。该过滤器的管材在国内仍多用普通钢管，国外多用高强度钢管、不锈钢管或 UPVC 管。砾石层厚度一般仅 20～30mm，砾石粒径视含水层情况而定，其规格可定型化。

贴砾过滤器可完全做到工厂化生产，现场安装操作简单，如用高材质管材，则过滤器的抗蚀性强、性能可靠。其缺点是加工工艺复杂，造价高，水流阻力较大，在含铁量高的含水层中容易被铁质堵塞。

c. 砾石水泥过滤器。砾石水泥过滤器是把砾石或碎石用水泥胶结而成的。常用砾石粒径为 3～7mm，灰砾比 1:4～1:5，水灰比 0.28～0.35。由于是不完全胶结，尚有一定的孔隙，故有一定的透水性，又称无砂混凝土过滤器。有时也可包裹棕皮或尼龙箩底布。该种过滤器单根管长仅为 1m、2m，连接方式简单，在两根井管接口处垫以水泥沥青，用竹片连接，铁丝捆绑即可。砾石水泥过滤器取材容易，制作方便，价格低廉；但强度低，重量大，井深不能大于 80m，在粉细砂层或含铁量高的含水层中使用易堵塞。

4. 滤水速度设计

管井抽水时，地下水进入过滤器表面时的速度，称为滤水速度。管井抽水量增加，此滤水速度相应增大。但滤水速度不能过大，否则，将扰动含水层，破坏含水层的渗透稳定性。因此，过滤器的滤水速度必须小于或等于允许滤水速度，见式（3-10）。

$$v = \frac{Q}{F} = \frac{Q}{\pi Dl} \leqslant v_f \qquad (3-10)$$

式中　v——进入过滤器表面的流速，m/d；

$\quad\quad Q$——管井出水量，m^3/d；

$\quad\quad F$——过滤器工作部分的表面积，m^2，当有填砾层时，应以填砾层外表面积计；

$\quad\quad D$——过滤器外径，m，当有填砾层时，应以填砾层外径计；

$\quad\quad l$——过滤器工作部分的长度，m；

$\quad\quad v_f$——允许入井渗流流速，m/d，可用下式计算：

$$v_f = 65 \sqrt[3]{K} \qquad (3-11)$$

式中　K——含水层渗透系数，m/d。

当过滤器滤水速度大于允许滤水速度时，应调整井的出水量或过滤器的尺寸直径与长度，以减小滤水速度，使其满足要求。

5. 井群系统

在大规模地下水取水工程中，一眼管井往往不能满足供水要求，常由多个管井组成取水系统形成井群。

井群平面布置一般按直线排列，也可布置成网格形式。根据取水方法和汇集井水的方式，井群系统可分为自流式井群、虹吸式井群、卧式泵取水井群、深井泵（立式泵）或空气扬水装置取水的井群。

（1）自流式井群。当承压含水层中地下水具有较高的水头，且井的动水位接近或高出地面时，可以用管道将水汇集至清水池、加压泵站或直接送入给水管网。这种井群系统称为自流井井群。

（2）虹吸式井群。虹吸式井群适用于埋藏深度较浅的含水层。它是用虹吸管将各个管井中的水汇入集水井，然后再用泵将集水井的水送入清水池或给水管网。虹吸井群无需在每个井上安装抽水设备，造价较低，易于管理。

（3）卧式泵取水井群。当地下水位较高，井的动水位距地面不深时（一般为6~8m），可用卧式泵取水。当井距不大时，井群系统中的水泵可以不用集水井，直接用吸水管或总连接管与各井相连吸水，这种系统具有虹吸式井群的特点。当井距大或单井出水量较大时，应在每个井上安装卧式泵取水。

（4）深井泵（立式泵）或空气扬水装置取水的井群。当井的动水位低于10~12m时，不能用虹吸管或卧式泵直接自井中取水，需用深井泵（包括深井潜水泵）或空气扬水装置。深井泵能抽取埋藏深度较大的地下水，在管井取水系统中应用广泛。当井数较多时，宜采用遥控技术以克服管理分散的缺点。设有空气扬水装置的井群系统造价较低，但由于设备效率较低，一般较少采用。

井群位置和井群系统的选择与布置方式对整个给水系统都有影响，因此，应切实从水文地质条件及当地其他条件出发，按下列要求考虑：①尽可能靠近用户；②取水点附近含水层的补给条件良好，透水性强，水质及卫生状况良好；③取水井应尽可能垂直于地下水流向布置，井的间距要适当，以充分利用含水层；④充分利用地形，合理地确定各种构筑物的高程，最大限度地发挥设备效能，节约电能；⑤尽可能考虑防洪及影响地下水量、水质变化的各种因素。

为了使井与井之间抽水时互不干扰，相邻两井的距离应大于两倍的影响半径。这样虽抽水时井与井之间互不干扰，但占地面积大，井群分散，供电线路和井间联络管很长，管理极不方便。当井群井数较多时，宜集中控制管理，减小供电线路和井间联络管的长度，井的间距可小于影响半径的两倍。这样布置，相邻两井抽水时必然产生相互干扰，这种现象称为井群的互阻。

三、大口井

1. 大口井的形式与构造

大口井也称宽井，即井径大于2m的浅井，是开采浅层地下水的一种主要取水构筑物。适用于埋藏较浅的含水层，在我国的地下水取水构筑物中数量仅次于管井。

大口井构造简单，取材容易，施工方便，使用年限长，容积大能起水量调节作用；但深度较浅，对水位变化适应性差。大口井用于开采浅层地下水，口径5～8m，井深不大于15m。完整井只有井壁进水，适用于颗粒粗、厚度薄（5～8m）、埋深浅的含水层。这种形式的大口井，井壁进水孔易堵塞，影响进水效果，应用不多。含水层厚度较大（大于10m）时，应做成不完整大口井，其未贯穿整个含水层，井壁、井底均可进水，具有进水范围大、集水效果好等优点。小型大口井构造简单、施工简便易行、取材方便，在农村及小城镇供水中应用广泛，在城市与工业、企业取水工程中多用大型大口井。

大口井主要由井口、井筒及进水3大部分构成，如图3-9所示。

图3-9　大口井的构造
1—井筒；2—井壁透水管；3—井底反滤层；4—排水坡；5—黏土层

（1）井口。井口，大口井地表以上部分，主要作用是防止洪水、污水以及杂物进入井内。井口应高出地表0.5m以上，并在井口周边修建宽度为1.5m的排水坡，以避免地表污水从井口或沿井壁侵入，污染地下水。如覆盖层系透水层，排水坡下面还应填以厚度不小于1.5m的夯实黏土层。井口以上部分可与泵站合建，工艺布置要求与一般泵站相同；也可与泵站分建，只设井盖，井盖上部设有人孔和通风管。

（2）井筒。井筒，进水部分以上的一段，又称旱筒。井筒通常用钢筋混凝土浇筑或用砖、块石砌筑而成，用以加固井壁和隔离不良水质的含水层。钢筋混凝土井筒最下端应设置刃脚，用以在井筒下沉时切削土层，刃脚外缘应凸出井筒5～10cm。采用砖石结构的井筒和进水孔井壁、透水井壁，也需加用钢筋混凝土刃脚，刃脚高度不小于 1.2m。刃脚通常在现场浇筑而成。

井筒的外形通常呈圆筒形、截头圆锥形、阶梯圆筒形等，如图 3-10 所示。

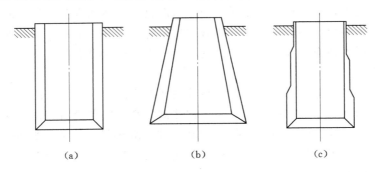

图 3-10　大口井井筒外形
(a) 圆筒形；(b) 截头圆锥形；(c) 阶梯圆筒形

圆筒形井筒的优点是：在施工中易于保证垂直下沉；受力条件好，节省材料；对周围土层扰动程度较轻，有利于进水。但圆筒形井筒紧贴土层，下沉摩擦力较大。截头圆锥形井筒的优点是：下沉摩擦力小；井底面积大，进水条件好。但截头圆锥形井筒存在较大缺点，如在下沉过程中易于倾斜；由于井筒倾斜及周围土层塌陷对井壁产生不均匀侧压力。故受力条件差，费材料，对周围土层扰动较严重，影响井壁、井底进水；对施工技术要求较高，如遇施工事故拖延工期，将增加工程造价，甚至遗留严重质量问题。

（3）进水部分。进水部分包括井壁进水和井底反滤层。井壁进水是在井壁上做成水平或倾斜的直径为 100～200mm 的圆形进水孔，或 100mm×150mm～200mm×250mm 的方形进水孔，孔隙率为 15% 左右，孔内装填一定级配的滤料层，孔的两侧设置钢丝网，以防滤料漏失。

进水孔中滤料一般为 1～3 层，总厚度不应小于 25cm，与含水层相邻一层的滤料粒径，可按下式计算：

$$\frac{D}{d_i} \geq 7 \sim 8 \qquad (3-12)$$

式中　D——与含水层相邻一层滤料粒径；

d_i——含水层计算粒径。

当含水层为细砂或粉砂时，$d_i = d_{40}$；中砂时 $d_i = d_{30}$；粗砂时 $d_i = d_{20}$。

相邻滤料之间的粒径比值，一般是上一层为下一层的 2～4 倍。

井壁进水也可利用无砂混凝土制成的透水井壁。无砂混凝土大口井制作方便，结构简单，造价低，但在粉细砂层和含铁地下水中易堵塞。

从井底进水时，除大颗粒岩石及裂隙岩含水层以外，在一般砂质含水层中，为了防止含水层中的细小砂粒随水流进入井内，保持含水层渗透稳定性，应在井底铺设反滤层。反滤层一般为 3～4 层，并宜呈弧面形，粒径自下而上逐层增大，每层厚度一般为 200～300mm。当含水层为细、粉砂时，应增至 4～5 层，总厚度为 0.7～1.2m；当含水层为粗颗粒时，可设两层，总厚为 0.4～0.6m。

井底反滤层滤料级配与井壁进水孔相同或参照表 3-6 选用。

表 3-6　　　　　　　　　　　　井底反滤层滤料级配　　　　　　　　　　　单位：mm

含水层类别	第 一 层		第 二 层		第 三 层		第 四 层	
	滤料粒径	厚度	滤料粒径	厚度	滤料粒径	厚度	滤料粒径	厚度
细砂	1～2	300	3～6	300	10～20	200		
中砂	2～4	300	10～20	200	50～80	200		
粗砂	4～8	200	20～30	200	60～100	200	60～80	200
极粗砂	8～15	150	30～40	200	100～150	200		
砂砾石	15～30	200	50～150	200				

2. 大口井水力计算

大口井出水量也可用理论公式和经验公式计算。经验法与管井相似。因大口井有井壁、井底或井壁井底同时进水，所以大口井出水量计算不仅随水文地质条件而异，还与进水方式有关。

（1）完整大口井。按完整管井出水量公式计算。

（2）井底进水。非完整大口井可从井底进水，对于潜水含水层，当井底至不透水层的距离大于等于井半径，即 $T \geqslant r$ 时，如图 3-11 所示，采用下式计算：

图 3-11　潜水含水层井底进水大口井计算简图　　图 3-12　大口井承压含水层井底进水计算简图

$$Q = \frac{2\pi K S_0 r}{\frac{\pi}{2} + \frac{r}{T}\left(1 + 1.185 \lg \frac{R}{4H}\right)} \tag{3-13}$$

式中　Q——单井出水量，m^3/d；

　　　S_0——对应于出水量时，井的水位降落值，m；

　　　K——渗透系数，m/d；

　　　R——影响半径，m；

　　　H——含水层厚度，m；

　　　T——井底至不透水层的距离，m；

　　　r——井的半径，m。

当含水层很厚（$T \geqslant 8r$）时，可用下式计算：

$$Q = AKS_0 r \tag{3-14}$$

式中　A——系数，当井底为平底时，$A=4$；当井底为球形时，$A=2\pi$；

　　其余符号意义同前。

对于承压含水层，如图 3-12 所示，当承压含水层厚度大于等于井的半径，即 $m\geqslant r$ 时，可用下式计算：

$$Q=\frac{2\pi KS_0 r}{\dfrac{\pi}{2}+\dfrac{r}{M}\left(1+1.185\lg\dfrac{R}{4M}\right)} \qquad (3-15)$$

式中　M——承压含水层厚度，m；

　　其他符号意义同前。

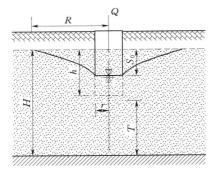

图 3-13　潜水含水层井壁井底进水大口井计算简图

当含水层很厚（$m\geqslant 8r$）时，可采用式 (3-14) 计算。

（3）井底与井壁同时进水。对于井底与井壁同时进水的大口井出水量的计算，可用分段解法。潜水含水层的出水量可认为是无压含水层中的井壁出水量和承压含水层中的井底出水量总和，如图 3-13 所示，即用下式计算：

$$Q=\pi KS_0\left[\frac{2h-S_0}{2.3\lg\dfrac{R}{r}}+\frac{2r}{\dfrac{\pi}{2}+\dfrac{r}{T}\left(1+1.182\lg\dfrac{R}{4H}\right)}\right] \qquad (3-16)$$

式中符号如图 3-13 所示，其他符号意义同前。

3. 大口井进水流速校核

在确定大口井尺寸、进水部分构造及完成出水量计算之后，应校核大口井进水部分的进水流速。井壁和井底的进水流速都不宜过大，以保持滤料层的渗流稳定性，防止发生涌砂现象。

井壁进水孔（水平孔）的允许进水流速校核和管井过滤器相同。对于重力滤料层（斜形孔、井底反滤层），其允许水流速度按下式计算：

$$V_f=\alpha\beta K(1-\rho)(\gamma-1) \qquad (3-17)$$

式中　α——安全系数，其值等于 0.7；

　　β——和进水流向与垂线之间的夹角 φ 有关的经验系数，见表 3-7；

　　K——滤料层的渗透系数，m/s，见表 3-8；

　　ρ——滤料层的孔隙率，%，粒径 $d>0.5$mm 时，$\rho=25\%$ 左右；

　　γ——滤料层的比重，砂、砾石为 2.65。

表 3-7　　　　　　　　　　　　　　　　$\boldsymbol{\beta}$ 经 验 系 数

φ	0°	10°	20°	30°	40°	45°	60°
β	1	0.97	0.87	0.79	0.63	0.53	0.38

表 3-8

滤料层渗透系数

滤料粒径 d/mm	0.5～1.0	1～2	2～3	3～5	5～7
K/(m/s)	0.002	0.008	0.02	0.03	0.039

4. 大口井设计要点

（1）大口井应选在地下水补给丰富、含水层透水性好、埋藏浅的地段。

（2）适当增加井径可增加水井出水量，在出水量不变条件下，可减小水位降落值，降低取水的电耗；还能降低进水流速，延长大口井的使用期。

（3）计算井的出水量和确定水泵安装高度时，均应以枯水期最低设计水位为准，抽水试验也应在枯水期进行。

（4）布置在岸边或河漫滩的大口井，应该考虑含水层堵塞引起出水量的降低。

四、辐射井

1. 辐射井的形式与构造

辐射井是由集水井与若干辐射状铺设的水平或倾斜的集水管组合而成，如图 3-14 所示。

辐射井是一种适应性较强的取水构筑物，对于不能用大口井开采的、厚度较薄的含水层或不能用渗渠开采的厚度薄、埋深大的含水层，均可使用辐射井开采。而且，辐射井更适宜开发位于咸水上部的淡水透镜体。

辐射井是一种高效能地下水取水构筑物，能有效的开发利用含水层，增加井的出水量，单井产水量居于各类地下水取水构筑物之首，高产辐射井日产水量达 10 万 m^3 以上。辐射井通常由大口井与水平集水管组合而成。辐射井具有管理集中、占地面积小、便于卫生防护等优点，但施工难度较大。

图 3-14 辐射井构造图

辐射井按照集水井本身是否取水，可分为两种形式：

（1）集水井底与辐射管同时进水。适用于厚度较大（一般 5～10m）的含水层。缺点是集水管与集水井相互干扰很大。

（2）井底封闭，仅由辐射管集水。这种形式适用于较薄含水层（不大于 5m），辐射管施工和维修比较方便。

辐射井按照水的补给情况，可分为 3 种形式：

（1）集取地下水的辐射井，如图 3-15（a）所示。

（2）集取河流或其他地表水体渗透水的辐射井，如图 3-15（b）、（c）所示。

（3）集取岸边地下水和河床地下水的辐射井，如图 3-15（d）所示。

辐射井按辐射管铺设方式，可分为两种形式：

（1）单层辐射管的辐射井，用于开采一个含水层。

（2）多层辐射管的辐射井，用于含水层较厚或存在两个以上含水层，且水头相差不

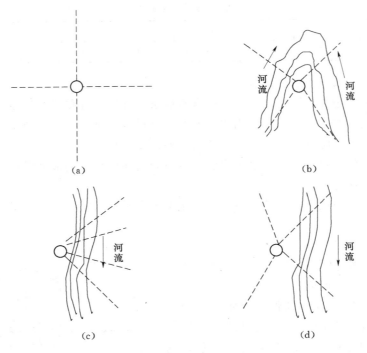

图 3-15　按补给条件分类的辐射井

大时。

　　集水井的作用是汇集辐射管之来水、安装抽水和控制设备以及作为辐射管施工之场所。集水井的直径由安装抽水设备和辐射管施工要求而定,一般不小于 3m。对于不封底的集水井还兼做取水井用,我国多数辐射井都采用不封底的集水井,以扩大井出水量,但增加了辐射管的施工及维修难度。

　　集水井通常采用圆形钢筋混凝土井筒,其深度由含水层埋藏深度和沉井施工条件决定,一般情况下,井深可达 30m。

　　辐射管用以集取地下水,按辐射管的铺设方式可分为单层或多层,每层根据补给情况采用 4~8 根。为便于进水,最下层距不透水层应不小于 1m。最下层辐射管还应高于井底 1.5m,以利于顶管施工。为减少干扰,各层应有一定间距,当辐射管直径为 100~150mm 时,层间距采用 1~3m。

　　辐射管的直径和长度,视水文地质条件和施工条件而定,直径一般为 75~300mm,当地层补给好、透水性强时,宜采用大管径,辐射管长度一般在 30m 以内,在无压含水层中,迎地下水流方向的辐射管宜长一些。

　　为利于集水和排砂,辐射管应以一定坡度倾向井内。

　　辐射管一般采用壁厚 6~9mm 的钢管,以便直接顶管施工。当采用套管施工时,亦可采用薄壁钢管、铸铁管及其他非金属管。辐射管进水孔一般采用条孔和圆形孔两种,以圆孔较多。孔径(孔宽)应按含水层颗粒大小和组成确定,参见表 3-5。圆孔按梅花状布置,条孔沿管轴方向错开排列。孔隙率一般为 15%~20%。为防止地表水沿集水井外壁下渗，除在井头采用黏土封填的措施外，在靠近井壁 2～3m 辐射管管段范围内应为不穿孔眼的实管。一般情况下，辐射管的末端应设阀门，以便于施工、维修和控制水量。

由于难以保证辐射管周围充填的滤料层质量，加之辐射管易锈蚀堵塞或漏砂，其使用年限一般不长。若改用高材质辐射管、贴砾集水管或改用非均匀填料，则可望保持稳定的出水量并延长井的使用年限。

受一般辐射状集水管构造与施工条件限制，辐射井通常宜用于颗粒较粗砂层或粗细混杂的砂砾石含水层，而不宜用于细粉砂地层、漂石含量多的含水层。

2. 辐射井水力计算

辐射井出水量计算问题较复杂，影响出水量的除了复杂的水文地质因素（如含水量的渗透性、埋藏深度、厚度、补给条件等）外，尚有其本身工艺因素（如辐射管管径、长度、根数、布置方式等）。现有的辐射井计算公式较多，多数计算公式是由近似计算方法或模型试验法求得的，都有其局限性。因此，应用公式时首先应了解公式的适用条件，根据实际情况进行修正。

(1) 潜水含水层辐射井半经验公式。如图 3-16 所示，计算公式如下：

图 3-16　潜水含水层辐射井计算简图

图 3-17　承压含水层辐射井计算简图

$$Q = qn\alpha \tag{3-18}$$

$$q = \frac{1.366K(H^2 - h_0^2)}{\lg \dfrac{R}{0.75l}} \tag{3-19}$$

式中　Q——辐射井出水量，m^3/d；

q——无互相影响时单根辐射管的出水量，m^3/d；

n——辐射管数量；

l——辐射管长度，m；

R——辐射井的影响半径；

α——辐射管间的干扰系数；通过各种模拟实验确定，对于水平辐射管的有限厚潜水含水层，可用式（3-20）计算。

$$a = \frac{1.609}{n^{0.8864}} \tag{3-20}$$

式中　n——水平辐射管的水量；

其他符号意义同前。

（2）承压含水层辐射井近似公式。如图 3 - 17 所示，计算公式如下：

$$Q = \frac{2.73 K M S_0}{\lg \dfrac{R}{r_d}} \tag{3-21}$$

式中　Q——辐射井出水量，m^3/d；

$\quad\quad R$——辐射井的影响半径；

$\quad\quad r_d$——等效大口井半径，m，可用式（3 - 22）计算；

其他符号意义同前。

$$r_d = l \sqrt[n]{0.25} \tag{3-22}$$

为保证辐射管中的水流汇集至集水井，应计及水流沿辐射管流动之水头损失。因此，集水井中的水位下降值应为

$$S = S_0 - h_w \tag{3-23}$$

式中　S_0——辐射井外壁处的水位下降值；

$\quad\quad h_w$——水流沿辐射管流动的水头损失。

$$h_w = \left(1 + \alpha \frac{\lambda l}{\mu d}\right)\frac{v^2}{2g} \tag{3-24}$$

式中　v——辐射管中之水流速度，可取平均值；

$\quad\quad d$——辐射管管径；

$\quad\quad \lambda$——辐射管的阻力系数；

$\quad\quad \mu$——取决于渗流沿辐射管分布情况的系数，其值约 $1\sim3$；

$\quad\quad \alpha$——考虑辐射管孔眼影响的安全系数，其值约 $3\sim4$。

水流沿辐射管的分布情况与辐射井的出水量、含水层的水力状况与渗透系数以及辐射管的长度、直径、数量以至层数等因素有关，它实际上是水流以最小的能量损失沿含水层、辐射管流动的一种自动调节系统。因此，辐射管的计算是很复杂的。

五、复合井

1. 复合井的形式

复合井是由大口井和管井组成的分层或分段取水系统，由非完整式大口井和井底以下设有的一根至数跟管井过滤器组成，如图 3 - 18 所示，一般过滤器长度 L 与含水层厚度 M 之比小于 0.75。

复合井适用于地下水位较高、厚度较大的含水层。它比大口井更能充分利用厚度较大的含水层。在水文地质条件适合的地区，广泛地应用于城镇水泥、铁路沿线给水站及农业用井。在已建大口井中，如水文地质条件适当，也可在大口井

图 3 - 18　复合井

中打入管井滤管改造为复合井，以增加井水量并改良水质。

据模型试验资料表明，当含水层厚度较厚（$M/r_0=3\sim6$，M 为含水层厚度，r_0 为大口井半径）或含水层透水性铰差时，采用复合井，水量增加较为显著。

2. 复合井的构造

复合井的大口井部分的构造与前述相同。增加复合井的滤管直径，可加大管井部分的出水量，但也增加对大口井井底进水量的干扰程度，故滤管直径不宜过大，一般以 $200\sim300mm$ 为宜。

含水层较厚时，以采用非完整滤管为宜，一般 $l/M<0.75$（l 为滤管长度，M 为含水层厚度）。由于滤管与大口井互相干扰，且滤管下端滤流强度较大，故滤管有效长度比管井稍大。

适当增加滤管数目可增加复合井出水量。从模型试验资料知，滤管数目增至 3 根以上时，复合并出水量增加甚少，故是否必须采用多滤管复合井，应通过技术经济比较确定。

六、渗渠

1. 渗渠的形式与构造

渗渠是集取浅层地下水或河床渗透水的一种水平地下水取水构筑物。它的基本形式有集水明渠和集水管两种形式，包括在地面开挖、集取地下水的渠道和水平埋设在含水层中的集水管渠，如图 3-19 所示。

 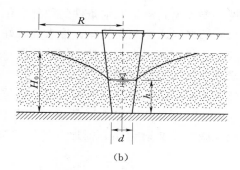

（a）　　　　　　　　　　　　　　（b）

图 3-19　潜水完整渗渠
（a）集水管；（b）集水明渠

渗渠适用于开采埋深小于 2m、厚度小于 6m 的含水层。它具有适应性强、有利于河床下部潜水、改善水质等优点，广泛地应用于山间河谷平原或山前冲积平原地带以及其他场合。渗渠主要靠加大长度增加出水量，以此区别于井。渗渠也可分为完整式和不完整式。

明渠集取地下水，可在地面上直接开挖建成，其成本低，适用于开采浅层地下水。但由于明渠集水暴露于地表，水源容易污染。

集水管形式的渗渠，由于埋没在地表以下，受地表污染相对轻，安全可靠，是取水工程中最常用的形式。

渗渠取水系统主要由集水管（渠）、集水井、检查井和泵站组成，如图 3-20 所示。

集水管既是集水部分，也是向集水井输水的通道。集水管一般由穿孔钢筋混凝土管、

图 3-20 渗渠

混凝土管组成，水量较小时可用穿孔石棉水泥管、铸铁管、陶土管组成，有时也可用砖、石块、预制砌块砌筑或用木框架组合而成。

集水井用以汇集集水管来水，并安装水泵或吸水管，同时兼有调节水量和沉砂作用。集水井的构造尺寸应视其功能需要分别考虑调节、消毒接触停留时间及水泵吸水等要求确定。一般多采用钢筋混凝土结构，常修成圆形，也有矩形的。

为便于检修、清通，应在集水管末端、转角处和变径处，设置检查井，直线段每隔 30～50m 设置一个检查井，当集水管径较大时，距离还可以适当增大一些。为防止污染取水水质，地面式检查井应安装封闭式井盖，井顶应高出地面 0.5m。为防止洪水冲开井盖、淤塞渗渠，考虑卫生与安全，检查井应以螺栓固定密封。检查井的宽度（直径）一般为 1～2m，并设井底沉砂坑。

2. 渗渠的位置选择与布置方式

渗渠位置的选择的是否合理直接关系到渗渠的出水量、出水水质、出水的稳定性、渗渠的使用年限以及建造成本等重大问题。渗渠位置的选择是渗渠设计中一个重要而复杂的问题，有时甚至关系到工程的成败。选择渗渠位置时应综合考虑水文地质条件和河流的水文条件，要预见到渗渠取水条件的种种变化，主要考虑以下原则：

（1）选择河床冲积层较厚，渗水性较好，颗粒较粗的河段，并应避开不透水的夹层。

（2）选择在河流水力条件良好的河段，避免设在有壅水的河段和弯曲河段的凸岸；但也应避开冲刷强烈的河岸。

（3）选择在河床稳定，河水较清，水位变化较小的河段。

（4）选择在具有适当地形的地带，以利取水系统的布置，减少施工、交通运输、征地及场地整理、防洪等有关费用。

渗渠布置是发挥渗渠工作效益、降低工程造价与运行维护费用的关键之一。实际工作中，应根据地下水的补给来源、河段地形、水文及水文地质条件、施工条件等而定。一般有下列几种基本的布置方式：

（1）平行于河流。如图 3-21 所示，这种布置方式适用于河床地下水和岸边地下水较充沛，且河床较稳定时。

图 3-21 平行于河流
布置的渗渠

在枯水季节，地下水补给河水，渗渠截取地下水；在丰水季节，河水补给地下水，渗渠截取河流下渗水，全年产水量均衡、充沛，并且施工与维修均较方便。

（2）垂直于河流。如图 3-22 所示，当岸边地下水补给较差，河流枯水期流量小，主流摆动不定，河床冲积层较薄时，可采用这种布置形式。此种布置方式的渗渠以集取地表水为主，施工与检修均较困难，其出水量与出水水质受河流水位、河水水质的影响，变化较大，且其上部含水层极易淤塞，使出水量迅速减少。

图 3-22　垂直于河流布置的渗渠

图 3-23　垂直与平行河流组合布置的渗渠

（3）平行和垂直（或成某一角度）组合布置。如图 3-23 所示，这种布置方式的渗渠能较好地适应河流及水文地质条件的多种变化，能较充分地截取岸边地下水和河床地下水，故相对地讲，其出水量较稳定。通常在渗渠总长较大时，才有可能采取这种布置方式。

实际上，在选择渗渠位置时即应同时考虑渗渠的布置方式、系统的组成与构造。可最大限度地截取河床潜流水。

3. 渗渠的水力计算

渗渠水力计算是根据取水量确定管径、管内流速、水深和管底坡度等。渗渠取水量的影响因素很多，不仅与水文地质条件和渗渠的布置方式有关，还与地表水体的水文条件有关。具体计算过程要分为很多种情况，如在计算时要考虑是潜水还是承压水，完整式还是非完整式，是水平集水管还是倾斜集水管，有无地面水体的补充等，情况比较复杂，具体计算过程可参阅有关文献。渗渠水力计算方法与一般重力流排水管相同。集水管校长时，应分段进行计算。

集水管（渠）中水流通常是非充满的无压流，其充满度（管渠内水深与管渠内径的比值）一般采用 0.4~0.8。管内流速应按不淤流速进行设计，最好控制在 0.6~0.8m/s，渗渠出水量受地下水位和河水位变化影响，计算时应根据地下水和河水最高及最低水位的渗渠出水量校核其管径和最小流速。集水管的设计动水位最低要保持管内有 0.5m 的水深；当含水层较厚，地下水量丰富，管渠内水深可再大些。集水管向集水井的最小坡度不小于 0.2%。

集水管管径应根据最大集水流量经水力计算确定，一般在 600~1000mm。对于小型取水工程，可不考虑进入管中清淤问题，管径可小些，但不得小于 200mm。

4. 渗渠的设计

根据我国的工程实践经验，因渗渠取水条件比较复杂，往往面临剧烈的径流变化、游移不定的河流变迁、水流冲刷淹没、水质改变、河床与含水层严重淤积、淤塞等一列问题。致使渗渠取水要比其他地下水取水方式冒更大的风险。在设计时，要根据水文地质条件、施工及其他现场条件等妥善地处理渗渠的形式、构造、位置与布置方式以及正确选择渗渠的主要设计参数。

（1）集水管。集水管常用有孔眼的钢筋混凝土管。钢筋混凝土或混凝土集水管每节长1～2m，内径不小于 200mm，若需进入清理，则不应小于 600mm。管壁上的进水孔一般为圆孔或条孔。圆孔直径多取 20～30mm。为避免填料颗粒堵塞，应使孔眼内大外小，孔眼呈交错排列。孔眼净距应考虑结构构造与强度要求，一般为孔眼直径的 2～2.5 倍。条形孔宽一般为 20mm，孔长为 60～100mm，条孔间距纵向为 50～100mm，环向为 20～50mm。进水孔通常沿管渠上部 1/2～2/3 周长布置，其总面积一般为管壁开孔部分面积的 5%～10%也可。

无砂混凝土管是用水泥浆胶结砾石而成（内配钢筋）的，一般灰石比取 1：6，水灰比取 0.4 左右，砾石直径为 5～10mm。这种管材制作简单，不需专门预留孔眼，孔隙率较高，可达 20%，除无砂混凝土外围须填 0.3m 厚之粗砂以防孔隙堵塞外，不必再填人工反滤层。

其余管材壁上的孔眼可参照一般混凝土管的要求确定，管段接口方式视管材情况而定。

在集水管外围一般须设人工反滤层，以保持含水层的渗透稳定性。人工反滤层的设计与铺设质量将直接影响渗渠的出水量、水质及其使用年限，应予特别重视。反滤层应铺设在渗透来水方向。当集取河床渗透水时，只需在集水管上方水平铺设反滤层；当集取河流补给水和地下潜流水时，应在上方和两侧铺设。反滤层的层数、厚度和滤料粒径与大口井井底反滤层相同，一般采用 3～4 层，每层厚 200～300mm，上厚下薄，上细下粗。

（2）检查井。检查井的设置不仅要符合生产运行要求，还应注意安全卫生要求，为此可以考虑全埋式检查井。

（3）集水井。集水井应考虑有足够的空间以沉淀泥砂、消毒和保证水泵吸水管的安装和吸水要求。

第二节　地表水取水构筑物

一、概述

地表水取水系统指由人工构筑物构成的从地表水水体中获取水源的工程系统。地表水取水系统主要由以下部分组成：地表水水源、取水构筑物、送水泵站与输水管路。其中，地表水水源为系统提供满足一定水质、水量的原水；取水构筑物的任务就是安全可靠地从水源取水；送水泵房与管路系统的任务是将所取的原水安全可靠地向后续工艺送水。在地表水取水工程中，地表水水源一般指江河、湖泊等天然的和水库、运河等人工建造的淡水水体。由于地表取水工程直接与地表水水体相联系，水体的水量、水质在各种自然或人为的因素影响下所发生的变化，将对地表取水工程的正常运行及安全可取性产生影响。因此，要使取水构筑物能从地表水水体中按所需的水质、水量安全可靠地取水，了解地表水的取水条件，研究构筑物的位置选择和取水构筑物的类型是十分必要的。

二、地表水取水条件

地表水水源以江河为主。因此，分析江河的特征（如江河的径流变化、泥沙运动、河床演变、冰冻情况、水质和地质地形等特征），以及这些特征与取水构筑物的关系，将直接关系到取水构筑物合理的设计、施工和运行管理。

江河中的水流及其他特性与建于江河中的取水构筑物是互相作用、互相影响的。一方面，江河的径流变化、泥沙运动、河床演变、冰冻情况、水质、河床地质与地形等一系列因素对于取水构筑物的正常工作条件及其安全可靠性有着决定性的影响；另一方面，取水构筑物的建立又可能引起江河自然状况的变化，从而反过来又影响到取水构筑物本身及其他有关国民经济部门。因此，全面综合地考虑江河的取水条件，对于选择取水构筑物位置，对确定取水构筑物形式、构造以及对取水构筑物的施工与运行管理都具有重要意义。

1. 江河径流变化

取水河段的径流特征值（水位、流量、流速等）是确定取水构筑物位置、构筑物形式及结构尺寸的主要依据。影响江河径流的因素很多，主要有地区的气候、地质、地形、地下水、土壤、植被、湖沼等自然地理条件以及江河流域的面积与形状。考虑取水工程设施时，除须根据上述各种因素了解所在江河的一般径流特征之外，还须掌握下列有关的流量水位特征值：

（1）江河历年的最小流量和最低水位（通常均以日平均流量和日平均水位为基础，下同）。

（2）江河历年的最大流量和最高水位。

（3）江河历年的月平均流量、月平均水位以及年平均流量和年平均水位。

（4）江河历年春秋两季流冰期的最大、最小流量及最高、最低水位。

（5）其他情况下，如潮汐、形成冰坝冰塞时的最高水位及相应的流量。

此外，还须掌握上述相应情况下的江河的最大、最小和平均水流流速及其在河流中的分布状况。

取水构筑物根据相应规范中规定的设计保证率求得历年最高水位、最大流量、最低水位、最小流量等相应的径流特征值进行设计。

2. 泥沙运动与河床演变

泥沙运动与河床演变是取水工程设计与给水水源运行管理所必须研究掌握的河流另一重要特征。所有在江河中静止和运动的粗细泥沙、大小砾石都称之为江河泥沙。根据泥沙在水中的运动状态，分为床沙质、推移质和悬移质3类。

床沙是指河床上静止的泥沙，是在一定的水流条件下从静止状态转变为运动状态的。这种过程称为泥沙起动，起动时水流垂线上的平均流速——起动流速，是某种性能与形状的河床泥沙开始起动的标志，是研究河流泥沙运动、河床冲刷的重要参数。

在水流作用下沿河底滚动、滑动或跳跃运动的泥沙称为推移质。这类泥沙的粒径较大，其数量通常只占河流断面总输沙率的5%～10%。推移质对河流的演变起着重要的作用。据观察分析，沿河床运动的推移质泥沙，当河流水流速度逐渐减小到泥沙的相应起动流速时，泥沙并不静止下来，直到流速继续减小到某个数值时，泥沙才停止运动。这时的水流平均流速称为泥沙的止动流速。当用自流管或虹吸管取水时，为避免水中泥沙在管内淤积，管中设计流速要求不低于自净流速，不同粒径颗粒的自净流速可参考其相应的止动流速确定。

悬移质是指悬浮于水中，随水流前进的泥沙，是泥沙运动的另一种形式。在平原河流中悬移质可占河流断面总输沙量的 90%～95%。悬移质的形成主要是由于水流的紊动作用，向上的紊动作用将泥沙托起送入上层水流以抵消重力作用的影响，但是当紊动作用一旦消失，泥沙受重力或向下紊动作用的影响则沉降。因此，就单个泥沙颗粒而言，其运动与运动轨迹是随机的、不规则的。有时接近水面，有时接近水底。

从总体上讲，由于不同粒径的颗粒受紊动作用与重力作用的影响不同，因此河水中的泥沙分布亦不均匀。一般地讲，沿水流的深度方向，上部泥沙含量小、颗粒细，越往下泥沙含量越大、颗粒越粗。泥沙在整个河流断面或河段内的分布比较复杂，河流的水流结构对悬移质泥沙的分布影响很大。

水流的挟沙能力也是研究河流泥沙运动的重要指标。它是指一定水流条件下水流挟带泥沙的饱和数量，也称饱和挟沙量。水流挟沙能力是判断河流河床冲刷或淤积的重要依据。如果水流的实际含沙量大于饱和含沙量，则过多的泥沙将沉积淤积；反之，将产生冲刷。如果水流实际含沙量等于饱和含沙量，则河床将处于相对稳定状态。

河流的泥沙运动实际上是河床与水流互相作用的一种表现形式。泥沙运动不仅是影响河水含沙量及取水构筑物正常工作的重要因素，而且是引起河床演变的直接原因。由于河流的径流情况和水力条件随时间和空间不断地变化着，因此河流的挟沙能力也在不断地改变。这样，就在各个时期和河流的不同地点产生冲刷和淤积，从而引起河床形状的改变——河床演变。

河床输沙不平衡是河床演变的根本原因。当上游来沙量大于本河段的水流挟沙力时，水流没有能力把上游来沙全部带走，产生淤积，河床升高。当上游来沙量小于本河段水流的挟沙力时，便产生冲刷，河床下降。在一定条件下，河床发生淤积时，淤积速度逐渐减少，直至淤积停止，河床发生冲刷时，冲刷速度逐渐减低，直至冲刷停止。这种现象称为河床和水流的自动调整作用。

如果河流取水构筑物位置选择不当，泥沙的淤积会使取水构筑物取水能力下降，严重的会使整个取水构筑物完全报废。

3. 河流冰冻情况

我国北方大多数河流在冬季都有冰冻现象，河流的冰冻过程对取水构筑物的正常运行有很大的影响。冬季流冰期，悬浮在水中的冰晶及其碎冰屑极易黏附于进水口的格栅上，使进水口严重堵塞，甚至使取水中断，故需考虑防冰措施。流冰易在水流缓慢的河湾和浅滩处堆积，以后随冰块数量增多、聚集和冻结即逐渐形成冰盖；至此，河流完全封冻。河流封冻后，表面冰盖厚度随气温下降逐渐增厚，直至最大值。冰盖厚度在河段中并不均匀；此外，冰盖会随河水下降而塌陷，设计取水构筑时，应视具体情况确定取水口高程位置。春季河流解冻时，通常多因春汛引起的河水上涨使冰盖破裂，形成春季流冰，其强度视当地气候及河流径流特点而定。春季流冰期冰块的冲击、挤压作用往往极强，对取水构筑物的影响很大；有时冰块堆积于取水构筑物附近，可能堵塞取水口。

河流的全部冰冻过程都可能使河流的正常径流情况遭到破坏，使河床变形，因此了解冰冻情况对径流分析与河床演变也有一定的作用。在设计取水构筑物时要收集以下冰情资料：

（1）每年冬季流冰期出现和延续时间，水内冰、底冰的性质（组成、大小、黏结性、上浮速度）及其在河流中的分布情况、流冰期气温及河水温度变化情况。

（2）每年河流的封冻时间、封冻情况、冰层厚度及其在河段上的分布变化情况。

（3）每年春季流冰期出现和延续时间，流冰在河流中的分布运动情况，最大冰块面积、厚度及运动情况（包括下移速度）。

（4）其他特殊冰情。

4. 水质

水源水质是判断各种水体是否适于作给水水源的决定性条件之一。常见的水源水质指标有：浑浊度、卫生指标（或细菌指标）、硬度、含盐量、水温、各种污染控制指标。

水源水质主要受两方面因素的影响。自然因素：如各种自然地理条件（气候、地形、土壤、地质构造、植被、湖沼）、径流情况及河流的补给条件等。人为因素：蓄水库、污水排放、耕地等。选择水源时应根据给水水源的水质要求及上述条件考虑。

三、地表水取水构筑物的位置选择

地表水取水构筑物位置的选择，不仅关系到取水构筑物能否在保证水质、水量的前提下安全可靠的供水，而且要力求运行管理方便，投资省，施工简单，工期短。在选择构筑物位置时，必须对水源情况作深入的调查研究，全面掌握河流的特性和各种影响因素，根据取水河段的水文特征、地形、地质、卫生防护等条件全面分析，综合考虑，提出几个可以作为取水构筑物位置的方案，进行技术经济比较，在河流取水条件复杂时，还应进行水工模型试验从中选取安全可靠、经济合理的取水构筑物位置。

在具体选择取水构筑物位置时，主要从以下几个方面考虑。

1. 考虑流域内环境变化对水质、水量的影响以及人为因素对河床稳定性影响

例如取水口上游流域排放的污废水量逐年增加，使河水污染造成水质恶化；新建项目废水的排放，导致河流水质变差；实施环境综合治理，使水质改善；上游森林采伐、草场砂化，使植被覆盖面积减少，引起河流含砂量增高；上游沿岸水土保持工作取得进展，使河流含砂量下降等。大规模农田灌溉系统投入使用，导致径流量下降；修建蓄水构筑物，使径流量年内分配发生改变；大面积植被的改变，使地表径流条件发生变化，导致洪峰流量的改变；开凿运河，引入或引出流量等等。

2. 考虑河段具有良好的水力条件

在弯曲河段上宜将取水构筑物布置在的凹岸顶冲点下游处。水流转弯时，在横向环流的作用下表层水流向凹岸，底层水流向凸岸，造成凹岸冲刷，凸岸淤积。把取水口设在凹岸顶冲点下游处，可避免强烈的冲刷，且能取到清水，不易形成漂浮物堵塞取水口的现象。

在顺直河道上取水时，宜将取水口位置设置在河道的主流近岸处。因为河道主流流速大，不易产生淤积，而且水量充足，水深较大适于建造取水构筑物。如受条件限制，取水口位置需设在凸岸，宜选择直段的终点凸岸的起点，或者是偏离主流但水力条件尚好的地点——凸岸的起点或终点。

3. 考虑河床的地质地形条件

取水口应选在地形地质条件良好，便于施工的河段。原则上，不宜将水源及取水构筑物设在靠近河汊、沙洲、浅滩及支流入口等河床不够稳定的河段。如需在这些地方设立取

水构筑物，应注重调查研究，仔细掌握这些地区的水文特性与河道变化规律。取水口位置避免设在如断层、滑坡、冲积层、流沙层、风化严重的岩层和岩溶发育地段等地质条件不稳定的地段。在河流交汇处应尽量避免设置取水口。因为在该处，无论主流和支流水位的涨落都将造成泥沙的淤积。

4. 考虑水质及河段卫生条件

为避免污染，供生活饮用水的取水构筑物应设在城市和工业企业的上游，污水排放口应在取水构筑物下游的 100～150m 的距离以外。如岸边水质欠佳，则宜从江心取水。

对沿海地区的一些河流应避免潮汐的影响，如咸水倒灌或下游污水回流，使水质恶化。此外，亦须注意由淡、咸水的比重不同而产生的异重流现象的某些危害。对于冷却用水，应须更多地考虑对水温的要求。

5. 取水口尽量靠近主要用水区

选择取水沟筑物位置时，应根据农业规划要求，使取水沟筑物尽可能靠近主要用水地区，以减少输水管线长度、节约投资与输水能耗。对长距离输水的大型给水工程系统，选择取水构筑物位置时，应充分考虑输水管线的建设与运行维护条件，诸如穿越河流、洼地、铁路、公路等天然或人工障碍物、占地和拆迁、土石方工程量、施工运输条件、管线高程和管内水压以及管线维护抢修条件等。

6. 考虑河流冰清

应尽可能将取水构筑物设于急流、冰穴、支流入口的上游；应避免浅滩、回流区及其他可能堆积大量冰块的河段，根据流冰在河流中的分布情况，应将取水构筑物设于流冰较少的地点；此外，应回避易被流水冲击的地带。

四、地表水取水构筑物的分类

由于我国幅员广大，自然条件复杂、取水条件多变，因此不仅地表水取水构筑物的形式多种多样，而且在生产实践中有许多创新和发展。地表水取水构筑物，由于水源种类、性质和取水条件的不同，有多种型式：按水源分，有河流、湖泊、水库取水构筑物；按构造形式不同可分为固定式取水构筑物、移动式取水构筑物和山区河流取水构筑物；根据固定式取水构筑物的取水形式，主要有岸边式和河床式；根据移动式取水构筑物的取水形式，分为浮船式和缆车式。此外，在一些特殊场合，还可用到一些其他类型的取水构筑物，如海水取水构筑物等。

五、固定式取水构筑物

固定式取水构筑物由进水间和泵房组成，取水设施将河水引入吸水间，经取水泵站将水提升到输水管线，送至自来水水厂或用户。固定式取水构筑物位置固定不变具有取水可靠、维护管理简单、适用范围广等优点，但水下工程量较大，施工期长，投资较大。由于水源的水位变化幅度、岸边的地形地质和冰冻、航运等因素，可有多种布置。常见的有岸边式和河床式两大类。

1. 岸边式取水构筑物

直接从岸边进水的固定式取水构筑物，称为岸边式取水构筑物。在我国，该种形式采用比较广泛，适用于下列情况的取水：主流靠近河岸，有稳定的主流深槽，有足够的水深，能保证设计枯水位时安全取水；岸边地质条件好且河床河岸稳定，水力条件好，岸坡较陡，能保证取水构筑物长期稳定工作；便于施工，水中泥砂、漂浮物和冰凌严重不适于采用自流管取水的河段。

根据进水间和泵房的组合情况，岸边式取水构筑物可分为合建式和分建式两类。

（1）合建岸边式取水构筑物。把进水间与泵房合建在一起，设在岸边的取水构筑物称为合建岸边式取水构筑物，如图3-24所示。水流由进水孔进入进水室，传经过格网进入吸水室，然后由水泵抽送至水厂或用户。在进水孔上设有格栅，用以拦截水中粗大的漂浮物，设在进水间的格网用以拦截水中细小的漂浮物。

图3-24　合建式岸边取水建筑物（水位单位：m；其他单位：mm）

(a) 底板呈阶梯式布置；(b) 底板呈水平布置

1—进水间；2—进水室；3—吸水室；4—进水孔；5—格栅；6—格网；7—泵房；8—闸门井

合建岸边式取水构筑物的优点是构筑物布置紧凑，总建筑面积小，水泵吸水管短，运行管理方便，水泵工作较可靠；但对岸边地质条件有较高要求，土建结构较复杂，施工难度大。

根据岸边的地质条件，可将合建岸边式取水构筑物的底板布置呈阶梯式和水平式的，如图3-24所示。

如果工程地质条件较好，集水井和水泵站可建于不同的标高上，这时在纵剖面上构筑物即呈阶梯状布置，以减少泵站部分的埋深，便于施工。但在一般情况下，水泵需靠真空泵排气启动，运行不太方便。若工程地质条件较差，为避免构筑物的不均匀沉降，或者须要求水泵以灌入式方式启动时，宜将集水井与水泵站建于同一标高，即水平式。这时，须相对地增加水泵站部分的埋深，施工较复杂，但结构处理较方便。

以上两种方式均采用卧式水泵，为了缩小泵房面积，减少泵房深度，降低泵房造价，可采取立式泵取水方式。这种方式是在泵房上层设置电机，以利操作，保持良好的通风条件，缺点是安装困难，检修不方便。

对于水位变化幅度很大的河流，如果考虑采用深井泵或潜水泵，也是简化取水构筑物结构、减小面积和体积、便于施工、节约投资的有效途径之一。但深井泵或潜水泵的效率低、运行费高。

（2）分建岸边式取水构筑物。当河岸工程地质条件较差，进水间不宜与泵房合建时，或者分建对结构和施工有利时，可考虑采用分建岸边式取水构筑物，如图3-25所示。分建岸边式取水构筑物对取水条件的适应性强，土建结构简单，实际应用比较灵活，施工较

图 3-25　分建式岸边取水建筑物（单位：m）
1—进水间；2—引桥；3—泵房

容易，但操作管理不便，吸水管路较长。

对于地形条件合适，工程地质条件无特殊限制的河段，具体应该采用分建式还是合建式，应通过技术经济比较确定。

（3）岸边式取水构筑物设计。岸边式取水构筑物设计的主要内容包括以下几个方面：

1）确定取水构筑物的形式。

2）水泵的选择。根据实际工程的取水条件初步确定岸边式取水构筑物的基本形式。

由取水条件决定，岸边式取水泵站具有以下特点：水位变化幅度大，构筑物埋深大，水泵机组和电气设备安装运行条件差。因此在设计水泵时，除了满足一般水泵的选取原则外，需注意泵站内机组数不宜过多，通常 3～4 台；水泵及泵站系统应有较好的调节性能，以适应水位、流量的变化；应注意节能，采用恒速泵时水泵高效率点宜与常水位时的扬程（水位）、流量相对应，有条件时可考虑部分采用调速泵（恒定流量），以节省电能；确定水泵站机组总容量时应充分估计到取水规模发展的可能性。

3）布置取水构筑物。取水构筑物的布置包括平面布置和竖向布置两方面。

平面布置主要考虑取水设计要求和泵站设计要求。从取水设计要求方面考虑主要是根据水泵的吸水方式、构筑物的形式、取水构筑物的运行管理要求和其他条件，确定构筑物的分隔数（至少不少于两格）、进水孔口数量以及格网的形式和尺寸。从水泵站设计要求方面考虑主要是根据对泵站的一般设计规定，在满足泵站运行管理条件的基础上，尽量减小并确定泵站面积和尺寸。

取水与泵站的设计要求以及取水构筑物的外形，通常互相影响、互相制约，此外尚有结构形式要求和施工方式等，对取水构筑物布置的种种影响。因此，确定取水构筑物的布置是反复的综合分析过程。对合建岸边式取水构筑物，因岸边集水井与泵站是一个整体，通常须在各专业工种之间反复磋商讨论才能确定。

竖向布置包括进水间部分的竖向布置和泵站部分的竖向布置。进水间部分主要同河水位、进水孔口的高程位置、取水构筑物的顶部高程（淹没或非淹没）、起吊设备类型、泵站总体布置要求有关。泵站部分应由总体布置的功能要求、起吊设备的安装高度确定。

对于合建岸边式取水构筑物其竖向布置亦应综合考虑各方面的要求。

此外，取水构筑物竖向布置中的基础设置深度，关系到取水构筑物的稳定性，故应根据河水水位、地基条件及构筑物的稳定计算要求确定。

4）水力计算。水力计算主要是确定水流通过格栅、格网等的水头损失及构筑物内的水位高程、设备安装高度。

影响水头损失的因素极多，情况复杂，设计时多采用经验数值。通常对格栅取 0.05～

0.1m；对平面格网取 0.1～0.15m，特殊情况下后者可取 0.3m；对回转格网，一般取 0.1m，特殊情况取 0.3m。上述特殊情况下的数值都是水头损失的极限值。水流经过各种孔口和吸水管路的水头损失，可按水力学公式计算。

工作水泵、排泥泵、清水泵的安装高度，按最低水位时考虑上述水头损失后的相应水位高程确定。

对于轴流式水泵，还须考虑启动时由水的惯性而引起的吸水井内水位波动的影响。

2. 河床式取水构筑物

河床式取水构筑物是通过伸入江河中取水头部取水，然后通过集水管把水引入集水井。河床式取水构筑物适于下列情况：主流离岸边较远，岸坡较缓，岸边水深不足或水质较差等情况，即岸边无适宜的取水条件。

（1）形式与构造。河床式取水构筑物通常由取水头部、进水管渠、吸水井及泵站组成。河水经取水头部上的进水孔口沿进水管渠流入吸水井。然后由水泵抽取。由于吸水井与取水泵站全设于河岸内，因此构筑物可免受河水冲刷和冰块冲击，冬季保温条件较好，施工亦较方便。但是，因取水头部设于河流中，不仅施工困难，且不便于清理和维修，进水管渠易被泥砂堵塞，故取水系统的工作可靠性较差。吸水井与取水泵站可以合建和分建，其构造和岸边式取水构筑类基本相同。

河床式取水构筑物根据取水头部形式的不同，主要有自流管式、虹吸管式和直接吸水式 3 种形式。

1）自流管式。自流管式取水如图 3-26 所示。河水由取水头部取水，在重力作用下，沿自流管进入集水间，经格网后进入水泵吸水间。这种引水方法安全可靠，但土石方开挖量较大。当自流管埋深不大，或在河岸可以开挖隧道铺设自流管时，可以考虑采用自流管取水。在河流水位变化幅度大，洪水历时较长，水中含沙量较高时，为避免在洪水期引入底层含沙量较多的水，可在集水间上开设进水孔或设置自流管，采用分层取水，以便在洪水期引入含沙量较少的表层水。若河流水位变化频繁，高水位历时不长，河流含沙量分层分布比较均匀时，不宜采用分层取水。选择这种方式应注意：洪水期底砂及草情严重、河底易发生淤积、河水主流游荡不定等情况下，最好不用自流管引水。

图 3-26 分建式自留管取水建筑物　　　　　图 3-27 分建式虹吸管取水建筑物

2）虹吸管式。虹吸管式取水方式如图 3-27 所示。

在河滩宽阔，河岸较高，且为坚硬岩石，埋设自流管需开挖大量土石方，或管道需要穿越防洪堤时，宜采用虹吸管取水。这种方式河水从取水头部靠虹吸作用流至集水间，之后由水泵抽走。虹吸管高度最大可达7m，利用虹吸高度，可减少管道埋深、大大减少水下土石方量，缩短工期，降低造价。但采用虹吸引水需设真空引水装置，且要求管路有很好的密封性，对管材及施工质量要求较高，运行管理要求严格。否则，一旦渗漏，虹吸管不能正常工作，使供水可靠性受到影响。

图3-28 水泵直吸式取水建筑物

3）直接吸水式。直接吸水的取水方式如图3-28所示。

这种方式不设集水间，直接由水泵吸水管伸入河中取水。由于可以利用水泵吸水高度减少泵房高度，又省去了集水间，具有结构简单、施工方便，造价较低等特点，中小型取水工程使用较多。这种引水方式，由于没有经过格网，故只适用于河水水质较好，水中漂浮杂质少，不需设格网时的情况。按水泵泵轴与取水水位的高程关系，在低于取水水位时，情形与自流管相似，高于取水水位时，则与虹吸管引水相似，设计应考虑按自流管或虹吸管处理。

（2）设计问题。河床式取水构筑物的设计程序与岸边式取水沟筑物的程序基本相同。

河床式取水系统中，无论是系统的基本形式还是取水头部的类型变化极多，并且可以形成多种多样的组合；不同的系统设计方案的技术经济效果往往存在很大的差异，因此设计时应结合各种具体条件反复进行多方案比较，才能确定切合实际的系统方案。在工程实际中，有时见到的一些较好的系统形式，就是因地制宜应用取水技术的结果。

河床式取水构筑物的附属设备的构造设计在满足工艺设计要求的前提下，应综合考虑结构、建筑、施工安装等多方面的要求。

河床式取水构筑物的水力计算在于确定水流经取水口格网、进水管渠、吸水井格网等的水头损失，并确定取水构筑物各部分的水位高程，决定构筑物及设备标高。水力计算通常按正常工作情况考虑，以事故工作情况校核。水流经格栅、格网的水头损失，如岸边式取水构筑物一样多取经验数值。进水管渠中的水头损失可按一般水力学公式计算，由于管路的局部水头损失所占比重较大，故需详细计算。在事故（或检修、清洗）情况下，应按部分进水管渠停止工作而其余管路尚能保证事故出水量（例如，70%的正常出水量）的要求进行校核。事故水位应满足水泵工作的要求，否则，需调整进水管渠的数目或设备安装高度。

3. 江心式取水构筑物

江心式取水构筑物也称桥墩式或岛式取水构筑物。由取水头部、进水管、集水井和取水泵房组成。常用于岸坡平缓、深水线离岸较远、高低水位相差不大、含沙量不高的江河和湖泊，如图3-29所示。

原水通过设在水源最低水位之下的进水头部，经过进水管流至集水井，然后由泵房加压送至水厂。集水井可与泵房分建或合建。当取水量小时，可以不建集水井而由水泵直接吸水。取水头部外壁进水口上装有格栅，集水井内装有滤网以防止原水中的大块漂流杂物进入水泵，阻塞通道或损坏叶轮。江心式取水构筑物在构造上与岸边式取水构筑物相似，只是进水间与泵房合建于江心。

图 3-29　江心式取水构筑物

图 3-30　斗槽式取水构筑物

　　江心式取水构筑物一般设于河道中，其位置应满足取水要求，并应避开主航道或主流河道。由于江心式取水构筑物位于河中，使原过水断面变窄，河流水力条件、泥砂运动规律均发生了变化，所以在设计前应有充分的估计，避免因各种因素的变化造成取水不利，构筑物本身不稳定因素增加，对周围、尤其是下游构筑物产生不良的影响。江心式取水构筑物结构要求高，施工技术复杂，造价高，管理不便，非特殊情况，一般不采用。

　　4. 斗槽式取水构筑物

　　斗槽式取水构筑物是在取水口附近设置堤坝，形成斗槽进水，目的在于减少泥沙和冰凌进入取水口。由于斗槽中水的流速较小，故水中泥沙容易沉淀，水内冰易上浮，水面能较快地形成冰盖，并可创造较好的其他取水条件；因此适于河流含砂量较高、冰絮较为严重、取水量要求大的场合。

　　（1）形式与构造。斗槽式取水构筑物主要由形成斗槽的堤坝和取水构筑物组成，如图 3-30 所示。

　　按照斗槽伸入河岸的程度，可分为全部或部分伸入河岸及全部在河床中的斗槽。斗槽全部伸入在河岸内，适用于河岸平缓、河床宽度不大、主流近岸或岸边水深较大的河流。斗槽全部设计在河床内，适用于河床较陡或主流离岸较远，以及岸边水深不足的河流。设计斗槽后，还应注意不影响洪水排泄。部分伸入河床的斗槽，其适用条件和水流特点界于以上两种形式之间。

　　此外，按斗槽中水流方向与河水方向的关系有顺流式、逆流式、双向式斗槽之分。如图 3-31 所示。

　　顺流式斗槽［图 3-31（a）］中水流方向与河流水流方向基本一致。由于斗槽中的水流速度远小于河水流速，当河水沿正向流入斗槽时，其动能转化为势能，在斗槽入口处形成壅水及横向环流；因此，进入斗槽中的主要是河流的上层水。由此可见，顺流斗槽多适用于泥沙含量大而冰冻情况并不严重的河流。

　　逆流式斗槽［图 3-31（b）］中的水流方向与河流水流方向基本相反。由于河水的"抽吸"作用，生成与上述情况相反的环流；因此，流入斗槽中的主要是河流的底层水。

图 3－31　斗槽式取水建筑物

(a) 顺流式斗槽；(b) 逆流式斗槽；(c) 双流式斗槽；(d) 用闸门控制进水的双流式斗槽

可见，逆流式斗槽多适用于冰冻情况严重而泥沙含量不大的河流。逆流式斗槽进水口易淤积泥沙，如采取一些特殊措施（设立调节闸板或所谓的自动冲洗进水口），则可较好地防止泥沙进入斗槽。

双向式斗槽［图 3－31（c）］由顺流式与逆流式斗槽组合而成，故兼有上述两种类型斗槽的特点，适用于含沙量大及冰冻情况严重的河流。当夏秋汛期河水含沙量大时，可利用顺流式斗槽进水；当冬季冰凌严重时，可利用逆流式斗槽进水。为此，只需在不同的季节分别启用不同的进水口即可。

按洪水期斗槽堤坝是否被淹没，又可将斗槽分为淹没式及非淹没式两类。虽然淹没式斗槽的造价低，但工作条件较差。

斗槽在河道中的位置对其工作效果的影响很大，通常亦须将斗槽设于取水条件良好的河段。由于斗槽的工程量大，造价高，排泥困难，故在我国少用。

（2）斗槽计算。斗槽工作室的大小，应根据在河流最低水位时，能保证取水构筑物正常的工作，使潜冰上浮，泥沙沉淀，水流在槽中有足够的停留时间及清洗方便等因素进行计算。

主要设计指标包括以下几个方面：

1）槽底泥沙淤积高度一般为 0.5～1m。

2）槽中冰盖厚度一般为河流冰盖厚度的 1.35 倍。

3）槽中最大设计流速参见表 3－9，一般采用 0.05～0.15m/s。

4）水在槽中的停留时间应不小于 20min（按最低水位及沉积层为最大的情况计算）。

5）斗槽尺寸应考虑挖泥船能进入工作。

表 3－9　　　　　　　　　　斗槽中最大设计流速

取水量/(m³/s)	<5	5～10	10～15	>15
最大设计流速/(m/s)	≤0.10	≤0.15	≤0.20	≤0.25

斗槽具体计算过程可参考相关资料。

（3）斗槽的清淤设施。设计布置时，考虑最大限度减少河水中泥沙进入斗槽（如在逆流式斗槽的进水口处设置调节闸板，或在进水口前设置底面比斗槽进水口还低的斜槽）。

顺流式斗槽的轴线与水流方向之间的夹角越小越好。

沉积在斗槽中的泥沙应及时清除，以保证斗槽具有正常的过水断面和有效的容积，防止沉淀物腐化和增加清淤困难。当斗槽为双向式有闸板控制时，可以引河水清除淤泥。其他形式则需使用清泥设备。清除斗槽中泥沙的设备可根据斗槽规模的大小，选用射流泵、泥沙泵、挖泥船以及吸泥船等。

六、移动式取水构筑物

在我国西南、中南或华东地区，一部分河道切深大、河岸陡、水位变比幅度大，另一部分河流取水工程的水下施工条件复杂，但是这些地区气候温暖，河流无冰冻现象，因而在城市、工业企业给水及农田灌溉中广泛地采用移动式取水构筑物。

移动式取水构筑物实际上是直吸式取水构筑物的变形。适用于水位变化大的河流。构筑物可随水位升降，具有投资较省、施工简单等优点，但操作管理较固定式麻烦，取水安全性也较差，主要有两种：浮船式和缆车式。

1. 浮船式取水构筑物

（1）形式与构造。浮船式取水构筑物如图 3-32 所示，水泵设在驳船上，直接从河中取水，由斜管输送至岸上。主要由浮船、联络管、输水斜管、船与岸之间的交通联络设备、锚固设施等组成。水泵的出水管和输水斜管的连接要灵活，以适应浮船的升降和摇摆。根据联络管与岸边输水管的连接方式，常见的有阶梯式和摇臂式两种。阶梯式如图 3-32 所示，输水斜管沿岸边铺设，迎水面设置阶梯状连接接头以满足不同水位的取水，

图 3-32 浮船式取水构筑物

两接头之间的高差一般取 1~2m。这种方式对河床稳定性要求较高，岸坡不能过陡。根据联络管材料有柔性连接和刚性连接两种方式。如图 3-33 所示，摇臂式联络管是依靠摇臂管的转动和伸缩来适应不同水位和不同距离处的取水。这种方式可在坡度为 60°左右的河岸修建。

浮船式取水能随水位涨落而升降，随河流主航道的变迁而移动，因此能方便取到含泥沙量低的表层水，具有灵活性大，适应性强等特点；而且基建费用较低，建设周期短。但是由于浮船取水涨落频繁，对于阶梯式的需要更换接头位置，并按水位变化调整缆绳或锚链的长度，操作劳动强度大，并需停泵断水，从而影响供水安全。由于浮船式取水构筑物受风浪、航运、漂木及浮筏、河流流量、水位的急剧变化影响较大，稍一疏忽，就有可能发生安全事故，影响安全供水。

浮船式取水适用于河岸比较稳定，河床冲淤变化不大，岸坡适宜（阶梯式为 20°~30°、摇臂式为 45°~60°），水位变化幅度在 10~35m，枯水期水深不小于 1.5~2m，河水涨落速度应在 2m/h 以内，水流平缓，风浪不大，无漂木浮筏对取水产生影响的河段。

图 3-33　摇臂式联络管的浮船取水（单位：mm）

（2）浮船平衡及稳定性。为保证供水的安全可靠性，浮船应在正常运转、风浪作用、浮船及设备移动等情况下，均能保持平衡与稳定。对浮船的平衡及稳定性要求应通过设备选择与布置、船型选择与船体设计以及平衡与稳定计算实现，并应在实际运行时进行调整。在设计与运行时，应特别注意设备的重量在浮船工作面上的分配和设备的固定。必要时，可专门设置平衡水箱和重物调整平衡。为保证浮船不发生沉船事故，应在船体中设置水密隔舱。

（3）浮船的锚泊与防护。锚泊应可靠和便于船体位移操作。主要锚泊方式有下列几种：近岸锚泊、远岸锚泊、多船锚泊。关于锚具、锚链之选择，可参看专门文献。应视实际需要考虑浮船免于被航船、木排撞击，使其附近水体免被污染以及进行浮船警戒的各种防护措施。

河流水位涨落时，浮船须移位和收放锚链。移船方法有人工与机械两种，机械移船是利用船上的电动绞盘，收放船首尾的锚链和缆索，使浮船向岸边或江心移动，移船较方便。人工移船系用人力推动绞盘，耗费劳动较多。

2. 缆车式取水构筑物

缆车式取水构筑物由泵房、坡道、输水斜管和牵引设备等 4 个主要部分组成，如图 3-34 所示。取水泵设在泵车上。当河流水位涨落时，泵车可由牵引设备沿坡道上下移动，以适应水位，同时改换接头。缆车式取水适宜于水位涨落速度不大（如每小时不超过 2m）、无冰凌和漂浮物较少的河流。

图 3-34　缆车式取水构筑物

缆车轨道的上端应高于最高洪水位，加波浪爬高和 1.5m 的安全高度。下端必须使水泵在规定的枯水位才能正常工作。轨距以保证泵车运行稳定、平衡为原则，一般采用 1.5~4.0m 泵车净高：无吊车时为 3.0m 左右，有吊车时为 4.5m 左右，每部泵车面积小型为 20m² 以下；大中型为 25~40m²，安装 2~3 台水泵。输水斜管上每隔一定距离设正三通或斜三通叉管，叉管之间的高差一般采用 2.0m 左右。

缆车取水在洪水季节水源水位涨落频繁，因此也要频繁的更换接头位置，操作劳动强度大。同时还要按水位变化用卷扬机调整泵车位置，如为单泵车则需停泵断水，影响供水安全。所以缆车取水构筑物的位置选择，与浮船取水构筑物相同。因此，较浮船取水，缆车取水构筑物略为安全，但目前仍多用于临时取水工程和中小型取水工程项目。

七、山区河流取水构筑物

1. 山区河流的特性及取水条件

利用山区河流作为给水水源在我国具有重要意义。

了解山区河流的特性，对于正确选择取水构筑物的位置、形式及有效地利用山区河流是十分重要的。人们从不同方面提出了多种山区河流的分类方案，通常是将它分为 3 段，即高山区河段、山区河段和山前区河段。虽然各河段的特性各不相同，但是与平原河流相比，它们多具有下列一些共同特性：

（1）地势落差大而多变，河流的纵比降大，河流上常出现浅滩和瀑布。

（2）河流的切深大，河谷陡峻，稳定性相对较强；在山前区河段，河流的弯曲性加强，常出现许多不稳定的河汊。

（3）流量水位的变化幅度大，变化迅速。

（4）水流急，流速的变化范围大。

（5）洪水期水流的挟砂量大，推移质多，颗粒粗。

（6）在寒冷地区，水面不易形成稳定的冰盖。水内冰多，冰期长。

（7）在林区，河流中的漂浮杂质多。

（8）自然灾害，如滑坡、塌方、雪崩及泥石流等出现的机会较多。

由上述特点可见，利用山区河流作为给水水源较平原河流复杂，主要表现在下列几个方面：

（1）由于河流年径流甚至日径流不均匀以及不便于用蓄水库进行调节，山区河流的水利资源常不能被充分利用。山区小河流在枯水期甚至经常断流。

（2）枯水期，多数河流的水深较小。甚至仅有河床下部径流；洪水期水位暴涨暴落，水流急，固体径流量大，不但不便取水，而且对取水构筑物的破坏性强。

（3）水中含砂量大，颗粒粗，必须就近沉淀并排除水中的大颗粒泥砂。

（4）在不稳定河段须建立相应的整治构筑物，在可能出现自然灾害的地区须要采取防护措施。

（5）施工条件复杂，构筑物的造价较高。

2. 山区河流取水系统的组成

山区河流取水系统一般由取水构筑物、带有排砂冲洗设施的沉砂池、预沉池、输水与排水渠道及取水泵站等组成。确定取水系统组成及各构筑物的形式时，应充分考虑所在河段的特点，尽可能使取水系统的组成与构筑物的形式简单、工作可靠、构造坚固耐用并能最大限度地利用当地材料。

取水枢纽的布置在山区河流取水工程设计中是个关键问题，它涉及能否有效地防止泥沙、水内冰、漂浮杂质等对取水构筑物的威胁，也是能否保持河床稳定的重要环节。由于各地情况不同，取水枢纽的布置无固定原则可以遵循，而应根据给水系统的总体布置、取水量、河流泥砂组成情况及其他自然条件考虑；此外，应注意下列几点要求：

（1）必须保证水流能比较集中，平稳和顺利地通过取水和泄水构筑物；同时，应使水流具有将泥砂、水内冰和漂浮杂质自取水口挟走的水流结构，应避免取水构筑物上游河道淤积和下游河床冲刷；必要时，应考虑水流调节问题。

（2）为了就近沉淀并利用河水冲洗沉淀的泥砂，免于水泵叶轮遭到磨损，沉淀池应设在取水沟筑物旁，取水泵站常设在沉砂池以至预沉淀池之后。

（3）与取水构筑物位置选择问题结合考虑。山区河流取水构筑物位置选择原则上与平原河流的要求基本相同。

为了适应山区河流水位变化的特点，在多数取水构筑物处筑有升水坝，用以抬高枯水期的水位。在个别情况下，可筑坝蓄水或自河道直接取水。

3. 山区河流取水构筑物的形式与构造

山区河流取水构筑物由于地形条件复杂，形式多种多样，按照取水方式可以分为以下几种形式。

（1）渗透式取水构筑物。在由卵石、砾石及砂组成的山区河流河床下常有丰富的地下水径流。因此，在其他条件适宜的情况下，采用渗透式取水构筑物是适宜的。特别在山前区河段，由于河流发育在冲积锥（扇）地带，河床下部的冲积层较厚（相对于其他河段而言），透水性强，而河流的稳定性较差，在这种情况下采用渗透式取水构筑物能够充分地发挥其优越性。我国东北地区的许多城市即属于这种情况。这类取水构筑物的设计和渗渠类似，具体内容可参考相关章节。

（2）底栏栅式取水构筑物。底栏栅式取水构筑的组成如图3-35所示。它通过坝顶带栏栅的引水底道取水，由溢流坝、底栏栅、引水廊道、沉砂池、取水泵站等组成。

图3-35　底栏栅式取水构筑物布置
1—溢流坝；2—底栏栅；3—冲砂室；4—进水闸；5—第二冲砂室；6—沉砂室；7—排砂渠；8—防洪护坦

1）溢流坝：抬高水位，但不影响洪水期泄洪，一般堰顶高出河床0.5m左右。

2）底栏栅：裁留河中较大颗粒的推移质，还有草根、树枝、竹片或冰凌等，使之不得进入引水廊道。

3）引水廊道：位于底栏栅下部，汇集流进底栏栅的全部流量，并引入沉砂池或其他岸边取水渠道。

4）进水闸：进水调节，切换水路，控制冲砂。

5）冲砂室：借助河水将沉砂冲走，也称冲砂渠道。

6）沉砂池：设于岸边，承接引水廊道来水，去除水中部分较大的泥砂颗粒。

7）防洪护坦：设置在栏栅下游，防止冲刷对廊道基础造成的影响。

底栏栅取水是通过溢流坝抬高水位，并从底栏栅顶部流入引水廊道，再流经沉砂池至取水泵房。取水构筑物中的泥砂，可在洪水期时开启相应闸门引水进行冲洗，予以排除。

图3-36　低坝式取水平面
1—溢流坝；2—冲砂闸；3—进水闸；4—引水明渠；5—导流堤；6—护坦

底栏栅式取水适用于河床较窄、水深较浅、河底纵坡较大、大颗粒推移质特别多的山溪河流，且取水量占河水总量比例较大时的情况，一般建议取水量不超过河道最枯流量的1/4~1/3。

（3）低坝式取水。低坝可分为固定式低坝和活动式低坝。

固定式低坝式取水构筑物如图3-36所示，由拦河低坝、冲砂闸、进水闸和取水泵站等组成。

1）拦河低坝：用于抬高枯水期水位。

2）冲砂闸：设在拦河低坝的一侧，主要作用是利用坝上下游的水位差将坝上游沉积的泥沙抛至下游。

3）进水闸：将所取河水引至取水构筑物。

枯水期和平水期时，河水将被低坝拦住，部分河水从坝顶溢流，保证有足够的水深，以利于取水口取水，冲砂闸靠近取水口一侧，开启度随流量变化而定，保证河水在取水口处形成一定的流速，以防淤积，洪水期时则形成溢流，保证排洪通畅。

低坝式取水适用于枯水期流量特别小、取水深度不足、不通船、不放筏、且推移质不多的小型山区河流。

常见的活动式低坝有袋形橡胶坝（图3-37）和浮体闸（图3-38）。

图 3-37　袋形橡胶坝
（a）单锚固；（b）双锚固

图 3-38　浮体闸升闸和降闸示意图
（a）升闸；（b）降闸

　　封闭的袋形橡胶坝，在充水或充气时胀高形成坝体，拦堆截河水而使水位升高。当需泄水时，只要排出气体或水即可。橡胶坝土建费用低，建造快。但其材料易磨损、老化，寿命短，使用受到限制。

　　浮体闸有一块可以绕底部固定铰旋转的空心主闸板，在水的浮力作用下可以上浮一定高度起到拦水作用。另外，还有两块副闸板相互铰接，可以折叠，并同时与主闸板铰接起来。当闸腔内充水时，主闸板上浮，低坝形成；当闸腔内的水放出时，主闸板回落，以便泄水。

第三节　调节构筑物

一、概述

　　调节构筑物是指用于储存和调节水量的构筑物，包括清水池、水塔、高位水池、压力罐等。

　　调节构筑物根据位置的不同，可分为厂内式和厂外式，厂内式包括清水池、压力罐、网前水塔；厂外式包括高位水池、网中水塔、网端水塔。按照布置形式，可分为高位布置和低位布置，高位布置包括高位水池、水塔；低位布置包括清水池、压力罐。

　　调节构筑物具体采用何种布置方式，对配水管网的造价和经常运转费用均有较大影响，设计时要慎重选择，调节构筑物的合理配置，能有效调节产水流量、供水流量与用水流量的不平衡，提高供水保证率、管理的灵活性和供水泵站效率。但投资较高，其位置和型式应根据地形和地质条件、净水工艺、供水规模、居民点分布和管理条件等通过技术和经济比较确定。

调节构筑物的种类、布置方式和相应的适用条件见表 3 - 10。

表 3 - 10　　　　　　　调节构筑物种类、布置方式和适用条件

调节构筑物名称	布置方式	适 用 条 件
清水池	厂内水位	(1) 取用地表水源的净水厂，需要处理的地下水水厂； (2) 经过技术经济比较，无需在管网内设置调节构筑物； (3) 需要连续供水，并可用水泵调节负荷的水厂； (4) 进水厂内滤池需反冲洗水源
高位水池	厂外水位	(1) 有可利用的地形适宜条件； (2) 调节容量后，可就地取材； (3) 供水区所要求的压力和范围变化不大
水塔	厂内、外高位	(1) 无可利用的地形条件； (2) 用水量变化大，有时不需供水或低峰时无法用水泵调节； (3) 调节容量较小； (4) 厂内水塔可兼做滤池反应洗水箱
压力罐	厂内低位	(1) 无可利用的地形条件； (2) 需连续供水，用水量变化大，供电有保证； (3) 对水压变化有适应性； (4) 对构筑物抗震要求较高地区； (5) 允许供水压力经常波动

二、供水系统中水量的平衡调节

供水系统中各构筑物，由于功能不一，因此工作情况各有差异。

取水沟筑物、取水泵房和净化构筑物一般按 24h 均匀工作来考虑（小型供水中常常间断工作），以缩小构筑物和设备的规模，节约建造费用，保证净化构筑物中流量的稳定和净化效果。因此是以最高平均时流量作依据来设计的（或者以一定时间的平均流量来设计）。

清水泵房为了适应用户用水量不断变化的要求，往往为分级输水，即选用几台水泵，按几种组合方式运转，每种组合在一段时间内输送一定的水量，而一天的输水量等于全日用水量。级数分得越多，可使水泵每小时输水量越接近用水量，但机组组合复杂，增加运行操作的麻烦。所以中小型水厂一般采用一级、二级但不多于三级输水。设计时在考虑水泵机组配合、方便调节、工作效率高的条件下，应使分级输水线尽可能接近用水线。

从上述分析可以看出，整个供水系统工作过程中有 3 种情况，①取水泵房均匀输水；②清水泵房的分级输水；③经常变化的用户用水，如图 3 - 39 所示。在某一时间内，它们相互之间在水量上是不平衡的。取水泵房的均匀输水不能适应清水泵房分级输水；清水泵房的分组输水不能完全适应用户用水量的变化，产生了水量供求关系上的矛盾。在工程实践中，常常是采用清水池和水塔等调节构筑物，使其达到平衡。

图 3-39　某水厂最高日用水量变化曲线

从图 3-39 某水厂最高日用水量变化曲线可以看出，取水泵房输水线为 4.17%（即 100/24＝4.17）的水平线。清水泵房为二级输水。5—20 时按 5% 输水，其余时间按 2.78% 输水。两个泵房的输水量在每一个小时内部是不相等的。建造清水池后可把这一矛盾统一起来，它们之间输水量的差额由清水池来调节。当清水泵房输水量大于取水泵房输水量时，不足的水量从清水池内取用。反之，当取水泵房输水量多于清水泵房输水量时，多余的水量可储存在清水池中，以备不足时取用。

同样，建造水塔可解决清水泵房分组输水与用户用水量之间的矛盾。当用户用水量大于清水泵房输水量时，不足的水量由水塔供给。反之，当清水泵房输水量大于用户用水量时，多余的水量可储存于水塔之中。

清水池调节容量的计算方法很多，现将表 3-11 所列的计算方法说明如下。

表 3-11　　　　　　　　　　　　清水池和水塔调节容量计算

时间	取水泵房输水量/%	清水泵房输水量/%	用水量/%	进、出清水池水量/%		进、出水塔水量/%	
				有水塔	无水塔	每小时	累计
（1）	（2）	（3）	（4）	（5）	（6）	（7）	（8）
0—1 时	4.17	2.78	1.70	1.39	2.47	1.08	1.08
1—2 时	4.17	2.78	1.67	1.39	2.50	1.11	2.19
2—3 时	4.16	2.78	1.63	1.38	2.53	1.15	3.34
3—4 时	4.17	2.78	1.63	1.39	2.54	1.15	4.19
4—5 时	4.17	2.78	2.56	1.39	1.61	0.22	4.17
5—6 时	4.16	5.00	4.05	−0.84	−0.19	0.65	5.36
6—7 时	4.17	5.00	5.14	−0.83	−0.97	−0.14	5.22
7—8 时	4.17	5.00	5.64	−0.83	−1.47	−0.64	4.58
8—9 时	4.16	5.00	6.00	−0.84	−1.84	1.00	3.58
9—10 时	4.17	5.00	5.84	−0.83	−1.67	−0.84	2.74
10—11 时	4.17	5.00	5.07	−0.83	−0.90	−0.07	2.67
11—12 时	4.16	5.00	6.15	−0.84	−0.99	−0.15	2.52
12—13 时	4.17	5.00	5.15	−0.83	−0.98	−0.15	2.37
13—14 时	4.17	5.00	5.15	−0.83	−0.98	−0.15	2.22
14—15 时	4.16	5.00	5.27	−0.84	−1.11	−0.27	1.95

续表

时间	取水泵房输水量/%	清水泵房输水量/%	用水量/%	进、出清水池水量/%		进、出水塔水量/%	
				有水塔	无水塔	每小时	累计
15—16 时	4.17	5.00	5.52	−0.83	−1.35	−0.52	1.43
16—17 时	4.17	5.00	5.75	−0.83	−1.58	−0.75	0.68
17—18 时	4.16	5.00	5.83	−0.84	−1.67	−0.83	−0.15
18—19 时	4.17	5.00	6.62	−0.83	−1.45	−0.62	−0.77
19—20 时	4.17	5.00	4.80	−0.83	−0.63	0.20	−0.57
20—21 时	4.16	2.78	3.39	1.38	0.77	−0.61	−1.18
21—22 时	4.17	2.78	2.69	1.39	1.48	0.19	−1.09
22—23 时	4.17	2.77	2.58	1.40	1.59	0.19	−0.09
23—24 时	4.16	2.77	1.87	1.39	2.29	0.90	0
	100	100	100	12.50	17.78		

　　表 3-11 中（2）、（3）、（4）三项分别列出了以百分数计算的取水泵房、清水泵房的输水量以及用水量。清水池用来调节取水泵房和清水泵房输水量之间的不平衡。又可分成两种情况：一种是管网内无水塔，此时清水泵房的每小时输水量应该等于用水量，另一种情况是有水塔，这时清水泵房可采用分级输水，表中所列为二级输水。

　　有水塔时的清水池调节容量见（5）项，即等于（2）和（3）项的差值。当取水泵房输水量大于清水泵房输水量时，如 0—1 时，多余的水量储存在清水池中（4.17−2.78＝1.39），用正号表示。相反，如 5—6 时，不足的水量从清水池取出，用负号表示（4.16−5.00＝−0.84）。因为一天内取水泵房、清水泵房的输水量都等于 100%，所以多余时所储存的水量必定等于不足时取用的水量，也就是（5）项内以百分比计的正号总水量等于负号总水量，其值为 12.5%，即为清水池调节容量的百分率。假定该农村最高日用水量为 2000 m³，则清水池调节容量应为：2000×12.5%＝250 m³。

　　若管网内无水塔，则清水池调节容量计算见（6）项，它等于（2）和（4）项的差值，按上述同样方法算出的调节容量为 17.78%。

　　水塔调节容量的计算，见表 3-11 中（3）、（4）、（7）、（8）项，（3）项清水泵房输水量和（4）项用水量之差值记入（7）项，正号表示多余的水储存于水塔，负号表示水塔存水流出补充。（8）项为从 0 点开始的累计值，（8）项内最大正值和最大负值的绝对值之和，即为水塔的调节容量。该表中即为：5.36%＋1.18%＝6.54%。

　　通常在设计时，往往缺乏 24h 的用水变化资料，难以按上述方法计算。因此一般情况下部是根据经验和实际要求来确定清水池、水塔等调节构筑物的调节容量。

三、清水池

1. 清水池的构造

　　清水池构造如图 3-40 所示。有圆形、矩形之分，可以用钢筋混凝土浇筑，也可以用砖、石砌筑。池内安装有进水管、出水管、溢流管、排空管、通风孔和必要的闸阀。进水管和出水管应布置在池子的两端，使水在池内流动循环。如清水池容量较大或清水池进、出水管需要放在同一侧的，为防止水流短路，保证水质新鲜和足够的加氯接触时间，可在池内进水管与出水管之间设置导流墙。为便于维护管理，清水池应设人孔和浮筒水位尺。

图 3-40　清水池构造

为满足水池抗浮与保温要求，池顶应覆土。一般要求厚度为 0.3m，若当地冬季气温在零下 10～30℃，则覆土厚度要求为 0.7m。

2. 清水池有效容量计算

清水池有效容量可按下式计算：

$$W_c = W_1 + W_2 + W_3 + W_4 \qquad (3-25)$$

式中　W_c——清水池有效容量，m³；

　　W_1——清水池调节容量，m³；可由用水量曲线和给水量曲线计算求得，当缺乏资料时，按最高日用水量的 15%～25% 计算；

　　W_2——水厂自用水量，m³；当采用水泵冲洗滤池时，一般可按最高日用水量的 5%～10% 计算；

　　W_3——消防用水量，m³；

　　W_4——安全贮量，m³；一般按最高日用水量的 5% 考虑，但对于短时间允许暂停供水的情况可不考虑。

上式中消防用水量可根据供水区对不间断供水的安全要求程度来确定。如果供水区主要是生活用水，对不间断供水的安全要求程度较低，可以停止生活用水而全部水量用于消防灭火。此时，在清水池有效容量计算中，一般可不考虑消防贮量。但是为了保证消防用水的需要，应按公安部门消防用水的规定，复核水厂抽升设备的能力及清水池或高位水池的有效容量。

如果供水区对不间断供水的安全要求程度高，则清水池有效容量中计入消防用水量。居住区和工厂可按两小时火灾延续时间的消防用水量计算。

此外清水池有效容量尚需用消毒接触所需要的容量复核。

综上所述，一般情况下，乡镇供水的清水池有效容量，可按最高日用水量的25%～40%来计算。

3. 清水池设计要点

（1）进水管。管径一般按净水构筑物的产水量计算，进水口位置应在池内平均水位以下。

（2）出水管。管径一般按最高日最高时用水量计算。如果出水管即为水泵吸水水管，直接自清水池内集水坑吸水，需要喇叭口距池底不小于0.5m，其管径按水泵要求确定。如果出水管直接连接管网，则管径按管网要求确定。

（3）溢流管。又称溢水管，管径一般与进水管相同，管端为喇叭口，与池内最高水位持平，管上不得装闸阀。为防止爬虫等沿溢流管进入池内，管口应装网罩。

（4）排水管。即放空管，管径不得小于100mm，管底应与集水坑底持平。

（5）通气孔及人孔。为保持池内自然通气，在池顶设通气孔，直径一般为200mm，不得拐弯，出口高于覆土0.7m即可。池顶应设人孔，直径一般为700mm，要求盖板严密，高出地面，防止雨水、虫类进入。

（6）池顶覆土。覆土厚度视当地平均室外气温定，一般在0.3～0.7m之间，气温低则覆土应厚。此外，覆土厚度还应考虑到池体抗浮要求。当地下水位较高，池子埋深较大时，覆土厚度按抗浮要求决定。

（7）水位指示。水池内的水位变化，应有就地指示装置。一般可用浮筒水尺或浮标水尺，水尺上标有刻度。如需水位传示，可安装水位传示仪。

4. 清水池配管管径的选择与标准图

为便于设计，现将容积为50～300m³的清水池内各种管道的管径，钢筋混凝清水池标准图（包括清水池的规模、主要数据及图号），小型砖、石圆形清水池主要技术数据及工程量介绍见表3-12～表3-14。

表 3-12　　　　　　　　　　清水池内各种管道的管径

管道名称	清水池容积/m³				
	50	100	150	200	300
进水管/mm	100	150	150	200	250
出水管/mm	150	200	250	250	300
溢流管/mm	100	150	150	200	250
排水管/mm	100	100	100	100	150

注　1. 溢流管喇叭口直径为管径的3倍，长度为管径的2倍。

　　2. 一般情况下，出水管即水泵吸水管。

表 3-13　　　　　　　　　　　钢筋混凝土标准图与图号

主要数据与图号	圆　　形					
有效容积/m³	50	100	150	200	250	300
直径（m）或长×宽（m×m）	4.5	6.4	7.8	9.0	10.0	11.1
高度/m	3.5	3.5	3.5	3.5	3.5	3.5
图号	S811	S812	S813	S814	S815	S816
主要数据与图号	矩　　形					
有效容积/m³	50	100	150	200	250	300
直径（m）或长×宽（m×m）	3.9×3.9	7.8×3.9	11.7×3.9	11.2×5.6	12.4×6.2	13.6×6.8
高度/m	3.5	3.5	3.5	3.5	3.5	3.5
图号	S823	S824	S825	S826	S827	S828

注　表内尺寸为净尺寸,附属物、配件图号为 S821。

表 3-14　　　　　　　　　　砖、石清水池主要技术数据及工程量

水池有效容积/m³			10	30	50	100	150	200	300
水池内径 D/m			2.5	4.0	4.5	6.5	8.0	9.0	11.0
池深 H/m			2.8	2.8	3.4	3.4	3.4	3.4	3.1
主要工程量/m³	钢筋混凝土	砖砌体 $h=0.3$	2.7	6.7	9.8	17.7	26.4	46.7	51.4
		砖砌体 $h=0.7$		7.0	10.1	19.4	27.6	46.7	55.9
		石砌体 $h=0.3$	3.0	7.9	10.2	19.8	28.9	51.0	54.3
		石砌体 $h=0.7$		8.2	10.3	21.7	30.2	51.0	59.1
	混凝土	砖砌体 $h=0.3$	1.3	2.1	2.7	5.8	8.1	10.4	16.6
		砖砌体 $h=0.7$					8.0	10.3	16.5
		石砌体 $h=0.3$	1.2	2.5	3.3	6.6	9.0	11.3	17.3
		石砌体 $h=0.7$				6.5	8.9	11.2	17.3
	砖砌体	砖砌体 $h=0.3$	7.2	12.4	23.9	43.7	54.4	60.4	87.2
		砖砌体 $h=0.7$				44.1	54.9	61.3	88.6
	石砌体	石砌体 $h=0.3$	11.7	21.8	41.6	66.6	80.4	90.5	109.2
		石砌体 $h=0.7$				67.2	81.3	91.4	110.9

注　1. 放套标准图号为 S848。
　　2. 池顶荷载按 1.5kPa 计。
　　3. 表内 h 为池顶覆土厚度,分 0.3m 和 0.7m 两种。
　　4. 地基承载力 $R>1$MPa。
　　5. 允许最高地下水位为底板面上 1.0m。

四、水塔

1. 水塔的工作工程

水塔的工作状态与供水量、用水量息息相关。供水量和用水量的关系,决定了水塔的工作状态。若用水量等于供水量时,水塔的贮水量不变,水塔处于平衡状态;若用水量大于供水量,水塔贮水量减少,水塔储存的水向管网供水,水塔处于出水状态;若用水量小

于供水量，水塔处于进水状态；若停止供水，则向管网的供水全部由水塔的贮水供给。

2. 水塔的构造

水塔主要有水柜（水箱）、支筒（塔体）、基础和各种管道闸阀等组成。水柜可分为保温和不保温两种，一般用钢筋混凝土浇筑；支筒可用钢筋混凝土浇筑，包可用砖、石砌筑；基础用混凝土浇筑或用块石砌筑；进、出水管与管网相连接，为节约管材，二管可以合并，也可分别设置。

3. 水塔中水柜容量的计算

农村水厂水塔中水柜的有效容量可按下式计算。

$$W_c = W_1 + W_2 \tag{3-26}$$

式中　W_c——水柜有效容量，m^3；

　　　W_1——水塔的调节容量，m^3，可由用水量曲线和给水量曲线计算求得，当缺乏资料时，一般为最高日用水量的 $10\% \sim 15\%$；

　　　W_2——水厂自用水量，m^3，当采用水泵冲洗滤池时，一般可按最高日用水量的 $5\% \sim 10\%$ 计算。

农村水塔水柜有效容量的计算中，消防用水量和安全贮水量的确定可参考清水池有效容量计算中的规定。

4. 水塔高度的确定

水塔中水柜底部高度 H，应保证在最高日最高时用水量时，管网内控制点具有所要求的自由水压，可按下式计算。

$$H = H_0 + \sum h_f - z \tag{3-27}$$

式中　H——水塔中水柜底部高度，m；

　　　H_0——控制点所要求的自由水压，m；

　　$\sum h_f$——由水塔至控制点，按最高日最高时用水量计算的全部水头损失，m；

　　　z——水塔地面与控制点地面的高程差，m。

5. 水塔标准图

水塔设计时可根据水塔容量和水塔高度等条件参照水塔标准图（全国通用建筑标准设计图集）设计。现将适于农村的部分水塔标准图的图号和主要参数介绍如下，见表3-15。

表 3 - 15　　　　　　　　　　水塔标准图号、主要参数

标准图图号	水塔容量/m³	水塔高度/m	水　　柜		支筒材料	编制单位
			保温情况	材料		
S843—1～3 S843—4～6	30 50 80	15、20 15、20 15、20	不保温	钢筋混凝土	钢筋混凝土	上海市政工程设计院
S845—（一） S845—（二）	30 50 80	16、20 16、20 20	不保温	钢筋混凝土	砖	湖北给水排水设计院
S846—（一）	30 50 80	16、20 20 20	保温	钢筋混凝土	砖	铁道部专业设计院

续表

标准图图号	水塔容量/m³	水塔高度/m	水　柜		支筒材料	编制单位
			保温情况	材料		
S847—(一)	50	20	保温	钢筋混凝土	钢筋混凝土	铁道部专业设计院
S849—(一)	15	16、20	保温	钢筋混凝土	砖	铁道部专业设计院
S849—(二)	15	16、20	不保温			

五、高位水池

利用地形，在高地上修建的调节水池为高位水池，亦称高地水池。高位水池的作用在于调节配水量，使之适应供水区适时用水量的变化，并可保证管网所需水压。由于利用了有利地形，不必另建支架，所以容积可适当加大，在停电时也可保证供水，并可减小配水泵的装机容量和清水池的容积。

高位水池的容积，可参考清水池容积的计算公式，也可按最高日用水量的 25%～40% 计算。在经常停电地区可适当加大，甚至可达 100% 的最高日用水量。高位水池的高度计算与水塔相同，池内水深一般为 2.5～4m。

高位水池的构造、各种管道布置要求以及附属设施的设计，可参考清水池设计。但是，设计时还应注意以下几点：

(1) 修建高位水池要尽可能就地取材，如采用砖、石头等材料砌筑。

(2) 从水厂送出的水如已经过消毒，高位水池的进、出水管可以合并为一条、否则仍应单独设置进、出水管，并在高位水池中加氯消毒。

(3) 由于高位水池的容积比较大，要保证池内水流流畅，防止池内水流形成回流区、死水区，造成水的再次污染。

(4) 在同一供水区域内，若有两个以上分别设置两处的高位水池，池底标高应经过水力计算确定，并应设置安全可靠的控制水位设备。

(5) 高位水池池顶应安装避雷装置。通气孔与人孔均应有严格的安全措施，池内水位要传示到配水泵房内。

六、压力罐

1. 压力罐的工作原理

压力罐也称气压罐或气压给水设备，是一种利用密闭压力罐内空气的可压缩性来储存和调节水量的装置，具有自动控制管网水压的能力，可代替水塔不间断地向管网供水。适用于城镇住宅小区、高层建筑、村镇给水和喷灌、码头、野外设施等的给水和消防供水。压力罐供水系统的原理如图 3-41 所示。

压力罐是利用罐内空气的可压缩性来储存和调节水量，一般安装在配水泵与管网之间。水泵

图 3-41　压力罐供水系统工作原理

1—管井；2—吸水管；3—水泵；4—最低水位；
5—最高水位；6—压力罐；7—压力表管；
8—电接点压力表；9—管网

启动后向管网供水,多余的水则储存至压力罐内,并使罐内水位上升,罐内空气受到压缩,压力随之增高。当罐内压力达到所规定的上限压力值时,由管道与罐顶部相连通的电接点压力表的指针接通上限触点,发出信号,切断电源,停止水泵运行。这时管网由压力罐供水。随着用户继续用水,罐内水位下降,罐内空气压力也随之下降,当降至所要求的下限压力值时,电接点压力表的指针接通下限触点,继电器动作,水泵重新启动工作,重复上述过程。正常情况下,水泵可在无人控制的情况下工作,并可根据用水量的变化,自行调控水泵开停次数与工作时间,保证向管网连续供水。

2. 压力罐形式与构造

压力罐的给水设备按压力稳定情况分为变压式和恒压式;按压力罐的型式可分为补气式和隔膜式;按罐体形状可分为立式、卧式和球罐。

隔膜式气压罐对隔膜材料性能有以下要求:①能承受一定压力并具有一定的抗张拉强度,能适应反复折叠,具有一定的抗疲劳强度;②具有足够的不透水性和化学稳定性,能在水中长期使用;③对生活饮用水系统,应能满足生活饮用水的卫生要求。

目前常用的隔膜型式有以下几种形式:

(1)帽形,我国隔膜式气压罐的起步是由帽形隔膜开始的,这种隔膜成平面形、碟形,有较大的调节容积。

(2)囊形,隔膜从帽形发展到囊形是一个很大的进步,它缩小了固定隔膜的法兰,减少了气体的渗漏量,延长补气周期和隔膜的使用寿命。

(3)折囊和胆囊形。折囊式隔膜是一种可以折叠的囊形隔膜,膜体较薄,一般为5mm,单支点固定,囊体近似近手风琴风箱的折叠形式,可上、下移动。还有一种近似瓜瓣的折叠形式环向折叠变形。胆囊隔膜,囊的大小与罐体相同。有单支点和双支点两种固定方式。这两种囊壁无需胀缩变形,水的调节容积靠囊的折叠或舒展来保证。

压力罐的附属设备包括补气装置、排气装置设置和其他附属装置。补气装置是控制气压级最高工作水位,防止罐内空气太少的措施。气压罐内压缩空气与水接触,内于渗漏和溶解,罐内空气逐渐损失,为了确保给水系统的运行工况,因此需要随时补气。

压力罐常用的补气方式有以下几种:

(1)利用空气压缩机补气,当罐内最高工作压力时的水位超过了设计最高水位时,在最高设计水位以上100~500mm处设置水位电极,启动空压机向罐内补气使水面下降;当水面恢复到设计最高水位时,关闭空气压缩机,停止补气。空压机的工作压力应为罐内最高工作压力的1.2倍,排气量根据气压罐的体积选用。

(2)泄空补气,对于允许短时间停水,且用水压力不高,对水压稳定性要求不严的小型气压给水设备,可以采用定期泄空罐内存水的方法进行补气。在泄水的同时,要打开设在罐顶的进气阀,使空气补入。将进气阀关闭后再启动水泵,利用水压将罐内空气压缩。

(3)利用水射器补气,在水泵出水管的旁通管上装设水射器。当需要补气时启动水泵,水射器吸入空气补入罐内。调节出水管上阀门的开启度,即可调节水射器吸入的空气量。如不需要补气时,关闭水射器前阀门。

(4)利用水泵出水管中积存空气补气,这种补气方式对使用深井泵和潜水泵的最为适宜,对卧式泵分为有底阀式及自灌式两种。

（5）利用水泵吸水管吸入空气补气，这种补气方法是在水泵工作时，打开水泵吸水管上的补气阀门，利用水泵自吸能力补入空气直到积累空气量达到需要为止；另外，还可以在水泵吸水管上设补气罐、止回阀，当水泵开动时，吸水管内形成负压，将补气罐内的水吸走，空气通过进气阀进入补气罐；停泵后利用气压罐与补气罐的水位差，把补气罐内的空气补入气压罐。

设置排气装置是控制气压罐最低工作水位，防止罐内空气过多的措施。

其他附属装置，包括密闭人孔、玻璃液位计或窥视窗、压力表、安全阀、放气阀和泄水阀。在气压罐的进、出水管口安装有止气阀，以防止罐内空气随水流出；在进气口安装止水阀，以防罐内的水进入空气压缩机或空气贮罐内。

3. 压力罐供水的特点

压力罐可以设在任何高度，具有适应性强，灵活性大的特点，而且便于施工安装，工期短，土建费用较低。由于压力罐是密闭装置，水质不易被污染。压力罐可集中设在室内，便于防冻保温，维护简单，管理方便，节省投资，有利抗震。气压罐压力可以随使用要求改变，移动方便。压力罐的缺点是调节水量很小，一般调节水量约为压力罐总容积的25%～35%。停电后很快即停水。由于供水水压变化较大，可能影响给水配件的使用寿命，耗电较大，对供电的安全性要求较高。随着水泵启停频繁，压力罐寿命短，更新费用较大，对加工、检验的要求较高。

对于隔膜式气压罐因有隔膜呈双室形，气水不相接触，杜绝了空气的溶解和溢出，从而使气体消耗量大为减少，一次充气可长期使用，不需经常补气，不必另设补气设备，可省去这部分投资，但却增加了隔膜的费用。由于隔膜式气压级使水和空气完全处于隔离状态，可避免水质被大气污染，减少气压罐的保护容积，降低罐体氧化腐蚀速度。

4. 压力罐的选择

（1）压力罐的计算。

1）压力罐调节容量的计算。压力罐的计算包括调节容量的计算、总容积的计算和工作压力的计算。

罐内上限压力时水位与下限压力时的水位之间的容量，即为水泵开停一次的压力罐调节容量，计算如式（3-28）所示。

$$V_s = \beta \frac{Q}{4n_{\max}} \tag{3-28}$$

式中　V_s——压力罐调节容量，m^3；

Q——罐内平均压力时，水泵的出水量，等于或略大于最高时用水量，m^3/h；

$n_{\max}$——水泵每小时最大启动次数，一般为 4～8 次/h，不宜超过 10 次/h；

β——容积附加系数，立式罐为 1.1，卧式罐为 1.25。

2）压力罐总容积的计算。在同样调节容量的情况下，压力罐的总容积与最大、最小工作压力有关，也与罐采用自动补气还是人工泄空补气方式有关。

采用自动补气方式的压力罐总容积计算如式（3-29）所示。

$$V = K \frac{V_s}{1-\alpha} \tag{3-29}$$

$$\alpha = \frac{p_1}{p_2} \tag{3-30}$$

式中　V——压力罐总容积，m^3；

　　　K——容积利用系数，采用 1.1；

　　　α——压力比值系数；

　　　p_1——最小工作压力，MPa；

　　　p_2——最大工作压力，MPa。

若采用人工泄空补气时，压力罐总容积计算采用式（3-31）。

$$V = 10 p_1 \frac{V_s}{1-\alpha} \tag{3-31}$$

式中符号意义同前。

3）压力罐工作压力的计算。压力罐最低工作压力（即压力罐上电接点压力表的下限压力值），应保证在最高日最高时用水量时，管网中最不利点有足够的自由水压。其计算如式（3-32）所示。

$$p_{\min} = (H_0 + \sum h_f - Z) \times 0.01 \tag{3-32}$$

式中　$p_{\min}$——压力罐最低工作压力（以相对压力计），MPa；

　　　H_0——控制点所要求的自由水压，m；

　　$\sum h_f$——由压力罐至管网控制点的管道全部水头损失，m；

　　　Z——压力罐内最低水位与控制点地面高差，m。

压力罐最高工作压力，即电接点压力表的上限压力值。该值与水泵性能、压力罐及供水管道允许的工作压力有关，目前农村供水一般不超过 0.4MPa。

（2）压力罐的选择步骤。

1）按管网水力计算结果，确定最低工作压力，并换算成绝对压力 p_1（一个工程大气压为 0.1MPa），根据选泵结果确定 p_2。

2）按最高日最高时用水量 Q 及选用水泵的种类所允许的最大启动次数 $n_{\max}$，用式（3-28）计算压力罐调节容量 V_s。

3）按压力罐的类型及工作条件，自功补气时，据 V_s 及应用 p_1、p_2 计算的 α 值，用式（3-29）计算压力罐总容积 V，人工泄空补气时，可应用式（3-31）计算压力罐总容积 V。

4）根据上面确定的 p_2 及 V 选择标准压力罐，如 V 值较大，可选用两个压力罐，并联工作。

（3）压力罐的制造要求。

1）气压罐必须由持有压力容器制造许可证的厂家制造，以免粗制滥造，发生事故。

2）罐体、封头所用材料，接管的管材、焊条均应符合有关规定的要求。

3）罐体可冷加工成型，封头可采用整板热加工成型。

4）组装时，应逐个选配，使其错边量不超过 1.5mm，其对接面，均应加工成 $30°\sim 40°$钝边 V 形坡口，接面间隙为 $2\sim 3$mm。

5）焊接工作应由考试合格的焊工担任，罐体纵焊缝要求两面焊接，外部两遍成型。

罐体与封头的对接环缝，为单面焊接，两遍成型。全部焊缝应采用全焊透结构。

6）焊缝应根据由国家劳动总局颁发的《压力容器安全监察规程》（劳锅字［1990］8号）要求，进行无损探伤检查。焊缝探伤有超声波、射线、表面（磁粉、着色）等方法，可根据具体情况与技术条件选择适宜的方法。

7）气压罐制成后应逐个进行耐压试验，试验以水作介质，试验压力等于 1.25 倍的设计压力，试压合格的条件是，容器和焊缝无渗漏，容器无可见的异常变形。

【例 3-1】 某供水区，最高日最高时用水量 Q 为 35m³/h。从管井中抽水，管井的静水位与罐中最高水位的高程差为 15m，当水泵在高时用水情况下连续工作时，最大水位降深 5m。经管网水力计算，要求罐的最低供水压力为 10m（0.1MPa），设计考虑最高供水压力为 30m（0.3MPa），泵房内部管道水头损失 3m。计算并选择水泵与压力罐。

解：选泵

因流量 $Q=35$m³/h

扬程 $H=15+5+3+30=53$（m）

故：选用型号为 6JD 36×6 深井泵，配套电机功率 11kW（当 $Q=36$m³/h 时，$H=57$m，$n_{max}=6$ 次/h）。

选罐

拟采用自动补气式压力罐，应用式（3-28）和式（3-30）得

$$V_s=\beta\frac{Q}{4n_{max}}=1.1\times\frac{35}{4\times6}=1.6（\text{m}^3）$$

$$\alpha=\frac{p_1}{p_2}=\frac{0.1+0.1}{0.3+0.1}=0.5$$

应用式（3-29）得

$$V=K\frac{V_s}{1-\alpha}=1.1\times\frac{1.6}{1-0.5}=3.52（\text{m}^3）$$

由此选用 83GJ18 型压力罐：$D=1600$mm，$H=2500$mm，总容积 4.5m³。

第四章　输配水规划及泵站设计

　　农村供水工程中的输配水管网是指保证输水到给水区内并且配水到所有用户的全部设施。它包括输水管、配水管网、泵站、水塔和水池等。对输配水管网设计的总要求是：供给用户所需的水量，保证配水管网足够的水压，保证不间断给水。

　　输水管指从水源到小城镇水厂或者从小城镇水厂到相距较远管网的管线，通常可分为重力输水和压力输水两种形式。输水管用以将水从一级泵站输送到水厂，或将水从水厂输送至管网和个别大用户，在输水过程中不向两侧或很少向两侧分水。它的作用很重要，在某些远距离输水工程中，它的投资很大。配水管网是给水系统的主要组成部分，它和输水管、二级泵站及调节构筑物（水池、水塔等）有密切的联系。配水管网用以将水分配给各用水区域和用户，配水管分布于整个用水区，均为压力流，并且管道内输送的流量和压力都是随着用户用水量的变化而变化。输配水管网要求供给用户所需的水量，并保证配水管网足够的水压，同时保证不间断供水。

第一节　输水管网规划

一、输水管布置

1. 输水管线选择的一般原则

　　农村供水工程中的管道部分投资占工程总投资的 $50\%\sim80\%$，管道工程布置的变化，影响着整体工程投资的大小，其中节约的潜力较大。同时还可以起到降低运行费用、提高工程效益的效果。在进行管道布置时，既要考虑经济因素，更要注意管道的安全运行，而且在两者出现矛盾时，要在确保安全运行条件下，适当照顾经济性原则。

　　管道在布置时，受很多因素影响，一般应遵循以下原则：

　　（1）应使管线最短，选用当地管材，施工要方便，尽量少占或不占农田。

　　（2）使管线沿现状或规划道路敷设，既方便施工又利于维护检修。

　　（3）尽量减少与道路、河流、桥梁、山谷相交叉，使管线避免穿越滑坡、塌方、岩石、沼泽、高地下水位、流沙、河流淹没与冲刷地区，既降低造价，又便于管理，还可以保证安全供水。有河流分割时，可考虑分区供水自成管网，待发展之后再连成多水源供水管网。

　　（4）充分利用地形提供的高差，采用重力输水。地形不平坦时应在适当位置设置跌水井或减压井等控制水位措施。

　　（5）与当地发展建设规划相结合。较大工程可安排成近期和远期工程分步实施的方案，给今后的发展留有余地。

　　（6）当前农村的供水管道，一般采用单管输水。如输水较远，在有净水条件的地方，可同时修建相当容量的安全贮水池，其容积按一般事故排除时间乘以事故期间用水量。

（7）长距离输水管道，在隆起点与低凹处，一般应设排气阀与泄水阀（管），泄水管直径一般取输水管直径的1/3左右。此外长距离输水管道水头损失很大，所需水泵扬程很高，为了避免管中压力过高，并防止水锤对输水管的破坏作用，需要分级加压。措施是在管线适当位置设置中间泵站（加压泵站）和蓄水池，这样即降低了压力又调节了水量，泵站的数目和位置视管道中的压力和地形而定。

（8）保证供水安全可靠，当输水管线发生故障时，断水时间和范围应减到最低程度，为此，对重要的或标准较高的农村供水工程，应考虑建设双线输水管道或在用水地点建造蓄水池。在实施双线输水时，可以在双线输水管之间装设连通管，把管线分成几个环网，并装设闸门控制事故断水，当输水管道某段发生故障时，水流通过连通管应仍能保证75%的设计流量。

（9）当地形条件许可时，不少农村供水选用开敞式明渠输水。

在严寒的地区还需注意防止管道冻坏。

上述原则难以同时满足，在长距离输水时投资很大，必须进行技术经济比较选优。

2. 布置

（1）输水管根数。输水管在整个供水系统中是非常重要的。输水管在布置时需满足的最基本要求是保证不间断输水，因为多数用户特别是工业企业不允许断水，甚至不允许减少水量。为此需平行敷设两条输水管，如只埋设一条输水管，则应在管线终端建造储水池或其他安全供水措施。水池容积应保证供应输水管检修时间内的管网用水。一般说来，管线长、水压高、地形复杂、检修力量差、交通不便时，应采用较大的水池容积。只在管网用水可以暂时中断的情况下，才可只敷设一条输水管。远距离输水时，应慎重对待输水管的条数问题。一般，根据供水系统的重要性、断水可能性、管线长度、用水量发展情况、管网内有无调节水池及其容积大小等因素，确定输水管的根数。

（2）连通管和阀门布置。连通管与阀门的布置，其根数应满足断管时事故用水要求。当仅有一根长距离的输水管时，为便于检修，可适当设置一定数量的阀门。阀门的直径，一般应与输水管同径。

二、输水管线定线

从水源到水厂或水厂到相距较远管网的管称为输水管。当水源、水厂和给水区的位置相近时，输水管的定线问题并不突出。但是由于需水量的快速增长以及水源污染的日趋严重，为了从水量充沛、水质良好、便于防护的水源取水，就需几十公里甚至几百公里外取水的远距离输水管道，定线就比较复杂。

输水管线在整个输配水系统中是很重要的，其特点是距离长，因此与河流、高地、交通路线等的交叉较多，中途一般没有流量的流入与流出。

输水管有多种形式，常用的有压力输水管和无压输水管。远距离输水时，可按具体情况，采用不同的形式，用得较多的是压力输水管。

多数情况下，输水管线定线时，缺乏现成的地形平面图可以参照。如有地形图时，应先在图上初步选定几种可能的定线方案，然后到现场沿线踏勘了解。从投资、施工、管理等方面对各种方案进行技术经济比较后再做决定。缺乏地形图时，则需在踏勘选线的基础上，进行地形测量，绘出地形图，然后在图上确定管线位置。

输水管线定线的要求如下：

（1）输水管道定线时，必须与村镇建设规划相结合，尽量缩短线路长度，减少拆迁，少占农田，便于管道施工和运行维护，保证供水安全。

（2）选线时，应选择最佳的地形和地质条件，有条件时沿现有道路或规划道路敷设，以便施工和检修，减少与铁路、公路和河流的交叉。

（3）尽量利用有利地形，考虑重力输水或部分重力输水以减少能耗费，管线避免穿越河谷、滑坡、岩层、沼泽、高地下水位和河水淹没与冲刷地区，以降低造价和便于管理。

（4）对于少数较发达的小村镇，当不允许间断供水时，应设两条或两条以上的输水管线，对于大多数小村镇，当允许间断供水时，可只设一条输水管，并建造一定容积的贮水池或水塔进行水量调节。

（5）输水管的输水方式可分为两类：第一类是水源低于给水区，例如取用江河水时，需要采用泵站加压输水，根据地形高差、管线长度和水管承压能力等情况，有时需在输水途中再设置加压泵站；第二类是水源位置高于给水区，例如取用蓄水库水时，有可能采用重力管输水。远距离输水时，地形往往有起有伏，采用压力式的较多。重力管的定线比较简单，可敷设在水力坡线以下并且尽量按最短的距离供水。

（6）输水管的最小坡度应大于 $1:5D$，D 为直径，以毫米（mm）计。输水管坡度小于 $1:1000$ 时，应每隔 $0.5\sim1\text{km}$ 装设排气阀。即使在平坦地区，埋管时也应人为地做成上升和下降的坡度。以便在管坡顶点设排气阀，及时排除管内空气，利于管线检修。管坡低处设泄水阀及泄水管。排气阀一般以每公里设一个为宜，在管线起伏处应适当增设。管线埋深应按当地条件决定，在严寒地区敷设的管线应注意防止冰冻。

第二节　配 水 管 网 规 划

一、配水管网的布置原则和要求

配水管网的布置应遵循以下原则：

（1）根据用水要求，管线应保证各用户有足够的水量与水压。

（2）在地形平坦且供水范围不大时，可采用统一配水管网，即全区用一个给水管网供水。反之，可考虑采用分压供水管网。

（3）在供水到户的条件下，尽量使管线最短。

（4）结合村镇发展规划，留有充分的发展余地将配水管道分期建成高标准管网。

（5）管网中的干管水流方向应与供水水流方向一致，配水干管应在规划路面以下，沿村中主要街道布置，最好干管两侧有用水大户（可接四通）。

（6）在粮仓、学校、饲养场、公共场所等处应设消火栓，并与干管连接。

（7）配水管道应有一定纵坡，并在最低处安装泄水阀，以便冬季防冻泄水。配水管道最高处安装排气阀或水龙头，以防气阻影响配水。

（8）农村供水工程中，输水管道一般比较短，遵循上述原则布置即可满足要求。对长距离输水管的布置，特别是山丘区长输水管，要全部符合上述原则是难的，在总体上应以投资省、符合总体规划要求，能确保安全供水，运行费用低为主要原则。而要达到这一要求，也是不容易的，往往会出现穿越障碍物和良田多，拆迁量大；不能结合现有道路布置；还有出现深挖方，开凿隧洞，增设加压泵站等不利因素。在局部地段上亦会遭到山嘴地段的处理问题等。这些都需要经过技术经济比较后确定。

除此之外，配水管网在布置时应满足以下要求：

（1）按照小村镇现有平面图布置管网时应考虑给水系统分期建设的可能并留有充分的发展余地。

（2）管网布置必须保证供水安全可靠，当局部管网发生事故时，断水范围应减到最小。

（3）管线遍布在整个给水区内，保证用户有足够的水量和水压。

（4）力求以最短距离敷设管线，以降低管网造价和供水能量费用。

（5）为保证消火栓处有足够水量和水压，应将消火栓与干管相连接，消火栓的布置地点，首先应考虑布置在粮仓、学校、饲养场、公共场所等集中用水大户附近。

（6）限于目前农村条件，允许短时间停水检修的村镇，其检修阀门可少设。

（7）暂时缓建的支管，要在干管上预留接口。

二、配水管网的布置与特点

配水管网的布置形式常采用树状管网和环状管网两种，如图4-1所示。树状管网的干管和配水管的布置成树枝状，从树干到树梢越来越细。干管向供水区延伸，管线的管径随用水量的减少而逐渐缩小，这种管网的管线长度最短，构造简单，供水直接，投资最省。但当管网中任一段管线损坏时，该管段下游的其他管线就将断水，因此，供水不够安全。另外，在树状网的末端，因用水量已经很小，管中的水流缓慢，甚至停滞不流动，因此水质容易变坏，有可能出现浑水和红水现象。但是树状管网的管线总长度较短，初期投资较省，所以，在允许间断供水的农村、乡镇或经济条件较差的地区，可以采用这种布置形式。

(a)

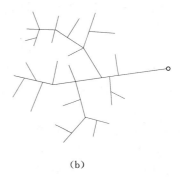
(b)

图4-1　配水管网的布置形式

（a）环状网；（b）树状网

1—泵站；2—干管；3—连接管；4—分配管；5—接户管

环状管网布置呈闭合环状，是将管线连成环状，在管线中水流四通八达，当任意一段管线损坏时，可以关闭附近的阀门和其余管线隔开，然后进行检修，水还可以从另外管线供应用户，断水的地区可以缩小，从而供水可靠性增加。一般经济条件较好的小村镇或供水要求较高不允许断水的工业区，均应采用环状管网。环状管网还具有降低水头损失、节省能量、缩小管径以及减少水锤威胁等优点，有利于安全供水，但环状管网的管线长度较树状管网长，需用较多材料，增大建设投资，故环状管网的造价明显比树状管网高。

给水管网必须有充足的输配水能力，工作安全可靠，经济实用。因此，在农村给水管网工程规划布置时，往往将树状管网和环状管网结合起来进行布置。根据具体情况，在小村镇的主要供水区或中心地区采用环状管网，边远地区或管网末梢采用树状管网；或者近期采用树状管网，将来再逐步发展成为环状管网，这样比较经济合理。具体布置时主要是考虑干管定线，这是控制全局的管线，并不包括全部管线，如配水管和接户管道等。配水管是把干管的水量配送到接户管和消火栓上的管道，配水管的直径由消防水量决定，通常配水管的最小管径为 100～150mm。接户管是连接配水管与用户的管线，实际上是进入建筑物的进水管。

首先要确定干管的走向、条数、位置。一般沿水厂至大用户和主要用水区方向平行敷设几条干管，干管应沿规划道路布置，埋设在人行道或慢车道下。干管尽量从用水量大、两侧均需供水的地区通过，以减少分配管和接户管的长度。避免沿河、广场、公园等不用水的地区通过。干管还应从地势较高处通过，以减小管中压力。

连接管设在两干管之间，其间距根据需要确定。分配管、接户管的布置在干管、连接管布置好之后进行，常根据用户具体需要设置。

管网上应设一定数量的附件配合管网工作，如阀门、消火栓等。阀门在管网中设置最为普遍。它用以调节管网的水量、水压等，一般在干管上每隔 400～600m 设 1 个阀门，两阀门间接出的分配管不宜超过 3 条，消火栓不超过 5 个。分配管的始端均应设置阀门。

消火栓供消防时从管网取水用，应布置在交叉路口等易于寻找的地方，间距不大于120m，距车行道边不大于 2m，距建筑物外墙应在 5m 以上。装设消火栓的管道其管径不应小于 100mm。

在管道凸点应设排气阀以排除管内积气；在管道凹点设泄水阀及泄水管，以泄水检修。无给水排水卫生设施的居民区，应在室外设置集中给水龙头，供居民取水。室外给水龙头的服务半径约 50～100m。

三、配水管网定线

小村镇配水管网定线是指在小村镇规划地形平面图上确定管线的走向和位置。定线时一般只限于管网的干管及干管之间的连接管，不包括从干管到用户的分配管和接到用户的进水管。由于给水管线一般敷设在街道下，就近供水给两侧用户，所以管网的形状常随小村镇的总平面布置图而定。

配水管网的定线应考虑以下要求：

（1）满足用户对水量和水压的要求，考虑施工维修方便，尽量缩短管线长度，尽量避免管线在高级路面或重要道路下通过。定线时，干管延伸方向应和二级泵站输水到水池、水塔、大用户的水流方向一致。以最短的距离布置一条或数条干管，干管位置应从用水量较大的街区通过。干管的间距，可根据街区情况，采用 500～800m。从经济上来说，给水管网的布置采用一条干管接出许多支管，形成树状网，费用最省，但从供水可靠性着想，以布置几条接近平行的干管并形成环状网为宜。

（2）干管和干管之间的连接管使管网形成环状网。连接管的作用在于局部管线损坏时，可以根据它重新分配流量，从而缩小断水范围，较可靠地保证供水。连接管的间距可根据街区的大小考虑在 800～1000m。

（3）在供水范围内的道路下需敷设分配管，以便把干管的水送到用户和消火栓。分配管直径至少为 100mm，主要原因是通过消防流量时，分配管中的水头损失不致过大，以免火灾地区的水压过低。

（4）小村镇内的工厂、学校、医院等用水均从分配管接出，再通过房屋进水管接到用户。一般建筑物用一条进水管，用水要求较高的建筑物或建筑群，有时在不同部位接入两条或数条进水管，以增加供水的可靠性。

（5）设置分段分区检修阀门。一般情况下，干管上的阀门应设在支管的下方，以便阀门关阀时尽量减少对支管的影响。支管与干管相接处，应在支管上设置阀门。

（6）暂时缓建或在规划中拟建的管线，应在干管上预留接口，以便扩建时接管。

（7）树状管网的末端应装泄水阀门，以便放空管段中的存水，保证水质。

四、管材及管网附属构筑物

1. 管材

农村供水系统中的压力管道多采用塑料管，即聚氯乙烯、聚乙烯和聚丙烯给水管，亦可采用铸铁管、钢管、自应力钢筋混凝土管或预应力钢筋混凝土管。重力流管道多采用混凝土管或钢筋混凝土管。

（1）常用管材及规格。常用管材及规格见表 4-1。

表 4-1　　　　　　　　　　　　**常 用 管 材 及 规 格**

管 材 名 称			管径 /mm	标准、规格 编号	工作压力 /MPa	管长 /m
塑料管	硬聚氯乙烯管		20～400	GB 10002.1—88	0.60、1.0	4～6
	聚乙烯管		16～160	SG 80—75	0.40、0.60	≥4
	聚丙烯管	轻型	15～200		0.15、1.0	
		重型	8～65		0.25、1.6	
铸铁管	连铸		75～900	YB 427—64	0.45	4
			75～1500	YB 427—64	0.75	4～6
	砂型		75～900	YB 428—64	0.45	4～6
			75～1500		0.75	4～6
	离心		150～500		1.0	5～6
铸铁管	连铸		75～450	GB 3421—82	4、5、6	
			500～1200			
	砂型 离心		200～450	GB 3421—82		5、6
			500～1000			
钢管	直缝焊接钢管 螺旋焊接钢管		150～1800 219～1420	SY 500—80		8～12.5

管材名称		管径 /mm	标准、规格 编号	工作压力 /MPa	管长 /m
钢管	镀锌焊接钢管 不镀锌焊接钢管	8～150	GB 3091—82 GB 3092—82		4～9 4～10
	水煤气钢管 热轧无缝钢管	6～150 32～600	YB 234—63 YB 231—70		4～12 3～12.5
自应力钢管混凝土管		200～2000	JC 198—74	0.4、0.5、0.6、0.8、1.2	3～3.4
预应力钢筋混凝土管	一阶段	400～1400	JC 198—76	0.4、0.6、0.8、1.0、1.2	5
	二阶段	400～1400	JC 114—76		

（2）常用管材的选择。常用管材的选用见表 4-2。

表 4-2 　　　　　　　　　　　　**常用管材的选择**

管材名称	接口		连接配件方式	优缺点及适用条件
	形式	性质		
塑料管	承插口 黏结 螺纹 法兰	胶圈柔性 刚性	（1）直接连接标准塑料配件； （2）白铁配件； （3）铸铁配件	（1）质轻、耐腐蚀、不结垢； （2）管内光滑、水头损失小； （3）安装方便、密封安全可靠； （4）价格较低、适用村镇给水； （5）强度较低、冷热伸缩性较大
铸铁管	承插口 法兰口	刚性 柔性 半柔性	标准铸铁配件连接	（1）防腐蚀能力较钢管强，需进行一般防腐处理； （2）较钢管质脆、强度差； （3）有标准配件、适用于支管和配件较多的管线； （4）接口较麻烦、劳动强度大
钢管	焊接 法兰 丝扣	刚性	（1）标准铸铁配件连接； （2）钢配件连接； （3）白铁配件连接	（1）强度和工作压力较高； （2）敷设方便，内外均需进行较强的防腐处理； （3）耐腐蚀性差、内外均需进行较强的防腐处理； （4）造价较高

（3）塑料管：

1）聚乙烯管（PE 管）聚丙烯管（PP 管）规格见表 4-3、表 4-4。

2）聚氯乙烯管（UPVC 管）规格见表 4-5。

（4）钢筋混凝土管规格。钢筋混凝土管规格见表 4-6。

（5）铸铁管规格。铸铁管规格见表 4-7、表 4-8。

表 4-3   低密度聚乙烯管规格（SG 80—74）

外径 /mm	壁厚 /mm	长度 /m	近似重量		外径 /mm	壁厚 /mm	长度 /m	近似重量	
			kg/m	kg/根				kg/m	kg/根
5	0.5	≥4	0.007	0.028	40	3.0	≥4	0.321	1.28
6	0.5		0.008	0.032	50	4.0		0.532	2.13
8	1.0		0.020	0.080	63	5.0		0.838	3.35
10	1.0		0.026	0.104	75	6.0		1.20	4.80
12	1.5		0.046	0.184	90	7.0		1.68	6.72
16	2.0		0.081	0.324	110	8.5		2.49	9.96
16	2.0		0.104	0.416	125	10.0		3.32	13.3
25	2.0		0.133	0.532	140	11.0		4.10	16.4
32	2.5		0.213	0.852	160	12.0		5.12	20.5

注　1. 该表摘自国家标准，GBT 10002.1—1996，ISO 4422.2—1996。

　　2. 该管材密度为 1350～1460kg/m³。

表 4-4   聚 丙 烯 管 规 格

管型	尺寸/mm		壁厚	推荐使用压力/MPa				
	公称直径	外径	mm	20℃	40℃	60℃	80℃	100℃
轻型管	15	20	2	≤1.0	≤0.6	≤0.4	≤0.25	≤0.15
	20	25	2					
	25	32	3					
	32	40	3.5					
	40	51	4					
	50	65	4.5					
	65	76	5					
	80	90	6					
	100	114	7	≤0.6	≤0.4	≤0.25	≤0.15	≤0.1
	125	140	8					
	150	166	8					
	200	218	10					
重型管	8	12.5	2.25	≤1.6	≤1.0	≤0.4	≤0.4	≤0.25
	10	15	2.5					
	15	20	2.5					
	25	32	3					
	32	40	5					
	40	51	6					
	50	65	7					
	65	76	8					

表 4 - 5 UPVC管材规格与公称压力表

公称外径 d_N/mm	壁厚 e/mm			公称外径 d_N/mm	壁厚 e/mm		
	公称压力 P_N				公称压力 P_N		
	0.6MPa	0.8MPa	1.0MPa		0.6MPa	0.8MPa	1.0MPa
50		2.0	2.4	225	6.6	7.9	9.8
63	2.0	2.5	3.0	250	7.3	8.8	10.9
75	2.2	2.9	3.6	280	8.2	9.8	12.2
90	2.7	3.5	4.3	315	9.2	11.0	13.7
110	3.2	3.9	4.8	355	9.4	12.5	14.8
125	3.7	4.4	5.4	400	10.6	14.0	15.3
140	4.1	4.9	6.1	450	12.0	15.8	17.2
160	4.7	5.6	7.0	500	13.3	16.8	19.1
180	5.3	6.3	7.8	560	14.9	17.2	21.4
200	5.9	7.3	8.7				

注 1. 该表摘自国家标准，GBT 10002.1—1996、ISO 4422.2—1996。

　　2. 该管材密度为 1350～1460kg/m³。

表 4 - 6 自应力钢筋混凝土管规格 (JC 198—74)

公称直径 /mm	管外径 /mm	管壁厚 /mm	长度 /mm	公称直径 /mm	管外径 /mm	管壁厚 /mm	长度 /mm
100	150	25	2080	250	320	35	3080
150	200	25	3080	300	380	40	4088
200	260	30	3080				

表 4 - 7 0.4MPa承插式铸铁管规格 (YB 428—64)

公称直径/mm	实际内径/mm	实际外径/mm	管壁厚/mm	有效长度 /(mm/根)	每根总重/kg
75	75	93	9	3000	58.5
100	100	118	9	3000	75.5
125	125	143	9	4000	119.0
150	151	169	9	4000	143.0
200	201.2	220	9.4	4000	196.0
250	252	271.2	9.8	4000	254.0
300	302.4	322.8	10.2	4000	315.0

表 4-8　　　　　　　　　　0.75MPa 承插式铸铁管规格（YB 428—64）

公称直径/mm	实际内径/mm	实际外径/mm	管壁厚/mm	有效长度/(mm/根)	每根总重/kg
75	75	93	9	3000	58.5
100	100	118	9	3000	75.5
125	125	143	9	4000	119.0
150	150	169	9.5	4000	149.0
200	200	220	10	4000	207.0
250	250	271.6	10.8	4000	277.0
300	300	322.8	11.4	4000	348.0

（6）钢管和镀锌钢管规格。钢管和镀锌钢管规格见表 4-9。

表 4-9　　　　　　　　　　钢管和镀锌钢管规格

公称直径 /mm	外径 /mm	普 通 钢 管		加 厚 钢 管	
		壁厚公称尺寸 /mm	理论重量 /(kg/m)	壁厚公称尺寸 /mm	理论重量 /(kg/m)
8	13.5	2.25	0.62	2.75	0.73
10	17.0	2.25	0.82	2.75	0.97
15	21.3	2.75	1.26	3.25	1.45
20	26.8	2.75	1.63	3.50	2.01
25	33.5	2.25	2.42	4.00	2.91
32	42.3	2.25	3.12	4.00	3.78
40	48.0	3.50	3.84	4.25	4.58
50	60.0	3.50	4.88	4.50	6.16
65	75.5	3.75	6.64	4.50	7.88
80	88.5	4.00	8.34	4.75	9.18
100	114.0	4.00	10.85	5.00	13.44
125	140.0	4.50	15.04	5.50	18.24
150	165.0	4.50	17.81	5.50	21.63

2. 管网附件

（1）闸阀：是指关闭件（闸板）由阀杆带动，沿阀座密封面作升降运动的阀门，如图 4-2（a）所示。闸阀具有流体阻力小、开闭所需外力较小、介质的流向不受限制等优点；但外形尺寸和开启高度都较大、安装所需空间较大、水中有杂质落入阀座后阀不能关闭严密、关闭过程中密封面间的相对摩擦容易引起擦伤现象。

（2）蝶阀：是指启闭件（蝶板）绕固定轴旋转的阀门，如图 4-2（b）所示。蝶阀具有操作力矩小、开闭时间短、安装空间小、重量轻等优点；蝶阀的主要缺点是蝶板占据一定的过水断面，增大水头损失，且易挂积杂物和纤维。

（3）止回阀：是指启闭件（阀瓣或阀芯）借介质作用力，自动阻止介质逆流的阀门，如图4-2（c）所示。根据启闭件动作方式不同，可进一步分为旋启式止回阀、升降式止回阀、消声止回阀、缓闭止回阀等类型。

（4）排气阀：用来排除集积在管中的空气，以提高管线的使用效率，如图4-2（d）所示。在间歇性使用的给水管网末端和最高点、给水管网有明显起伏可能积聚空气的管段的峰点应设置自动排气阀。

图4-2 工程常见阀门
(a) 闸阀；(b) 蝶阀；(c) 止回阀；(d) 排气阀

（5）消火栓：是安装在给水管网上，向火场供水的带有阀门的标准接口，是市政和建筑物内消防供水的主要水源之一，如图4-3所示。室外消火栓有双出口和三出口两种形式，出水口直径有65mm、80mm、100mm和150mm 4种规格。至少一个出水口直径不小于100mm。安装间距不超过120m。

消火栓与市政供水管网的连接形式如下：

1）位于主水管旁，引水平专用分支管并设控制阀门连接消火栓。

图4-3 工程消火栓

2）消火栓设立在非专用于消火栓的分支管道上，与主控阀安装在一个井室内。

3）直接在输配水管道上加三通，消火栓直立于管道上。

消火栓有两种类型：地上式消火栓和地下式消火栓。

地上消火栓部分露出地面，目标明显、易于寻找、出水操作方便，适应于气温较高地区，但容易冻结、易损坏，有些场合妨碍交通，容易被车辆意外撞坏，影响市容。

地上消火栓有两种型号，一种是SS100，另一种是SS150。SS100消火栓的公称通径为100mm，一个100mm的出水口，两个65mm的出水口；SS150消火栓的公称通径为150mm，一个150mm的出水口，两个65mm或80mm的出水口。

地下式消火栓隐蔽性强，不影响城市美观，受破坏情况少，寒冷地带可防冻，适用于较寒冷地区。但目标不明显，寻找、操作和维修都不方便，容易被建筑和停放的车辆等埋、占、压，要求在地下消火栓旁设置明显标志。地下消火栓有两种型号：SX65

和 SX100。

地下式消火栓一般需要与消火栓连接器配套使用。消火栓连接器主要由本体、闸体、快速接头等零部件组成，其材质为铸造铝合金。

两者的详细参数见表 4-10。

表 4-10　　　　　　　　　　地上式消火栓和地下式消火栓参数表

参数类别	型号	公称压力/MPa	进 水 口		出 水 口	
			口径/mm	数量/个	口径/mm	数量/个
地上式消火栓	SS100—1.0	1.0	100	1	65	2
					100	1
	SS100—1.6	1.6	100	1	65	2
					100	1
	SS150—1.0	1.0	150	1	65、80	2
					150	1
	SS150—1.6	1.6	150	1	65、80	2
					150	1
地下式消火栓	SX65—1.0	1.0	100	1	65	2
	SX65—1.6	1.6	100	1	65	2
	SX100—1.0	1.0	100	1	65	1
					100	1
	SX100—1.6	1.6	100	1	65	1
					100	1
	SX100—1.0	1.0	100	1	100	1
	SX100—1.6	1.6	100	1	100	1

3. 管网附属构筑物

（1）阀门井：用于安装管网中的阀门及管道附件。阀门井的平面尺寸，应满足阀门操作和安装拆卸各种附件所需的最小尺寸。井深由水管埋设深度确定。但井底到水管承口或法兰盘底的距离至少为 0.10m，法兰盘和井壁的距离宜大于 0.15m，从承口外缘到井壁的距离应在 0.30m 以上，以便于接口施工。

阀门井有圆形与方形两种，一般采用砖砌，也可用石砌或钢筋混凝土建造。

（2）支墩：承插式接口的管线，在弯管处、三通处、水管尽端的盖板上以及缩管处，都会产生拉力，接口可能因此松动脱节而使管线漏水。因此在这些部位须设置支墩以承受拉力和防止事故。但当管径小于 300mm 或转弯角度小于 10°且水压力不超过 980kPa 时，因接口本身足以承受拉力，可不设支墩。

4. 调节构筑物

（1）水塔。水塔一般采用钢筋混凝土或砖石等建造，主要由水柜、塔架、管道和基础组成。进、出水管可以合用，也可分别设置。为防止水柜溢水和将柜内存水放空，须设置溢水管和排水管，管径可和进、出水管相同。溢水管上不设阀门。排水管从水柜底接出，管上设阀门，并接到溢水管上。

（2）水池。给水工程中，常用钢筋混凝土水池、预应力钢筋混凝土水池和砖石水池，一般做成圆形或矩形。

水池应有单独的进水管和出水管，安装位置应保证池内水流的循环。此外应有溢水管，管径和进水管相同，管端有喇叭口、管上不设阀门。水池的排水管接在集水坑内；管径一般按 2h 内将池水放空计算。容积在 1000m³ 以上的水池，至少应设两个检修孔。

第三节　输配水管网的水力平衡计算及其优化设计方法

一、输配水管道水力计算

（一）管段计算流量

管网布置完毕后，各管段的平面位置已确定，但管径尚未确定。必须确定出各管段的计算流量，从而推求出管径。为此，引进比流量、沿线流量、节点流量几个概念，以最终求得管段计算流量。

1. 比流量

在管网的干管和分配管上，接有许多用水户。既有工厂、机关、旅馆等用水量大的用户，也有数量很多，但用水量较小的用户。干管配水情况较为复杂，如图 4-4 所示，从图中看出，在该管线上，沿线分配出的流量有分布较多的小用水量 q_1、q_2、…；也有少数大用户的集中流量 Q_1、Q_2、…。若按实际流量情况确定管径，则该管线的管径变化将非常频繁，计算也相当麻烦，工程中也无必要，实际计算时将沿线配水流量加以简化。目前，在给水工程中常用的计算管段沿线流量的方法为比流量法。该法是对管段实际配水情况进行简化后再计算沿线流量的方法。为了简化实际情况，假定整个管网的用水量除集中大用户（如大的工厂、机关、旅馆等）所用水量外，小用户的用水量 q_1、q_2 等均匀分布在全部干管上，因此，管网各管段单位长度的配水流量相等，这种单位长度管线上的配水量叫长度比流量，其大小可用下式计算：

$$q_s = \frac{Q_h - \sum Q_j}{\sum L} \tag{4-1}$$

式中　q_s——长度比流量，L/(s·m)；

$\quad$ Q_h——管网最高日最高时用水量，L/s；

$\quad$ $\sum Q_j$——大用户集中用水量总和，L/s；

$\quad$ $\sum L$——干管总长度（当管段穿越广场、公园等两侧无用户的地区时，其计算长度为零；当管段沿河等地敷设只有一侧配水时，其计算长度为实际长度的一半），m。

用长度比流量描述干管沿线配水情况存在一定缺陷，因为它忽略了沿线供水人数和用水量的差别，所以，不能反映各管段的实际配水量。为此，提出另一种计算方法是面积比流量法，认为管网总用水量减去所有大用户的集中流量后均匀分布在整个用水面积上，则单位面积上的用水量称为面积比流量，可用下式计算：

$$q_A = \frac{Q_h - \sum Q_j}{\sum A} \tag{4-2}$$

图 4-4　干管配水情况

式中　q_A——面积比流量，L/(s·km^2)；

$\sum A$——用水区总面积，km^2；

Q_h、$\sum Q_j$意义同前。

面积比流量法计算结果要比长度比流量法符合实际，但计算较麻烦。

2. 沿线流量

配水管网中的节点，一般是指不同管径或不同材质的管线交接点或两管交点或集中向大用户供水的点。两节点之间的管线称为管段。管段顺序连接形成管线。起点和终点重合的管线称为管网的环。

沿线流量是管网中连接两节点的管段两侧用户所需的流量，即某一管段沿线配出的流量总和。可用比流量计算其大小：

$$q_L = q_s L \quad 或 \quad q_L = q_A A \tag{4-3}$$

式中　q_L——沿线流量，L/s；

q_s——长度比流量，L/(s·m)；

q_A——面积比流量，L/(s·km^2)；

L——管段计算长度，m；

A——管段承担的供水面积，km^2。

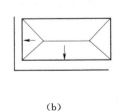

图 4-5　管段供水面积划分

(a) 对角线法；(b) 角平分线法

管段供水面积可用对角线法或角平分线法划分，如图 4-5 所示。一般供水区域较方正时采用前者，狭长时用后者。

3. 节点流量

管网中凡有集中流量接出的点或管段的交点，管道中流量都会发生突变，这些点称为节点，两节点间的连续管段划分为计算管段。节点流量是为了计算方便对管段的沿线流量进一步简化的结果。

管网中任一管段的流量由两部分组成：一部分是该管段沿线配出的沿线流量 q_L；另一部分是通过该管段转输到后继管段的转输流量 q_t。管段输配水情况如图 4-6 (a) 所示。从图中看出：沿线流量因管线沿线配水而均匀减小至零，转输流量沿整个管段不变。管段中流量从 1 点的 $q_L + q_t$ 均匀减小到 2 点的 q_t。这种沿线变化的流量不便于用来确定管径和水头损失，需进一步简化。简化的方法是，将沿线流量折算为从该管段两端节点流出的流量。认为从节点 2 流出 aq_L，从节点 1 流出 $(1-a)q_L$，如图 4-6 (b) 所示，因而管段 1～2 中有一沿程不变的折算流量 $q_t + aq_L$。折算的原理是，折算流量 $q_t + aq_L$ 所产生的水头损失应等于实际沿线变化的流量 q_x 所产生的水头损失。

图 4-6　沿线流量折算成节点流量
(a) 简化前管段流量；(b) 简化后管段流量

简化前距 1 节点 x 距离处管中流量 q_x 为

$$q_x = q_t + \frac{L-x}{L} q_L$$

式中符号意义同前。则简化前管段 1～2 的水头损失为

$$h = \int_0^L aq_x^2 \mathrm{d}x = \frac{1}{3} aq_L^2 \left[\left(\frac{q_t}{q_L} + 1 \right)^3 - \left(\frac{q_t}{q_L} \right)^3 \right] L \tag{4-4}$$

式中　a——管段的比阻。

简化后管段 1～2 的水头损失为

$$h = aL(q_t + aq_L)^2 \tag{4-5}$$

令式（4-4）等于式（4-5），解得 $a = \sqrt{\left(\frac{q_t}{q_L} \right)^2 + \frac{q_t}{q_L} + \frac{1}{3}} - \frac{q_t}{q_L}$

a 叫做折算系数，由上式可见，它不是定值，随 q_t/q_L 变化而变化。

当 $q_t/q_L = 0$ 时，$a = 0.577$。

当 $q_t/q_L = 100$ 时，$a = 0.5004$。

为了方便计算，一般取 $a = 0.5$。因此，管段沿线流量 q_L 折算成节点流量，只需将该管段的沿线流量平半分配于管段始、末端的节点上。

由沿线流量折算到节点处的流量称为沿线节点流量，某一节点连接几个管段就有几个管段向该节点折算的沿线节点流量。大用户集中流量可直接移至附近节点，称为集中节点流量。则节点流量 Q_i 包括沿线节点流量和集中节点流量：

$$Q_i = \frac{1}{2} \sum q_s L + Q_j \tag{4-6}$$

必须指出，沿线流量是指管段沿线配出的用户所需流量，节点流量是以沿线流量折算得出的并且假设是在节点集中流出的流量。经折算后，可以认为管网内所有的用水量都是从节点上流出的，且所有节点流量之和等于 Q_h。

4. 管段计算流量

管段计算流量是确定管段直径进行水力计算时所依据的流量。由管段的沿线流量和通过本管段转输到以后各管段的转输流量组成。在确定了各节点的节点流量的基础上，通过管段流量分配确定。

（1）树状管网管段计算流量的确定。首先按最高日最高时管网用水量计算管网各节点的节点流量，然后在管网的各管段上标出水流方向，对于树状管网从水源供水到各节点，各管段只有一个唯一的方向，因此，管网中任一管段的流量等于该管段以后（顺水流方向）所有节点流量的总和，如图 4-7 所示，$2\sim3$ 管段的流量为 $q_{2\sim3}=q_3+q_7+q_4+q_5+q_8+q_9+q_{10}$，而管段 $4\sim5$ 的流量为 $q_{4\sim5}=q_5$。

（2）环状管网管段计算流量的初步确定。环状管网的流量分配比较复杂，因各管段的流量与以后各节点的流量没有直接的联系，不能像树状管网一样通过求节点流量代数和的方法确定管段计算流量。而且，各管段的计算流量并不唯一，也就是说环状管网可以有许多不同的流量分配方案。

初步确定环状管网管段计算流量时，应重点满足两个条件，其一应保证供给用户所需的水量，其二应满足节点流量平衡条件。

图 4-7　树状管网的流量分配

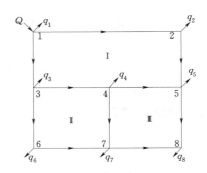

图 4-8　环状网流量分配

节点流量平衡条件也称节点水流连续条件，是指流向任一节点的流量必须等于流离该节点的流量。显然节点流量为流离节点的流量之一。用式表示为

$$q_i+\sum q_{ij}=0 \qquad\qquad (4-7)$$

式中　q_i——节点 i 的节点流量，L/s；

　　　q_{ij}——与 i 节点相连的从节点 i 到节点 j 的管段中的流量，L/s。

在计算时一般假定流离节点的管段流量为正，流向节点的管段流量为负，如图 4-8 所示，节点 4 的流量平衡条件为 $q_4+q_{4\sim5}+q_{4\sim7}-q_{3\sim4}=0$。

初步确定环状管网各管段流量时，可按下面的步骤进行：

1）按照最高日最高时的管网用水量，确定管网各节点的节点流量。

2）按照管网的主要供水方向，初步拟定各管段的水流方向。

3）按节点流量平衡条件，依次分配各管段的流量，一般主要干管分配较大的流量，分配管分配较小的流量。

为管网各管段分配流量后，由此流量即可确定各管段的管径，并通过水力计算进一步

对初步分配的流量进行调整，以确定最终的管段流量。

【例 4-1】　某村镇树状管网干管布置及各管段长度如图 4-9 所示高日最高时用水量 $Q_h = 80\text{L/s}$，其中大用户集中节点流量为 20L/s，分布在 4、5 节点上，各 10L/s。管段 3~4、3~5 单侧供水，其余均为两侧供水。试求：①干管的长度比流量；②各管段沿线流量；③各节点流量；④各管段计算流量。

图 4-9　管段流量计算例题

解：（1）长度比流量。干管的总计算长度为

$$\sum L = L_{1\sim2} + L_{2\sim3} + \frac{1}{2}L_{3\sim4} + \frac{1}{2}L_{3\sim5} + L_{2\sim6} = 800 + 700 + \frac{1}{2}\times900$$
$$+ \frac{1}{2}\times700 + 700 = 3000(\text{m})$$

干管长度比流量为

$$q_s = \frac{Q_h - \sum Q_j}{\sum L} = \frac{80 - 20}{3000} = 0.02[\text{L/(s·m)}]$$

（2）沿线流量。各管段沿线流量用式 $q_L = q_s L$ 计算，列于表 4-11 中。

表 4-11　　　　　　　　　　　各管段沿线流量计算

管段编号	管段长度/m	管段计算长度/m	比流量/[L/(s·m)]	沿线流量/(L/s)
1~2	800	800	0.02	16
2~3	700	700	0.02	14
3~4	900	900×1/2=450	0.02	9
3~5	700	700×1/2=350	0.02	7
2~6	700	700	0.02	14

（3）节点流量。节点流量用式 $Q_i = \frac{1}{2}\sum q_s L + Q_j$ 计算，列于表 4-12 中。

表 4-12　　　　　　　　　　节 点 流 量 计 算

节点	集中节点流量/(L/s)	沿线节点流量/(L/s)	节点总流量/(L/s)
1		16×1/2=8	8
2		(16+14+14)×1/2=22	22
3		(14+9+7)×1/2=15	15
4	10	9×1/2=4.5	14.5
5	10	7×1/2=3.5	13.5
6		14×1/2=7	7
合计	20	60	80

（4）管段计算流量。树状管网管段计算流量为其下游所有节点流量之和，计算列于表 4-13 中。

表 4-13 管 段 计 算 流 量

管段编号	管段下游节点	管段计算流量/(L/s)
1～2	2、3、4、5、6	22＋15＋14.5＋13.5＋7＝72
2～3	3、4、5	15＋14.5＋13.5＝43
3～4	4	14.5
3～5	5	13.5
2～6	6	7

（二）管径

通过上面的管段流量分配计算后，各管段的流量就可以作为已知条件用来计算管径。管段的直径由管段的设计流量和流速确定，它们之间的关系为

$$q = Av \qquad (4-8)$$

式中　q——管段的设计流量，m^3/s；

　　　A——管段的断面积，m^2；

　　　v——流速，m/s。

直径为 d 的圆管，其断面积为 $A = \dfrac{\pi d^2}{4}$，于是式（4-8）可写为

$$d = \sqrt{\frac{4q}{\pi v}} \qquad (4-9)$$

式中　d——管径，m；

　　　q——管段的设计流量，m^3/s；

　　　v——流速，m/s。

从式（4-9）中可知，管径大小和流量、流速都有关系。如果流量已知，还不能确定管径，必须先定流速，确定流速的几种方法见表 4-14。

表 4-14 流速的确定条件

条件	流 速 值
最高和最低允许流速	（1）为防止发生水锤现象，最大流速不超过 2.5～3.0m/s； （2）当输送浑水时，避免管内淤积的最小流速为 0.6m/s
经济流速	（1）经济流速是指一定年限（投资偿还期）内管网造价和管理费用之和为最小的流速； （2）因各地的管网造价和电费、用水规律都不尽相同，所以各村镇供水的经济流速不可能完全一致，一般大管径的经济流速大于小管径的经济流速
界限流速	因标准管径的规格限制，从经济流速求得管径不一定是标准管径，还应选用相近的标准管径。也就是说，每种标准管径不只对应一个经济流速，而是一个经济流速的界限，在界限流速范围内，这一管径都是经济的
平均经济流速	（1）缺乏经济流速资料时，可以平均经济流速为依据，根据管段流量从水力计算表找出合适的管径； （2）平均经济流速值：中、小管径 $d=100～400mm$ 时为 0.6～1.0m/s；大管径为 0.9～1.4m/s

式（4-9）清楚地反映出，管段设计流量已定时，管径和流速的平方根成反比，流速取得小些，管径增大，管网造价将随之增加，但管段的水头损失减小，运行费用降低。流速取得大些，管径减小，管网的造价虽然降低，但管段的水头损失却增大，导致运行费用增加。因此，一般按一定年限 t 内（称为投资偿还期）管网造价和管理费用（主要是电费）为最经济的流速来确定管径。

　　图 4-10 为流速和费用的关系。随着流速增加，管径减小，管网造价 C 降低。而 t 年管理费用 tM（M 为年管理费用）增大。因为在比较各种方案时，总是以 $C+tM$ 作为比较的基础，如将不同流速时相应的造价和管理费用的纵坐标加起来，据以绘出总费用 $W=C+tM$ 的曲线，则相应于最小 W 值的流速 v 就是经济流速。

图 4-10　流速和费用的关系

　　影响经济流速的因素很多，如管道材料、施工条件、动力费用、投资偿还期等。应该按当地的具体条件选定。经济流速值可参考表 4-15 和表 4-16 等资料选用。

表 4-15　　　　　　　　　　　　　　　　经 济 流 速 范 围

管 道 种 类	流速/(m/s)	管 道 种 类	流速/(m/s)
室外长距离管道、末端管道	0.5～0.75	水泵出水管	1.5～2.0
水泵吸水管	1.0～1.20	起端支管	0.75～1.0

表 4-16　　　　　　　　　　　　　　　　　经 济 流 速

d/mm	100	150	200	250	300	400	450	500	600	700	800	900	1000
北京	0.66	0.75	0.83	0.88	0.94	1.03	1.07	1.11	1.17	1.23	1.28	1.33	1.36
上海	0.84	0.94	1.09	1.23	1.27	1.43	1.49	1.59	1.71	1.81	1.91	2.00	2.09

　　也可采用界限流量的方法来确定各管段的管径，各管径的界限流量见表 4-17。

表 4-17　　　　　　　　　　　　　　　　界 限 流 量 表

管径/mm	界限流量/(L/s)	管径/mm	界限流量/(L/s)
100	<9	500	145～237
150	9～15	600	237～355
200	15～28.5	700	355～490
250	28.5～45	800	490～685
300	45～78	900	685～822
400	78～145	1000	822～1120

（三）水头损失

　　管网各管段里的水流是紊流状态的。水流在管道内流动时，要克服管壁和管道附件对它的摩擦力和内部分子相对运动所产生的摩擦力。因而要消耗一部分机械能，这部分能量的损失表现为压力水头的下降，通称为水头损失。可分为沿程水头损失和局部水头损失两部分。

水流在断面不变的直管道中流动时，由于黏滞性而产生的摩擦力均匀分布在全部流程上，称为沿程阻力。克服沿程阻力所损失的水头也是沿程均匀分布，随着流程的延长而增加，称为沿程水头损失。在水力学中，能量损失多以单位重量的液体所损失的能量来表示，记作 h_f。

水流固体边界的形状和大小在局部地区发生变化，或遇到局部障碍时（如测量设备、闸门、三通、弯头等），流速的方向、大小相应发生变化，水流出现较强的紊乱、波动和撞击作用。有时主流脱离边壁而形成旋涡，这些都使内摩擦增加，从而增大液体运动的阻力，这种阻力称为局部阻力。为克服局部阻力而消耗的能量是在局部范围内发生的，称作局部水头损失，常以符号 h_j 表示。

在水流内部，两种能量损失是相互影响的，但在计算时，把两种损失视为互不干扰、各自独立发生的。即把某一流程上的总能量损失 h_w 认为是沿程损失 h_f 和局部损失 h_j 的叠加，这就是能量的迭加原理。即

$$h_w = h_f + h_j \tag{4-10}$$

确定管网中的水头损失也是管网设计的重要任务。可以计算水头损失。知道了管道的设计流量和管径，便可以计算水头损失。

在给水管网计算中，主要考虑沿管段长度的水头损失，管件和附件的局部水头损失通常忽略不计。只有在短管如水泵站内的管道或取水结构的重力进水管等才考虑局部阻力损沿程水头损失通常用达西公式表示。适用于压力流、无压流，圆形断面、非圆形断层流和紊流等一切均匀流。由水力学中得到水头损失计算公式为

$$h_f = \lambda \frac{L}{d} \frac{v^2}{2g} \tag{4-11}$$

式中　L——管段长度，m；

　　　d——管道直径，m；

　　　v——管中流速，m/s；

　　　λ——阻力系数，依管材而定。

将式（4-9）（管径中的公式 $d = \sqrt{\dfrac{4q}{\pi v}}$）中 v 解出代入式（4-11）得

$$h_f = \lambda \frac{L}{d} \frac{16q^2}{2\pi^2 d^4 g} = \frac{8\lambda}{g\pi^2 d^5} L q^2 \tag{4-12}$$

或

$$i = \frac{8\lambda}{g\pi^2 d^5} q^2 \tag{4-13}$$

式中　q——管道设计流量。

式（4-12）和式（4-13）为计算水头损失的基本公式。

目前国内外使用较广泛的一些水头损失计算公式介绍如下：

1. 舍维列夫公式（水温 10℃）

适用于旧铸铁管和旧钢管。

当 $v \geqslant 1.2$m/s 时　　　　　$h_f = 0.001736 \dfrac{q^2 L}{d^{5.3}}$ 　　　　　（4-14）

当 $v<1.2\mathrm{m/s}$ 时　　　$h_f=0.00148\dfrac{q^2L}{d^{5.3}}\left(1+\dfrac{0.688d^2}{q}\right)^{0.3}$　　　　　（4-15）

2. 谢才公式

各管段水头损失计算也可以采用谢才公式。

$$v=c\sqrt{Ri} \tag{4-16}$$

式中　R——水力半径，m；

　　　i——水力坡度；

　　　c——谢才系数，$\mathrm{m^{1/2}/s}$。

由式（4-16）有

$$i=\frac{v^2}{Rc^2} \tag{4-17}$$

圆形管道的水力半径 $R=\dfrac{d}{4}$，$v=\dfrac{4q}{\pi d^2}$，代入式（4-17）得

$$i=\frac{4v^2}{dc^2}=\frac{64q^2}{\pi^2c^2d^5} \tag{4-18}$$

令 $K_0=\dfrac{64}{\pi^2c^2}$，则上式变为

$$i=K_0\frac{q^2}{d^5} \tag{4-19}$$

或　　　　　　　　　　　$h_f=K_0\dfrac{q^2L}{d^5}$　　　　　　　　　　（4-20）

3. 巴甫洛夫斯基公式

$$c=\frac{1}{n}R^y \tag{4-21}$$

$$y=2.5\sqrt{n}-0.13-0.75\sqrt{R}(\sqrt{n}-0.10) \tag{4-22}$$

式中　n——管壁的粗糙系数；

　　　y——n 和 R 的函数。

将式（4-21）代入 K_0 式得

$$K_0=\frac{64}{\pi^2}\frac{n^2 4^{2y}}{d^{2y}}=6.485\frac{n^2 4^{2y}}{d^{2y}} \tag{4-23}$$

将式（4-23）代入式（4-19）和式（4-20）得

$$i=6.485\frac{n^2 4^{2y}}{d^{2y+5}}q^2 \tag{4-24}$$

$$h_f=6.485\frac{n^2 4^{2y}}{d^{2y+5}}L \tag{4-25}$$

4. 曼宁公式

曼宁将水力半径 R 的指数定为常数 $1/6$，代入 K_0 式得

$$K_0=10.294\frac{n^2}{d^{0.33}} \tag{4-26}$$

将式（4-26）代入式（4-19）和式（4-20）得

$$i=10.294\frac{n^2q^2}{d^{5.33}} \quad (4-27)$$

$$h_f=10.294\frac{n^2q^2L}{d^{5.33}} \quad (4-28)$$

从式（4-25）和式（4-28）可以看出，计算管段水头损失的普遍公式形式为

$$h_f=K\frac{q^2L}{d^m} \quad (4-29)$$

5. 海曾-威廉公式

美国使用这个公式较为普遍。

$$i=10.68\frac{q^{1.852}L}{c^{1.852}d^{4.87}} \quad (4-30)$$

$$h_f=10.68\frac{q^{1.852}}{c^{1.852}d^{4.87}} \quad (4-31)$$

式中 c——常数，取决于管材的粗糙度，见表4-18。

表4-18 海曾-威廉公式中 c 值的确定

管 材 种 类	c 值	管 材 种 类	c 值
塑料管	150	木管、混凝土管	120
石棉水泥管、涂沥青或水泥的铸铁管	130	旧铸铁管和钢管	100
新铸铁管或焊接钢管	130		

上述各项计算水头损失的公式，都是在特定条件下总结出来的经验公式，都有其局限性。实际应用时其计算结果有时相差较大，因此应根据实际情况和有关规定确定采用具体公式。

实际工作中，可利用现成的水力计算表格查出水头损失，以提高工作效率。使用这些表格时要注意不同管材采用不同表格。查表时可根据管长、管径和流量求出流速和水头损失，或根据流量和管径求出流速和水头损失等。见表4-19～表4-22。

表4-19 聚丙烯塑料管水力计算表（SG 246—81）

流量 Q		管 道 直 径/mm											
		外50/内46		外63/内58.4		外75/内69.6		外90/内83.6		外110/内102.2		外160/内148.2	
m^3/h	L/s	流速	阻力	流速	阻力	流速	阻力	流速	阻力	流速	阻力	流速	阻力
1.44	0.40	0.24	2.19										
1.62	0.45	0.27	2.77										
1.80	0.50	0.30	3.42										
2.16	0.60	0.36	4.92										
2.52	0.70	0.42	6.69	0.26	1.87								
2.88	0.80	0.48	8.74	0.30	2.49								
3.24	0.90	0.54	11.07	0.34	3.19	0.24	1.26						
3.60	1.00	0.60	13.66	0.37	3.78	0.26	1.48						

| 流量 Q | | 管　道　直　径/mm | | | | | | | | | | | | |
| 外 50/内 46 | | 外 63/内 58.4 | | 外 75/内 69.6 | | 外 90/内 83.6 | | 外 110/内 102.2 | | 外 160/内 148.2 | |
m³/h	L/s	流速	阻力	流速	阻力	流速	阻力	流速	阻力	流速	阻力	流速	阻力
4.32	1.20	0.72	19.67	0.45	5.60	0.32	2.24						
5.04	1.40	0.84	26.78	0.52	7.47	0.37	2.30	0.26	1.16				
5.76	1.60	0.96	34.97	0.60	9.95	0.42	3.86	0.29	1.44				
6.48	1.80	1.08	44.26	0.67	12.40	0.47	4.83	0.33	1.87				
7.20	2.00	1.20	54.65	0.75	15.54	0.53	6.15	0.36	2.22	0.24	0.76		
7.92	2.20	1.32	66.12	0.82	18.58	0.58	7.36	0.40	2.74	0.27	0.96		
8.64	2.40	1.44	78.69	0.90	22.38	0.63	8.68	0.44	3.32	0.29	1.10		
9.36	2.60	1.57	93.54	0.97	26.00	0.68	10.12	0.47	3.79	0.32	1.34		
10.08	2.80	1.69	108.39	1.05	30.46	0.74	11.98	0.51	4.46	0.34	1.52		
10.80	3.00	1.81	124.33	1.12	34.66	0.79	13.66	0.55	5.19	0.37	1.80		
11.52	3.20	1.93	141.36	1.20	39.79	0.84	15.44	0.58	5.77	0.39	2.00		
12.24	3.40	2.05	159.48	1.27	44.56	0.89	17.33	0.62	6.59	0.41	2.20		
12.96	3.60	2.17	178.70	1.34	49.61	0.95	19.75	0.66	7.47	0.44	2.54		
13.68	3.80	2.29	199.01	1.42	55.71	1.00	21.88	0.69	8.17	0.46	2.78	0.22	0.39
14.40	4.00	2.41	220.42	1.49	61.34	1.05	24.12	0.73	9.14	0.49	3.15	0.23	0.42
15.12	4.20	2.53	242.91	1.57	68.11	1.10	26.47	0.77	10.17	0.51	3.42	0.24	0.46
15.84	4.40	2.65	266.50	1.64	74.31	1.16	29.44	0.80	10.98	0.54	3.83	0.25	0.50
16.56	4.60	2.77	291.19	1.72	81.74	1.21	32.03	0.84	12.10	0.56	4.12	0.27	0.58
17.28	4.80	2.89	316.96	1.79	88.53	1.26	34.74	0.87	12.98	0.59	4.57	0.28	0.63
18.00	5.00	3.01	343.83	1.87	96.62	1.31	37.55	0.91	14.20	0.61	4.89	0.29	0.67
18.72	5.20	3.13	371.79	1.94	103.99	1.37	41.07	0.95	15.48	0.63	5.21	0.30	0.72
19.44	5.40	3.25	400.85	2.02	112.74	1.42	44.12	0.98	16.47	0.66	5.72	0.31	0.77
20.16	5.60			2.09	120.69	1.47	47.28	1.02	17.84	0.68	6.07	0.32	0.82
20.88	5.80			2.17	130.11	1.53	51.22	1.06	19.27	0.71	6.62	0.33	0.87
21.60	6.00			2.24	138.64	1.58	54.62	1.09	20.38	0.73	7.00	0.35	0.98
22.32	6.20			2.32	148.72	1.63	58.13	1.13	21.90	0.76	7.58	0.36	1.03
23.04	6.40			2.39	157.83	1.68	61.75	1.17	23.48	0.78	7.99	0.37	1.09
23.76	6.60			2.47	168.57	1.74	66.24	1.20	24.70	0.80	8.40	0.38	1.15
24.48	6.80			2.54	178.26	1.79	70.11	1.24	26.37	0.83	9.05	0.39	1.21
25.20	7.00					1.84	74.08	1.28	28.10	0.85	9.49	0.40	1.28
25.92	7.20					1.89	78.16	1.31	29.43	0.88	10.17	0.42	1.41

续表

流量 Q		管　道　直　径/mm											
		外50/内46		外63/内58.4		外75/内69.6		外90/内83.6		外110/内102.2		外160/内148.2	
m³/h	L/s	流速	阻力	流速	阻力	流速	阻力	流速	阻力	流速	阻力	流速	阻力
26.64	7.40					1.95	83.20	1.35	31.26	0.90	10.64	0.43	1.48
27.36	7.60							1.39	33.14	0.93	11.36	0.44	1.54
28.08	7.80							1.42	34.58	0.95	11.85	0.45	1.62
28.80	8.00							1.46	36.56	0.98	12.61	0.46	1.69
29.52	8.20							1.49	38.07	1.00	13.13	0.47	1.76
30.24	8.40							1.53	40.15	1.02	13.66	0.48	1.84
30.96	8.60							1.57	42.27	1.05	14.48	0.50	1.99
31.68	8.80							1.60	43.90	1.07	15.03	0.51	2.08
32.40	9.00							1.64	46.13	1.10	15.89	0.52	2.16
36.00	9.50							1.73	51.33	1.16	17.67	0.55	2.41
37.80	10.00							1.82	56.81	1.22	19.54	0.58	2.68
39.60	11.00							2.01	69.29	1.34	23.58	0.63	3.17
41.40	11.50							2.10	75.63	1.40	25.73	0.66	3.48
43.20	12.00									1.46	27.99	0.69	3.80
45.00	12.50									1.52	30.34	0.72	4.14
46.80	13.00									1.59	33.19	0.75	4.49
48.60	13.50									1.65	35.75	0.78	4.85
50.40	14.00									1.71	38.39	0.81	5.24
52.20	14.50									1.77	41.13	0.84	5.63
54.00	15.00									1.83	43.97	0.87	6.04
57.60	16.00											0.92	6.75
61.20	17.00											0.98	7.66
64.80	18.00											1.04	8.63
68.40	19.00											1.10	9.65
72.00	20.00											1.15	10.55
75.60	21.00											1.21	11.68
79.20	22.00											1.27	12.87
82.80	23.00											1.33	14.11
86.40	24.00											1.38	15.20

注　表内流速的单位为 m/s，阻力的单位为 m/1000m 管长；管子内径系按照轻工业部部颁标准《聚丙烯管材》（SG 246—81）中 I 型管计。

表 4 - 20 聚乙烯塑料管水力计算表 (SG 80—75)

流量 Q		管 道 直 径/mm													
		外 18/内 14		外 20/内 16		外 25/内 21		外 32/内 27		外 40/内 34		外 50/内 42		外 63/内 53	
m³/h	L/s	流速	阻力	流速	阻力	流速	阻力	流速	阻力	流速	阻力	流速	阻力	流速	阻力
0.18	0.05	0.32	18.92												
0.216	0.06	0.39	28.11	0.30	13.91										
0.252	0.07	0.45	37.42	0.35	18.94										
0.288	0.08	0.52	49.97	0.40	24.74										
0.324	0.09	0.58	62.17	0.45	31.31										
0.36	0.10	0.65	78.08	0.50	38.65	0.29	9.06								
0.432	0.12	0.78	112.43	0.60	55.66	0.35	13.19								
0.504	0.14	0.91	153.03	0.70	75.75	0.40	17.23	0.24	4.44						
0.576	0.16	1.04	199.88	0.80	98.94	0.46	22.79	0.28	6.04						
0.648	0.18	1.17	252.97	0.90	125.23	0.52	29.12	0.31	7.41	0.20	2.27				
0.72	0.20	1.30	312.31	1.00	154.6	0.58	36.23	0.35	9.44	0.22	2.74				
0.9	0.25	1.62	484.99	1.25	241.56	0.72	55.83	0.44	14.93	0.28	4.45				
1.08	0.30	1.95	702.7	1.49	343.23	0.87	81.52	0.52	20.85	0.33	6.17	0.22	2.07		
1.26	0.35	2.27	952.26	1.74	468.07	1.01	109.82	0.61	28.69	0.39	8.62	0.25	2.68		
1.44	0.40	2.60	1249.25	1.99	612.23	1.16	144.92	0.70	37.78	0.44	10.98	0.29	3.60		
1.62	0.45	2.92	1575.68	2.24	775.72	1.30	182.01	0.79	48.12	0.50	14.18	0.32	4.38	0.20	1.26
1.8	0.50	3.25	1951.95	2.49	958.54	1.44	223.33	0.87	58.36	0.55	17.15	0.36	5.55	0.23	1.66
2.16	0.60			2.99	1382.14	1.73	322.34	1.05	85.00	0.66	24.70	0.43	7.91	0.27	2.29
2.52	0.70			3.48	1872.27	2.02	439.46	1.22	114.76	0.77	33.62	0.51	11.13	0.32	3.22
2.88	0.80					2.31	574.7	1.40	151.12	0.88	43.91	0.58	14.40	0.36	4.07
3.24	0.90					2.60	728.05	1.57	190.04	0.99	55.57	0.65	18.08	0.41	5.28
3.6	1.00					2.89	899.52	1.75	236.12	1.10	68.61	0.72	22.19	0.45	6.36
4.32	1.20					3.18	1089.11	1.92	284.22	1.21	83.01	0.79	26.71	0.50	7.85
4.68	1.30							2.10	340.01	1.32	98.79	0.87	32.40	0.54	9.16
5.04	1.40							2.27	397.29	1.43	115.95	0.94	37.82	0.59	10.93
5.4	1.50							2.45	462.79	1.54	134.47	1.01	43.66	0.63	12.46
5.76	1.60							2.80	604.46	1.76	175.63	1.16	57.59	0.73	16.73
6.12	1.70							2.97	680.09	1.87	198.27	1.23	64.75	0.77	18.62
6.48	1.80							3.15	765.02	1.98	222.29	1.30	72.33	0.82	21.11
6.84	1.90									2.09	247.43	1.37	80.33	0.86	23.22
7.2	2.00									2.20	274.43	1.44	88.75	0.91	26.00
7.56	2.10									2.31	302.56	1.52	98.89	0.95	28.34
7.92	2.20									2.42	332.06	1.59	108.20	1.00	31.40

流量 Q		管 道 直 径/mm													
		外 18/内 14		外 20/内 16		外 25/内 21		外 32/内 27		外 40/内 34		外 50/内 42		外 63/内 53	
m³/h	L/s	流速	阻力	流速	阻力	流速	阻力	流速	阻力	流速	阻力	流速	阻力	流速	阻力
8.28	2.30									2.53	362.93	1.66	117.94	1.04	33.96
8.64	2.40									2.64	395.18	1.73	128.10	1.09	37.31
9	2.50									2.75	428.79	1.81	140.22	1.13	40.09
9.36	2.60									2.87	467.03	1.88	151.27	1.18	43.72
9.72	2.70									2.98	503.52	1.95	162.75	1.22	46.74
10.08	2.80									3.09	541.38	2.02	174.64	1.27	50.65
10.44	2.90											2.09	188.95	1.32	54.71
10.8	3.00											2.17	201.54	1.36	58.08
11.52	3.20											2.31	228.39	1.45	66.02
12.24	3.40											2.46	259.01	1.54	74.47
12.96	3.60											2.60	289.33	1.63	83.43
13.68	3.80											2.74	321.33	1.72	92.89
14.4	4.00											2.89	357.47	1.81	102.87
15.12	4.20											3.03	392.94	1.9	113.35
15.84	4.40													2.00	125.60
16.56	4.60													2.09	137.16
17.28	4.80													2.18	149.23
18	5.00													2.27	161.80
18.72	5.20													2.36	174.89
19.44	5.40													2.45	188.48
20.16	5.60													2.54	202.58
20.88	5.80													2.63	217.19
21.6	6.00													2.72	232.31

注　表内流速的单位为 m/s，阻力的单位为 m/1000m 管长。

表 4-21　　　　　　小口径钢管水力计算表（YB 234—83）

流量 Q		公 称 直 径/mm														
		15		20		25		32		40		50		70		100	
m³/h	L/s	流速	阻力	流速	阻力	流速	阻力	流速	阻力	流速	阻力	流速	阻力	流速	阻力	流速	阻力
0.36	0.1	0.58	98.50														
0.72	0.2			0.62	72.70	0.38	21.30										
1.44	0.4			1.24	263.00	0.75	74.80	0.42	17.90	0.32	9.00						
2.16	0.6					1.13	159.0	0.63	37.30	0.48	18.40	0.28	5.16				
2.88	0.8							0.84	63.20	0.64	31.40	0.38	8.52				

流量 Q		公 称 直 径/mm															
		15		20		25		32		40		50		70		100	
m³/h	L/s	流速	阻力	流速	阻力	流速	阻力	流速	阻力	流速	阻力	流速	阻力	流速	阻力	流速	阻力
3.60	1.0							1.05	95.70	0.80	47.30	0.47	12.90	0.28	3.76		
4.32	1.2									0.95	66.30	0.56	18.00	0.34	5.18		
5.04	1.4									1.11	88.40	0.66	23.70	0.40	6.83		
5.76	1.6									1.27	114.00	0.75	30.40	0.45	8.70		
6.48	1.8											0.85	37.80	0.51	10.70		
7.20	2.0											0.94	46.00	0.57	13.00	0.23	1.47
10.80	3.0											1.41	99.80	0.85	27.40	0.35	2.98
14.40	4.0													1.13	46.80	0.46	5.01
18.00	5.0													1.42	72.30	0.58	7.49
21.60	6.0															0.69	10.50
25.20	7.0															0.81	13.90

注 表内流速的单位为 m/s，阻力的单位为 m/1000m 管长。

表 4‑22　　　　　　　**铸铁管水力计算表（YB 427—64）**

流量 Q		公 称 直 径/mm							
		75		100		125		150	
m³/h	L/s	流速	阻力	流速	阻力	流速	阻力	流速	阻力
1.8	0.5								
3.6	1.0								
5.4	1.5	0.35	4.8						
7.2	2.0	0.46	8.0						
10.8	3.0	0.70	16.7	0.39	4.0				
14.4	4.0	0.93	28.4	0.52	6.7				
18.0	5.0	1.16	43.0	0.65	10.0	0.41	3.3		
21.6	6.0	1.39	61.5	0.78	14.0	0.50	4.6		
25.2	7.0	1.63	83.7	0.91	18.0	0.58	6.1		
28.8	8.0	1.86	109.0	1.04	23.9	0.66	7.8	0.46	3.1
32.4	9.0			1.17	29.9	0.75	9.6	0.52	3.9
36.0	10.0			1.30	36.5	0.83	11.7	0.57	4.7
39.6	11.0			1.43	44.2	0.91	14.0	0.63	5.6
43.2	12.0			1.56	52.6	0.99	16.4	0.69	6.6
46.8	13.0			1.69	61.7	1.08	19.0	0.75	7.6
50.4	14.0			1.82	71.6	1.16	21.9	0.80	8.7
57.6	16.0					1.32	2.8	0.92	11.1

流量 Q		公 称 直 径/mm							
		75		100		125		150	
m³/h	L/s	流速	阻力	流速	阻力	流速	阻力	流速	阻力
64.8	18.0					1.49	35.9	1.03	13.9
75.0	20.0					1.66	44.3	1.15	16.9
79.2	22.0					1.82	53.6	1.26	20.2
86.4	24.0							1.38	24.1
93.6	26.0							1.49	28.3
100.8	28.0							1.61	32.8
108.0	30.0							1.72	37.7
115.2	32.0							1.84	42.8

注　表内流速的单位为 m/s，阻力的单位为 m/1000m 管长。

局部水头损失计算公式为

$$h_j = \sum \zeta \frac{v^2}{2g} \qquad (4-32)$$

式中　v——管中流速，m/s；

ζ——局部阻力系数，查表 4-23 取得。

表 4-23　　　　　局 部 阻 力 系 数 表

管件名称与变化形式			阻力系数
弯头		标准铸铁 90°弯头	20
		标准铸铁 45°弯头	10
		标准可锻铸铁 90°弯头	50
异径管		渐缩，由大口流向小口	10
		渐放，由小口流向大口	5
等径三通	转弯	由中口向直管流水（用中口流速计算）	75
		由直管向中口流水（用直管流速计算）	75
		由中口向直管两头同时流水（用直管流速计算）	75
		两头直管同时向中口流水（用中口流速计算）	150
	直流	中口不进水不出水	5
		中口同时进水（用管件后流速计算）	40
		中口同时出水（用管件前流速计算）	40
进口（流出水池，突然缩小）			25
出口（流入水池，突然扩大）			50
闸阀（全开）			5
闸阀（半开）			100
滤水网（无底阀）			150
滤水网（有底阀）			300

一船可取局部水头损失为沿程水头损失的 5%～10%，或将管件的局部阻力损失折成等直径的圆管当量长度表示。

（四）输水管道的水力计算方法及步骤

从水源到小村镇水厂或工业企业自备水厂的输水管设计流量，应按最高日平均时供水量加自用水量确定。当远距离输水时，输水管的设计流量应计入管网泄露损失水量。

向管网输水的管道设计流量，当管网内有调节构筑物时，应按最高日最高时用水条件下，由水厂所负担供应的水量确定；当无调节构筑物时，应按最高日最高时供水量确定。

输水管的基本任务是保证不间断输水。多数用户特别是工业企业不允许断水，甚至不允许减少水量，因此，输水管须平行敷设两条或敷设一条输水管同时建有相当容量的蓄水池，以备输水管发生故障时不致中断供水。

输水管的计算就是要确定管径、水头损失以及输水管的分段数，输水管应和管网同时平差。

发生事故时，为保证通过事故要求的水量，应当将平行的输水管分成几段，每段有连通管连接，如发生事故，只关闭损坏的一段而不是将输水管的全部管线关掉，那么，供水量不致减少过多，分段数越多，减少的水量越少。

输水管分段数计算的原则是根据输水管损坏时流量的变化。输水管与水泵是联合工作的，当正常工作时，泵站及输水管的水头损失之和为某定值，水泵的供水量即是所要求的水量，如输水管有一段损坏，则水头损失增加，使水泵的总扬程升高、水泵出水量减小，此时，水泵所供的流量要满足事故时所要求的流量。计算所得的事故时的流量与正常流量比，即为事故时所要保证的百分数，以此来检验输水管的分段数是否恰当。

1. 重力供水时的压力输水管

水源在高地时（例如取用蓄水库水时），若水源水位和水厂内处理构筑物水位的高差足够，可利用水源水位向水厂重力输水。

设计时，水源输水量 Q 和位置水头 H 为已知，可据此选定管渠材料、大小和平行工作的管线数，水管材料可根据计算内压和埋管条件决定。平行工作的管渠条数，应从可靠性要求和建造费用两方面来比较。如用一条管渠输水，则发生事故时，在修复期内会完全停水，但如增加平行管渠数，则当其中一条损坏时，虽然可以提高事故时的供水量，但是建造费用将增加。

以下研究重力供水时，由几条平行管线组成的压力输水管系统，在事故时所能供应的流量。设水源水位标高为 Z，输水管输水至水处理构筑物，其水位为 Z_0，这时水位差 $H = Z - Z_0$ 称位置水头。该水头用以克服输水管的水头损失。

假定输水量为 Q，平行的输水管线为 n 条，则每条管线的流量为 $\frac{Q}{n}$，设平行管线的直径和长度相同，则该系统的水头损失为

$$h = S\left(\frac{Q}{n}\right)^2 = \frac{S}{n^2}Q^2 \qquad (4-33)$$

式中　S——每条管线的摩擦阻力。

当一条管线损坏时，该系统中其余 $n-1$ 条管线的水头损失为

$$h_a = S\left(\frac{Q_a}{n-1}\right)^2 = \frac{S}{(n-1)^2}Q_a^2 \qquad (4-34)$$

式中　Q_a——管线损坏时须保证的流量或允许的事故流量。

因为重力输水系统的位置水头已定，正常时和事故时的水头损失都应等于位置水头，即 $h = h_a = Z - Z_0$。但是正常时和事故时输水系统的摩擦阻力却不相等，即 $s \neq s_a$，由式（4-33）、式（4-34）得事故时流量为

$$Q_a = \left(\frac{n-1}{n}\right)Q = \alpha Q \qquad (4-35)$$

平行管线数为 $n=2$ 时，则 $\alpha = 0.5$，这样事故流量只有正常供水量的一半。如只有一条输水管，则 $Q_a = 0$，即事故时流量为零，不能保证不间断供水。

实际上，为提高供水可靠性，常采用简单而造价增加不多的方法，即在平行管线之间用连接管相接。当管线某段损坏时，无需整条管线全部停止工作，而只需用阀门关闭损坏的一段进行检修，采用这种措施可以提高事故时的流量。图 4-11（a）表示有连接管时两条平行管线正常工作时的情况。图 4-11（b）表示一段损坏时的水流情况。设平行管线数为 2，连接管数为 2，则正常工作时水头损失为

$$h_a = S\left(\frac{Q_a}{2}\right)^2 \times 2 + S\left(\frac{Q_a}{2-1}\right)^2 = \left(\frac{S}{2} + S\right)Q_a^2 = \frac{3}{2}SQ_a^2 \qquad (4-36)$$

因此，事故时和正常工作时的流量之比为

$$\frac{Q_a}{Q} = \alpha = \sqrt{\frac{3/4}{3/2}} = 0.7 \qquad (4-37)$$

按照《城市供水管网漏损控制及评定标准》（CJJ 92—2002）中的事故用水量规定：其为设计水量的 70%，即 $\alpha = 0.7$，所以为保证输水管损坏时的事故流量，应敷设两条平行管线，并用两条连接管将平行管线分成 3 段。

图 4-11　重力输水系统

（a）正常工作时；（b）事故时

图 4-12　水泵和输水管特性曲线

2. 水泵供水时的压力输水管

水泵供水时，流量 Q 受到水泵扬程的影响。同样，输水量变化也会影响输水管起点的水压。由此，水泵供水时的实际流量，应由水泵特性曲线 $H_p = f(Q)$ 和输水管特性曲线 $H_0 + \sum h = f(Q)$ 求出。

图 4-12 表示水泵特性曲线 $Q-H_p$ 和输水管特性曲线 $Q-\sum h$ 的联合工作情况，Ⅰ 为输水管正常工作时的 $Q-\sum h$ 特性曲线，Ⅱ 为事故时的 $Q-\sum h$ 特性曲线。

当输水管任一段损坏时，阻力增大，使曲线的交点从正常工作时的 b 点移到 a 点，与 a 点相对应的横坐标即表示事故时流量 Q_a。水泵供水时，为保证管线损坏时的事故流量，输水管的分段数计算方法如下：

设输水管接入水塔，这时，输水管损坏只影响进入水塔的水量，直至水塔放空无水时，才影响管网用水量。

输水管 $Q-\sum h$ 特性方程表示为

$$H = H_0 + (S_p + S_d)Q^2 \tag{4-38}$$

设两条不同直径的输水管用连接管分成 n 段，则任一段损坏时的水泵扬程为

$$H_a = H_0 + \left(S_p + S_d - \frac{S_d}{n} + \frac{S_1}{n}\right)Q_a^2 \tag{4-39}$$

式中　H——正常工作时水泵的总扬程，m；

　　　H_a——事故情况时水泵的总扬程，m；

　　　H_0——水泵静扬程，等于水塔水面与泵站吸水井水面的高差，m；

　　　S_p——泵站内部管线的摩擦阻力；

　　　S_d——两条输水管的当量摩擦阻力；

　　　S_1——每条输水管的摩擦阻力；

　　　n——输水管分段数，输水管之间只有一条连接管时，分段数为 2，其余依次类推；

　　　Q——正常工作时流量；

　　　Q_a——事故情况时流量。

两条输水管的当量摩擦阻力 S_d 可按下式计算：

$$\frac{1}{\sqrt{S_d}} = \frac{1}{\sqrt{S_1}} + \frac{1}{\sqrt{S_2}}$$

$$S_d = \frac{S_1 S_2}{\left(\sqrt{S_1} + \sqrt{S_2}\right)^2} \tag{4-40}$$

式 (4-39) 中忽略了连通管的阻力，因两条输水管相距较近，且连通管管径较大，所产生的损失较小，故予以忽略。

在正常情况下水泵特性曲线方程为

$$H_p = H_b - SQ^2 \tag{4-41}$$

事故情况下，输水管任意一段损坏时，水泵的特性曲线方程为

$$H_a = H_b - SQ_a^2 \tag{4-42}$$

式中　H_p——水泵扬程；

　　　Q——水泵流量；

　　　H_b——水泵流量为零时的扬程；

　　　Q_a——事故时水泵的流量；

　　　S——水泵的摩擦阻力。

解联立方程式（4-38）和式（4-41），得正常情况时水泵的输水量：

$$Q=\sqrt{\frac{H_b-H_0}{S+S_p+S_d}} \qquad (4-43)$$

解联立方程式（4-39）和式（4-42），得事故情况时水泵的输水量：

$$Q_a=\sqrt{\frac{H_b+H_0}{S+S_p+S_d+(S_1-S_d)\dfrac{1}{n}}} \qquad (4-44)$$

由式（4-43）和式（4-44），得事故时和正常时的流量比例为

$$\alpha=\frac{Q_a}{Q}=\sqrt{\frac{S+S_p+S_d}{S+S_p+S_d+(S_1-S_d)\dfrac{1}{n}}} \qquad (4-45)$$

按事故用水为设计水量的 70%，即 $\alpha=0.7$ 的要求，为保证事故用水量所需的分段数为

$$n=\frac{(S_1-S_d)\alpha^2}{(S+S_p+S_d)(1-\alpha^2)}=\frac{0.96(S_1-S_d)}{S+S_p+S_d} \qquad (4-46)$$

【例 4-2】　某小城镇从水源泵站到水厂敷设两条铸铁输水管，每条输水管长度为 12400m，管径分别为 250mm 和 300mm，如图 4-13 所示。水泵特性曲线方程为

$$H_p=141.3-0.0026Q^2$$

图 4-13　输水管分段计算

泵站内部管线的摩擦阻力为 $S_p=0.00021$，管径为 250mm 和 300mm 的输水管摩擦阻力分别为 $S_1=0.034\text{m}\cdot\text{s}^2/\text{L}^2$ 和 $S_2=0.013\text{m}\cdot\text{s}^2/\text{L}^2$。

假定 DN300mm 输水管的一段损坏，试求事故流量为 70% 设计水量时的分段数，以及事故时和正常工作时的流量比。

解：两条输水管的当量摩擦阻力为

$$S_d=\frac{0.013\times0.034}{(\sqrt{0.013}+\sqrt{0.034})^2}=0.005(\text{m}\cdot\text{s}^2/\text{L}^2)$$

分段数为

$$n=\frac{(0.034-0.005)\times0.7^2}{(0.0026+0.00021+0.005)(1+0.7^2)}=3.6$$

设分成 4 段，即 $n=4$，得事故时的流量为

$$Q_a=\sqrt{\frac{141.3-40.0}{0.0026+0.00021+0.005+(0.034-0.005)\times\dfrac{1}{4}}}=82.0(\text{L/s})$$

正常工作时流量为

$$Q=\sqrt{\frac{141.3-40.0}{0.0026+0.00021+0.005}}=113.9(\text{L/s})$$

事故时和正常工作时的流量比为

$$\alpha = \frac{82.0}{113.9} = 0.72$$

大于规定的 $\alpha = 0.7$ 的要求。

（五）配水管网水力计算方法及步骤

配水管网水力计算的目的在于，通过科学计算，确定管网各节点流量、水压，各管段流量、管径，并进一步确定水塔的高度和水泵的扬程。由此可见，配水管网水力计算的过程也是配水管网设计的过程，通过这个过程不仅可以保证管网建成后能安全可靠的运行，为管网各用户提供所需的水量和水压，而且也可保证整个给水系统运行于经济状态。

1. 树状管网的水力计算

树状管网是村镇给水系统最常应用的管网形式，其水力计算比较简单，主要原因是树状管网中每一管段的流量容易确定，而且管网中每一管段有唯一的管段流量。树状管网水力计算的步骤和方法简述如下：

（1）根据管网最高日最高时用水量和管网布置情况计算管网比流量，并进一步确定各节点的节点流量。

（2）根据管网节点流量和各管段的相互联系，进行管网的流量分配确定各管段的计算流量。

（3）选定离供水水泵或水塔较远或地形较高的点为控制点，控制点到供水水泵或水塔的管线为管网干线，根据干线上各管段的管段计算流量和经济流速选定其管径。

（4）控制点的地面标高加上该点的服务水头得控制点水压标高，在此基础上，加上各管段的水头损失得到干管管线上各节点的水压标高。

（5）将干线上各管段的水头损失相加求出干线的总水头损失，进而求得水泵的设计扬程和水塔高度。

（6）干管管线计算后，可得到干线上各节点包括接出支线处节点的水压标高（节点处地面标高加计算出的自由水压），因此在计算支管线时，其起点水压标高已知，而支管线终点的水压标高等于终点的地面标高与其最小服务水头之和。支管线起点和终点的水压标高差为支管线中的水流提供了克服水头损失的能量，它除以支管线总长度，得到支管线水力坡度（单位管线长度上的水压降），再根据支管线每一管段的流量并参照此水力坡度选定支管线各管段采用的标准管径。一般要求支管线每管段的水力坡度（由所选管径确定）小于整个支管线的水力坡度。

【例 4-3】　某村镇用水人口 5.5 万人，最高日用水量定额为 150L/（人·d），各节点要求的最小服务水头为 16m，管网采用 24h 供水，节点 4 接某工厂，该工厂工业用水量为 400m³/d，两班工作制，时变化系数 $K_时 = 1.6$。该镇地形平坦，地面标高为 5m，管网布置如图 4-14 所示。试确定管网各管段的管径，各节点水头（水

图 4-14　树状管网计算图（单位：m）

压标高）和水塔高度及水泵扬程。

解：（1）管网总用水量。最高日生活用水量：

$$55000 \times 0.15 = 8250(m^3/d) = 95.48(L/s)$$

工业用水量：

$$400/16 = 25(m^3/h) = 6.94(L/s)$$

（2）管网设计用水量。要求配水管网在最高日最高时仍能满足用户的水量要求，故应以最高日最高时的用水量作为管网的设计用水量，故设计用水量为

$$95.48 \times 1.6 + 6.94 = 159.71(L/s)$$

（3）计算比流量、节点流量和沿线流量。管线总长 $\sum l = 3025m$，集中流量为 6.94L/s

$$q_s = (159.71 - 6.94)/(3025 - 600) = 0.063[L/(m \cdot s)]$$

其中 600m 为不配水的干管长度。

表 4 - 24   沿 线 流 量 计 算 表

管段号	管段长度/m	管段沿线流量/(L/s)
0～1	300	$300 \times 0.063 = 18.9$
1～2	150	$150 \times 0.063 = 9.45$
2～3	250	$250 \times 0.063 = 15.75$
1～4	450	$450 \times 0.063 = 28.35$
4～8	650	$650 \times 0.063 = 40.95$
4～5	230	$230 \times 0.063 = 14.49$
5～6	190	$190 \times 0.063 = 11.97$
6～7	205	$205 \times 0.063 = 12.92$

（4）进行流量分配，确定各管段计算流量。

（5）选定管网控制点，并计算干管水头损失。

因该镇用水区地形平坦，故控制点选在离泵站最远的节点8，其节点水头为 $5+16=21(m)$。

表 4 - 25   节 点 流 量 计 算 表

节点标号	节 点 流 量/(L/s)
0	$0.5 \times 18.9 = 9.45$
1	$0.5 \times (18.9 + 9.45 + 28.35) = 28.35$
2	$0.5 \times (9.45 + 15.75) = 12.6$
3	$0.5 \times 15.75 = 7.88$
4	$0.5 \times (28.35 + 40.95 + 14.49) + 6.94 = 48.84$
5	$0.5 \times (14.49 + 11.97) = 13.23$
6	$0.5 \times (11.97 + 12.92) = 12.45$
7	$0.5 \times 12.92 = 6.46$
8	$0.5 \times 40.95 = 20.48$

表 4 - 26　　　　　　　　　　　　　管 段 计 算 流 量 表

管段标号	管段计算流量/(L/s)
6～7	6.46
5～6	6.46＋12.45＝18.91
4～5	6.46＋12.45＋13.23＝32.14
4～8	20.48
1～4	(6.46＋12.45＋13.23)＋20.48＋48.84＝101.46
2～3	7.88
1～2	7.88＋12.6＝20.48
0～1	101.46＋20.48＋28.35＝150.29

　　根据各管段计算流量和经济流速选定各管段管径，并进行水力计算。管材选用铸铁管，沿程水头损失按舍维列夫公式计算。

$$h_f = 0.001736 \frac{Q^2}{D^{5.3}} L \qquad (4-47)$$

式中　h_f——沿程水头损失，m；

　　　　Q——管段计算流量，m^3/s；

　　　　D——管径，m；

　　　　L——管段长度，m。

　　局部水头损失取沿程水头损失的 10% 计算。

表 4 - 27　　　　　　　　　　　　　干 管 水 力 计 算 表

管段编号	管段流量/(L/s)	选用管径/mm	沿程水头损失/m	总水头损失/m
水塔～0	159.74	450	1.83	2.01
0～1	150.29	450	0.81	0.89
1～4	101.46	400	1.03	1.14
4～8	20.48	200	2.40	2.64

　　（6）干管上各节点的水压标高。

　　节点 8：21m

　　节点 4：21＋2.64＝23.64（m）

　　节点 1：23.64＋1.14＝24.78（m）

　　节点 0：24.78＋0.89＝25.67（m）

　　水塔：25.67＋2.01＝27.68（m）

　　（7）支管线的允许水力坡度及其水力计算。

　　1～3 支管线的允许水力坡度：(24.78－16－5)/(150＋250)＝0.00945

　　4～7 支管线的允许水力坡度：(23.64－16－5)/625＝0.004224

　　选择支管管径和选择干管线管段管径不同，选择时除了考虑经济流速和管段流量外，最重要的是应保证支管线的水头损失小于允许水头损失，即实际采用的水力坡度小于等于允许的水力坡度。

表 4 - 28　　　　　　　　　　支 管 线 水 力 计 算 表

管段编号	计算流量/(L/s)	选用管径/mm	水力坡度	水头损失/m
1～2	20.48	200	0.0036	0.553
2～3	7.88	150	0.0025	0.63
4～5	32.14	250	0.0028	0.64
5～6	18.91	200	0.00315	0.60
6～7	6.46	150	0.00166	0.34

（8）确定水塔高度和水泵扬程。根据水塔高度和水泵扬程的计算式可得

水塔高度 $H_t = 22.68\text{m}$

水泵设计扬程 $H = 29.98\text{m}$

根据水泵的设计流量 159.71L/s，即 574.96m³/h，可选用 3 台型号为 IB150—125—315 的离心泵，其扬程为 32m，单台泵流量为 200m³/h。

2. 环状管网的水力计算

（1）环状管网计算原理。在环状管网中，节点流量已知时，为满足供水要求，通过管网各管段的流量可以有许多流量分配的方案，这是因为管网各环不仅包括串联管路，而且也包括并联管路，如改变一条管段的管径，则所有管段的流量随之改变。

计算环网时，各管段的管径和流量皆为未知数，为了求出这些未知数，就要找出必要数量的方程式。根据环网水流运动的规律，能够得到环网计算两个必须满足的基本条件，由此列出求解这些未知数的方程式：

1）流入任意节点的各管段流量之和等于自该节点流出的各管段流量之和再加上节点流量。设流量流离节点为正，流入节点为负，即 $q_i + \sum q_{ij} = 0$。

2）在环网的任一闭合环内各管段水头损失的代数和等于零。设水头损失顺时针方向为正，逆时针方向为负，即 $\sum h_{ij} = 0$ 或 $\sum s_{ij} q_{ij}^n = 0$。

根据环网计算的两个基本条件，在闭合环网内每一个节点都有一个方程式，即 $q_i + \sum q_{ij} = 0$（节点流量平衡）；而每一个闭合环也有一个方程式，即 $\sum h_{ij} = 0$（环网管路水头平衡）。但节点流量平衡最后一个方程式 $q_i + \sum q_{ij} = 0$，不是独立方程式，可以由其他方程式组合而来，因而节点流量平衡方程式的数目比节点数少 1，所以环网可以建立方程式的数目等于环数加上节点数减 1。

设 P 表示管段数，J 表示节点数（包括泵站、水塔等水源节点），L 表示环数，无论管网有任何形状，下列的关系是不变的，即

$$P = J + L - 1 \tag{4-48}$$

上式的关系是欧拉根据凸多边形的顶、面和边线理论推导而来的，即在一个环状管网中，管段数等于环数加节点数减 1。

例如图 4-15 所示为一个六环的管网 q_i、其沿线流量设在各节点流量为 q_{ij}，管网中水流方向如图所示。

在此情况下，节点数 $J = 8$，管段数 $P = 13$，$L = 6$，按式（4-48）得

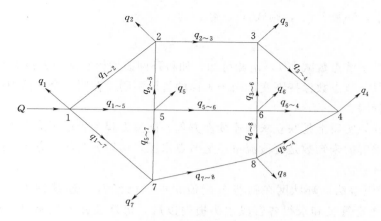

图 4-15 环网计算

$$P = J + L - 1 = 8 + 6 - 1 = 13$$

所以可写出 7 个 $q_i + \sum q_{ij} = 0$ 的方程式：

节点 1 $\qquad -Q + q_{1\sim2} + q_{1\sim5} + q_{1\sim7} + q_1 = 0$

节点 2 $\qquad\qquad\qquad -q_{1\sim2} - q_{2\sim5} + q_{2\sim3} + q_2 = 0$

$$\cdots\cdots \qquad \cdots\cdots$$

节点 7 $\qquad\qquad\qquad -q_{1\sim7} - q_{5\sim7} + q_{7\sim8} + q_7 = 0$

还可以写出 6 个 $\sum h_{ij} = 0$ 或 $\sum s_{ij} q_{ij}^n = 0$ 的方程式：

环 I $\qquad s_{1\sim2} q_{1\sim2}^2 - s_{2\sim5} q_{2\sim5}^2 - s_{1\sim5} q_{1\sim5}^2 = 0$

环 II $\qquad s_{2\sim5} q_{2\sim5}^2 + s_{2\sim3} q_{2\sim3}^2 - s_{3\sim6} q_{3\sim6}^2 - s_{5\sim6} q_{5\sim6}^2 = 0$

$$\cdots\cdots \qquad \cdots\cdots$$

环 VI $\qquad s_{6\sim8} q_{6\sim8}^2 + s_{6\sim4} q_{6\sim4}^2 - s_{8\sim4} q_{8\sim4}^2 = 0$

上题可列出 7 个节点方程式和 6 个环方程式，总计为 13 个方程式，13 个管段，13 个未知数，本题可解。

管网计算时，节点流量、管段长度、管径和阻力系数等为已知，需要求解的是管网各管段的流量或水压，所以 P 个管段就有 P 个未知数。由式（4-48）可知，环状网计算时必须列出了 $J+L-1$ 个方程，才能求出 P 个流量。

又如图 4-16 所示的管网，在高峰供水时，泵站 1 和水塔 9 同时向管网供水，可视为多水源环状网。泵站 1 和水塔 9 都是节点，计算时可增加虚管段 0~1 和 0~9，构成虚环，这样就将多水源的管网改为只由虚节点 0 供水的单水源管网。可以看出，所增加的虚环数等于增加的虚管段数减 1。这样该环状网共有 14 条管段（包括 2 条虚管段），10 个节点（包括虚节点 0）和 5 个环（其中一个为虚环），仍满足式（4-48）的关系。

图 4-16 多水源管网

在树状网中，环数 $L=0$，则式（4-48）为

$$P = J - 1 \qquad\qquad (4-49)$$

即管段数等于节点数减去 1，由此可知，如将环网改为树状网即去掉 L 个管段，每个环去掉一个管段，节点数保持不变。由于去掉的管段不同，在同一个环网中可以转化为几种形式的树状管网。

给水管网计算实质上是联立求解连续性方程、能量方程和管段压降方程。在管网水力计算时，根据求解的未知数是管段流量还是节点水压，可以分为解环方程、解节点方程和解管段方程 3 种方法。

1）环方程组解法。环状网在初步分配流量时，已经符合连续性方程 $q_i + \sum q_{ij} = 0$ 的要求。但在选定管径和求得各管段水头损失以后，每环往往不能满足 $\sum h_{ij} = 0$ 或 $\sum s_{ij} q_{ij}^n = 0$ 的要求。因此解环方程的环状网计算过程，就是在按初步分配流量确定的管径基础上，重新分配各管段的流量，反复计算，直到同时满足连续性方程组和能量方程组为止，这一计算过程称为管网平差。换言之，平差就是求解 $J-1$ 个线性连续性方程组和 L 个非线性能量方程组，以得出 P 个管段的流量。一般情况下，不能用直接法求解非线性能量方程组，而须用逐步近似法求解。解环方程有多种方法，现在最常用的解法是哈代-克罗斯法，此法与洛巴切夫法相同。原理如下：L 个非线性能量方程可表示为

$$\left.\begin{array}{l}\sum (s_{ij} q_{ij}^n)_1 = 0 \\[2pt] \sum (s_{ij} q_{ij}^n)_2 = 0 \\[2pt] \cdots \\[2pt] \sum (s_{ij} q_{ij}^n)_L = 0 \end{array}\right\} \qquad (4-50)$$

或表示为

$$\left.\begin{array}{l} F_1(q_1, q_2, q_3, \cdots, q_h) = 0 \\[2pt] F_2(q_g, q_{g+1}, \cdots, q_j) = 0 \\[2pt] \cdots \\[2pt] F_L(q_m, q_{m+1}, \cdots, q_p) = 0 \end{array}\right\} \qquad (4-51)$$

式中　1、2、…、L——环编号；

　　　h、g、m、j、p——管段 ij 的编号。

方程数等于环数，即每环一个方程，它包括该环的各管段流量，但是式（4-51）方程组包含了管网中的全部管段流量。函数 F 有相同形式的 $\sum s_{ij} |q_{ij}|^{n-1} q_{ij}$ 项，两环公共管段的流量同时出现在两邻环的方程中。

求解的过程是，分配流量得各管段的初步流量 $q_{ij}^{(0)}$ 值，分配时须满足节点流量平衡的要求，由此流量按经济流速选定管径。

然后对初步分配的管段流量 $q_{ij}^{(0)}$ 增加校正流量 Δq_i（i 为环编号）。再将 $q_{ij}^{(0)} + \Delta q_i$ 代入式（4-51）中计算，目的是使管段流量逐步趋近于实际流量。

代入得

$$F_1\big[q_1^{(0)}+\Delta q_1,q_2^{(0)}+\Delta q_2,\cdots,q_h^{(0)}+\Delta q_h\big]=0$$
$$F_2\big[q_g^{(0)}+\Delta q_g,q_{g+1}^{(0)}+\Delta q_{g+1},\cdots,q_j^{(0)}+\Delta q_j\big]=0$$
$$\cdots$$
$$F_L\big[q_m^{(0)}+\Delta q_m,q_{m+1}^{(0)}+\Delta q_{m+1},\cdots,q_p^{(0)}+\Delta q_p\big]=0$$

将函数 F 展开，略去高阶无穷小，保留线性项得

$$F_1\big[q_1^{(0)},q_2^{(0)},\cdots,q_h^{(0)}\big]+\Big(\frac{\partial F_1}{\partial q_1}\Delta q_1+\frac{\partial F_1}{\partial q_2}\Delta q_2+\cdots+\frac{\partial F_1}{\partial q_h}\Delta q_h\Big)=0$$
$$F_2\big[q_g^{(0)},q_{g+1}^{(0)},\cdots,q_j^{(0)}\big]+\Big(\frac{\partial F_2}{\partial q_g}\Delta q_g+\frac{\partial F_2}{\partial q_{g+1}}\Delta q_{g+1}+\cdots+\frac{\partial F_2}{\partial q_j}\Delta q_j\Big)=0 \qquad (4-52)$$
$$\cdots$$
$$F_L\big[q_m^{(0)},q_{m+1}^{(0)},\cdots,q_p^{(0)}\big]+\Big(\frac{\partial F_L}{\partial q_m}\Delta q_m+\frac{\partial F_L}{\partial q_{m+1}}\Delta q_{m+1}+\cdots+\frac{\partial F_L}{\partial q_p}\Delta q_p\Big)=0$$

式（4-52）中的第一项和式（4-51）形式相同，只是用流量 $q_{ij}^{(0)}$ 代替 q_{ij}，因为两者都是能量方程，所以均表示各环在初步分配流量时的管段水头损失代数和，或称为闭合差 $\Delta h^{(0)}$：

$$\sum h_i^{(0)}=\sum s_{ij}\mid q_{ij}^{(0)}\mid^{n-1}q_{ij}^{(0)}=\Delta h_i^{(0)}$$

式中　i——环编号，闭合差 $\Delta h^{(0)}$ 越大，说明初步分配流量和实际流量相差越大。

式（4-52）中，未知量是校正流量 $\Delta q_i(i=1，2，\cdots，L)$，它的系数是 $\frac{\partial F_i}{\partial q_{ij}}$，即相应环对管段流量的偏导数。按初步分配的流量 $q_{ij}^{(0)}$，相应系数为 $ns_{ij}\big[q_{ij}^{(0)}\big]^{n-1}$。

由上求得的是 L 个线性的 Δq_i 方程组，而不是 L 个非线性的方程组。

$$\Delta h_1+ns_1\big[q_1^{(0)}\big]^{n-1}\Delta q_1+ns_2\big[q_2^{(0)}\big]^{n-1}\Delta q_2+\cdots+ns_h\big[q_h^{(0)}\big]^{n-1}\Delta q_h=0$$
$$\Delta h_2+ns_g\big[q_g^{(0)}\big]^{n-1}\Delta q_g+ns_{g+1}\big[q_{g+1}^{(0)}\big]^{n-1}\Delta q_{g+1}+\cdots+ns_j\big[q_j^{(0)}\big]^{n-1}\Delta q_j=0 \qquad (4-53)$$
$$\cdots$$
$$\Delta h_L+ns_m\big[q_m^{(0)}\big]^{n-1}\Delta q_m+ns_{m+1}\big[q_{m+1}^{(0)}\big]^{n-1}\Delta q_{m+1}+\cdots+ns_p\big[q_p^{(0)}\big]^{n-1}\Delta q_p=0$$

综上所述，管网计算的任务是解 L 个线性方程，每一方程表示一个环的校正流量，求解的是满足能量方程时的校正流量 Δq_i。由于初步分配流量时已经符合连续性方程，所以求解以上线性方程组时必然同时满足 $J-1$ 个连续性方程。此后即可采用迭代法求解，但是环数很多的管网，计算是繁琐的。

为了求解式（4-53）的线性方程组，哈代-克罗斯和洛巴切夫同时提出了各环的管段流量用校正流量 Δq_i 调整的迭代方法，现以图 4-17 的四环管网为例，说明解环方程组的方法。

图 4-17　环状网的校正流量计算

设节点流量已确定，各管段分配的流量 q_{ij} 已拟定，根据 q_{ij} 求得了所有管段的管径 D_{ij}

及摩擦阻力 s_{ij} 皆为已知。取水头损失公式 $h=sq^n$ 中的 $n=2$，可写出 4 个能量方程，以求解 4 个未知的校正流量 Δq_{I}、Δq_{II}、Δq_{III}、Δq_{IV}。

在初步分配流量求出所有管段的水头损失后，就可以计算环中闭合差的数值 Δh_i；

$$\left.\begin{aligned}
\Delta h_{\text{I}} &= s_{1\sim2}q_{1\sim2}^2 + s_{2\sim5}q_{2\sim5}^2 - s_{4\sim5}q_{4\sim5}^2 - s_{1\sim4}q_{1\sim4}^2 \\
\Delta h_{\text{II}} &= s_{2\sim3}q_{2\sim3}^2 + s_{3\sim6}q_{3\sim6}^2 - s_{5\sim6}q_{5\sim6}^2 - s_{2\sim5}q_{2\sim5}^2 \\
\Delta h_{\text{III}} &= s_{4\sim5}q_{4\sim5}^2 + s_{5\sim8}q_{5\sim8}^2 - s_{7\sim8}q_{7\sim8}^2 - s_{4\sim7}q_{4\sim7}^2 \\
\Delta h_{\text{IV}} &= s_{5\sim6}q_{5\sim6}^2 + s_{6\sim9}q_{6\sim9}^2 - s_{8\sim9}q_{8\sim9}^2 - s_{5\sim8}q_{5\sim8}^2
\end{aligned}\right\} \tag{4-54}$$

为了使每环的闭合差 $\Delta h=0$，就必须校正环内各管段的流量分配，校正流量虽为 Δq，其方向和 Δh 的方向相反，校正后应使 $\Delta h=0$；在引入校正流量后，各环的闭合差应近于零。即

$$\left.\begin{aligned}
\Delta h_{\text{I}}' &= s_{1\sim2}(q_{1\sim2}+\Delta q_{\text{I}})^2 + s_{2\sim5}(q_{2\sim5}+\Delta q_{\text{I}}-\Delta q_{\text{II}})^2 - s_{4\sim5}(q_{4\sim5}-\Delta q_{\text{I}}+\Delta q_{\text{III}})^2 \\
&\quad - s_{1\sim4}(q_{1\sim4}-\Delta q_{\text{I}})^2 = 0 \\
\Delta h_{\text{II}}' &= s_{2\sim3}(q_{2\sim3}+\Delta q_{\text{II}})^2 + s_{3\sim6}(q_{3\sim6}+\Delta q_{\text{II}})^2 - s_{5\sim6}(q_{5\sim6}-\Delta q_{\text{II}}+\Delta q_{\text{I}})^2 \\
&\quad - s_{2\sim5}(q_{2\sim5}-\Delta q_{\text{II}}+\Delta q_{\text{I}})^2 = 0 \\
\Delta h_{\text{III}}' &= s_{4\sim5}(q_{4\sim5}+\Delta q_{\text{III}}-\Delta q_{\text{I}})^2 + s_{5\sim8}(q_{5\sim8}+\Delta q_{\text{III}}-\Delta q_{\text{IV}})^2 - s_{7\sim8}(q_{7\sim8}-\Delta q_{\text{III}})^2 \\
&\quad - s_{4\sim7}(q_{4\sim7}-\Delta q_{\text{III}})^2 = 0 \\
\Delta h_{\text{IV}}' &= s_{5\sim6}(q_{5\sim6}+\Delta q_{\text{IV}}-\Delta q_{\text{II}})^2 + s_{6\sim9}(q_{6\sim9}+\Delta q_{\text{IV}})^2 - s_{8\sim9}(q_{8\sim9}-\Delta q_{\text{IV}})^2 \\
&\quad - s_{5\sim8}(q_{5\sim8}-\Delta q_{\text{IV}}+\Delta q_{\text{III}})^2 = 0
\end{aligned}\right\} \tag{4-55}$$

将式（4-55）按二项式定理展开，并略去 Δq_i^2 及（$\Delta q_k \Delta q_m$）项，整理后得方程如下：

$$\left.\begin{aligned}
&(s_{1\sim2}q_{1\sim2}^2 + s_{2\sim5}q_{2\sim5}^2 - s_{4\sim5}q_{4\sim5}^2 - s_{1\sim4}q_{1\sim4}^2) + 2(s_{1\sim2}q_{1\sim2} + s_{2\sim5}q_{2\sim5} - s_{4\sim5}q_{4\sim5} - s_{1\sim4}q_{1\sim4})\Delta q_{\text{I}} \\
&\quad - 2s_{2\sim5}q_{2\sim5}\Delta q_{\text{II}} - 2s_{4\sim5}q_{4\sim5}\Delta q_{\text{III}} = 0 \\
&(s_{2\sim3}q_{2\sim3}^2 + s_{3\sim6}q_{3\sim6}^2 - s_{5\sim6}q_{5\sim6}^2 - s_{2\sim5}q_{2\sim5}^2) + 2(s_{2\sim3}q_{2\sim3} + s_{3\sim6}q_{3\sim6} - s_{5\sim6}q_{5\sim6} - s_{2\sim5}q_{2\sim5})\Delta q_{\text{II}} \\
&\quad - 2s_{2\sim5}q_{2\sim5}\Delta q_{\text{I}} - 2s_{5\sim6}q_{5\sim6}\Delta q_{\text{IV}} = 0 \\
&(s_{4\sim5}q_{4\sim5}^2 + s_{5\sim8}q_{5\sim8}^2 - s_{7\sim8}q_{7\sim8}^2 - s_{4\sim7}q_{4\sim7}^2) + 2(s_{4\sim5}q_{4\sim5} + s_{5\sim8}q_{5\sim8} - s_{7\sim8}q_{7\sim8} - s_{4\sim7}q_{4\sim7})\Delta q_{\text{III}} \\
&\quad - 2s_{4\sim5}q_{4\sim5}\Delta q_{\text{I}} - 2s_{5\sim8}q_{5\sim8}\Delta q_{\text{IV}} = 0 \\
&(s_{5\sim6}q_{5\sim6}^2 + s_{6\sim9}q_{6\sim9}^2 - s_{8\sim9}q_{8\sim9}^2 - s_{5\sim8}q_{5\sim8}^2) + 2(s_{5\sim6}q_{5\sim6} + s_{6\sim9}q_{6\sim9} - s_{8\sim9}q_{8\sim9} - s_{5\sim8}q_{5\sim8})\Delta q_{\text{IV}} \\
&\quad - 2s_{5\sim6}q_{5\sim6}\Delta q_{\text{II}} - 2s_{5\sim8}q_{5\sim8}\Delta q_{\text{III}} = 0
\end{aligned}\right\} \tag{4-56}$$

在式（4-56）中，各方程式第一个括号内的项就是首次分配流量时在每环中所得的闭合差（Δh_{I}、Δh_{II}、Δh_{III} 及 Δh_{IV}）。未知数 Δq_i 下的脚标是与环的编号相对应，Δq_i 系数式子是 $2\sum(s_{ij}q_{ij})$，式中 s_{ij} 及 q_{ij} 为相应于该环管段的摩擦阻力及分配的流量。把 Δh_i 及 $2\sum(s_{ij}q_{ij})$ 代入式（4-56）得

$$\left.\begin{aligned}
\Delta h_{\text{I}} + 2\sum(s_{ij}q_{ij})_{\text{I}}\Delta q_{\text{I}} - 2s_{2\sim5}q_{2\sim5}\Delta q_{\text{II}} - 2s_{4\sim5}q_{4\sim5}\Delta q_{\text{III}} &= 0 \\
\Delta h_{\text{II}} + 2\sum(s_{ij}q_{ij})_{\text{II}}\Delta q_{\text{II}} - 2s_{2\sim5}q_{2\sim5}\Delta q_{\text{I}} - 2s_{5\sim6}q_{5\sim6}\Delta q_{\text{IV}} &= 0 \\
\Delta h_{\text{III}} + 2\sum(s_{ij}q_{ij})_{\text{III}}\Delta q_{\text{III}} - 2s_{4\sim5}q_{4\sim5}\Delta q_{\text{I}} - 2s_{5\sim8}q_{5\sim8}\Delta q_{\text{IV}} &= 0 \\
\Delta h_{\text{IV}} + 2\sum(s_{ij}q_{ij})_{\text{IV}}\Delta q_{\text{IV}} - 2s_{5\sim6}q_{5\sim6}\Delta q_{\text{II}} - 2s_{5\sim8}q_{5\sim8}\Delta q_{\text{III}} &= 0
\end{aligned}\right\} \tag{4-57}$$

式 (4-57) 中得到方程的数目等于管网环数线性方程式的数目，所以可求出未知的修正流量 Δq_i。

为了进一步求出修正流量 Δq_i 值，就必须解具有 n 个未知数的 n 个线性方程组，当环数很多因而有很多方程式时，解这些方程式是很繁重的。因此，哈代-克罗斯和洛巴切夫运用以下的逐次近似法，来解所得到的方程式组。

如果忽视环与环之间的相互影响，即每环调整流量时，不考虑邻环的影响，在已得的方程式中，除了环的自由项 Δh_i 及与自由项脚标相同的修正流量 Δq_i 的项以外，其他各项均略去，这样，环网的研究就没有相邻环互相牵涉的关系。式 (4-57) 可以写成以下形式：

$$\left.\begin{aligned}
\Delta h_{\mathrm{I}} + 2\sum (s_{ij}q_{ij})_{\mathrm{I}}\,\Delta q_{\mathrm{I}} &= 0\\
\Delta h_{\mathrm{II}} + 2\sum (s_{ij}q_{ij})_{\mathrm{II}}\,\Delta q_{\mathrm{II}} &= 0\\
\Delta h_{\mathrm{III}} + 2\sum (s_{ij}q_{ij})_{\mathrm{III}}\,\Delta q_{\mathrm{III}} &= 0\\
\Delta h_{\mathrm{IV}} + 2\sum (s_{ij}q_{ij})_{\mathrm{IV}}\,\Delta q_{\mathrm{IV}} &= 0
\end{aligned}\right\} \tag{4-58}$$

在经过两次的逐次近似之后，可求出未知的校正流量值，其公式为

$$\left.\begin{aligned}
\Delta q_{\mathrm{I}} &= -\Delta h_{\mathrm{I}}/2\sum (s_{ij}q_{ij})_{\mathrm{I}}\\
\Delta q_{\mathrm{II}} &= -\Delta h_{\mathrm{II}}/2\sum (s_{ij}q_{ij})_{\mathrm{II}}\\
\Delta q_{\mathrm{III}} &= -\Delta h_{\mathrm{III}}/2\sum (s_{ij}q_{ij})_{\mathrm{III}}\\
\Delta q_{\mathrm{IV}} &= -\Delta h_{\mathrm{IV}}/2\sum (s_{ij}q_{ij})_{\mathrm{IV}}
\end{aligned}\right\} \tag{4-59}$$

首次求出的 Δq_i，是依据初步流量分配 q_{ij} 及其相应的 Δh_i。用这种求得的校正流量做第一次修正，就得到管网真实流量分配的第一步近似值，以后再用同一公式修正第一步的近似值，来决定第二次的 Δq_i。如第二次修正后流量仍没有把闭合差消除，那么，还应进行第三次修正，直至满足要求。

2）节点方程组解法。节点方程是用节点水压 H（或管段水头损失）表示管段流量 q 的管网计算方法。在计算之前，先拟定各节点的水压，此时已经满足能量方程 $\sum h_{ij}=0$ 的条件。管网平差时，使连接在节点 i 的各管段流量满足连续性方程，即 $J-1$ 个 $q_i+\sum s_{ij}^{-\frac{1}{2}}h_{ij}^{\frac{1}{2}}=0$ 的条件。

应用水头损失公式 $h_{ij}=s_{ij}q_{ij}^2$ 时，管段流量 q_{ij} 和水头损失 h_{ij} 之间的关系为

$$q_{ij}=s_{ij}^{-\frac{1}{2}}\,|\,h_{ij}\,|^{-\frac{1}{2}}h_{ij} \tag{4-60}$$

或

$$q_{ij}=s_{ij}^{-\frac{1}{2}}\,|\,H_i-H_j\,|^{-\frac{1}{2}}(H_i-H_j) \tag{4-61}$$

节点方程的解法是将式 (4-61) 代入 $J-1$ 个连续性方程中：

$$q_i+\sum q_{ij}=q_i+\sum\left(\frac{H_i-H_j}{s_{ij}}\right)^{\frac{1}{2}}=0 \tag{4-62}$$

并以节点 H_i 为未知量解方程得出各节点的水压。

这时，环中各管段的 h_{ij} 以及满足能量方程 $\sum h_{ij}=0$ 的条件，然后求出各管段的流量 q_{ij}，核算该环内各管段的节点流量 $q_i+\sum s_{ij}^{-\frac{1}{2}}h_{ij}^{\frac{1}{2}}$ 值是否等于零，如不等于零，则求出节点水压校正值 ΔH_i：

$$\Delta H_i = \frac{-2\Delta q_i}{\sum \dfrac{1}{\sqrt{s_{ij} h_{ij}}}} = \frac{-2(q_i + \sum q_{ij})}{\sum \dfrac{1}{\sqrt{s_{ij} h_{ij}}}} \tag{4-63}$$

当水头损失式为 $h = sq^n$ 时，节点的水压校正值为

$$\Delta H_i = \frac{-\Delta q_i}{\dfrac{1}{n} \sum (s_{ij}^{-\frac{1}{n}} h_{ij}^{-\frac{1}{n}})} \tag{4-64}$$

式中　Δq_i——任意节点的流量闭合差，负号表示初步拟定的节点水压使正向管段的流量过大。

求出各节点的水压校正值 ΔH_i 后，修改节点的水压，由修正后的 H_i 值求得各管段的水头损失，计算相应的流量，反复计算，以逐步接近真正流量和水头损失，直至满足连续性方程和能量方程为止。

应用哈代-克罗斯迭代法求解节点方程时，步骤如下：

Ⅰ. 根据泵站和控制点的水压标高，假定各节点的初始水压，所假定的水压越符合实际情况，则计算时收敛越快。

Ⅱ. 由 $h_{ij} = H_i - H_j$ 和 $q_{ij} = \left(\dfrac{h_{ij}}{s_{ij}}\right)^{\frac{1}{2}}$ 的关系式求得管段流量。

Ⅲ. 假定流向节点管段的流量和水头损失为负，离开节点的流量和水头损失为正，验算每一节点的管段流量是否满足连续性方程，即进出该节点的流量代数和是否等于零，如不等于零，则按式（4-63）求出校正水压 ΔH_i 值。

Ⅳ. 除了水压已定的节点外，按 ΔH_i 校正每一节点的水压，根据新的水压，重复上述步骤计算，直到所有节点的进出流量代数和达到预定的精确度为止。

3）管段方程组解法。管段方程组可用线性理论法求解，即将 L 个非线性的能量方程转化为线性方程组，方法是使管段的水头损失近似等于：

$$h = [s_{ij}(q_{ij}^{(0)})^{n-1}] q_{ij} = r_{ij} q_{ij} \tag{4-65}$$

式中　s_{ij}——水管摩擦阻力；

$q_{ij}^{(0)}$——管段的初始假设流量；

r_{ij}——系数。

因连续性方程为线性，将能量方程化为线性后，共计 $J + L - 1$ 个线性方程，即可用线性代数法求解。因为初始假设流量 $q_{ij}^{(0)}$ 一般并不等于待求的管段流量 q_{ij}，所得结果往往不会是精确解，所以必须将初始假设流量加以调整。设第一次调整后的流量为 $q_{ij}^{(1)}$，重新计算各管段的 s_{ij}，检查是否符合能量方程，如此反复计算，直到前后两次计算所得的管段流量之差小于允许误差时为止，即得 q_{ij} 的解。线性理论法不需要初始假设流量，第一次迭代时可设 $s_{ij} = r_{ij}$，即全部初始流量 $q_{ij}^{(0)}$ 可等于 1，经过二次迭代后，流量可采用以前二次解的 q_{ij} 平均值。

（2）环状管网计算。

1）哈代-克罗斯法。从式（4-59）可写出任意环的校正流量的通式：

$$\Delta q_i = -\frac{\Delta h_i}{2 \sum |s_{ij} q_{ij}|} \tag{4-66}$$

应注意，上式中 Δq_i 和本环的闭合差 Δh_i 的符号相反，Δh_i 是该环内各管段的水头损失代数和。

水头损失与流量为非平方关系时，即在 $n\neq2$ 时的情况下，校正流量公式为

$$\Delta q_i = -\frac{\Delta h_i}{n\sum|s_{ij}q_{ij}^{n-1}|} \tag{4-67}$$

上式中，分母总和项内是该环所有管段的 $s_{ij}q_{ij}$ 绝对值之和。

计算时，可在管网示意图上注明闭合差 Δh_i 和校正流量 Δq_i 的方向与数值。因为 Δq_i 和 Δh_i 的符号相反，所以闭合差 Δh_i 为正时，用顺时针方向的箭头表示，反之用逆时针方向的箭头表示。校正流量 Δq_i 的方向和闭合差 Δh_i 的方向相反。

如图 4-18 所示的管网，设初始分配流量求出的两环闭合差都是正的，即

$$\Delta h_{\mathrm{I}} = (h_{1\sim2}+h_{2\sim5})-(h_{1\sim4}+h_{4\sim5})>0$$

$$\Delta h_{\mathrm{II}} = (h_{2\sim3}+h_{3\sim6})-(h_{2\sim5}+h_{5\sim6})>0$$

在图 4-18 中，闭合差 Δh_{I} 和 Δh_{II} 用顺时针方向的箭头表示。因闭合差 Δh_{I} 的方向是正，则校正流量 Δq_i 的方向为负，在图上用逆时针方向的箭头表示。

图 4-18　两环管网的流量调整

校正流量为

$$\Delta q_{\mathrm{I}} = -\frac{\Delta h_{\mathrm{I}}}{2(s_{1\sim2}q_{1\sim2}+s_{2\sim5}q_{2\sim5}+s_{1\sim4}q_{1\sim4}+s_{4\sim5}q_{4\sim5})}$$

$$\Delta q_{\mathrm{II}} = -\frac{\Delta h_{\mathrm{II}}}{2(s_{2\sim3}q_{2\sim3}+s_{3\sim6}q_{3\sim6}+s_{2\sim5}q_{2\sim5}+s_{5\sim6}q_{5\sim6})}$$

调整管段的流量时，在环 I 内，因管段 1~2 和 2~5 的初始分配流量与 Δq_{I} 方向相反，须减去 Δq_{I}，管段 1~4 和 4~5 则加上 Δq_{I}；在环 II 内，管段 2~3 和 3~6 的流量须减去 Δq_{II}，管段 2~5 和 5~6 则加上 Δq_{II}，因公共管段 2~5 同时受到环 I 和 II 校正流量的影响，调整后流量为 $q_{2\sim5}=q_{2\sim5}-\Delta q_{\mathrm{I}}+\Delta q_{\mathrm{II}}$。由于初始分配流量时，已经符合节点流量平衡条件，即满足了连续性方程，所以每次调整流量时能自动满足此条件。

流量调整后，各环闭合差将减小，如仍不符合精度要求，应根据调整后的新流量求出新的校正流量，继续进行管网平差。在平差过程中，某一环的闭合差可能改变符号，即从顺时针方向改为逆时针方向，或相反。有时闭合差的绝对值反而增大，这是因为推导校正流量公式时，略去了 Δq_k^2 和 Δq_k、Δq_m 项以及各环相互影响的结果。

上述计算方法称哈代-克罗斯法，也称洛巴切夫法。具体计算过程见例题。它是最早和应用最广泛的管网分析方法，目前有一些计算机程序仍基于这一方法。

综上所述，可得解环方程组的步骤如下：

I. 根据小村镇的供水情况，拟定环状网各管段的水流方向，按每一节点满足 $q_i+\sum q_{ij}=0$ 的条件，并考虑供水可靠性要求分配流量，得初步分配的管段流量 $q_{ij}^{(0)}$。这里 i、j 表示管段两端的节点编号。

II. 由 $q_{ij}^{(0)}$ 计算各管段的摩擦阻力系数 s_{ij} 和水头损失 $h_{ij}^{(0)}$。

Ⅲ．假定各环内水流顺时针方向管段中的水头损失为正，逆时针方向管段中的水头损失为负，计算该环内各管段的水头损失代数和 $\sum h_{ij}^{(0)}$，如 $\sum h_{ij}^{(0)} \neq 0$，其差值即为第一次闭合差 $h_{ij}^{(0)}$。

如 $\sum h_{ij}^{(0)} > 0$，说明顺时针方向各管段中初步分配的流量多了些，逆时针方向管段中分配的流量少了些，反之，如 $\sum h_{ij}^{(0)} < 0$，则顺时针方向管段中初步分配的流量少了些，而逆时针方向管段中的流量多了些。

Ⅳ．计算每环内各管段的 $\left| s_{ij} q_{ij}^{(0)} \right|$ 及其总和 $\sum \left| s_{ij} q_{ij}^{(0)} \right|$，按式（4-66）求出校正流量。如闭合差为正，校正流量即为负，反之则校正流量为正。

Ⅴ．设图上的校正流量 Δq_1 符号以顺时针方向为正，逆时针方向为负。凡是流向和校正流量 Δq_1 方向相同的管段，加上校正流量，否则减去校正流量，据此调整各管段的流量，得第一次校正的管段流量：

$$q_{ij}^{(1)} = q_{ij}^{(0)} + \Delta q_s^{(0)} + \Delta q_n^{(0)} \tag{4-68}$$

式中　$\Delta q_s^{(0)}$——本环的校正流量；

　　　$\Delta q_n^{(0)}$——邻环的校正流量。

按此流量再行计算，如闭合差尚未达到允许的精度，再从第二步起按每次调整后的流量反复计算，直到每环的闭合差达到要求为止。手工计算时，每环闭合差要求小于 0.5m，且大环闭合差小于 1.0m。电算时，闭合差的大小可以达到任何要求的精度，但可考虑采用 0.01～0.05m。

【例 4-4】　某小村镇具有 7 个环的环状管网如图 4-19 所示，水塔位于水泵和管网之间，所以水由管网的一边输入，最高日最高时用水量为 612m³/h，其中工业企业等大用户用水量为 226.8m³/h，所需自由水头为 157kPa（16m 水柱）。

解：（1）求节点流量。最高时用水量 612m³/h，即 170L/s，其中大用户为 63L/s，分别在以下节点流出：节点 3，5.0L/s；节点 7，40.0L/s；节点 12，15.0L/s；节点 15，3.0L/s。管网各管段长度标注于图中，该镇全部地区人口密度、给水排水卫生设施相同，可认为所有管段具有同一的比流量。

$$q_s = \frac{170-63}{10700} = 0.01 [\text{L/(s·m)}]$$

据此流量计算管段沿线流量，再由沿线流量计算节点流量，计算结果见表 4-29。

表 4-29　　　　　　　　　　节点流量计算表

节点编号	1	2	3	4	5	6	7	8	9	10	11	12	13	14	15
节点流量 /(L/s)	6.5	6.5	5.0	11.0	6.0	8.5	5.0	6.5	5.0	10.5	5.5	10.5	8.0	6.5	6.0
集中流量 /(L/s)			5.0				40.0					15.0			3.0

（2）流量分配。根据用水情况，假定各管段的流向。因用水大户集中在节点 3、7、12 及 15，所以整个管网的供水方向应为由节点 1 以最短的途径供到这些节点，按每一节点水量平衡的条件（$q_i + \sum q_{ij} = 0$）进行管段流量分配，考虑两条干线 1—2—8—9—11—

12—13—7 与 1—10—15 大致平行，多分配些流量；考虑管段损坏时能够互换如 8—4—2 及 9—10 管段也多分配些流量，管段流量初步分配结果如图 4 - 19 所示。

图 4 - 19　环网计算（最高时用水）

（3）确定管径和水头损失。初步分配各管段的流量后，管径按界限流量确定。该小村镇的经济因素为 $f=0.8$，则单独管段的折算流量为

$$q_0 = \sqrt[3]{fq_{ij}} = 0.93q_{ij} \tag{4-69}$$

例如管段 1～2，折算流量为 $0.93 \times 110.5 = 102.8(L/s)$，从界限流量表得管径为 $DN400mm$（实际选用 $DN350mm$），管段 2～8，折算流量为 $0.93 \times 81.0 = 75.3(L/s)$，得管径为 $DN350mm$；至于干管之间的连接管管径，考虑到干管事故时，连接管中可能通过较大的流量以及消防流量的需要，将连接管 5～6 及 15～14 等的管径适当放大为 $DN150mm$。

按所求得的管径管段长度及分配的流量，可用公式：

$$h = alq^2 = sq^2 \tag{4-70}$$

计算水头损失。在平差计算的过程中大多数管段直径是不变的，所以管网各管的流量经过修正后，得出新的分配流量时，摩擦阻力 s 的数值仍然不变，也可通过查水力计算表求得水力坡度值 i，该值乘以管段长度即得管段的水头损失。水头损失除以流量即得 $s_{ij}q_{ij}$，可减少部分计算工作。

（4）管网平差。水力计算工作，可参考相关资料平差格式进行。计算时应注意两环之间的公共管段，以管段 2～8 为例，初步分配流量为 81.0L/s，但同时受到环Ⅰ和环Ⅱ校正流量的影响，环Ⅰ的第一次校正流量为 +0.2L/s，顺时针方向，校正流量方向和管段 2～8 的流向相同，环Ⅱ的第一次校正流量为 +0.3L/s，顺时针方向，校正流量方向和管段 2～8 的流向相反，因此第一次调整后的管段流量为：$81.0 + 0.2 - 0.31 = 80.89(L/s)$。

以上完成了管网的平差计算，还要继续进行下列工作：

（1）管网各节点自由水头和水压标高计算。首先选择管网的最不利点，由此点开始往泵站方向计算，但是有一点要注意，利用不同管段的水头损失所求得同一节点的水压标高的数值不同，这是因为有个闭合差 $\Delta h \neq 0$ 的缘故，可以将每环的闭合差分配到环的管段上，这样使 $\Delta h = 0$，不过这种差异较小，以实用的角度来说，不影响选泵，可以不必进行调整，计算方法同树状管网，将计算出来的水压标高、自由水头以及节点处的地面标高注在各节点上，如图 4-20 所示。

（2）绘制等水压线图。等水压线图可按水压标高绘制、也可按自由水头绘制，其绘制方法与绘制地形等高线相似，两节点间管径没有变化，水压高差等分管段长度以定出管段上的标高点，连接相同的标高点便给出等水压线图，如图 4-20 所示。

图 4-20 管网水压标高及自由水头等压线（单位：m）

等水压线图表明了在这种供水情况下管网水压分布的情况，根据它可以判断各处的水压是否满足要求，或者是过高还是过低，在水压线过密的地区，表示水头损失过快、管径偏小，应予调整。因此水压线对管网的运行、管理有很好的参考价值。

（3）水塔高度及水塔容积计算。有了管网平差的结果才能计算水塔高度、有了同时发生火灾处数，在水塔的水柜中加上消防用水的容积。水塔高度由距水塔较远且地形较高的控制点 7 确定。该点所需服务水压为 16m，地面标高为 102.6m。设水塔位于节点 1 处，地面标高为 104.3m，从水塔到控制点 7 的水头损失取 1—10—9—11—14—13—7 和 1—2—8—4—12—6—7 两条干线的平均值，因此水塔高度为

$$H_i = H_c + Z_c + h_n + Z_t = 16 + 102.6 + (2.52 + 1.7 + 3.7 + 1.88 + 3.77 + 1.56 + 1.48 + 1.59 + 3.8 + 2.74 + 2.62 + 2.5)/2 - 104.3 = 29.23(\text{m})$$

本例的水塔位置是在二级泵站和管网之间，它将管网和泵站分隔开来，形成水塔和管网联合工作而泵站和水塔联合工作的情况：在一天内的任何时刻，水塔供给管网的流量等于管网的用水量。管网水量的变化对泵站工作并无直接的影响，只有在用水量变化引起水

塔水位变动时，才对泵站供水情况产生影响。例如水塔的进水管接至水塔的水柜底部时，水塔水位变化就会影响水泵的工作情况，此时应按水泵特性曲线，对水泵流量的可能变化进行分析。

（4）水泵总扬程及总水量的计算。由管网最不利点开始，经管网和输水管算到二级泵站，求出水泵的总扬程及总水量，以备泵站选择水泵之用。管网有几种计算情况就应当有几组流量、扬程的数据。

本例题是前置水塔的情况，仅仅平差计算了最高时的情况，还有最高时加消防和事故时的情况必须进行校核计算，以求出在后两种情况下水泵的总扬程和总流量，发生事故时，由水泵满足设计的供水要求。

这两种校核情况是利用最高时计算出的管径，即管径不变、拟定节点流量和重新分配流量。在消防时，各节点上最高时的节点流量不变，再加上消防流量，根据火灾同时发生的次数，选择可能发生火灾的节点，在这些节点上各加一处消防流量，此后便重新分配流量，计算方法与上例相同。在重要管段上发生断管停水等重大事故时，可允许减少供水量如减到70%，在这种情况下，各节点的出流量可按最高时各节点出流量的70%出流，然后再进行流量分配和管网平差。

2）最大闭合差的环校正法（安德烈雪夫简化法）。安德烈雪夫简化法可不必逐环平差，而选择闭合差大的重点环或构成大环进行平差，因此，计算工作可以简化。

首先分析按初步流量分配所求得的管网各环闭合差的大小及方向，然后按选定的环路，进行流量修正，在那些过载的管段上减去一个校正流量，节点流量仍保持平衡。不同的闭合环其校正流量也应不同，有时需重复几次，逐步降低整个环网的闭合差，直到各环达到需要的精度为止。

a. 简化计算法原理。安德烈雪夫简化法虽然也可以用来逐环平差，但是多用来闭合差大的环重点平差和多环形成的大环平差。计算原理就是在闭合差 Δh 的数值超过允许值的环中，选择闭合差方向相同的各小环（基环）构成大环，大环的闭合差等于各小环的闭合差之和，如果对大环进行平差计算，那么，对小环也起了平差的作用，促使小环的闭合差缩小。

如图 4-21 所示两小环Ⅰ、Ⅱ和由小环构成的大环Ⅲ，环Ⅰ和环Ⅱ的闭合差方向相同，都是顺时针方向，可以得出小环和大环之间的关系：

$$\sum h_{\text{Ⅰ}} = h_{1\sim2} + h_{2\sim5} - (h_{1\sim4} + h_{4\sim5})$$

$$\sum h_{\text{Ⅱ}} = h_{2\sim3} + h_{3\sim6} - (h_{2\sim5} + h_{5\sim6})$$

$$\sum h_{\text{Ⅲ}} = h_{1\sim2} + h_{2\sim3} + h_{3\sim6} - (h_{1\sim4} + h_{4\sim5} + h_{5\sim6}) = \sum h_{\text{Ⅰ}} + \sum h_{\text{Ⅱ}}$$

图 4-21　闭合差方向相同的小环和大环　　图 4-22　闭合差方向相反的两个小环

大环Ⅲ的闭合差等于环Ⅰ与环Ⅱ闭合差之和。

因此，只要修正大环Ⅲ各管段的流量，即大环顺时针的管段减去校正流量，而在逆时针管段增加校正流量，使大环Ⅲ的闭合差减小，则小环Ⅰ、Ⅱ的闭合差都会随之降低。

如果不作大环平差，而作小环Ⅰ的平差，设环Ⅰ的校正流量为 Δq_{I}，那么，得到新的闭合差：

$$\sum h'_{\mathrm{I}} = \sum h_{\mathrm{I}} - 2\sum |sq|\Delta q_{\mathrm{I}} = \Delta h_{\mathrm{I}} - 2\sum |sq|\Delta q_{\mathrm{I}}$$
$$\sum h'_{\mathrm{II}} = -h_{2\sim5} + 2(sq)_{2\sim5}\Delta q_{\mathrm{I}} - h_{5\sim6} + h_{2\sim3} + h_{3\sim6}$$
$$= \sum h_{\mathrm{II}} + 2(sq)_{2\sim5}\Delta q_{\mathrm{I}} = \Delta h_{\mathrm{II}} + 2(sq)_{2\sim5}\Delta q_{\mathrm{I}}$$

由于两环的闭合差都是正号，可见环Ⅰ的闭合差下降，但环Ⅱ的闭合差反而增大。假设环Ⅰ和环Ⅱ的闭合差方向相反，如图 4 - 22 所示，小环与大环的闭合差如上推导，可以看出大环Ⅲ的闭合差等于环Ⅰ的闭合差与环Ⅱ的闭合差的差值。这时，如果校正大环各管段的流量，则会增加与大环闭合差异号的环Ⅱ的闭合差，同时减小与大环闭合差同号的环Ⅰ的闭合差。

如此看来，小环闭合差异号时不宜作大环平差，但是可作一个环的重点平差；如Ⅰ环作平差：

$$\sum h'_{\mathrm{I}} = \sum h_{\mathrm{I}} - 2\sum |sq|\Delta q_{\mathrm{I}} = \Delta h_{\mathrm{I}} - 2\sum |sq|\Delta q_{\mathrm{I}}$$
$$\sum h'_{\mathrm{II}} = -h_{2\sim5} + 2(sq)_{2\sim5}\Delta q_{\mathrm{I}} - h_{5\sim6} + h_{2\sim3} + h_{3\sim6}$$
$$= \sum h_{\mathrm{II}} + 2(sq)_{2\sim5}\Delta q_{\mathrm{I}} = -\Delta h_{\mathrm{II}} + 2(sq)_{2\sim5}\Delta q_{\mathrm{I}}$$

如图 4 - 22 所示，Δh_{I} 顺时针为正值，Δh_{II} 逆时针为负值，因为作了Ⅰ环平差，使Ⅱ环的闭合差也减小。

使用简化法平差计算时，应当注意将闭合差方向相同且数值相差不大的相邻小环构成大环，进行平差；如果环数较多的管网可能会形成几个大环，此时，应先计算闭合差最大的环。在简化法平差计算中，除运用大环平差外，还可用在闭合差方向不同的相邻环，选择其中闭合差较大的环进行平差，该环本身闭合差缩小，对其邻环的闭合差也会降低。

b. 校正流量值的计算。校正流量值可以按式（4 - 66）计算求出

$$\Delta q_i = -\frac{\Delta h_i}{2\sum |s_{ij}q_{ij}|}$$

因为在平差过程中，各闭合环的 $\sum |s_{ij}q_{ij}|$ 变化很小（这是由于 s_{ij} 不变，q_{ij} 在某个方向的管段增加，在另一方向的管段则减小），所以可以假定在每一个所考虑的闭合环内，在顺次进行的平差中存在着以下关系：

$$\frac{\Delta q_{\mathrm{I}}}{\Delta h_{\mathrm{I}}} = \frac{\Delta q'_{\mathrm{I}}}{\Delta h'_{\mathrm{I}}} = \frac{\Delta q''_{\mathrm{I}}}{\Delta h''_{\mathrm{I}}} \tag{4-71}$$

因此，可按式（4 - 66）拟定校正流量，进行试探性的平差，在决定了 Δh_{I} 和 Δq_{I} 之后，便可按上列比值求得下一次平差的校正流量值。

在闭合环上各管段的长度和管径相差不大的情况下，求修正流量可用下列简单公式计算：

$$\Delta q = -\frac{q_a \Delta h}{2\sum |h|} \tag{4-72}$$

式中　q_a ——闭合环路各管段流量的平均值；

Δh——闭合差，m；

$\sum|h|$——闭合环路上所有管段的水头损失的绝对值之和，m。

式（4-72）中的 $\sum|h|$ 可以写为

$$\sum|h| = \sum|s_{ij}q_{ij}^2|$$

上式各项中的 q_{ij}^2 设以 q_a 代表其中一个 q_{ij}，这是为了简化 $s_{ij}q_{ij}^2$ 而引进近似方法的计算，则得

$$\sum|h| = q_a \sum|s_{ij}q_{ij}| \tag{4-73}$$

校正流量值公式为

$$\Delta q = -\frac{\Delta h}{2\sum|s_{ij}q_{ij}|}$$

将等号右边分子分母各乘以 q_a，则得

$$\Delta q = -\frac{q_a \Delta h}{2q_a\sum|s_{ij}q_{ij}|} = -\frac{q_a \Delta h}{2\sum|h|} \tag{4-74}$$

应用简化法计算需要有一定的技巧与经验，手工计算较复杂的管网时，有经验的计算人员可用这种方法缩短计算时间。

3）多水源管网计算。前面讨论的内容，主要是单水源管网的计算方法。但是随着小村镇现代化水平的发展，由于用水量的增长，往往逐步发展成为多水源（包括泵站、水塔、高位水池等也看作是水源）的给水系统。多水源管网的计算原理虽然和单水源相同，但有其特点。因这时每一水源的供水量，随着供水区用水量、水源的水压以及管网中的水头损失而变化，从而存在各水源之间的流量分配问题。

由于小村镇地形和保证供水区水压的需要，水塔可能布置在管网末端的高地上，这样就形成对置水塔的给水系统。如图 4-23 所示的对置水塔系统，可以有两种工作情况：①最高用水时，因这时二级泵站供水量小于用水量，管网用水由泵站和水塔同时供给，即成为多水源管网，两者有各自的供水区，在供水区的分界线上水压最低，从管网计算结果，可得出两水源的供水分界线经过 8、12、5 等节点，如图 4-23 中虚线所示；②最大转输时，在一天内若干小时因二级泵站供水量大于用水量，多余的水通过管网转输入水塔储存，这时就成为单水源管网，不存在供水分界线。

图 4-23　对置水塔的工作情况
（a）最高用水时；（b）最大转输时

应用虚环的概念，可将多水源管网转化成为单水源管网。所谓虚环是将各水源与虚节

点，用虚线连接成环，如图 4-23 所示。它由虚节点 0（各水源供水量的汇合点）、该点到泵站和水塔的虚管段以及泵站到水塔之间的实管段（例如泵站—1—2—3—4—5—6—7—水塔的管段）组成。于是多水源的管网可看成是只从虚节点 0 供水的单水源管网。虚管段中没有流量，不考虑摩擦阻力，只表示按某一基准面算起的水泵扬程或水塔水压。

从上可见，两水源时可形成一个虚环，同理，三水源时可构成两个虚环，因此虚环数等于水源（包括泵站、水塔等）数减 1。

虚节点的位置可以任意选定，其水压可假设为零。从虚节点 0 流向泵站的流量 Q_p，即为泵站的供水量。在最高用水时，水塔也供水到管网，此时虚节点 0 到水塔的流量 Q_t，即为水塔供水量。最大转输时，泵站的流量为 Q_p'，经过管网用水后，以转输流量 Q_t' 从水塔经过虚管段流向虚节点 0。

最高用水时虚节点 0 的流量平衡条件为

$$Q_p + Q_t = \sum Q \qquad (4-75)$$

也就是各水源供水量之和等于管网的最高时用水量。

水压 H 的符号规定如下：流向虚节点的管段，水压为正，流离虚节点的管段，水压为负，因此由泵站供水的虚管段，水压 H 的符号常为负。最高用水时虚环的水头损失平衡条件为

$$-H + \sum h_p - \sum h_t - (-H_t) = 0 \qquad (4-76)$$

式中　H——最高用水时的泵站出水水压，m；

　　$\sum h_p$——从泵站到分界线上控制点的任一条管线的总水头损失，m；

　　$\sum h_t$——从水塔到分界线上控制点的任一条管线的总水头损失，m；

　　H_t——水塔的水位标高，m。

最大转输时的虚节点流量平衡条件为

$$Q_p' = Q_t' + \sum Q' \qquad (4-77)$$

式中　Q_p'——最大转输时的泵站供水量，L/s；

　　Q_t'——最大转输时进入水塔的流量，L/s；

　　$\sum Q'$——最大转输时管网用水量，L/s。

图 4-24　对置水塔管网的水头损失平衡条件
1—最高用水时；2—最大转输时

这时，虚环的水头损失平衡条件为（图 4-24）

$$-H' + \sum h' + H_t' = 0 \qquad (4-78)$$

式中　H'——最大转输时的泵站出水水压，m；

　　$\sum h'$——最大转输时从泵站到水塔的水头损失，m；

　　H_t'——最大转输时的水塔水位标高。

多水源环状网的计算考虑了泵站、管网和水塔的联合工作情况。这时，除了 $J-1$ 个节点 $q_i + \sum q_{ij} = 0$ 方程外，还有 L 个环的 $\sum s_{ij} q_{ij}^n = 0$ 方程和 $S-1$ 个虚环方程，S 为水源数。

管网平差计算时，虚环和实环看作是一个整体，即不分虚环和实环同时计算。闭合差和校正流量的计算方法和单水源管网相同，管网计算结果应满足下列条件：①进出每一节点的流量（包括虚流量）总和等于零，即满足连续性方程 $q_i + \sum q_{ij} = 0$；②每环（包括虚环）各管段的水头损失代数和为零，即满足能量方程 $\sum s_{ij} q_{ij}^n = 0$；③各水源供水至分界线处的水压应相同，就是说从各水源到分界线上控制点的沿线水头损失之差应等于水源的水压差，如式（4-76）和式（4-78）所示。

4）管网计算时的水泵特性方程。在管网计算中，一般用近似的抛物线方程表示水泵扬程 H 和流量 Q 的关系，称为水泵特性方程，如下：

$$H_p = H_b - sQ^2 \qquad (4-79)$$

式中　H_p——水泵扬程；

　　　H_b——水泵流量为 0 时的扬程；

　　　s——水泵摩擦阻力；

　　　Q——水泵流量。

为了确定 H_b 和 s 值，可在离心泵特性曲线上的高效率范围内任选两点，例如图 4-25 中的 1、2 两点，将 Q_1、Q_2、H_1、H_2 和流量为零时的扬程 H_b 值代入式（4-79）中，得

$$H_1 = H_b - sQ_1^2$$
$$H_2 = H_b - sQ_2^2$$

解得：
$$s = \frac{H_1 - H_2}{Q_2^2 - Q_1^2} \qquad (4-80)$$

$$H_b = H_1 + sQ_1^2 = H_2 + sQ_2^2 \qquad (4-81)$$

图 4-25　求离心泵特性方程

当几台离心泵并联工作时，应绘制并联水泵的特性曲线，据以求出并联时的 H_b 和 s 值。

【例 4-5】 最高用水时多水源管网计算。

某小村镇给水管网由两泵站和水塔供水。全村镇地形平坦，地面标高按 15.00m 计。设计水量为 50000m³/d，最高时用水量占最高日用水量的 5.92%，即 822L/s。节点流量如图 4-26 所示。要求的最小服务水头为 24m。

解：节点和管段编号见图 4-26，迭代精度为 0.01m，根据有关计算机程序得出的电算结果见表 4-30。

表 4-30　　　　　　　　　　　多水源管网计算结果

节点或管段编号	流量/(L/s)	速度/(m/s)	水头损失/m	自由水压/m
[1]	152.074	0.77	1.751	33.83135
[2]	52.8492	0.75	3.422	32.08014
[3]	−135.1793	0.69	−0.708	28.65798
[4]	304.7244	1.08	1.299	29.36617
[5]	62.4247	0.50	0.878	32.53239

续表

节点或管段编号	流量/(L/s)	速度/(m/s)	水头损失/m	自由水压/m
[6]	105.5282	0.84	3.032	31.20241
[7]	91.4212	0.73	2.734	25.62625
[8]	171.3195	0.87	1.330	26.63252
[9]	73.7377	1.04	5.576	30.10113
[10]	−32.6511	0.46	−1.006	28.51755
[11]	84.7067	0.67	2.431	24.05737
[12]	78.5064	1.11	2.685	27.27201
[13]	13.2171	0.42	1.569	34.64651
[14]	−7.3299	0.23	−0.639	30.35598
[15]	34.1067	0.48	1.584	27.40000
[16]	69.4130	0.98	4.460	
[17]	−23.1698	0.74	−3.215	
[18]	−66.0008	0.53	−0.128	
[19]	−246.5000	1.26	−0.815	
[20]	−246.5000	1.26	−0.815	
[21]	−262.9998	1.34	−0.990	

注　管段流量 ij 如从小编号节点 i 流向大编号 j 时为正，反之则为负。例如管段 [3] 的水流方向从节点 4 流到节点 3，所以流量前冠以负号。

图 4-26　最高用水时多水源管网计算（单位：长度为 m；管径为 mm）

管网计算时已将用水量折算成从节点流出的节点流量，所以各水源的供水分界线必须通过节点。从图 4-26 可以看出，供水分界线通过节点 3、7、11。在分界线处，管网的压力最低，而在 3 个节点中，节点 11 的压力最低，为 24m，因此可以保证控制点所需的最小服务水头。

东厂流量为 263.0L/s，水压为 30.36m，选用 10SA—6J 水泵 3 台，其中 1 台备用。西厂出水管 2 条，总流量为 493.0L/s，水压为 34.65m，选用 105A—6J 水泵 4 台，其中 1 台备用，水塔水柜底高度为 27.4m。

5）管网的核算条件。管网的管径和水泵扬程，按设计年限内最高日最高时的用水量和水压要求决定。但是用水量是发展的也是经常变化的，为了核算所定的管径和水泵能否满足不同工作情况下的要求，就需进行其他水量条件下的计算，以确保经济合理供水。通过核算，有时需将管网中个别管段的直径适当放大，也有可能需要另选合适的水泵。

管网的核算条件如下：

a. 消防时的流量和水压要求。消防时的管网核算，是以最高时用水量确定的管径为基础，然后按最高用水时另行增加消防时的管段流量和水头损失。计算时只是在控制点另外增加一个集中的消防流量，如按照消防要求同时有两处失火时，则可从经济和安全等方面考虑。将消防流量一处放在控制点，另一处放在离二级泵站较远或靠近大用户和工业企业的分点处。虽然消防时比最高用水时所需服务水头要小得多，但因消防时通过管网的流量增大，各管段的水头损失相应增加，按最高用水时确定的水泵扬程有可能不够消防时的需要，这时须放大个别管段的直径，以减小水头损失。个别情况下因最高用水时和消防时的水泵扬程相差很大，须设专用消防泵供消防时使用。

b. 最大转输时的流量和水压要求。设对置水塔的管网，在最高用水时，由泵站和水塔同时向管网供水，但在一天内抽水量大于用水量的一段时间里，多余的水经过管网送入水塔内储存，因此这种管网还应按最大转输时流量来核算，以确定水泵能否将水送入水塔。核算时节点流量须按最大转输时的用水量求出。因节点流量随用水量的变化成比例的增减，所以最大转输时的各节点流量可按下式计算：

$$最大转输时节点流量 = \frac{最大转输时用水量}{最高时用水量} \times 最高用水时该节点的流量$$

然后按最大转输时的流量进行分配和计算，平差方法和最高用水时相同。

c. 最不利管段发生故障时的事故用水量和水压要求。管网主要管线损坏时必须及时检修，在检修时间内供水量允许减少。一般按最不利管段损坏而需断水检修的条件，核算事故时的流量和水压是否满足要求。至于事故时应有的流量，在小村镇为设计用水量的 70%，工业企业的事故流量按有关规定。

经过核算不能符合要求时，应在技术上采取措施。如当地给水管理部门有较强的检修力量，损坏的管段能迅速修复，且断水产生的损失较小时，事故时的管网核算要求可适当降低。

【例 4-6】　最大转输时管网核算。

最大转输时的管网计算流量，等于最高日内二级泵站供水量与用水量之差为最大值的 1h 流量。根据该小村镇的用水量变化规律，得最大转输时的流量为 246.7L/s，转输时的节点流量如图 4-27 所示。

本例题主要核算按最高用水时选定的水泵扬程能否在最大转输时供水到水塔，以及此

图 4-27　最大转输时多水源管网计算

时进水塔的流量。

解：根据虚环概念用手工计算，虚节点为 0，3 条虚管段分别从虚节点向两泵站及水塔连接，虚管段的流量和水压符号规定如图 4-20 所示。水塔的水位标高为 5（地面标高 27.0m，从地面到水塔水面的高度 27.0m）。

按最高用水时选定的离心泵特性曲线方程为

$$H_p = 39.0 - 0.000117Q^2$$

泵站的水压等于水泵扬程 H_p 加吸水井水面标高（西厂水面标高为 33.0m，东厂为 30.0m），即

西厂　　　　　　　$Z_2 + H_2 = 33.0 + (39.0 - 0.000117Q^2)$

东厂　　　　　　　$Z_1 + H_1 = 30.0 + (39.0 - 0.000117Q^2)$

图 4-27 的计算结果显示，经过多次校正后，各环闭合差已满足要求。最大转输时西厂供水量为 216.2L/s，东厂供水量为 87.1L/s，转输到水塔的水量为 56.6L/s，从西厂到水塔的管线水头损失平均为

$$0.21 + (0.37 + 0.70 + 1.11 + 3.43 + 10.40 + 0.74 + 1.55$$
$$- 0.15 + 1.30 + 11.96)/2 + 0.24 = 16.16(\text{m})$$

西厂泵站输入水塔所需扬程为

$$54.0 + 16.16 = 70.16(\text{m})$$

实际扬程为

$$Z_2 + H_2 = 33.0 + (39.0 - 0.000117Q^2) = 33.0 + (39.0 - 0.000117 \times 108.1^2) = 70.63(\text{m})$$

经过核算，东厂和西厂按最高用水时选定的水泵，在最大转输时都可以供水到水塔。

二、优化设计方法

（一）输水管网管线布设优化设计

对输水管网而言，优化目标可是以下 3 种条件之一：①管网线路最短；②总投资最少；③在一定运行时期内效益最好。

在以上 3 种优化目标中可以认为管网线路最短和使用工程总投资最省目标是一致的。管网在一定运行时期内效益最好，一般是在工程设计中考虑到所建工程的运用年限，力争在有效运用时期内使工程获取最大的效益或工程投资回收年限最短。对于管网工程总投资最少，由于一般工程建设时间较短，所以多采用静态法进行投资估算，然后进行比较。对管网在一定运行期内效益最好的管网建设方案比较，由于要涉及工程运用的一定使用年限，一般计算时期较长，所以应采用动态法进行投资计算。

管网管线布设优化计算是在方案的各管段投资或管线长度已经计算完毕后进行的。管网线路优化计算，是典型的动态规划法求解的问题。动态规划法其基本原理是美国数学家贝尔曼（R.Bellman）提出的"最优化原理"。动态规划法求解最优化问题是将所研究的事物，根据时间和空间特性，将其发展或演变过程分为若干阶段，而且在每一个阶段都可做出某种决策，从而使整个过程取得最优的效果，这样一种求解过程为多阶段决策过程。所有多阶段决策过程，都可以看作是阶段、状态和决策以及它们之间的相互关联的综合。

介绍动态法的书籍很多，动态规划法可解决各种各样的问题，但动态规划法的常规计算方法多数要通过编制程序，由计算机来完成计算。针对农业供水工程，通常输水管线方案较少，且问题较单一的特点，现仅通过实例介绍一种简便、实用，同时也满足动态规划法最优化原理的求解方法——标号法。

【例 4-7】 如图 4-28 所示，现要由水源地 1（取水点），引水到用水点 10（即供水点）。在输水途中将经过三级中转站，第一级中转站可以在地点 2、3、4 中任选一点，第二级中转站可以在地点 5、6、7 中任选一点。任何两个地点之间的管道铺设长度表示在图 4-28 中接点连线上。现拟选择一点由水源 1 到用水点 10 的最短输水线路。

我们可以按由起始点到第一级中转站和相邻的各中转站将此问题划分成 4 个阶段：如图 4-28 所示。

图 4-28 可能输水路径（单位：m）

在介绍标号法求解方法之前，首先了解一下最优化原理。最优化原理为作为整个过程的最优策略（即选择）具有这样的性质，即不论初始状态和初始决策（即方案的确定）如何，对于初始决策所构成的状态来说，其余留的所有决策，必须构成一个最优策略。标号法，其求解过程完全遵循最优化原理，该方法是在每个节点上方的括号内用数字表示该点到最终点（10）的最少投资。直线连接的点表示该点到最终点（10）的最优路线。图中双线表示由取水点 1 到终点 10 的最短线路。

标号法计算步骤如下：

（1）现标出离终点最近的一段（即第 4 段）。由 8、9 点到 10 点分别只有唯一线路、则可将线段上数字分别写在该点上方的括号内。

（2）在标下一段（即第 3 段）时正要标号的某点到该标号的各点的线段上，分别加上已标号点括号内的数字，且取其最小者，这就是某点到终点 10 的最短距离。将距离数字填入对应点上方括号内，并且连线将对应两接点连接起来，表示某点到终点的最短路线，其余非最短距离的支路就被舍去了。被舍去的支路，在下一段计算时就不起作用了。

（3）继续按逆推过程计算，一直计算到初始点（1 点），该节点上方的括号内数字即为引水点（1 点）到供水点（10 点）的最短线路长度。

此处采用标号法，是从后向前标号的，该求解过程称逆序解法。

对于最优线路问题，由于它两端都是固定的，且线路上的数字表示的两点间的距离是不变的，所以该问题也可以采用从前向后逐步计算并标号的方法，称作顺序解法。经计算证明，两种计算方法其结果是相同的。下面采用逆序解法求解［例 4-7］。

解： 首先画出优化计算的全部节点位置，见图 4-29。

（1）先分别在节点 8、9 上方括号内标出第 4 阶段节点 8、9 到终点 10 的管线距离数字和所经路线，如图 4-29 所示。

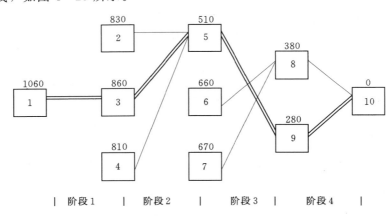

图 4-29 标号法管线布设优化计算图

（2）计算第三阶段节点 5、6、7 到节点 10 的距离，然后取其最小者填入节点上方括号内，并绘出相关路线。具体计算过程为取计算节点到前一相关节点线路数据再加上前一节点上方括号内数据。

节点 5：
$$L_{5\sim10} = \begin{Bmatrix} 210+380 \\ 230+280 \end{Bmatrix} = 510(\mathrm{m})$$

节点 6：
$$L_{6\sim10} = \begin{Bmatrix} 350+380 \\ 380+280 \end{Bmatrix} = 660(\mathrm{m})$$

节点 7：
$$L_{7\sim10} = \begin{Bmatrix} 290+380 \\ 400+280 \end{Bmatrix} = 670(\mathrm{m})$$

最短路线为：5→9→10，距离为 510m。

最短路线为：6→9→10，距离为 660m。

最短路线为：7→8→10，距离为 67m。

第三阶段结果也标在图 4-29 中。见第三阶段，即 5、6、7 节点处。

（3）分别计算第二阶段节点 2、3、4 到节点 10 的距离，并取最小者填入对应节点上方括号内。计算过程与第 2 步相同，结果填入图 4-29 中。

（4）继续采用上述方法，求节点 1 到 10 的距离。其结果为 $L_{1\sim10} = 1060\mathrm{m}$。

最短路线 1→3→5→9→10，距离为 1060m。将结果标在图 4-29 中，并将全程最短路线画成双实线。节点 1 上方括号内的数据即为最短距离。

（二）树状给水管网系统优化设计

树状给水管网一般投资较小，广泛用于村镇供水，在工矿企业给水系统建设初期，一般也采用树状管网，以后随着用水规模的不断扩大，由树状管网逐步发展成为环状管网。

树状管网形式较多，不同的形式具有不同的特点，其适用条件也不相同。当水源位置较高时，可采用重力树状管网系统，这种系统工程投资和运行费较低。在大多数情况下采用泵站加压管网系统供水，这类系统按照在系统中是否设置水塔，又可分为无水塔泵站加压管网系统和有水塔泵站加压管网系统。设置水塔的目的是调节管网中的流量和压力，不但可缩短二级泵站工作时间，降低泵站的设计流量；又可保证系统所需的水压。水塔一般布置在高处或用水量较为集中的区域，以降低工程投资，根据水塔在管网系统中的位置，可分为网前水塔管网系统、网中水塔管网系统和对置水塔管网系统。

树状给水管网优化设计的目的就是在保证各节点所需的压力和流量条件下，寻求系统最经济的设计方案。针对农村供水的特点，就单水源重力树状管网和单水源泵站加压树状管网的优化设计来进行阐述。

1. 单水源重力树状管网优化设计

对于单水源树状给水管网，当节点流量确定后，可根据节点流量平衡方程计算各管段流量，因此这类管网设计计算较为简单。

单水源重力管网优化设计要解决的问题是：在保证管网各节点所需流量和服务水压的条件下，确定系统中各管段尺寸的最优值，使管网投资最小。

（1）优化设计数学模型。

1）目标函数。按照管道不冲不淤流速确定备选管径组后，以重力树状管网投资最小为目标函数。

$$\min P = \sum_{i=1}^{N} \sum_{j=1}^{M(i)} C_{ij} x_{ij} \qquad (4-82)$$

式中　P——重力树状管网投资，元；

N——管段数；

$M(i)$——第 i 管段的备选管径数；

C_{ij}——第 i 管段中的第 j 种标准管径管道单价，元/m；

x_{ij}——第 i 管段中选用的第 j 种标准管径的管长，m。

2）约束条件。

a. 管长约束。每一管段各标准管径管长之和等于该管段长。

$$\sum_{j=1}^{M(i)} x_{ij} = L_i \ (i=1,2,\cdots,N) \tag{4-83}$$

式中　L_i——管段长，m。

b. 压力约束。要求各节点水压标高均不得低于该节点服务水压标高。

$$\sum_{i=1}^{I(k)} \sum_{j=1}^{M(i)} J_{ij} x_{ij} \leqslant E_0 - E_k (k=1,2,\cdots,K) \tag{4-84}$$

式中　k——节点序号；

K——节点总数；

$I(k)$——水源至第 k 点的管段数；

E_0——水源水面高程，m；

E_k——节点服务水压标高，m；

J_{ij}——管道水力坡度。

c. 非负约束。

$$x_{ij} \geqslant 0 \tag{4-85}$$

（2）模型求解。以上是一个线性规划问题，优化变量为 x_{ij}，可用单纯形法计算。

（3）计算实例。

【例 4-8】　某单水源重力给水树状管网布置如图 4-30 所示。采用钢筋混凝土管，管道单价见表 4-31，管道的粗糙系数 $n=0.013$，要求节点服务水压为 12m，管网节点地面高程见表 4-32，当水源水面高程 $E_0=60$m 时，确定单水源重力树状管网优化设计方案。

图 4-30　某单水源重力树状管网计算图（单位：m）

表 4 - 31　　　　　　　　　　　　管　道　单　价

管径/m	0.1	0.15	0.2	0.25	0.3	0.35	0.4	0.5
单价/(元/m)	25.0	30.8	38.7	42.0	55.2	64.0	83.2	103.2

表 4 - 32　　　　　　　　　　　　节　点　水　压　标　高

节点序号	1	2	3	4	5	6	7	8	9
地面高程/m	35.00	34.00	32.00	34.00	32.00	31.00	33.00	34.00	31.00
服务水压标高/m	47.00	46.00	44.00	46.00	44.00	43.00	45.00	46.00	43.00
水压标高/m	53.98	50.85	44.00	46.00	49.85	43.00	45.00	46.00	43.00

确定各管段备选管径组（表 4 - 33），计算管道水力坡度。将有关数据代入单水源重力管网优化设计数学模型，共计 25 个优化变量（管长变量）和 18 个约束条件（9 个管长约束和 9 个压力约束），利用单纯形法，求出各管段最优管径及其管长（表 4 - 33），管网投资为 201042.4 元。

表 4 - 33　　　　　　　管段备选管径组及其优化计算结果

管段序号	管段	备选管径组管径/m	选用管径（m）/最优长度（m）
1	0～1	0.25、0.3、0.35、0.4、0.5	0.35/700
2	1～2	0.2、0.25、0.3、0.35	0.25/76 0.3/624
3	2～3	0.1、0.15	0.15/700
4	1～4	0.1、0.15	0.1/42 0.15/458
5	1～5	0.15、0.2、0.25、0.3	0.2/96 0.25/404
6	5～6	0.1、0.15	0.1/26 0.15/474
7	5～7	0.1、0.15	0.15/500
8	2～8	0.1、0.15	0.15/500
9	2～9	0.1、0.15	0.1/40 0.15/460

根据优化结果，计算出各节点的水压标高（表 4 - 32），各节点均满足压力约束，且在管网末端节点 3、4、6、7、8 和 9 水压标高与服务水压标高相等。

2. 单水源泵站加压树状管网优化设计

在泵站加压管网优化设计中，一方面要降低管网投资；另外一方面又要降低泵站能耗，二者相互影响，优化的目的是在保证管网各节点所需的服务水压条件下，寻求管段尺寸和泵站扬程的最优组合设计方案，以使管网系统年费用达到最低。

（1）优化设计数学模型。

1）目标函数。按照管道不冲不淤流速确定各管段备选管径组后，以管网系统年费用最小为目标函数（按动态分析法）。

$$\min W = \left[\frac{e(1+e)^t}{(1+e)^t - 1} + \frac{p}{100} \right] \sum_{i=1}^{N} \sum_{j=1}^{M(i)} C_{ij} x_{ij} + R Q_p H \qquad (4-86)$$

式中　W——单水源泵站加压树状管网年费用，元/年；

t——投资偿还期，年；

e——年利率，%；

p——年折旧费及大修费扣除百分数，%；

Q_p——泵站设计流量，m^3/s；

H——泵站设计扬程，m；

R——动力费用系数。

$$R=\frac{86\times10^3 b\sigma}{\eta} \tag{4-87}$$

式中　b——供水能量不均匀系数；

　　　σ——电费，元/$(kW \cdot h)$；

　　　η——泵站效率。

2）约束条件。

a. 管长约束。

$$\sum_{j=1}^{M(i)} x_{ij} = L_i \quad (i=1,2,\cdots,N) \tag{4-88}$$

式中　L_i——管段长，m。

b. 压力约束。

$$\sum_{i=1}^{I(k)}\sum_{j=1}^{M(i)} J_{ij}x_{ij} - H \leqslant E_0 - E_k - h \quad (k=1,2,\cdots,K) \tag{4-89}$$

式中　h——泵站吸水管水头损失，m。

c. 管道承压力约束。管道实际压力不应大于管道承压力，对于各节点有：

$$\sum_{i=1}^{I(k)}\sum_{j=1}^{M(i)} J_{ij}x_{ij} - H \geqslant E_0 - e_k - 102H_c - h \quad (k=1,2,\cdots,K) \tag{4-90}$$

式中　e_k——节点地面高程，m；

　　　H_c——管道承压力，MPa。

对于泵站出口有

$$H \leqslant 102H_c + h \tag{4-91}$$

d. 非负约束。

$$x_{ij} \geqslant 0 \tag{4-92}$$

$$H \geqslant 0 \tag{4-93}$$

（2）模型求解。以上是一个线性规划问题，优化变量为 x_{ij} 和 H，可用单纯形法计算。

（3）计算实例。

【例 4-9】　某单水源泵站加压树状管网布置如图 4-31 所示。采用钢筋混凝土管，管道单价见表 4-31，管道粗糙系数 $n=0.013$，管道承压力为 0.4MPa。要求节点服务水压为 12m，管网各节点地面高程见表 4-34，$p=5\%$，$t=20$ 年，$h=0.2$m，$b=0.3$，$e=8\%$，$\sigma=0.2$ 元/$(kW \cdot h)$，$\eta=0.7$；当水源水面高程 $E_0=30.2$m 时，确定单水源泵站加压树状管网优化设计方案。

图 4-31　某单水源泵站加压树状管网计算图

表 4-34　节 点 水 压 标 高

节点序号	1	2	3	4	5	6	7	8	9
地面高程/m	35.00	34.00	32.00	34.00	32.00	31.00	33.00	34.00	31.00
服务水压标高/m	47.00	46.00	44.00	46.00	44.00	43.00	45.00	46.00	43.00
水压标高/m	52.70	50.85	44.00	46.00	49.85	43.00	45.00	46.00	43.00

确定各管段备选管径组（表 4-35）。

表 4-35　管段备选管径组及其优化计算结果

管段序号	管段	备选管径组管径/m	选用管径（m）/最优长度（m）
1	0～1	0.25、0.3、0.35、0.4、0.5	0.4/700
2	1～2	0.2、0.25、0.3、0.35	0.3/314 0.35/386
3	2～3	0.1、0.15	0.15/700
4	1～4	0.1、0.15	0.1/24 0.15/476
5	1～5	0.15、0.2、0.25、0.3	0.25/500
6	5～6	0.1、0.15	0.1/26 0.15/474
7	5～7	0.1、0.15	0.15/500
8	2～8	0.1、0.15	0.15/500
9	2～9	0.1、0.15	0.1/40 0.15/460

计算管道水力坡度，将有关数据代入单水源泵站加压管网优化设计数学模型，利用单纯形法，求出各管段最优管径及其管长（表 4-35），泵站最优扬程为 25.64m，管网年费用为 58823.4 元/a。

根据优化结果，计算管网各节点水压标高（表 4-34）。

第四节　泵　站　设　计

泵站不仅是村镇供水系统的重要组成部分，而且也是村镇供水工程设计的重要内容。农村水厂自水源取水至清水池的输送，都要依靠水泵来完成。同时，输配水管网中也需要水泵来调节水压及流量。据分析，机泵耗去的动力费用要占水厂制水成本的一半以上。所以合理选择水泵和设计泵房不仅可以保证正常供水，而且对于降低成本都具有重要意义。本节讲述的主要内容为：水泵的基本知识、水泵的选择及泵房的布置等。

一、水泵

水泵是将电动机（或柴油机）的机械能转化为水的动能和势能的一种设备。它既用于从水源（地表水源、地下水源）取水也用于按配水管网对水量和水压的要求向水塔或管网送水。水泵在整个村镇给水系统中所占的投资比重虽然不大，但水泵运行所消耗的动力费用却占自来水制水成本的 $50\%\sim70\%$。因此，了解水泵性能，正确选择水泵，合理确定水泵的工作状况，使水泵经常运行于高效区，对降低制水成本，促进村镇经济的发展具有重要意义。

1. 水泵的类型

水泵有很多种类型，要根据水源种类、取水深度、扬水高度、用户对水压的要求等条件来确定选用水泵的型号和性能。农业供水工程中常用的水泵有离心泵、深井泵、潜水电泵和微型水泵及手动泵、轴流泵和混流泵等。其种类和型号的意义见表 4-36。

水泵、动力机及其传动设备的组合体称为水泵机组（抽水机组），水泵机组及其管道的组合体称水泵装置（抽水装置）。

表 4-36　　　　　　　　　　　　　　**水泵型号的意义**

水泵种类		型号	型号意义（1）	型号意义（2）
离心泵	改进型号	IB 型	IB80—52—250	I—国家标准代号； B—"泵"的汉语拼音； IS—国际标准	80—泵吸水口直径为 80mm； 52—泵出水口直径为 52mm； 250—叶轮直径为 250mm
		IS 型	IS80—52—250		
	原型号	BA 型	6BA—18A	BA—单级单吸悬臂式离心泵； A—泵轮外径已车削	6—泵吸水口直径为 150mm； 18—泵比转数为 180
	原型号	sh 型	12sh—28	sh—汉语拼音"双"	12—泵吸水口直径为 12 英寸； 28—泵比转数为 280
深井泵	改进型号	JC 型	100JC10×9	JC—长轴离心深井泵	100—适用的最小井径为 100mm； 10—流量为 10m³/h； 9—叶轮级数为 9 级
	原型号	JD 型	6JD36×8	JD—深井多级泵	6—适用的最小井径为 6 英寸； 36—流量为 36m³/h； 8—叶轮级数为 8 级
潜水泵	改进型号	QJ 型	200QJ80—55/5	QJ—井用潜水电泵	200—适用的最小井径为 200mm； 80—流量为 80m³/h； 55—扬程 55m； 5—叶轮级数为 5 级

2. 水泵工作参数

叶片泵性能是由其性能参数表示的。表征水泵性能的主要参数有 6 个：流量、扬程、功率、效率、转速和允许吸上真空高度（或必需汽蚀余量）。这些参数之间互为关联，当其中某一参数发生变化时，其他工作参数也会发生相应的变化，但变化的规律取决于水泵叶轮的结构型式和特性。为了深入研究叶片泵的性能，必须首先掌握叶片泵性能参数的物理意义。

（1）流量。流量指单位时间内水泵所抽送的水的体积，常用符号 Q 表示，单位为 m^3/h（或 L/s）。由于各种应用场合对流量的需求不同，叶片泵设计流量的范围很宽，小的不足 $1L/s$，而大的则达几十、甚至上百立方米每秒。

（2）扬程。扬程又称水头，是指被输送的单位重量水流经水泵后所获得的能量增值，即水泵实际传给单位重量水的总能量，用符号 H 表示，其单位为 m。一般扬程在 10m 以下的水泵称为低扬程水泵，扬程在 $10\sim30m$ 之间的称为中扬程水泵，扬程在 30m 以上的称为高扬程水泵。

图 4-32 水泵扬程

水泵扬程一般包括净扬程（吸水池或机井动水位至水泵出口中心或出水池水面的垂直距离）和损失扬程（水流通过水泵的吸水管、压水管等部件所造成的水头损失），如图 4-32 所示。

扬程＝净扬程＋损失扬程＝净吸程＋净压程＋吸水管水头损失＋压水管水头损失

（3）功率。功率是单位时间内动力机械（电机、柴油机等）对水泵所做的功，即动力机械输送给水泵的功率，以 N 表示，单位为 kW。它是由动力机通过转轴传给水泵叶轮轴的，所以也称轴功率。与轴功率相对应的还有配套功率和有效功率的概念。有效功率是指单位时间内水泵对流过泵内水流所做的功，即水泵输送给水流的功率，以 $N_{有}$ 表示；配套功率是指带动水泵的动力机械应具有的功率，以 $N_{配}$ 表示。根据 3 者的定义有：$N_{配} > N > N_{有}$；且有

$$N_{有}=\frac{\rho g H Q}{1000} \tag{4-94}$$

式中　$N_{有}$——有效功率，kW；

ρ——水的密度，kg/m^3；

g——重力加速度，m/s^2；

H——水泵净扬程，m；

Q——水泵流量，m^3/s。

（4）效率。效率，指水泵传送能量的有效程度。轴功率由于受到各种损失，不能全部为水泵获得，水泵实际获得的有效功率与轴功率之比值称为水泵效率，记为 η。即

$$\eta=\frac{N_{有}}{N}\times100\% \tag{4-95}$$

水泵效率的高低，取决于损失功率的大小，泵内能量损失包括机械损失、容积损失和水力损失 3 部分。机械损失是指轴承内、轴封机构内以及叶轮在水中旋转引起的损失；容积损失是指经过减漏环从水泵压水侧返回吸水侧和经过轴封机构渗出泵壳的水流所消耗的能量；水力损失包括水泵进水道、叶槽及出水道内的水力阻力造成的能量损失。显然，只有从水泵的设计、制造和使用中，尽可能地减少上述损失，才能提高水泵的效率。

（5）转速。转速是指水泵轴每分钟的转数，记为 n，单位为 rad/min。各种水泵都是按一定的转速来进行设计的，水泵的转速发生变化时，其他性能参数也发生相应变化。

（6）允许吸上真空高度。允许吸上真空高度：是保证泵内压力最低点不产生汽蚀时，泵进口处允许的最大真空度，即泵进口处压力与大气压的差值，以 H_s 表示，单位为 m。这是相对于水温为 20℃、表面压力为一个标准大气压，即相当于海拔标高为 10.33m 的条件而言。工程实践中，由于水泵安装高程不同，抽送水温不同，其允许吸上真空高度也就不同。水泵在某安装点的实际允许吸上真空高度，应为铭牌上允许吸上真空高度减去 10.33m 后，加上水泵安装点的大气压，再减去实际水温下的汽化压力，最后再加上 0.24m。表 4-37 和表 4-38 为不同高程的大气压和不同水温的汽化压力。当水泵进口的真空度为允许吸上真空高度时，泵的吸水管的吸水高度称为允许吸水高度，一般允许吸水高度小于允许吸上真空高度，其差值为吸水管的水头损失。

表 4-37　　　　　　　　　　　　　　高程与大气压的关系

高程/m	−600	0	100	200	300	400	500	600	700
大气压/MPa	0.1108	0.1013	0.1000	0.0990	0.0981	0.0961	0.0951	0.0941	0.0932
高程/m	800	900	1000	1500	2000	3000	4000	5000	
大气压/MPa	0.0922	0.0912	0.0902	0.0843	0.0824	0.0716	0.0618	0.0539	

表 4-38　　　　　　　　　　　　　　水温和汽化压力的关系

水温/℃	0	5	10	20	30	40	50	60	70	80	90	100
汽化压力/MPa	0.0006	0.0009	0.0012	0.0024	0.0042	0.0074	0.0123	0.0198	0.0311	0.0473	0.0700	0.1013

水泵在运行中，如果泵内液体局部位置的压力降低到水的饱和蒸汽压力（汽化压力）时，水就开始汽化生成大量气泡，气泡随水流在泵体内向前运动，流到压力较高的部位时，迅速凝结、溃灭，并产生噪音、振动和对过流部件材料的侵蚀破坏，这种现象称为水泵的汽蚀。从上面的分析可知，为了防止水泵发生汽蚀，水泵的安装高度应小于水泵的允许吸水高度。

上述水泵参数之间的关系，常以水泵特性曲线来表示。在实际工程中，应参照水泵特性曲线来选择水泵的运行工况点，使水泵在高效区运行，既省动力又不易损坏机件。

3. 水泵性能曲线

水泵的性能参数如流量 Q、扬程 H、轴功率 N、转速 n、效率 η 之间存在着一定的关系。它们之间的量值变化关系用曲线来表示，这种曲线就称为水泵的性能曲线。水泵的性能参数之间的相互变化关系及相互制约性，是以该水泵的额定转速为先决条件的。

水泵的性能曲线对选择水泵、确定水泵安装高度及经济合理地使用水泵都很重要。这些在水泵出厂产品中抽样试验可以得出，也可以根据模型试验计算出来。

水泵性能曲线主要有 3 条曲线：流量-扬程曲线（$Q-H$），流量-功率曲线（$Q-N$），流量-效率曲线（$Q-\eta$）。

（1）$Q-H$ 曲线。这是水泵流量-扬程关系曲线。它是离心泵的基本的性能曲线。比转速小于 80 的离心泵具有上升和下降的特点（即中间凸起，两边下弯），称驼峰性能曲线。比转速在 80～150 之间的离心泵具有平坦的性能曲线。比转数在 150 以上的离心泵具有陡降性能曲线。一般地说，当流量小时，扬程就高，随着流量的增加扬程就逐渐下降。

Q-H 曲线测定方法是：当水泵启动后，出水阀门未开启时 $Q=0$，H 值最高，逐渐开启出水阀门，直到出水阀门全部开启为止，测定若干组 Q、H 值。然后以 Q 为横坐标，H 为纵坐标，将各组 Q、H 值的点连起来即 Q-H 曲线。

（2）Q-N 曲线。指水泵流量-轴功率关系曲线。轴功率是随着流量而增加的，当流量 $Q=0$ 时，相应的轴功率并不等于零，而为一定值（约正常运行的 60%）。这个功率主要消耗于机械损失上。此时水泵里是充满水的，如果长时间的运行，会导致泵内温度不断升高，泵壳、轴承会发热，严重时可能使泵体热力变形，我们称为"闷水头"，此时扬程为最大值，当出水阀逐渐打开时，流量就会逐渐增加，轴功率亦缓慢的增加。

水泵的轴功率为

$$N = N_电 \, \eta_电 \, \eta_传 \qquad\qquad (4-96)$$

这里 $N_电$ 可由电机功率表测出，而 $\eta_电$ 随电机负载变化而变化。一般感应电机 1/4 负载时，效率约为 78%；1/2 负载时，效率约为 85%；3/4 负载时，效率约为 88%。测定 Q 时同时测定电机功率 $N_电$，并计算电机效率 $\eta_电$，然后求得水泵轴功率 N，便可绘出 Q-N 曲线。

（3）Q-η 曲线。指水泵流量-效率关系曲线。它的曲线像山头形状，当流量为零时，效率也等于零，随着流量的增大，效率也逐渐地增加，但增加到一定数值之后效率就下降了，效率有一个最高值，在最高效率点附近，效率都比较高，这个区域称为"高效率区"。

可由测得的 Q、H 值计算出水泵有效功率 $N_有$，而 η 可由式（4-95）求得。根据 Q 和 η 值便可绘出 Q-η 曲线。

水泵性能曲线如图 4-33 和图 4-34 所示。

图 4-33　2B31 型泵性能曲线　　　　图 4-34　6JD10 型泵性能曲线

4. 水泵工作特性

水泵运行中具体在特性曲线上哪一点工作还不知道。因为管道系统的水头损失、水泵实际扬程还是未知数。

（1）管道性能曲线。在已定的管道系统中，水泵吸水管、压水管、弯头、渐缩管、阀门等管道配件，在水流通过时都要产生水头损失。通过的流量越大，水头损失也越大。这种流量和水头损失的变化关系称为管道性能，用曲线表示即称为管道性能曲线。

管道水头损失 $h_{损}$，可分为沿程水头损失 $h_{沿}$ 和局部水头损失 $h_{局}$ 两种。沿程水头损失指水流通过管道时，水体与管壁摩擦而消耗的能量。它与管壁的粗糙程度、管道的长度、通过水量多少等有关。局部水头损失指水流经过弯头、闸门等配件时所消耗的能量，它与配件形式、数量多少等有关。水流通过管道和各种配件时的水头损失与流量的平方成正比，可用公式表示为

$$h_{损} = S_{沿} Q^2 + S_{局} Q^2 = SQ^2 \qquad (4-97)$$

式中　S——管道系统阻力系数；

　　　Q——管道设计流量，m^3/s。

水泵扬程是指水泵吸水高度和压水高度之和再加上管道水头损失。即

$$H = H_{吸} + H_{压} + h_{损} \qquad (4-98)$$

或　　　　　　　　　　$$H = H_0 + SQ^2 \qquad (4-99)$$

这里 H_0 指净扬程，为出口水面和进口水面之间的测压管高差，详见表 4-39。

表 4-39　　　　　　　　　　各种情况下的净扬程

序列	图　示	说　　明
1		不依相对进、出口水面的泵安装高度而变化，将进、出口水面的高差作为净扬程
2		
3		出水管已形成虹吸，净扬程为进、出口水面高差。没有形成虹吸时，净扬程为虹吸管中心标高与进水口水面高差，即 H_0'
4		出水管端自由出流，管路形成虹吸时，净扬程为出口与进水口水面的高差，没有形成虹吸时，净扬程为虹吸管中心标高与进水口水面高差，即 H_0'

续表

序列	图 示	说 明
5		出水口水面有压强 P_2 时，净扬程为测压管水面与吸水口水面高差。 $$H_0' = H_0 + \frac{P_2 - P_1}{\gamma} \times 10 \text{(m)}$$
6		水泵直接向管网供水，净扬程为进水口水面与管网压力控制点的几何高差 Z_c，再加上该点需要的自由水头 H_c，$H_0 = Z_c + H_c$，图中 C 点为控制点
7		深井泵净扬程是指最低动水位与出口水面的几何高差

根据式 (4-99) 绘制的曲线，即为管道性能曲线。它是一条以 H_0 为截距的向上弯曲的抛物线，如图 4-35 所示。水泵的工作点（工况点）：指水泵工作时水泵实际扬程、流量、效率、轴功率等在水泵性能曲线上的对应点，由水泵的性能曲线和管路的性能曲线的交点表示。曲线中 A 点即为工作点。

图 4-35 井水位变动时，工作点的确定
(a) 确定方法一；(b) 确定方法二

水泵在管道系统运行时，水泵所抽送的流量即管道通过的流量，水泵所提供的扬程即管道所需扬程。在已知水泵性能曲线和管道性能曲线后，用同一比例尺，绘在同一坐标系内，两曲线的交点即水泵工作点，如图 4-35 中的 A 点。过 A 点引一垂线与效率曲线、功率曲线等曲线相交，便可以得到与工作点相对应的效率、功率等数据。根据水泵工作

点，可以及时掌握水泵运行状况。应该使水泵经常工作在高效区内，以防止出现功率过大或引起汽蚀等现象。

（2）水泵的并联和串联工作。确定了水泵设计流量和扬程以后，还有个设置水泵台数问题需要解决。台数多，调度灵活，更能适应水量的变化。但是，水泵台数多，每台水泵的功率就小，其效率也相应低了，管理也复杂一些，各有利弊。一般不超过 2～3 台。

相同型号水泵并联工作，其合成曲线为单台水泵在同一扬程下供水量加倍，再把各点连接起来而组成的曲线，如图 4-36 所示。图中 H 为水泵总扬程，H_1 为总几何高差，h 为总水头损失，1 为两台水泵并联时的工作点，2 为并联工作时每台水泵的工作点，3 为一台水泵单独工作时的工作点。

图 4-36　两台同型号水泵并联工作的特性曲线

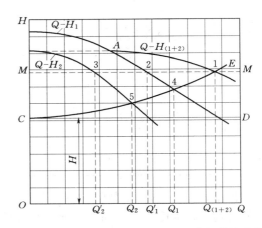

图 4-37　两台不同型号水泵并联工作的特性曲线

不同型号水泵并联工作，其并联范围内合成特性曲线为各单泵在等扬程下供水量的叠加，如图 4-36 所示。因为只有在第一台水泵产生的水头，由于输水量的增加而减小到第二台水泵空车扬程（相当于 A 点）时，第二台水泵才能协同第一台水泵开始并联工作。因此不同型号水泵并联工作时的性能曲线，应从 A 点开始画，其后按通常方法绘制。即把两条性能曲线上相当于同一水头点的流量加起来并连成曲线，如图 4-37 所示。图中 1 为并联水泵的极限工作点，水泵的合成输水量，2、3 为并联时各台水泵工作点，4、5 为第二台水泵单独工作时的工作点，H 为总几何高度。

水泵并联工作时扬程相等，总流量为各泵在协调工作中输水量之和，并且总流量大于任何一台泵独立工作时的输水量，而且每台泵在并联工作时的输水量均小于它独立工作时的输水量，每台泵在并联工作时的扬程均大于独立工作时的扬程。可见，并联水泵愈多，则各台水泵在其中发挥的作用就愈小。如果需要并联的台数过多，则设置两条输水管道为好。

两台水泵串联运行时，其合成特性曲线为单台水泵在等流量下的扬程叠加。两台不同型号水泵串联时，两台水泵的流量应该相近，否则容量较大的一台会产生严重的超负荷。此外，串联在后面的水泵，泵壳构造必须坚固，否则会损坏。

5. 水泵的选型及水塔高度的确定

（1）水泵的选型。水泵选型主要是根据水泵的设计流量、设计扬程和水泵运行变化规律并与电机相配套来选择。其原则是使设计流量、扬程近似与水泵性能曲线上最高效率点的流量和扬程相等，并使工作点的变化范围在水泵的高效区内。当流量变化大，扬程变化小时，宜选用平坦特性曲线的水泵；当扬程变化大，流量变化小时，宜选用陡峭曲线的水泵。农村供水系统水量、水压变化大，多用调节构筑物。因此，水泵台数不宜过多，以1～3台为宜，水泵型号尽量相同。一般设一台备用泵，且与最大一台水泵型号相同。

　　水泵选型的方法是首先确定供水系统中的设计流量和设计扬程，然后根据上面的原则选取水泵。关于水泵设计流量的确定可参见第二章中的有关内容，这里重点讲述水泵的设计扬程。

　　水泵的设计扬程由村镇给水系统中水泵的工作条件所决定，一级泵站中水泵和二级泵站中水泵的设计扬程不同，现分别叙述如下：

图 4-38　一级泵站水泵的设计扬程
1—进水井；2—泵站；3—净水构筑物；4—吸水
管路；5—压水管路；6—水泵

　　一级泵站水泵的设计扬程。取水泵输水到净水厂的流程，如图 4-38 所示。此时

$$H = H_{ss} + H_{sd} + \sum h_s + \sum h_d$$

$$(4-100)$$

式中　H——水泵设计扬程，m；

　　　　H_{ss}——水泵吸水几何高度（水源最低水位与泵轴之间的距离），m；

　　　　H_{sd}——水泵输水几何高度（即水泵泵轴线至净水构筑物中最高水位的几何高度），m；

　　　　$\sum h_s$——吸水管路的水头损失，m；

　　　　$\sum h_d$——输水管路的水头损失，m。

　　二级泵站水泵的设计扬程。二级泵站是将符合水质要求的清水通过管网输送到用户或输送到网前水塔，再由水塔输送到用户的泵站。这时确定水泵扬程的标准是使配水管网中各点的压力满足用户对水压的要求。由于管网配水区域内，地形高低不同，泵站到各点的水头损失也不同，故管网中各点所要求的水压也不同。我们把整个管网中要求水压最高的点称为管网的控制点，控制点的确定方法是通过试算法，即首先在管网中选择几个有代表性的点（输水距离最长，地形最高或建筑物最高的点），计算出每个点的输水几何高差（静扬程）、输水管路水头损失以及用水点的服务水头，从中选取三者之和最大的点作为控制点。当直接由水泵向用户输水时，设计扬程由式（4-101）计算：

$$H = Z_c + H_c + h_s + h_c + h_n$$

$$(4-101)$$

式中　Z_c——管网控制点 c 的地面标高和清水池最低水位的高差，m；

　　　　H_c——控制点所需服务水头；

　　　　h_s——吸水管中的水头损失；

　　h_c、h_n——输水管和管网中的水头损失，m，符号的具体意义可参见图 4-39。

图 4 - 39　无水塔时水泵的扬程

图 4 - 40　有网前水塔时的水泵扬程

当村镇给水系统建有网前水塔时，如图 4 - 40 所示，二级泵站只需供水到水塔，而由水塔高度来保证管网控制点的服务水头。设计扬程由式（4 - 102）计算：

$$H = Z_t + H_t + H_0 + h_s + h_c \qquad (4 - 102)$$

式中　Z_t——水塔处地面与清水池最低水位的高差，m；

　　　H_t——水塔高度，m；

　　　H_0——水塔内最大水深，m；

　　　h_s——吸水管水头损失，m；

　　　h_c——输水管水头损失，m。

（2）水塔高度的确定。在村镇供水工程中，设置网前水塔，既可缩短二级泵站的运行时间，又可保证基本恒定的水压，其工作流程如图 4 - 40 所示，水塔高度由式（4 - 103）确定：

$$H_t = H_c + h_n - (Z_t - Z_c) \qquad (4 - 103)$$

式中符号意义同前。

6. 动力设备

（1）电动机。带动水泵运行的多为鼠笼式异步电动机。这种电动机工作可靠，结构简单，可以简化控制线路，但是，其启动力矩不大，启动电流很大（可达到额定电流的 5～7 倍）。

目前电动机系列产品正在更新换代，原中小型电机 JQ_2、JS 系列产品已被逐步淘汰，继而以 Y 系列全封闭自扇冷鼠笼型三相异步电动机所代替。这种电动机高效、节能、噪声低、振动小、使用维修方便。

电动机功率 N_1 可按下式计算：

$$N_1 = K_1 N \qquad (4 - 104)$$

式中　K_1——电动机超负荷安全系数，见表 4 - 40。

表 4 - 40　　　　　　　　　　　　　　K_1　　值

N/kW	<1	1～2	2～5	5～10	10～25	25～60	60～100	≥100
K_1	1.7	1.7～1.5	1.5～1.3	1.3～1.25	1.25～1.15	1.15～1.10	1.10～1.08	1.08～1.05

电动机与水泵的配套已经标准化，中小型水泵所用电动机可由厂家成套供应。

（2）内燃机。无电源或供电不正常地区，可以用内燃机作动力来带动水泵运行。

内燃机功率计算公式为

$$N_2 = K_2 \frac{N}{\eta_1} \tag{4-105}$$

式中　η_1——传动效率（直接传动时 $\eta_1 = 1$，皮带传动时 $\eta_1 = 0.80 \sim 0.99$）；

　　　　K_2——安全系数，见表 4-41。

表 4-41　　　　　　　　　　　　　　　　K_2　值

N/hp	$5 \sim 10$	$10 \sim 50$	$50 \sim 100$	>100
K_2	$1.5 \sim 1.3$	$1.3 \sim 1.2$	$1.2 \sim 1.15$	1.15

注　hp 为非法定计量单位，法定计量单位为 kW，1hp = 0.746kW。

此外，水厂应有可靠的外部电源，水厂的动力设备电压按 380V 考虑，且水厂应独立设置变压器，其容量应能满足水厂最大工作用电量的需要。

二、水泵站

水泵站是安装水泵、动力机及其辅助设备的建筑物。合理的设计水泵站对于发挥设备效益、节省工程投资、延长机电设备寿命和安全运行有着重要意义。水泵站设计主要是选择泵站厂房结构类型及其内部设备布置。对农村供水的小型水泵站，可以不再进行泵房整体稳定性计算及构件的结构计算。

目前生产上采用的泵房类型很多，由于机组类型不同，水源与地下水条件、地质条件、建筑材料及枢纽布置的不同，要求设计与客观条件相适应的泵房形式也各不相同。

1. 泵房的分类及特点

泵房是村镇给水系统正常运转的枢纽，按其在给水系统中的作用，可分为一级泵站中的取水泵房和二级泵站中的送水泵房。取水泵房的作用是：从水源取水，将水送到净水构筑物；在中小型村镇给水系统中，当采用地下水作为生活饮用水水源而水质又符合卫生标准时，也可直接将水送到用户或水塔。采用地下水的井泵房可分为地面式、地下式和半地下式等几种类型，如图 4-41 所示，由于井泵房的结构和布置比较简单，设计时有标准图可供参考，这里不再详细论述。采用地表水的泵房，由于受水源水位变幅的影响和制约，往往建成分基型、干室型或浮动式泵房。所谓分基型泵房，就是泵房的墙基础与水泵和电机的机组基础分开建筑，结构型式与单层工业厂房相似。分基型泵房用于水源水位变幅小、地基承载力良好的场合，其特点是泵房地面高于水源水面，没有水下结构，结构简单，施工方便。干室型泵房就是将泵房四周的墙基础和泵房地板以及机组基础用钢筋混凝土建成一个不透水的整体结构，形成一个干的地下室形建筑，故称干室型泵房。它用于水源水位变幅大于泵的有效吸程的情况。其形状常为长方形或圆形，如图 4-42 所示。在分基型和干室型泵房中，水泵的布置原则相同。

送水泵房一般用于较大型的村镇给水系统，从清水池吸水送往用户。由于给水泵房一般不希望水泵启动前灌水，所以水泵高程较低，多作成干室型泵房。

2. 水泵的安装高程

水泵能从吸水池吸水，靠的是作用在水面上的大气压力，水从吸水管进入水泵，在水流流经叶轮得到水泵能量之前，从吸水管口到水泵的叶轮进口，水的压力逐渐降低，确定水泵的安装高程，就是为了使水泵内的最低压力高于汽化压力不产生汽蚀，在此条件下，尽量使水泵的安装高程提高，以减小泵房的土建费用。

图 4-41　水泵房的形式

（a）地面式深井泵房；（b）地下式深井泵房

1—井管；2—水泵机组；3—泵基础；4—逆止阀；5—阀门；

6—压水管；7—排水管；8—安装孔；9—通风孔；

10—控制柜；11—排水坑；12—进人孔

图 4-42　干室型泵房（单位：m）

水泵的安装高度不等于水泵的允许吸上真空高度；它还应扣除水泵吸水管路的水头损失和水泵进口处的流速水头，计算公式如下：

$$H_{安}=0.95H_s-\frac{V^2}{2g}-h_1 \qquad (4-106)$$

式中　$H_{安}$——水泵的安装高度，m；

$\frac{V^2}{2g}=\frac{Q^2}{2gA^2}$——吸水管进口处流速水头，m；

A——水泵进口处的过水面积；

h_1——吸水管的水头损失。

应注意，水泵铭牌上标注的允许吸上真空高度 H_s 值，是水温在 20℃、压力 0.1MPa 下给定的值，如果水泵安装地点的海拔高度较高，则压力（大气压力）较低；如果水泵所抽的水温高于 20℃，则汽化压力增大，出现上述任何一种情况，都应对允许吸上高度进行修正。

在确定了水泵的允许安装高度 $H_{安}$ 后，水泵的安装高程，由式（4-107）计算：

$$\nabla_{安}=\nabla_{水}+H_{安} \qquad (4-107)$$

式中　$\nabla_{安}$——水泵安装高程，m；

$\nabla_{水}$——吸水池最低水位高程，m。

3. 泵房布置

如图 4-43 所示，泵房一般由主泵房——主要布设水泵机组；副泵房——布设电气设备包括中控室；检修间——检修机组和电气设备。泵房的布置内容主要包括以上 3 部分相对位置的确定及其内部的布设。对于村镇给水工程中常用的分基型和干室型泵房，基本上均安装卧式机组，所以其泵房布置基本相同。对于小型的村镇给水系统中的泵房，其电气设备可布置在机组旁边，机组就地检修，所以不再专设副泵房和检修间。

图 4-43 泵房布置示意图

1—真空泵；2—真空管路；3—排水沟；4—集水池；5—排水泵；6—排水泵出水管；
7—电缆沟；8—启动器；9—技术供水管路；10—窗户

（1）主机组布置。主机组布置可分为一列式布置［图 4-44（a）、（b）］和双列交错排列式布置［图 4-44（c）］。

一列式布置，其优点是布设整齐，主泵房跨度小。缺点是当机组数目较多时，主厂房长度大，这在泵站的地质条件不好时将不利于泵房的稳定。

双列交错排列式布置，当机组数目较多时，为了缩短泵房长度，可采用此种布置形式，其优点是对处于深挖方（干室型）的泵站，可减小工程量，缺点是增加了泵房跨度，泵房内部也显得不整齐，运行管理不便。

（a）　　　　（b）　　　　（c）

图 4-44 水泵机组布置形式

1—水泵；2—电动机

（a）　　　（b）

图 4-45 圆形泵房布置

在村镇给水工程中，为了施工方便，降低工程造价，泵房常设计为圆形，其机组布置形式如图 4-45 所示，图 4-45（a）的布置形式适用于悬臂式单吸离心泵，图 4-45（b）的布置形式适用于双吸离心泵。

（2）附属设施布置。泵房的附属设施包括交通道、排水沟、集水井、充水系统和电缆沟。

交通道是为了方便运行管理人员巡视机组运行情况而设，一般位于泵房的吸水或压水管侧，管路从其下穿过。

排水沟和集水井是为了排除水泵水封用废水和管阀漏水等，集水井处设排水泵。

充水系统用于当吸水池水位低于泵轴线时，以便水泵启动时充水，包括真空泵和抽真空管网。

从配电间（柜）引至电动机的电缆需放于电缆沟内，电缆沟必须注意防水、防潮。

（3）泵房尺寸的确定。泵房尺寸的确定主要是根据设备的合理布置，并满足设备的安全运行要求和泵房的稳定条件定出泵房的长度、跨度和高度。

主泵房长度，如图 4-46 所示。

图 4-46　主泵房长度示意图

（a）一列式布置；（b）双列式布置

一列式布置时，主泵房长度的计算公式为

$$L = nL_0 + (n-1)L_1 + 2L_2 \tag{4-108}$$

双列交错布置时，计算公式为

$$L = nL_0 + 2L_2 \tag{4-109}$$

式中　n——机组台数；

L_0——机组长度；

L_1——机组间距（一般取 0.8~1.2m）；

L_2——机组顶端与墙之间的距离（一般取 0.7~1.2m）。

泵房跨度是指两侧墙定位轴线之间的距离。根据泵房内进、出水管路、阀件、水泵横向长度及安装检修必需的距离确定。如图 4-47 所示，其计算公式为

$$B = b_1 + b_2 + b_3 + b_4 + b_5 + b_6 + b_7 \tag{4-110}$$

式中符号意义如图 4-47 所示，其中 $b_2 \sim b_6$ 从样本中查出，b_1 和 b_7 一般可取 0.5~2m。

图 4-47　泵房跨度示意

图 4-48　吸水池长度示意

（a）剖面图；（b）平面图

泵房内部高程主要包括泵房地面高度和泵房高度的确定。泵房地面高程由下式计算：

$$\nabla_{地} = \nabla_{安} - h_1 - h_2 \qquad (4-111)$$

式中　$\nabla_{地}$——机房地坪高程，m；

　　　$\nabla_{安}$——水泵安装高程，m；

　　　h_1——泵轴线至泵底座距离，m；

　　　h_2——机组基础顶面至地坪高，一般取为 0.2～0.3m。

泵房高度在无起重设备时，应不小于 3m（指泵房进口处室内地坪至内屋梁底的垂直距离）。当有起重设备时，其高度应通过计算确定（计算时起吊物底部与吊运越过的固定物顶部之间的净距应大于 0.5m）。

设计时，起重设备的选用可参考如下的要求：起重小于 0.5t 时设置固定吊钩或移动吊架；起重量在 0.5～2.0t 时设置手动单轨吊车；起重量大于 2.0t 时设置手动单梁悬挂式吊车。

吸水池设计。吸水池是水泵吸水管直接从中取水的构筑物，多为浆砌块石圬工结构，池底采用不小于 10cm 厚的水泥砂浆抹面。它的作用主要是为水泵创造良好的进水条件。其尺寸应满足水泵的吸水性能好、机组运行安全、维修方便和工程造价低，有时吸水池的长度决定泵房的长度。对吸水池的设计常常是对单个吸水管进行设计，多个吸水管的泵站可在单个吸水管的基础上乘以吸水管个数来确定吸水池宽度。

进水管至池底的距离（吸水管悬空高度）P 的确定。取 $P=0.55D$，D 为吸水口的直径。

进水口至后池壁距离 T，对于矩形吸水池，可取 $T=0$，即进水口紧贴池壁，考虑安装维修方便可取 $T/D=0.3～0.5$，D 为吸水口直径。

吸水池宽度 B，对于单台机组或吸水管之间有隔墩时，$B=3D$，D 为吸水口直径。

进水口淹没深度 h_s，淹没深度对水泵进水性能具有决定性影响，如果此值确定不当，池中将形成漩涡，甚至产生进气现象，使水泵效率大为降低。根据实验和理论研究建议：$h_s = (1.2～1.4)D$，D 为吸水口直径。

吸水池的长度 L_g 的确定。吸水池必须有足够的有效容积，否则水泵在启动过程中，可能由于来水较慢，吸水池中水位急速下降，致使淹没深度不足而造成启动和运行困难，如图 4-48 所示。

$$L_g = \frac{kQ}{h_s B} \qquad (4-112)$$

式中　L_g——进水池最小长度，m；

　　　Q——水泵流量，m^3/s；

　　　k——流量倍数或称秒换水系数，当 $Q<0.5m^3/s$ 时，$k=25～30$，当 $Q>0.5m^3/s$ 时，$k=15～20$。

一般规定，应保证从吸水管中心至吸水池进口有不小于 $4D$ 的距离。

第五章 水厂与水处理

第一节 水厂总体设计

水厂总体设计的主要任务就是水厂选址、确定工艺流程、合理组合与布置水厂内的各种构筑物,特别是净水构筑物,以满足净水工艺流程、操作、生产管理和物料运输等方面的要求。

一、厂址选择

水厂是整个给水系统的重要组成部分,它与取水、输水、配水和管网布局各工程之间有着密切的联系,因此厂址的确定要受到上述诸多因素的影响。农村水厂的选址,应在整个给水系统设计方案中全面规划、综合考虑,进行多方案比较,根据各方案的优缺点作综合评价。综合评价一般包括下列要求:投资及运行费指标;土地及耕地的占有;水源水质的环境条件;能(电)耗和节能效果;原有设备的利用程度;施工难易程度及建设周期;运行管理方便程度等。在进行综合评价时,各项目标绝非同等重要,应根据具体情况,通过技术经济比较后确定。

通常,选择厂址时应考虑以下几个原则:

(1)厂址选择应结合村镇建设规划的要求,靠近用水区,以减少配水管网的工程造价。当取水点远离用水区时,水厂一般应靠近用水区。

(2)厂址应选择在工程地质条件较好的地方。一般选在地下水位较低,地基承载力较大,湿陷性等级不高,岩石较少的地层。

(3)少占农田或不占农田,且留有适当的发展余地。

(4)应选环境保护条件较好的地方,其周围卫生条件应符合《生活饮用水卫生标准》(GB 5749—2006)中规定的卫生防护要求。

(5)应选择在不受洪水威胁的地方,否则应考虑防洪措施。

(6)选择在交通方便,靠近电源的地方,并考虑排泥、排水的方便。

(7)当地形有适当坡度可以利用时,输配水管线(网)应优先考虑重力流。

二、水厂的分类及其组成

水源种类不同,水厂的规模及水厂内各种构筑物的类型及其组合将有很大不同。一般根据取用水源的不同,可把水厂分为取用地下水源的地下水水厂和取用地面水源的地表水水厂。

取用地下水,一般不需大量的构筑物,水厂比较简单,不必单设,可与取水构筑物、调节构筑物等结合,形成一个综合式取水枢纽。

地面水源,一般水质不一定能符合饮用水的卫生要求,故均需设置地表水水厂,以对原水进行净化处理。通常,规模较大的城镇地表水水厂,主要由5个基本部分组成,见表

5-1。

表 5-1　　　　　　　　　　　　　**水 厂 的 组 成**

组成部分	主 要 内 容
生产构筑物	系指水源水经净化处理可达到水质标准要求的一系列设施，一般包括混合反应设备、絮凝池、澄清池、沉淀池、滤池、加氯间及氯库、清水池、泵房、配水井、变配电站、冲洗设施、排污泵房等
辅助生产建筑物	系指保证生产构筑物正常运转的辅助设施，一般包括值班室、控制室、化验室、仓库、维修间、材料仓库、危险品仓库、锅炉房、车库等
附属生活建筑物	系指水厂的行政管理和生活设施，一般包括办公用房、宿舍、食堂、浴室等
各类管道	包括各种净水构筑物间的生产管线（管道或渠道）、加药管道、水厂自用水管道、供暖管道、排污管道、雨水管道以及排洪沟和电缆沟等
其他设施	包括厂区道路、绿化布置、照明、围墙和厂门等

注　本表适用于以地表水为水源的水厂；地下水为水源的水厂可适当简化。

　　生产构筑物均可露天布置。北方寒冷地区需有采暖设备，可采用室内集中布置。集中布置可以比较紧凑，占地少，便于管理；但结构复杂，管道立体交叉多，造价较高。

三、净水工艺流程的选择与设计

（一）净水工艺类型及其适用条件

　　在对水厂进行总体布置和设计之前，以及在对水厂内供水处理的各种净水构筑物进行具体设计时，都必须首先确定水厂所需要选用的净水方法及净水工艺流程。由于各地水源种类不同，水质差异甚大，因此必须针对当地水源的水质状况，选择适宜的净化工艺，以使净化后的水质，符合"农村实施《生活饮用水卫生标准》准则"中的规定。可供选用的净化工艺见表5-2，可单项选择，也可若干项组合，以取得理想的净化效果。

表 5-2　　　　　　　　　　　　　**净 化 工 艺 的 选 择**

净化对象	可供选用的净化工艺										
	微滤	预氯化	预沉淀	曝气	化学氧气	混凝沉淀	慢滤	快滤	臭氧氧化	二氧化碳	活性炭吸附
浊度	√		√			√	√	√			
色度		√							√		√
臭和味		√							√		
铁和锰											
细菌		√					√	√	√	√	

　　每种工艺又有不同形式的净水构筑物。净水方法和净水工艺流程的选择与设计将极大地影响水厂的总体布置和各种净水构筑物设计的经济合理性。

　　目前，常用净水工艺类型，及其相应的净水构筑物和适用条件可参见表5-3。

表 5-3　　　　　　　　　　净水工艺分类及其适用条件

净水工艺		构筑物名称	适用条件		出水悬浮物含量/(mg/L)
			进水含沙量/(kg/m³)	进水悬浮物含量/(mg/L)	
高浊度水沉淀	自然沉淀	天然预沉池	10～30		≈200
	混凝沉淀	平流式或辐射式预沉池 斜管预沉池	10～120		
	澄清	水旋澄清池	<60～80		一般小于20
		机械搅拌澄清池	<20～40		
		悬浮澄清池	<25		
一般原水沉淀	混凝沉淀	平流式沉淀池		一般小于5000，短时间内允许10000	一般小于10
		斜管（板）沉淀池		500～1000，短时间内允许3000	
	澄清	机械搅拌澄清池		一般小于5000，瞬时允许5000～10000	
		水力循环澄清池		一般小于5000，瞬时允许5000	
		脉冲澄清池		一般小于3000，瞬时允许5000～10000	
		悬浮澄清池（单层）		一般小于3000	
		悬浮澄清池（双层）		3000～10000	
	气浮	平流式气浮池		一般小于100，原水中含有藻类以及密度小的悬浮物质	一般小于10
		竖流式气浮池			
	普通快滤	快滤池或双阀滤池		一般不大于15	
		双层或多层滤料滤池			
		虹吸滤池			
		无阀滤池			
		移动罩滤池			
		压力滤池			
	接触过滤（微絮凝过程）	接触双层滤池		一般不大于70	
		接触压力滤池			
		接触式无阀滤池			
		接触式普通滤池			
	微滤	微滤机		原水中含藻类、纤维素、浮游物时	
	氧化	臭氧接触池	原水有臭味，受有机污染较重		
		臭氧接触塔			
	吸附	活性炭吸附塔		一般不大于5	
	消毒	漂白粉		小型水厂	
		液氯		有条件供应液氯地区	
		氯胺		原水有机物较多	
		次氯酸钠		限于产品规格，目前适用于小型水厂	
		二氧化氯		国外使用较多，国内尚无使用	

（二）净水工艺流程的选择与设计

设计水厂时，选择净水工艺流程应与净水方法和净水工艺的选择同时或交叉进行。工艺流程的设计，主要根据：①水源水质特点；②用户对水质的要求；③水量大小的要求；④有关水处理的试验资料；⑤水厂地区可能具备的条件等因素合理确定。具体设计水厂的净水工艺流程时，应主要解决以下几个方面的问题：

（1）净水工艺的处理项目和处理的设计标准包括以下两个方面的内容：

1）确定需要处理的水质项目。一般来说，凡是原水水质不符合用水水质指标的项目都应进行处理。但有时会遇到某个不合格的水质项目，处理相当困难且花费较大，而对使用的危害也不太明确（如生活饮用水中的硬度），就需要具体分析，可能不必单独处理。另外，有时原水水质超过指标的时间只是暂时的或者短期的，如果处理麻烦，也可权衡轻重考虑是否需要处理。

2）确定处理的设计标准。当原水水质变化很大时，必须合理地确定其中某一数值，以作为处理的依据和设计标准。例如，河流水含砂量变化较大，若选用高含砂量设计，就有可能会加大沉淀池，增加投药量和排泥水量，从而使投资大为增加；若降低设计标准，选用较低的含砂量设计，并事先考虑到发生高含砂量时可能采取的具体技术措施，就有可能选定适宜大小的沉淀池，从而使水厂总体布置设计趋于合理，并使投资降低。

（2）净水工艺的处理方案。净水工艺的处理方案的确定，主要是指对水厂原水水质的处理方法、处理药剂、处理设备和处理程序的选定而言。它的主要内容包括：①选择处理方案及处理设备；②选择处理的药剂；③按用水的水质、水量特点进行合理的流程组合；④特殊要求的处理流程和措施。

水厂净水处理方案可依据其他水厂的净水处理经验、净水处理试验资料和用户对水质要求的严格程度确定。药剂的选择也要根据当地具体情况确定。例如，硫酸亚铁是一种工业副产品，有些地方很容易得到，价格较低，可以尽量多采用；但对一些含铁量限制很严的工业（如造纸、纺织、印染等）用水就不允许采用铁盐作混凝剂。

（3）净水工艺流程设计。应考虑在流程上和材料上保证净水处理效果稳定而可靠的措施。有了正确的净水处理方案，还不一定能完全保证稳定的净水处理效果，还应根据水厂的具体条件和用户对水质的要求，制定妥善的操作规程和有效的管理措施。

净水工艺流程的设计要考虑各种净水处理构筑物间的高程关系，一般包括重力式流程和压力式流程两类。重力式流程关系中，各净水构筑物间的高差必须根据构筑物间的水头损失确定。

净水工艺流程设计只要选用适当的计量仪表装置和水质检验设备，就可以随时了解水厂各净水构筑物及最后出厂的出水量、水质及原材料消耗、劳动生产率、成本、利润等技术经济指标。各种装置和设备的自动化不仅可以减轻管理工作，更重要的是可以严格控制净水工艺流程的顺利进行，防止差错。

净水工艺流程设计还应考虑综合利用及环境保护方面的可能性。例如：利用废金属铝冶炼铝锭时的灰渣与盐酸原料制成碱式氯化铝缓凝剂，适用于混凝过程。然后用沉淀池污泥中回收的铝，再制造成碱式氯化铝，作为混凝剂使用。如此综合重复利用，既利用了废料，又减少了净水处理排出的沉淀污泥对环境的污染。又如，在除铁处理中，除铁滤池表面截留的铁质会形成一层很厚的水锈物（铁泥）。干铁泥中三氧化二铁的含量高达87%～89%。当滤池反冲洗时，大量铁质随冲洗水排出，会造成污染。若将铁泥回收，并制成可用于建筑和木制家具涂色的红土粉，或作为防锈底漆用的氧化铁红。这样既可综合利用含铁质超量的地下水，又可减少对环境的污染。

针对村镇给水的特点，在净化工艺选择时还应特别注意以下几点：

1）依据水源的水质状况，选择适宜的净化工艺。设计前，首先应进行水源水质调查，尽可能掌握不同时期水源的水质变化情况，并应请当地卫生防疫站提出水源水质卫生评价报告。

地表水源，一般依原水浑浊度这一综合指标，选择净化工艺；受微污染的地表水，则需在常规净化工艺基础上，增加生物预处理工艺或活性炭吸附工艺。

地下水源，一般只需消毒即可饮用。对于铁、锰、氟超标的地下水，则必须选择相应的处理工艺。

2）因地制宜，选择净化工艺。当同一原水采用不同的净化工艺，均可达到理想的净化效果时，应因地制宜地进行技术经济比较后，再确定适宜的净化工艺。

如原水浑浊度不超过20度，瞬时不超过60度的低浊度地表水，采用慢滤或快滤（接触过滤）工艺，均可达到预期的效果，选择时就应进行技术经济比较。慢滤净化工艺的优点是构造简单，水质好，不用投加凝聚剂，运转成本低，日常操作管理方便；缺点是效率很低，占地太大，需定期人工刮砂、洗砂，劳动强度大，应用较少。接触过滤净化工艺的优点是效率高，占地少，操作人员劳动强度小；缺点是需投加凝聚剂，操作管理相对复杂，要求操作人员具有一定的技术知识和运行经验，运转成本较高。设计时，就应认真地进行技术经济比较，因地制宜地进行选择。南方地区，有较大空地可利用的村镇，可考虑选择慢滤工艺；用地紧张的村镇，则可考虑采用接触过滤工艺。北方地区，由于考虑冬天防冻问题，一般以选择接触过滤工艺为宜。

3）选择地表水净化工艺时应注重混合工艺。就村镇水厂而言，常用的混合工艺有泵前投药水泵混合、管道混合装置（如孔板式，文氏管式混合器，扩散混合器，静态混合器，动态混合器等）、水力混合池（如穿孔式、隔板式或涡流式混合池等）、机械搅拌混合池。

据了解，有一些村镇水厂，忽视混合工艺，将凝聚剂直接加到絮凝池中，致使投药量大，出水水质较差，成本较高。因此，设计时应结合当地条件，选择适宜的混合工艺，使凝聚剂与原水能在10～30s内均匀混合，不仅可保证出水水质良好，而且可以节省药剂，降低成本。

4）消毒工艺在水的净化中至关重要。无论哪类水源，采用何种净化工艺，水在出厂前均需按规定进行消毒。

据调查，目前有相当一部分村镇水厂，出厂水没有经过消毒就供给用户饮用，这是十分危险的，必须引起各级领导与设计、管理人员的重视。

按国家规定，生活饮用水必须经过消毒。一般采用氯消毒，如液氯、漂白粉、漂粉精、次氯酸钠溶液等。鉴于目前农村管理人员的文化与技术水平较低，设计时宜优先选用药剂消毒。若采用次氯酸钠发生器时，其发生器应符合国家规定的产品质量标准，并须有优良的售后服务保证体系。因农村电网电压波动很大，设计时应考虑配有稳压装置。规模较大的水厂，应尽可能使用液氯消毒。

设计时应注意，氯与水的接触时间应不小于 30min，出厂水游离余氯含量应不低于 0.3mg/L，管网末端水游离余氯含量应不低于 0.05mg/L。

（三）适宜于农村供水水处理的净水工艺流程形式

根据各地农村供水的实践经验，比较适宜于农村供水水处理的净水工艺流程方式主要有以下几种：

（1）符合卫生标准的原水。

1）当原水中浊度较低，悬浮物含量小于 25mg/L，瞬时不大于 100mg/L，水质变化不大，且无藻类滋生的小型农村供水条件时，可选用如下工艺流程。

2）当原水中悬浮物含量小于 50mg/L，瞬时不大于 100mg/L，可选用以下工艺流程。

3）当原水中浊度较高，悬浮物含量大于 100mg/L，瞬时不大于 300mg/L，或山区河流，浊度通常较小，但洪水时含有大量泥沙时，可选用以下工艺流程。

（2）对于水库、湖泊等水源，其浊度往往较低，但含藻类较多，故应在除浊的同时需除藻，可选用如下净水工艺流程。

a.

b.

（3）严重污染的原水。当原水受到较为严重的污染，含有微量有机质，而又无其他水源可供选用时，可选用如下净水工艺流程。

（4）去除原水中铁和锰的工艺流程（特殊处理）。为去除原水中的铁和锰，可选用如下工艺流程：

1）当原水中含铁、锰量高于标准不大时，可选用：

2）当原水中铁、锰含量均较高时，可选用：

原水 → 曝气 → 过滤 → 曝气 → 过滤 → 消毒 → 出水

3）当原水中含铁量较高、含锰量不高时，可选用：

原水 → 曝气 → 过滤 → 消毒 → 出水

（5）去除原水中氟的净化工艺流程。当地下水源中氟化物含量超过标准时，除氟的净化工艺流程可选用：

四、水厂净化工艺流程布置

（一）净化工艺流程布置原则

水厂的流程布置是水厂设计的基本内容，由于厂址和进、出水管方向等的不同，流程布置可以有多种形式，设计时必须考虑下列布置原则：

（1）流程力求简短，各主要生产构筑物应尽量靠近，避免迂回交叉，使流程的水头损失最小。

（2）尽量利用现有地形。当厂址位于丘陵地带，地形起伏较大时，应考虑流程走向与各构筑物的埋设深度。为减少土石方量，可利用低洼地埋设较深的构筑物（如清水池等）。如地形自然坡度较大时，应顺等高线布置，在不得已情况下，才作台阶式布置。

在地质条件变化较大的地区，必须摸清地质概况，避免地基不匀，造成沉陷或增加地基处理工程量。

（3）注意构（建）筑物的朝向，如滤池的操作廊、二级泵房、加氯间、化验室、检修门、办公楼等有朝向要求，尤其是二级泵房，电机散热量较大，布置时应考虑最佳方位和符合夏季主导风向的要求。

（4）考虑近期与远期的结合。当水厂明确分期建设时，既要有近期的完整性，又要有分期的协调性。一般有两种处理方式：一种是独立分组的方式，即同样规模的两组净化构筑物平行布置；另一种是在原有基础上作纵横扩建。

（二）工艺流程布置类型

水厂工艺流程布置通常有 3 种基本类型：直线型、折角型、回转型。如图 5-1 所示。

图 5-1 水厂工艺流程布置类型

（a）、（b）直线型；（c）、（d）折角型；（e）回转型
1—沉淀（澄清）池；2—滤池；3—清水池；4—吸水井；5—二级泵房

（1）直线型。直线型为常用的布置方式，从进水到出水整个流程呈直线状。这种布置生产联络管线短，管理方便，有利于扩建，特别适用于大、中型水厂，如图 5-1（a）、（b）所示。

（2）折角型。当进出水管的走向受地形条件限制时，可采用此种布置。折角型的转折点一般选在清水池或吸水井处，使沉淀池和滤池靠近，便于管理，但应注意扩建时的如何衔接问题，如图 5-1（c）、（d）所示。

（3）回转型。回转型适用于进出水管在同一方向的水厂。回转型有多种型式，但布置

时近远期结合较困难。此种布置在山区小水厂或小型农村水厂应用较多。可根据地形从清水池将流程回转；也可通过沉淀池或澄清池的进出水管方位布置，而将流程回转，如图5-1（e）所示。

近年来有些农村水厂的流程布置，将构筑物连成集成式。这种布置方式占地小，管理方便，投资低，是今后发展的方向。

五、水厂总体布置

水厂工艺流程布置确定以后，即可进行水厂的总体布置，将各项生产和辅助设施进行组合。水厂总体布置设计的基本内容包括水厂的平面布置和高程布置。

（一）水厂总体布置的基本原则

水厂总体布置设计的基本原则如下：

（1）水厂的规模要能满足设计用水量的需要。一般，水厂的设计水量应按最高日设计用水量（其中包括10%～20%的未预计水量）和消防用水量以及5%～10%的水厂自用水量确定。若水厂还担负有其他用水的任务，需依其对水质的净化处理要求，确定设计量的大小，以及它们是否应在水厂设计水量中计入或按多少比例计入。

（2）水厂的总体布置要能满足净水工艺流程、各种构筑物的布局、操作、生产管理和物料运输等方面的要求。因此，在进行水厂总体设计前，应首先对供水净化处理方法和组合，以及其工艺流程等，根据原水水质、用水要求、生产能力和当地条件，并参照试验成果或相似条件下已成水厂、净水构筑物的运行经验，通过技术经济方案比较，综合研究选定。

（3）水厂设计时，应根据各种净水构筑物分别进行检修和清洗，以及部分停止工作时，采取必要的备用措施（包括超越管线），仍能基本满足用水要求。农村供水中对不间断供水的要求越低，备用措施可以简化，以节省工程投资。

（4）水厂总体设计要适当考虑今后发展、扩建的需要。为将来检修和扩建留出余地。特别是对管线的布局，需要考虑近期和远期的协调。

（5）水厂总体设计应考虑投资最省，施工容易，生产管理、运行操作方便。

（二）水厂的平面布置

1. 平面布置的主要内容

（1）各种构筑物和建筑物的平面定位。

（2）各种管道、管道节点和闸阀等附件的布置。

（3）排水管、渠和检查井的布置。

（4）供电、控制、通信线路的布置。

（5）围墙、道路和绿化布置等。

2. 平面布置要点

进行水厂平面布置时，一般应考虑下述几点要求。

（1）按功能分区，配置得当，主要指生产、辅助生产和生活各部分的布置应分区明确，而又不过度分散。应考虑水厂扩建，留有适当的扩建余地。对分期建造的水厂，应考虑分期施工方便。

（2）布置紧凑。水厂各种构筑物的平面布局一般均应按流程顺序排列。为减少水厂占地面积和连接管（渠）的长度，并便于操作管理，应使它们的布局尽量紧凑。若有可能，应尽量把生产关系密切、需集中管理和控制的构筑物在平面上或高程上组合起来，成为组合式构筑物，以节省占地和空间。如二级泵房应尽量靠近清水池。但各构筑物之间也应留出必要的施工间距、道路和铺设管线所需要的宽度。

（3）充分利用地形，以节省土地，减少挖填土方工程量和施工费用。例如，沉淀池和澄清池应尽量布置在地势较高处，而清水池等要求高程低的构筑物则应尽量布置在地势较低处。又如，对于水厂的生产排水、生活排水及净水构筑物的放空等，应尽量使其能靠重力自流排出和放空。

（4）各构筑物之间连接管（渠）线简单、短捷，避免不必要的迂回、拐弯、重复和用水泵提升。这样可使净水过程中的水头损失最小，管线也简单。管线应尽量避免立体交叉；尽量避免把管线埋设在构筑物下面，以方便施工和检修。此外，还应根据供水的要求程度，设置必要的超越管线。

（5）构筑物应设置必要的排空管与溢流管，以便某一构筑物停产检修时能及时泄空和安全生产。

（6）注意构筑物的朝向和风向。加氯间和氯库应尽量设置在水厂主导风向的下风向，泵房和其他建筑物尽量布置成南北向。

（7）其他方面的考虑。如，厂区内应有适当的堆砂、翻砂和堆放配件的场地；卫生防护和安全保护措施的考虑；道路、动力线及管路等其他辅助工程的相互照应等。

（三）水厂的高程布置

由于农村水厂规模小，各构筑物间的水流应尽量采取重力式。为保证各构筑物之间水流为重力流，必须使前后构筑物之间的水面保持一定高差。这一高差即为流程中的水头损失。水头损失包括构筑物本身、连接管道、计量设备等。水头损失应通过计算确定，并留有余地。

1. 水头损失

（1）净化构筑物的水头损失见表 5-4。

表 5-4 净水构筑物水头损失

构筑物名称	水头损失/m	构筑物名称	水头损失/m
进水井格栅	0.15～0.30	普通快滤池	2.0～2.50
配水井	0.10～0.20	接触滤池	2.5～3.0
混合池	0.40～0.50	无阀滤池，虹吸滤池	0.5～2.0
絮凝池	0.40～0.50	压力滤池	5～10
沉淀池	0.15～0.30	慢滤池	1.5～2.0
澄清池	0.60～0.80		

（2）连接管道的水头损失与所选用的管材及流速有关，可按下式计算确定：

$$h = h_1 + h_2 = \sum Li + \sum \zeta \frac{v^2}{2g} \qquad (5-1)$$

式中 h——连接管水头损失，m；

h_1——沿程水头损失，m；

h_2——局部水头损失，m；

L——连接管道长度，m；

i——单位管长水头损失，m/m；

v——连接管流速（表 5-5），m/s；

ζ——局部阻力系数（表 5-6）；

g——重力加速度，m/s²，$g=9.81\text{m/s}^2$。

各构筑物之间的连接管（渠）断面尺寸由流速决定，其值一般按表 5-5 选用。当地形有适当坡度可以利用时，可选用较大流速，以减小管道直径及相应配件和闸阀尺寸；当地形平坦时，为避免增加填、挖土方量和构筑物造价，宜采用较小流速。在选定管（渠）流速时，应适当留有水量的发展余地。连接管（渠）的水头损失（包括局部和沿程）应通过水力计算确定。估算时可采用表 5-5。

表 5-5　　　　　　　　　　连接管允许流速和水头损失

连接管段	允许流速/(m/s)	水头损失/m	附　注
一级泵房至混合池	1.0～1.2	视管长而定	
混合池至絮凝池	1.0～1.5	0.10	
絮凝池至沉淀池	0.15～0.2	0.10	防止絮体破坏
混合池至澄清池	1.0～1.5	0.50	
混合池或进水井至沉淀池	1.0～1.5	0.30	
沉淀池或澄清池至滤池	0.6～1.0	0.30～0.50	流速宜取下限，留有余地
滤池至清水池	1.0～1.5	0.30～0.50	流速宜取下限，留有余地
滤池冲洗水的压力管道	2.0～2.5	视管长而定	因间歇运行，流速可大些
冲洗水排水管道	1.0～1.2	视管长而定	

2. 竖向布置

当各项水头损失确定以后，便可进行构筑物竖向布置。构筑物竖向布置与厂区地形、地质条件及所采用的构筑物形式有关。考虑竖向流程布置时，应注意下列几个问题：

（1）当厂区地面有自然坡度时，竖向流程从高到低，宜与地形坡向一致。

（2）当地形比较平坦时，清水池的竖向位置要适度，防止埋深过大或露出地面过高。

（3）当采用普通快滤池时，其竖向位置应照顾到清水池的埋深。

（4）当采用无阀滤池时，应注意前置构筑物（如絮凝池、沉淀池或澄清池）的底板是否会高于地面。

（5）注明各构筑物的绝对标高。

总之，各构筑物的竖向布置，应通过各构筑物之间的水面高差计算确定。

3. 构筑物标高计算顺序

（1）确定河流取水口的最低水位。

（2）计算取水泵房（一级泵房）在最低水位和设计流量条件下的吸水管水头损失。

（3）确定水泵轴心标高及泵房底板标高。

（4）计算出水管水头损失。

（5）计算取水泵房至混合池、絮凝池或澄清池的水头损失。

（6）确定混合池、絮凝池、沉淀池本身的水头损失。

（7）计算沉淀池与滤池之间连接管的水头损失。

（8）确定滤池本身的水头损失。

（9）计算滤池至清水池连接管的水头损失。

（10）由清水池最低水位计算送水泵房（二级泵房）水泵轴心标高。

表 5-6　　　　　　　　　　　　　　局部阻力系数 ζ 值

名称	简图	局部阻力系数 ζ 值										
弯头	$90°$ R d	R/d	0.5	1.0		1.5	2.0	3.0		4.0	5.0	
		ζ	1.20	0.80		0.60	0.48	0.36		0.30	0.29	
	$45°$	d/mm	80	100	125	150	200	250	300	350	400	450	500	600
		ζ	0.26	0.32	0.33	0.36	0.36	0.44	0.39	0.45	0.45	0.51	0.51	0.51
	$90°$	d/mm	80	100	125	150	200	250	300	350	400	450	500	600
		ζ	0.51	0.63	0.65	0.72	0.72	0.87	0.78	0.89	0.90	1.01	0.96	1.01
等径三通	Q $Q-Q_a$ Q_a	Q_a/Q	0.0		0.2		0.4		0.6		0.8	1.0	
		ζ_1	0.95		0.88		0.89		0.95		1.10	1.28	
		ζ_2	0.04		−0.08		−0.05		0.07		0.21	0.35	
等径三通	$Q-Q_a$ Q Q_a	Q_a/Q	0.0		0.2		0.4		0.6		0.8	1.0	
		ζ_1	−1.2		−0.4		0.80		0.47		0.72	0.01	
		ζ_2	0.04		0.17		0.30		0.41		0.51	0.60	
闸阀	h D	h/D	1/8		2/8		3/8		4/8	5/8		6/8	7/8	
		ζ	0.15		0.26		0.81		2.08	5.52		17.0	97.8	
异径三通		突放 ζ=1.0 突缩 ζ=0.5　　ζ=等径三通 ζ 值+突放（突缩）ζ 值										
四通		ζ=2×三通的 ζ 值										
异径管		ζ=0.21 ζ=0.33										
布气孔		ζ=1.20										

（四）辅助建筑物和水厂的其他设施

1. 辅助建筑物

当水厂的主要构筑物布置确定以后，即可布置水厂的生产性和生活性的辅助建筑物。应特别注意，按其功能分区、分块集中，尽量靠近，以利管理。例如，将办公室、值班室、食堂、锅炉房等建筑物组合成为一个生活区；将维修车间、仓库、车库等组合成为维修区等，可节约用地和投资。

农村水厂的辅助建筑物，应本着勤俭节约的原则，充分利用所在地区提供的条件，并根据供水规模、工艺流程、管理范围以及可利用的现有建筑物等因素确定，力求精简。

对于直接取用水质良好的地下水水厂，可根据当地具体情况选定几种必要的辅助建筑物。一般规模很小的乡、村供水站，可不必另设辅助建筑物，或将加药、药剂储存及值班室等均与泵房合建。规模稍大的乡、镇水厂，一般可建造综合性的辅助建筑物 $1 \sim 2$ 幢，内设仓库、修理间、值班室等，辅助建筑物的使用面积通常为 $50 m^2$ 左右。县、地区所在地的水厂或规模超在 $150 \sim 200 m^3/h$ 以上的水厂，辅助建筑物的种类和使用面积等可参考有关规范、手册确定。

2. 水质化验设备

检验水质的化验设备，应按《生活饮用水水质标准》规定的化验项目确定。但根据我国农村当前实际情况，农村水厂或净水站、供水站的水质检验项目一般只进行浑浊度和游离性余氯两项内容，因此所需要化验设备较少，通常仅配备 $1 \sim 2$ 台比光浊度仪、余氯比色器和少量的试管、量杯、滴定管等玻璃器皿。至于大肠菌群、细菌等项目的检验，则由当地卫生防疫组织，配合水厂进行定期检查。县、地区所在地的水厂和规模较大的水厂，应设有单独的水质检验室，需配置的主要化验设备可参考有关规范和手册选定。

3. 水厂绿化

绿化是水厂设计中的一个组成部分，是美化水厂环境的重要手段，由草地、绿篱、花坛、树木（乔木、灌木）等配合组成。可在建筑物的前坪、道路与构筑物之间的带状空地等处设绿篱、花坛、种植草皮，还可建筑喷水池、花架、假山等美化环境，并在厂区道路两侧栽树，既美化环境，还可增加经济收入。

4. 道路

通向一般建筑物的道路应铺设人行道，以满足厂内工作人员步行交通和小型物件人力搬运的需要，宽度一般为 $1.5 \sim 2.0 m$。厂区内各主要建筑物或构筑物之间的联通道路应铺设车行道。车行道一般为单车道，宽 $4 m$ 左右，常布置成环状，以便车辆回转，或在路的尽端结合建筑物的前坪设置回车场；单车道的转弯半径为 $6 \sim 7 m$。车行道断面结构一般采用沥青油渣路面和混凝土路面。人行道断面结构则多采用泥结碎石路面、煤渣路面和水泥路面等。

水厂道路应考虑雨水的排除，纵坡宜采用 $1\% \sim 2\%$，最小纵坡为 0.4%，山区或丘陵宜控制在 $6\% \sim 8\%$。

5. 围墙

水厂周围应设置围墙，其高度不宜小于 $2.5 m$。

（五）工程实例

在实践中，由于农村水厂的规模差异较大，加之工程内容随水源水质不同，因此设计时应针对工程的具体条件和内容进行统筹考虑。现介绍一典型水厂的实例供设计时参考。

【例5-1】 如图5-2所示以水库水为水源的水厂平面布置。水库水引入净水厂，经混合、絮凝、沉淀后进入滤池，经过高位水池供水。

构筑物及附属建筑物尺寸一览表

名　称	尺寸	个数
水力旋流除沙器	$\phi 0.9 \times 2.6m^3$	1
混合池	$\phi 1.5 \times 3.0m^3$	1
网格絮凝沉淀池	$10.7 \times 3.7 \times 5.15m^3$	1
重力式无阀滤池	$5.65 \times 2.9 \times 4.5m^3$	1
清水池	$\phi 11.4 \times 3.62m^3$	2
综合楼	$(2 \sim 18) \times 8.4 \times 6$	1
水处理间	$30.0 \times 12.0 \times 6$	1
储药间	$3.3 \times 2.5 \times 3$	1
传达室	$2 \times 4 \times 3$	1

说明：

1. 本水厂为1个系列，其净水能力为2600m³/s。
2. 厂区内道路主路宽5m，辅路宽4m。
3. 厂区占地2925m²（约4.39亩），其中建构筑物占21.4%（约占地625m²），道路占41.0%（约占地1200m²），绿化占37.6%（约占地1100m²）。
4. 水厂外北部山体设护坡，并在水厂围墙外设防洪沟。
5. 水厂围墙内四角定位坐标（0,0）点相当于经纬坐标（118°55′,44°05′），施工中以测量坐标为准。
6. 单位：坐标为m，其余均为mm。

图5-2 以水库水为水源的水厂平面布置

六、水厂规划设计程序

（一）一般程序

农村自来水厂建设同其他工程项目一样，具有其本身的特点，规划设计时应参照下列顺序进行工作：

（1）收集最基本的有关资料，为选择和确定自来水厂的水源提供依据。

（2）根据现场调查、实际测量以及水文、水文地质、水质分析等有关资料，判定水源的水量和水质能否满足设计的要求。

（3）根据当地具体情况，确定自来水工程的设计年限。

（4）确定用水人口和生活用水量标准，考虑水厂应包括的其他用水量。

（5）计算水厂供水能力和设计流量。

（6）通过技术和经济比较，确定农村给水系统与工艺流程。

（7）计算和确定单体构筑物和设备的规模。

（8）布置输水管配水管网，并通过水力计算确定管径和水塔高度或水泵扬程。

（9）进行水厂的总平面布置和高程布置。

（10）应有两种以上的技术方案，进行经济比较，然后作出抉择。

（二）基本资料的收集

建设农村自来水厂时，首要任务是选择并确定水源。为做好这项工作，满足设计上的要求，必须收集地形、气象、水文、水文地质、地质等方面的有关资料，并进行综合分析。

(1) 1:5000～1:25000 现状及规划发展地图：用来确定给水系统的范围，标明水源位置，并进行平面布置。

(2) 地形图：根据地面标高考虑取水点、净水构筑物、泵房、调节构筑物、水厂等的位置和输配水管的铺设。

(3) 气象资料：根据年降水量和年最大降雨量判断地表水源的补给来源是否可靠和充足，洪水时取水口、泵站等有无必要采取防洪措施；根据年平均气温、月平均气温、全年最低气温、最大冻土深度等考虑处理构筑物的防冻措施和输配水管道的埋深。

(4) 地下水水文地质资料：了解地下水的埋藏深度、含水层厚度、地下水蕴藏量及开采量、补给来源、单井出水量、井的静水位和动水位变化、减压漏斗等，以便确定打井深度、井的类型和构造、井的出水量、水泵的类型和型号。

(5) 地表水水文资料：根据地表水的流量、最高洪水位、最低枯水位、冰凌情况等，确定取水口位置、取水构筑物型式及供水量。

(6) 土壤性质：用来估计土壤承载能力及透水性能，以便考虑自来水厂构筑物的设计和施工。

(7) 地下水和地表水的水质分析资料，包括感官性状、化学、毒理学、细菌等指标的分析结果，用来确定处理工艺和估算制水成本。

(8) 水资源的综合利用情况：包括渔业、航运、灌溉等，以便考虑它们对水厂的供水量、取水口位置及取水构筑物的影响。

(三) 可行性研究报告 (设计任务书)

为实施世界银行贷款兴建的农村供水工程项目，全国爱国卫生运动委员会办公室规定必须经历编制可行性研究报告、初步设计文件和施工图设计 3 个阶段。

可行性研究阶段的主要任务，是着重对农村给水工程项目从技术上和经济上论证水源水量及水质的可靠性、工程总体布局及工艺流程、外部协作条件、投资估算及经济效益分析、社会效益估计、工程实施计划及分期建设安排等方面是否合理和可行，并经多方案综合论证和比较后，择优推荐最佳方案，经组织有关专家评审后，作为编制初步设计文件的依据。

可行性研究报告内容包括：

(1) 工程建设地点的描述 (地理位置、气象、地形地貌、水文地质、水文、工程地质、人口分布等)。

(2) 农民生活用水及其他用水 (家庭禽畜用水、乡镇工业用水、公共事业用水等) 现状分析和评价。

(3) 水源选择可靠性的论述。

(4) 拟建给水工程项目的供水规模、受益人口、水厂占地面积、技术经济比较等。

(5) 水处理工艺流程的确定原则。

(6) 工程总投资估算。

(7) 资金来源的组成。如为世界银行贷款，应有贷款偿还办法。

(8) 运营管理组织的设想。

具体编制可行性研究报告时，可按以下提纲进行：

（1）项目名称。

（2）主办单位。

（3）建厂地点。

（4）自然概况。

（5）饮水现状。

（6）供水规模。

（7）供水工艺（两种以上方案技术经济比较）。

（8）总投资。

（9）社会、经济效益。

（10）图纸：供水系统总平面图，水厂总平面图，工艺流程图（高程布置），输、配水干管布置与配水管网水力计算图。

（四）初步设计文件

初步设计文件是根据批准的可行性研究报告（设计任务书）提出具体的工程实施方案，其编制深度应能满足项目投资包干、设备及主要材料定货或招标、土地征用及拆迁、用电申请和施工准备等要求。初步设计文件一般由设计说明书、设计图纸、工程概算、设备及主要材料清单四部分组成。

初步设计说明书内容包括以下几方面：

（1）建厂地点。

（2）建厂理由。

（3）设计年限。

（4）设计人口。

（5）供水能力。

（6）水源水量与水质。

（7）水文资料（或水文地质资料）。

（8）工程地质资料。

（9）供水系统。

（10）水处理工艺流程。

（11）供电系统和控制系统。

（12）设备选型。

（13）劳动定员。

（14）生产和生活用房建筑面积。

初步设计图纸包括：

（1）供水系统总平面图。

（2）水厂总平面图。

（3）工艺流程图（高程布置）。

（4）输、配水干管布置与配水管网水力计算图。

（5）取水构筑物图。

（6）泵房设计图。

（7）单项构筑物图。

（8）主要附属构（建）筑物图。

（9）变配电与设备的控制设计图。

初步设计中的工程概算应根据各省（市）批准的最新概（预）算定额进行编制。

（五）施工图设计

施工图设计应按批准的初步设计进行，其内容、深度应能满足施工和安装的要求。施工图阶段的设计文件组成包括设计说明书、施工图纸和必要的修正概算或施工预算。

施工图设计说明书包括以下几方面：

（1）设计依据：摘要说明初步设计批准的机关、文号、日期及主要内容，以及施工图设计资料依据。

（2）设计变更部分：对照初步设计，阐明变更部分的内容、原因、依据等。

（3）施工、安装注意事项及质量、验收要求。必要时应编制特殊工程施工方法设计。

（4）运行管理注意事项。

（5）自控及调度系统运行管理说明及操作注意事项。

设计图纸：施工图设计的精度必须能满足施工、安装及部件加工要求。

（1）总体布置图采用 1∶5000～1∶25000 比例，图上内容基本与初步设计相同，但要求更为详细确切。

（2）枢纽工程水源地、净水厂等枢纽工程平面图：采用 1∶200～1∶500 比例，包括风玫瑰、等高线、坐标轴线、水厂围墙、绿地、道路等的平面位置，注明厂界四角坐标或构筑物的主要尺寸和相对距离，各种管渠及室外地沟尺寸、长度、地质钻孔位置等，并附建筑物一览表、工程量表及有关图例。

另外，绘制工艺流程断面图，反映出生产工艺流程中各构筑物的高程关系及主要规模指标。工程规模较大、构筑物较多者，可另绘建筑总平面图。

厂内各构筑物和管（渠）附属设备的建筑安装详图，比例自选。

（3）输水及送水干管、配水管网。平面与纵断面图：一般采用比例尺横向 1∶1000～1∶2000，纵向 1∶100～1∶200。图上包括纵断面图与平面图两部分，并绘出地质柱状图，控制点坐标，在末页附工程量表。对于规模不大、地域范围广、地势平坦的情况，也可在平面图上标出控制点中心高程。

给水管（渠）、管网结构示意图：包括各节点的管件布置及各种附属构筑物（如闸门井、消火栓、排气阀、泄水阀及穿越铁路、公路、隧洞、堤坝、河道等）的位置与编号，各管段的管径（断面）、长度等，并附管件一览表及工程量表。管网节点结构有时也可在平面布置图上引出表示。

管（渠）、附属构筑物安装图：包括穿越铁路、公路、桥梁、堤坝、河流的设计图，采用 1∶100～1∶500 比例。

各种给水井建筑安装详图：一般尽可能套用通用标准图。

（4）单体构筑物设计图。工艺图：总图一般采用 1∶50～1∶100 比例，表示出工艺布置，管道、设备的安装位置、尺寸、高程，并附设备、管件一览表，以及必要的说明和主要技术数据等。

建筑图：总图一般采用 1∶50～1∶100 比例，表示出平、立、剖面尺寸及相对高程，表明内外装修建筑材料，并有各部构造详图、节点大样、门窗表及必要的设计说明。

结构图：总图一般采用 1∶50～1∶1000 比例，表示出结构整体及构件的构造、地基处理、基础尺寸以及节点构造等。列出结构单元和汇总工程量表、主要材料表、钢筋表及必要的设计说明。

采暖、通风、照明安装图：表示各种设备的管道布置与建筑物的相对位置和尺寸，并列出设备表、管件一览表和安装说明。

（5）电器设计图。变电站高、低压变配电系统图和第一、二次回路接线原理图：包括变电、配电、用电、启动和保护等设备的型号、规格和编号，附设备材料表，说明工作原理、主要技术数据和要求。

各构筑物平、剖面图：包括变电所、配电间、操作控制间电气设备位置、供电控制线路敷设、接地装置，设备材料明细表和施工说明及注意事项。

各种保护和控制原理图、接线图：包括系统布置原理图，引出或引入的接线端子板编号，符号和设备一览表以及动作原理说明。

电气设备安装图：包括材料明细表，制作或安装说明。

厂区室外线路照明平面图：包括各构筑物的布置、架空和电缆配电线路、控制线路及照明布置。

（6）附属建筑物的土建工程设计施工图纸。修正概算书或施工预算书：设计施工图时，可根据初步设计审批意见或由于其他原因引起的较为重大的设计变更部分，编制修正概算书；施工图设计阶段必须按省（自治区）批准的最新预算定额编制工程预算书。

第二节 水 质 净 化

一、概述

天然水均含有各种杂质。水的净化就是用不同的净化工艺，去除原水中的悬浮物质、胶体物质以及有碍感官和有害于人体健康的溶解物质，使净化后的水质达到生活饮用水的标准。

悬浮、胶体和溶解 3 种状态的杂质是根据其在水中存在的颗粒大小划分的。悬浮杂质的颗粒直径大于 $1×10^{-3}$ mm，其中以泥砂占绝大部分，还有虫类、原生动物、藻类、细菌、重金属氧化物、油脂及不溶解的有机物质等。胶体物质的颗粒直径介于 $1×10^{-3}$ ～ $1×10^{-6}$ mm 间，其中绝大部分为细小的黏土颗粒，也还有细菌、病毒、有机物、重金属氢氧化物、高分子化合物（如蛋白质）、腐殖质胶体等。溶解杂质的颗粒直径小于 $1×10^{-6}$ mm，如存在于水中的钙、镁、钠、铁、锰、氟等离子，二氧化碳、硫化氢、氧等分子，以及一些有机物质等。

水的净化方法很多。农村供水中常用的净化方法是混凝、沉淀或澄清、过滤和消毒 4 大类工艺步骤。主要任务是去除原水中的悬浮杂质、胶体杂质和细菌，也可去除一小部分溶解杂质，以保证水质卫生。而每种工艺又有不同形式的净水构筑物。设计选用时，应根据原水水质和对水质的要求，经经济技术比较后确定。

一般来说，深层地下水水质较好，如符合饮用标准，可直接取用，无需混凝、澄清和过滤；但为确保卫生安全，最好应进行消毒处理。如地下水的硬度高，氟化物、铁和硫化氢等的含量较多时，应进行软化、除铁、除氟等处理；如水的感官指标、化学指标，或毒理学指标超过了饮用水质有关规定，也需进行特殊处理。取用地面水源饮用，一般均需进行程度不同的净化处理；如有较严重的污染，还必须进行氧化、吸附等深度净化方法处理；若含有藻类较多，则须采取藻类处理；若取用苦咸水、海水，需采取淡化处理等。

经净化后的水，应经常进行检测，以确保水质符合饮用标准，检测水质的项目和内容一般为：浑浊度应小于 5 度，对农村供水，短期可允许小于 10 度；出厂水余氯要大于 0.3mg/L。经深度处理或特殊处理的水，应根据原水水质状况，加测必要项目。如为受污染的水源，应有选择地测定色度、嗅和味、耗氧量、氨氮、阴离子洗涤剂、氖、氰等，经除铁、除锰的地下水，还需测定特殊处理前后水中铁、锰等离子的含量。

本节主要介绍适用于农村供水的净化处理工艺原理及其净水构筑物。

二、混凝

（一）混凝原理

浑浊水若静止一段时间，其中一些粗大较重的颗粒就会自然沉淀下来，水则逐渐澄清；若水中含有细小的黏土颗粒和胶体颗粒时，往往即使静置很长时间，水也不会澄清或澄清极为缓慢。原因是，水中微细颗粒一般均带有负电荷，既相互排斥，又在水中不断地做布朗运动，相当稳定，不易借重力作用自然下沉。

为使水中细微颗粒迅速沉淀，就必须在水中投加可提供大量正离子的混凝剂，涌入带负电荷的胶体扩散层乃至吸附层，使胶体颗粒电位下降，相斥势能消失，并有可能在范德华引力、分子间的氢键，或其他物理、化学吸附等因素的共同作用下，使胶体颗粒失稳、脱稳；又在搅拌水体的水力作用下，不断碰撞吸附，产生黏接架桥，聚集成絮凝绒体物（矾花），而逐渐下沉，这个工艺过程就叫混凝。混凝絮绒不仅可吸附悬浮颗粒，还能吸附一部分细菌和溶解的有机物，并对去除水中色度、嗅味有一定作用。

混凝过程，按水处理工艺可划分为投药混合与反应两个阶段。投药混合主要是使药剂迅速、均匀地扩散到原水中，进行充分混合，并通过胶体化学作用，使细菌颗粒凝聚成絮粒的阶段，是完成反应和混凝沉淀并取得较好效果的必要前提。反应则是使混合后初步形成的细小絮粒在外界搅拌下，充分碰撞黏结，凝聚成较大絮粒，以便于沉淀而与原水分离的阶段。

影响混凝效果的因素主要有原水水质（浑浊度、pH 值、碱度、温度、杂质成分和浓度等）、使用的混凝剂种类及其投加量、混合反应设备条件等。混凝过程的完善程度对以后的净水工艺（沉淀、过滤等）有很大影响。为使混凝过程有较好的效果，技术上应结合原水水质，选用性能良好的混凝剂和助凝剂；创造适宜的水力条件，保证混凝过程各阶段的作用高效能顺利进行。

（二）混凝剂和助凝剂的种类及作用原理

1. 混凝剂

适用于农村自来水厂的混凝剂主要有硫酸铝、碱式氯化铝、三氯化铁和硫酸亚铁等。上述各种混凝剂产品，均不得使净化后的水质对人体健康产生有害影响。

（1）硫酸铝。硫酸铝 $[Al_2(SO_4)_3 \cdot 18H_2O]$ 产品分精制和粗制两种，腐蚀性都很小。前者是白色块状或粉末状，杂质少，含无水硫酸铝 $50\% \sim 52\%$；后者是灰色块状或粉末状，含有 $20\% \sim 30\%$ 的高岭土等不溶性杂质，无水硫酸铝含量仅 $20\% \sim 30\%$，但其制造方便，价格便宜。

我国民间习惯使用的明矾是硫酸铝和硫酸钾的复盐，化学式为 $Al_2(SO_4)_3 \cdot K_2SO_4 \cdot 24H_2O$，由于 K_2SO_4 基本上不起凝聚作用，所以用明矾作凝聚剂时投加量较多。

硫酸铝加至水中，离解为铝离子和硫酸根离子：

$$Al_2(SO_4)_3 == 2Al^{3+} + 3SO_4^{2-}$$

铝离子起水解作用，生成氢氧化铝胶体：

$$Al^{3+} + 3H_2O == Al(OH)_3 \downarrow + 3H^+$$

$Al(OH)_3$ 是带正电荷的胶体，它能与水中黏土等带负电荷的杂质胶体因异性而互相吸引，并通过架桥黏附水中杂质，起着极重要的接触介质作用。

用硫酸铝去除原水的浑浊度时，适宜水温 $20 \sim 40 ℃$，低温时，絮粒轻而松散，处理效果较差。当 pH 值为 $4 \sim 7$ 时，主要去除水中有机物；当 pH 值为 $5.7 \sim 7.8$ 时，主要去除水中悬浮物；pH 值为 $6.4 \sim 7.8$ 时，处理浊度高色度低的水。

（2）碱式氯化铝。碱式氯化铝又称聚合氯化铝或羟基氯化铝，化学式为 $Al_n(OH)_mCl_{3n-m}$，是一种无机高分子铝盐凝聚剂，国内水厂广泛采用。这种凝聚剂的优点是絮凝时间短效果好，沉淀速度快，净化效率较高，耗药量少，过滤性能好，出水水质好，原水浊度高时尤为显著；pH 值适用范围广，pH 值为 $5.0 \sim 9.0$ 时都可适用，且对原水碱度降低少；低温水效果也较好；设备简单，使用操作方便，腐蚀性小，投药操作方便，劳动条件好。缺点是价格较高。

引起聚氯化铝形态多变的基本成分是 OH 离子，衡量聚氯化铝中 OH 离子的指标叫盐基度，通常将其定义为聚氯化铝分子中 OH 与 Al 的当量百分比 $[[OH]/[Al] \times 100(\%)]$。碱式氯化铝的凝聚效果与盐基度关系密切。原水浑浊度越高，使用盐基度高的碱式氯化铝，其凝聚沉淀效果越好。目前我国产品的盐基度控制在 60% 以上。碱式氯化铝的外观状态与盐基度、制造方法、原料、杂质成分及含量等有关。碱式氯化铝外观状态与盐基度的关系见表 5-7。

表 5-7　　　　　　　　　　　碱 式 氯 化 铝 的 外 观

盐基度/%	状　态	
	液　体	固　体
<30		晶状体
30~60		胶状体
40~60	淡黄色透明液	
>60	无色透明液	玻璃状或树脂状，
>70		不易潮解，易保存

（3）三氯化铁。三氯化铁（$FeCl_3 \cdot 6H_2O$）是具有金属光泽的深棕色粉状或粒状团体，易溶于水，含杂质少。

三氯化铁加至水中，离解为铁离子和氯离子：

$$FeCl_3 = Fe^{3+} + 3Cl^-$$

铁离子起水解作用，生成氢氧化铁胶体：

$$Fe^{3+} + 3H_2O = Fe(OH)_3 \downarrow + 3H^+$$

氢氧化铁胶体和氢氧化铝胶体一样，在凝聚过程中起着重要的接触介质作用。

用三氯化铁作凝聚剂的优点是：易溶解、易混合，渣滓少；受水温影响小，适应的pH值范围较广（pH值＝5～9），结成的矾花大而重且不易破碎，沉淀速度快，因此净水效果较好，处理高浊度低温的原水效果显著；缺点是容易吸湿潮解，价格较贵，腐蚀性较强，对金属和混凝土均腐蚀；出水含铁量一般较高，溶解时产生对人体有刺激性的烟气。原水碱度不足时应加一定量的石灰。

（4）硫酸亚铁。硫酸亚铁（$FeSO_4 \cdot 7H_2O$）又称绿矾，是半透明的绿色结晶状颗粒，通常利用钢铁、机械等工厂的废硫酸及废铁屑加工制成，因此货源充足，价格便宜。絮粒形成的快而且稳定，易沉淀，运用范围较广，受水温影响小。适宜pH值为8.1～9.6。硫酸亚铁水解后形成$Fe(OH)_2$，易离解，使处理后的水含铁量高，影响水质，因此用硫酸亚铁作凝聚剂时，往往同时投加适量的氯气，即通常所说的"亚铁氯化"法，其化学反应式为

$$6FeSO_4 \cdot 7H_2O + 3Cl_2 = 2Fe_2(SO_4)_3 + 2FeCl_3 + 42H_2O$$

反应产生的硫酸铁和三氯化铁分别水解，生成难溶的氢氧化铁胶体，黏附架桥形成矾花。

2. 助凝剂

当单独使用混凝剂不能取得良好的混凝效果时，为加强混凝效果，促进和完善水的混凝过程，常需使用助凝剂。其具体作用有三：①调整混凝过程处理水的pH值和碱度，提供较好的混凝条件；②改善絮粒结构，加大矾花的粒度、比重和沉重度，以利下沉，且不易破碎；③氧化等其他作用，可改善混凝过程。但助凝剂本身不起混凝作用，只能在胶体颗粒稳定性破坏后，利用其黏度，生成较大、较重絮粒，促进水的混凝过程。

助凝剂可分为4类：

（1）碱类：当原水呈酸性或碱性不足时，用来调整原水的pH值和碱度，以满足絮凝过程的需要，同时还可去除水中的CO_2。属于此类助凝剂的有石灰和氢氧化钠（商品名烧碱）等。

（2）矾花核心类，用以增加矾花的重量和强度，如投加黏土以及在水温低时投加活化硅酸（如活化水玻璃）等。

（3）氧化剂类，用以破坏影响凝聚的有机物并将两价铁氧化为三价铁，以促进凝聚作用，如氯等。

（4）高分子化合物类，如聚丙烯酰胺，处理高浊度的水时用它作助凝剂，效果特别显著。

聚丙烯酰胺（PAM）俗称三号凝聚剂，是人工合成的长链状高分子化合物，由丙烯腈加浓硫酸促进水解、中和、聚合而成。成品无色、无臭、无味，能溶于水，无腐蚀性，分子量一般为$1.5 \times 10^6 \sim 6 \times 10^6$，分子结构为（$-CH_2-CH-$）$_n$，因聚丙烯酰胺有很长

的分子链，对水中的泥砂颗粒具有高效的吸附与架桥作用。

聚丙烯酰胺在常温下比较稳定，高温时易降解，并可降低凝聚效果，故需在不低于 2℃ 的室内保存。国产聚丙烯酰胺有粉状和透明胶状两种，粉剂含聚丙烯酰胺 80% 以上，透明胶状含聚丙烯酰胺 8%～9%。

聚丙烯酰胺本体无害，但产品有极微弱的毒性，主要由于产品中含未聚合的丙烯酰胺单体和丙烯腈所致，因此投加量一般应控制在 1.0mg/L 以内。

（三）混凝剂的制备与投加

向原水中投加混凝剂的方法有干投法和湿投法两种，农村多为中小型水厂，常采用湿投法。一般由溶药池、溶液池、定量控制设备、投加装置等组成。其任务是即先将混凝剂加水溶解，配成一定浓度的溶液，然后再按需要处理的水量进行定量投加。湿投法利于药剂与原水充分混合，不易堵塞入口，便于调节、计量与操作。投药流程如下：

药剂 水 ／ 水

溶药池 → 溶液池 → 计量控制设备 → 投药装置 → 加药混合

1. 混凝剂的调制设备

（1）溶药池。混凝剂的溶解在溶药池内进行。小型农村水厂由于混凝剂用量很少，可以不用机械搅拌，直接将混凝剂倒于溶药池中，加入清水用人工搅拌，使药剂充分溶解。

溶药池一般采用钢筋混凝土池体，内壁需进行防腐处理，也可采用耐酸陶土缸或符合塑料产品标准的硬质聚氯乙烯材料。加药管应采用橡皮管或塑料管。

溶药池容积相当于溶液池的 20%～30%。溶药池的高度以 1m 左右为宜，以便于人工操作，并减轻劳动强度。

溶药池底坡坡度应不小于 0.02，池底应有直径不小于 100mm 的排渣管。池壁需设超高，防止搅拌溶液时溢出。

图 5-3 溶药池

混凝剂用量较少时，溶药池可兼作溶液池使用。亦可按图 5-3 所示，在溶液池上部设置淋浴斗以代替溶药池，使用时将混凝剂放入淋浴斗中，经水力冲溶后的药剂溶液即流入溶液池内。

（2）溶液池。混凝剂溶解后即流入溶液池中，加水配成一定浓度的溶液（一般为 1%～5%），以便准确投加。

溶液池容积可按下式计算：

$$V = \frac{uQ}{1000bn} \qquad (5-2)$$

式中　V——溶液池容积，m^3；

　　　u——混凝剂最大用量，mg/L；

　　　Q——需要处理的水量，m^3/d；

　　　b——混凝剂溶液浓度，一般为 1%～5%；

n——每日配制次数，农村水厂每日 1 次或隔日 1 次。

溶液池一般需有两个，以便清洗及交替使用。

溶液池一般为高架式设置，以便靠重力投加药剂。池底坡度不小于 0.02，底部设排空管，上部设溢流管。池周围应设工作台。

（3）加药间。混凝剂调制设备放于加药间内。加药间宜设在投药点附近，并与药剂仓库毗邻。加药间药液池边应设工作台，工作台宽度以 1～1.5m 为宜。

加药间可根据具体情况设置简易的机械搬运设备。

各种管线宜布置在管沟内，给水管常用镀锌钢管，加药管常用塑料管及橡皮管，排渣管常用塑料管或陶土管。

加药间室内地坪坡度不小于 0.005，并坡向集水坑。

寒冷地区应有防冻措施，采暖时加药间的室内温度可按 15℃设计。

加药间内应有冲洗、排渣设施。

加药间内应保持良好的通风。

（4）药剂仓库。药剂仓库应与加药间建在一起。当水厂规模较小时，由于药剂用量少，可不单独设置药剂仓库，而堆放在加药间内。

水厂应有固定的混凝剂储备量，根据药剂来源可靠程度及运输条件等，一般可按最大投加量的 15～30 天用量考虑。

仓库内药剂堆放高度一般不应超过 1.5m。

仓库应有良好的通风条件，防止药剂受潮水解。

2. 混凝剂投加量

混凝剂用量与原水的浑浊度、pH 值、水温、碱度、有机物含量等有密切关系，地表水在一年之间的季节性变化非常明显，尤其是浑浊度，因此混凝剂的投加量也需要经常改变。

混凝剂用量在制水成本中占有一定比例，混凝剂投加量合适，不仅可以节约成本，而且出水水质良好；如果任意投加混凝剂，不但不能保证出厂水水质，还会造成药剂浪费。

混凝剂投加量应通过试验确定，具体方法如下：取 1000mL 烧杯 5～6 只，各盛原水

图 5-4 原水浑浊度与凝聚剂的
投加量关系曲线

1000mL，将准备使用的混凝剂配成 1％溶液，按不同量分别加至各烧杯中，先用玻璃棒剧烈搅拌 1min，然后沿顺时针方向继续用玻璃棒缓缓搅动，目的在于帮助形成矾花，至大片矾花已经形成且停止搅动后矾花迅速下沉时，静沉 10～15min，观察各烧杯中上层清液的透明程度，混凝剂投加量最少且最亮的一杯，即为正确的投加量。如各杯均不理想，说明凝聚剂投加量不足或过多，可另取原水，减少或增加 1％混凝剂溶液用量，重新按上述方法试验。例如向 1000mL 原水中投加 1％硫酸铝溶液 1.2mL 时凝

聚效果最好，则 $1m^3$ 原水需投加硫酸铝 $12g\left(\dfrac{1.2}{1000\times100}=\dfrac{12}{1000000}=12mg/L\ 或\ 12g/m^3\right)$。

混凝试验应随着原水的浑浊度变化尽可能多做几次，如能积累一年的试验结果，即可制作出一条原水浑浊度与混凝剂投加量的关系曲线（图5-4），以后在水厂日常运行管理中，随时可以根据当天原水的浑浊度查出凝聚剂的投加量。图5-4中的斜线通常不是一条光滑的直线，可将多次试验求得的浑浊度及混凝剂投加量结果点于图上，然后根据这些点的分布趋势，调整绘制成一条直线。实际上浑浊度并不是影响混凝剂消耗量的唯一因素，因此两者的关系不可能始终一致，然而用上述试验方法求得的混凝剂投加量曲线已能满足水厂运行管理的需要。混凝剂投加量曲线一般只能适用于做试验的原水，不可互相套用。如为同一条河流，且又相距不远，更无其他支流汇入，河流水质原状未变，则又当别论。

3. 定量控制

投药时应有计量装置，以控制药量，确保净化效果的稳定性。计量装置可采用衡位箱和苗嘴、孔板等孔口出流计量装置（图5-5和图5-6）。其原理是一定浓度的药液，通过浮球阀进入衡位箱。衡位箱借浮球阀的作用保持箱中水位稳定。在稳定水面下一定深度处装设苗嘴，苗嘴在稳定水头作用下，其出流投药量即可稳定。各种口径苗嘴，在不同作用水头下的流量需事先率定。

图5-5 孔口计量（单位：cm）　　　　图5-6 苗嘴和孔板（单位：cm）
　　(a) Ⅰ—Ⅰ剖面；(b) 平面

小型水厂可采用浮杯计量（图5-7），以代替衡位箱和苗嘴、孔板。浮杯浮在液面上，可随液面升降，使杯底输液管入口始终与液面保持一固定水头 h，从而保证输出药液的流量稳定不变。如要变更流量，只需变换出流孔径。浮杯计量的优点是，设备比较简单，适用于贮液池变水位加注；缺点是水位较低时易产生出液管压扁或上浮等现象，影响投加量的准确性，浮杯计量装置的形式有埋设式（图5-7）、孔塞式和锥杆式数种。

图 5-7　浮杯计量

图 5-8　小型定量控制设备

(a) 虹吸式定量控制瓶；(b) 下口式定量控制瓶

农村供水中尚可采用更简单的计量装置，如采用虹吸式定量控制瓶（马利奥特瓶）和下口式定量控制瓶等（图 5-8）。条件较好时可采用转子流量计和计量泵等。

4. 混凝剂投加

向原水中投加调制好的混凝剂溶液时，投药地点应优先选择在泵前投加，将混凝剂加注到取水泵吸水管中或吸水管喇叭口处。当取水泵距净化构筑物过远时，也可采用泵后投加，将混凝剂加在水泵出水管或絮凝池进口处，但应采取措施，保证快速混合。在水泵出水管处加药，须设加压投药设备，可采用水射器或计量泵投加。上述几种投药方式可归纳为重力投加和压力投加两类。

(1) 泵前重力投药。泵前重力投加混凝剂溶液适用于农村中小型水厂。药剂加在泵前吸水管或吸水管喇叭口处，如图 5-9 所示。为了防止空气进入水泵吸水管内，须设一个装有浮球阀的水封箱，使水泵吸水管中经常充满水。此法优点是设备简单，混合充分，效果较好，且可节约混凝剂用量；缺点是水泵叶轮易受混凝剂腐蚀。当取水泵距离水厂较远（500m 以上）时，不宜采用泵前投加方法。

图 5-9　泵前重力投加

(a) 吸水管处投加；(b) 吸水喇叭口处投加

1—水泵吸水管；2—水泵；3—出水管；4—水封箱；5—浮球阀；6—溶药池；7—漏斗；8—吸水喇叭口

(2) 泵后水射器压力投药。泵后水射器压力投加混凝剂的方法适用于各种规模的水厂。当取水泵站距离水厂较远时，为防止过早在管道内结成矾花，从而影响原水进入絮凝池后的凝聚效果，可将混凝剂加至水泵后面的出水管中。从加药点到絮凝池至少需有相当于 50 倍压力管直径的距离，或能达到 0.3～0.4m 水头损失的管道长度，以保证混合效果。

水射器常用于向压力管内投加药剂，其原理是利用压力水通过喷嘴和喉管产生的负压将药剂吸入，然后压力水连同药剂加注到水泵出水管中（图 5-10）。此法具有设备简单、使用方便、不受药液池高程所限、工作可靠等优点；缺点是效率较低，如药液浓度不当或含有杂质，可能引起堵塞。

图 5-10 水射器压力投加
1—溶液池；2、4—阀门；3—投药箱；5—漏斗；6—高压水管；
7—水射器；8—原水进水管；9—澄清池

国家标准图集 S324 编有各种规格的水射器，市场上有成品出售，详见表 5-8，其应用条件为为：①加药点距离较远时；②向不高于 0.1MPa 的压力管内加注药液；③抽提溶液吸口压力为零。

表 5-8 溶液加注水射器规格

图 号	规格/(L/s)	长度/mm	压力水进水压力/MPa
S324—8	0.05	170	0.25
9	0.075	175	0.25
10	0.10	195	0.25
11	0.15	243	0.25
12	0.20	242	0.25

（3）计量泵压力投加。计量泵压力投加适用于大中型水厂。计量泵在药液池内直接吸取药液，加至压力水管内（图 5-11）。其优点是可以定量投药，不受压力管压力所限；缺点是价格较贵，泵易引起堵塞，维护比较麻烦。

5. 混合

混合是原水与凝聚剂充分混匀的工艺过程，是完成絮凝沉淀并取得良好效果的必要前提。混合速度要快且充分，凝聚剂与原水应在 10～30s 内均匀混合。混合方式很多，大致有管式混合、混合池混合、水泵混合和桨板式机械混合 4 类。

管式混合器是利用水厂进水管的水流，通过管道或管件、孔板式及文氏等混合器，以产生局部阻力，使水流发生湍流，而使水体与药剂充分混合。它适用于流量变化不大的水

图 5-11　计量泵压力投加
1—溶液池；2—计量泵；3—原水进水管；4—澄清池

厂，设备简单，不占地；但流量减小时，有可能在管中发生反应沉淀，一般反应效果较差，水头损失较大。

混合池混合通常有穿孔式、隔板式、跌水式和涡流式等多种形式，适用于大中型水厂，混合效果较好，但占地面积较大，某些混合池要带入大量气体。

机械混合采用最多的是桨板式，适用于各种规模水厂，混合效果较好，水头损失较小，但需耗能，管理维护较复杂。

水泵混合是在泵前投加药液，通过水泵叶轮高速旋转来完成混合过程。它设备简单，混合充分，效果较好，不需另外消耗功能，农村供水中最常用。

（四）絮凝

将混凝剂加到浑浊的原水中并经过快速混合之后，很快就会出现细小的矾花，为使矾花迅速下沉，需要凝聚结大到一定尺寸，并要求矾花质地密集，不易破碎。但在混合阶段，由于水流强烈紊动，矾花难以继续结合，因此需要有一个水流缓慢、便于矾花凝聚的絮凝阶段，这个阶段一般是在絮凝池内完成。为使反应过程充分，絮凝池应具有以下要求：

（1）絮凝池一般按由大逐渐变小的流速进行设计。先在较大的流速下反应，使水中的胶体颗粒发生碰撞吸附；再在较小的流速下反应，使碰撞吸附后的胶体颗粒结成较大的矾花，以便进入沉淀池后绝大部分被截留下来。根据实验，当絮凝池中的流速大于 0.75m/s 时，结大的颗粒易于破碎；流速小于 0.1m/s 时，颗粒又会下沉，而絮凝池是不容许有沉淀物积存的，因此絮凝池采用的流速一般从进口处的 0.5～0.6m/s 逐渐降低到出口处的 0.15～0.2m/s。

（2）絮凝需要有一定的时间，因为矾花颗粒是经过多次碰撞和吸附而逐渐结大的。延长反应时间能使反应过程充分而完善，但过分延长并无必要，反而会增加工程投资。絮凝时间随原水水质而不同，可由 10min 到 30min。一般反应时间控制在 20min 左右。效率高的絮凝池，只需 5～10min。

（3）絮凝效果还与池水中颗粒数目多少和颗粒密度有关。颗粒越多，碰撞机会越多，絮凝效果越好。当原水的浑浊度过低时，往往需向原水中加入适量黏土，使这些黏土微粒在水中成为"载体"，以便形成较大的矾花。此外，使用铁盐凝聚剂可以增大颗粒比重，大而重的矾花更易下沉。

絮凝池种类很多，主要分为水力絮凝池与机械絮凝池两大类。前者简单，但不能适应流量的变化；后者能进行调节、适应流量变化，但机械维修工作复杂。水力絮凝池有隔板式、旋流式和涡流式等数种；机械絮凝池分为立式和卧式两种。根据农村自来水厂规模小和间歇工作的特点，比较适用的絮凝池有穿孔旋流絮凝池、网格絮凝池、折板絮凝池等数种，可根据原水水质、水量、净化工艺、高程布置、沉淀池型式等因素确定。絮凝池应尽量与沉淀池连在一起，避免已形成的絮粒在流过它们之间连接的管、渠时被粉碎，而降低沉淀效果。

1. 旋流式絮凝池

旋流式絮凝池具有构造简单，容积小、水头损失小和便于布置等优点。水从池底部由喷嘴沿池壁切线方向流入池内后，在池内旋转上升，然后从上部出水管流入沉淀池（图 5-12）。旋流式絮凝池池数一般不少于 2 个；反应时间采用 10～15min；池内水深 H 与直径 D 之比为 10：9；出口流速 2～3m/s，喷嘴设在池底，水流沿切线方向流入。

旋流式絮凝池的设计计算如下：

（1）总容积。

$$W = \frac{QT}{60} \tag{5-3}$$

（2）池容积。

$$V = \frac{W}{n} \tag{5-4}$$

式中 Q——设计流量，m^3/s；

　　T——反应时间，一般取 10～15min；

　　n——池数，个。

（3）池直径。

图 5-12 旋流式絮凝池

$$D = \sqrt[3]{\frac{3.6W}{n\pi}} \tag{5-5}$$

（4）水深。

$$H = 1.11D \tag{5-6}$$

（5）喷嘴直径。

$$d = \frac{1}{30}\sqrt{\frac{Q}{n\pi v}} \tag{5-7}$$

式中 v——喷嘴出口流速，一般取 2～3m/s。

（6）出水管直径。计算公式同式（5-7），流速取 0.3～0.4m/s。

（7）水头损失。

$$h = h_1 + h_2 + h_3 \tag{5-8}$$
$$h_1 = 0.06v^2 \tag{5-9}$$

式中 h——水头损失，约为 0.5m；

　　h_1——喷嘴水头损失，m；

h_2——池内水头损失，一般为 $0.1\sim0.2\mathrm{m}$；

h_3——絮凝池出口处水头损失，m。

$$h_3 = \xi \frac{V_0^2}{2g} \qquad (5-10)$$

式中 ξ——出口处局部阻力系数；

V_0——出口处流速，m/s；

g——重力加速度。

旋流式絮凝池虽具有上述优点，但反应效果不太理想。近年来，已发展成为旋流式孔室絮凝池。

2. 穿孔旋流絮凝池（旋流式孔室絮凝池）

穿孔旋流絮凝池系由竖流式隔板絮凝池改进而来，系多级旋流反应的一种，通常分成 $6\sim12$ 个方格，方格四角抹圆，每格之间由上下对角交错的圆孔相通，圆孔断面积从第一格至末一格逐渐加大，使流速逐渐变小。水由第一格底部沿切线方向经收细的进水管口喷入而造成旋流，如图 5-13 和图 5-14 所示。

图 5-13 穿孔旋流絮凝池流程示意

1—进水管喷嘴；2—穿孔旋流絮凝池；3—斜管沉淀池；4—配水区；5—斜管；

6—清水区；7—三角堰集水槽；8—总集水槽；9—出水管；10—沉淀池泥斗；

11—沉淀池排泥快开闸；12—絮凝池泥斗；13—絮凝池排泥旋塞阀；

14—管道混合器（泵前及其他混合可不用）

图 5-14 穿孔旋流絮凝
池平面布置

这种絮凝池经在众多农村水厂使用，效果良好。小型池子可用砖、石砌筑，隔板可用活动木板，池底做成略有倾斜的平底，设置一个排泥管，清理池子时可将木隔板拉起，这样不仅施工容易，且造价便宜。穿孔旋流絮凝池的缺点是絮凝时间略长，水头损失较大，水池施工和管理比较麻烦。

设计数据如下：

（1）絮凝时间一般采用 $15\sim25\mathrm{min}$。

（2）每组絮凝池分格数宜为 $6\sim12$ 格，可视水量大小而定。

（3）通过每格的孔眼流速按由大到小的渐变流速设计，第一格进口流速宜为 $0.6\sim$

1.0m/s，最后一格出口流速 0.2～0.3m/s，中间各孔流速按式（5-11）计算：

$$v_n = v_1 + v_2 - v_2 \sqrt{1 + \left(\frac{v_1^2}{v_2^2} - 1\right)\frac{t_n}{T}} \qquad (5-11)$$

式中　v_n——中间各孔流速，m/s；

v_1——第一、二格间进口流速，m/s；

v_2——最后一格出口流速，m/s；

t_n——絮凝经历时间，min，由第一、二格间，第二、三格间按 1/6、2/6、3/6、4/6、5/6 递减；

T——絮凝总时间，min。

（4）总水头损失约 0.4m，各孔口的水头损失：

$$h = 1.06\frac{v^2}{2g} \qquad (5-12)$$

式中　v——孔口流速，m/s；

g——重力加速度，m/s²。

（5）池底应有排泥管，管径不小于 150mm。积泥高度可取 0.3～0.5m。

（6）GT 值校核：GT 值在 $10^4 \sim 10^5$ 之间可保证絮凝过程充分而完善。

$$G = \sqrt{\frac{9.81rh}{60\mu T}} \qquad (5-13)$$

式中　G——平均流速梯度，应达到 $10\sim75\mathrm{s}^{-1}$，一般在 $30\sim60\mathrm{s}^{-1}$；

T——絮凝时间，各种形式不同，一般在 10～30min 之间；

r——水的容重，1000kg/m³；

h——絮凝池总水头损失，m；

μ——水的动力黏度，Pa·s，与水温有关，见表 5-9。

表 5-9　　　　　　　　　　　　水的动力黏度（μ）

水温 t/℃	μ/(MPa·s)	水温 t/℃	μ/(MPa·s)	水温 t/℃	μ/(MPa·s)
0	1.779	10	1.309	20	1.009
5	1.519	15	1.140	30	0.809

【例 5-2】　设计流量 120m³/h，加 10％水厂自用水量：

$$Q = 120 \times (1 + 10\%) = 132(\mathrm{m}^3/\mathrm{h})$$

絮凝时间：

$$T = 20\mathrm{min}$$

絮凝池容积：

$$W = \frac{QT}{60} = \frac{132 \times 20}{60} = 44(\mathrm{m}^3)$$

絮凝池与斜管沉淀池连接，取水深 $H = 2.5\mathrm{m}$，则絮凝池面积：

$$F = \frac{W}{H} = \frac{44}{2.5} = 17.6(\mathrm{m}^2)$$

孔室分为 6 格，每格面积

$$F_1 = \frac{F}{6} = \frac{17.6}{6} = 2.93 (\text{m}^2)$$

采用边长为 1.75m 的正方形平面，则每格面积为 3.06m²。取用 $v_1 = 1.0\text{m/s}$，$v_2 = 0.2\text{m/s}$，由式（5-11）得

$$v_n = v_1 + v_2 - v_2 \sqrt{1 + \left(\frac{v_1^2}{v_2^2} - 1\right)\frac{t_n}{T}}$$

$$= 1.0 + 0.2 - 0.2 \sqrt{1 + \left(\frac{1^2}{0.2^2} - 1\right)\frac{t_n}{T}}$$

$$= 1.2 - 0.2 \sqrt{1 + 24\frac{t_n}{T}}$$

计算结果见表 5-10。

表 5-10　　　　　　　　　　　例　题　计　算　结　果

孔口位置	絮凝历时 t/min	孔口流速 /(m/s)	孔口面积 /m²	孔口尺寸 /mm	实际孔口面积/m²	实际孔口流速/(m/s)	水头损失 /m
进口处	0	1.00	0.0367	$dg=200$	0.0314	1.17	0.074
一、二格间	$T/6=3.33$	0.75	0.0489	310×155	0.0481	0.76	0.031
二、三格间	$2T/6=6.67$	0.60	0.0611	350×175	0.0613	0.60	0.019
三、四格间	$3T/6=10.00$	0.48	0.0784	400×200	0.0800	0.46	0.011
四、五格间	$4T/6=13.33$	0.38	0.0965	450×225	0.1013	0.36	0.007
五、六格间	$5T/6=16.67$	0.28	0.1310	520×260	0.1352	0.27	0.004
出口处	$T=20.00$	0.20	0.1833	400×460	0.1840	0.20	0.002
							$\sum 0.148$

$$G = \sqrt{\frac{9.81 rh}{60 \mu T}} = \sqrt{\frac{9.81 \times 1000 \times 0.148}{60 \times 1.009 \times 10^{-3} \times 20}} = 35$$

$$GT = 35 \times 20 \times 60 = 4.2 \times 10^4 (\text{可})$$

参考图集：北京市政设计院编制的《农村给水工程重复使用图集》编有 15m³/h、30m³/h、45m³/h 规模的旋流式孔室絮凝池，与逆向流斜管沉淀池合建，适用于进水浑浊度不大于 1000 度，瞬时浑浊度不大于 3000 度的原水。

絮凝池设计数据为：絮凝时间 20min，共分 6 格，过孔流速由大到小，入口处 2～3m/s，出口处 0.15m/s，总水头损失 0.4m，具体尺寸见表 5-11。

表 5-11　　　　　　　　　　　旋流式孔室絮凝池尺寸

项　目	规　模/(m³/h)		
	15	30	45
絮凝池有效容积/m³	6.5	12.6	19.0
分格格数/m²	6	6	6
单格面积/m²	0.64	1.00	1.44
每格边长/m	0.80	1.00	1.20
池高/m	2.60	3.10	3.30

3. 网格絮凝池

网格絮凝池也是在竖流式隔板絮凝池的基础上发展起来的，仅适用于中、小型水厂，具有絮凝时间短、效果好、水头损失小等优点；但因池子分格较多，且每格面积小而池深大，故施工比较麻烦。

网格絮凝池由数格相同平面面积和池深的竖井组成，其布置首先应考虑与沉淀池衔接和布水均匀问题。对于小型水厂，絮凝池分格不宜超过 9 格；对于中型水厂，分格亦不宜超过 18 格，否则土建结构复杂且造价增加。单格竖井平面面积不宜大于 1.5m×1.5m。竖井流速可在 0.01～0.1m/s 之间。一般将所有竖井分为 3～4 档，总絮凝时间为 8～12min，其中第一档、第二档停留时间均为 2.5～4.0min，第三档为 3.0～4.0min。

网格最好用杉木制作，这样安装比较方便。也可用预制混凝土构件，但重量大而难于安装。平面尺寸较大的竖井，可以用预埋件方法固定格板条，平面尺寸较小的竖井，可临时采用气冲水泥钉或圆钢悬挂方法来固定网格。

网格宽度一般采用 40～90mm，网格孔隙宽（或网孔边长）采用 15～50mm。开孔面积用孔隙流速控制。一般按时间等分原则将絮凝池各竖井划分为三档，水的过网流速第一档为 0.30～0.35m/s，第二档为 0.20～0.25m/s，第三档为 0.10～0.15m/s。

单层网格的水头损失可用式（5-14）估算：

$$h_0 = 0.12 \left(\frac{b}{s} \right)^{1.3} v_{孔}^2 \qquad (5-14)$$

式中　h_0——单层网格水头损失，m；

$\quad\quad b$——网格宽度，m；

$\quad\quad s$——孔隙宽度，m；

$\quad\quad v_{孔}$——水的过网滤速，m/s。

根据网格絮凝池实际运行经验，每分钟絮凝时间耗用的能量可用下式表示：

$$\frac{H}{T} = 1 \sim 1.5 (cmH_2O/min) \qquad (5-15)$$

这相当于絮凝池平均流速梯度 $G = 40 \sim 50 s^{-1}$。

絮凝池按时间等分成 N 档，则各档分配的水头损失耗损值 $h_i (i=1, 2, \cdots, N)$ 可采用下列递减等比数列的比例：

$$h_1 : h_2 : h_3 : \cdots = 1 : \frac{1}{K} : \frac{1}{K^2} : \cdots \qquad (5-16)$$

式中系数 K 可取 2～3 之间的数值，亦即从第二档开始，各档的水头损失应大约为前一档的 $1/K$。

于是各档应设置的网格层数为

$$n_i = \frac{h_i}{h_0} (i=1,2,\cdots,N) \qquad (5-17)$$

最后核算 GT 值，一般应在 $(1 \sim 3) \times 10^4$ 之间。

【例 5-3】　设计流量 $Q = 135m^3/h = 0.0375m^3/s$，平面布置采用六格式（图 5-15），取竖井流速 $v_0 = 0.0375m/s$。

（1）单格竖井平面面积。

图 5-15　网格絮凝池平面布置
（六格式）

$$f = \frac{Q}{v_0} = \frac{0.0375}{0.0375} = 1.0(\text{m}^2)$$

采用 1m×1m 正方形竖井。

（2）设絮凝时间 $T=10\text{min}$，于是絮凝池平均有效水深。

$$D = 0.0375 \times 10 \times 60/(1 \times 6) = 3.75(\text{m})$$

取底部积泥高度 0.35m，超高 0.3m，则絮凝池总深度为 4.4m。

（3）每分钟水头损失耗损值取 $1.3\text{cmH}_2\text{O/min}$，则总能耗为

$$H = 1.3 \times 10 = 13\text{cmH}_2\text{O} = 130\text{mmH}_2\text{O}$$

（4）根据网格絮凝池平面布置流向可知，按时间等分，则第 1、2 格为第一档，第 3 格为第二档，第 4 格为第三档，各档水头损失值之比（取 $K=3$）为

$$h_1 : h_2 : h_3 = 1 : \frac{1}{3} : \frac{1}{9} = 9 : 3 : 1$$

由于 $H = h_1 + h_2 + h_3$，所以

$$h_1 = \frac{9}{13}H = \frac{9}{13} \times 130 = 90(\text{mmH}_2\text{O})$$

$$h_2 = \frac{3}{13}H = \frac{3}{13} \times 130 = 30(\text{mmH}_2\text{O})$$

$$h_3 = \frac{1}{13}H = \frac{1}{13} \times 130 = 10(\text{mmH}_2\text{O})$$

（5）现采用两种规格的网格板，第一档格条宽 $b_1 = 80\text{mm}$，每边 8 条（图 5-16），间隙 $S_1 = 50\text{mm}$，于是其孔隙流速、单层板水头损失和所需层数分别为

$$v_1 = \frac{0.0375}{7 \times 7 \times 0.05^2} = 0.31(\text{m/s})$$

$$h_{01} = 0.12 \times \left(\frac{80}{50}\right)^{1.3} \times 0.31^2 = 21.2 \times 10^{-3}(\text{mH}_2\text{O})$$

$$n_1 = \frac{90}{21.2} = 4.25（采用 5 层）$$

第二、三档格条宽 $b_2 = 85\text{mm}$，每边 8 条，间隙 $S_2 = 44\text{mm}$，于是

图 5-16　网格絮凝池网格板

$$v_2 = v_3 = \frac{0.0375/2}{7 \times 7 \times 0.044^2} = 0.20(\text{m/s})$$

$$h_{02} = h_{03} = 0.12 \times \left(\frac{85}{44}\right)^{1.3} \times 0.20^2 = 11.3 \times 10^{-3}(\text{mH}_2\text{O})$$

$$n_2 = \frac{h_2}{h_{02}} = \frac{30}{11.3} = 2.7（采用 3 层）$$

$$n_3 = \frac{h_3}{h_{03}} = \frac{10}{11.3} = 0.9（采用 1 层）$$

（6）GT 值校核。实际总水头损失 $H = \sum n_i h_{0i} = (5 \times 21.2 + 4 \times 11.3) \times 10^{-3} = 0.15$（$mH_2O$）

$$G = \left(\frac{1000 \times 0.15}{1.009 \times 10^{-3} \times 10 \times 60} \right)^{1/2} = 49(s^{-1})$$

$$GT = 49 \times 10 \times 60 = 2.94 \times 10^4（可）$$

4. 折板絮凝池

折板絮凝池是近十多年在国内发展起来的一种新型絮凝池，它是利用在池中加设一些扰流单元以达到絮凝所要求的紊流状态，使能量损失得到充分利用，能耗与药耗有所降低，停留时间缩短。折板絮凝具有多种形式，常用的有多通道和单通道的平折板、波纹板等。折板絮凝池可布置成竖流式或平流式，目前以采用竖流式为多。用于生活饮用水处理的折板材质应为无毒。折板絮凝池要有排泥设施。

竖流式平折板絮凝池比较适用于中、小型水厂。但就池子结构而言，仍比穿孔旋流絮凝池和网格絮凝池复杂。波纹板絮凝池是利用平行组装的波形板组填料，将絮凝池分割成若干个狭窄的反应通道，水流呈推流式，靠进口水头差强制水流通过通道。

折板絮凝池的分段数不宜少于三段，絮凝过程中的速度应逐渐降低。折板布置可分别采用相对折板、平行折板和平行直板，折板夹角采用 $90°$ 角，折板宽度采用 $0.5m$，折板长度采用 $0.8 \sim 1.0m$，如图 $5-17$ 所示。

（a）　　　　　　　　　　（b）　　　　　　　　　　（c）

图 $5-17$　折板絮凝池布置图
（a）相对折板；（b）平行折板；（c）平行直板

各段的 G 和 T 值可参照下列数据：

第一段（相对折板）　　　$G = 100s^{-1}$，$T \geqslant 120s$

第二段（平行折板）　　　$G = 50s^{-1}$，$T \geqslant 120s$

第三段（平行直板）　　　$G = 25s^{-1}$，$T \geqslant 120s$

总絮凝时间为 $6 \sim 15min$。

折板絮凝池各段水头损失计算公式如下：

（1）相对折板：一个渐放缩的水头损失 h_1（m）为

$$h_1 = \xi_1 \frac{v_1^2}{2g} \qquad\qquad (5-18)$$

式中　　v_1——峰间流速，m/s，一般采用 $0.25 \sim 0.35m/s$；

　　　　ξ_1——阻力系数，对于中间的同心通道，$\xi_1 = 0.52$，对于边壁的偏心通道 ξ_1

＝0.40。

（2）平行折板：每一90°弯道的水头损失 h_2(m) 为

$$h_2 = \xi_2 \frac{v_2^2}{2g} \tag{5-19}$$

式中　v_2——板间流速，m/s，一般采用 0.15～0.25m/s；

ξ_2——阻力系数，取 0.6。

（3）平行直板：每一180°转弯水头损失 h_3(m) 为

$$h_3 = \xi_3 \frac{v_3^2}{2g} \tag{5-20}$$

式中　v_3——平均流速，m/s，一般取 0.05～0.1m/s；

ξ_3——阻力系数，取 3.0。

（4）上、下转弯及孔洞水头损失 h_4(m) 为

$$h_4 = \xi_4 \frac{v_4^2}{2g} \tag{5-21}$$

式中　v_4——转弯或孔洞处的流速，m/s；

ξ_4——阻力系数，对于上转弯 $\xi_4 = 1.8$，对于下转弯 $\xi_4 = 3.0$。

5. 涡流式反应池

图 5-18　涡流式絮凝池

涡流反应池（图 5-18）为一倒置的圆锥体，水从底锥处流入形成涡流扩散后，逐渐上升，随着锥体面积不断增大，反应流速逐步由大变小。这种变流速反应，有利于絮粒形成。涡流式反应池具有反应时间短、容积小、便于布置和造价低等优点。但高度较大时设置不便，小锥角加工也较困难。农村出水量小的水厂，可用硬聚氯乙烯焊制。常与竖流式沉淀池合建。

设计涡流式反应池，其池数不少于 2 个；反应时间采用 6～10min；底部入口处流速采用 0.7m/s，锥角 θ 采用 30°～45°；上部圆柱部分上升流速采用 4～5mm/s；超高 H_3 采用 0.3m；出水可用圆集水槽、淹没式漏斗，或淹没式穿孔管，流速采用 0.3～0.4m/s；池中每米工作高度的水头损失（从进水口至出水口）为 0.02～0.05m。

计算公式如下：

（1）圆柱部分面积。

$$f_1 = \frac{Q}{3.6nv_1} \tag{5-22}$$

式中　v_1——上部圆柱部分的上升流速，mm/s；

Q——设计水量，m³/h；

n——池数，个。

（2）圆柱直径。

$$D_1 = \sqrt{\frac{4f_1}{\pi}} \qquad (5-23)$$

（3）圆柱底部面积。

$$f_2 = \frac{Q}{3600nv_2} \qquad (5-24)$$

式中　v_2——底部入口处流速，m/s。

（4）圆锥底部直径。

$$D_2 = \sqrt{\frac{4f_2}{\pi}} \qquad (5-25)$$

（5）圆柱高度。

$$H_2 = \frac{D_1}{2} \qquad (5-26)$$

（6）圆锥高度。

$$H_1 = \frac{D_1 - D_2}{2} \cot \frac{\theta}{2} \qquad (5-27)$$

式中　θ——锥角，（°）。

（7）每池容积。

$$W = \frac{\pi}{4}D_1^2 H_2 + \frac{\pi}{12}(D_1^2 + D_1 D_2 + D_2^2)H_1 + \frac{\pi}{4}D_2^2 H_3 \qquad (5-28)$$

式中　H_3——底部立管高度，m。

（8）反应时间。

$$T = \frac{60Wn}{Q} \qquad (5-29)$$

（9）水头损失。

$$h = h_0(H_1 + H_2 + H_3) + \xi \frac{v_2^2}{2g} \qquad (5-30)$$

式中　h_0——每米工作高度的水头损失，m；

　　　ξ——进口局部阻力系数。

6. 机械式絮凝池

机械絮凝池（图 5-19）是在絮凝池内
安装低速转动的搅拌桨或叶轮，造成一定
的搅拌强度，促进完成反应过程。根据搅
拌轴的安装位置，又分为水平轴和垂直轴
两种形式。水平轴式通常用于大型水厂，
垂直轴一般用于中小型水厂。因其可通过
调整转速来调节搅拌强度；转速可随流量
和水温的变化进行调整，故反应效果较好，
水头损失较小，对水质、水量的变化适应

图 5-19　机械式絮凝池

性较强。反应时间一般为 15～20min。但需要一套传动装置，维修较复杂。出水量较小时，可建成圆形池。

絮凝池形式有很多。以上仅介绍我国常用的或正在推广应用的一些型式。每种絮凝池各有其优缺点，不同形式的絮凝池可以组合应用以相互补充，取长补短。

三、沉淀

沉淀是使原水中的泥砂或絮凝后生成的矾花颗粒依靠重力作用从水中分离而使浑水变清的过程。根据是否向原水中投加凝聚剂，又可将沉淀分为自然沉淀和混凝沉淀。自然沉淀即原水中不投加混凝剂，适用于原水浑浊度较高时的预沉处理，或有天然地形可利用处，一般只能去除颗粒较大和较重的泥砂和杂质。农村供水中，常引原水入天然的或人工的池塘，进行自然沉淀。混凝沉淀即原水流入沉淀池前需投加混凝剂，以使水中细小悬浮杂质和胶体颗粒絮凝成大而重的聚粒，借重力作用，在水中下沉。混凝沉淀可去除自然沉淀难以去除的细小悬浮物、胶体和细菌，能缩短沉淀时间；较自然沉淀出水水质好，还可节省占地面积，比自然沉淀法应用广。但需混凝剂，设备较复杂，对运行管理有一定的技术要求，运转费用较高。

沉淀设备包括沉淀池和澄清池两类。适用于农村给水工程的构筑物有平流沉淀池和斜管沉淀池，24h 连续制水的大型农村给水工程有时也会选用水力循环澄清池。

（一）沉淀原理

为了便于理解颗粒的沉淀性能，可用式（5-31）表示颗粒在静水中的沉降速度：

$$v = \frac{g}{18} \frac{(\rho - \rho_0)}{\mu} d^2 \tag{5-31}$$

式中　v——颗粒沉降速度，cm/s；

g——重力加速度，cm/s²；

ρ——颗粒的密度，g/m³

ρ_0——水的密度，g/m³；

μ——水的动力黏滞系数，g/(cm·s)；

d——颗粒直径，cm。

图 5-20　颗粒沉淀迹线

由式（5-31）可以看出，颗粒的沉降速度 v 随颗粒密度的增大而增大，并与颗粒直径 d 的平方成正比，因此粒径较大和较重的颗粒容易沉淀。式（5-31）同时说明，欲增大沉降速度，提高沉降效率，必须设法增大颗粒的直径和密度，这就是在水处理过程中采用絮凝沉淀的理论根据，因为投加凝聚剂后，原水中细小的悬浮杂质和胶体颗粒便凝聚成颗粒大而重的矾花。

在平流沉淀池中，水在不停地流动，絮凝形成的矾花其大小和形状随时都在变化，因此颗粒的沉降过程就不像在静水中那样简单。通常假设进入平流式沉淀池的所有颗粒，一方面随着流速为 v 的水流在水平方向流动，另一方面以 u_0 沉速沿垂直方向下沉，最后颗粒沿着图 5-20 中的斜线下沉，凡是沉速大于

或等于截留速度 u_0 的颗粒均可被除去，沉速小于 u_0 的颗粒就有一部分不能沉到水底而被水流带出。从图 5-20 可以得出下列比例关系：

$$\frac{u_0}{v}=\frac{H}{L} \tag{5-32}$$

式中　H——池深，m；

　　　L——池长，m。

平流式沉淀池的效果还可以用液面负荷率表示。所谓液面负荷率是指沉淀池进水流量与池的平面面积的比例，用 $m^3/(m^2 \cdot h)$ 表示，平流式沉淀池的液面负荷率一般为 $1\sim 3m^3/(m^2 \cdot h)$。《农村给水设计规范》（CECS82：96）中关于平流沉淀池液面负荷率的规定见表 5-12。液面负荷越大，沉淀池容积虽可减少，但沉淀效果较差；反之，液面负荷越小，沉淀效果越好。上述关系可用以下各式表达：

$$Q=vHB \tag{5-33}$$

式中　Q——沉淀池进水流量；

　　　H——池深；

　　　B——池宽。

因为

$$\frac{u_0}{v}=\frac{H}{L},v=\frac{Lu_0}{H}$$

所以

$$Q=\frac{Lu_0}{H}HB=u_0LB=u_0A$$

得

$$u_0=\frac{Q}{A} \tag{5-34}$$

$\frac{Q}{A}$ 即为液面负荷，其值与截留速度 u_0 相等。但实际上 u_0 与 $\frac{Q}{A}$ 不可能完全相等，两者的比例即为沉淀效率，用 E 表示，于是

$$E=\frac{u_0}{Q/A}=\frac{u_0A}{Q} \tag{5-35}$$

颗粒在沉淀池中的停留时间 t，等于以沉速 u_0 从进口水面下沉到池底的时间，或等于以流速 v 从进口流到出口的时间，即

$$t=\frac{L}{v}=\frac{H}{u_0} \tag{5-36}$$

由上式可以看出，如 u_0 不变，则随着沉淀池有效水深 H 的减小，停留时间 t 将缩短，斜管沉淀池就是根据这个理论使沉淀时间大为缩短的。

表 5-12　　　　　　　　　　　　平流沉淀池液面负荷

原水条件	液面负荷率/[$m^3/(m^2 \cdot h)$]	原水条件	液面负荷率/[$m^3/(m^2 \cdot h)$]
浊度在 100~250 度	1.87~2.92	低浊度高色度	1.25~1.67
浊度大于 500 度	1.04~1.67	低温低浊	1.04~1.46

（二）自然沉淀

当原水浑浊度瞬时超过 10000 度，致使常规净化构筑物不能承担时，应在原水进入净

化构筑物之前，采用自然沉淀方式增设预沉池。

当原水浑浊度经常超过 500 度、瞬时超过 5000 度，或者供水保证率较低时，也可将河水引入天然池塘或人工池塘，进行自然沉淀，池塘还可兼作储水池。

自然沉淀依沉淀池内的水是否流动可分为下述两种：

（1）静置间歇沉淀法。将原水放满自然沉淀池静置，水中悬浮杂质自然下沉而澄清。其沉淀时间与原水水质有关，一般采用 8～12h，处理高浊度水则应适当延长静置时间。如沉淀池兼有贮水作用，其有效容积应按静置沉淀和贮水量两者要求确定。为保证出水，应修建两座池（或分两格），每座有效容积不小于一个村庄最高日总用水量。隔日放水一次，保证出水水质。一般采用人工清泥。沉淀池有效水深一般为 1.5～3.0m；超高采用 0.3m。大型露天水池，需设置防浪高度。池底应留有 0.3～0.5m 的存泥深度。沉淀池面积按最高日用水量及水深计算求得。

（2）流动沉淀法。原水缓慢流过沉淀池，水中悬浮杂质靠重力下沉到池底，从而使流出沉淀池的水澄清。由于自然沉淀过程中悬浮颗粒沉降速度很小，故池内水流速度不宜太大，一般采用 1.8～3.6m/h；水在沉淀池内停留时间约 8～12h；池的长宽比不宜小于 4。

（三）混凝沉淀

依水在池中流动的方向不同，可分为平流式、竖流式及斜板（或斜管）式沉淀池等类型。应根据水质、水量、水厂平面和高程布置要求，并结合絮凝池结构等因素选择沉淀池形式。

图 5-21 平流沉淀池

1. 平流沉淀池

平流沉淀池是一个长方形的池子，中间有一些隔墙，构造比较简单，可用砖、石砌筑，造价较低，管理方便，沉淀效果稳定，对进水浑浊度有较大的适应能力，在农村比较容易施工。这种池子的缺点是占地面积大，排泥困难。多用于中、大型水厂；对于小城镇或农村水厂，采用平流沉淀池的目前不多。

平流沉淀池由进水区、沉淀区、出水区和存泥区 4 部分组成，如图 5-21 所示。

（1）进水区。进水区位于平流沉淀池的前部，其作用是将絮凝池的水引入沉淀池。絮凝池的出水速度一般为 0.1～0.2m/s，进入沉淀池后由于水流断面扩大，流速突然减小到 10～20mm/s，因而搅动了沉淀池进口处的水流，使矾花不易下沉，进水区的布置就是设法尽量减少进水水流对颗粒沉降的干扰，为此要求：进水均匀地分布在沉淀池整个断面上，防止因

图 5-22 进水穿孔花墙

分布不匀而产生股流或偏流；同时减少进水的搅动，使矾花易于沉淀，并防止池底存泥冲起。

为达到上述目的，通常在平流式沉淀池进水端设置穿孔花墙（图 5-22），其设计要点及计算公式如下：

1）穿孔花墙可用砖砌，距进水端池壁的距离应不小于 1～2m。

2）花墙上的孔洞可为方形或圆形，洞口面积和数目根据 0.2m/s 流速计算，洞口的直径或边长约为 5～20cm。洞口最好做成喇叭形，即断面尺寸沿水流方向扩大，使流速慢慢减少，以缓和洞口处水流对矾花沉淀的干扰。最上一排洞口位置应在水面下 12～15cm，最下一排洞口应在沉淀池积泥面以上 30～50cm。

3）处理高浊度水的预沉池不应设置穿孔花墙。

4）孔洞总面积计算：

$$\Omega_0 = \frac{q}{3600 v_1} \tag{5-37}$$

式中　Ω_0——孔洞总面积，m^2；

　　　q——设计水量，m^3/h；

　　　v_1——孔眼流速，宽口处为 0.2～0.3m/s，狭口处为 0.3～0.5m/s。

5）孔洞数目计算：

$$n_0 = \frac{\Omega_0}{\omega_0} \tag{5-38}$$

式中　n_0——孔洞数目，个；

　　　ω_0——每个孔洞面积，m^2。

平流沉淀池进水区除采用穿孔花墙外，还可采用穿孔槽。进水穿孔槽又有槽壁、槽底同时进水和仅从槽底进水两种型式（图 5-23）。水槽断面积、潜流孔总面积和孔眼数的计算公式如下：

$$f = \frac{q}{3600 v} \tag{5-39}$$

$$\Omega = \frac{q}{v_0} \tag{5-40}$$

$$n = \frac{\Omega}{\omega} \tag{5-41}$$

图 5-23　进水穿孔槽

式中　f——水槽断面积，m^2；

　　　q——设计水量，m^3/h；

　　　Ω——潜流孔总面积，m^2；

　　　n——孔眼数目，个；

　　　ω——每个孔眼面积，m^2；

　　　v——进水槽中流速，通常为 0.2～0.3m/s；

　　　v_0——进水槽中孔眼速度，一般为 0.2～0.3m/s。

（2）沉淀区。沉淀区是沉淀池的主体，沉淀作用就在这里进行。沉淀池的沉淀效果常受水流状态（层流或紊流）和水流稳定性的影响，判别这两种水力条件的重要指标为雷诺数 Re 和弗劳德数 Fr，公式如下：

$$Re = vR/\gamma \tag{5-42}$$

$$Fr = v^2/Rg \tag{5-43}$$

式中　v——沉淀池内平均水平流速，cm/s；

　　　R——水力半径（$R = \omega/\rho$），cm；

　　　ω——水流断面面积，cm²；

　　　ρ——湿周，cm；

　　　γ——水的运动黏滞系数；

　　　g——重力加速度，cm/s²。

一般认为，在平流式沉淀池中，当雷诺数 $Re \geqslant 500$ 时，水流呈紊流状态；$Re < 500$ 时，呈层流状态。一般平流式沉淀池的 Re 为 4000～15000，显然处于紊流状态，此时水流不是直线前进的，还存在上下左右的脉动速度，而且还有小的涡流，不利于颗粒沉淀，通常采取降低水力半径 R 的办法降低雷诺数 Re。在平流式沉淀池中，弗劳德数一般控制在 $Fr = 1 \times 10^{-4} \sim 1 \times 10^{-5}$ 之间，出水混浊度低于 20 度。当弗劳德数 $Fr > 10^{-5}$ 时，能够把相对密度不同的水流混为一体，使分流现象减轻以至消失，大大提高水流的稳定性，通常也采取降低水力半径的办法提高弗劳德数。

设计要点及计算公式如下：

1）絮凝沉淀池内平均水平流速一般为 10～20mm/s，自然沉淀池内平均水平流速一般不超过 3mm/s。

2）水在絮凝沉淀池内停留时间一般采用 2.0～4.0h，水在自然沉淀池内停留时间与原水水质有关，可为 8～12h。

3）平流式沉淀池内有效水深采用 2.5～3.5m，超高一般为 0.3～0.5m。

4）池的长宽比应不小于 4：1，池的长深比应不小于 10：1；池内可设置若干导流墙。

5）平流式沉淀池的容积、长度和宽度的计算公式如下：

$$V = QT \tag{5-44}$$

$$L = 3.6vT \tag{5-45}$$

$$B = \frac{V}{LH} \tag{5-46}$$

式中　V——沉淀池容积，m³；

　　　Q——设计水量，m³/h；

　　　T——水在沉淀池内的停留时间，h；

　　　L——沉淀池长度，m；

　　　v——水平流速，mm/s；

　　　B——沉淀池宽度，m；

　　　H——沉淀池深度，m。

（3）存泥区。存泥区的作用是积存下沉的污泥，其构造与排泥方法有关。农村水厂主要采用人工排泥，故要求沉淀池底在纵横方向均应有坡度或做成斗形底，使存泥区的积泥易于集中排除。

当原水中悬浮物含量不高且又允许停池排泥时，可采用单斗底，池底纵坡采用 2%～

3%，横坡采用 5%；单斗底位置距池起端 1/3～1/5 池长处。当原水中悬浮物含量较高时，可采用多斗底，如图 5－24 所示，利用池内水位与排泥管出口处水位差，定期开启排泥管阀门，依靠水压的重力作用将各斗底内的污泥排走。小斗底接近方形，斗底斜角以采用 45°为宜。

图 5－24 多斗底排泥沉淀池

单斗底排泥的优点是：池底结构简单，容易施工，造价低；缺点是必须采用人工停池排泥，劳动强度大，耗水量多。多斗底排泥的优点是：耗水量比单斗底排泥少，排泥时可以不停产；缺点是池底构造复杂，排泥不彻底，造价较高。农村水厂由于规模较小，一般为间歇运转，故宜采用单斗底排泥。

（4）出水区。出水区的作用是使经过沉淀的水均匀流出，避免把矾花带出池子，且不致因出流不均匀而带起池底的污泥，并尽

图 5－25 平流式沉淀池出水口布置
(a) 平顶溢流堰；(b) 淹没孔口

可能收集沉淀池的表层水。常用的出水口布置形式有平顶溢流堰和淹没孔两种，见图 5－25。

1）平顶溢流堰。平顶溢流堰构造简单，但施工时必须使堰顶保持水平，以确保出水均匀，溢流率不宜大于 20m³/（m·h）。出水渠中水深可用下式计算：

$$H = 1.73 \sqrt[3]{\frac{Q^2}{gB^2}} \qquad (5-47)$$

式中　H——出水渠水深，m；

　　　Q——沉淀池出水流量，m³/s；

　　　g——重力加速度，9.81m/s²；

　　　B——出水渠宽度，m。

2）淹没孔口。淹没孔口要求均匀布置在池宽上，孔口可用圆形或长方形，一般位于沉淀池水面下 12～15cm 处，但需高于出水渠内水位，使孔口水流自由跌落到出水渠中，以保证出水均匀。

淹没式出水口的水槽断面积、潜流孔总面积和孔眼数的计算公式与前述进水穿孔槽相同，但出水槽中流速 v 及孔眼流速 v_0 均采用 0.3～0.5m/s。

【例 5－4】　设计一个日净产水量 1500m³ 的农村水厂平流沉淀池，水厂每日工作 16h，水厂自用水量为 5%。

$$设计水量 Q = \frac{1500 \times 1.05}{16} = 98.4375 (\text{m}^3/\text{h})$$

按 $Q = 100\text{m}^3/\text{h}$ 进行设计。

沉淀时间采用 $T = 2\text{h}$。

沉淀池内平均水平流速采用 $v = 10\text{mm/s}$。

沉淀池有效水深采用 $H = 2.5\text{m}$，加超高 0.3m，池深为 2.8m。

进水采用穿孔花墙配水，出水采用平顶溢流堰集水。

沉淀池尺寸计算：

沉淀池容积 $V = QT = 100 \times 2 = 200 (\text{m}^3)$。

沉淀池长 $L = 3.6vT = 3.6 \times 10 \times 2 = 72 (\text{m})$。

沉淀池宽 $B = \dfrac{V}{LH} = \dfrac{200}{72 \times 2.5} = 1.11 (\text{m})$，取 $B = 1.20\text{m}$。

沉淀池长宽比大于 4，长深比大于 10。

此沉淀池可按长方形布置，例如净空 $14.4\text{m} \times 6.0\text{m}$，池内加 4 道导流墙。

穿孔花墙计算：

穿孔花墙上的孔洞流速采用 $v_l = 0.2\text{m/s}$。

孔洞总面积 $\Omega_0 = \dfrac{q}{3600v_1} = \dfrac{100}{3600 \times 0.2} = 0.1389 (\text{m}^2)$。

孔洞尺寸采用 $8\text{cm} \times 8\text{cm}$。

每个孔洞面积 $\omega_0 = 0.08 \times 0.08 = 0.0064 (\text{m}^2)$。

孔洞总数 $n_0 = \dfrac{\Omega_0}{\omega_0} = \dfrac{0.1389}{0.0064} = 22$ 个，取 20 个。

平顶溢流堰计算：

出水渠宽度采用 $B = 20\text{cm}$，得渠中水深为

$$H = 1.73 \sqrt[3]{\frac{Q^2}{gB^2}} = 1.73 \sqrt[3]{\frac{(100/3600)^2}{9.81 \times 0.20^2}} = 0.077 (\text{m})$$

取 $H = 8\text{cm}$

为保证自由溢水，出水渠超高定为 5cm，则出水渠的深度为 13cm。

沉淀池水力条件复核：

水流断面积 $\omega = 120 \times 250 = 30000 (\text{cm}^2)$。

湿周长 $\rho = 120 + 2 \times 250 = 620 (\text{cm})$。

水力半径 $R = \dfrac{\omega}{\rho} = \dfrac{30000}{620} = 48.4 (\text{cm})$。

弗劳德数 $Fr = \dfrac{v^2}{Rg} = \dfrac{1.0^2}{48.4 \times 9.81 \times 100} = 2.1 \times 10^{-5} (1.0 \times 10^{-5} < Fr < 1.0 \times 10^{-4})$。

2. 竖流式沉淀池

竖流式沉淀池系水在池中自下向上流动，水中絮粒靠重力而垂直下沉，清水则从顶部集水槽流出。絮粒下沉，只有在池内水流的上升速度小于絮粒沉降速度时，才能完成沉淀过程。由于絮粒沉降速度较小，则要求水的上升速度更小，因此产水率较低。但该池管理

简便，占地面积小，排泥方便，故小型水厂仍可作为一种传统沉淀工艺应用。为提高容积利用率和沉淀效果，一般将反应室架设在沉淀池中部，图5-26即为带涡流反应室的锥底竖流式沉淀池。

竖流式沉淀池采用圆形钢筋混凝土池，池数一般设计不少于两个；直径不大于10m；有效水深为3～5m；超高为0.3～0.4m；圆锥底部是积泥部分，斜壁与水平线夹角为45°～55°，以利排泥时泥渣能自行滑下；沉淀时间不大于2h；上升速度一般为0.5～0.6mm/s；进水管流速，带反应室时采用1.0～1.2m/s，不带反应室时采用0.2～0.5m/s；出水管流速采用0.6m/s；中心导流筒的高度为沉淀池圆柱部分高度的8/10～9/10；当沉淀池直径 $D \leq$ 4m 时，只建环形槽收集出水；当 $4m < D \leq 6m$ 时，应在池内增设4条辐射槽；当 $D > 6m$ 时，应增设6～8条辐射槽；底部排泥管直径应不小于150mm。

图5-26 竖流式沉淀池（带涡流反应室）

3. 斜板（或斜管）沉淀池

斜板或斜管沉淀池，是一种在沉淀池内装置许多间隔较小的平行倾斜板或直径较小的平行倾斜管的新型沉淀池，是国内70年代在多层多格沉淀池的基础上发展起来的。其特点是沉淀效率高、池体小和占地少。但因容积小，沉淀时间短，要求反应充分和排泥通畅，故必须加强管理。目前因材质和加工等问题，价格较高。不仅可用于新建沉淀他，还可用作老厂挖潜改造的有效措施。

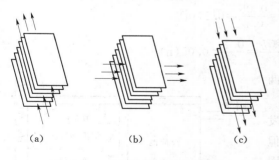

图5-27 斜板沉淀池的水流方向
(a) 上向流；(b) 侧向流；(c) 下向流

斜板（管）沉淀池按原水通过斜板（管）的水流方向和沉淀物的运动方向划分为上向流、侧向流和下向流3种，如图5-27所示。上向流又称异向流、逆向流，水由斜板（管）底部进水，沿斜板（管）向上流动，由上部出水，而沉淀物则沿斜板（管）向下运动，由下部滑出，水与沉淀物运动方向相反。目前国内多采用这种形式。下向流又称同向流，水与沉淀物均沿斜板（管）自上向下流动，两者运动方向一致。下向流沉淀池的液面负荷比上向流可提高3～5倍。侧向流又称横向流、平向流，由斜板侧向进水，沿水平方向流动，而沉淀物沿斜扳向下滑出，两者运动力向相互垂直。这种沉淀池应用较少。

（1）斜板（管）沉淀池的基本工作原理。根据平流沉淀池去除分散性颗粒的沉淀原理，一个池子在一定的流量 Q 和一定的颗粒沉降速度 u_0 的条件下，其沉淀效率 E 与池深无关而与池子的平面面积 A 成正比：

$$E = \frac{u_0 A}{Q}$$

(a)

(b)

图 5-28　斜板沉淀池原理示意图

因此，如在同一池子中将高度分成 N 个间隔，使水平面积增加为 N 倍，在理论上可以提高沉淀效果 N 倍，如图 5-28 中的上图所示，将一个池子分成 4 个间隔，使其具有 4 倍水池平面面积，则理论上池长可以缩短至 1/4 或水平流速 v 可以增至 4 倍。

按照上述推理，将池子分成许多水平浅格后固然可以提高沉淀效率，但却增加了排泥的困难，因此必须将水平板改为斜板［图 5-28（b）］，一方面使水平投影面积保持相同倍数，一方面积泥可以自动落入池底，便于排除。增加许多平行斜板后，加大了过水断面的湿周，同时减小了水力半径，结果在同样的水平流速 v 时，可以大大降低雷诺数 Re，从而减少水的紊动，促进沉淀作用。加设斜板还可使颗粒沉淀距离缩短，从而大大缩短沉淀时间。例如沉淀速度 $u_0 = 2\text{m/h}$ 的矾花，在一个水深 3m 的沉淀池中所需的沉淀时间 $t_1 = 3/2 = 1.5\text{h}$；而在斜板沉淀池中，如斜板间距为 5cm，斜板倾角为 60°，矾花沉降速度 $u_0 = 2\text{m/h}$ 不变，则所需的颗粒沉降距离 h 和 t_2 为

$$h = \frac{\text{斜板间距}}{\cos 60°} = \frac{0.05}{0.5} = 0.1 \text{(m)}$$

$$t_2 = \frac{\text{颗粒沉降距离 } h}{\text{沉降速度 } u_0} = \frac{0.1}{2} = 0.05 \text{(h)}$$

由以上计算可见，沉淀时间在理论上两者相差达 30 倍（1.5÷0.05＝30）。

斜管沉淀池是在斜板沉淀池的基础上发展起来的。斜管与斜板的原理基本相同，但从水力条件来看，斜管比斜板更为优越，因为斜管沉淀池是将斜板沉淀池再进行分隔，所以斜管的湿周比斜板长，水力半径更小，从而提高了弗劳德数，使沉淀效果更为显著。

（2）上向流斜板（管）沉淀池的构造及

图 5-29　上向流斜板或斜管沉淀池

设计。斜板（管）沉淀池一般由反应区、布水整流区、斜板（管）区、清水集水区和贮泥区等部分组成，如图 5-29 所示。投加过混凝剂的原水，通过反应区，混凝生成良好的絮粒，出布水整流区，均匀分布水流，进入斜板（管）下部，泥与水在斜板（管）内迅速分离，清水从上部集水区通过穿孔集水管送出，沉淀在斜板（管）内的絮粒则沿斜板（管）壁下滑落入贮泥区，定期排出池外。

上向流斜板（管）沉淀池，一般液面负荷采用 $8 \sim 10 \mathrm{m^3/(m^2 \cdot h)}$；板（管）倾斜角为 $60°$，长一般为 1m；水在板（管）内停留时间为 $5 \sim 7 \mathrm{min}$；斜板间垂直距离为 $25 \sim 35 \mathrm{mm}$；斜管断面一般采用蜂窝六角形，也可采用正方形和长方形。蜂窝六角形内切圆直径为 $25 \sim 50 \mathrm{mm}$，《农村给水设计规范》建议设计时采用 $25 \sim 35 \mathrm{mm}$。由于斜管的断面很小，实际使用中考虑到安装和结构支撑，一般将数以百计的斜管做成整体安装部件，称为斜管件，斜管件的单元面积一般为 $0.25 \mathrm{m^2}$（$0.5 \mathrm{m} \times 0.5 \mathrm{m}$）、$0.5 \mathrm{m^2}$（$0.5 \mathrm{m} \times 1.0 \mathrm{m}$）、$1.0 \mathrm{m^2}$（$1.0 \mathrm{m} \times 1.0 \mathrm{m}$）。斜板（管）上部清水区高度为 $0.8 \sim 1.2 \mathrm{m}$，下部布水区高度一般为 $1.0 \sim 1.2 \mathrm{m}$，超高 $0.3 \mathrm{m}$；集泥区可采用 V 形排泥槽，槽高一般采用 $0.6 \sim 0.8 \mathrm{m}$，槽内放置穿孔管，利用重力作用排泥，亦可采用多斗排泥，其斜壁与水平线的夹角为 $45°$。当斜管沉淀池的平面面积甚小时，集泥区可采用一个单斗排泥。斜板（管）沉淀效率高，贮泥区体积一定要按有关公式计算确定。安装时，应在池壁和斜管的空隙间装置阻流墙等，将斜板（管）与池壁的缝隙堵严密，以防水流短路，影响水质。在日照较长、水温较高地区，露天设置斜板（管）沉淀池的斜板（管）顶部，易繁殖藻类，严重时会影响生产，可加设遮阳屋盖等措施解决。

斜管沉淀池采用侧面进水时，斜管倾斜以反向进水为宜，如图 5-30（a）所示。

（a）　　　　　　　　　　　　（b）

图 5-30　斜管沉淀池

斜管沉淀池的出水系统应使池子的出水均匀，可采用平顶溢流堰、齿堰、淹没孔口或穿孔管。

上流式斜板（管）沉淀池的设计计算主要是确定池子的有效表面积及其总高度：

池的有效表面积

$$F = \frac{Q}{q_0} \tag{5-48}$$

式中　Q——设计水量，$\mathrm{m^3/h}$；

　　　q_0——液面负荷，$\mathrm{m^3/(m^2 \cdot h)}$。

池的总高度

$$H = H_1 + H_2 + H_3 + H_4 + H_5 \tag{5-49}$$

$$H_2 = L \sin\alpha \tag{5-50}$$

式中 H_1——超高，m；

H_2——清水区高度，m；

H_3——斜板（管）区高度，m；

α——斜板（管）倾斜角，(°)；

L——斜板（管）长度，m；

H_4——布水区高度，m；

H_5——储泥区高度，m。

异向流斜管沉淀池的计算公式如下。

沉淀池平面尺寸计算：

斜管总平面面积

$$A = \frac{(1+K)Q}{3.6v_0 \sin\theta} \qquad (5-51)$$

沉淀池中无效面积（如第 1 排斜管所占面积）

$$A' = Bl\cos\theta \qquad (5-52)$$

沉淀池应有的平面面积 $= A + A'$

式中 K——斜管结构占用面积系数，一般按 3% 计；

Q——设计水量，m^3/h；

v_0——斜管内上升流速，一般取 $2 \sim 3mm/s$；

θ——斜管的水平倾角，(°)；

B——沉淀池宽度，m；

l——斜管长度，m。

沉淀池高度计算如上。

清水区上升流速计算：

$$v = \frac{Q}{3.6BL} \qquad (5-53)$$

式中 v——清水区上升流速，mm/s；

Q——设计水量，m^3/h；

B——沉淀池宽度，m；

L——沉淀池长度，m。

对斜板（管）材质的要求是：无毒，无臭，无味，质薄而轻，耐水，耐久，有一定刚度不易变形，便于加工和价格便宜。目前做斜板的材料有塑料板、木材、波形玻璃钢板、塑料贴面板、石棉水泥瓦板、纸浆竹浆水泥瓦板等；斜管材料有聚氯乙烯、聚丙烯、木材、纸质、玻璃钢等，使用较广的是聚氯乙烯塑料片和聚丙烯塑料片，后者在气温较高地区容易发软变形，各地可因地制宜选用。

【例 5-5】 设计一个日净产水量 $1500m^3$ 的农村水厂斜管沉淀池，水厂每日工作 16h。

设计水量 $Q = \frac{1500 \times 1.05}{16} = 98.4375(m^3/h)$（包括 5% 水厂自用水量）

采用聚丙烯塑料蜂窝斜管，内切圆直径 $d = 35mm$，倾角 $\theta = 60°$，斜管结构占用面积 $K = 3\%$。

水在斜管内的上升流速采用 $v_0=2.5\text{mm/s}$

1）沉淀池平面尺寸。斜管总平面面积

$$A=\frac{(1+K)Q}{3.6v_0\sin\theta}$$

$$=\frac{1.03\times98.4375}{3.6\times2.5\times0.866}=13(\text{m}^2)$$

沉淀池宽度选用 $B=3.0\text{m}$（塑料蜂窝斜管件幅宽$=0.5\text{m}$）。

因斜管呈 $60°$ 放置，故靠近进水一端池壁的一部分沉淀池面积不能利用，这部分无效面积等于：

$$A'=Bl\cos\theta=3.0\times1.0\times1/2=1.5(\text{m}^2)$$

式中 l——塑料蜂窝斜管长度，等于 1.0m。

沉淀池应有的总平面面积等于：

$$A+A'=13+1.5=14.5(\text{m}^2)$$

沉淀池长度等于：

$$L=\frac{14.5}{3.0}=4.83(\text{m})$$

考虑到斜管件一般长×宽$=0.5\text{m}\times0.5\text{m}$，故沉淀池长度采用 5.0m。

如此则斜管内实际上升流速改变为 $v_0=\dfrac{1.03\times98.4375}{3.6\times0.866\times13.5}=2.41(\text{mm/s})$

2）沉淀池高度。

超高 $H_1=0.3\text{m}$。

清水区高度 $H_2=1.0\text{m}$。

斜管区高度 $H_3=l\sin\theta=1.0\times0.866=0.866(\text{m})$。

布水区高度 $H_4=1.5\text{m}$。

排泥槽高度 $H_5=0.6\text{m}$。

沉淀池总高度

$$H=H_1+H_2+H_3+H_4+H_5$$
$$=0.3+1.0+0.866+1.5+0.6$$
$$=4.3(\text{m})$$

3）清水区上升流速。

$$V=\frac{Q}{3.6BL}=\frac{98.4375}{3.6\times3\times5}=1.83(\text{mm/s})$$

4）复核管内雷诺数及沉淀时间。

$$Re=\frac{Rv_0}{\gamma}$$

式中水力半径$=d/4=35/4=8.75(\text{mm})=0.875(\text{cm})$。

管内流速 $v_0=2.41\text{mm/s}=0.241\text{cm/s}$。

水的运动黏滞系数 $\gamma=0.01\text{cm}^2/\text{s}$（当 $t=20℃$时）

则

$$Re=\frac{0.875\times0.25}{0.01}=21.09<500$$

沉淀时间 $T=\dfrac{1000}{2.5}=415(\mathrm{s})=6.9(\mathrm{min})$

《农村给水设计规范》（CECS 82—1996）规定，水在斜管内停留时间宜为 4～7min。

（3）参考图集。北京市政设计院编制的《农村给水工程重复使用图集》中包括有旋流孔室反应池与斜管沉淀池合建的图纸，供水规模分为 15m³/h、30m³/h、45m³/h 3 种，该图的适用条件如下：

1）进水浑浊度一般不大于 1000 度，瞬时不大于 3000 度。

2）沉淀部分采用异向流斜管，上升流速 2.5mm/s，斜管长 1.0m，内径 35mm，水平倾角 60°。

材料采用聚丙烯或聚氯乙烯。出水口采用平顶溢流堰。排泥采用人工定时漏斗排泥。具体尺寸见表 5-13。

表 5-13　　　　　　　　　与旋流式孔塞室絮凝池合建的异向流斜管沉淀池尺寸

斜管沉淀池尺寸	规　　模/（m³/h）		
	15	30	45
面积/m²	2.88	5.06	7.02
长/m	1.60	2.30	2.70
宽/m	1.80	2.20	2.60
深/m	3.40	3.60	3.80

（四）澄清池

澄清是利用池中积聚的活性泥渣与原水中的杂质颗粒相互碰撞接触、吸附结合，然后又与水分离，使原水得以较快的澄清。澄清池是综合絮凝和泥水分离过程的净水构筑物，其作用和最终效果都与沉淀池相似。沉淀池可以间歇运行，而澄清池则必须连续运转。

澄清池能重复利用有吸附能力的絮粒来净化原水，故可充分发挥混凝剂的净水效能，节约混凝剂用量，提高澄清效果，并具有生产能力高、占地少和处理效果好等优点；但结构较复杂，要求具有较高水平的操作管理技术，特别是当原水的水量、水质、水温及混凝剂等因素变化时，对净化效果有显著影响。农村水厂当供水规模较大，供水区域包括集镇、且有一定数量的乡镇企业昼夜生产用水，方可考虑选用澄清池。一般小型农村供水工程中应用不多。

澄清池按泥渣的情况一般分为循环（回流）泥渣型和悬浮泥渣（泥渣过滤）型两大类。循环泥渣型澄清池是利用机械或水力的作用，使部分活性泥渣循环回流，以增加与水中杂质接触碰撞和吸附的机会从而提高混凝效果，也因此分为机械搅拌澄清池和水力循环澄清池；比较适用于农村水厂的澄清池是水力循环澄清池。悬浮泥渣型澄清池是利用上升水流与絮粒的重力平衡使絮粒处于既不沉淀又不上浮的悬浮状态，从而形成泥渣悬浮层（或称絮粒悬浮层）。当原水通过泥渣悬浮层时，水中杂质有充分机会与絮粒碰撞接触，并被吸附、过滤而截留下来。悬浮泥渣型澄清池有应用较早、构造比较简单的悬浮澄清池和后来发展、真空设备比较复杂的脉冲澄清池。

澄清池一般采用钢筋混凝土结构，个别也有用砖石砌筑，小型澄清池还可用钢板制成。澄清池的种类、形式很多，其选择应根据原水水质、出水要求、生产规模以及水厂布置、地形、地质、排水等条件，进行技术经济比较后确定。较为常用的澄清池及其一般优缺点和适用范围见表 5-14。

表 5-14　　　　　　　　　　　常用澄清池的优缺点及适用范围

类型	优　缺　点	适　用　条　件
机械搅拌（加速）澄清池	优点： （1）处理效率高，单位面积产水量较大； （2）适应性较强，处理效果较稳定； （3）采用机械刮泥设备后，对高浊度水（进水悬浮物含量大于3000mg/L）处理也具有一定适应性。 缺点： （1）需要机械搅拌设备； （2）维修较麻烦	（1）进水悬浮物含量一般小于5000mg/L，短时间内允许达5000～10000mg/L； （2）一般为圆形池子； （3）适用于大、中型水厂； 属泥渣循环型澄清池
水力循环澄清池	优点： （1）无机械搅拌设备； （2）构造较简单； 缺点： （1）投药量大； （2）要消耗较大的水头； （3）对水质、水温变化适应性较差	（1）进水悬浮物含量一般小于2000mg/L，短时间内允许达5000mg/L； （2）一般为圆形池子； （3）适用于中、小型水厂； 属泥渣循环型澄清池
脉冲澄清池	优点： （1）虹吸式机械设备较简单； （2）混合充分，布水较均匀； （3）池深较浅便于布置，适用于平流式沉淀池改建。 缺点： （1）真空式需要一套真空设备，较为复杂； （2）虹吸式水头损失较大，脉冲周期较难控制； （3）操作管理要求较高； （4）对原水水质和水量变化适应性较差	（1）进水悬浮物含量一般小于3000mg/L，短时间内允许达5000～10000mg/L； （2）可建成圆形、矩形或方形池子； （3）适用于大、中、小型水厂； 属悬浮泥渣型澄清池
悬浮澄清池（无穿孔底板）	优点： （1）构造较简单； （2）能处理高浊度水（双层式加悬浮层底部开孔）； （3）型式较多 缺点： （1）需设气水分离器； （2）对进水量、水温等因素较敏感，处理效果不如加速澄清池稳定； （3）双层式时，池深较大	（1）进水悬浮物含量小于3000mg/L时宜用单层池；在3000～10000mg/L时宜用双层池； （2）可建成圆形或方形池子； （3）一般流量变化每小时不大于10%，水温变化每小时不大于1℃。属泥渣循环型澄清池

下面就适用于农村水厂的水力循环澄清池作较为详细的介绍。

1. 工作原理

水力循环澄清池的工作原理是利用进水管中水流的动力，促使絮凝作用产生的活性泥渣回流，以加速絮凝过程，并进行分离澄清。其净水流程为：已投加凝聚剂且带有一定动能的原水从池底中心进水管端的喷嘴以高速喷入喉管，在喉管喇叭口四周形成负压，从而将数倍（3倍左右）于原水的活性泥渣从池子锥形底部吸入喉管，并与之充分快速混合，然后进入面积逐渐扩大的第一絮凝室和第二絮凝室。因面积突然扩大，流速相应逐渐减少，从而增加了颗粒间的碰撞，有效地完成了絮凝反应。由第二絮凝室流出的泥水混合液在分离室中因过水断面突然增大，水流速度突然降低，致使泥渣在重力作用下与水分离而下沉，清水则向上从集水槽流走。一部分泥渣沉积到泥渣浓缩室，定期由排泥管排除，大部分泥渣又被吸入喉管进行回流，如此周而复始，如图 5-31 所示。

2. 设计要点

水力循环澄清池适用于浑浊度长期低于 2000 度、瞬时不超过 5000 度的原水。出水浑浊度一般不超过 20 度。单池生产能力不宜大于 7500m³/d，多与无阀滤池配套使用。

设计净产水量应按最高日平均时计算。进水管的总进水量应增加 5% 的排泥耗水量。泥渣回流量一般为进水量的 2~4 倍，原水浓度高时取下限，反之取上限。

清水区的上升流速一般采用 0.7~1.0mm/s，当原水为低温低浊时，上升流速应适当降低。清水区高度为 2~3m，超高为 0.3m。第二

图 5-31 水力循环澄清池

1—喉管升降装置；2—环形集水槽；3—分离室；4—第二絮凝室；
5—第一絮凝室；6—放空管；7—喉管；8—出水管；9—喷嘴；
10—排泥管；11—溢流管；12—进水管；13—伞形罩

絮凝室的有效高度宜采用 3~4m。

喷嘴直径与喉管直径之比一般采用 1:3~1:4，喉管截面积与喷嘴面积的比值约在 12~13 之间。喷嘴流速采用 6~9m/s，喷嘴水头损失一般为 2~5m。喉管流速为 2.0~3.0m/s，喉管瞬间混合时间一般为 0.5~0.7s。

第一絮凝室出口流速采用 50~80mm/s；第二絮凝室进口流速低于第一絮凝室出口流速，一般采用 40~50mm/s。

原水在水力循环澄清池中的总停留时间为 1~1.5h。

第一絮凝室的絮凝时间为 15~30s，第 2 絮凝室的絮凝时间为 80~100s。进水管流速一般要求 1~2m/s。

水力循环澄清池下部斜壁与水平面的夹角不应小于 45°。为避免池底积泥，提高回流

泥渣浓度,喷嘴顶离池底的距离一般不大于 0.6m。

为适应原水水质变化,应有专用设施调节喷嘴与喉管进口的间距。

3. 标准图

水力循环澄清池已列入《全国通用给水排水标准图集》,图号 S771,设计依据、运用范围、施工、安装、操作等均备有详细图纸及说明,可直接用于施工,故本书仅介绍其结构原理及设计要点。表 5-15 为 S771 中所列净产水能力 40～200m³/h 的水力循环澄清池主要尺寸,以便选用。

表 5-15 水 力 循 环 澄 清 池

图 号		S771					
		(一)	(二)	(三)	(四)	(五)	(六)
净产水能力/(m³/h)		40	60	80	120	160	200
主要尺寸	喷嘴直径 d_0/mm	45	55	65	75	90	100
	喉管直径 d_1/mm	160	200	230	260	300	350
	第一反应室上口直径 d_2/m	1.02	1.25	1.50	1.80	2.10	2.30
	第一反应室直径 d_3/m	1.60	2.00	2.35	2.82	3.28	3.60
	澄清池底部直径 d_4/m	0.60	0.80	0.90	1.10	1.20	1.70
	澄清池体内径 D/m	4.20	5.20	6.00	7.20	8.40	9.30
	池体直部高度 h/m	3.35	3.35	3.50	3.55	3.55	3.55
	澄清池总高 H/m	5.2	5.5	5.8	6.3	6.8	7.2
管道直径	进水管/mm	150	150	200	200	250	250
	出水管/mm	150	150	200	200	250	250
	排泥管/mm	75	75	75	100	100	100
	放空管/mm	150	150	150	150	150	150

注 1. 分流区上升流速为 0.95～1.0mm/L。

2. 喷嘴流速采用 7～8m/s,要求净作用水头为 3～4m。

3. 40m³/h、60m³/h、80m³/h 设 1 只排泥斗;120m³/h、160m³/h、200m³/h 设 2 只排泥斗。

四、过滤

(一) 原理

原水经过混凝沉淀或澄清处理后,大部分悬浮杂质已被去除,水的浑浊度约降低到 20mg/L 以下,一部分细菌亦已去除,但还达不到饮用水的标准。为进一步提高水质,去除沉淀池出水中残留的细小悬浮颗粒及微生物,还必须进行过滤。当水源水的浑浊度很低时,也可直接过滤。利用过滤的方法使水得到净化的原理包括两种作用:①隔滤作用,当水中悬浮杂质颗粒大于砂层孔隙时,因不能通过而被阻留下来;②接触絮凝作用,当水流通过滤料层时,砂粒起接触介质的作用,使水中微细颗粒与砂粒碰撞接触,杂质颗粒与细小的绒体被吸附在砂粒表面上。

按照过滤速度的不同,构筑物分为慢滤池和快滤池两类。快滤池中又包括普通快滤池、双层或三层滤料滤池、接触滤池、重力式或压力式无阀滤池、自动虹吸滤池、移动式钟罩滤池等。选择滤池时应根据过滤水量、经济和物资供应条件、施工技术水平、操作管理能力、工艺流程的高程布置等因素，通过技术经济比较，确定滤池型式。比较适用于农村给水工程的滤池有慢滤池、普通快滤池、接触滤池、重力式无阀滤池、虹吸滤池等数种。

上述各种滤池之所以能够使水澄清，主要依靠滤料。慢滤池、普通快滤池和无阀滤池常用的滤料为石英砂，接触滤池所用的滤料为石英砂及无烟煤，其性能应符合建设部颁布的水处理用滤料标准。

无论采用哪一种滤料，都必须有一定的颗粒级配，即大小不同颗粒在滤料中各自所占的百分数。颗粒大小用粒径表示，通常利用不同孔眼的筛子来确定滤料的粒径。例如一般快滤池中装填的石英砂能通过每英寸 18 目（即每英寸长度包括 18 个孔眼，每个孔眼的净空为 1mm）的筛子，而截留在每英寸 36 目（孔径为 0.5mm）筛上的颗粒，其最大粒径为 1mm，最小粒径为 0.5mm。生产上就是用这两种筛子来筛分滤料的。为了更明确地选用滤料，只有最大粒径和最小粒径还不够，因为没有说清楚大小颗粒所占的比例，所以还必须考虑滤料的均匀程度，于是采用 K_{80} 作为指标：$K_{80}=\dfrac{d_{80}}{d_{10}}$，称为"不均匀系数"，其中 d_{10} 叫有效直径，是指一定重量的滤料用一套筛子过滤时，按重量计算有 10％滤料通过的筛孔直径；而 d_{80} 是指按重量计算有 80％滤料通过的筛孔直径。不均匀系数一般大于 1，K_{80} 越大，表示粗细颗粒尺寸相差越大，颗粒越不均匀，这时过滤和冲洗都很不利。而 K_{80} 越接近于 1，表明土越均匀，过滤和反冲洗效果越好，但滤料价格会提高。

确定滤料"不均匀系数"的方法是进行筛分析，即取滤料 300g 左右，于 105℃烘干到重量不变，从中称取 100.0g 左右，用一组标准筛子过滤，称出留在各个筛子上滤料的重量，并计算通过筛子的滤料重量，见表 5-16。然后以筛孔作横坐标，以通过筛孔的滤料重量的百分率作纵坐标，绘出滤料筛分析曲线，从图 5-32 中纵坐标上的 10％和 80％各点，画出横坐标的平行线，与筛分析曲线相交，再从交点向横坐标引垂线，即可求得这部分滤料的颗粒级配为

$$d_{10}=0.53\text{mm}, d_{80}=1.06\text{mm}，于是 K_{80}=\frac{1.06}{0.53}=2.0$$

图 5-32　滤料筛分析曲线

表 5-16　　　　　　　　　　　　　　　滤 料 筛 分 析 记 录

筛目数目 /in	筛孔 /mm	留在筛上的滤料重 /g	通过筛孔的滤料重	
			重量/g	百分率/%
10	1.68	0	100	100
12	1.41	1.5	98.5	98.5
14	1.91	5.6	92.9	92.9
16	1.00	17.8	75.1	75.1
24	0.71	36.7	38.4	38.4
32	0.50	33.4	5.0	5.0
60	0.25	3.2	1.8	1.8
80	0.18	1.0	0.8	0.8

（二）慢滤池和粗滤池

慢滤池构造比较简单，通常可用砖、石砌筑，并用水泥砂浆抹面防渗。池内铺有粒径 0.3～1.0mm、不均匀系数 $K_{80} \leqslant 2.0$、厚 800～1200mm 的石英砂，下面为厚 450mm 的卵石或砾石承托层，其组成见表 5-17。池底设排水系统或

图 5-33　慢滤池

不设排水系统。滤池面积在 10～15m² 以内，可不设集水管，采用底沟集水，并以 1% 的坡度向集水坑倾斜。当滤池面积较大时，可设置穿孔集水管，管内流速一般采用 0.3～0.5m/s。进水处设有穿孔花墙（图 5-33）。滤层表面以上水深一般采用 1.2～1.5m，滤池超高 0.3m，滤池长宽比为 1.25：1～2.0：1，池壁应高出地面，且池顶应加盖，以防止地面水流入而污染水质。

表 5-17　　　　　　　　　　　　　　　慢 滤 池 承 托 层 组 成

粒　　　径/mm	厚　　　度/mm	粒　　　径/mm	厚　　　度/mm
1～2	50	8～16	100
2～4	100	16～32	100
4～8	100		

慢滤池的效率很低，过滤速度一般仅为 0.1～0.3m/h，即每平方米慢滤池每昼夜仅能处理 5～7m³ 原水。为使慢滤池能够正常运转，通常要求慢滤池进水的浑浊度低于 60 度，否则需采取预沉淀等措施降低原水的浑浊度。

设计慢滤池时，所需面积可按下式计算：

$$F = \frac{qN}{24v} \tag{5-54}$$

式中　F——慢滤池面积，m²；

q——设计用水量标准，$m^3/(d \cdot 人)$；

N——用水人数；

v——设计滤速，m/h。

慢滤池必须认真进行管理，定期清理滤料，严格控制原水浑浊度，具体注意事项如下：当慢滤池的滤速明显降低时，即停止进水，待砂层露出水面后，用铁铲刮去表层5cm厚的一层，然后便可放水继续过滤。经数次刮砂后，砂层减薄到一定程度，就需将砂子全部取出，用清水冲洗洁净后重新铺好，再投入使用。

慢滤池由于滤速低，出水量少，占地面积大，刮砂、洗砂工作繁重，在我国城市中早已被淘汰。但慢滤池具有构造简单，便于就地取材，截留细菌能力强，对去除水中细菌与水中嗅味、色度等均具有较好的效果，出水水质好，因此在小型的农村自来水厂建设中仍有一定作用。

慢滤池按过滤方向的不同可分为直滤式、横滤式和直、横滤结合3种。直滤式是上部进水，底部出水，水流自上而下通过滤层（图5-34）；横滤式是由滤池一侧进水，另一侧出水，水流以水平方向通过砂滤层（图5-35）。直、横滤结合是以上两种方式的结合。

图5-34 直滤式慢滤砂滤池

图5-35 横滤式慢滤砂滤池

北京市政设计院编制的《农村给水工程重复使用图集》编有慢滤池设计，规模有$5m^3/h$、$10m^3/h$、$15m^3/h$、$20m^3/h$、$30m^3/h$ 5种（表5-18），要求进水浑浊度不大于50度，最高不大于100度，出水浑浊度可低于5度，每日工作24h。滤料为石英砂，承托层采用卵石或碎石，排水系统采用多孔集水管，管内流速为0.3～0.5m/s。池身为砖、石砌体，呈长方形，分为2～3格，其中一格备用。清砂方式为人工清砂。

表5-18 慢 滤 池 选 用 表

单格尺寸/m		5×4	7×5	10×5	7×5	10×5
格数		2	2	2	3	3
过滤面积/m²		20	35	50	70	100
对应净化能力/(m³/h)	滤速0.2m/h	5	10	15	20	30
	滤速0.3m/h	10	15	20	30	—

当原水浑浊度超过60度、采用慢滤池处理原水时，需在慢滤池前增加粗滤池。

粗滤池构筑物型式分为平流和竖流（上向流或下向流）两种，选择时应根据地理位置通过技术经济比较后确定。

竖流粗滤池宜采用二级粗滤串联，平流粗滤池通常由 3 个相连通的砾石室组成一体，并均与慢滤池串联。适用于处理浑浊度长期低于 500 度，瞬时不超过 1000 度的地表水。

竖流粗滤池的滤料宜选用砾石或卵石，按三层铺设，其粒径及厚度应符合表 5-19 的规定。

平流粗滤池的滤料宜选用砾石或卵石，其粒径与池长应符合表 5-20 的规定。

<table>
<tr><td colspan="2">表 5-19　竖流粗滤池滤料组成</td></tr>
<tr><td>粒径/mm</td><td>厚　　度/m</td></tr>
<tr><td>4~8</td><td>0.20~0.30</td></tr>
<tr><td>8~16</td><td>0.30~0.40</td></tr>
<tr><td>16~32</td><td>0.45~0.50</td></tr>
</table>

注　顺水流方向，粒径由大到小。

<table>
<tr><td colspan="3">表 5-20　平流粗滤池的组成与池长</td></tr>
<tr><td>砾（卵）石室</td><td>粒径/mm</td><td>池长/m</td></tr>
<tr><td>Ⅰ</td><td>10~33</td><td>2</td></tr>
<tr><td>Ⅱ</td><td>8~16</td><td>1</td></tr>
<tr><td>Ⅲ</td><td>4~8</td><td>1</td></tr>
</table>

注　顺水流方向，粒径由大到小。

粗滤池的滤速宜采用 0.3~1.0m/h，原水浊度高时取低值。竖流式粗滤池滤料表面以上水深为 0.2~0.3m，保护高 0.2m。上向流竖流粗滤池底部应设配水室、排水管和集水槽，阀门宜采用快开蝶阀。

（三）快滤池

快滤池与慢滤池比较，其主要特点是：滤速高，一般为慢滤池的 50 倍左右，故产水量大，占地少。冲洗滤料多采用水力反冲洗装置，自动化程度高。因此，用水量较大的城镇和农村水厂均采用快滤池。但其设备较复杂，阀门较多，需有冲洗设备，造价较高，需要特别加强技术管理。

快滤池的类型很多，目前农村供水中采用较多的有普通快滤池、接触滤池、无阀滤池、虹吸滤池和移动罩滤池等。它们的构造、水力条件和操作运行虽有不同，但过滤原理完全一样，都是从普通快滤池逐步发展而来。

快滤池过滤，主要依靠接触凝聚作用。已经过混凝而未能在沉淀池或澄清池中被截留的微小胶体颗粒，它们之间的电性斥力已得到降低或消失，进入滤池后，随水流经过滤料层中弯弯曲曲的孔道时，由于速度的差异，在水力作用下使絮粒旋转，离开流线向沙砾表面运动，并与砂粒碰撞接触，又由于分子引力的作用，而被吸附在砂粒表面或砂粒表面的絮粒上，从而使水变清。滤料颗粒在这一作用过程中是一种广泛的接触介质。此外，快滤池净水过程中，具有孔隙的滤料层的机械过筛截留作用和沉淀作用也起一定

图 5-36　普通快滤池构造图

1—进水总管；2—进水支管；3—清水支管；4—冲洗水支管；5—排水阀；6—浑水渠；7—滤料层；8—承托层；9—配水支管；10—配水干管；11—冲洗水总管；12—清水总管；13—冲洗排水槽；14—废水渠道

的辅助作用。

下面对一些快滤池进行介绍。

1. 普通快滤池

普通快滤池就是一般的快滤池，通常简称快滤池。池体用砖或钢筋混凝土砌筑，呈正方形或矩形，构造如图 5-36 所示，它由池体和管廊两大部分组成。池体内包括进水渠道、洗砂排水槽、滤层、承托层以及配水系统等部分；管廊内主要包括原水进水、清水出水；冲洗水、冲洗排水等管渠及相应的控制阀门及测量仪表等。

快滤池的工作过程包括过滤和冲洗两个阶段。

过滤时，开启进水支管和清水支管的阀门，关闭冲洗水支管的阀门和排水阀。浑水就经进水总管、支管，从浑水渠、冲洗排水槽流入滤池。再经滤料层，水被过滤变清。清水通过承托层后，由配水系统的配水支管汇集起来再经配水系统干管、清水支管、清水总管流往清水池储存。浑水流经滤料层时，水中杂质被截留其中。随着滤层中杂质截留量的逐渐增加，滤料层中水头损失也相应增加。一般当水头损失增至一定程度，以致滤池产水量锐减，或由于滤过水质不符合要求时，滤池便须停止过滤进行冲洗。

冲洗时，关闭进水支管与清水支管的阀门，开启排水阀门与冲洗水支管的阀门。冲洗水即由冲洗水总管、支管，经配水系统的干管、配水支管及支管上的许多孔眼流出，然后由下而上穿过承托层和滤料层，均匀地分布于整个滤池平面上。滤料层在上升水流的作用下处于悬浮膨胀状态，这时滤料颗粒互相碰撞、摩擦，黏附在滤料表面上的污泥等杂质便脱落下来。冲洗废水流入冲洗排水槽，再经浑水渠、排水管和废水渠流入下水道。滤池冲洗到排出水较清为止。冲洗结束后，过滤又重新开始。

设计快滤池时应用的数据及计算公式如下。

（1）滤速。滤速相当于滤池负荷，是指单位滤池面积上所通过的流量（并非水流在沙层孔隙中的真正流速），单位为 m³/(m²·h) 或 m/h。滤速是控制滤池投资，影响水质和运行管理的一个重要指标。滤速太快会使大量杂质穿过整个滤层，使出水水质变坏；或者滤层的阻力迅速增加，使过滤周期缩短。过滤速度有两种情况：一种是正常工作条件下的滤速，这是设计的主要依据；另一种是当某格滤池因为冲洗、维修或其他原因不能工作时，其余滤池必须采取的滤速，即所谓强制滤速，这个滤速由滤池的工作状态所决定，在设计中只起校核作用。单层石英砂滤料滤池的滤速约 8～10m/h，强制滤速为 10～14m/h。双层滤料滤池为 10～14m/h，强制滤速为 14～18m/h。

（2）滤池总面积、分格数及单格滤池尺寸。

1）滤池总面积。滤池总面积按设计产水量（应包括水厂自用水量 5%～10%）和滤速确定。可按下式确定：

$$F = \frac{Q}{vt} \tag{5-55}$$

式中　F——滤池总面积，m²；

　　　Q——设计水量，m³/d；

　　　v——设计滤速，m/h；

　　　t——滤池每日实际工作时间，h。

2）分格数。滤池总面积小于 30m² 时，滤池分格数一般为 2 格。滤池总面积超过 30m² 时，滤池分格数需适当增加。

滤池格数应根据经济技术比较确定，但不应少于 2 格。单格面积小的滤池可为正方形，中型池可为矩形。滤格少于 5 个时可单排布置，管廊位于滤池一侧。滤格超过 5 个，可建成双排，管廊位于两排滤池中间。

3）单格滤池尺寸。

$$f=\frac{F}{n} \qquad\qquad (5-56)$$

式中　f——单格滤池面积，m²；

　　　F——滤池总面积，m²；

　　　n——滤池格数。

单格滤池面积小于 30m² 时，滤池的长宽比采用 1：1，即滤池为正方形。

（3）配水系统。配水系统对于快滤池的运行具有双重作用，一方面它可以收集过滤后的清水，另一方面可使冲洗水在整个滤池平面上均匀分布。普通快滤池的配水系统一般采用管式大阻力配水系统，如图 5-37 所示，中间是一根粗干管，两侧接出许多互相平行的支管，支管下方开两排小孔，小孔位置与垂线呈 45°角交错排列。冲洗水由干管流入支管，通过支管上的小孔喷出，斜向冲击池底，然后反流向上，经承托层、滤料层流入洗砂排水槽。

图 5-37　穿孔管大阻力配水系统

在如图 5-37 所示的配水系统中，干管上 O 点的压力一定，但当冲洗水流到 a 孔和 c 孔时，两孔处的压力却不一样。一是水流到 c 孔的水头损失比到 a 孔大；二是由于干管或支管沿水流方向流量越来越小，使得压力沿水流方向逐渐升高。配水系统中某点的压力变化，最终取决于水流到该点的水头损失和压力升高哪个更大。试验和理论分析均已证明，压力升高要比水头损失大。因此，c 孔压力高于 a 孔，两孔出流量不可能完全相等。所以，冲洗水难以均匀分布。但可以做到使两孔出流量尽量接近。而且当滤池各点的冲洗流量相差不大于 5%～10%，即能满足生产要求。解决措施就是减小配水系统的小孔总面积和小孔直径，使小孔的水阻力增大。滤池冲洗时，承托层和滤料层的总水头损失通常不到 1m，而孔口水头损失可以高到 3.5～5.0m，即所谓"大阻力"配水系统。

设计大阻力配水系统时采用的数据如下：配水孔眼总面积应为滤池总面积的 0.2%～0.28%；干管横截面面积与支管总横截面面积之比应为 1.75～2.0；干管始端流速为 0.8～$1.2m/s$，支管始端流速为 1.4～$1.8m/s$，孔眼流速为 3.5～$5.0m/s$；支管中心距为 0.2～$0.3m$，支管下侧距池底的距离为 $d/2+50mm$（d 为排水干管管径），支管长度与其直径之比不应大于 60；孔眼直径一般为 9～$12mm$；干管末端应装有通气管，向上伸出水面，滤池面积小于 $25m^2$ 时，通气管管径可取 $40mm$。

大阻力配水系统的优点是配水均匀性较好。但结构复杂，孔口水头损失大，冲洗时能耗高等。

（4）水头损失及工作周期。水头损失是指滤池过滤时滤层上面的水位与滤后水在集水干管出口处的水位差。通常由配水系统水头损失、承托层水头损失和滤料层水头损失 3 个部分组成。

1）管式大阻力配水系统水头损失：通常可按孔口的平均水头损失计算，其算式为

$$h_2 = \frac{1}{2g}\left(\frac{q}{10\mu k}\right)^2 \tag{5-57}$$

式中 h_2——管式大阻力配水系水头损失，m；

　　　g——重力加速度，$9.81m/s^2$；

　　　q——冲洗强度，$L/(s \cdot m^2)$；

　　　μ——流量系数，见表 5-21；

　　　k——孔眼总面积占滤池面积的百分数，采用 0.2%～0.28%。

表 5-21　　　　　　　　　　　　　　流量系数（μ）值

孔眼直径与壁厚之比 d/δ	1.25	1.5	2	3
流量系数 μ	0.76	0.71	0.67	0.62

2）承托层水头损失计算：砾石承托层的公式如下

$$h_3 = 0.022 H_1 q \tag{5-58}$$

式中 h_3——承托层水头损失，m；

　　　H_1——承托层厚度，m；

　　　q——冲洗强度，$L/(s \cdot m^2)$。

3）滤料层水头损失：滤料层水头损失可按下式计算

$$h_4 = \left(\frac{\rho_2}{\rho_1}-1\right)(1-m_0)H_2 \tag{5-59}$$

式中 h_4——滤料层水头损失，m；

　　　ρ_2——滤料的容重，石英砂为 $2.65t/m^3$；

　　　ρ_1——水的容重，t/m^3；

　　　m_0——滤料膨胀前的孔隙率，石英砂为 0.41；

　　　H_2——滤层厚度，m。

在快滤池的过滤过程中，随着滤层中杂质的积累，阻力逐渐增大，水头损失就逐渐增大。测定滤池水头损失最简单的方法是在砂面上及集水干管出口处各引出一根管子，分别

连接两根并列的玻璃管，则两根玻璃管内水位的高差，即为水头损失。水头损失是决定滤池冲洗的指标，通常快滤池冲洗前的期终水头损失大约控制在 2.0～2.5m 之间。

（5）工作周期。滤池从过滤开始到冲洗结束的一段时间，称为快滤池的工作周期。从过滤开始至过滤结束称为过滤周期。根据滤池进水的水质和滤速，工作周期一般为 12～24h。

（6）杂质穿透深度和滤层含污能力。滤速是影响滤层中杂质分布的主要因素之一。在相同条件下，滤速越大，杂质穿透越深，滤层中杂质分布越均匀（图 5-38）。在过滤过程中，自滤层表面向下某一深度处，若所取水样恰好符合过滤水质要求时，该深度就叫"杂质穿透深度"。在保证滤池出水水质前提下，杂质穿透深度越大越好，这表明整个滤层能充分发挥作用。

图 5-38　滤料层中杂质分布状况

从图 5-38 还可以看出，滤料表层截留的杂质最多，因此水头损失最大，这样表层滤料中有时会出现真空，产生"负水头"现象，或者叫做"气阻"。在真空状态下，溶解于水中的气体成为气泡析出而积聚在砂层中，堵塞了砂层中的部分孔隙，增加了水流阻力，使滤池的出水量急骤减少，有时气泡还会穿过滤层使滤层产生裂缝，降低出水水质。为避免产生负水头，就要求增大作用水头，亦即增加砂面上的水深，因此通常使滤池的砂面上水深保持在 1.5～2.0m。

在一个过滤周期内，如果按整个滤层计，单位体积滤料中所截留的杂质重量（单位为 kg/m³）称为为"滤层含污能力"。含污能力大，表明滤层所发挥的净水作用大。滤层含污能力与杂质穿透深度有着密切联系。

（7）冲洗强度和滤层膨胀率。冲洗强度是指冲洗时每平方米滤池面积所需的冲洗水流量，以 L/(s·m²) 表示。设计时，石英砂滤料冲洗强度一般采用 12～15L/(s·m²)。采用双层滤料时，一般为 13～16L/(s·m²)。冲洗时间一般 6min 左右。

滤料在强大水流自下而上反冲洗时，便逐渐膨胀起来。滤料膨胀后所增加的厚度与膨胀前厚度之比，称为滤层膨胀率。可用下式表示：

$$e=\frac{L-L_0}{L_0}\times100\%\tag{5-60}$$

式中　e——滤层膨胀率，%；

　　　L_0——滤层膨胀前厚度，cm；

　　　L——滤层膨胀后厚度，cm。

滤层膨胀率对冲洗效果影响很大。如冲洗强度过小，滤层膨胀率不足，下层滤料可能不动，致使滤料冲洗不净；但如冲洗强度过大，滤层膨胀率过高，滤料颗粒的间距增大，碰撞摩擦机会将减少，冲洗也不能干净，而且有造成承托层移动致使滤料漏失的可能。普通快滤池的砂层膨胀率一般应控制在 45% 左右。

（8）滤料层和承托层。

1）滤料层。滤料是滤池的主要部分，是滤池运行好坏的关键。用作滤料的材料，须符合以下要求：具有足够的机械强度；稳定的化学性能；适当的级配和孔隙率；低廉的价格。滤料的规格及滤层厚度见表 5 - 22。

表 5 - 22　　　　　　　　　　　　　　　滤料规格与滤层厚度

滤池种类	滤料材质	规　　格			滤层厚度 /mm
		d_{max}/mm	d_{min}/mm	K_{80}	
普通快滤池	石英砂	1.2	0.5	<2.0	700
双层滤料滤池	无烟煤	1.8	0.8	<2.0	300～400
	石英砂	1.2	0.5	<2.0	400
三层滤料滤池	无烟煤	1.6	0.8	<1.7	450
	石英砂	0.8	0.5	<1.5	230
	重矿石	0.5	0.25	<1.7	70

2）承托层。承托层的作用是防止滤料从配水系统中流失，滤池冲洗时均匀分布冲洗水。要求承托层孔隙均匀，以保证均匀布水，同时不被高速反冲洗水所冲动，单层或双层滤料滤池采用大阻力配水系统时，承托层采用天然卵石或砾石，其粒径和厚度见表5 - 23。

表 5 - 23　　　　　　　　　　大阻力配水系统的承托层粒径与厚度

层次（自上而下）	粒径/mm	厚度/mm
1	2～4	100
2	4～8	100
3	8～16	100
4	16～32	150

（9）滤池深度。承托层厚度 H_1 一般采用 0.45m；滤料层厚度 H_2 一般采用 0.8m；砂面上水深 H_3 一般采用 1.5～2.0m；超高（干弦）H_4 一般采用 0.3m。

因此，滤池深度 $H = H_1 + H_2 + H_3 + H_4 = 3.05～3.55m$。

（10）洗砂排水槽。洗砂排水槽是用来收集和排除冲洗污水的，但同时也用来均匀地分布滤池进水。洗砂排水槽通常采用标准三角形断面，如图 5 - 39 所示。

为了及时排走冲洗污水，水槽需有足够的面积，还应留有 7.5cm 的超高，使冲洗水能自由地排入槽内。如水槽的断面积不够，以致排水不畅时，滤池内会发生壅水现象，严重时滤池水面连成一片，将水槽全部淹没，使水槽起端的污水不易排走，影响到冲洗的均匀性。

为了保证均匀地排走冲洗污水，水槽上沿应处于同一水平面上，一般要求施工时误差不大于 2mm。如有两条以上水槽，要求各槽上沿齐平，且间距适当，如间距过大，会因流入水槽的水流距离不等而影响排水的均匀性。洗砂排水槽总面积不应过大，否则冲洗时水槽之间的上升流速很大，严重影响水流的均匀性，甚至会带出滤料。洗砂排水槽高度也要适当，槽口太高，污水排除不净；槽口太低，会使滤料流失。水槽底应高出砂面，不应埋入砂中。

图 5-39　洗砂排水槽断面

图 5-40　快滤池的洗砂排水槽和集水渠

洗砂排水槽的设计要点如下：

1）一般令洗砂排水槽始端深度为末端深度的一半，或槽底采用平坡，始、末两端断面相同。

2）洗砂排水槽总平面面积一般不大于单个滤池面积的 25%。

3）洗砂排水槽排水量：

$$q_0 = q l_0 a_0 \tag{5-61}$$

4）三角形标准断面的末端尺寸：

$$x = \frac{1}{2}\sqrt{\frac{q l_0 a_0}{1000 v}} \tag{5-62}$$

5）槽上沿距砂面高度：

$$He = e H_2 + 2.5 x + \delta + 0.075 \tag{5-63}$$

式中　q——冲洗强度，$L/(s \cdot m^2)$；

l_0——槽长，不大于 6m；

a_0——两槽间的中心距，$1.5 \sim 2.1$m；

v——水平流速，一般采用 0.6m/s；

e——滤层最大膨胀率，一般为 45%；

H_2——滤层厚度，m；

δ——槽底厚度，m；

0.075——槽的超高，m。

6）槽底离集水渠起端水面的高度不小于 $0.05 \sim 0.2$m，因此槽底离集水渠底的高度：

$$H_5 \geqslant 1.73 \sqrt[3]{\frac{1}{g}\left(\frac{qf}{1000b}\right)^2} + 0.2 = 0.81\left(\frac{qf}{1000b}\right)^{2/3} + 0.2 \tag{5-64}$$

式中　q——冲洗强度，$L/(s \cdot m^2)$；

f——滤池面积，m^2；

b——集水渠宽度，一般不小于 0.7m；

g——重力加速度，9.81m/s^2。

（11）集水渠排水管。集水渠如图 5-40 所示，其排水管管径可按下式确定

$$d = \sqrt{\frac{4qf}{1000\pi\mu\sqrt{2gH}}} = \sqrt{\frac{qf}{250\pi\mu\sqrt{2gH}}} \tag{5-65}$$

式中　d——集水渠排水管管径，m；

　　　q——冲洗强度，L/（s·m²）；

　　　μ——流量系数，见表 5-21；

　　　H——集水渠水面至渠底的高度，m；

　　　g——重力加速度，9.81m/s²。

（12）冲洗水。冲洗快滤池的用水，可由高位水箱或专用水泵供给。农村自来水一般都建有水塔，可供给快滤池冲洗用水，不必再另建高位水箱。当水塔距离水厂较远或水厂采取直接用水泵向配水管网供水的方式时，才考虑用水泵冲洗。

1）水塔供水冲洗。由水塔供给冲洗用水时，水箱中水深不宜超过 3m，水箱应在滤池冲洗间歇时间内充满，并应有防止空气进入滤池的措施。水塔容积应按最高日用水量增加 5%。

每次冲洗滤池所需水量：

$$V=\frac{60fqt}{1000} \qquad (5-66)$$

式中　V——每冲洗一次单格滤池所需水量，m³；

　　　f——单格滤池面积，m²；

　　　q——冲洗强度，L/（s·m²）；

　　　t——冲洗时间，min。

普通快滤池的冲洗强度一般采用 12～15L/（s·m²），冲洗时间 5～7min，故 1m² 滤池面积每次冲洗时需要的水量为 3.6～6.3m³。

冲洗快滤池时所需的水压等于水箱底至滤池洗砂排水槽顶之间的水位差，如图 5-41所示。

图 5-41　水塔冲洗

图 5-42　水泵冲洗

$$H=h_1+h_2+h_3+h_4+h_5 \qquad (5-67)$$

式中　H——水箱底高于洗砂排水槽顶的高度，m；

　　　h_1——水塔与滤池间冲洗水管的沿程水头损失及局部水头损失之和，为便于计算，

　　　　　　此值可取 1.0～1.5m；

　　　h_2——配水系统水头损失，m；

　　　h_3——承托层水头损失，m；

h_4——滤料层水头损失，m；

h_5——富余水头，$1.5\sim2.0$m。

为了保证冲洗时水塔向滤池供给所需的水量，要求水塔至滤池之间的冲洗水管具有足够的管径，可用下式进行估计：

$$d=\sqrt{\frac{4Q}{3600\pi\mu\sqrt{2gh}}}=\frac{1}{53}\sqrt{\frac{Q}{\mu\sqrt{2gh}}} \qquad (5-68)$$

式中　d——冲洗水管管径，m；

Q——根据冲洗强度和过滤面积计算出的单格滤池所需冲洗水量，m^3/h；

μ——流量系数，见表 5-21；

g——重力加速度，$9.81m/s^2$；

h——水塔水箱底至滤池底的高度，m。

滤渠设计流速：滤池上各种管渠的流速可按下列范围取值，为留有发展余地，一般不宜取高值。

浑水管（渠）：$0.8\sim1.2$m/s。

清水管（渠）：$1.0\sim1.5$m/s。

冲洗水管（渠）：$2.0\sim2.5$m/s。

排水管（渠）：$1.0\sim1.5$m/s。

【例 5-6】 快滤池面积 $4m^2$，冲洗强度采用 $15L/(s\cdot m^2)$，利用水塔的水箱水冲洗，水箱底与快滤池底的高差为 20m。

冲洗强度 $15L/(s\cdot m^2)$ 即 $54m^3/(h\cdot m^2)$。

$4m^2$ 滤池所需冲洗水量 $=54\times4=216(m^3/h)$。

设流量系数 $\mu=0.67$，则冲洗水管所需管径

$$d=\frac{1}{53}\sqrt{\frac{216}{0.67\sqrt{2\times9.81\times20}}}=0.076(m)=76(mm)$$

采用 75mm 铸铁管作冲洗水管。

2）水泵冲洗。用水泵冲洗时（图 5-42），根据下列算式确定水泵出水量和扬程：

$$Q=3.6qf \qquad (5-69)$$

$$H=H_0+h_1+h_2+h_3+h_4+h_5 \qquad (5-70)$$

式中　Q——水泵出水量，m^3/h；

q——冲洗强度，$L/(s\cdot m^2)$；

f——单格滤池面积，m^2；

H——所需水泵扬程，m；

H_0——洗砂排水槽顶与清水池最低水位差，m；

h_1——清水池至滤池间冲洗水管的沿程和局部水头损失之和，m；

其余符号意义同前。

滤池各种管（渠）流速：快滤池各种管（渠）的流速见表 5-24。

表 5-24 中所列各种管（渠），均采用钢管或铸铁管管材，排水管可用钢筋混凝土管。所有钢制管件、配件均需做好防腐处理。

名　　　称	流速/(m/s)	名　　　称	流速/(m/s)
混水进水管（渠）	0.8～1.2	冲洗水管（渠）	2.0～2.5
过滤水管	1.0～1.5	污水管（渠）	1.0～1.5

【例 5 - 7】　设计一个净产水量 1500m³/d 的农村水厂快滤池，水厂每日工作 16h。

设计水量 $Q=1500\times1.05=1575m^3/d$（包括 5% 水厂自用水量）；滤速采用 $v=8m/h$；冲洗强度 $q=12L/(s\cdot m^2)$；冲洗时间采用 $t=6min$。

（1）滤池面积及尺寸计算。滤池每日工作 16h，滤池总面积

$$F=\frac{Q}{vt}=\frac{1575}{8\times16}=12.3(m^2)$$

采用 2 个正方形滤池，每个滤池面积 $f=\frac{F}{N}=\frac{12.3}{2}=6.15(m^2)$

采用滤池尺寸：$LB=2.5m\times2.5m$，滤池实际面积 $f=6.25m^2$，实际滤速 $v=7.875m/h$。

（2）滤池深度计算。

承托层厚度 H_1 采用 0.45m。

滤料层厚度 H_2 采用 0.80m。

砂面上水深 H_3 采用 1.5m。

超高（干弦）H_4 采用 0.3m。

所以滤池深度

$$H=H_1+H_2+H_3+H_4$$
$$=0.45+0.80+1.5+0.3$$
$$=3.05(m)$$

（3）配水系统计算。

1）干管。

干管流量　　　　　　$q_v=fq=6.25\times12=75(L/s)$

采用管径　　　　　　$d_v=250mm$

干管始端流速　　　　$v_v=1.53m/s$

2）支管。

支管中心间距采用 $a_j=0.20m$

支管数　　　　　　$n_j=2\frac{l}{a_j}=2\times\frac{2}{0.20}=20(根)$

每根支管入口流量　　$q_j=\frac{q_v}{n_j}=\frac{75}{20}=3.75(L/s)$

采用管径　　　　　　$d_j=50mm$

支管始端流速　　　　$v_j=1.9m/s$

3）孔眼布置。支管孔眼总面积占滤池面积的百分数 K 采用 0.25%。

孔眼总面积　$F_k=Kf=0.25\%\times6.25=0.01625(m^2)=16250(mm^2)$

采用孔眼直径　　　　$d_k=10mm$

每个孔眼面积 $\qquad f_k = \dfrac{\pi}{4}d_k^2 = 0.785 \times 10^2 = 78.5(\text{mm}^2)$

孔眼总数 $\qquad N_k = \dfrac{F_k}{f_k} = \dfrac{16250}{78.5} \approx 200$ 个

每根支管上的孔眼数 $\qquad n_k = \dfrac{N_k}{n_j} = \dfrac{200}{20} \approx 10$ 个

支管孔眼布置：设两排，与垂线呈 45°角向下交错排列

每根支管长度 $\qquad l_j = \dfrac{1}{2}(B - d_0) = \dfrac{1}{2}(2.5 - 0.2) = 1.15(\text{m})$

每排孔眼中心距 $\qquad a_k = \dfrac{l_j}{\dfrac{1}{2}n_k} = \dfrac{1.15}{1/2 \times 10} = 0.23(\text{m})$

4）孔眼水头损失。

支管壁厚采用 $\quad \delta = 5\text{mm}$

孔眼直径与壁厚之比 $\dfrac{d_k}{\delta} = \dfrac{10}{5} = 2$，查表 5 – 21 得：

流量系数 $\quad \mu = 0.67$

水头损失 $\qquad h_k = \dfrac{1}{2g}\left(\dfrac{q}{10\mu K}\right)^2$

$$= \dfrac{1}{2g}\left(\dfrac{12}{10 \times 0.67 \times 0.25}\right)^2 = 2.62(\text{m})$$

5）复算配水系统。支管长度与直径之比不大于 60：

$$\dfrac{l_j}{d_j} = \dfrac{115}{5} = 23 < 60$$

孔眼总面积与支管总横截面积之比小于 0.5：

$$\dfrac{F_k}{n_j d_j} = \dfrac{0.01625}{20 \times 0.785 \times (0.05)^2} = 0.414 < 0.5$$

干管横截面积与支管总横截面积之比为 1.75～2.0：

$$\dfrac{d_v}{n_j d_j} = \dfrac{0.785 \times 0.25^2}{20 \times 0.785 \times (0.05)^2} = 1.25$$

（4）洗砂排水槽计算。因滤池面积仅 6.25m²，故采用 1 个排水槽，长度 2.5m，槽居池中央，相当于洗砂排水槽中心距 $a_0 = 2.5\text{m}$

水槽排水量 $\qquad q_0 = q l_0 a_0 = 12 \times 2.5 \times 2.5 = 75(\text{L/s})$

采用三角形标准断面

槽中流速采用 $\qquad v_0 = 0.6\text{m/s}$

排水槽断面尺寸 $\qquad x = \dfrac{1}{2}\sqrt{\dfrac{q_0}{1000v_0}}$

$$= \dfrac{1}{2}\sqrt{\dfrac{75}{1000 \times 0.6}} = 0.18$$

排水槽底厚度采用 $\qquad \delta = 0.05\text{m}$

砂层最大膨胀率 $\qquad e = 45\%$

砂层厚度 $\qquad H_2 = 0.8\text{m}$

洗砂排水槽顶距砂面高度：

$$He = eH_2 + 2.5x + \delta + 0.075$$
$$= 0.45 \times 0.8 + 2.5 \times 0.18 + 0.05 + 0.75$$
$$= 0.94(\text{m})$$

洗砂排水槽平面面积：

$$F_0 = 2xl_0 n_0 = 2 \times 0.18 \times 2.5 \times 1 = 0.90(\text{m}^2)$$

复算洗砂排水槽总平面面积与单个滤池面积之比，一般应小于 25%：

$$\frac{F_0}{f} = \frac{0.90}{6.25} = 14.4\% < 25\%$$

集水渠宽度采用 $\qquad b = 1.0\text{m}$

排水槽底高出集水槽底高度：

$$H_5 = 0.81\left(\frac{qf}{1000b}\right)^{2/3} + 0.2$$
$$= 0.81\sqrt[3]{\left(\frac{12 \times 6.25}{1000 \times 1.0}\right)^2} + 0.2$$
$$= 0.14 + 0.2 = 0.34(\text{m})$$

集水渠排水管管径：

$$d = \sqrt{\frac{qf}{250\pi\mu\sqrt{2gH}}}$$
$$= \sqrt{\frac{12 \times 6.25}{250 \times 3.14 \times 0.67\sqrt{2 \times 9.81 \times 0.14}}} = 0.29(\text{m})$$

采用管径 300mm。

管中流速 $\qquad v = \dfrac{4 \times 0.075}{3.14 \times 0.30^2} = 1.06(\text{m/s})$

（5）滤池进水管计算。

进水流量 $\qquad Q_1 = \dfrac{1575}{16} = 98.4375(\text{m}^3/\text{h})$
$$= 0.0273(\text{m}^3/\text{s})$$

采用进水管直径 $\qquad D_1 = 150\text{mm}$

管中流速 $\qquad v_1 = \dfrac{4Q_1}{\pi D_1^2} = \dfrac{4 \times 0.0273}{3.14 \times 0.15^2} = 1.55(\text{m/s})$

（6）每次冲洗需由水塔供给的水量或冲洗水泵出水量计算。

冲洗时间 $\qquad t = 6\text{min}$

冲洗强度 $\qquad q = 12\text{L}/(\text{s} \cdot \text{m}^2)$

滤池面积 $\qquad F = 6.25\text{m}^2$

故每次冲洗所需水量 $\qquad Q = \dfrac{12 \times 6.25 \times 6 \times 60}{1000} = 27(\text{m}^3)$

如采用水泵冲洗，则水泵出水量

$$Q = \frac{12 \times 6.25 \times 3600}{1000} = 270 (\text{m}^3/\text{h})$$

（7）水塔水箱底至洗砂排水槽顶距离或冲洗水泵扬程的计算。水箱底至滤池配水管间的沿程水头损失及局部水头损失之和，取 $h_1 = 1.5\text{m}$

配水系统水头损失　　　　　　$h_2 = h_k = 2.62\text{m}$

承托层水头损失　　　　　　　$h_3 = 0.022 H_1 q$
$$= 0.022 \times 0.45 \times 12 = 0.12 (\text{m})$$

滤料层水头损失

$$h_4 = \left(\frac{\rho_2}{\rho_1} - 1 \right) (1 - m_0) H_2$$
$$= \left(\frac{2.65}{1} - 1 \right) (1 - 0.41) \times 0.8$$
$$= 1.65 \times 0.59 \times 0.8 = 0.78 (\text{m})$$

富余水头采用　　　　　　　　$h_5 = 2.0\text{m}$

因此，为满足滤池冲洗的要求，水塔水箱底至少应高出洗砂排水槽顶

$$H = h_1 + h_2 + h_3 + h_4 + h_5$$
$$= 1.5 + 2.62 + 0.12 + 0.78 + 2.0 = 7.02 (\text{m})$$

如采用水泵冲洗，并设洗砂排水槽顶与清水池最低水位差 $H_0 = 6.0\text{m}$，则所需水泵扬

$$H = H_0 + h_1 + h_2 + h_3 + h_4 + h_5$$
$$= 6.0 + 7.02 = 13 (\text{m})$$

北京市政设计院编制的《农村给水工程重复使用图集》编有快滤池设计，规模有 $15\text{m}^3/\text{h}$、$30\text{m}^3/\text{h}$、$45\text{m}^3/\text{h}$ 3 种（表 5 - 25），适用于进水浑浊度小于 20 度，出水浑浊度可低于 5 度。滤料采用石英砂，滤速 6～10m/h，冲洗强度 15～18L/(s·m²)。承托层采用卵石或碎石，穿孔管集水。

表 5 - 25　　　　　　　　　　　快　滤　池　选　用　表

	滤池尺寸/m		1.5×1.5	2.0×2.0	2.5×2.5
	过滤面积/m²		2.25	4.00	6.25
净水能力 /(m³/h)	滤速 6m/s		13	23	36
	滤速 8m/s		15	30	45
	滤速 10m/s		21	38	60
冲洗流量 /(m³/h)	冲洗强度 15L/(s·m²)		122	216	338
	冲洗强度 18L/(s·m²)		146	259	405

管道流速：进水管 0.8～1.2m/s，集水管 1.0～1.5m/s，冲洗水管 2.0～2.5m/s，排水管 1.0～1.5m/s。结构为钢筋混凝土矩形池。

2. 接触滤池

接触滤池与普通快滤池相比，具有两个主要特点：

（1）在构造上采用双层滤料，即滤料的上层一般为无烟煤（白煤），下层为石英砂。

图 5-43　单层滤料与双层滤料截污能力比较
(a) 单层滤料；(b) 双层滤料

由于无烟煤密度较小，反冲洗时能借水力筛分将其保持在砂层上面，因此具有孔隙大、含污能力高、出水水质稳定、滤速较高等优点（图5-43）。但无烟煤滤料的选择和加工比较困难，如煤、砂密度和粒径配合不当时两者容易混杂，以致引起水头损失增加，出水量减少，水质不稳定，所以合理选择级配比十分重要。

（2）在工艺上滤前不设絮凝沉淀构筑物，直接将凝聚剂投加于进入滤池前的原水中，滤池同时起着接触、凝聚的作用，而絮凝主要在白煤间隙中完成。

接触滤池适用于处理浑浊度长期低于20度、短期不超过60度的原水。山溪河流水质经常较清，仅汛期含砂量较大，若能采取有效的预处理，亦可采用接触滤池净化。湖泊水和水库水一般含有较多的藻类，采用接触滤池处理时，有时需在过滤前加氯，防止藻类在滤料孔隙中繁殖而造成阻塞。

接触滤池具有低浊度水可一次净化、占地少、基建投资省等优点，但滤池的工作周期较短，且操作管理要求较高，运行时需随时注意原水和出水的水质变化，调节凝聚剂投加量。接触滤池的各项设计数据基本与普通快滤池相同，仅有以下几点需特别列出。

（1）滤速。一般采用 6~8m/h，原水浑浊度高时取下限，反之可取上限。

（2）滤料。

石英砂：$d_{min}=0.5mm$，$d_{max}=1.0mm$，不均匀系数 $K_{80}\leqslant 1.8$，厚度 400~600mm。

无烟煤：$d_{min}=1.2mm$，$d_{max}=1.8mm$，$K_{80}\leqslant 1.5$，厚度 400~600mm。

（3）冲洗强度。冲洗强度一般采用 15~18L/(s·m²)，冲洗时间可采用 6~9min。

（4）滤料层膨胀率。滤料层膨胀率采用 40%~50%。

（5）冲洗前水头损失最大值。冲洗前水头损失最大值一般采用 2.0~2.5m。

（6）滤料层表面以上水深。滤料层表面以上水深一般为 2m。

（7）洗砂排水槽顶距滤层表面高度。

$$H=e_1 H_1+e_2 H_2+2.5x+\delta+0.075$$

式中　H_1——石英砂厚度，m；

　　　H_2——无烟煤厚度，m；

　　　e_1——石英砂膨胀率，%；

　　　e_2——无烟煤膨胀率，%；

　　　x——槽宽的 1/2，m；

　　　δ——槽底厚度，m。

（8）最大无烟煤粒径的选择。根据反冲洗后两种滤料不混杂的要求，最大无烟煤粒径与最小石英砂粒径之比应为

$$\frac{d'_{max}}{d_1}=K\frac{2.65-1}{\gamma-1}$$

式中 d'_{max}——最大无烟煤粒径，mm；

d_1——最小石英砂粒径，mm；

2.65——石英砂相对密度；

γ——无烟煤相对密度；

K——不均匀系数，一般采用 $1.25\sim1.5$。

根据试验，无烟煤相对密度$=1.82$时，上述比值<2，无烟煤相对密度$=1.50$时，上述比值<3.2。

（9）最小无烟煤粒径的选择。最小无烟煤粒径与最小石英砂粒径之比应为

$$\frac{d'_{min}}{d_1} \geqslant 2$$

式中 d'_{min}——最小无烟煤粒径，mm；

d_1——最小石英砂粒径，mm。

（10）对无烟煤滤料的要求。破碎磨损率$\leqslant5\%$，相对密度$1.4\sim1.9$，容重$0.65\sim0.9t/m^3$，孔隙率$50\%\sim55\%$，溶解于水中的有害物质（铅、砷、氟化物、酚等）含量不得超过《生活饮用水水质标准》（GB 5749—2006）。无烟煤在放入滤池前必须先在水中浸泡$2\sim3$天，以除去煤中的松散部分。

接触滤池的冲洗方式与普通快滤池基本相同，冲洗水也由水箱或水泵供给，但冲洗前应使池内水面降至煤层以上约$10\sim20$cm处，然后开始冲洗。冲洗闸门需分两次开启，即先把闸门打开一点，以较小的冲洗强度冲松滤层，直到水中翻起黄色泥浆为止，最后全部打开闸门进行规定冲洗强度的反冲洗。冲洗时应随时观察有无煤粒流失现象发生，冲洗时间应不少于5min。

3. 无阀滤池

无阀滤池按工作条件可分为有重力式和压力式两种，工作原理基本相同，仅构造上有所区别。无阀滤池是我国农村水厂普遍使用的一种新型滤池，在构造上它几乎不用阀门，并可依虹吸原理自动冲洗。其特点是：①滤池运行中全部自动化，不需要经常值班管理；②具有阀件少、材料省、造价低、管理维护简单等优点，缺点是滤池密闭，清砂不方便，压力式需用钢材制作；③滤池的出水口高于滤层，可始终保持正水头过滤，故不会像普通快滤池那样因管理不善而在滤池内造成负压现象。因此，无阀滤池尤其适用于工矿企业、城镇和农村中小型水厂。

（1）重力式无阀滤池。重力式无阀滤池比较适用于农村自来水厂。图5-44为重力式无阀滤池的过滤状态及反冲洗状态。

过滤时原水由进水箱经进水管进入滤池，通过滤层自上而下进行过滤，滤后清水由清水区经通道进入滤池上部的清水箱内贮存。水箱充满后，水从出水管溢流入清水池。滤池刚投入运转时，滤料层较清洁，虹吸上升管内水面与清水箱内水面仅有很小的差异，这就是滤池的初期水头损失，为20cm左右。随着滤料层中杂质的逐渐增多，阻力也逐渐增大，促使虹吸上升管内水位不断升高，以增加滤料层上的过滤水头，使滤池保持等速过滤状态。

当虹吸上升管内的水位升高到虹吸辅助管的管口时，水从辅助管中急速流下，并依靠

图 5-44　重力式无阀滤池

1—进水箱；2—进水管；3—出水管；4—滤料；5—清水箱；6—虹吸上升管；

7—虹吸下降管；8—虹吸辅助管；9—虹吸破坏管；10—排水井；11—通道

水的挟气作用，不断带走虹吸管中的空气，使虹吸管内形成真空，发生虹吸作用，于是清水箱中的水自下而上通过滤层，对滤料进行反冲洗。此时滤池仍在进水，反冲洗开始后，进水和反冲洗污水同时经虹吸上升管、虹吸下降管流入排水井，从水封堰溢流排出。当冲洗水箱内水面下降到虹吸破坏管的管口高度时，空气进入虹吸管而将虹吸作用破坏，反冲洗结束，滤池又进入过滤状态。

根据上述原理，重力式无阀滤池在设计上有以下一些要点：

1) 池体通常设计成一个整体的钢筋混凝土池子，池顶有盖封闭，仅有进水管及虹吸管连通池内。

2) 原水由单独设置的高位进水箱经 U 形管流入密封的过滤箱内。当滤池采用双格组合时，进水箱可兼作配水用，故又称进水分配箱。为使配水均匀，要求两个堰口的标高、厚度、粗糙度尽可能相同。为防止虹吸管工作时因进水中带入空气而可能产生的提前破坏虹吸现象，在滤池冲洗之前，应使进水箱内保持一定水深，一般考虑箱底与滤池冲洗水箱顶平。另外，进水管 U 形存水弯的底部中心标高可放在排水井底标高处。进水管内流速一般采用 0.5～0.7m/s。

3) 滤池系统包括顶盖、浑水区、滤料层、承托层等。顶盖的作用是将冲洗水箱内的清水与滤层上部的待滤水隔开，故要求上下不能漏水。顶盖面与水平面夹角为 10°～15°，以利于反冲洗时将排水汇流至顶部管口，经虹吸管排出。

浑水区高度（不包括顶盖锥体部分高度）一般按反冲洗时滤料层的最大膨胀高度，再适当增加 10cm 安全高度。

滤料层分为单层滤料和双层滤料两种。原水或沉淀池出水浊度常年在 15 度以内，宜采用单层石英砂滤料；原水或沉淀池出水浊度经常超过 20 度（短期不超过 60 度），可采用无烟煤和石英砂双层滤料。滤速一般采用 6～10m/h。滤料粒径及滤料层厚度见表 5-26。

表 5 - 26　　　　　　　　　　　　滤 料 层 规 格

滤　层	滤料名称	粒径/mm	厚度/mm
单层滤料	石英砂	0.5～1.0	700
双层滤料	无烟煤	1.2～1.6	300
	石英砂	0.5～1.0	400

　　承托层材料及组成与配水方式有关。由于冲洗水箱位于滤池顶部，冲洗水头不高，故配水系统均采用小阻力系统。常用的小阻力配水形式有滤板、格栅、尼龙网、滤头等。表 5 - 27 为重力式无阀滤池承托层材料及组成，可参考选用。

表 5 - 27　　　　　　　　重力式无阀滤池承托层材料及组成

配水方式	承托层材料	粒径/mm	厚度/mm
滤板	粗砂	1～2	100
格栅	卵石	1～2	80
		2～4	70
		4～8	70
		8～16	80
尼龙网	卵石	1～2	每层50～100
		2～4	
		4～8	
滤头	粗砂	1～2	100

　　4）冲洗系统包括冲洗水箱、通道、虹吸管、虹吸辅助管、虹吸破坏管、强制冲洗器、冲洗强度调节器、排水井等。

　　冲洗水箱设于滤池顶部。水箱容积按 1 个滤池冲洗 1 次所需的水量确定。

　　通道具有将滤后清水送入冲洗水箱及将冲洗水送入滤池的双重作用，其形式、大小应该满足水头损失和布水均匀的要求。

　　虹吸管一般采用形成虹吸较快的向上锐角布置形式，管口 C 是控制虹吸作用的标高，当虹吸上升管内水位达到虹吸辅助管口 C 时，滤池进入冲洗阶段。C 与冲洗水箱最高水位之间的标高差即等于允许水头损失值。重力式无阀滤池冲洗前的水头损失可采用 1.5m。

　　虹吸辅助管可减少虹吸形成过程中水量流失，加速虹吸形成，当虹吸上升管内水位达到虹吸辅助管口 C 后，水流即自辅助管内垂直下降，流速极高会形成负压，使抽气管抽气加速，虹吸形成。采用此管当水位达到 C 点后，只需 2～4min 即可形成虹吸；否则将达数小时之久。

　　通过虹吸破坏管进入空气，可使虹吸破坏，停止冲洗。虹吸破坏管径不宜过小，以免虹吸破坏不彻底；但管径过大也会因虹吸管的抽吸而造成较多水量流失，一般采用 15～20mm。为延长虹吸破坏管进气时间，使虹吸破坏彻底，在破坏管底部加装虹吸小斗。

　　由于无阀滤池的冲洗是全自动的，有时因管理上的需要，在滤池水头损失未达到最大值时就需要冲洗，此时可使用强制冲洗器，利用快速的压力水流在辅助管内造成负压，通过抽气管的作用形成虹吸。

　　冲洗强度调节器是设置在虹吸下降管口下部的锥形挡板，调整挡板与管口的间距即可控制冲洗强度。

　　排水井除排泄冲洗水外，兼作虹吸下降管口的水封井用，以保证滤池即将冲洗时真空虹吸的形成。

　　重力式无阀滤池冲洗强度宜采用 15L/(s·m²)，冲洗时间 5～6min。

　　重力式无阀滤池已列入《全国通用给水排水标准图集》（图号 S775），供水能力 40～400m³/h，设计依据、适用范围、施工、安装、操作等均备有详细图纸及说明，故本书仅介绍其结构原理及设计要点。表 5-28 为 S775 所列重力式无阀滤池主要尺寸，以供选用。

表 5-28　　　　　　　　　　重力式无阀滤池主要尺寸（S775）

图号		设计产水量 /(m³/h)	滤　池		水　箱		滤池高度 /m	配水箱高度 /m
			格数	每格尺寸 L×B/m	格数	每格尺寸 L×B/ (m×m)		
S775	（一）	40	单	2.1×2.1	单	2.1×4.1	4.37	1.85
	（二）	60	单	2.6×2.6	单	2.6×5.2	4.50	1.85
	（三）	80	双	2.1×2.1	双	2.1×2.1	4.45	1.85
	（四）	120	双	2.6×2.6	单	2.6×2.6	4.50	1.85
	（五）	160	双	2.9×2.9	双	2.9×2.9	4.45	1.85
	（六）	200	双	3.3×3.3	双	3.3×3.3	4.65	1.85
	（七）	240	双	3.6×3.6	双	3.6×3.6	4.65	1.85
	（八）	320	双	4.1×4.1	双	4.1×4.1	4.74	1.85
	（九）	400	双	4.7×4.7	双	4.7×4.7	4.74	1.85

　　1）标准图的适用条件：滤前需经絮凝沉淀或澄清处理，浑浊度应低于 15 度，滤后水的浑浊度可在 5 度以下；地基计算强度为 0.1MPa；适用于抗震烈度 8 度及 8 度以下地区；未考虑防冻，如有冰冻可能，应根据具体情况采取适当措施；本滤池要求前处理构筑物必须保证一定的出水水头，同时要求冲洗时污水向外排泄通畅。

　　2）设计数据：设计水量按净产水量增加 4% 考虑；滤速采用 10m/h；平均冲洗强度采用 15L/(s·m²)，冲洗历时 5min；期终水头损失值采用 1.70m；承托层规格见表 5-29。

表 5-29　　　　　　　　　　　　承 托 层 规 格

砾石粒径 /mm	所有滤板形式		砾石粒径 /mm	所有滤板形式	
	使用孔板网时	使用钢制格栅时		使用孔板网时	使用钢制格栅时
2～4	50	50	8～16	50	70
4～8	50	50	16～25	50	100

（2）压力式无阀滤池。压力式无阀滤池流程简单；当原水浑浊度一般不超过 60mg/L，短期内不超过 100mg/L 时，采用双层接触滤池过滤，可进行一次净化，利用余压将滤后清水送至水塔，省去清水泵站；能操作自动化，独立自成小水厂，管理维护简便，临时性给水也很适宜，适用于小型、分散性的给水工程，农村供水工程尤为适宜。但耗用钢材多，滤料的装卸不方便。

压力式无阀滤池一般为圆筒钢结构，筒顶为 25°圆锥形，筒底为 20°圆锥形，内部压力在 0.2MPa 左右。容器内装有滤料及进水和配水系统。容器外设置各种管道和阀门等，如为便于检修及装料，在筒体上半部设有直径为 500mm 的人孔，顶部设排气阀，底部设放水阀。为使布水均匀，滤池顶部和底部都应分别装设挡水板与配水板，直径为相应进水管和冲洗水管管径的 2.5 倍，如图 5-45（a）所示。

图 5-45 压力式无阀滤池
1—虹吸破坏箱；2—抽气管；3—虹吸下降管；4—辅助虹吸管；5—排水井；6—滤池；
7—水泵；8—加药点；9—底阀；10—吸水管；11—冲洗水箱；12—水塔；
13—出水管反冲水管；14—压力管；15—虹吸上升管

工作原理如图 5-45（b）所示：水泵从水源吸水，混凝剂和消毒剂加在吸水管中，经过水泵叶轮搅拌混合后，经压力管到滤池进行接触过滤，清水经集水系统压入水塔内冲洗水箱，水箱贮满后溢入水塔水柜。随着滤层中杂质的增多，水流所受阻力不断增大，水泵扬程也逐渐提高。此时，虹吸上升管中的水位不断升高，当升至虹吸辅助管上管口时，与重力式无阀滤池的原理相同，滤池开始冲洗。这时水泵通过一套自动装置，自行关闭，停止进水。当冲洗水箱水位降到虹吸破坏管管口时，空气进入虹吸管，虹吸破坏，冲洗结束。水泵又自动启动，滤池投入下一周期运行。

压力式无阀滤池设计要点及标准图的应用：压力式无阀滤池的标准设计供水能力分为 10m³/h、20m³/h、30m³/h、45m³/h 4 种，45m³/h 以上者可多只并列使用。供水压力为 10m。图集编号为 S775。其主要尺寸见表 5-30。滤速采用 10m/h；冲洗强度不小于 15L/(s·m²)；冲洗时间应保证 6min；冲洗前水头损失最大值采用 2.0～2.5m。滤料层与支承层的规格与厚度见表 5-31 和表 5-32。

表 5-30　　　　　　　　　　压力式无阀滤池的主要尺寸表

图集编号		S755			
产水能力/(m³/h)		10	20	30	45
池体	滤池直径	1.2	1.6	2.0	2.4
	滤池总高度/m	3.144	3.310	3.516	3.658
管径/mm	水泵吸水管	70	80	100	125
	水泵压水管	50	70	80	100
	虹吸上升管	100	125	150	200
	虹吸下降管	80	100	125	150
	冲洗、清水合用管	100	125	150	200
	虹吸辅助管	20	25	32	32
	抽气管	20	20	25	25
	虹吸破坏管	15	15	20	20
冲洗流量/(L/s)		17.0	30.3	46.9	67.8
冲洗用水量/m³		6.1	10.9	16.9	24.4
进水水泵型号		2BA—6B	2BA—6A 2BA—6	3BA—9A	3BA—9

表 5-31　　　　　　　　　　滤 料 规 格 与 厚 度

滤料类型	滤料名称	粒径/mm	筛网规格/(目/in)	厚度/m
双层滤料	无烟煤	1.2～1.6	16～12	0.5
	石英砂	0.5～1.0	36～18	0.5

表 5-32　　　　　　　　　　承 托 层 粒 径 与 厚 度

排列	粒径/mm	厚度/m	排列	粒径/mm	厚度/m
自上而下	1～2	50	自上而下	8～16	50
	2～4	50		16～32	100
	4～8	50		32～64	100

　　压力式无阀滤池可由于给水要求、地形条件和滤池构造不同，有不同的布置形式。图 5-45（b）是较常见的一种布置形式，水泵安装在水塔底部，滤池置于室外。

　　4. 虹吸滤池

　　虹吸滤池适用于较大规模的农村给水工程（例如日供水量达到 10000m³/d 以上），具有不需大型闸门，不需冲洗水泵或冲洗水箱，易于自动化操作等优点；但也存在土建结构比较复杂，池深大而单池面积不能过大，冲洗时要浪费一部分水量，采用变水头等速过滤，故出水水质不如降速过滤。设计时应根据供水规模、现场情况，同其他型式的滤池进行经济技术比较，然后确定在净化工艺流程中选用虹吸滤池的合理性。

　　虹吸滤池结构与普通快滤池相比，具有以下一些特点（图 5-46）：

　　（1）虹吸滤池采用真空系统控制进水、排水虹吸管，以代替进水、排水闸门。

I—I

图 5-46 虹吸滤池（单位：mm）

1—进水管；2—出水管；3—排水管；4—出水管；5—人孔；6—进水虹吸管；7—排水虹吸管；8—配水槽；
9—进水槽；10—洗砂排水槽；11—水位接点；12—锅盖板；13—计时水槽；14—钢梯栏杆；15—走道板；
16—出砂孔短管；17—清水堰板槽；18—防涡栅；19—排水渠；20—排水渠水槽

（2）每座滤池由若干格组成，采用小阻力配水系统，利用滤池本身的水量及水头进行冲洗，以代替高位冲洗水箱或水泵。

（3）滤池的总进水量能自动均衡地分配到各单格，当进水量不变时，各格均为恒速过滤。

（4）因滤过水位高于滤层，滤料内不致发生负水头现象。

（5）虹吸滤池平面布置有矩形和圆形两种，但一般都选用矩形。在北方寒冷地区，虹吸滤池需加设保温房屋。在南方非保温地区，为了排水方便，可将进水、排水虹吸管布置在滤池外侧。

（6）进入虹吸滤池原水的浑浊度一般要求在 10 度以下，个别情况可允许达到 15 度。虹吸滤池的滤速、滤料、工作周期、冲洗强度、膨胀率等基本上与普通快滤池相同。

设计要点如下：

（1）虹吸滤池适用的净产水量范围一般为 15000～100000m³/d，故只有供水规模较大的农村水厂方宜选用。

（2）滤池单格面积一般不宜大于 25～30m²。单格面积过小，施工困难，且不经济；单格面积过大，小阻力配水系统冲洗不易均匀。

（3）滤池的分格分组应根据生产规模及运行维护条件，通过技术经济比较确定。通常每座滤池分为 6～8 格。各格清水渠均应隔开，并在连通总清水渠的通路上考虑临时装设盖阀或阀板的措施，以备单格停水检修时使用。

图 5-47 水力自动控制示意图

1—辅助虹吸管；2—抽气管；3—强制破坏阀门；4—破坏管封闭阀门；5—破坏管；6—辅助虹吸管；7—抽气管；8—计时调节阀门；9—破坏管；10—计时水槽；11—强制操作阀门；12—强制辅助虹吸管；13—抽气三通；14—强制辅助虹吸管阀门；15—抽气三通；16—抽气三通；17—抽气管；18—强制破坏及备用抽气阀门

（4）虹吸滤池一般采用小阻力配水系统，为达到配水均匀，水头损失一般控制在 0.2～0.3m。配水系统应有足够的强度，以承担滤料和过滤水头的荷载，且便于施工安装，目前常用的小阻力配水形式有砾石滤板、格栅、平板孔、滤头等。

（5）真空系统：一般均利用滤池内部的水位差通过辅助管形成真空，代替真空泵抽掉进水、排水虹吸管内的空气而形成虹吸。形成时间一般控制在 1～3min。虹吸形成与破坏的操作均可利用水力实现自动控制。

（6）虹吸管按通过的流量确定断面，一般多采用矩形断面，也可用圆形断面。水量较小时可用铸铁管，水量较大时宜用钢板焊制。虹吸管的进出口应采用水封，并有足够的淹没深度，以保证虹吸管正常工作。

（7）进水渠两端应适当加高，使进水渠能向池内溢流。各格间隔墙应较滤池外周壁适当降低，以便于向邻格溢流。

（8）在进行虹吸滤池设计时，应考虑各部分的排空措施。布置抽气管时，可与走道板栏杆结合。为防止排水虹吸管进口端进气，影响排水虹吸管正常工作，可在该管进口端上部设置防涡栅。清水出水堰及排水出水堰应设置活动堰板，以调节冲洗水头。

虹吸滤池与普通快滤池相比，其主要特点是虹吸形成与虹吸破坏均利用水力实现自动控制。虹吸系统工作过程可用水力自动控制示意图（图 5-47）予以说明。

（1）水力自动控制。

1）冲洗形成。在滤池一个滤程的后期，滤池内水位升高，排水辅助虹吸管 6 的进口被淹没，水由辅助虹吸管 6 流到排水渠时，在抽气三通 16 处形成负压，把排水虹吸管内空气不断抽走，排水虹吸管内水位即较快地上升，形成虹吸排水。当排水后，滤池内水位迅速下降，降到接近排水槽上口时，清水即通过配水系统穿过滤层向上流动，开始形成冲洗。

2）停止进水。排水虹吸形成后，滤池内水位迅速下降，当降到进水虹吸破坏管 5 的管口以下后，空气进入进水虹吸管，虹吸被破坏，即停止进水。

3）停止冲洗。排水虹吸管形成虹吸后，滤池内水位下降到计时水槽 10 的上沿时，槽内的水被破坏管 9 吸出，水位下降，经一定时间（可调节阀门 8），破坏管 9 的管口露出，空气进入排水虹吸管，虹吸被破坏，冲洗停止。

4）恢复进水。冲洗停止后，滤池内水位逐渐回升，当水位淹没进水虹吸破坏管 5 的下口时，进气口被封住。由于进水辅助虹吸管 1 及抽气三通 15 的作用，将进水虹吸管内的空气不断抽走，又形成虹吸，从而恢复进水。

（2）强制操作。

1）强制虹吸。每组滤池设一套抽气装置，接到各排水虹吸管的抽气管上，当任一滤池在任何水位的情况下需要冲洗时，只需打开强制辅助虹吸管上的阀门 14 及 11，就可使排水虹吸管形成虹吸，进行冲洗。冲洗停止后应关闭阀门 14 及 11，而进水虹吸在一般情况下都能自动形成虹吸。

如需强制虹吸时，可用胶管临时将强制虹吸与进水虹吸抽气管连通，并同时打开阀门 18 及 3。当进水虹吸形成后，应关闭阀门 18 及 3。

2）强制破坏。打开阀门 3，使进水虹吸破坏。打开阀门 11、18，关闭阀门 14，使排水虹吸破坏。

此外，还设置了冲洗计时调节阀门 8，可用来调节冲洗历时。

3）空池开始运行。向配水槽注水，使进水虹吸管形成水封。关闭阀门 4，进水虹吸管即形成虹吸，开始工作，当滤池正常工作后，再打开阀门 4。

虹吸滤池已列入《全国通用给水排水标准图集》（图号 S773），其主要设计数据如下：

（1）滤速：10m/h。

（2）冲洗强度：15L/(s·m²)（水温 20℃时）。

（3）冲洗水头：1.2m，调节范围 1.75～1.25m。

（4）滤料。单层滤料，石英砂粒径 0.6～1.2mm，厚度 700mm。双层滤料：上层白煤，粒径 1.0～1.8mm，厚度 450mm；下层石英砂，粒径 0.6～1.2mm，厚度 250mm。

在《虹吸滤池》（图号为 S773，北京市市政设计院编制 1977 年）标准图集中，关于滤池结构、施工、安装等均有详细图纸及说明，可直接用于施工。表 5-33 为虹吸滤池标准图集索引，可供选用时参考。

表 5-33　　　　　　　　　　　　　　　　虹吸滤池标准图索引

S773	设计流量 /(m³/h)	格数	每格滤池面积 $l \times b$/(m×m)	每座滤池面积（包括管廊）$L \times B$/(m×m)	S773	设计流量 /(m³/h)	格数	每格滤池面积 $l \times b$/(m×m)	每座滤池面积（包括管廊）$L \times B$/(m×m)
（一）	320	6	3.0×2.0	10.4×6.8	（三）	1000	6	4.5×4.0	13.8×12.8
	430	8		10.4×9.0		1330	8		13.8×17.0
（二）	600	6	3.5×3.0	11.6×9.8	（四）	1800	6	5.5×6.0	16.8×19.0
	800	8		11.6×13.0		2400	8		16.8×25.25

5. 移动冲洗罩滤池

移动冲洗罩滤池为快滤池的一种。它是由许多滤格为一组构成的滤池，利用一个可移动的冲洗罩轮流对各滤格进行冲洗。某滤格的冲洗水来自本组其他滤格的滤后水。它既吸收了虹吸滤池和无阀滤池的优点（如节省阀门、不用冲洗水塔、管理方便），又避免了它们的缺点（如无阀滤池有顶盖，施工和检修不方便，冲洗水箱较高，与滤前处理构筑物高程配合较困难等）。图 5-48 为一座由 24 格组成、双行排列的虹吸式移动罩滤池示意图。滤层上部相互连通，滤池底部配水区也相互连通。所以一座滤池仅有一个进水口和出水口。

图 5-48 移动罩滤池

1—进水管；2—穿孔配水墙；3—消力栅；4—小阻力配水系统的配水井；5—配水系统的配水室；6—出水虹吸中心管；7—出水虹吸管钟罩；8—出水堰；9—出水管；10—冲洗罩；11—排水虹吸管；12—桁车；13—浮筒；14—针型阀；15—抽气管；16—排水渠

过滤时，待滤水由进水管 1 经穿孔配水墙 2 及消力栅 3 进入滤池，通过滤层过滤后由底部配水室 5 流入钟罩式虹吸管的中心管 6。当虹吸中心管内水位上升到管顶且溢流时，带走虹吸管钟罩 7 和中心管间的空气，达到一定真空度时，虹吸形成，滤后水便从钟罩 7

和中心管间的空间流出，经出水堰 8 流入清水池。滤池内水面标高 Z_1 和出水堰上水位标高 Z_2 之差即为过滤水头，一般取 $1.2 \sim 1.5 \mathrm{m}$。

当某一格滤池需冲洗时，冲洗罩 10 由桁车 12 带动移至该滤格上面就位，并封住滤格顶部；同时将排水虹吸管 11 中空气抽出，使之形成虹吸，从而冲洗开始。来自其余滤格的冲洗水经小阻力配水系统的配水室 5 和配水孔 4 进入滤池，穿过承托层冲洗滤料层后，冲洗废水由排水虹吸管 11 排入排水渠 16。出水堰顶水位 Z_2 和排水渠中水封井上的水位 Z_3 之差即为冲洗水头，一般取 $1.0 \sim 1.2 \mathrm{m}$。滤池格数较多时，虽某格滤池在冲洗，但滤池组仍可继续向清水池供水。冲洗完毕，冲洗罩移至下一格，准备对下一格再行冲洗。

冲洗罩是该种滤池的主要组成部分。其移动、定位和密封是滤池正常运行的关键。排水虹吸管的抽气设备可采用水射器或真空泵，也可采用吸水性能良好的低扬程水泵将反冲洗废水直接排出，这种冲洗罩称为泵吸式。浮筒 13 和针形阀 14 用以控制滤速。当滤池出水流量超过进水流量时，池内水位下降，浮筒随之下降，针形阀打开。空气进入虹吸管 7，出水流量随之减少。这样可避免刚冲洗完毕的清洁滤池因滤速过高而引起出水水质恶化。当吸管中真空度增大，出水流量随之增大。

出水虹吸中心管 6 和钟罩 7 的大小决定于流速，一般采用 $0.6 \sim 1.0 \mathrm{m/s}$。管径过大，会使针形阀进气量不足，调节水位作用欠敏感；管径过小，水头损失增大，相应地增大池深。

滤池格数越多，冲洗罩使用效率越高。因此，移动冲洗罩滤池分格数一般不得少于8。对大、中型水厂较为适用。

五、消毒

在生活饮用水的处理过程中，杀灭水中绝大部分细菌，使水的微生物质量满足人类健康要求的技术，称为消毒。在给水工程中，一般水体经过混凝沉淀（或澄清）及过滤，可将大部分细菌及其他有害微生物从水中分离出来，而消毒也并不是把细菌全部消灭，只要求消灭致病微生物。我国生活饮用水水质标准规定，在 $37^{\circ}\mathrm{C}$ 培养 $24\mathrm{h}$ 的水样中，细菌总数不超过 100 个/mL，大肠菌群不超过 3 个/L。因此，水的消毒必须满足以下两个条件：第一，在水进入配水管网前，必须消除水中的病原体；第二，从水进入管网起到用水点以前，必须维持水中消毒剂的持续杀菌作用，以防止可能出现的病原体危害或细菌再度繁殖。

水的消毒方法很多，基本上可分为两类：①化学药剂，主要是氯化法、碘化法和臭氧法等；②物理法，有加热煮沸法、紫外线法、超声波法等。其中，氯化法（液氯、漂白粉、漂粉精、氯胺和次氯酸钠等药剂）消毒效果较好，易购而价廉，所需设备简单；氯在常压下为气体，有很强的氧化能力，加入水中能保持一定量的残余浓度（余氯），具有持续消毒作用，可防止水被再次污染和繁殖细菌，且检测方便。因此，氯化法适用最广泛。

（一）消毒原理

水的消毒是利用消毒剂来完成的。用于农村水厂的消毒剂主要是液氯及氯的化合物。

1. 氯化反应

向水中加氯的处理方法称为氯化。氯与水反应时，一般要产生"氯化反应"，即其中

一个氯原子被氧化成为 Cl^+，另一个氯原子则被还原成 Cl^-，反应方程式为

$$Cl_2 + H_2O \xlongequal{\quad} HOCl + H^+ + Cl^-$$

次氯酸是一种很弱的酸，它进一步电离为

$$HOCl \xlongequal{\quad} H^+ + OCl^-$$

如

$$K_1 = \frac{[H^+] \cdot [OCl^-]}{[HOCl]}$$

则

$$\frac{[OCl^-]}{[HOCl]} = \frac{K_1}{[H^+]}$$

当 $T = 20℃$ 时，$K_1 = 3.3 \times 10^{-8}$。

2. 氯的消毒作用

由方程式可以看出，次氯酸的 HOCl 占次氯酸根 OCl^- 的相对比例取决于温度和 pH 值。当 pH＝7.5、温度＝25℃ 时，HOCl 与 OCl^- 在水中的数量大体相等；当 pH＜7.5 时，次氯酸 HOCl 占优；当 pH＞7.5 时，次氯酸根 OCl^- 占优。

实际上，次氯酸比次氯酸根的消毒能力大得多，例如次氯酸杀死大肠埃希氏菌的能力比次氯酸根大 80～100 倍，因为次氯酸是很小的中性分子，它能扩散到带有负电荷的细菌表面，并穿透细胞壁到细菌体内；而次氯酸根带有负电荷，它难于接近带负电荷的细菌表面，所以杀菌能力比次氯酸差很多。

当水源中有机物的含量主要是氨和氮等化合物时，采用折点加氯的原理，可降低水的色度，除去水的恶臭，消除水中的酚、铁、锰等物质。

在地表水的处理过程中，混凝沉淀（澄清）及过滤两步虽然都去除了一部分细菌，但只有加上消毒，才能达到饮用水的细菌质量标准，所以消毒在水处理过程中起了防止病原体危害的最后屏障作用。

（二）氯消毒方法

1. 消毒方法

我国农村水厂普遍采用氯消毒，即向水中投加液氯、漂白粉、漂粉精或次氯酸钠溶液，也可采用二氧化氯、臭氧等消毒剂和氯胺消毒法。常用氯消毒方法的优缺点见表 5-34。

表 5-34　　　　　　　　　　　常 用 氯 消 毒 方 法

方法	分子式	优 缺 点	适 用 条 件
液氯	Cl_2	优点： (1) 具有余氯的持续消毒作用； (2) 成本较低； (3) 操作简单，投量准确； (4) 不需要庞大的设备。 缺点： (1) 原水有机物含量较高时会产生有机氯化物有害物质； (2) 氯气有毒，使用时需注意安全，防止漏氯	液氯供应方便的地区

方法	分子式	优 缺 点	适 用 条 件
漂白粉	$CaOCl_2$	优点： (1) 具有液氯的持续消毒作用； (2) 投加设备简单； (3) 价格低廉； (4) 漂白粉仅含有效氯 20%～30%； (5) 漂粉精含有效氯 60%～70%。	漂白粉只适用于小型水厂； 漂粉精使用方便，一般在水质突然变坏时临时投加
漂粉精	$Ca(OCl)_2$	缺点： (1) 同液氯，会产生有机氯化物； (2) 易受光、热、潮气作用而分解失效，应注意储存； (3) 漂白粉的溶解及调制不便； (4) 漂白粉含氯量只有 20%～30%，因而用量大，设备容积大	
次氯酸钠	$NaOCl$	优点： (1) 具有余氯的持续消毒作用； (2) 操作简单，比投加液氯安全、方便； (3) 成本虽较液氯高，但比漂白粉低。 缺点： (1) 不能储存，一般需现场制取使用； (2) 设备小，产氯量少，使用受限制； (3) 需耗用一定电能和食盐	适用于小型水厂

2. 加氯点位置

加氯点位置应根据原水水质与净水工艺要求确定。加氯点位置及作用列于表 5-35。

表 5-35　　　　　　　　　　　加 氯 点 位 置 及 作 用

工艺要求	具体位置	适 用 条 件	主 要 作 用
滤前加氯	沉淀池前或取水泵的吸水井内	适宜于水中有机物较多、色度较高、有藻类滋生的水源	(1) 充分杀菌； (2) 提高凝聚沉淀效果； (3) 防止沉淀池底部污泥腐化发臭或构筑物池壁长青苔
滤后加氯	在过滤后流入清水池前的管道中间或清水池入口处	适宜于一般水质的水源； 晚上停水的水厂如余氯消失，应补充加氯	(1) 杀灭残存细菌； (2) 保证出厂的剩余氯
二次加氯	在沉淀池前和滤池后方加氯	当原水水质污染较严重时，宜选此法	既有滤前加氯作用，又有滤后加氯的作用，同时可改善滤池工况
补充加氯	一般选在管网中途	适宜于管网末梢余氯难以保证时	确保管网末梢的剩余氯不低于 0.05mg/L

3. 影响消毒效果的因素

(1) pH 值。氯消毒的有效性随 pH 值而变化，pH 值低时消毒效率高，反之效率低。在同样的水质条件下，欲取得相同的消毒效果，pH 值越高，需氯量越大。

(2) 水温。夏季水温高时，余氯损耗量大，应适当提高清水池的余氯量。当采用氯胺消毒法时，水温越高，消毒效果越好。

（3）水源水质。对于一般的水源水，加氯量用于两部分：一部分用于杀灭水中的细菌和氧化有机物质，这和原水水质有关；另一部分是为了满足《生活饮用水水质标准》中规定的出厂水和管网末梢水余氯要求而投加的氯量。当水源污染比较严重，水中存在氨和氮等有机物时，若采用折点加氯法，其加氯量应增加。

（4）余氯。余氯可分为游离性余氯和化合性余氯。游离性余氯又称为自由氯、活性氯，一般指水中的氯分子 Cl_2，次氯酸 HOCl 与次氯酸离子 OCl^-，其特性是杀菌能力强，但消失也快。化合性余氯是指氯与水中游离氨或有机氨化合后生成的化合物，如一氯胺 NH_2Cl、二氯胺 $NHCl_2$、三氯胺 NCl_3 等，其特性是杀菌能力差，但持续时间长。

（5）加氯量的确定：加氯量指消毒时所需的剂量，包括维持规定的余氯量在内。

加氯量可按下式计算：

$$Q = 0.001 a Q_1$$

式中　　Q——加氯量，kg/h；

　　　　a——最大投氯量，mg/L；

　　　　Q_1——需消毒的水量，m^3/h。

同样条件下，增加投氯量会提高消毒效果，但余氯也不宜过大，否则不仅浪费氯，而且使水呈明显氯味。农村水厂的余氯量及相应加氯量可参考表 5-36。

表 5-36　　　　　　　　　　　　余　氯　及　投　氯　量

水质或管网特征	出厂水余氯量/(mg/L)	相应加氯量/(mg/L)
一般水源	0.3～0.6	0.5～1.0
微污染或管网较长	0.5～1.0	1.0～2.0
个别污染严重水源	按折点加氯法确定	

（三）液氯消毒

氯气是由液氯气化产生的。液氯装在压力容器内，因此使用液氯消毒时经常会遇到有关安全问题。为了确保使用安全，加氯间和加氯设备的设计都要根据氯气的特性来制定。

1. 氯气的特性

（1）氯气是一种有毒的气体，呈黄绿色，在 0℃和 101.325kPa 时每毫升约重 3.2mg，重量约为空气的 2.5 倍，因此当它在室内漏出来后，就会把空气排挤出去，并在室内累积起来。因此设计时一方面要把加氯间与工作间分开，另一方面还要定期从加氯间的下部排气。

（2）液氯极易气化，氯气易溶于水，与水发生水解作用生成次氯酸，并进一步分解成离子。在水的 pH 值呈中性范围，用液氯消毒时，基本上为次氯酸、次氯酸离子和氯离子。

（3）干燥的氯气和液氯对铜、铁、铝和钢都没有腐蚀性，但氯溶液对一般金属腐蚀性都很大，只有金、铂和银不受腐蚀，因此要严防水通过加氯设备进入液氯容器内。玻璃、陶瓷不受氯溶液腐蚀。一般塑料和橡胶与氯溶液接触也会受到腐蚀作用，且容易老化。

（4）液氯均装于压力容器内，出厂时，氯容器里液氯和氯气同时存在，液体和气体的比例随压力而变化。钢瓶内压力和温度存在一定的关系，温度越高，容器内压力越大，所以氯钢瓶在贮藏或搬运过程中温度升高时，就有爆炸的危险。在一般室温条件下，容器内大部分为液氯而小部分为氯气。液氯比氯气重得多（例如在 0℃瓶内压力为 0.27MPa 时，瓶内 1L 氯气重 12.8g，而 1L 液氯重达 1468g），因此容器内氯气在上，液氯在下。用氯容器时注意把出口朝上，保证出来的是氯气，而不是液氯。

2. 使用液氯时的事故处理

当氯钢瓶大量漏氯不能制止时，必须及时处理。小的钢瓶可投入水池或河水中，让氯气溶解于水里，但这种方法会杀死水中的生物；另一种办法是把氯气接到碱性溶液中予以中和，每 100kg 氯约用 125kg 烧碱（氢氧化钠）或消石灰，或 300kg 纯碱（碳酸钠）。烧碱溶液用 30％浓度，消石灰溶液用 10％浓度，纯碱溶液用 25％浓度。在处理事故时，必须戴上防毒面具，保证操作者的绝对安全。

3. 液氯使用过程

在加氯过程中，一般把液氯钢瓶放在磅秤上，由钢瓶重量的变化来推断钢瓶内剩余的氯量。氯的使用过程，即液氯不断变成氯气的过程。液氯变氯气要吸热，所以必须不断给予氯一定的热量。气温较低时，氯从空气中吸收热量有限，液氯气化的量也有限，这时出来的氯气量不够，必须对氯进行加热。氯加热切忌用火烤，也不能使温度升得太高，一般可用 15～25℃温水淋洒氯钢瓶。

4. 设计数据

加氯量应根据试验或相似条件水厂的运行经验，按最大用量确定，应使余氯量符合国家《生活饮用水水质标准》的要求。一般滤前加氯量为 1.0～2.5mg/L，滤后加氯（或地下水加氯）为 0.5～1.5mg/L。管网末梢余氯量应不低于 0.05mg/L。

氯与水的接触时间不小于 30min。采用氯胺消毒法时，接触时间应不小于 2h。

5. 加氯机种类

（1）加氯机。加氯机用于将氯气按需要投加量均匀地加到水中。它的种类较多，常见的加氯机型号、性能和特点见表 5-37。图 5-49 为转子真空加氯机构造示意图。

表 5-37　　　　常用加氯机规格及性能

型号	加氯量/(kg/h)	适用水压/MPa	外形尺寸（长×宽×高)/(mm×mm×mm)	净重/kg	特　点
LS80—3 LS80—4 （转子真空加氯机）	1～5 0.3～3	水射器进水压力不小于 0.25	350×620×150 350×620×150		（1）构造及计量简单，体积较小；（2）可自动调节真空度，防止压力水倒回到氯瓶等；（3）水射器工作压力为 0.5MPa，水压不足时加氯量将减少；（4）大连市自来水公司生产
ZJ—1 ZJ—2 （转子加氯机）	5～45 2～10	水射器进水压力不小于 0.25，加氯点压力不大于 0.1	650×310×1000 550×310×770	40 30	（1）加氯量稳定，控制较准确，水源中断时能自动控制破坏真空，防止压力水倒入氯瓶；（2）本产品价格较高；（3）上海市自来水公司生产

型号	加氯量/(kg/h)	适用水压/MPa	外形尺寸（长×宽×高)/(mm×mm×mm)	净重/kg	特　　点
SDX—1 SDX—2 （随动式加氯机）	0.008~0.5 0.5~1.5	不小于 0.15	380×250×250	5	(1) 加氯机可随水泵开停自动进行加氯； (2) 适于深井泵房的加氯； (3) 北京市自来水公司生产
JSL—73—100~1000	0.1~1.0	工作压力不大于0.4，水射器出口最大压力不大于0.05	222×96×235	3.0	(1) 可用水氯调节阀调节压差，并与氯阀配合进行调整； (2) 有手动和自动两种。自控可适用于闭式定比加氯系统； (3) 济南市自来水公司生产
74 型全玻璃加氯机	0.42~4.16	不小于 0.2	510×320×150	0.6	(1) 可调节加氯量； (2) 加氯机主件由硬质玻璃制作，具有耐腐蚀、构造简单、价格低等特点； (3) 重庆特制玻璃仪器厂生产
MJL—Ⅰ MJL—Ⅱ	0.1~3.0 2~18	水射器进水压力0.2~0.3（进水压力应大于投加点压力0.1以上）	230×180×305 250×180×369	7 7.5	(1) 设有两道止回阀和一道安全阀，可防止突然停水时压力水倒流加氯机和氯瓶； (2) 福建三明市环保净化设备厂生产

图 5-49　转子真空加氯机构造示意　　　　图 5-50　简易加氯设备示意

（2）简易加氯设备。简易加氯设备的原理类似转子真空加氯机，但构造简单，可以自制，适宜于农村小型水厂。图 5-50 为上海郊区某乡水厂所用简易加氯设备的流程示意。

6. 氯瓶

液氯通常储存于钢瓶内。液氯钢瓶外表面应涂有草绿颜色，并在瓶体上标有白色

"氯"字。

液氯钢瓶的规格列举见表 5-38，卧式液氯钢瓶构造示意图如图 5-51 所示。

表 5-38　　　　　　　　　　　　　　　液 氯 钢 瓶 规 格

型　号	最大充氯量 /kg	外形尺寸（外径×高度） /（mm×mm）	瓶自重 /kg	公称压力 /MPa
北京高压气瓶厂产品	44～54	219×1290 219×1350 219×1410 219×1470	52～64	3 （北京气瓶厂）
YL—100	100	350×1335	82.5	2 （常州洪庄机械厂）
YL—500	500	600×1800	246	
YL—1000	1000	800×2020	448	

图 5-51　卧式液氯钢瓶安装位置

（四）漂白粉消毒

漂白粉消毒作用同液氯。市售漂白粉有效氯含量一般为 25%～30%，但由于漂白粉较不稳定，易在光线和空气中发生水解，使有效氯减少，因此设计时有效氯一般按 20%～25% 计。漂白粉的规格与性质见表 5-39。

表 5-39　　　　　　　　　　　　　　　漂白粉的规格与性质

标准号	分子式	有效氯含量	性　质	包装方式
HG1—30—64	漂白粉 $3CaOCl_2 \cdot CaO \cdot 4H_2O$	32%，30%，>28%	白色粉末，具有极强的氯臭，且有毒	50kg 木箱或铁筒装
	漂粉精	>60%	白色粉末	50kg 木箱或铁筒装

1. 漂白粉溶液的配制

（1）在装有漂白粉的溶药缸中加入少量水，调制成无块糊糊状，然后加水搅拌成 10%～15% 的漂白粉溶液，即一包 50kg 的漂白粉需用 400～500kg 水配制。

（2）第 1 次配制后的漂白粉渣仍有 6%～7% 的有效氯，还可用水搅拌 1～2 次继续配制。

（3）将 10%～15% 浓度的漂白粉溶液放入溶液缸（投药缸），再用水调制成 1%～2% 的浓度。

（4）若将漂白粉溶液投加在滤后水中，溶液必须经过 4～24h 澄清；如在泵前加药，则无需澄清即可使用。

（5）漂白粉溶液的每日配制次数不宜多于 3 次。

2. 漂白粉的投加量

（1）漂白粉投加量 $q(\mathrm{kg/d})$ 是根据出厂水余氯要求及漂白粉有效含氯量来计算控制的，一般可按下式计算：

$$q = 0.001 \frac{Qa}{C}$$

式中　　Q——设计水量，$\mathrm{m^3/d}$；

　　　　a——最大加氯量，$\mathrm{mg/L}$；

　　　　C——漂白粉有效含氯量，%，$C = 20\% \sim 25\%$。

（2）调制漂白粉时所用水量 $Q_1(\mathrm{L/s})$ 为

$$Q_1 = \frac{100q}{btn}$$

式中　　n——每日调制次数；

　　　　b——漂白粉溶液百分浓度，%，$b = 1 \sim 2$；

　　　　t——每次调制漂白粉的时间，s。

（3）漂白粉投加量也可以通过推算，如根据水源水质的情况，出厂水余氯需要加氯量为 $2\mathrm{mg/L}$，即每千立方米的水需投加 $2\mathrm{kg}$ 氯，若漂白粉有效氯量为 20%，则可算出每千立方米水需投加漂白粉 $10\mathrm{kg}$，设漂白粉溶液浓度为 1%，则投加漂白粉溶液量为 $1000\mathrm{kg}$（约为 $1\mathrm{m^3}$）。

3. 漂白粉投加的方式和注意事项

（1）漂白粉的投加可分为重力和压力两种方式。漂白粉的重力投加，即将漂白粉溶液投加于水泵吸水管或清水池中；漂白粉的压力投加，即将药液向压力管道投加。漂白粉的重力和压力投加工艺和设备与凝聚剂的投加基本相同。

（2）漂白粉消毒方式在农村给水中应用较多，具有设施简单、投资少、药剂易得等特点；但在漂白粉的投加及使用中应注意以下问题。

1）漂白粉宜储藏在阴凉、干燥和通风良好的地方，且不宜在仓库中储藏过久。

2）要经常检查溶药缸和溶液缸的液位变化是否正常，管道是否通畅，尽量避免由于药渣流入管道而发生的堵塞。

3）尽量做到溶药缸中漂白粉不结块，无结垢，排渣及时清理。如发现管道堵塞或结垢，可用稀盐酸清洗。

（五）次氯酸钠消毒

1. 次氯酸钠消毒特点

（1）次氯酸钠（NaOCl）是一种强氧化剂，在溶液中产生次氯酸离子，通过水解反应生成次氯酸，具有与液氯相同的消毒作用，但其效果不如液氯。

$$\mathrm{NaOCl \longrightarrow Na^+ + OCl^-}$$

$$\mathrm{OCl^- + H^2O = HOCl + OH^-}$$

（2）次氯酸钠所含的有效氯易受日光、温度的影响而分解，所以一般都采用次氯酸钠发生器现场制取，就地投加。此法操作简单，比投加液氯安全、方便，农村给水使用比较广泛。

2. 次氯酸钠发生器

（1）次氯酸钠发生器是利用钛阳极电解食盐水产生次氯酸钠。

$$NaCl + H_2O \longrightarrow NaOCl + H_2 \uparrow$$

（2）次氯酸钠发生器产生的次氯酸钠为淡黄色透明状液体，pH＝9.3～10，含有效氯6～11mg/mL。发生器有效氯产量一般为50～1000g/h。

（3）制取1kg有效氯，耗食盐3～4.5kg，耗电5～10kW·h，其成本较采用漂白粉低。

（4）电解食盐水的浓度以3％～3.5％为宜。

（5）次氯酸钠不宜储存，一般是随制取随投加。

3. 次氯酸钠溶液可采取重力或压力投加

次氯酸钠溶液重力或压力投加工艺和设备与凝聚剂的投加基本相同。

（六）其他消毒剂

为了减少消毒过程中THM（致突变物）的产生，近年来对采用臭氧、二氧化氯或氯胺代替氯消毒剂进行了大量的研究。有关THM以及其他消毒副产物的研究内容极为复杂，其中哪一种消毒剂的副产物潜在危害较小，其答案短期内很难得出。但就这几种消毒剂的消毒功能进行比较，具有直接的实践意义。消毒功能由杀生效率和稳定性两个指标反映出来。杀生效率指消毒剂在pH＝6～9内对同样若干种细菌和病毒灭活的有效性；稳定性则指消毒剂对微生物以外的成分缺乏反应作用，因而是消毒剂在管网中持久性的一个度量。上述4种消毒剂杀生效率的优先次序为：臭氧＞二氧化氯＞氯＞氯胺。而稳定性的优先次序则为：氯胺＞二氧化氯＞氯＞臭氧。

1. 臭氧消毒

水中加臭氧的处理方法称为臭氧化。臭氧化和氯化一样，既起消毒作用，也起氧化作用。用臭氧作消毒剂的水厂，多数均辅以氯或氯胺，以保证管网中有剩余消毒剂存在。在水处理过程中，臭氧也与氯一样，一般是作为最后的消毒剂用。

臭氧都是在现场用空气或纯氧通过臭氧发生器制取。产率分别为1％～3％或2％～6％。臭氧在空气中的浓度为1mg/L时即能嗅出，安全浓度为100mg/L。空气中臭氧浓度达到10^5mg/L时即有致命危险。臭氧密度为空气的1.7倍。臭氧在空气中分解消失的半衰期为12h。在10～30℃内臭氧在水中的溶解度比氧高，约为氧气的13倍，这是指两者的分压相同时说的。但由于它在经臭氧化的空气或纯氧中的浓度很小，产生的分压很小，因而在水中的实际溶解度极小，这就要求臭氧化的空气或纯氧在水中紧密混合和扩散。

饮用水的臭氧投加量一般为0.2～1.5mg/L，计算剂量时一般按空气中的臭氧全部传入水中，但实际能够溶解的臭氧大约只有60％，最多可能略高于90％。臭氧是在接触室中进行混合和扩散的。一般当最小接触时间为4～10min，含有0.4mg/L的剩余臭氧即能达到满意的消毒效果。实践中，当臭氧接触器出水中的臭氧浓度为0.1mg/L时，消毒即已有效。

臭氧可以通过直接的和间接的两种不同途径与水中的物质发生反应。臭氧直接作用于水中物质时，为直接加臭氧于水中。通过中间产物自由基 OH·（表示 OH 带有一未配对电子，因此活性极大）等的途径对水中物质产生的氧化作用，则属于间接的。直接作用所产生的氧化反应有选择性，而且反应较慢；间接作用所产生的氧化无选择性，反应很快。在臭氧化过程中，有机物转化成易降解的小分子并增加了水中的溶解氧，是有利的；但由于也产生羧酸及醛类较不易吸收的极性分子，就成为不利的一面。臭氧还能诱发水中胶体颗粒脱稳，这一作用称为臭氧诱导微粒脱稳。臭氧化能够消除氯化、絮凝和过滤后水中的发霉、泥土和鱼腥等嗅和味。

鉴于上述情况，在水处理过程中采用臭氧化方法，必须在现场结合具体的水质、流程、臭氧化目的以及臭氧化反应器的具体条件进行小型到中型的试验。

臭氧被认为是控制 THM 浓度最好的消毒剂，但臭氧发生器价格昂贵，耗电量大，选用时应慎重。

2. 二氧化氯消毒

我国城市与农村的给水消毒，目前尚无应用二氧化氯者；但据国外资料报道，不少国家已采用二氧化氯（ClO_2）取代液氯作为饮用水的消毒剂。

（1）主要物理性状。二氧化氯是深绿色的气体，气体的相对密度为 2.4，易溶于水，不与水发生化学反应，在水中的溶解度是氯的 5 倍。二氧化氯很容易爆炸，温度提高，暴露在光线下或与某些有机物接触摩擦，都可能引起爆炸。但溶液浓度低于约 10g/L 时，就不致产生足够高的蒸气压力而引起爆炸。一般水处理所用的浓度很少高于 4g/L，投加量为 0.1～5.0mg/L。

（2）二氧化氯的制取。饮用水处理所用的二氧化氯都是由亚氯酸钠制取的。最常用的是用氯与亚氯酸钠溶液混合，反应式如下：

$$2NaClO_2 + Cl_2 == 2ClO_2 + 2NaCl$$

$$NaClO_2 + Cl_2 + OH^- == NaClO_3 + HCl + Cl^-$$

（3）安全防爆措施。凡与氧化剂接触处，均应使用惰性材料。每种药剂应存放于单独的房间，房间内设置监测和报警装置。要求有 ClO_2 制取过程中析出气体的收集和中和的措施。药剂储藏室门外应备有防毒面具。

3. 氯胺消毒

在水中投氯后生成的次氯酸，能与加入的氨（NH_3）作用生成一氯胺或二氯胺，此反应为可逆反应，氯胺仍能水解生成次氯酸。但水解作用缓慢，受氯胺比、水温及 pH 值等影响。

（1）设计要求。

1）采用氯胺消毒法时，必须保持正确的氯与氨的比例。氯与氨的重量比应通过试验确定，一般为 1∶3～1∶6（按纯氯和纯氨计）。

2）在消毒方式上，"先氯后氨"消毒效果好一些，但需较长的接触时间，使灭菌后的剩余氯稳定。

3）采用氯胺消毒法时，消毒剂与水的接触时间不少于 2h。

4）氨的投加可采用液氨、硫酸铵、氯化铵等。液氨为 100％ 的纯氨，可减少硫酸铵造成的设备腐蚀，使用方便，并可节省原材料费用，较为经济。加氨如需加温时，可同加氯一样采用水淋氨瓶。投氨方法与加氯相同，亦可使用加氯机投加。硫酸铵水溶液具有腐蚀性，调制投药系统须采取防腐措施。

（2）加氨间与药库。氨与氯一样，也是具有强烈刺激味的气体，严重时可造成肺部致死。氨在空气中不燃烧，但当含量为13%～27%时可能爆炸，故须采取安全防护措施。

加氨间必须具有通风设施，气态氨比空气轻，故加氨间排气孔应设在最高处，进气孔设在最低处。严禁将氨瓶置于日光下曝晒。

六、特殊水质处理

我国地下水源丰富，其中有不少地下水源含有过量的铁、锰或氟。建设农村给水工程时，有时就会遇到地下水中含有铁、锰或氟的化合物，有时还会遇到地表水遭受微污染问题。这些问题需要采取有别于常规水质处理的方法予以解决，因此下面将分别介绍除铁、除锰、除氟、微污染水源水净化工艺及活性炭吸附技术。

（一）除铁

1. 除铁方法的原理和流程

地下水中所含的铁，一般是以溶解状态的重碳酸低铁形式存在，此时水样无色而透明。一旦与空气接触后，重碳酸低铁便首先分解为氢氧化低铁及二氧化碳：

$$Fe(HCO_3)_2 + 2H_2O \longrightarrow Fe(OH)_2 + 2H_2O + 2CO_2 \uparrow$$

水中二氧化碳完全除尽，则重碳酸低铁可以完全分解。氢氧化低铁与空气中的氧化合，成为胶体的氢氧化铁而沉淀：

$$4Fe(OH)_2 + O_2 + 2H_2O \longrightarrow 4Fe(OH)_3 \downarrow$$

如不采取除铁措施，则水呈浑浊的褐色。

去除地下水中所含重碳酸低铁的方法，就是依据上述原理，首先利用各种曝气设备使地下水充分与空气接触，然后通过石英砂或天然锰砂滤池过滤，这样便可将水中所含的铁除去。实践证明，当原水的pH值大于6.8，含铁量低于10mg/L，铁呈重碳酸低铁状态存在时，曝气-石英砂过滤法除铁效果良好，经处理后的水质可满足生活饮用水水质标准（不超过0.3mg/L）的要求。含铁量较高时，应提高曝气设备的喷水（或淋水）高度和改用天然锰砂作为过滤介质。

如图5-52所示为各种除铁方法的流程。图5-52（a）方法适用于含铁量低于10mg/L的地下水，莲蓬头或喷水管设于快滤池上，原水经淋水或喷洒后，直接落入快滤池中，经过滤后流入清水池。图5-52（b）方法增设一个接触池，一方面延长反应时间，另一方面使形成的一部分氢氧化铁在池中沉淀下来，以减轻快滤池的负担，提高除铁效果，此法适用于处理含铁量高于10mg/L的地下水。图5-52（c）方法中的曝气设备为接触曝气塔，适用的含铁范围较广。

当原水含铁量较高而碱度又较小时，采用单独曝气不能达到除铁要求，此时可采用曝气后投加石灰提高水的pH值的办法，以加速曝气后铁的水解和氧化反应，其流程如图5-52（d）方法所示。

对于含有胶体或有机状态的铁的地表水，需用絮凝沉淀法处理，其工艺流程与常规的地表水处理方法相同。

图 5-52 各种除铁方法流程

2. 曝气装置

曝气装置有很多类型，如跌水、淋水、喷水、射流曝气、板条式曝气塔、接触曝气塔等。跌水曝气因原水水珠过大，接触空气面有限，故效果甚差，一般不宜选用。

（1）淋水装置。

1）莲蓬头的布置。一般要求每 $1.0\sim1.5\text{m}^2$ 集水面积上装设 1 个莲蓬头。

2）淋水密度。一般采用 $1.5\sim3.0\text{m}^3/(\text{m}^2\cdot\text{h})$。

3）莲蓬头安装高度。淋水莲蓬头在集水池水面以上的安装高度应根据原水含铁量而定，见表 5-40。

表 5-40   莲 蓬 头 安 装 高 度

原水中二价铁含量/(mg/L)	安装高度/m	原水中二价铁含量/(mg/L)	安装高度/m
<5	1.5	>10	2.5
5~10	2.0		

图 5-53 淋水莲蓬头尺寸（单位：mm）

4）莲蓬头形式。一般为圆锥形，底为弧形，直径一般为 $200\sim300\text{mm}$，锥形顶夹角为 $45°\sim60°$，孔隙率为 $10\%\sim20\%$，孔眼直径为 $4\sim8\text{mm}$，孔眼流速为 $1.5\sim2.5\text{m/s}$，见图 5-53。

5）莲蓬头出水量计算。

$$Q_1 = 785d^2 v_0 \varphi$$

式中　Q_1——莲蓬头出水量，L/s；

　　　d——莲蓬头直径，m；

　　　v_0——孔眼出水流速，m/s；

　　　φ——莲蓬头的孔隙率，%。

6）一个莲蓬头上孔眼的数目。

$$n = \frac{d^2}{d_0^2} \varphi$$

式中 d_0——小孔直径，m。

7）当莲蓬头直接安装在滤池上面时，莲蓬头的淋水密度应与滤池的滤速相适应。

（2）喷水装置。

1）喷嘴的布置。一般要求每 $10m^2$ 集水面积上装设 4～7 个向上的喷嘴，即每个喷嘴的服务面积为 1.5～2.5m^2，喷嘴口径为 25～40mm。

2）淋水密度。一般采用 $5m^3/(m^2 \cdot h)$。

3）喷嘴处水压。一般不低于 0.07MPa。

4）喷水装置。可露天设置，但寒冷地区宜设在室内。

（3）接触曝气塔。接触曝气塔是使含铁的水通过淋水曝气装置后，再流经数层用网格托住的煤渣、矿渣或焦炭，利用这些多孔性粒料之间的空气使水中的二价铁进一步接触氧化，其构造见图 5-54。

1）接触曝气塔层数：根据原水中二价铁含量而定，见表 5-41。

图 5-54 接触曝气塔

表 5-41 接触曝气塔层数

原水中二价铁含量/(mg/L)	层数	原水中二价铁含量/(mg/L)	层数
<5	3	>10	5
5～10	4		

2）每层填料厚度：300～400mm。

3）两个填料层之间的净距：不少于 600mm，小型接触曝气塔允许减少到 400mm。

4）填料粒径：30～50mm。

5）淋水密度：一般为 5～10$m^3/(m^2 \cdot h)$。

6）填料更换时间一般每年更换一次。

7）曝气效果受季节影响较大。寒冷地区将接触曝气塔设于室内，冬季门窗密闭，如室内二氧化碳不能及时排除，除铁效果将显著降低。

（4）板条式曝气塔。板条层数可采用 4～6 层，层间净距 400～600mm，淋水密度 5～10$m^3/(m^2 \cdot h)$。

（5）射流曝气装置。喷嘴锥顶尖角宜取 15°～25°，喷嘴前端应有长 $0.25d_0$ 的圆柱段（d_0 为喷嘴直径）。混合管为圆柱形，管长为管径的 4～6 倍。喷嘴距混合管入口的距离为喷嘴直径 d_0 的 1～3 倍。空气吸入口应位于喷嘴之后。扩散管的锥顶尖角为 8°～10°。工作水可采用全部、部分原水或其他压力水。

3. 接触池

（1）采用淋水装置和喷水装置时，如需设接触池，则曝气后的水在池内进行铁的氧化过程。接触池容积一般按水在其中停留 30～40min 计算。池内设有隔板，以促进接触反应；池底设有排泥管，以便排除沉淀下来的三价铁和清理池子。

图 5 - 55　除铁石英砂滤池

（2）采用接触曝气塔时，一般不另设接触池，可用塔底的集水池代替，其容积按 $15\sim20\min$ 的水量计算。

4. 过滤设备

（1）石英砂滤池。含铁量小于 $10\mathrm{mg/L}$ 的水经曝气后可通过石英砂滤池过滤（图 5 - 55），这种除铁滤池的滤料层及承托层参数见表 5 - 42。滤速一般采用 $6\sim10\mathrm{m/h}$，冲洗强度 $13\sim15\mathrm{L/(s\cdot m^2)}$，砂层膨胀率 $30\%\sim40\%$，冲洗时间大于 $7\min$，冲洗周期根据水头损失值确定。当水头损失达 $2\sim3\mathrm{m}$ 时需进行冲洗，其工作周期一般为 $8\sim24\mathrm{h}$。

表 5 - 42　　　　　　　除铁石英砂滤池滤料层及承托层参数

项　　目	材　　料	粒径/mm	厚度/mm
滤料层	石英砂	0.5～1.2	800～1200
承托层 （自下而上）	砾石	2～4	50
	砾石	4～8	100
	砾石	8～16	100
	砾石	16～32	应高于配水管孔眼 100mm

（2）天然锰砂滤池。含铁量大于 $10\mathrm{mg/L}$ 而小于 $20\mathrm{mg/L}$ 时，可采用天然锰砂滤池。

天然锰砂的主要成分是二氧化锰，MnO_2 含量在 60% 左右，产于辽宁锦西、湖南湘潭、江西东坪等地，相对密度约为 3.2，具有良好的催化作用，当水的 pH 值大于 5.5 时，能加速两价铁氧化成三价铁的过程，其化学反应式如下：

$$4MnO_2+3O_2\longrightarrow2Mn_2O_7$$

$$Mn_2O_7+6Fe^{2+}+3H_2O\longrightarrow2MnO_2+6Fe^{3+}+6OH^-$$

上述反应中生成的三价铁水解后呈胶体状氢氧化铁分离出来。当 pH 值为 $6.5\sim7.0$ 时，胶体状氢氧化铁形成褐色的絮状物而沉淀，经过锰砂过滤将铁除去：

$$Fe^{3+}+3OH^-\longrightarrow Fe(OH)_3$$

在二价铁氧化成为三价铁的过程中，水中必须保持足够的溶解氧，所以利用天然锰砂除铁时，原水仍需充分曝气。实践证明，利用曝气-天然锰砂过滤法除铁，效果超过曝气-石英砂过滤法 $1\sim2$ 倍。因天然锰砂价格较贵，而当地下水中的重碳酸低铁含量低于 $10\mathrm{mg/L}$ 时，原水经充分曝气后再通过石英砂过滤，同样可以取得良好的除铁效果，所以这种情况不必使用天然锰砂。

天然锰砂滤池的滤料层及承托层参数见表 5 - 43。滤速一般采用 $6\sim10\mathrm{m/h}$，冲洗强度为 $18\mathrm{L/(s\cdot m^2)}$，砂层膨胀率 30%，冲洗时间 $10\sim15\min$。

表 5-43 天然锰砂滤池滤料层及承托层参数

项 目	材 料	粒径/mm	厚度/mm
滤料层	天然锰砂	0.6~1.2	800~1000
承托层 (自下而上)	锰矿石块	2~4	100
	锰矿石块	4~8	100
	卵石或砾石	8~16	100
	卵石或砾石	16~32	应高于配水管孔眼100mm

5. 曝气-石灰过滤法

当原水含铁量较高而碱度较低时，可向经过淋水曝气装置的原水中投加石灰，然后进入反应沉淀池并在池中充分混合 [图 5-52（d）]，以提高水的碱度，加速二氧化碳的释出和促进二价铁的氧化。

石灰投加量可按下式计算：

$$q = 1.27CO_2 + 1.01Fe$$

式中　q——石灰（CaO）投加量，mg/L；

CO_2——原水中游离二氧化碳含量，mg/L；

Fe——原水中铁的含量，mg/L。

石灰需先配制成2%~5%的乳液，输送石灰乳液的管道应便于维护，其管径不得小于25mm，管内流速不应小于0.8m/s。

【例 5-8】 已知地下水铁含量为 4.2mg/L，要求出水含铁量小于 0.3mg/L，水厂供水规模为 $20m^3/h$，试计算除铁设备的尺寸。

因地下水含铁量低于 10mg/L，故原水可先经淋水装置曝气后直接落入石英砂滤池过滤。

采用滤池上装设莲蓬头的淋水装置曝气，莲蓬头直径取 150mm，锥形顶夹角取 45°，孔眼直径取 $d_0 = 5mm$，孔眼流速取 $v_0 = 2m/s$，莲蓬头的孔隙率取 $\varphi = 15\%$，则

一个莲蓬头的孔眼数：

$$n = \frac{d^2}{d_0^2} = \frac{0.15^2}{0.005^2} \times 15\% = 135（个）$$

一个莲蓬头的出水量：

$$Q_1 = 785 d^2 v_0 \varphi$$
$$= 785 \times (0.15)^2 \times 2 \times 15\% = 5.3（L/s）$$
$$= 19（m^3/h）$$

莲蓬头的数量：

$$n' = \frac{Q}{NQ_1} = \frac{20}{1 \times 19} = 1（个）$$

莲蓬头的安装高度按表 5-35 取用 1.5m。

用石英砂滤池除铁时，滤速一般采用 6~10m/h，取 $v = 8m/h$，现水厂设计供水量 $Q = 20m^3/h$，故快滤池面积：

$$A = \frac{Q}{v} = \frac{20}{8} = 2.5 (\mathrm{m^2})$$

滤池采用正方形，尺寸为 1.6m×1.6m。淋水莲蓬头装于滤池中上空。

（二）除锰

铁和锰往往同时存在于地下水中，但多数情况铁的含量高于锰，因而除铁成为主要目标。有些地区地下水含铁量和含锰量都高，这时需采用同时除铁及除锰的措施。还有些地下水锰的含量高于铁的含量，遇到这种情况，则应以除锰为主要目标。

当地下水含铁量较高，锰的含量虽不太高但也超过水质标准时，可使原水先经淋水曝气或喷水曝气装置后，再通过天然锰砂滤池过滤，这样不仅可去除水中的铁，还可除去少量的锰，处理流程如图 5-56（a）所示。

用天然锰砂除锰时的反应与除铁不同：

$$\mathrm{MnO_2 \cdot H_2O + Mn^{2+} + H_2O \longrightarrow MnO_2 \cdot Mn(OH)_2 + 2H^+}$$

锰砂与 $\mathrm{Mn^{2+}}$ 结合生成三氧化二锰（$\mathrm{MnO_2 \cdot MnO}$）后便失去除锰性能，需加入氧化剂再生，使 $\mathrm{MnO_2 \cdot MnO}$ 重新氧化再生成 $\mathrm{MnO_2}$：

$$\mathrm{2MnO_2 \cdot MnO + O_2 \longrightarrow 4MnO_2}$$

通常用氯作氧化剂，因为氯具有较高的氧化还原电位，价钱便宜，同时还有消毒作用。

$$\mathrm{MnO_2 \cdot MnO \cdot H_2O + 2H_2O + Cl_2 \longrightarrow 2MnO_2 \cdot H_2O + 2H^+ + 2Cl^-}$$

氯的用量比为 $\mathrm{Mn^{2+}:Cl_2 = 1:1.3}$，如原水中含有 $\mathrm{NH_4^+}$、$\mathrm{Fe^{2+}}$ 及其他能与氯起作用的物质时，氯的用量应随之增加。

图 5-56　曝气-天然锰砂过滤法除铁、锰流程

当地下水中铁和锰的含量都较高时，若用天然锰砂同时处理铁、锰，由于 $\mathrm{Mn^{2+}}$ 氧化为 $\mathrm{Mn^{4+}}$ 的氧化电势比 $\mathrm{Fe^{2+}}$ 氧化为 $\mathrm{Fe^{3+}}$ 的氧化电势低，铁比锰易于氧化，铁的沉淀物使锰砂滤池降低了除锰效果，所以一般采用二次过滤的方法，即先用曝气及天然锰砂过滤除去原水中的铁，再向已除去铁的水中加氯（强氧化剂），然后第二次通过天然锰砂过滤，将水中的锰除去。这个处理流程如图 5-56（b）所示。

含有大量锰、少量铁的地下水，可采用先曝气，然后加氯，再通过天然锰砂过滤的流程，如图 5-56（c）所示。

（三）除氟

氟是机体生命活动所必需的微量元素之一，但过量氟则产生毒性作用。我国生活饮用

水水质标准规定的氟含量为不超过 1.0mg/L，为此当饮用水源水质含氟量超过 1.0mg/L 时，就必须采取除氟措施。

目前可用于农村给水工程的除氟方法，主要有活性氧化铝吸附过滤法、混凝沉淀法、骨炭吸附过滤法等。

1. 活性氧化铝吸附过滤法

（1）原理与流程。含氟水经活性氧化铝过滤。氧化铝是一种两性物质，等电点约为 pH 值 9.5，当水的 pH 值小于 9.5 时氧化铝吸附阴离子，pH 值大于 9.5 时吸附阳离子，对吸附 F^- 具有相当高的选择性。活性氧化铝吸附容量主要与水的氟含量、pH 值和氧化铝的粒度有关。氟离子浓度高的水，由于能对氧化铝颗粒形成较高的浓度梯度，有利于氟离子进入颗粒内，从而获得高的容量。pH 值约为 5.5 时，氧化铝的吸附速率最大，故获得最佳的吸附容量。

图 5-57　除氟流程示意图
图中 1~11 皆为阀门

活性氧化铝吸附过滤法除氟流程形式有多种，现以图 5-57 为例，水塔流出的高氟水逆向进入滤池底部，经过活性氧化铝滤料，氟离子被活性氧化铝吸附，生成难溶的氟化物而被去除，除氟水从滤池顶部流入清水池。滤料运行一段时间后失效，关闭进水阀 1，用清水反冲洗后，将配制好的硫酸铝再生液（浓度为 1%~2%）从高位再生液池（箱）自上而下通过滤料，这时应关闭反冲洗阀 11，废液排入下水道口，至滤料恢复除氟能力后，重新进行下一周期的运行。再生液除可用硫酸铝配制也可用氢氧化钠配制。

（2）工程实例。河北省盐山县曾庄水厂，用深层地下水作水源，为含氟水，采用活性氧化铝吸附过滤法处理，该工程供水人口约 21500 人，水厂设计供水规模为 1723m³/d。

1）工艺流程：图 5-58 为活性氧化铝除氟工艺流程图。

图 5-58　活性氧化铝除氟实例流程图

2）除氟滤池。除氟滤池采用小颗粒三氧化二铝滤料，固定床，下向流，滤速 7m/h，滤层厚度 1.5m。为了增强活性氧化铝的吸附能力，用 0.1mol/L H_2SO_4 调节滤池进水的 pH 值并控制在 6.0~6.5 范围内。活性氧化铝采用 0.85%~1%NaOH 溶液再生，NaOH 的用量按活性氧化铝吸附量的 10 倍计算。再生废液采用氯化钙处理。

再生除氟滤池运行可分为除氟和再生两个过程。再生过程又分为四个阶段：首次冲洗，再生，二次冲洗，中和。

首次冲洗是指当除氟滤池出水中氟浓度超过规定值时，开始再生过程。首次冲洗的目的是松动滤料，去除吸附过程中积累的氧化铁和其他淤积物。首次冲洗应有一定的冲洗强度，使滤料高度膨胀，膨胀率可采用 30%～100%，冲洗时间 5min。

再生是在首次冲洗、排除除氟滤池存水之后。再生液为浓度 1% 的 NaOH 溶液，经再生循环泵，进入除氟滤池上部的多孔集水管喷出。当溶液淹没滤层时，可打开再生液排放阀，使再生溶液回流到再生液池。再生时间 1h，溶液流量 10～13m³/h。除首次再生外，前半小时使用上一周期剩余的再生液，然后将 50% 的液体打入废液处理池，再补充 50% 的新液，使再生液碱度恢复到 250mg/L，再用循环泵使滤料再生 30min。再生后，除氟滤池的剩余 NaOH 液全部流入再生液储存池。

中和操作的目的是使活性氧化铝恢复吸附能力，通常用硫酸溶液完成中和。中和操作与除氟过程相似，进水 pH 值为 3 左右，不同之处仅在于中和时间为 2h。

经过再生后的活性氧化铝滤池，滤料的吸附性能得到恢复，可重新进入除氟过程，开始一个新的周期。

2. 混凝沉淀法

混凝沉淀法是在高氟水中投加凝聚剂，如三氧化二铝、硫酸铝、明矾、碱式氯化铝等。经混合絮凝形成的絮体吸附水中的氟离子，再经沉淀或过滤而除氟。其流程为泵前投加凝聚剂，水泵混合，静止沉淀，消毒后取上层清水饮用。这种工艺简单方便，工程投资少。但对于含氟量超过 4mg/L 的原水，凝聚剂投加量高达含氟量的 100 倍，且处理效果受到影响。采用这种工艺，混凝时间一般为 5～60min，pH 值控制在 6.5～7.5 之间。

混凝沉淀法除氟，采用变速或间歇沉淀的方式，除氟效果一般较好。如天津塘沽区海洋勘探指挥部，自 1975 年以来，采用间歇沉淀方式除氟，使含氟量 2.8mg/L 的原水降至 0.7mg/L。其操作方法是：每次将 30kg 硫酸铝溶液送入 50m³ 沉淀池中，利用水泵使水循环以获得混合絮凝，然后静置 8～12h，将上清液引至蓄水池供饮用。再如，华北某油田采用碱式氯化铝混凝沉淀除氟工艺，其流程为：泵前投药，水泵混合，沉淀池进水管设于池底，使进水形成旋流，以增加絮凝效果，然后静置沉淀 4～8h，上层清水流入蓄水池，再用水泵送至水塔或用户。沉淀池容积 70m³，池深 2.5m。运行数年来，沉淀效果好，静置 3～4h 即可达到要求。据操作管理人员介绍，采用这种工艺，碱式氯化铝投加量少，絮体大，沉淀速度快，沉淀物少且不易翻起，也不受气候影响。按 F⁻：Al³⁺ ＝1∶9 的比例投加的液态碱式氯化铝为氟的 96 倍。原水含氟量 2.9mg/L，经处理后可降至 0.8mg/L，取得了较好的除氟效果。

总之，对于 4mg/L 以下的含氟水，碱式氯化铝的投加量在 90mg/L 以上，pH 值控制在 6～8，可以得到较为理想的除氟效果。

3. 骨炭吸附过滤工艺

骨炭吸附过滤法即磷酸钙吸附过滤法。骨炭除氟剂又称 BC 除氟剂，是近年发展起来的一种有效、经济、简便的除氟方法。高氟水通过骨炭（羟基磷酸钙）滤料时，骨炭中含有的羟基与水中氟离子进行交换，达到除氟作用。用 1% 的 NaOH 溶液再生，并以石灰处理再生废液。骨炭法与活性氧化铝吸附法的使用操作大体相同，具有价格较便宜，吸附容量较高，接触时间短等优点；但也有机械强度较差，吸附能力衰减快等缺点。

目前采用骨炭吸附除氟工艺的实例不多。天津某镇原水含氟量为 5.8mg/L，采用骨炭除氟工艺如下：

含氟水 → 骨炭除氟过滤器 → 蓄水池 → 水泵抽升至水塔 → 用户

除氟采用重力式过滤器，直径 400mm，每小时出水量 0.7m³。除氟过程实现自动化操作。骨炭的吸附容量达到饱和后，需要停止除氟而进行再生。再生时先用原水反冲洗 5min 左右，再用 1%NaOH 溶液动态再生 2h，流速 0.5～0.7m/h；然后浸泡 42～44h，再以上述流速动态再生 1～2h。再生剂用量为骨炭体积的 4～5 倍。最后用原水反冲洗，使 pH 值接近原水为止。也可用 0.05 当量浓度的盐酸中和，再生后骨炭仍能保持原有的除氟效果，颗粒基本无损耗。

（四）微污染水源水净化工艺

1. 概述

由于工业污染物排放量不断增加，城市生活污水不断排入，以及农业化肥的大量使用，使很多地表水中的氨氮、有机物含量不断增加，传统的常规净化工艺很难将它们去除，使水的气味有令人不快感。加氯消毒时，由于氨氮和有机物的存在，前者可降低氯的消毒效率，后者可与氯形成卤代化合物，因此对降低水中氨氮和有机物含量有重要的实际意义。

生物预处理微污染水源，作为一种新的净化方法，由于其多方面的优点而日益受到重视，国外已有应用实例。国内对此也作了相当深入的研究，目前应用生物预处理微污染原水的形式虽有多种，但基本上都没有超出生物膜的范畴。

大量的研究表明，生物预处理由于具有经济、简便、有效等优点，已成为一个控制饮用水源微污染的有力措施。生物陶粒工艺对原水中的有机物、氨氮、浊度等污染物有良好的去除效果。

2. 生物预处理的作用

微污染原水在水厂加氯之前，先有效地去除水中的三卤甲烷母体，是控制出厂水三卤甲烷含量的基本途径。原水先进行生物预处理，就是仿照自然界自然充氧再生的过程，对微污染原水用人工充氧和培养好氧微生物，在水厂中强化再生水资源的处理方法。

（1）生物预处理是综合的生化作用过程。微污染原水进入生物滤池后，依藉浸没于水下的长满生物膜的填料载体，在足够的曝气充氧条件下，水流与生物膜和氧的不断接触，通过微生物的生物絮凝、吸附、氧化、生物降解和硝化等综合作用，促使水中微污染的有机物、氨氮逐渐去除。

（2）生物絮凝、降解的作用。生物滤池通常使填料挂上生物膜。生物膜一般为土黄色或淡褐色的菌膜，用显微镜观察，可见生物膜中存在大量菌胶团，菌胶团容易吸附原水中的细菌和有机污染物、营养物，发挥生物絮凝作用，活性细菌起生命代谢的主体作用，原生动物能加速生物絮凝过程，并直接代谢水中一些溶解的有机化合物，降低水中的 COD、BOD、TOC、NH_3-N 等浓度。

（3）贫营养微生物的除污染作用。水中微生物出于各项生理活动的需要，必须从其周围环境中摄取有机基质作为营养物，通过微生物体内酶的催化作用产生一系列的生化反应，使微生物获得赖以生长的所需能量，并合成新的细胞物质。微污染原水中的有机质浓度相对于污水来说是很低的，原水低浓度的可生物降解的有机基质能被贫营养性微生物吸收利用，从而获得能量及合成新的细胞物质。由于贫营养性微生物生长速度较慢，因此微污染原水只适合用生物膜法进行生物预处理。

（4）水中氨氮的硝化过程。微污染原水中的氮，以有机氮、氨、亚硝酸盐和硝酸盐形式存在，有机氮通常由生物氮在一定条件下转化为氨：

水中含氮有机物→蛋白质，在微生物和氧的作用下生物降解形成氨：

$$蛋白质 \xrightarrow{蛋白酶} 酞 \xrightarrow{酞酶} 氨基酸 \longrightarrow NH_3$$

氨在亚硝化杆菌和硝化杆菌作用下，被氧硝化为亚硝酸盐和硝酸盐：

$$2NH_3 + 3O_2 \xrightarrow{亚硝化杆菌} 2NO_2^- + 2H^+ + 2H_2O$$

$$2NO_2^- + O_2 \xrightarrow{硝化杆菌} 2NO_3^-$$

3. 生物陶粒滤池

生物陶粒滤料滤池，填料粒径 2～5mm，滤速 3.6～6m/h（水力停留时间 33.3～20min），填料高度 1800mm，气水比 1∶1，水温 5～31℃，一般为下向流滤池。反冲周期7～10 天，反冲方式为气水反冲洗。采用生物陶粒滤料滤池进行预处理，可有效地去除氨氮，去除率可达 90% 以上，若溶解氧不足则会降低氨氮的去除效果，这可能是由于氨氮是小分子物质，易于从水相扩散到生物膜表面，并易于透过生物膜。此法去除有机物的效果相差较大，对高锰酸钾耗氧量的去除率为 10%～30%。据清华大学的试验结果，生物预处理能降低水源水的致突变活性，但一般不能使阳性较高的水变为阴性水，这说明生物滤池对水中的致突变有机物有一定的去除作用。

生物预处理对原水中有机物的降解作用，是由于陶粒载体上附着生长了大量异养菌及自养硝化菌，通过微生物对有机物的作用，一部分有机物被完全氧化成 CO_2，另一部分则被氧化分解成分子量较小、结构更简单的有机物而被去除。

长期以来，由于水源水中有机物的复杂性和分析手段的局限性，使得众多研究停留在表面现象的观察上（如去除率），以及对一些综合水质项目（如用 TOC 代表水中有机物总量等）测定的水平上，所以对此问题尚需深入研究并在工程实践中不断总结提高。

4. 小结

目前，应用于饮用水处理中的生物处理单元大都是生物膜法（生物滤池、生物塔滤、生物流化床和生物接触氧化等），它是自然界生物净化过程的仿生化，其功能相当于生物自净过程的延续和强化。生物膜法易于在反应器内积累较高的生物量，形成较为完整的生物相，因而对营养的利用更具有多样性，能去除多种有机和无机营养（铁、锰和氨氮等）。生物处理和传统工艺形式组合，可有效地补充传统工艺的不足，使水源中易于生物降解的有机物和氨氮等含量降低，大大提高饮用水的生物稳定性，使管网水具有更长的保质期。生物滤池是由慢滤池发展而来的，目前的研究主要是通过改进填料以聚集更大的生物量，改变流态以加速传质，目的是提高滤速，以减少工程费用和占地面积。由于我国目前存在较为普遍的水源污染问题，对饮用水的生物处理给予了高度的重视，并进行了大量的研究工作，但研究主要还停留在中试和小试阶段。生产性试验尚未见报道，而且研究基本上停留在对一些宏观现象的测定和分析。

（五）活性炭吸附

1. 活性炭特性

活性炭有粒状和粉状两种，现介绍如下。

（1）物理性质。活性炭的物理特性主要指孔隙结构及其分布，在活化过程中晶格间生成的孔隙形成各种形状和大小的微细孔，因而构成巨大的吸附表面积，所以吸附能力很强。优质活性炭的比表面积一般在 $1000m^2/g$ 以上，细孔一般总容积可达 $0.6\sim1.18mL/g$，孔径 $1\sim10^4nm$ 细孔分为大孔、过渡孔和微孔，孔的特性列于表 5-44 中。

表 5-44   活 性 炭 细 孔 特 性

孔隙种类	平均孔径/nm	孔容/(mL/g)	表面积占比表面积/%	吸附能力
大孔	100～1000	0.2～0.5	1	小
过渡孔	10～100	0.02～0.1	5 以下	强
微孔	1～10	0.15～0.9	95 以下	有

活性炭的吸附量不仅与比表面积有关，更主要的是与细孔的孔径分布有关。对于液相吸附，大孔主要为吸附质的扩散提供通道，使之扩散到过渡孔与微孔中去，所以吸附质的扩散速度往往受大孔影响。由于水中有机物不但有小分子而且有各种大分子，大分子的吸附主要靠过渡孔，过渡孔又是小分子有机物达到微孔的通道，微孔的表面积占比表面积的95％以上，吸附量主要受微孔支配，因此要根据吸附质的直径与炭的细孔分布情况选择恰当的活性炭。

（2）化学性质。活性炭的吸附能力以物理吸附为主，但也进行一些选择性吸附，这是由于在制造过程中还形成部分表面氧化物基团，使炭具有一定极性所致。例如当制作温度在 $300\sim500℃$ 时，酸性氧化物占优势，这种酸性氧化物在水中离子化时，活性炭就带负电荷，反之碱性氧化物在水中离子化时，活性炭就带正电荷；而制作温度在 $500\sim800℃$ 之间时，活性炭具有两性物质。由测定电位得知，一般活性炭带负电荷，在溶液中呈弱酸性，在 pH 值较低的酸性条件下，吸附较好；反之，在 pH 值较高的碱性条件下，吸附则较差。

（3）吸附速度。活性炭吸附过程是由溶质通过吸附剂颗粒表面水膜而达到吸附剂外面的迁移（膜扩散）、孔道扩散和溶质在吸附剂内表面上的 3 个阶段组成，这些过程呈串联关系，因此其中速度最慢的过程就限制了吸附速度。吸附速度取决于溶质的浓度、吸附剂颗粒的尺寸、吸附剂与水的接触方式。

（4）活性炭的主要性能。部分国产活性炭的主要性能见表 5-45。

表 5-45   部分国产活性炭的主要性能

活性炭名称	原材料	粒径/mm	比表面/(m^2/g)	等温线常数 K_f	等温线常数 $1/n$
8 号炭	煤焦油	1.5～2.0	927	27.8	0.26
5 号炭	煤焦油	<3.0	896	12.9	0.41

活性炭名称	原材料	粒径/mm	比表面/(m²/g)	等温线常数	
				K_f	$1/n$
活化无烟煤	阳泉无烟煤	1～3.5	520	19.2	0.34
15号颗粒炭	木炭、煤焦油	$\phi 3\sim4$		碘值大于22%	
		$L8\sim15$		耐磨强度大于95%	
C-11型触媒炭	杏核	24～40目	1100	耐磨强度大于70%，醋酸吸附量大于500mg/L	
C-21型触媒炭	椰子核	24～40目	1100		
X型吸附炭	杏核桃核	6～14目		苯吸附量约400mg/L	
通化炭	山核桃皮	1～3		堆积密度0.4，孔隙度66%	
辅霉A活性炭		20～40目，最大孔径分布小于20埃	300～400	苯吸收容积0.2～0.3mL/g，干燥失重小于30%	
14号颗粒炭	木炭粉、煤粉煤焦油	$\phi 3\sim4$		堆积密度0.48，孔隙率60%	
		$L4\sim10$			

2. 活性炭的吸附作用

活性炭滤池一般用于去除水中的溶解性有机物，不仅具有吸附作用，在炭滤池内还有生物活动。生物活动体现在活性炭表面形成的生物膜，即这些附着在活性炭表面的细菌形成一薄层厚度不均匀的生物膜。活性炭生物膜中细菌所起的水质处理作用约相当于慢滤池中细菌的作用。生物膜的形成，是水中原有细菌以水中天然有机物为营养物增殖的结果。这些有机物浓度以 TOC 计为 1～10mg/L，主要是为生物膜提供长期需要的有机底物。

活性炭具有吸附和降解两种功能，这些功能是否得到充分利用，取决于有机物的可吸附性和可生物降解性。活性炭滤池中的生物膜对有机物所起的生物降解作用，还要进一步区别成两种情况：当有机物从主体水中扩散到生物膜表面从而得到降解时，属于一般的生物降解；当已吸附的有机物从活性炭内部脱附下来，并扩散通过生物膜内到膜表面得到生物降解时，则称为生物再生，脱附有机物的降解，使原来的活性炭的吸附部位得到恢复，增加了活性炭去除其他可吸附的、但又属于非生物降解有机物的机会，所以称之为"再生"。对于可生物降解的有机物来说，在活性炭滤池中的生物降解总是存在的，加强生物活动有利于这类有机物的去除。但生物再生只能指那些已吸附在活性炭上而又因脱附离开炭的可降解有机物。由于吸附与生物活动间存在的这些有机物错综复杂关系，某一种有机物或有机物的替代参数，在活性炭滤池中的去除效果，只能用该有机物或替代参数在具体操作条件下的试验中得出，而无法加以预测。

选用活性炭吸附作为深度净化工艺，应根据原水水质和净化后的水质要求，必须去除的污染物种类及含量，经活性炭吸附试验或参照水质相似的水厂运行经验，通过技术经济比较后确定。

3. 活性炭滤池

活性炭主要以固定床位置的形式应用，其构造类似快滤池。活性炭滤层的厚度可从 0.2m 到 2m 以上。炭池的下面同样设砾石层和配水系统。活性炭吸附滤池一般都设在快滤池后面，以防止水中悬浮固体物堵塞炭的孔隙结构，影响吸附功能。

设计要点如下：

（1）进入活性炭滤池的进水浊度不宜大于 5 度。

（2）活性炭吸附滤池类似一般滤池，滤速可采用 6～8m/h。

（3）滤料层厚度可根据原水水质、水与活性炭的接触时间确定，农村水厂滤层厚度可为 1000～1200mm。

（4）配水系统应选用小阻力的格网、尼龙网、孔板或大阻力的穿孔管等。

（5）滤层反冲洗膨胀率 30％～50％，反冲洗强度采用 13～15L/(m² · s)，冲洗时间 5～7min。

（6）承托层应根据配水方式，按照快滤池有关规定设计。

4. 工程实例

北京某水厂采用活性炭滤池，设在无烟煤滤料滤池后面。以水库水为水源，工艺流程为混凝、沉淀、过滤、炭滤。

炭滤池选用粒状炭为滤料，外形为柱状，直径 1.5mm，长 2～3mm，炭层厚 1.5m。炭滤池面积为 95.06m²，每池设双格，滤速为 9.22m/h，强制滤速为 9.62m/h，接触时间分别为 9.76min 和 9.36min。冲洗强度为 11～15L/(m² · s)，冲洗周期 7～15d，每次冲洗 7～10min，冲洗膨胀率 20％～40％。

炭滤池配水系统采用单层孔板小阻力配水系统，板上铺砾石垫层 300mm。

原水的嗅阈值为 10～18，带土腥味，经炭滤池吸附后，水的嗅阈值均在 4 以下，无味。

第六章 其他供水工程

第一节 雨水集蓄供水工程

一、雨水集蓄供水工程规划

雨水集蓄利用是缺水山区解决人畜用水困难、进行农作物补充灌溉、促进农业生产稳定、丰产的有效措施。它的实施也为农业结构调整和生态环境建设创造了有利条件。20世纪80年代末以来，我国西北、华北、西南及海岛和沿海地区的雨水集蓄利用，不论在深度和广度上都已经有了迅速的发展，取得了显著的经济效益、社会效益和环境效益。我国实施西部大开发的战略措施和广大缺水山区群众改变贫困面貌的迫切愿望，都要求雨水集蓄供水工程有更大的发展。

（一）总体规划

工程总体规划的任务是根据水利水文规划成果选择集流场地、蓄水形式与规模、灌溉系统布置等。

1. 总体规划原则

总原则是统筹兼顾，合理布局，具体要点包括以下5个方面。

（1）规划应根据当地水资源的承载能力，按照先生活、后生产、再生态的顺序，首先立足解决人畜饮水困难，同时考虑发展节水灌溉，条件许可的要尽量将人畜饮水、农田灌溉、水土保持生态建设及农副产品加工等用水要求统一考虑，以达到充分利用雨水资源和节省投资的目的。

（2）农田灌溉作为第一用水大户要"节"字当头，重点解决好作物的保苗水、保命水和关键水问题。规划的集雨工程除少数水源充足的以外，均应采用节水灌溉技术进行非充分灌溉，不能使用漫灌方法，以免造成水资源的浪费。

（3）实事求是，因地制宜。工程规模宜大则大，宜小则小。工程选型方面优先考虑能够便于利用自然条件（如地形）和当地资源（如建材），努力做到规划的工程技术上科学、合理，经济上最为可行。

（4）注意特点，远近结合。考虑当前农村实行分散经营体制的特点，应采取一家一套独立的雨水蓄积系统和数家联合的系统相结合。对大的集雨节灌系统，应实行统一规划和管理，以节省投资。雨水集蓄是水资源可持续利用的一个重要方面，既要照顾当前的需求和利益，又要考虑长远的发展，因此要做到统一规划、分步实施、先试点后推广。

（5）规划应注意政府指导与市场行为相结合，要有利于推进农业产业结构的优化和调整，进而促使工程建设在一个区域内逐步达到自我支持、自我发展的良好局面。

2. 规划所需的基本资料

所需的基本资料主要包括水文气象、地形、庭院及房屋面积、集流面性质及面积、人口及牲畜数、集雨补灌作物种类及面积、已建成的集雨工程等有关资料。

（1）水文气象资料。水文资料包括工程地点的多年平均降水量，保证率为 50％、75％及 95％的年降水量。工程地点附近有雨量站且资料不少于 10 年时，可收集实测资料并进行统计分析计算。当实测资料不具备或不充分时，可根据当地降水量等值线图进行查算。气象资料包括多年平均蒸发、温度、湿度、风速、日照、无霜期及冻土层厚度等。

（2）地形资料。一般可不要求有地形图，但应有集流面、蓄水设施及灌溉土地 3 者之间的相对高差资料。

（3）集流面资料。对房屋屋面、庭院，计划作为集流面的公路、乡村道路、场院及天然坡面等投影面积进行量测，同时对工程控制范围内已建的雨水集流面性质、面积、蓄水设施的种类、数量及容积进行调查。

（4）需水对象资料。对工程控制范围内的人口、大小牲畜数进行调查，并对今后 10 年内的发展数字作出预测，同时还要对集雨工程拟灌作物的种类、树种及其面积进行调查。

（5）其他资料。当地社会经济状况，建筑材料的数量、分布情况及市场行情，以及交通道路状况等。

3. 规划内容

（1）基本情况分析。简要介绍规划区的降雨资源、地形及集流面条件、社会经济情况等。

（2）提出规划目标及建设集雨工程的必要性和可行性分析。

（3）用水量计算。分析计算出所需灌溉作物的年用水量，有人畜饮水及其他用水项目的还要同时分析计算出其相应用水量，将其加在一起作为集雨工程的全年总用水量。

（4）集流面确定。在水量供需平衡的基础上，选择各类集流面并确定相应的面积。对于西北、华北干旱缺水地区而言，许多地方需要修建人工集流面，其他地区则多选择自然集流面。

（5）蓄水工程规划。确定出蓄水工程的类型、数量及蓄水量。

（6）灌溉工程规划。选择出灌溉方式，制定出灌溉用水制度，有其他用水途径的还应一并做出与其相应的供水方案。

（7）工程建设费用与投资计划以及经济效益评价。

（8）实施措施，包括组织领导、技术支持、资金筹措、劳力安排、工程管理等内容。

（二）集流场规划

1. 规划原则

（1）首先考虑利用现有的集流面，尤其是透水性较弱的表面，如天然坡面、场院、道路路面等。若现有的集流面面积小，不能满足集水量要求时，再考虑修建人工防渗集流面作补充。

（2）生活用水的集流面应尽量先利用屋面，集雨量不够时再考虑使用庭院地面作补充，并最好能够对其进行硬化处理。庭院外的土类集流面和沥青公路路面上收集的雨水，不宜用作生活用水。

（3）修建人工防渗集流面时应优先考虑就地取材，并尽可能地不破坏原有植被，如人均耕地较多的地方可采用土地轮休的办法，用塑膜覆盖部分休闲地作为集流面，第二年该集流面再轮为耕地。

（4）选择集流场时应尽可能和水土保持小流域治理相结合，利用荒山坡地作为集流面，并按设计要求修建沟道截流坝，把水引入蓄水设施。

（5）利用山坡地作为集流场时，要考虑依地势每隔 20～30m 沿等高线布置截流沟。截流沟可采用土渠，坡度宜为 1/30～1/50，且与输水沟连通。输水沟宜垂直于等高线布置，可采用矩形和 U 形素混凝土或砖石砌成。

（6）因地形条件限制，集流场远离蓄水设施时，应考虑修建固定的渠道输水，以确保工程能够长期使用。

（7）集流场与蓄水工程的结合部一般应规划沉沙池。微型集流场（如庭院屋顶接水），如经过硬化防渗处理，使雨水中已无泥沙杂质，也可不设沉淀池，而将雨水直接送入蓄水设施。

（8）考虑工程综合运用，如灌溉结合人畜饮水、发展庭院经济等。

（9）立足当前，着眼长远，统一规划，分期实施。

2. 影响集流场集流效率的主要因素

（1）降雨特性对集流效率的影响。全年降水量的多少及雨强的大小影响到集流效率。随着降雨量和雨强的增加，集流效率也相应增加。在多年平均降水量较小的地区，全年的集流效率也较低。

年平均集流效率（即径流系数）原则上应根据多年降雨系列或选用平水、湿润和干旱典型年的降雨系列进行模拟计算确定。这样做需要有场次降雨资料和各类下垫面集流效率与降雨特性（场次降雨量和降雨强度），以及雨前下垫面湿度、集流面坡度等因素之间关系的试验资料。目前我国已鉴定的科研成果中，仅甘肃省和内蒙古自治区提供了这方面的资料。内蒙古的试验研究提供了年集流效率的数据，见表 6-1。甘肃省根据试验提出了场次集流效率与降雨特性和雨前下垫面湿度之间的相关关系方面的成果。该省还根据代表多年平均降水量为 200～300mm、300～400mm、400～500mm 地区、保证率为 50％、75％和 95％的典型年的次降雨资料计算了 8 种不同材料下垫面的全年集流效率，成果见表 6-2。

表 6-1　　　　　　　　不同降水条件下各种集流面年平均集流效率　　　　　　　　％

降水量/mm	荒坡	硬路面	二合土或三合土	水泥土面	塑膜面
200	0.33	0.39	0.44	0.47	0.52
250	0.3	0.35	0.4	0.42	0.47
300	0.34	0.4	0.45	0.48	0.53
350	0.31	0.36	0.41	0.44	0.48
400	0.34	0.4	0.45	0.48	0.53
450	0.48	0.56	0.64	0.68	0.75

注　本表根据《内蒙古半干旱丘陵山区集雨节水灌溉工程试验示范与推广技术成果报告》表 6-10 中数据换算而得。

表6-2　　　　　不同集流面在不同降水量地区不同典型年全年平均集流效率　　　　　%

多年平均降水量 /mm	保证率	混凝土	水泥瓦	水泥土	塑膜覆砂	机瓦屋面	青瓦屋面	黄土夯实	自然土坡
400~500	50	80	75	53	46	50	40	25	8
	75	79	74	45	45	48	38	23	7
	95	76	69	41	36	39	31	19	6
300~400	50	80	75	52	46	49	40	26	8
	75	78	72	46	41	42	34	21	7
	95	75	67	40	34	37	29	17	5
200~300	50	78	71	47	41	41	34	20	6
	75	75	66	40	34	34	28	17	5
	95	73	62	33	28	30	24	13	4

注　本表摘自《甘肃省雨水集蓄利用工程技术标准》表2。

（2）集流面材料对集流效率的影响。雨水集流的防渗材料有很多种，各地试验结果表明，以混凝土和水泥瓦的集流效率最高，可达70%～80%，因为这类材料吸水率低，在较小的雨量和雨强下即能产生径流；而防渗效率差的土料，一般集流效率在30%以下，其中干旱地区天然松散土料集流面的集流效率甚至只有6%～8%，即使把土层夯实后其集流效率也只是提高到20%左右。

（3）集流面坡度对集流效率的影响。一般来讲，集流面坡度较大，其集流效率也较大，因为坡度较大时可增加流速，从而相应减小降雨过程中坡面水流的厚度，降雨停止后坡面上的滞留水也较少，因而可提高其集流效率。下垫面材料相同，不同坡度对集流效率的影响差别也较大。广西壮族自治区水利厅提供的数据见表6-3。

表6-3　　　　　广西天然坡面集雨效率与多年平均降水量关系

多年平均降雨量/mm	1200	1400	1600	1800
集雨效率	0.35~0.45	0.38~0.5	00.42~0.6	0.46~0.65

（4）集流面前期含水量对集流效率的影响。前次降雨造成集流面含水量高时，本次降雨集流效率就高。下垫面材料不同，这种影响差别也较大，特别是土质集流面，其前期含水量对集流效率的影响更为明显。据甘肃西峰试验，原土夯实地块在前期土壤饱和度达到95%时，集流效率可达80%以上。集流面前期含水量对混凝土下垫面而言则影响很小。

3. 集流场面积的确定

根据水利水文计算确定出年集水量后，可用下式推求集流面积：

$$S = 1000V_P / P_p K_i \tag{6-1}$$

式中　S——集流场面积，m^2；

　　　V_P——设计年集水量，m^3；

　　　P_p——用水保证率 p 时的降水量，mm；

　　　K_i——i 种集流材料的集流效率，当地试验资料缺乏时可根据实际情况参考表6-4选用。

为方便起见，表6-4、表6-5分别列出了集雨节灌和集雨饮水两种主要用途情况下的每立方米集流量所需要对应的集流面面积表，设计时只要已知 V_P 或近似地用规划供水量 w 代替，便可根据当地的多年平均降水量和降水年际变差系数 C_V，直接从表中查出每立方米集流量所需某种集流面的面积，然后乘以 w 或 V_P，即得到该种集流面的面积。

表6-4　　灌溉及家庭养殖用水集流工程每立方米集流量所需集流面面积　　单位：m²

变差系数 C_V	年降水量 /mm	混凝土	水泥瓦	机瓦	手工瓦	土路面场院	良好沥青路面	裸露塑料薄膜	自然土坡
0.20	250	6.2	7.2	11.6	15.5	31.0	6.6	5.5	58.3
	300	5.0	5.7	9.0	12.1	21.5	5.4	4.5	41.3
	350	4.2	4.7	7.2	9.8	15.8	4.5	3.8	30.8
	400	3.6	3.9	6.1	8.1	12.1	3.8	3.3	23.9
	450	3.1	3.4	5.1	6.8	9.6	3.3	2.9	19.0
	500	2.7	2.9	4.2	5.8	7.8	2.9	2.6	15.5
	600	2.2	2.4	3.4	4.6	6.5	2.4	2.1	10.8
	700	1.9	2.0	2.9	3.9	4.6	2.0	1.8	7.9
	800	1.6	1.7	2.4	3.3	3.8	1.7	1.6	6.1
0.25	250	6.5	7.5	12.2	16.3	32.5	7.0	5.7	60.8
	300		6.0	9.5	12.7	22.6	5.6	4.7	43.1
	350	4.4	4.9	7.6	10.2	16.6	4.7	4.0	32.2
	400	3.8	4.1	6.2	8.5	12.7	4.0	3.5	24.9
	450	3.3	3.5	5.2	7.1	10.0	3.5	3.0	19.9
	500	2.9	3.0	4.4	6.1	8.1	3.0	2.7	16.2
	600	2.3	2.5	3.6	4.8	6.0	2.5	2.2	11.3
	700	2.0	2.1	3.0	4.1	4.8	2.1	1.9	8.3
	800	1.7	1.8	2.6	3.5	4.0	1.8	1.7	6.3
0.30	250	6.8	7.9	12.8	17.1	34.2	7.3	6.0	63.8
	300	5.6	6.3	9.9	13.4	23.7	5.9	5.0	45.2
	350	4.6	5.2	8.0	10.8	17.4	5.0	4.2	33.7
	400	4.0	4.3	6.5	8.9	13.4	4.2	3.6	26.1
	450	3.4	3.7	5.4	7.5	10.6	3.7	32.0	20.8
	500	3.0	3.2	4.7	6.4	8.5	3.2	2.8	17.0
	600	2.5	2.6	3.7	5.1	6.3	2.6	2.3	11.8
	700	2.1	2.2	3.2	4.3	5.1	2.2	2.0	8.7
	800	1.8	1.9	2.8	3.6	4.2	1.9	1.7	6.6
0.35	250	7.1	8.2	13.4	17.8	35.7	7.6	6.3	66.8
	300	5.8	6.6	10.4	13.9	24.8	6.2	5.2	47.4
	350	4.8	5.4	8.3	11.2	18.2	5.2	4.4	35.4

变差系数 C_V	年降水量 /mm	混凝土	水泥瓦	机瓦	手工瓦	土路面场院	良好沥青路面	裸露塑料薄膜	自然土坡
0.35	400	4.1	4.5	6.8	9.3	13.9	4.4	3.7	27.4
	450	3.6	3.9	5.7	7.8	11.0	3.8	3.3	21.8
	500	3.1	3.3	4.9	6.7	8.9	3.3	2.9	17.8
	600	2.6	2.8	4.1	5.6	7.2	2.8	2.4	12.4
	700	2.2	2.4	3.5	4.7	5.8	2.4	2.1	9.1
	800	2.0	2.1	3.0	4.1	4.9	2.1	1.8	7.0
0.40	250	7.5	8.7	14.1	18.8	37.7	8.1	6.6	70.6
	300	6.1	6.9	10.9	14.7	26.2	6.5	5.4	50.1
	350	5.1	5.7	8.8	11.9	19.2	5.5	4.6	37.4
	400	4.4	4.8	7.2	9.8	14.7	4.6	4.0	28.9
	450	3.8	4.1	6.0	8.3	11.6	4.0	3.5	23.1
	500	3.3	3.5	5.1	7.1	9.4	3.5	3.1	18.8
	600	2.8	2.9	4.3	5.9	7.6	2.9	2.6	13.1
	700	2.4	2.5	3.7	4.9	6.1	2.5	2.2	9.6
	800	2.1	2.2	3.2	4.3	5.2	2.2	1.9	7.4

表 6－5　　　人畜饮水雨水集流工程每立方米集流量所需集流面面积　　　单位：m²

变差系数 C_V	年降水量 /mm	混凝土	水泥瓦	机瓦	手工瓦	土场院
0.20	250	7.1	8.2	13.3	17.8	35.6
	300	5.8	6.5	10.3	13.9	24.7
	350	4.8	5.4	8.3	11.2	18.1
	400	4.1	4.5	6.8	9.3	13.9
	450	3.6	3.8	5.7	7.8	11.0
	500	3.1	3.3	4.8	6.7	8.9
	600	2.6	2.7	3.9	5.3	6.5
	700	2.2	2.3	3.3	4.4	5.3
	800	1.9	2.0	2.9	3.8	4.4
0.25	250	7.6	8.8	14.3	19.0	38.1
	300	6.2	7.0	11.1	14.9	26.5
	350	5.2		8.9	12.0	19.4
	400	4.4	4.8	7.3	9.9	14.9
	450	3.8	4.1	6.1	8.4	11.8
	500	3.4	3.6	5.2	7.1	9.5
	600	2.7	2.9	4.2	5.7	7.0

续表

变差系数 C_V	年降水量 /mm	混凝土	水泥瓦	机瓦	手工瓦	土场院
0.25	700	2.3	2.5	3.5	4.7	5.7
	800	2.0	2.1	3.1	4.1	4.7
0.30	250	8.3	9.6	15.6	20.8	41.7
	300	6.8	7.7	12.1	16.3	28.9
	350	5.7	6.3	9.7	13.1	21.3
	400	4.8	5.3	8.0	10.9	16.3
	450	4.2	4.5	6.7	9.1	12.9
	500	3.7	3.9	5.7	7.8	10.4
	600	3.0	3.2	4.6	6.2	7.7
	700	2.5	2.7	3.8	5.2	6.2
	800	2.2	2.3	3.4	4.4	5.1
0.35	250	9.1	10.5	17.1	22.8	45.5
	300	7.4	8.4	13.2	17.8	31.6
	350	6.2	6.9	10.6	14.3	23.2
	400	5.3	5.8	8.7	11.9	17.8
	450	4.6	4.9	7.3	10.0	14.0
	500	4.0	4.3	6.2	8.5	11.4
	600	3.3	3.6	5.2	7.1	9.2
	700	2.9	3.0	4.4	5.9	7.4
	800	2.5	2.7	3.9	5.0	6.3
0.40	250	10.0	11.6	18.8	25.1	50.1
	300	8.1	9.2	14.6	19.6	34.8
	350	6.8	7.6	11.7	15.8	25.6
	400	5.8	6.4	9.6	13.1	19.6
	450	5.0	5.4	8.0	11.0	15.5
	500	4.4	4.7	6.8	9.4	12.5
	600	3.7	3.9	5.7	7.8	10.1
	700	3.2	3.4	4.9	6.5	8.1
	800	2.8	2.9	4.3	5.7	6.9

4. 集流面材料的选择

集流面的防渗材料有很多种，如混凝土、瓦（水泥瓦、机瓦、手工青瓦）、天然坡面夯实、塑料薄膜、片（块）石衬砌等，要本着因地制宜、就地取材、集流效率高和工程造价低的原则选用。

（1）混凝土集流面。若当地砂石料丰富，运输距离较近，且不需要较大面积的集流面时，可优先考虑选用混凝土和水泥瓦集流面。这类材料吸水率低，渗水速度慢，渗透系数小，在较小的雨量和雨强下即能产生径流，在全年不同降水量水平下，集雨效率比较稳定，可达到 70%～80%，而且寿命长，集水成本低，施工简单，水质卫生。

设计混凝土集流面时一般应选用 C15 混凝土现浇而制，厚度 3～5cm，横向坡度 1/10～1/50，纵向坡度 1/50～1/100。整个集流面的分块尺寸宜控制在 1.5m×1.5m～2.0m×2.0m 之间，块与块间缝宽 1.0～1.5cm，缝间可填塞浸油沥青砂浆牛皮纸、3 毡 2 油沥青油毡、水泥砂浆或细石混凝土、红胶泥等，具体细部结构如图 6-1 所示。

图 6-1 混凝土集流面伸缩缝示意图

（2）瓦集流面。瓦有水泥瓦、机瓦、手工青瓦等种类。水泥瓦的集雨效率比机瓦和青瓦高出 1.5～2 倍，故应尽量采用水泥瓦做集流面。用于庭院灌溉和人畜生活饮水的要与建房结合起来，按建房要求进行设计施工。一般瓦屋面坡度比为 1/4，也可模拟屋面修建斜土坡，然后铺瓦作为集流面，瓦与瓦之间应搭接良好，屋檐处应设滴水。

（3）片（块）石衬砌集流面。利用片（块）石衬砌坡面作为集流面时，应根据片（块）石的大小和形状采用不同的衬砌方法。片（块）石尺寸较大且形状较规则的，可以水平铺垫，铺垫时要对地基进行翻整处理，翻整厚度以不低于 30cm 为宜，夯实后干容重不小于 1.5t/m³。若片（块）石的尺寸较小，形状也不规则，则应采用竖向按次序砸入地基的方法，其厚度一般不应小于 5cm。

（4）水泥土及原状土集流面。水泥土是仅次于混凝土和水泥瓦的一种集流材料，具有较高的集流效率。水泥土从其材料性能与混凝土比较有较大的差异，但由于其成本较低，所以比较适用于缺少砂石料的地区；相同条件下，原状土夯实比水泥土集流的径流要少，集流效率要低。原因是土壤表面的抗蚀力一般较弱，固结程度差，促使土壤下渗速度加快，下降量增大，因而地表径流就相对减少，集流效率一般都在 30% 以下。

（5）防渗膜布集流面。

若当地人均耕地较多，可采用土地轮休的办法，用防渗膜覆盖部分耕地作为集流面，第二年该集流面转成耕地，再选另一块耕地作为集流面。这些材料集流效率较高，但个别材料寿命较短。

常用的膜布防渗材料有聚乙烯塑料薄膜、聚氯乙烯薄膜、沥青玻璃布油毡、机织防渗布等。

1）聚乙烯薄膜。这种材料集流效率较高，但抗压强度低，易被杂草顶破，影响集流效率。不过，一些高抗压强度塑料薄膜已开发成功，正在进行推广。

2）复合型石油沥青玻璃布油毡。该材料是一种新型的防水材料，具有较高的柔度和耐久力及较强的抗拉、抗老化能力，对温度的变化和地基的变形有很好的适应能力，已广泛应用于库渠防渗和层面处理领域。

3）机织防渗布。机织防渗布是土工合成材料中的一枝奇葩，系采用反滤布涂上聚乙烯或聚氯乙烯薄膜制成，具有独特的理化性能，如高强力、低延伸、高防渗、抗老化、防微生物等，能承受较大的载荷；其顶破强度也很高，能避免施工不小心引起的破损或杂草顶破现象，而且延伸率小；防渗方面，其渗透系数为 10^{-11} cm/s。目前机织防渗布已广泛应用于河堤、江堤、海堤和涵洞隧道、水库、油库、环保废水废物池等防漏工程。

（6）HEC 混合料。HEC 混合料系列土壤固化剂是一种新材料，在三峡、小浪底工地都有用 HEC 建的路面。该材料可固结天然沙质土、粉质土、黏土、粉煤灰、含硫尾矿砂、含泥碎石屑、风化沙和其他工业废渣等，使之产生较高的强度、水稳定性及耐久性。该材料的最大优点是对骨料没有限制，既可作土壤固化剂使用，又可和水泥一样以砂、石碎屑为骨料，按一定比例加水振捣成型，其强度与混凝土近似，因此非常适宜就地取材，从而减少了砂石料的费用，降低了综合造价。

（7）自然土石山体集流面。选择这种形式的集流面一般是对应有较大容积的蓄水工程（如拦沟坝）。这种集流面一般具有面积大、有一定坡度和植被，山体坡面土石固结较好，不易也不必要进行坡面处理，地表汇流效率比土质集流面高，和片（块）石衬砌的集流面相近。这种集流面汇流的最大优势条件是面积大。豫西汝阳、栾川、嵩县等地区近年建造的集雨节灌工程大多采用这种形式的集流面。

5. 集流场的管理、维护与运行

（1）混凝土集流场。修好的混凝土集流场，成型后 7 天内一定要洒水养护，一般应禁止车辆行驶和牲畜践踏。如发现板面膨胀或产生裂缝要及时修补，伸缩缝发现漏水或充填料被损坏要及时灌注、修补。

（2）聚乙烯薄膜集流场。聚乙烯薄膜是最容易受损害的集流场地表防渗处理材料。使用时要严加小心，并一定要和地面除草剂联合应用。聚乙烯薄膜铺好运行时，要严防杂草或其他锐物顶破，发现破洞要立即修补。严禁人和牲畜、车辆进出和践踏，严禁行人扔烟头和其他锐物。要在雨前雨后进行巡视检查。移动式集流面在使用前要注意表面无杂物，使用后收回时要注意铺设薄膜表面有无杂物，以免卷入而刺破薄膜。

（3）沥青玻璃丝油毡集流场。发现破洞和搭接处不严应及时修补，严禁车辆、行人破坏表面，严禁人与牲畜进入场地践踏。在铺设应用时，应将表面滑石粉扫除以免影响水质。

（4）HEC 土集流场。修好后的 HEC 集流场 7 天内人不要进入场地，略加养护即可。此集流场一般不允许车辆行驶和牲畜践踏。注意伸缩缝维护，有漏水现象应及时修补。

6. 集流场的辅助工程

辅助工程按作用可划分为引水、净化、排水 3 种类型。

（1）引水工程。混凝土平顶屋面集流面可四周砌高一砖厚（24cm 或 12cm），然后设一出口接落水管沿外墙直下送入储水体。瓦顶斜面集流面可在房檐滴水下吊一接水槽（半开管），接水槽纵向设置一定坡度，在低的一端接落水管沿外墙直下送入储水体；也可以不吊设接水槽而直接在滴水对应的地面上用混凝土筑一宽浅式弧形断面小渠，接落下的雨水而后送入储水体。采用庭院、屋面两结合集流的，可不单设输水小渠，而由庭院地面直接汇集屋面、院落的雨水而合流入储水体。庭院外的集流面一般都应配置专用引水设施，当集流面积及集流量较小时，可直接选用 20cm×20cm 的混凝土渠、开口 20～30cm 的 U 形渠、砖砌、石砌暗管（渠）和无毒 PVC 塑料管，若集流面积及集流量较大时，应按水力计算方法进行专项设计。当利用公路作为集流面且具有公路排水沟的，集雨专用引水设施可从公路排水沟出口处进行连接，其尺寸按集流量大小确定。

（2）净化工程。净化工程一般由沉沙池和拦污栅组成，对水质要求较高时还可在沉沙池与水窖（或蓄水池）之间加设专用过滤池。

1）沉沙池。沉沙池是水窖（蓄水池）建设中的重要组成部分。在我国北方干旱半干旱地区，水窖（蓄水池）大多以集蓄雨洪径流为主，来水中常常挟带着泥沙，尤其是坡面、沟壑径流含沙量更大。因此，修建沉沙池是必不可少的。

沉沙池为窖（池）前的附属设施，位置选择适当与否直接关系到沉沙效果。布设沉沙池时一般应遵循两个原则：一是沉沙池离窖口（蓄水池边缘）要有 2～3m 的距离，以防止池内渗水造成窖壁坍塌；二是充分利用有利地形沉淀来水中的泥沙。值得注意的是，当利用坡面、沟壑集水，水中含沙量较大时，不宜简单地按来水方向在窖前布设沉沙池。因为水流沿坡面、沟壑直下时流速较大，即使水顺流向而进入沉沙池也难以做到泥沙充分沉淀。针对这种情况，可采取沿等高线大致走向开挖沉淀渠，然后按来水反方向布设沉沙池的办法，这样可使泥沙得到充分沉淀，从而真正发挥沉沙池的作用。

沉沙池形状以矩形为好，按筑池材料的不同可分为土池、水泥砂浆池、砖砌池、浆砌石池和混凝土池，容积大小要根据来水中的泥沙含量和沉沙要求决定，具体计算与施工方法见书中有关内容，此处不作详述。

2）过滤池。过滤池是在对水质要求较高时（如生活饮用）而在沉沙池与水窖（或蓄水池）之间加设的进一步净化设施。

3）拦污栅。无论哪种形式的沉沙池和过滤池，一般都应在其水流入口处设置拦污栅，以防杂草污物进入窖（池）以内。拦污栅的构造形式见后面有关内容。

（3）进排水设施。进排水设施的设计与施工安装办法分别参见有关内容。

（三）蓄水系统规划

1．蓄水设施的形式

蓄水设施一般分为水窖、蓄水池、塘坝、大口井等几种形式。

（1）水窖（窑）。我国中西部干旱半干旱地区地形复杂，荒山、荒沟、荒坡、道路以及庭院等均有收集天然降水的自然条件。选择窖（窑）位置应按照因地制宜的原则，综合考虑窖址的集流、灌溉和建窖土质 3 方面条件，即选择降水后能形成地表径流且有一定集水面积；窖（窑）应选在被灌农田附近，引水、取水都比较方便的位置，山区要充分利用地形高差大的特点尽可能地多建自流灌溉窖；同时窖址应注意选择在土质条件较好的地方，避免在容易形成山洪的沟边、陡坡、陷穴等地点打窖，也不宜把窖打在大树和崖坎附近，一般应要求远离其 5m 以外，窖群之间相互外壁距离不能小于 4m。利用公路作集流面时，水窖远离国道 20m 以外、省道 15m 以外、县乡公路 10m 以外。布设群窖时要注意和一定集雨能力的集流面积相适应，不能太密，以免蓄不上水或蓄不满水而造成浪费。另外对不同土质条件的地区要注意选择与之相适应的窖型结构，如土质密实的黄土、红土地区可选择水泥砂浆薄壁窖，而土质较疏松的轻质土（如砂壤土）地区则布置混凝土窖或浆砌石窖（混凝土盖）。

（2）塘坝。塘坝的主要作用是拦蓄上游小流域内两侧土石山体集流面汇集起来的雨水，选址时应考虑在能够控制设计灌溉范围的前提下，布置在地形上口小肚大、沟道平缓、工程量小、蓄水容积大的地方。坝址注意选在岔口或弯道的下方、跌水的上方，坝体两端坡面没有较大的冲沟，以避免山洪冲击坝身。当地有较充足的土、砂石料时，尽量做到就地取材。坝基必须坐落在坚硬的基岩或不透水的土层上，不能在虚土和乱石堆上筑坝。除此之外，还应考虑并布置好塘坝的溢洪方式和取供水设施，塘坝上游的小流域沟道内要注意配置足够数量的谷坊，以起到拦蓄泥沙、延长塘坝使用寿命的作用。

（3）蓄水池。蓄水池也叫平塘，它的主要作用是蓄存和调节雨水资源，供旱时生产生活需用。常见结构形式有圆形、矩形等。蓄水池水深一般控制2～5m，防渗措施也因其要求不同而异，常用的是浆砌石、水泥砂浆抹面、黏土拍实、土工膜布等。对蓄水池的选址应注意以下5点：

1）建池位置应尽量选在地面较低处，以有利于控制较大的集水面积，但对所灌农田应尽可能做到自流灌溉（一般自流的可高于被灌地面2～3m，用于滴灌、微喷灌的应高出被灌田面5～8m或更高），同时还要重视排水及来水区的水土保持情况，以防池顶漫溢或泥沙入池降低蓄水效能。

2）有小股泉水出露地表的地方，可在其附近选择合适地点修建蓄水池，以起到长蓄短灌的作用。

3）蓄水池的基础应坐落在坚实的土层上，边缘四周距崖坎应保持有至少5m以上的安全距离，且池壁以外4m以内不应有根系发达的树木存在。

4）注意利用有坡度的低凹地点，以减少开挖工程量。

5）注意配置沉沙池等附属设施，以减少泥沙杂质进入池塘。

（4）大口井。大口井是开采利用浅层地下水的一种简易办法，一般多见于山前冲积扇、河漫滩及一级阶地、干枯河床和古河道等地段，需配套动力机械将水抽出地面供农田灌溉或人畜饮用。

（5）人字闸与截潜流。人字闸坝的结构形式主要由人字架、活动挡水面板、基础、翼墙4部分组成。一般由固定钢筋混凝土或型钢人字支撑架和可活动的钢筋混凝土挡水面板而组成可以自由拆装的活动坝，其运行方式为蓄清泄洪，主要作用是通过拦蓄小泉小水资源，调节季节性沟河干旱时的供水量。

截潜流是将水源工程由传统的河岸洼地迁至河内，取水方式由露天改为封闭，且潜伏在河床砂卵石之内，它是低山丘陵干旱缺水地区值得推广且前景广阔的一种新水源工程。

2. 蓄水设施的规划

上述几种蓄水设施在制订规划方案时可以单独选用，也可以多种联用，常见的规划方案有以下5种。

（1）塘坝-水窖结合型。先由塘坝将上游坡面来水蓄积起来，然后通过渠（或管）道输送给水窖，再由水窖转送至田间进行灌溉。这种形式适用于集流场与灌区相距较远、把水窖建在灌区内的工作方式。

（2）塘坝-水池结合型。其工作原理同塘坝-水窖结合型。山丘区采取自然山坡与路面承接雨水，而后通过 2～3m 高的低坝（谷坊）拦截进入引水渠和沉沙池，最后流入蓄水池。

（3）池窖结合型。即先由蓄水池将集流场雨水或泉水蓄积起来，然后通过埋管送至水窖（一窖或多窖）供农田灌溉或人畜饮用。

（4）群窖组合型。常见的组合形式有以下 7 种：

1）梁峁布窖。利用梁脊多有道路的特点，在道路边沟附近的合适地方布设水窖，以拦蓄路面集水。

2）山前台地布窖。在山坡与阶地的结合部布设水窖，以利用后山的扇形汇流，通过沉淀存入窖中。

3）梯田内布排子形水窖。即顺梯田的等高线方向布一排水窖，窖底以暗管串通，在此块梯田的下一块梯田地坎上设暗管直通窖内，使窖水自流出来浇灌下方农田。

4）低洼地内布梅花形水窖。即将若干水窖按梅花形布置成群，群窖之间以暗管连通，然后由中心窖抽水灌溉。

5）井式水窖。丘陵缓坡区土壤入渗率高，雨强小时不易产生地面径流，可按照足够的间距布设井式水窖（即窖体下半部进行防渗处理以确保能够蓄住水，上半部干砌以有利于土壤水渗入窖体）。使用时，配手压机或单相潜水泵，将水抽出地面供人畜饮用或用作灌溉。

6）路边窖。利用各种等级公路良好的路面集水条件和已有的边沟设施，结合地形情况，把窖布设在路界以外的农田内，靠蓄积路面汇流而来的雨水供农田灌溉。

7）庭院窖。利用庭院地面、麦场、屋顶作集雨场，在房前屋后的合适地方建造水窖，供人畜饮用或灌溉附近农田。

（5）塑料大棚和日光温室兼作型。利用塑料大棚或日光温室的棚面作为集流面，可以一面两用。在棚面朝阳一侧修建汇流沟，引水入棚内的蓄水设施，然后通过安装提水设备进行提水而浇灌棚内的瓜果蔬菜等经济作物。对于这种形式，由于棚面面积有限，常常还需要在大棚附近另外再建其他类型的集流设施，以满足大棚和温室作物的需水要求。

以上介绍的几种布置形式只是作为制订集雨灌溉实施方案时的参考，具体修建工程时应当与根据各地的具体情况进行因地制宜的对比论证，选定适合本地特点的工程形式。

二、雨水集蓄供水工程

常用的雨水集蓄工程主要有水窖、蓄水池等几种形式。附属设施主要有沉沙池、过滤池、拦污栅、滤水井、谷坊等。这里做一简单介绍。

（一）水窖

水窖是一种建在地下的埋藏式蓄水工程，与一般开敞式蓄水池相比较具有以下优点：①由于水蓄在地下，夏季水温比较低，水窖口又都装有顶盖，因此容易保持良好的水质；②水窖位于地下并且加盖，可以有效地防止蒸发，减少水量损失；③在土质地区修建水窖所需建筑材料相对较少，一般比修建蓄水池要省钱；④北方地区的水窖在冬季窖内存水时不会结冰，从而不影响正常使用，同时也不会对工程造成破坏。

由于水窖的上述优点，生活用水的蓄水工程以及在我国干旱半干旱的黄土地区，水窖的应用最为普遍。

1. 确定容积

一个集水系统所需水窖的总容积可通过水利水文计算确定，如果集水量较小，可只设1～2个单窖；如果集水量较大，则应规划水窖群以拦蓄来水。单窖的容积主要由地形与土质条件决定，窖（窑）的结构形式则主要取决于地形、土质、用途及经济技术水平等因素。

（1）根据地形、土质条件确定单窖容积。水窖作为农村的地下集水建筑场，其容积大小受当地地形和土质条件的影响与制约。当地土质条件好，土壤质地密实，如红土、黄土区，开挖的水窖容积可适当大一些；而土质较差的地区，如砂土、黄绵土等，若窖体过大则容易造成塌方，有一些地方甚至因土质条件过差则根本就不宜建窖。

（2）按照不同的用途选择窖型结构和容积。农村水窖按用途不同大致可分为两类，一种是用于人畜饮水的，再一种就是用于农田灌溉的。用于人畜饮水的水窖因要求温度尽可能不受地表与气温的影响，所以窖深一般要达到6～8m，甚至更深，从而保持窖水不易变质，供人畜长期饮用。用于农田灌溉的水窖则不受深度的限制。

根据豫西农村的建窖经验，一用于人畜饮水的水窖多选用瓶式和坛式形状，容积一般掌握为30～60m³。农民总结的建窖要领是"丈五三头停"，即窖口口径小（60cm左右）、窖脖长，地面距水面"一丈五"、水面到窖底"一丈五"、水面附近的中腰直径"一丈五"。用于农田灌溉的水窖因一般容积较大，所以窖身和窖口通常都要采取加固措施，以防止土体坍塌。如改进型水泥薄壁窖、盖窖、钢筋混凝土窖，水窖容积一般为60m³以上，有的达100m³左右，汝阳县十八盘乡修建的窑窖容积甚至为200～300m³。窑窖一般适用于土质条件好的自然崖面或可作人工剖理的崖面，先开挖隧道式窑洞，然后在窑顶作防潮处理，最后在窑内建窖或蓄水池以蓄积雨水。

确定单个水窖容积时，除需要考虑以上因素外，还应充分重视当地的经济发展水平及投入能力。水窖容积和结构不同，对建窖造价影响很大；使用的建筑材料及运距不同，对工程投资同样影响很大。一般修建一个50m³的砖拱窖平均需要投资2000元，修建一个200m³的浆砌石窑窖平均需要投资4000元左右。表6-6、表6-7为根据豫西一带的建窖经验提出的单窖容积参考值，供选用。

表6-6　　　　　　　　　　　不同土质适宜建窖的类型及容积

土 质 条 件	适宜建窖类型	建窖容积/m³
土质条件好、质地密实的红土、黄土区	传统土窖	30～40
	改进型水泥薄壁窖	40～50
	窑窖	100以上
土质条件一般的壤质土区	混凝土盖碗窖	50～60
	钢筋混凝土窖	50～60
	砖拱及浆砌石瓶式窖、坛式窖	60以上
土壤质地松散的砂质土区	不宜建窖，可修建蓄水池	

表 6-7　　　　　　　　　　　　　　几种常见水窖结构尺寸参考值

项目名称	容积/m³	窖深/m			各部尺寸/m				窖底厚/cm			窖壁厚/cm	混凝土拱盖厚/cm	窖盖厚/cm
		合计	水窖	旱窖	底径	中径	上口径	窖口高	红胶泥	砂浆	混凝土	水泥砂浆		
水泥砂浆薄壁窖	40	6.5~7.0	4.0	2.5~3.0	3.0	4.0	0.8~1.1	0.3	30	3	10	1.5×2 (1.0×3)	—	8
	50	7.0~7.5	4.8	2.5~3.0	3.2~3.4	4.0	0.8~1.1	0.3	30	3	10	1.5×2 (1.0×3)	—	8
混凝土盖碗窖	50	6.5	5.0	1.4~1.5	3.2	4.0	1.0	0.3	30	3	10	1.5×2 (1.0×3)	6	8
	60	6.7	5.2	1.4~1.5	3.5	4.2	1.0	0.3	30	3	10	1.5×2 (1.0×3)	6	8
素混凝土肋拱盖碗窖	50	6.5	5.0	1.5	3.2	4.0	1.0	0.3	30	3	10	1.5×2 (1.0×3)	6 12~14	8
	60	6.7	5.2	1.5	3.5	4.2	1.0	0.3	30	3	10	1.5×2 (1.0×3)	6 12~14	8
砖拱窖	40	5.7~6.2	4.0~4.5	1.7	3.0	4.0	0.8	0.25	30	3	10	1.5×2 (1.0×3)	15	8
	50	6.7	5.0	1.7	3.2	4.0	0.8	0.25	30	3	10	1.5×2 (1.0×3)	15	8
窑窖	60	6	3.0	1.4	3.0	4.0	0.8	0.3	30	3	10	1.5×2 (1.0×3)		
	80	8	3.5	1.4	3.2	4.2	0.8	0.3	30	3	10	1.5×2 (1.0×3)		
传统土窖	30	6.5~7.4	3.8	3.6	2.6~2.8	3.6	0.6	0.3	30	—	—	红胶泥 4cm	—	木盖
	40	8.0	4	4	3.0	3.0	0.6	0.3	30	—	—	红胶泥 4cm		木盖

（3）根据单窖容积确定窖群数量。单窖容积确定后，即可按照总集水量推求窖群的水窖个数。

$$n = V/(\beta V_d) \tag{6-2}$$

式中　　n——水窖个数；

　　　　V——规划总集水量，m³；

　　　　β——复蓄指数，一般取 $\beta = 1.5 \sim 2$；

　　　　V_d——单窖容水量，m³。

2. 结构设计

水窖按其基本形状的不同可分为瓶式窖、坛式窖、井式窖、盖碗窖、球形窖和窑窖等；按采用的防渗材料不同又可分为胶泥窖、砖拱窖、水泥砂浆抹面窖、混凝土和钢筋混凝土窖、土工膜布防渗窖等，这里主要介绍常见的水泥砂浆薄壁坛式窖、混凝土盖碗窖、素混凝土肋拱盖碗窖、窑窖和砖拱窖5种形式，并对一些地区时兴的混凝土球形薄壳窖、混凝土拱底顶圆柱窖、土窖和井式砖石窖 4 种形式一并予以介绍。

图 6-2 水泥砂浆薄壁窖（单位：cm）

（1）水泥砂浆薄壁坛式窖。

1）窖体组成。窖体结构包括水窖、旱窖、窖口和窖盖 3 部分。结构形状见图 6-2。

该种型体的水窖部分位于窖体下部，形似水缸；旱窖位于窖体上部，由窖口经窖脖子向下逐渐呈圆弧形扩展，至中部直径（缸口）后与水窖部分接合；窖口和窖盖起稳定上部结构的作用，并防止来水冲刷，同时联结提水灌溉设施。

2）结构特点。

a. 结构形状。其旱窖部分一般不超过 3m，水窖部分 4～5m，中径 4m 左右，窖口直径 0.8～1.0m，整体形状近似于"坛式酒瓶"。

b. 防渗处理。分窖壁防渗和窖底防渗两部分。为了使防渗层与窖体土层紧密结合并防止防渗砂浆整体脱落，沿中径以下的水窖部分每隔 1m 在窖壁上沿等高线挖一条宽 5cm、深 8cm 的圈带，在两圈带中间每隔 30cm 打混凝土柱（码眼），呈品字形布设，以增加防渗砂浆与窖壁的连续和整体性。窖底宜做成中间低（20～30cm）、四周高的圆弧形反坡结构，同时底角应加固成圆弧形。在处理窖底时首先要对基础的原状土轻轻夯实，以增强土壤的密实程度，防止底部发生不均匀沉陷。窖底防渗可根据当地材料情况因地制宜选用。一般可分为两种：①胶泥防渗，先将胶泥打碎过筛、浸泡拌捣成面团状，然后分 2 层夯实，厚度 30～40cm，最后用水泥砂浆墁一层，作加固处理；②混凝土防渗，在处理好的窖底土地上浇筑 C19 混凝土，厚度 10～15cm。

3）适用范围。此窖型适宜于土质比较密实的红、黄土地区，对于土质疏松的砂壤土地区和土壤含水量过大地区则不宜采用。

4）主要技术指标。总窖深 7～7.8m，其中水窖深 4.5～5m，底径 3.2～3.4m，中径 3.8～4.0m，旱窖深（含窖脖子）2.5～3.0m，窖口径 1.0～1.2m。窖体由窖口以下 50～80cm 处以圆弧形向下扩展至水窖中径部位，窖台高 30cm。蓄水量 40～50m³。

5）附属设施。附属设施包括进水渠、沉沙池（坑）、拦污栅、进水管（槽）、窖口窖台等。有条件的地方还要设溢流口、排水渠等。

（2）混凝土盖碗窖。混凝土盖碗窖（图 6-3）形状类似盖碗茶具，故取名盖碗窖。此窖型避免了因传统窖型窖脖子过深而带来的打窖取土、提水灌溉及清淤等困难。适宜于土质比较松散的黄土和砂壤土地区。

1）窖体组成。窖体包括水窖、窖盖与窖台两部分。

a. 水窖部分。结构与水泥砂浆薄壁窖基本相同，只是增大了中径尺寸和水窖深度，

图6-3　混凝土盖碗窖（单位：cm）

增加了蓄水量。

b. 混凝土帽盖。为薄壳型钢筋混凝土拱盖，在修整好的土模上现浇成型，施工简便。帽盖上布设圈梁、进水管、窖口和窖台。混凝土帽盖布设少量钢筋铅丝，形同蜘蛛网状。（图6-4）。

图6-4　混凝土帽盖窖铅丝网平面图（单位：cm）

2）结构特点。

a. 帽盖为拱式薄壳型。矢高1.4～1.5m，球台直径4.2m。矢高与球台直径的比值（即矢跨比）为0.31～0.33。壁厚6cm，为整体浇筑，铅丝网起联结加固作用。

b. 圈梁与帽盖为一整体，紧扣在窖壁四周土体上，稳定性好。

c. 帽盖在土模上现浇，施工简便，质量有保证。

d. 帽盖以下水窖为水缸形，没有旱窖的倒坡土体部分，窖体稳定性好，避免了窖体内土体塌方和施工不安全因素。

3）适用范围。此窖型适宜于土质比较松软的黄土和砂石壤土地区。打窖取土、提水灌溉和清淤等都比较方便，质量也比较可靠，使用寿命较长，但投资相对较高。

4）主要技术指标。总窖深 6.5m（不含窖底防渗部分厚度）。其中窖体深 5～5.5m，底径 3.2～3.4m，中径 4.2m，帽盖高（即旱窖部分）1.4～1.5m，窖口径 1.0m。蓄水量 60m³。

5）附属设施。附属设施与水泥砂浆薄壁窖相同。

（3）素混凝土肋拱盖碗窖。

1）窖体组成。窖体包括水窖、窖盖和窖台两部分。

a. 水窖部分结构尺寸与混凝土盖碗窖完全一样。

b. 混凝土帽盖。其结构尺寸也与混凝土盖碗窖相同，不同之处是将原来的钢筋混凝土帽盖改进为素混凝土肋拱帽盖，省掉了 30kg 钢筋和 20kg 铅丝。适应性更强，便于普遍推广。

2）结构特点。

a. 帽盖为拱式薄壳型，混凝土厚度 6cm。

b. 在修整好的半球状土模表面上由窖口向圈梁辐射形地均匀开挖 8 条宽 10cm、深 6～8cm 的小槽，窖口外沿同样挖一条环形槽，帽盖混凝土浇筑后，拱肋与混凝土壳盖形成一整体，肋槽部分混凝土厚度由拱壳的 6cm 增加到 12～14cm，即成为混凝土肋拱，起到替代钢筋的作用（图 6-5 和图 6-6）。

图 6-5　混凝土半球状窖盖示意图（单位：cm）　　图 6-6　素混凝土肋拱窖盖平面图（单位：cm）

c. 适用范围、主要技术指标、附属设施与混凝土盖碗窖相同。

（4）窑窖。窑窖是利用土质条件较好（一般选址在土质坚硬、均一、有一定厚度的黄土或其他胶结性原状土中）的自然崖面或可作人工剖理的崖面，先挖窑，而后在窑内建窖。岩石地区则要求岩石比较完整且相对较易开挖。

1）窑窖组成。窑窖包括平窑、窖池两大主体，附属部分有沉沙池、过滤网、进出水管和溢流管等。

a. 平窑。实践经验表明，土窑断面以圆拱斜墙式最佳（图 6-7），这种形式不仅施工简单，而且稳定性较好。石窑可当作土窑的特殊形式将侧墙修成直立状（即取 $m=0$）。

根据研究，土窑的断面尺寸底宽 a 宜取 2.5～4m，窑高 h 宜控制在 3.5m 以内，窑深（即窑洞长）依蓄水容积选择 6～10m（石窑可达 10～20m 或更长），窑顶埋深

图 6-7　圆拱斜墙式土窑

H 一般不低于 3m，拱矢高 f 和侧墙边坡系数 m 则应根据当地的土质物理力学性能经计算确定：

$$
\left.
\begin{array}{l}
f=\dfrac{a_1}{2d_f} \\[3mm]
m=\tan\left(45°-\dfrac{\phi'}{2}\right)
\end{array}
\right\}
\tag{6-3}
$$

式中　a_1——土窑上口宽度，m，$a_1=a+2m$；

$\quad\quad d_f$——土壤坚固系数，近似为 $d_f=\tan\phi$；

$\quad\quad \phi$——土壤的内摩擦角，可由表 6-8、表 6-9 查取；

$\quad\quad \phi'$——土壤在饱和状态下的内摩擦角，一般比 ϕ 值小 1°～2°。

表 6-8　　　　　　　　　　　　砂土的内摩擦角 ϕ 值　　　　　　　　　　单位：(°)

土壤状态	粗　砂	中　砂	细　砂	粉　砂
松散	34	30	28	26
稍密	36	33	30	28
中密	38	36	34	32
密实	41	38	36	34

表 6-9　　　　　　　　　　　　黏性土的内摩擦角 ϕ 值　　　　　　　　　单位：(°)

液性指数 I	黏　土	亚黏土	亚砂土
$I<0$ 为坚硬硬状态	22	25	28
$I=0\sim0.25$ 为硬塑状态	20	23	26
$I=0.25\sim0.50$ 为可塑状态	18	21	24
$I=0.5\sim0.75$ 为可塑状态	14	17	20
$I=0.75\sim1.00$ 为软塑状态	8	13	18
$I>1.00$ 为流塑状态	≤6	≤10	≤14

注　表中，$I=\dfrac{\text{土的天然含水量（％）}-\text{土的塑限}}{\text{塑性指数}}$，其中土的塑限及塑性指数可查有关土力学；天然含水量可实测。

按上式计算的 m 值一般偏大，根据豫西等地经验，一般窑窖的矢跨比可不超过 1∶3（矢高 f 为 1.5m 左右），土质特别密实坚硬的可直接取 $m=0$（即窑壁直立），而当拱顶土质较差时，则应在顶部设置一定数量的拱肋，用 C15 或 C20 混凝土浇筑，以提高拱的强度和稳定性。

b. 窖池。窖池建在土窑内，其布置形式有两种：一种是把崖坎上水平挖进的土窑洞当成工作窑使用，主要用作进人和取水，窖池则再由工作窑下挖而成，这种形式的窖池完全处在地下，比较安全且不易渗漏；另一种是在窑洞口设置挡水墙（一般采用浆砌石或砌砖抹面而成），将窑洞直接兼作窖池而蓄水，这种形式的窖池蓄水位高出外部地面，处理不好易容发生漏水。前者一般适用于土质地区，后者多用于岩石地区。无论采用哪种形式蓄水，其两侧及里端依托土窑的斜（直）墙（壁）均需做防渗处理（如混合砂浆抹面），窖底一般需铺 8cm 厚混凝土防渗。

c.附属部分。一是在窑外布设沉沙池和拦污栅,二是根据地形条件在窑顶或侧墙角布设进水管,在窑池封闭墙底部布设出水管(可兼排水管用)和灌溉供水系统相连接。

2)结构特点。

a.充分利用自然崖面土体结构,力学性能稳定可靠。

b.施工条件好,工作面大,有利于采用小型车辆施工。

c.蓄水量大,可根据需要修建较大容量的窑窖。

d.受地形条件限制,只能因地制宜推广。

(5)砖拱窖。该窖型是豫西农村常见的一种形式(图6-8),可以在有机砖的地区广泛推广应用。

图6-8　砖拱窖剖面图(单位:cm)

1)窖体组成。窖体包括水窖、窖盖与窖口两部分。

a.水窖部分结构尺寸与混凝土盖碗窖相同。

图6-9　球形水窖结构形式示意图

b.窖盖。属盖碗窖的一种形式,为砖砌拱盖。矢高1.74m,窖口直径0.8m,半球直径4～4.5m。窖盖用砖错位压茬分层砌筑。

2)结构特点。

a.窖盖为砖砌拱盖,可就地取材,适应性较强。

b.施工技术简易、灵活。一般泥瓦工即可进行施工,既可在土模表面自下而上分层砌筑,又可在大开挖窖体土方后再分层砌筑窖盖。

砖拱窖的适用范围和主要技术指标与混凝土盖碗窖基本相同。

(6)混凝土球形薄壳窖。主要由现浇混凝土上半球壳、水泥砂浆抹面(也可用现浇混凝土)

下半球壳、两半球接合部圈梁、窖颈、窖盖、进水管及沉沙池 7 部分组成，其形状如图 6-9 所示。

　　1）设计方法。

　　a. 水窖内径：

$$D_1 = \sqrt[3]{6V/\pi} \qquad (6-4)$$

式中　D_1——水窖内径，m；

　　　　V——为圆球体积，m^3。

　　b. 开挖直径：

$$B = 2(a+d+c) + D_1 \qquad (6-5)$$

式中　B——开挖直径，m；

　　　　a——圈梁宽，m，视土质和施工条件而定，一般取 10～15cm；

　　　　d——窖壁厚，m，依据水窖容积的大小而定，一般 $V < 30m^3$ 时取 0.04m，$V \geqslant 30m^3$ 时取 0.05m；

　　　　c——操作面宽，可取 0.25m 左右。

　　c. 开挖深度：

$$H = h + D_1 + 2d \qquad (6-6)$$

式中　H——总开挖深度，m；

　　　　h——冻土层厚度，m，豫西一带取 0.8m；

　　　　其他符号含义同上。

　　2）施工工艺流程。球形水窖施工的主要方法就是所谓的掏中心土法，整个水窖的施工过程不用一砖一模，混凝土水窖的球体浇筑都依靠所开挖的土模成形，具体施工步骤如图 6-10 所示。

图 6-10　球形水窖施工工艺流程

　　3）适用范围与注意事项。凡是在土层厚度能够达到开挖要求的地方（尤其是黄土层厚的地方）都可以建造，表 6-10 列出了容积 30m^3 以下球形窖的技术参数，供推广应用时选用。

　　施工中要做到放线准确、施工质量要求严格（混凝土标号不能低于 C15，水泥砂浆标号不能低于 M10），养护及时到位，水窖群中球体之间的距离应保持 5m 以上。

表 6 - 10　　　　　　　　　　　混凝土球形水窖技术参数

容积 /m³	直径 /m	壁厚 /cm	挖方 /m³	填方 /m³	混凝土 /m³	砂浆 /m³	水泥 /t	砂 /m³	石子 /m³	水 /m³
15	3.1	4.0	33.3	16.9	1.60	0.15	0.58	0.85	1.07	0.9
20	3.4	4.0	42.3	20.5	1.87	0.19	0.69	1.01	1.24	0.9
25	3.6	4.0	51.0	22.6	2.13	0.21	0.78	1.15	1.41	1.0
30	3.9	4.0	59.6	23.5	2.36	0.24	0.86	1.28	1.56	1.2

（7）混凝土拱底顶盖圆柱窖。主要由混凝土现浇弧形顶盖、水泥砂浆抹面窖壁、三七灰土翻夯窖基、混凝土现浇弧形窖底、混凝土预制圆柱形窖颈和进水管等部分组成，其形状如图 6 - 11 所示、技术数据见表 6 - 11。

图 6 - 11　混凝土顶盖水泥砂浆抹面窖剖面图（单位：cm）

表 6 - 11　　　　　　　　　　　混凝土拱底顶盖圆柱形水窖技术参数

容积 /m³	直径 /m	壁厚 /cm	窖深 /m	挖方 /m³	填方 /m³	混凝土 /m³	砂浆 /m³	水泥 /t	砂 /m³	石子 /m³	水 /m³
15	2.2	3.0	3.90	20.5	3.60	1.12	0.82	0.63	1.60	0.78	0.9
20	2.4	3.0	4.40	26.8	4.60	1.29	1.01	0.75	1.89	0.90	0.9
25	2.6	3.0	4.70	32.9	5.27	1.47	1.16	0.85	2.16	1.03	1.1
30	3.0	3.0	4.20	37.9	5.2	1.70	1.22	0.93	2.27	1.19	1.4

（8）土窖。传统式土窖因各地土质不同，窖形样式较多，归纳起来主要有两大类，即瓶式窖和坛式窖。其区别在于：瓶式窖脖子细而长，窖深而蓄水量小；坛式窖脖子相对短而肚子大，蓄水量多，其结构形式如图 6 - 12 所示。

图 6 - 12　土窖结构图（单位：cm）

1）窖体组成。窖体由水窖、旱窖、窖口与窖盖 3 部分组成。

2）结构特点。

a. 结构形状。传统土窖符合"丈二三头停"窖型规格，即旱窖深（含窖脖子）、水窖深、缸口尺寸（中径）都是 4m。

b. 旱窖部分为原状土体，不作防渗处理，也不能蓄水。

c. 水窖部分采用红胶泥防渗或水泥砂浆防渗。红胶泥防渗：在水窖部分的窖壁上布设码眼，用拌和好的红胶泥锤实，码眼水平间距 25cm、垂直间距 22cm，品字形布设；码眼呈外小内大的台柱形，深 10cm、外口径 7cm、内径 12cm，以利于胶泥与窖壁的稳固结合；窖底用 30cm 红胶泥夯实防渗；窖壁红胶泥防渗层厚度必须保证在 3cm 以上。

d. 水泥砂浆抹面防渗与水泥砂浆薄壁窖相同，不同之处就是旱窖部分不做防渗处理。

3）适用范围。土窖适宜于土质密实的红、黄土地区。红胶泥防渗土窖更适合干旱山区人畜饮用。

4）主要技术指标。土窖的口径 80～120cm，窖深 8m，其中水窖深 4m，旱窖（含窖脖子）深 4m，中径 4m，底径 3～3.2m，蓄水量 40m³。但大部分土窖结构尺寸均小于标准尺寸，口径只有 60cm 左右，水窖深和缸口尺寸均较小，蓄水量也只有 15～25m³，只有个别水窖容量达到 40m³。

（9）井式砖石窖。这种窖是河南某些地区为解决人畜修建的一种新型窖。窖形类似于瓶式窖，且窖脖子更细更长，近似于井筒，此部分用干砌块石圈成，以便于土壤中的水分渗入，下部窖体结构同砖拱窖。

1）窖体组成。整个窖体由水窖、旱窖、窖口与窖盖 3 部分组成。

2）结构特点。

a. 结构形状。上部旱窖深 10m 左右，内径自上而下由 80cm 渐扩至 4m，下部水窖为深度 4m、直径 4m 的圆柱状或上口 4m、下口 3m 的台柱状形体。

b. 旱窖部分用干砌块石圈成。为增强稳定性，每隔 2m 应设混凝土圈梁一道，上下圈梁之间用肋梁以品字状相连。

c. 水窖部分用 M7.5 水泥砂浆砌砖墙、M10 水泥砂浆抹面防渗，底部铺筑 10～15cm 厚 C15 混凝土，底角以反弧相接。窖口、窖台做法同砖拱窖。

3）适用范围。宜于渗透系数大于 1m/d 的砂砾质地带（具体适应范围参见表 6-12）。因土壤中渗水避开了地面的多种污染源，故宜作人畜饮水窖使用。使用时需配置手压机或两相潜水电泵将窖水提出。在估算渗水量（选泵所需）时，可采用以下两种方法。

a. 渗透系数推算法：

$$Q=24K_{渗}w \tag{6-7}$$

式中　Q——渗水量，m³/h；

　　　$K_{渗}$——渗透系数，m/d，由表 6-12 查取；

　　　w——渗水截面积，m²，可近似取 $w=\pi dh$，这里 h 为旱窖部分中的透水层厚度，d 为透水层段的旱窖平均内径。

表 6-12　　　　　　　　　　　　　不同土质渗透系数　　　　　　　　　　　　单位：m/d

土　名	渗透系数	土　名	渗透系数
黏土	<0.005	均质中砂	35～50
亚黏土	0.005～0.1	粗砂	20～50
轻亚黏土	0.1～0.5	均质粗砂	60～75
黄土	0.25～0.5	圆砾	50～100
粉砂	0.5～1.0	卵石	100～500
细砂	1.0～5.0	无充填物卵石	500～1000
中砂	5.0～20		

b. 经验出水率推算法。这种方法是借用一般机井的出水量进行估算，即根据已知的透水层厚度 h 和抽水降深 h'（井式窖可认为 $h'=h$），再依透水层性质由表 6-13 查取经验的水率 $q[\text{m}^3/(\text{h}\cdot\text{m}^2)]$，从而计算出渗水量 $Q(\text{m}^3/\text{h})$：

$$Q = qh^2 \tag{6-8}$$

若透水层为两种及以上砂砾料时，则

$$Q = \sum_{i=1}^{n} q_i h_i^2 \tag{6-9}$$

表 6-13　　　　　　　　**不同性质透水层出水率参考值**　　　　单位：$\text{m}^3/(\text{h} \cdot \text{m}^2)$

地　区	粉　砂	细　砂	中　砂	粗　砂	砾　料
河北省（井径 200mm）	0.12～0.15	0.19～0.23	0.30～0.48	0.41～0.62	
河南省（井径 700mm）		0.60	1.00	1.40	5.00

4）主要技术指标。口径 80～100cm，总窖深 15m 左右，其中旱窖（井筒）深 10m 左右，水窖深 4m，中径 4m，底径 3～4m，蓄水量 36～50m^3。

（二）蓄水池

蓄水池和水窖一样，也是集雨系统常见的蓄水形式之一，且其蓄水容积一般可比水窖大出许多，单个蓄水池的容积常常可以达到数百甚至数千立方米。这种工程形式多见于我国半干旱半湿润的中部及南方各省（区）。

1. 确定容积

蓄水池和水窖一样，也是集雨系统常见的蓄水形式之一。

一个集水系统所需蓄水池的总容量 V 由水利水文计算确定。如果 V 较小，可只设单个蓄水池；如果 V 较大，则常常需要规划多个蓄水池来共同承担调蓄任务。多个蓄水池的布设方式一般有两种：一种叫"渠（管）道带蛋"，即由集流场引出的一条渠道或管道上每隔一定距离布设一个蓄水池，直至 n 个，n 个蓄水池的总容量为 V；再一种叫"长藤结瓜"，即由集流场同时引出 n 条渠道或管道，每条渠道或管道的末端布设一个蓄水池，n 个蓄水池的总容量亦为 V。这里的"n"数应根据当地的地形、地质及灌区地块的分布情况综合确定。n 值确定后，单池容积 $V' = V/n$ 也就随之确定。接下来就是选择单池的形状与几何尺寸问题。常见的蓄水池形状有 4 种：矩形（梯形）池、平底圆形池、锅底圆形池和椭圆形池。池形选定后，就可根据地形地貌等自然条件假设长度、宽度、水深、半径等自变量中的任意两个而推求第三个，最后通过多组数据的对比论证，确定出单池的几何形状来。

（1）梯形（矩形）蓄水池容积计算。梯形（矩形）池容积的计算公式是

$$V' = \frac{1}{2}(AB + ab)(h + \Delta h) \tag{6-10}$$

式中　V'——单池容积，m^3；

$\quad$ A——蓄水池上口长，m；

$\quad$ B——蓄水池上口宽，m；

$\quad$ a——蓄水池底长，m；

$\quad$ b——蓄水池底宽，m；

$\quad$ h——设计水深，m；

$\quad$ Δh——安全超高，m。

（2）平底圆形蓄水池容积计算。平底圆形池容积的计算公式是

$$V' = \frac{\pi}{2}(R^2 + r^2)(h + \Delta h) \tag{6-11}$$

式中　　R——池口半径，m；

　　　　r——池底半径，m；

　　　　其他符号意义同前。

（3）锅底圆形蓄水池窖计算。锅底圆形池容积的计算公式是

$$V' = \pi R^2(h + \Delta h) \tag{6-12}$$

式中符号意义同前。

（4）椭圆形蓄水池容积计算。椭圆形蓄水池容积的计算公式是

$$V' = \pi ab(h + \Delta h) \tag{6-13}$$

式中　　a——椭圆长半轴，m；

　　　　b——椭圆短半轴，m；

　　　　其他符号意义同前。

2. 结构设计

蓄水池按作用、结构的不同一般分为两大类型，即开敞式和封闭式。开敞式蓄水池属于季节性蓄水池，它不具备防冻、防高温、防蒸发功效，但容量一般可不受结构形式的限制，上千立方米的蓄水池在豫西一带随处可见。蓄水池的形式按建筑材料的不同可分别采用砌砖、砌石、混凝土或黏土夯实修建。封闭式蓄水池是在池顶增加了封闭设施，使其具有防冻、防高温、防蒸发功效，可常年蓄水，也可季节性蓄水，可用于农田灌溉，也可用于人畜饮水，但工程造价相对较高，而且单池容量一般比开敞式小得多。封闭式蓄水池常见的结构式样有3种：①梁板式圆形池，这种形式又可进一步细分为拱板式和梁板式，蓄水量一般为30～50m³；②盖板式矩形池，即顶部用混凝土空心板加保温层，蓄水量一般为80～200m³；③盖板式钢筋混凝土矩形池，现场立模浇筑，容积可达200m³以上。下面只介绍常用的开敞式圆形池、开敞式矩形池、封闭式圆形池、封闭式矩形池和梯形土池5种结构的设计经验，供举一反三地参考。

图6-13　开敞式圆形蓄水池立面图（单位：cm）

（1）开敞式圆形蓄水池。开敞式圆形蓄水池结构形状如图6-13所示。

1）池体组成。主体分池底、池墙两部分，附属设施有沉沙池、拦污栅、进出水管等。

a. 池底经原状土夯实后，用M7.5水泥砂浆砌石平铺40cm，再在其上浇筑10cm厚C20混凝土。

b. 池墙有浆砌石、砌砖和混凝土3种形式，可根据当地建筑材料选用。①浆砌石池墙，当整个蓄水池坐落在地面以上或地下埋深很小时采用，池墙高4m，墙基扩大基础，用30～60cm厚的M7.5水泥砂浆砌石，内壁用3cm厚的M10水泥砂浆墁匀防渗；

②砖砌池墙，当蓄水池位于地面以下或大部分池体位于地面以下时采用，用"二四"砖砌墙，墙内壁同样用 M10 水泥砂浆墁匀防渗，技术措施同浆砌石墙；③混凝土池墙和砖墙的适应地貌条件相同，墙厚一般为 10～15cm，内壁可用水泥浆作防渗处理。

c. 沉沙池布设在蓄水池前 3m 处，尺寸一般采用长 2～3m、宽 1～2m、深 1m 左右；拦污栅用 8 号铅丝编织成 1cm 见方的网片安装在进水管首端；进水管采用 8～10cm 塑料硬管，前端置于沉沙池底以上 50cm 处，末端伸入池内墙顶以下 30cm 处；出水管用 φ5cm 钢管埋设在池底以上 50cm 处，出墙后接闸阀、水表及软管伸入田间。

2) 结构特点。

a. 受力条件好，相对封闭式蓄水池其单位投资较小。

b. 因不设顶盖而易于建造成较大容量的池子。

(2) 开敞式矩形蓄水池。这种形式的蓄水池依其用料不同可分为砖砌式、浆砌石式和混凝土式 3 种。其池体组成、附属设施配置和墙体结构与圆形水池相同。它的结构特点是受力条件不如圆形的好，尤其拐角的地方是薄弱处，需做加固与防渗处理，特别是要注意防止重量较大的侧墙与相对单薄的池底之间产生不均匀沉陷而导致断裂，因此建议在池墙与池底的结合部设置沉陷缝，缝间填塞止水材料。当蓄水量不超过 60m³ 时宜做成正方形池子，长宽比大于 3 时可在中间加设隔墙，以防侧压力过大使边墙失去稳定性。

(3) 封闭式圆形蓄水池。这种形式相当于在开敞式圆形蓄水池之上加设顶盖，以起保温和防蒸发作用。为减轻荷重和节省投资，顶盖宜采用薄壳型混凝土拱板或肋拱板，池体应尽可能地布设在地面以下，以减少池墙的厚度和工程量，其结构简图如图 6-14 所示。

(4) 封闭式矩形蓄水池。这种形式相当于在开敞式矩形蓄水池之上加一顶盖。顶盖多采用混凝土空心板或肋拱板，空心板之上依当地气候条件和使用要求设置一

图 6-14 封闭式圆形蓄水池剖面图（单位：cm）

定厚度的保温层和覆盖层。这种矩形池相对于封闭式圆形池的最大优点是适应性强，一般可以根据地形和蓄水量的要求选取不同的规格尺寸，从而使蓄水量的变幅较大。其结构示意图如图 6-15 所示。

对于封闭式蓄水池（无论是圆形还是矩形）而言，池底与侧墙的设计和开敞式蓄水池基本相同，而顶盖的设计除了容积较小（跨度较小）的可直接选用少筋混凝土空心板或肋拱板外，一般的都应采用钢筋混凝土板梁结构。当池子直径较大时，还应考虑在池内设置立柱（也可以是板与柱子做成整体结构而不用梁）。下面分别介绍板、梁、柱的一般结构设计技术，供实际应用中参考。

1) 板。封闭式蓄水池的顶板，其承受的荷载主要有填土重量、地面上的人畜荷载以及板的自重（有的顶板上面不覆土则相应就没有土荷载）。板所受的力量大小除了和荷载有关外，还与板的跨度有关。跨度就是板在两根梁之间的净距。一般板的长度应比跨度两

图 6-15　封闭式矩形蓄水池侧面图（单位：cm）

头各长出 10cm；集雨工程中，板的宽度一般可在 30～50cm 之间选择，板的厚度一般可采用 10～12cm；考虑搬运主要依靠人力，板的长度一般不宜超过 2.7m（即跨度控制在 2.5m）。

板内的钢筋只需要在下部配置受力主筋（平行板长方向）及垂直板长方向的分布筋。分布筋一般可采用西Φ6@20 布置，主筋则需根据板跨和受力荷载通过计算而确定。表 6-14 列出了不同跨度和板上不同填土厚度下板的厚度与板内主筋的配置数据：供设计时参考。

表 6-14　　　　　　　　　　　　混凝土盖板尺寸和受力主筋配置

填土厚/m	板尺寸及主筋配置	板 的 跨 度/m			
		1.5	2.0	2.5	3.0
0	板厚/cm	10	10	10	10
	主筋间距/cm	20	20	20	20
	主筋直径/mm	10	10	10	12
0.5	板厚/cm	10	10	10	10
	主筋间距/cm	20	12	10	10
	主筋直径/mm	10	10	10	12
1.0	板厚/cm	10	10	12	12
	主筋间距/cm	12	10	10	10
	主筋直径/mm	10	10	14	16

2）梁。梁的荷载包括由板传过来的力以及梁的自身重量。板传过来的力量与梁承担的板长有关，也就是与梁的间距或者梁与侧墙之间的距离有关。在集雨工程中，蓄水池上使用的梁的断面尺寸可根据所承受的荷载不同，一般可选用 $h \times b = 40cm \times 16cm$ 和 $h \times b = 40cm \times 20cm$ 两种规格。考虑到人工搬运的因素，梁的重量不能太大，一般梁跨不宜超过 3.5m。

梁内配置的钢筋分为受力主筋、架立筋和箍筋 3 种。受力主筋是承受弯曲造成的拉应力的，位置应放在梁断面的最下方。为了保证钢筋与混凝土的结合，同时防止钢筋锈蚀，受力主筋外面要设置一定厚度的混凝土做保护层，其厚度一般为 2～3cm。架立筋一般为两根，它的作用是把受力主筋及箍筋形成一个钢筋框架，其位置处于混凝土梁的上方，它的外面也要有 2cm 左右的保护层。箍筋是用钢筋弯折成四边形的钢箍，它的作用一方面也是与主筋、架立筋共同组成钢筋框架，同时也能帮助主筋承受梁的剪切力。集雨水池所用的混凝土梁，其架立筋和箍筋一般用 $\phi 8 \sim 10mm$ 的钢筋，箍筋间距可采用 20～30cm。梁的尺寸及梁内钢筋配置可参考表 6-15 来选择。

表 6-15　　　　　　　　　　混凝土梁的尺寸及钢筋配置

填土厚度/m	断面尺寸及配筋	跨度 3.0m		跨度 3.5m	
		间距 2.0m	间距 2.5m	间距 2.0m	间距 2.5m
0	梁宽度 b/cm	16	16	16	16
	梁高度 h/cm	40	40	40	40
	受力主筋根数	2	2	2	2
	主筋直径/mm	16	18	18	18
	箍筋间距/cm	30	25	30	25
0.5	梁宽度 b/cm	16	16	20	20
	梁高度 h/cm	40	40	40	40
	受力主筋根数	2	2	3	3
	主筋直径/mm	24	26	24	24
	箍筋间距/cm	25	25	25	25s
1.0	梁宽度 b/cm	20	20		
	梁高度 h/cm	40	40		
	受力主筋根数	3	3		
	主筋直径/mm	24	24		
	箍筋间距/cm	20	20		

　　3）柱。当蓄水池容积较大而又需封顶时，池内就需要考虑增设立柱，采用板、梁、柱整体结构。但这种结构的钢筋网比较复杂，为避免顶板与梁柱整体浇筑带来的模板和脚手架施工的困难，通常可采取将底板和立柱做成整体结构、梁和顶板预制安装的方法。这样，梁和顶板的制作就可按照前述板、梁进行设计，而立柱和底板则可参照侧墙和底板的结合技术进行设计，只是设计时注意将柱基放大，以扩大与池底的接触面，尽量减小池底接触面的压应力，力避产生不均匀的沉陷而导致池底裂缝。

　　另外，在进行小型蓄水池（一般跨度小于 3m）的顶板设计时，也可不采用钢筋混凝土板、梁结构而采用素混凝土拱形结构（或砖拱结构），将顶拱做成半球状，即拱高等于球半径，这种结构形式的受力条件亦比较好，还相对比较经济，因而也是小型封闭式蓄水池中常见的结顶形式。

　　（5）梯形土池（塘）。修建土池（塘）时要注意把握好 5 个环节：

　　1）培好岸埝。即将挖出的土分层培填在池塘四周，使其与原状土紧密结合。岸埝的厚度以不低于 50cm、高度以超出设计水面 30cm 为宜。

2）做好防渗处理。土质好的夯实池底即可，土质不好的可选用以下 3 种方法加以处理：①用含水量较大的红土铺底并夯实 20～30cm，有条件的在土中插入一些碎铁片（铁片间距 10cm 左右）使其和红土锈在一起，效果更好；②用红胶泥、砂、石子配成三合土（土、砂、石比例控制为 6：2：2），掺水成浆，在池底铺夯 20～30cm；③用土工膜张铺在经过夯实处理的岸埂和池底上，然后压置保护层。池底保护层可用细土、岸埂可用白灰或砂浆砌砖（混凝土块），并且膜、砖（块）之间要用过筛细土敷一层，以免造成砖块磨烂膜布。河南省汝阳县斜纹村 2001 年采用这种方法建一长 20m、宽 10m、深 3.5m 的梯形池塘，防渗效果非常可靠。

3）设置溢水口，在岸埂的一端或两端设置溢水口，溢水口最好用砖石砌筑，溢水量很小或溢水几率很低的水口也可采用草皮防护，以防止池水漫溢而冲毁岸埂。

4）用于自流灌溉的池塘应注意在岸埂下部（一般为与池底的结合部）埋设出水管道，并配上木塞或小阀门控制放水。

5）注意不使池塘长期干涸运行，以免造成池底及四周防渗层干裂而漏水。

（6）水罐。和蓄水池、水窖一样，水罐也是一种集存雨水的形式。由于水罐的容积一般只有 2～3m，所以在北方干旱地区不太适用，而只多见于浙江沿海一带农村人畜饮水使用。水罐一般用钢丝网砂浆预制，利用屋顶收集雨水，在屋檐下安装接水槽并连接落水管把雨水送入水罐。

制作水罐时，一般设计水泥砂浆厚 2cm，选用钢丝直径 1mm，钢丝网网格 2cm×2cm，砂子为粒径 0.25～0.5mm 的中细砂、水泥与砂的比例控制为 1：1.5。水罐的结构示意图如图 6-16 所示。

图 6-16　水罐结构示意图

进水孔

2cm×2cm 网格
（钢丝直径 1mm）

通气孔
直径 2cm

2cm×2cm 网格
（钢丝直径 1mm）

放水孔
直径 1.5cm

1：1.5 水泥砂浆厚 2cm

排污孔
直径 1.5cm

（三）沉沙池

沉沙池一般是作为水窖或蓄水池必备的附属设施之一而建在其上游的 2～3m 处，以起沉淀来水中的泥沙颗粒之作用，从而保证进入窖体或蓄水池的水质达到设计标准的净化要求。

沉沙池的设计原理是：来水从进入池口开始到流至出口结束这段时间内，水流中所挟带的设计标准粒径以上的所有泥沙正好全部沉到池底。设沉沙池的长、宽、深分别用 L、B、h 表示，则标准粒径以上的泥沙沉降时间为

$$t_c = h/V_c \tag{6-14}$$

$$V_c = 0.563 D_c^2 (y-1) \tag{6-15}$$

式中　V_c——设计标准粒径的沉速，m/s；

D_c——设计标准粒径，mm，灌溉用水一般取 0.05～0.15mm，建议配属水窖的沉沙池取小值、配属蓄水池时可取偏大值；

y——泥沙颗粒相对密度，天然淤积泥沙一般取 2.65～2.67；

h——沉沙池水深，m，根据经验一般取 0.6～0.8m。

同时设引水流量（无坝引水时为雨水汇流流量，有坝引水时为输水管渠的供水流量）为 $Q(\text{m}^3/\text{s})$，则泥沙颗粒的水平运移速度为

$$V = Q/Bh \tag{6-16}$$

故在池长 L 范围内的运行时间为

$$t_L = L/V = BhL/Q \tag{6-17}$$

由设计条件得 $t_c = t_L$，则由以上四式联解得

$$L = Q/V_c \tag{6-18}$$

根据各地经验，一般认为长宽比为 2：1 比较适宜，故得出沉沙池的设计尺寸为

$$\left.\begin{array}{l} h = 0.6 - 0.8 \\ L = \sqrt{2Q/V_c} \\ B = L/2 \end{array}\right\} \tag{6-19}$$

沉沙池的尺寸确定后，就可在实地进行布置。在布置沉沙池时，应注意因地制宜，选择适宜的结构形式，一般情况下，根据其结构形式不同可将沉沙池分为迷宫式斜墙沉沙池、迷宫式直墙沉沙池、梯形沉沙池、矩形沉沙池；而根据其池底的比降不同又可分为平坡沉沙池、逆坡沉沙池、顺坡沉沙池（顺坡沉沙效果较差，一般不予采用）。常用沉沙池的结构形式如图 6-17～图 6-20 所示。

图 6-17 迷宫式斜墙沉沙池示意图

1—出水口；2—水窖进水口；3—池帮；4—进水口；

5—斜墙；6—排沙孔；7—溢水口

图 6-18 矩形沉沙池结构图（单位：cm）

图 6-19 逆坡式沉沙池示意图

355

图6-20 迷宫式直墙沉沙池结构示意图

据史慧珍等推荐，迷宫式沉沙池沉沙效果更为理想（表6-16），但清淤不如矩形和梯形沉沙池方便。

表6-16 几种沉沙池沉沙效果比较

沉沙池类型	黄绵土	垆　　土
迷宫式	86%～96%	82%～91%
单箱矩形式	77%	79%
单箱梯形式	72%	76%

另外，在设计沉沙池时，还需要一并考虑预留排沙孔和溢水口。这些部位的相对高程通常掌握为：进水口底高出池底0.1～0.15m，出水口底高出进水口底0.15m，溢水口底低于沉沙池顶0.1～0.15m。

图6-21 过滤池断面示意图（单位：cm）

（四）过滤池

对水质要求高时（如生活用水），可在沉沙池与水窖（或蓄水池）之间加设过滤池。过滤池尺寸及滤料根据来水量及滤料的导水性能确定。图6-21是广泛采用的一种过滤池形式。

过滤池一般做成圆形，池底用C15混凝土铺筑10cm，池壁用"24"砖墙并内抹一层M7.5水泥砂浆防渗，滤料自上而下依次由中砂、粗砂、卵石、预制钢筋混凝土多孔托板组成，为方便定期更换滤料，各层之间可采用聚乙烯塑料密网或金属网隔开，底部设置净水仓，仓的靠近水窖一侧预埋输水管直通窖体内部。另外，为防平时杂质进入过滤池，在非使用季节，过滤池顶应用预制混凝土板盖住。

（五）拦污栅和滤水井

在一般的集水工程中，沉沙池和过滤池的水流入口处均应设置拦污栅，以拦截汇流中的大体积杂物，如枯枝残叶、杂草和其他较大的漂浮物。拦污栅构造简单，可在铁板或薄钢板及其他板材上直接呈梅花状打孔（圆孔、方孔均可），亦可直接采用筛网制成，其孔径一般不大于10mm×10mm。在集流坝供水工程上，坝前大多采用透水竖井的办法进行拦污过滤，竖井材料依坝高一般选择5m以下的用干砌块石、5～10m的用混凝土预制块、10m以上的用滤水井管，供水管通过透水竖井取水而供向坝外（图6-22）。

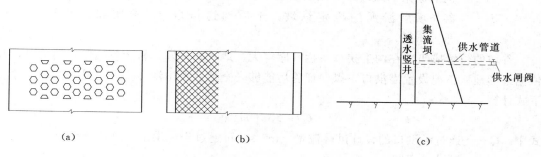

（a）　　　　　　　　（b）　　　　　　　　　（c）

图 6-22　拦污栅、滤水井示意图

（a）梅花状孔拦污栅；（b）筛网拦污栅；（c）坝前透水井

一般拦污栅的布置形式如图 6-23 所示。

图 6-23　拦污栅布置示意图

（六）谷坊

谷坊是集流坝的必备附属设施，建在库区上游的沟道中，高度一般小于 3m，主要起拦淤泥沙作用，以延长集流坝的使用寿命。

谷坊按建筑材料的不同，可分为土谷坊、干砌石谷坊、梢枝谷坊、柳谷坊、竹笼装石谷坊、浆砌石谷坊、混凝土谷坊等，其中以土谷坊和干砌石谷坊最为普遍，两类谷坊的经验断面尺寸见表 6-17。

表 6-17　　　　　　　　　　土谷坊和干砌石谷坊断面尺寸

坝高 /m	土 谷 坊				干 砌 石 谷 坊			
	顶宽/m	迎水坡比	背水坡比	坝底宽/m	顶宽/m	迎水坡比	背水坡比	坝底宽/m
1	1.0	1:1	1:1	3.0	1.0	1:0.5	1:1	2.50
2	1.5	1:1.5	1:1.5	7.5	1.5	1:0.5	1:1	4.25
3	2.0	1:1.5	1:1.5	11.0	2.0	1:0.5	1:1	6.50

一条沟道需要修建的谷坊数量可以通过计算其间距来确定。谷坊的间距 L 按下式计算：

$$L = \frac{H_0}{I - I_0} \tag{6-20}$$

式中　　H_0——谷坊的有效高度，m；

I——河底原来的纵坡，可以实测求得；

I_0——谷坊坝后淤泥的稳定纵坡，土质沟道可取 0，石质和砂卵石沟道可取 0.5%。

谷坊的位置应当选在沟道狭窄、拦沙库容大、地质条件好、易于就地取材的沟段，并依据地形地质情况设置溢洪口，以保证谷坊能够安全地宣泄山洪。溢洪口过水断面尺寸按下式计算：

$$Q=1.55LH^{3/2} \tag{6-21}$$

式中　Q——通过溢洪口的设计洪峰流量，m^3/s，可通过当地洪水痕迹调查推求；

　　　L——溢洪口宽度，m；

　　　H——溢流水深，m。

第二节　雨水集蓄工程施工技术

一、窖（窑）施工

（一）水泥砂浆薄壁窖（水泥砂浆抹面窖）

水泥砂浆薄壁窖窖体包括水窖、旱窖、窖口和窖盖 3 部分。窖体施工工序为挖窖筒→墁壁→窖底浇筑→窖体防渗→制作窖盖 5 个环节。

（1）挖窖体。窖址和窖型尺寸选定后即可进行窖体开挖，开挖时首先铲去表土，确定中心点，按选定的窖口尺寸在地面上画一小圆，在圆的范围内向下开挖取土，挖至 1.5m 深左右时按图纸设计要求整修上部窖型，在窖深 0.5～0.8m 处开始扩展，至中径处达到设计直径（3.8～4.2m），然后用铅垂线从窖口中心向下坠，严格检查尺寸，防止窖体偏斜。至此算是完成旱窖部分的开挖。

水窖部分从中径（缸口）开始，每下挖 1.0m 在窖壁上沿等高线挖一条宽 5cm、深 5～8cm 的圈带，在两圈带中间每隔 30cm 打上混凝土柱（码眼），或用长条形坚硬石片（长 8～10cm，直径 4～5cm）钉入窖体内并外露 1cm，呈品字形布设，第一次墁砂浆时将外露片石盖住。

窖体开挖深度应包括窖底防渗层厚度。窖体挖成后，要进行检查，直至合格为止。

（2）墁壁。窖体按设计尺寸挖好后，即可清除窖壁和圈带内的浮土并洒水湿润，接着用 M15 或 1∶3.5 水泥砂浆将圈带填平后由下往上开始墁壁。砂浆厚度 3cm，分两次完成。第一次为粗墁挤压，过 24h 后再用铁泥臂（抹面工具）细墁一层 1∶3 的水泥砂浆。

（3）窖底浇筑。窖底防渗分为胶泥和混凝土两种，浇筑前要先将底部原状土轻轻夯实，以防止底部发生不均匀沉陷。

红胶泥防渗。先将红黏土打碎过筛，用水浸泡 1～2 天，使之充分吸水软化，再用刀背砸剁或牲畜踩踏，并反复翻拌成面团状，然后将炮制好的红胶泥分两层夯实，厚度 30cm。最后用 1∶3 水泥砂浆墁 3cm。此外在窖底要设防冲板，以落水点为中心浇筑 10cm 厚的 C20 混凝土，防冲板面积不小于 $1m^2$。

混凝土防渗是在处理好的窖底土体上浇筑 10～15cm 厚的 C20 混凝土，最后用水泥砂浆收面一次。

（4）窖体防渗。窖壁、窖底的墁壁及现浇混凝土工序结束一天后，即可进行刷浆防渗。防渗浆用425号水泥加水稀释成糊状，从上到下刷两遍，然后将窖口封闭，过24h后，洒水养护14天左右即可蓄水。为了提高防渗效果，在第二次墁壁和刷水泥浆时可在水泥中添加防渗剂（粉），用量为水泥用量的3‰～5‰，效果更为理想。

（5）制作窖口、窖盖。制作窖盖可与打窖同时进行，采用C20混凝土就地浇筑或集中预制，厚度8cm、直径1.2～1.4m，并按要求布设提水设备预留孔。为便于管理，应在窖盖上刻写蓄水量、编号、施工年月、乡村名称等，浇好后覆盖麦草洒水养护7～14天即可使用。

窖台用砖浆砌或用混凝土预制窖圈，一般高度30cm，砌成养护期满后将窖盖安放其上即可。

（二）混凝土盖碗窖（混凝土帽盖窖）

混凝土盖碗窖窖体包括水窖、窖盖两部分。水窖部分施工工序与水泥砂浆薄壁窖相同。混凝土帽盖施工分为土模制作、钢筋和铅丝制作绑扎、混凝土浇筑养护三道工序。

（1）土模制作。首先在平整好的窖址地面上去其表土，整修一直径为5～6m的圆形平面，然后在平面上画一直径为4.5m的圆，沿圆的外沿挖一条宽0.55m深1.5m的环形土槽。接着将圆内土体铲成半球状（球台状）土盘，盘顶直径1.0m。再在半球状土模下部外沿挖一条宽25cm、深20cm的环状槽，即为圈梁土模。最后将半球状土模拍打密实，墁上一层水混砂浆即算完成土模制作。

（2）钢筋布置绑扎。圈梁为4根φ6mm钢筋环形布设，用8号铅丝作箍筋，间距20cm。窖口用φ6mm钢筋做成直径105cm的圆环，窖口与圈梁之间用12根φ6mm钢筋沿半球体表面均匀辐射分布，再用8号铅丝横向环绕，间距20cm。钢筋与铅丝交叉处用24号铅丝绑扎（图6-3）。

（3）混凝土浇筑。钢筋绑扎好后，即可浇筑帽盖混凝土，厚度6cm，混凝土配合比为1∶2∶4（水泥∶砂子∶石子），先从圈梁开始，然后沿四周由下往上浇筑。在距窖顶50cm处预埋φ8～10cm的进水管（孔）。混凝土浇筑时要一次成型，振捣密实，及时收面三次，用麦草覆盖。12h后洒水养护，14d后方可开挖体内土方。混凝土帽盖四周要分层填土夯实，以增强窖盖的稳定性。窖口要及时作好窖台、窖盖设施。

（三）素混凝土肋拱盖碗窖

素混凝土肋拱盖碗窖窖型的结构尺寸、技术指标、施工工序与混凝土盖碗窖完全相同。不同之处是省掉了窖盖与圈梁的钢筋、铅丝，改用素混凝土肋拱，其施工程序为：土模制作→肋槽开挖→混凝土浇筑养护。其中土模制作和混凝土浇筑养护与混凝土盖碗窖相同。

肋槽开挖。当土模制作成型后，沿半球状土模表面由窖口向圈梁均匀辐射开挖8条宽10cm、深6～8cm的小槽，窖口外沿同样挖一条环形槽。肋形槽挖好后，清除浮土，洒水湿润，墁一层水泥砂浆后即可浇筑窖盖混凝土。

（四）砖拱窖

窖体包括水窖、窖盖与窖口两部分。水窖结构与施工工序与混凝土盖碗窖相同。砖砌式帽盖施工有两种方法。

（1）与混凝土盖碗窖的帽盖施工一样，即先做帽盖土模，按设计矢高、半球体直径确定土模尺寸，再用砖沿土模表面自下往上错位压茬分层砌筑到窖口。这种方法施工技术简便，安全可靠，待砖缝砂浆固结后，即可从窖口开挖窖体土方和进行水窖部分施工。

砖的质量要求：砖面整齐，大小一律，砖角方正，没有凹凸现象，断口色泽均一、致密，没有孔眼和裂纹，强度高（100 号以上），抗冻性好。

施工质量要求：施工前将砖充分吸水，采用 M10 水泥砂浆砌砖，砖缝砂浆饱满，采用挤浆法砌砖，合理压茬，每层砖收缝一致。

（2）采用大开口法施工。即先露天开挖水窖部分窖体，布设圈带、码眼，墁壁防渗。待水窖部分竣工后，再进行砖拱盖施工。砖拱盖施工分两步进行：第一步砌基座，沿缸口处周围砌砖座，宽 24cm，三层砖高 18cm，分层压茬浆砌；第二步砌拱盖，沿四周由下往上错位压茬，每层砖向窖中心悬伸 5cm 逐渐收拢口直到窖口。同时要边砌砖边回填夯实砖拱外围土方，使砖拱保持稳定。砖拱砌成后再做窖口，安装窖盖。这种大开口法施工的优点是加快窖体土方开挖进度，便利水窖部分施工。但砌拱盖时施工技术要求严格，必须要有施工经验的人把好质量关。

（五）窑窖

窑窖窖体包括平窑、窖池、前墙（窖口封闭墙）3 大部分。施工程序为：剖理崖面→开挖土窑→窑顶加固防潮→开挖窖池→窖池防渗→前墙砌筑封闭→进出口布设安装 7 道环节。

（1）剖理崖面。根据地形选好窖址后，首先将自然坡面（或崖面）按土质情况从上到下剖理崖面（崖面坡度一般为 75°～80°），崖面高度要大于 4.5m，以保证窑顶土体稳定。崖面以上坡面要开挖排水沟，将坡面水引至窑窖两侧的集水（沟）渠内，以防止坡面水冲刷崖面。

（2）土窑开挖。

1）根据集水、灌溉条件，选好土窑基准面，确定土窑基座高程，开辟工作平台。

2）在崖面上确定并标出土窑中心线，按设计尺寸中的矢高、窑宽（跨度）在崖面上作图画出窑顶圆弧线。

3）砌筑窑拱和窑口。为了保持窑口稳定，要先加固窑口。当崖面土质坚实时，按窑顶圆弧线形状，沿线的外侧挖一条宽 24cm、深 50cm 土槽，再在拱底两侧各挖一个砖座坑（宽 30cm、深 20cm），紧接着浆砌砖座砖拱，从两侧向拱顶中心收拢，每层砖之间要错位压茬，最后将空隙处填土捣实，也可以用 C15 混凝土浇筑窑拱窑口。

4）窑口加固处理后，即可从外向里开挖窑体（也就是窑拱盖部分），开挖时要从中心线向两侧扩展，严格掌握尺寸，一次成型，土方开挖可采用人力车运土，以提高工效。当窑深挖至设计尺寸（如 6～10m）时，最后检查修理，并视土质情况采取不同的窑顶防潮措施。

（3）窑顶防潮。可采用草泥防潮、水泥砂浆防潮两种形式。

草泥防潮：草泥是用黄土加适量的麦秸（或草秫）加水翻拌均匀，堆放一天熟化后墁壁（草泥厚 2cm 左右），并及时收面。这种办法宜于就地取材，施工简便，但窑内潮湿时容易脱落。

水泥砂浆防潮：用1：3～1：5水泥砂浆从窑底两侧向拱顶墁壁一层，厚1～1.5cm。墁壁后要及时收面。

当窑顶土质松散时，在窑拱上每隔1.0～1.5m布设拱肋（宽15cm、深15cm）一道，采用支模从窑脚两侧向窑顶依次浇筑C15混凝土（48h可拆模）。肋拱施工要从窑脑往窑口依次后退施工。

（4）开挖窑池。窑池的结构尺寸和水泥砂浆薄壁窑基本相同，唯深度稍浅，增加了窑池长度。

土方开挖：第一层土先从窑口往窑脑挖成人力车能运土的斜面。第二层土从窑脑往后退，一次挖够设计深度，利用人力车运土。在确定开挖窑池尺寸时，窑脚要留10cm平台。窑池壁要布设码眼。

（5）窑池防渗。窑池墁壁防渗施工工艺与水泥砂浆薄壁窑相同。

（6）进、出水管及溢流管布设。进水形式有窑顶进水和侧墙（前墙）进水两种。当窑顶土体不厚（3～4m）、顶上又有平台地和集水场时，可采用窑顶进水形式。即在窑拱盖土体挖好后，选定中心线和孔口，从上往下开挖取土，也可采用挖窑洞烟筒的方法从下往上掏洞（垂直）取土，在顶上布设窑台、进水管、窑盖。进水管一般可采用ϕ15cm硬塑管。

当窑顶土体很高时（大于5m）宜采用前墙进水。即在窑池设计最高蓄水位高程处安装ϕ10～15cm进水管，同时在该高程的前墙适当部位布设同径溢水管，以防止蓄水过多危及窑体安全。

出水管设在池底以上0.5m处的前墙内，用ϕ10cm硬塑管引出前墙以外，前端安装闸阀和计量装置。

（7）前墙砌筑封闭。对隧道式的窑窖都需在洞口处设置专用挡水前墙，前墙采用M7.5水泥砂浆砌"24"砖墙（即使下挖式的窑池也应对其前墙以及侧后墙进行防渗处理）。窑池内侧砖墙墁一层水泥砂浆、外侧可填土夯实或做其他加厚措施，以保持前墙稳定和保温防冻。

（六）传统土窑

土窑窑体结构包括水窖、旱窖、窖口和窖盖3部分。

土窑施工程序分为砖砌窑口、窑体开挖、窑壁和窑底防渗。防渗材料有胶泥防渗和砂浆抹面防渗两种，其施工工艺也各有不同。

（1）红胶泥防渗（用于缸口以下的水窖部分）。

1）红胶泥经打碎、过筛、浸泡、翻拌、铡剁成面团状后，制成直径7cm、长30cm的棒状胶泥锭子。

2）将胶泥锭子钉入外口径7cm、里内径12cm、深10cm的码眼内，使整个码眼填满胶泥。

3）将码眼外余留的（约15cm）胶泥锭整平，使各码眼之间的胶泥连成一片，胶泥不够时可另补少量胶泥（要保证3cm厚度），然后用木锤打密实，以增加其与窑壁的黏结度，并逐步压平成窑体形状铺底，胶泥铺底前要先将底部原状土轻轻夯实，然后分两层铺泥30cm并夯实整平，使窑底和窑壁胶泥连为一体。

4）用黑矾水刷面防渗。并在 10～15 天内，每天要捶打防渗胶泥层一次，直至胶泥层牢固为止。

5）给窑内放入少量水并封闭窑口和进水管、溢水管，保持窑内有一定湿度。

6）在窑底落水点中心布设 C20 混凝土防冲板（面积不小于 1m²）。

（2）水泥砂浆抹面防渗土窑。传统土窑水泥砂浆抹面防渗施工工艺与水泥砂浆薄壁窑基本相同。

以上介绍了几种主要窑型的施工方法，其施工的工程量及所需要主材数量列于表 6-18，供参考。

表 6-18　　　　　　　　　　　窑体工程量及主要材料

窑型		容积/m³	土方/m³	砂浆/m³	混凝土/m³	胶泥/m³	水泥/t	钢筋/kg	铅丝/kg	石子/m³	砂子/m³	水/m³	抗渗剂/kg	施工要求
Ⅰ型	水泥砂浆薄壁窑	40	60	1.9	0.27(0.97)	2.4	0.66(0.80)	—		0.22(0.80)	2.1(2.4)	2.5	20	上部旱窑只墁一层（厚1.5cm）水泥砂浆
		50	70	2.2	0.27(1.06)	2.7	0.78(1.00)			0.22(0.87)	2.4(2.8)	3	23	
Ⅱ型	混凝土盖碗窑	50	70	1.9	2.2(3.0)	(2.4)	1.22(1.45)			1.8(2.4)	3.2(3.6)	3	24	抗渗剂用量为水窑部分砂浆中水泥用量的3%～5%
		60	80	2.1	2.3(3.1)	(3.2)	1.26(1.51)			1.7(2.5)	3.3(3.8)	3	28	
Ⅲ型	素混凝土肋拱盖碗窑	50	70	1.9	2.2(3.1)	(2.4)	1.24(1.43)			1.8(2.5)	3.3(3.7)	3	24	水泥标号采用425号，混凝土标号为C20
		60	80	2.1	2.3(3.2)	(3.1)	1.36(1.59)			1.9(2.6)	3.4(3.9)	3	28	
Ⅳ型	砖拱窑	40	60	2.6	0.27(0.97)	2.4	0.88(1.08)	砖 1700 块		0.22(0.80)	2.9(3.3)	4	20	
		50	70	3.0	0.27(0.97)	2.7	1.00(1.23)	砖 1700 块		0.22(0.80)	3.3(3.7)	5	23	
Ⅴ型	窑窑	60	140	3.3	0.6	6.0	1.4	砖 1500 块		0.5	3.7	5	23	窑底为30cm胶泥加3cm水泥砂浆抹面
		80	170	3.8	0.7	7.5	1.6	砖 1500 块		0.6	4.2	6	34	
Ⅵ型	传统土窑	30	50	0.25	—	5.3	0.1	砖 180 块		—	0.25	4	5	窑底、水窑部分用红胶泥防渗
		40	60	0.25	—	5.8	0.1	砖 180 块			0.25	5	6	

注　1. 如果窑底采用 30cm 红胶泥防渗，混凝土和其他材料就用没带括号的数字。
　　2. 如果窑底彩 10cm 混凝土防渗，就不用胶泥，其他材料采用括号的数字。

二、蓄水池施工

蓄水池结构形式有开敞式与封闭式、圆形与矩形之分，但其施工程序基本相同，下面只介绍开敞式圆形（浆砌石）蓄水池和封闭式矩形（砖砌墙）蓄水池的施工技术，其他可予仿照。

（一）开敞式圆形蓄水池（浆砌石墙）

施工程序分为：池墙砌筑、池底建造、附属设施安装施工 3 部分。

1. 池墙砌筑

（1）施工前应首先查看地质资料和土壤的承载力，并在现场进行探坑试验。如土基承载力不够时，要采取加固措施，如扩大基础、换基夯实等。

（2）池墙砌筑时，要按图纸设计要求放线，严格掌握垂直度、坡度和高程。

（3）池墙砌筑时要沿周边分层整体砌石，不可分段分块单独施工，以保证池墙的整体性。

（4）质量要求。作为浆砌石的石料要求质地坚硬，形状大致方正，无尖角石片。风化石、薄片石料不宜选用。

（5）池墙内壁用 M10 水泥砂浆抹面 3cm 厚，砂浆中加入防渗剂（粉），其用量为水泥用量的 3%～5%。

（6）池墙砌筑时，要预埋（预留）进、出水管（孔），出水管要做好防渗处理。防渗止水环要根据出水管材料或设计要求选用和施工。

2. 池底建造

池底施工程序可分为基础处理、浆砌块石、混凝土浇筑、池底防渗 4 道环节。

（1）基础处理。凡是土质基础一般都要经过换基土并夯实碾压后才能进行建筑物施工。首先在池底设高程基准点，根据设计尺寸开挖池底土体，并碾压夯实底部原状土。

回填土可按设计施工要求采用 3∶7 灰土、1∶10 水泥土或对原状土进行分层填压和夯实。当土中含水量不足时，要进行人工浇洒补水，使之达到最优含量标准（表 6-19 和表 6-20）。

表 6-19　　　　　　　　　　　　土 料 最 优 含 水 量

土料种类	最优含水量/%	土料种类	最优含水量/%
砂壤土	9～15	重壤土	16～20
壤土	12～15	黏土	19～23

表 6-20　　　　　　　　　　　　野外用手鉴别土的含水量

含水量/%	鉴 别 方 法
13～15	用手勉强可捏成自来水笔粗，裂缝多
15～16	搓成铅笔粗、有裂缝
17～18	搓成铅笔芯粗，有裂缝
18～20	搓成铅笔芯粗，光滑
21～22	搓成铅笔芯粗，光滑，弯曲易断
23～24	用手指一搓，指上粘泥
25～26	脚踏上即陷下，脚去后恢复原状，有裂缝

人工夯实的每层可铺土厚 15cm，夯打时注意重合 1/3（图 6-24），各处不能漏打和少打，要求土壤干容重一般达到 1.5～1.6g/cm³。

机械碾压时可铺土厚度 20～25cm，碾压遍数根据压重和振动力确定。

（2）浆砌块石。地基经回填碾压夯实达到设计高度时即可进行池底砌石，当砌石厚度

图 6-24　人工夯实土层示意图

在 30cm 以内时，一次砌筑完成；砌石厚度大于 30cm 时，可根据石料情况分层砌筑。

（3）混凝土浇筑。在浆砌石基础上浇筑 C20 混凝土，厚 10cm，一次完成浇筑，并注意及时收面 2～3 遍，做到表面密实、平整、光滑。

（4）池墙、池底防渗。池底混凝土浇筑好后，即可采用 425 号水泥加防渗剂用水稀释成糊状刷面，也可喷射防渗乳胶。

3. 附属设施安装施工

蓄水池的附属设施包括沉沙池、进水管、溢水管、出水管等，其安装施工，按设计要求进行。

（二）封闭式矩形蓄水池（砖砌墙）

当蓄水池池体结构位于地面以下或大部分池体位于地面以下时，修建封闭式蓄水池比较经济，结构也相对简易，并且具有保温防冻功能。其施工程序可分为：池体开挖、池墙砌筑、池底浇筑、顶盖预制安装、附属设施安装施工。

（1）池体开挖。要根据当地土质条件确定开挖边墙坡度。垂直开挖，即使是特别密实的土体，也只允许挖深 2m 左右。当池体深度大于 2m 时，开挖时都要有坡度（表 6-21），以确保土体稳定。

表 6-21　基坑开挖边坡坡度参考值

土质类别	挖深小于 3m	挖深为 3～5m	土质类别	挖深小于 3m	挖深为 3～5m
黏土	1：0.25	1：0.33	无黏性砂土	1：0.75	1：1.0
砂质黏土	1：0.33	1：0.50	淤土	1：3.0	1：4.0
亚砂土	1：0.50	1：0.75	岩土	1：0	1：0

在确定池体开挖尺寸时，要根据土质、池深选定边坡坡度，然后根据池底尺寸确定开挖线。要求一次按设计挖够深度，并进行墙基开挖。

（2）池墙砌筑。按设计要求挖好池体后，首先对墙基和池基进行加固处理，然后砖砌池墙。砖砌矩形池受力条件不如圆形池，要加设钢筋混凝土柱和上下圈梁（圆形蓄水池可不设）。砖砌墙体时，砖要充分吸水，沿四周分层整体砌筑，坐浆要饱满，墙四周空隙处及时分层填土夯实。墙角混凝土柱与边墙要做好接茬，先砌墙，后浇筑混凝土柱。圈梁和柱的混凝土要按设计要求施工。

（3）池底浇筑。施工程序同开敞式圆形蓄水池。

（4）池盖混凝土预制安装。池盖混凝土可就地浇筑或预制板安装。矩形蓄水池因宽度较小，一般选用混凝土空心板预制构件安装，施工简便。板上铺保温防冻材料，一般以炉渣较为经济，保温层厚度根据当地最低气温和最大冻土层深度确定，一般为 80～120cm，上面再覆土 30cm，四周用"24"砖墙浆砌，池体外露部分和池盖保温层四周填土夯实，以增强上部结构的稳定和提高保温防冻效果。

（5）附属设施安装施工。附属设施包括沉沙池、进水管、检查洞（室）及爬梯、出水管等。扒梯在安装出水管的侧墙上按设计要求布设。

三、附属设施施工

集雨节灌工程的主要附属设施包括集水场、引水渠（管）、沉沙池、拦污栅、进出水管和窖口窖台等。

1. 集水场

集水场作为集雨节灌工程的重要组成部分已在本章前面专门给予了讲述，这里不再重复。

2. 引水渠（管）

引水渠（管）是连接集雨场与蓄水工程或不同类型的蓄水工程（如坝、池、窖）之间的重要设施。按引水形式分，常用的有混凝土（砌石）矩形渠、梯形土渠和埋设塑料管3种。其渠道施工技术和管道施工技术可参考有关资料，这里亦不再叙述。

3. 沉沙池

沉沙池按构筑材料的不同可分为土池、水泥砂浆池、砖砌池、浆砌石池和混凝土池等5种类型。

（1）土池。在离窖口3m处按设计尺寸就地开挖。人工夯实处理池体池墙，一般为梯形结构，采用红胶泥防渗或草泥防渗，池底防渗层厚度5～10cm、侧墙3cm。也可用塑膜草泥复式梯形防渗断面，池的边坡要平缓（1∶1），在半腰留10cm平台。上口宽3.2～4.2m，上口长4.2～5.2m，先开挖土基并夯实底部土体，然后按池体形状粘接塑膜（地膜或棚膜），土铺好整平后用草泥覆盖，池顶四周压土20cm，防渗效果更好。但清除池内泥沙时，要仔细小心，防止将塑膜铲破。

（2）水泥砂浆抹面池。池体按设计尺寸挖好后（一般为梯形池），夯实池底，拍打密实池墙。用1∶3.5水泥砂浆由下往上墁壁，厚度3cm，并进行洒水养护。

（3）砖砌池。采用单砖砌厚12cm，作池墙，池底为平砖铺6cm，墙底整体一次砌成，并在靠近水窖（池）一侧按设计要求埋设进水管，最后用1∶3.5水泥砂浆抹面3cm。

（4）浆砌石池。矩形池墙、池底为M7.5水泥砂浆砌石，厚25cm。内墙壁和池底用水泥砂浆抹面防渗，并按设计要求埋设进水管。

（5）混凝土池。结构尺寸和砖砌池基本相同。池墙、池底混凝土厚度5～8cm，一次现浇而成，并按要求布设进水管和进行洒水养护7～14天。

4. 拦污栅

无论哪种形式的沉沙池，都需在进水管前设置拦污栅，以防杂草污物进入窖（池）内。

拦污栅形式多样，可就地取材。一般用8号铅丝编织成1cm方格网状方形栅，周边用ϕ6mm钢筋绑扎或焊接，长与宽各12～15cm，根据进水管（槽）尺寸而定，埋设于进水管（槽）前面池墙内。也可用铁皮打成1cm圆形孔，成行排列。经济条件较差的地区，也可用竹条、木条、柳条制作成网状拦污栅。

5. 进、出水管和溢流管

进水管多采用ϕ8～10cm塑料硬管，前端位于沉沙池底以上0.8cm处，末端从窖盖（地面以下0.5m深处）中穿入窖内60cm，塑管前端用木塞封口，下部开口，这样可防止水流冲刷窖壁。

溢流管是为了防止窖水超蓄（夜间暴雨）而危及水窖安全的补救措施，它可将水窖最高蓄水位以上的水安全排泄。一般在窖盖圈梁以下或水窖中径（缸口）处埋设 10cm 管道，多余窖水从溢流管泄入排水渠。但在平川地区排水困难，排水渠较长。

出水管是埋设在窖（池）底的一种取水设施。水窖大多从窖口用机械或人力提水。有自流灌溉条件的山区，利用地形高差大的优势布设自流节灌窖，可在离窖底 0.5m 处的窖壁上布设出水管，用 φ10cm 的塑料硬管或钢管，出口安装闸阀。蓄水池的出口管也采用同一种形式。

出水管安装时，要特别做好防渗处理。在窖（池）壁墙内布设 2～3 道橡胶止水环或用沥青油麻绑扎，然后用水泥砂浆将四周空隙筑实。出口闸阀处要用砖（或浆砌石）做成镇墩，防止管道晃动。北方寒冷地区冬季要将出水管覆土掩埋，其厚度根据最大冻土深度确定。

当窖水中含沙量较大时，可在窖内出水管前端安装一节软胶管，长 2～3m，与出水管径相同。进水一端用 8 号铅丝悬挂在窖内，可防止泥沙淤塞出水管，清水时将软管下吊至水面以下 0.5m 处，即可实现自流灌溉。出水管也可结合排沙，将管径加大至 15cm，利用雨季来水量多的时机，引水冲沙，可大大节省窖内清淤工作量。

6. 窖口、窖台施工

窖口、窖台的施工，已在前面简要讲述，此处从略。

第三节　引蓄供水工程

一、引蓄供水工程的规划

（一）引蓄供水系统的组成

引蓄供水系统主要由季节性客水（或泉水）、引水管（渠）、蓄水设施、净水设施等组成。引水管主要作用是将水源水引入蓄水构筑物。蓄水设施及净水设施作用与雨水集蓄供水工程相同。

（二）引蓄供水工程的规划设计

1. 一般规定

为提高供水保证率，引蓄供水系统宜与雨水集蓄供水系统相结合，互为补充。引蓄供水工程的设计供水规模与雨水集蓄工程基本相同。

季节性客水水质应符合《生活饮用水卫生标准》（GB 5749—2006）的要求，并定期进行化验。客水为灌溉水时，应选择水质较好的时段引水，先冲引水管，再引入蓄水设施；客水泥沙含量较高时应先进行沉淀或过滤。

2. 引水管设计要求

（1）引水管网或渠网应布置在环境良好、水质不宜受污染的地段。

（2）应充分利用已有输水管道。

（3）有条件时应优先采用管道引水；采用明渠引水时，为避免引水过程中的水质污染，应有防渗、卫生防护措施。

（4）引水管不应与污废水管相连接，不应输送污废水或灌溉退水。

3. 蓄水设施

引蓄供水工程的蓄水设施的设计要求与雨水集蓄供水工程的蓄水设施基本相同。蓄水设施宜选择地埋式水窖或地下水池，其位置应便于引水、取水和卫生防护；蓄水容积应根据年用水量、引蓄时间和次数确定。

二、引蓄供水工程的施工

引蓄供水工程的施工可参见雨水集蓄工程施工技术，这里不做详细介绍。

第七章 农村供水工程施工

第一节 供水工程构筑物施工

一、取水构筑物施工

取水构筑物依其水的来源不同可分为：地表水取水构筑物和地下水取水构筑物两大类。地表水取水构筑物按构造形式一般可分为：固定式、活动式和特种取水式 3 类。固定式地表水取水构筑物的类型较多，但一般都包括进水口、导水管（或水平集水管）、集水井。地下水取水构筑物的类型有：管井、大口井、结合井和辐射井。

（一）水源工程施工

地表水取水构筑物施工特点：受水源（江、河、湖等）的流量、流速、水位影响较大，尤其是洪水季节施工比较复杂；取水构筑物各组成部分构造差异较大，具有不同的特点和不同的施工方法，必须统筹安排，避免相互干扰。施工前必须充分掌握水文、地质、地方建筑材料等基础资料，并根据施工力量和技术水平全面考虑，选择适当的施工方案。

1. 泉水取水构筑物的建造

修建泉水取水构筑物有两个重要作用：①保护水源不受到地表径流和人畜污染；②为泉水提供收集点和储水点，将泉水储存起来，以便用户随时使用。本节介绍了泉水收集系统的修建以及应该遵循的施工步骤。

（1）所需材料。开始施工之前，工程设计人员应收集以下资料。①地形图，包括泉水位置、用户位置、泉水距用户的距离、高度以及重要的地标；②如表 7-1 所列的人力、材料和工具清单，保证在施工之前，所有材料到达工地，避免施工延期；③泉水箱的设计图。

表 7-1　　　　　　　　　　所列的人力、材料和工具清单

项目	说　明	数量	预算
人力	负责人，工人		
材料	水泥，净砂，水，金属丝网或钢筋，镀锌钢管或塑料管，滤网，木板和胶合板，使用过的电动机润滑油或其他润滑油，绑扎用钢丝，钉子		
工具	铁锹和镐头，卷尺，铁锤，木锯，水桶，木匠的角尺，搅拌槽（用于搅拌混凝土），撬棍，钳子，扳手，手推车，活动扳手，起手，泥铲		

（2）施工步骤。

1）如图 7-1 所示，确定泉的位置，使用卷尺、绳索和木桩标出施工区域。

2）挖掘并清理泉水周围的区域，确保水流畅通。如果泉水从山坡上流下，要深入挖掘，找出泉水流出的源头。如果泉眼不止一个，挖掘的距离要足够远，以确保所有的水都

能流出的源头，如果由泉眼过于分散，水流不能通过沟渠引入收集区域，就必须开挖排水沟。

如果向内挖掘得比较深，可能会找到几个泉眼的共同源头。在泉水周围挖掘时，注意观察大泉眼的水流是否增加或者小的渗出水流是否停止。通过这些迹象可以判断几个泉水的共同泉眼。一般情况下，从一个泉眼收集水比从几个泉眼收集要容易得多。

图 7-1　泉水箱位置的设计

向下挖掘的深度要深及不透水层。此不透水层可以作为泉水收集箱的良好地基，同时也可以防止泉水下渗。如果不能达到不透水层，将泉水箱建在渗透性较差的土壤上。

3）在建泉水箱之前，先在泉水底部堆积松动的石块和砂砾。石块可以用作泉水箱的地基，帮助支撑泉眼附近的地面，防止泥土被冲走。另外泉水流过时还可以起到一定的过滤作用。对于流速较快的泉水，先在泉水周围放置大石块，中间填充砂砾，从而形成牢固地基。图 7-1 是在泉水收集箱和泉水之间放置砂砾和石块的例子。

如果泉水是从水平地面上的单一泉眼流出，在泉眼周围挖掘，一直挖到不透水层形成水池。在水池底部放置砂砾，使水在进入泉水收集箱之前流过砂砾层。

4）在泉水以上大约 8m 处挖掘引水渠，排走地面径流。设计排水渠时要考虑暴雨径流量。最好在排水渠中放置石块，从而加快径流速度，防止水土流失。

5）划出一块 9m×9m 的区域建造护栏。每隔 1m 放置一根栅栏柱，绑好护栏。护栏可以防止牲畜进入泉水区。

（3）混凝土结构的施工步骤。为了使设施更牢固，至少需要对混凝土养护 7 天，在混凝土硬化的 7 天时间里，强度会逐渐增加。因此，建造泉水构筑物的第 1 天就应浇注混凝土。

1）木模加工。将木块切割成适当的尺寸，在水平地面上架起模板。木模的外部尺寸应比内部尺寸大 0.1m。如果泉水从水平地面上的某一点流出，修建底部有开口的泉水箱。如果泉水从山坡上流出，采用侧面有开口的泉水箱，如图 7-2 所示。开口的大小取决于收集水源时必须覆盖的区域面积。在建造底部有开口的泉水箱模型（图 7-3）时，确保模型的内部比地面高 0.1m。可以将内部结构钉在外部结构上，使其悬挂在地面以上 0.1m 的地方。在模板上打一个出水口孔和溢流孔。在孔内插入一小段水管，从而在浇注混凝土后，在泉水箱上留下一个正确尺寸的孔。另外，还应该建造泉水箱的顶盖。

模板必须牢固可靠，在浇注混凝土之前，进行模板支撑。因为水泥较重，如果支撑强度不够，模板就会跑模。一种有效的解决方法是用铁丝将支撑板绑在一起，如图 7-2 和图 7-3 所示。在模板上钻孔，将铁丝穿入孔内，用一小段木棍将铁丝拧紧，从而起到加固模板的作用。

2）模板的现场安装。可以在泉水箱的原位上安装，也可以在附近安装，然后将建好

内厢距地平面75mm

外厢

撑杆

透水墙

平整并且水平的基面

捆绑支撑物使内外厢保持距离

平整的新混凝土

湿覆盖物

内外厢体上的钻孔

在出水口和溢流口各插一根管

临时支撑架

新混凝土层

图 7-2　侧面开口的泉水箱模型

内厢　撑杆

外厢

捆绑支撑物使内外厢保持距离

在出水口和溢流口各插一根管

锡纸或建筑用纸

图 7-3　底部开口的泉水箱模型

的泉水箱移到泉水位置上。如果建造模板和浇注混凝土都在泉水箱原位进行，那么必须及时将泉水排走，这可以通过挖一条排水沟完成，如图 7-4 所示，保证水不接触到模板，防止混凝土硬化。

如果泉水不容易引走，在泉水附近的平整地面上建造模板并浇注混凝土。当水泥干透后，拆除模板，然后将整套设备安装到位。这项工作需要 6～8 人完成。

3）在模板上涂油。在木质模板上涂抹使用过的电动机废弃油，这样，混凝土就不会粘贴在模板上。

泉水位置

泉水的临时导水沟

图 7-4　挖掘泉水的位置

100mm厚的墙　150mm厚的墙

1m

9m角度

1.2m　1.2m

1m

（a）

全长

出水口高度

入水口高度

1m

0.9m

1m

（b）

图 7-5　泉水箱
（a）俯视图；（b）剖面图

4）绑扎泉水箱盖板钢筋。保持钢筋间距为 0.15m，用铁丝将钢筋牢固地绑扎在一起，然后将钢筋网放置在模板内，如图 7-5 所示。

5）混凝土配合比。水泥、砂和砾石比例为 1:2:3。加入适量的水形成黏稠的浆状。加入的水过多会使混凝土不够坚固。为了节省水泥，也可按 1:2:4 的比例，但要使用高质量的砾石。

6）混凝土浇筑。捣实混凝土，让混凝土充满模板，不能有空隙或气穴，否则会削弱混凝土的强度。抹平所有表面，在抹泉水收集箱的顶盖时，中间高于四周（凸形），如图 7-6 所示。这样，水可以从顶盖上流走。

图 7-6 泉水收集箱盖

（a）位于上坡上的泉水收集箱盖；（b）位于水平面上的收集箱盖；（c）大的泉水收集箱分成几个小部分

7）用帆布、粗麻布、空水泥袋、塑料布、稻草或其他保护材料覆盖混凝土，防止混凝土水分散入。覆盖物保持潮湿，因为如果混凝土变干，强度就会下降，还会产生裂缝。应将覆盖保持 7 天，或者直到混凝土养护结束为止。

8）每天向混凝土结构上浇一次水。7 天后，拆除模板，安装收集箱。

（4）泉水箱的安装。泉水箱必须安装正确，确保箱体与不透水地基紧密结合，防止水从箱体与不透水地基的缝隙渗出。

1）将泉水箱安装在正确的位置上。如果泉水从山坡流出，泉水箱的后侧要开口。在收集箱后面垒上一些石块，既为泉水箱提供支撑又允许泉水进入泉水箱。如果泉水从水平地面上流出，要保证泉水箱有一个不透水材料构成的牢固地基。在泉水箱周围或在水池内堆放一定高度的砂砾，让水在进入泉水箱之前流过砂砾。

2）使用混凝土对泉水箱与地面接触的地方进行密封，防止水从泉水箱底部渗出。

3）确保泉水流出的地方已经堆放了砂砾。对于从山坡上流出的泉水箱用砂砾回填挖开的区域。砂砾填充的高度应该达到泉水箱的进水口，以使水在进入装置时，可以流过砂砾。对于从水平地面上流出的泉水，不需要回填砂砾，只需在泉水流出的地方堆放一定高度的砂砾即可。

4）在泉水箱上安装溢流管和出水管。从模板上拔出以前插入的水管，然后插入所需的出水管和溢流管。在护墙的内外两侧用混凝土将水管周围密封。在水管口上安装滤网，用铁丝固定。

5）泉水箱的消毒。封闭箱之前，使用氯溶液对箱壁消毒。

6）安装顶盖。

7）在区域周围回填搅捣的黏土和泥土。对于山坡泉水箱，在砂砾层上面覆盖搅捣的黏土层，让黏土层从远离泉水箱处向外倾斜。黏土层应该接近泉水箱的顶部，并向下捣实，尽量使地面不透水。如果只使用泥土回填，土层的厚度至少为 1.5～2m，防止受污染的水进入砂砾层。对于水平地面泉水，在泉水箱周围垒上黏土。靠近泉水箱处黏土垒得稍高一些，防止积水。

8）用泥土回填剩余区域，完成安装。

（5）渗水收集系统的安装。有时候，泉水从很大一片区域的许多出口流出。为了收集这种水源，需要修建一个由多孔管道、防渗墙和泉水箱组成的收集系统。

在泉水箱和防渗墙的两侧安放收集管。首先在含水层内挖出坑道，一直挖到不透水层。坑道的宽度约 1m，长度以尽量收集到较多的泉水为原则。

然后在坑道内铺设直径 50～100mm 的多孔塑料管或直径 100mm 的陶土管。塑料管上的孔径为 3mm 左右。在坑道的上侧填入砂砾覆盖收集管。在下侧修建黏土墙支撑管道。收集管向收集箱方向倾斜约 1%的坡度（每 1m 倾斜 0.01m）。也可以使用多孔的弹性塑料，这种材质较轻，可以用手锯切开。

在收集系统上安装清洗管。在收集管的末端安上一个弯头，然后安上一截与收集管垂直的管子，让这根管子伸出地面，并盖住。

接着修建混凝土或不透水黏土防渗墙。向下挖掘到不透水层作为地基，制作厚度为 0.15m 的防渗墙。图 7-6 的泉水箱采用的是长 1.2m、高 0.9m 的混凝土防渗墙。防渗墙的建造方法与泉水箱相同。在防渗墙与地面之间进行良好的密封，保证水不会渗漏。将泉水导入坑道和集水管内。在翼墙夹角处修建一个小的泉水箱。如果修建泉水箱，其模板必须与防渗墙模板同时施工。施工过程中，将水从施工场地排走，使混凝土硬化。模板要有良好的支撑，并预留出水管和进水管，如图 7-7 所示。一定要在现场浇筑防渗墙和泉水箱，这是因为浇筑后，装置太重，无法移动。

图 7-7 防渗墙和泉水箱

若使用黏土修建防渗墙，从现场移走碎屑，捣实黏土，让水无法渗过小水坝或墙壁。黏土墙的修建与坝墙类似，有 $2:1$ 或 $3:1$ 的坡度。填入 150mm 厚的黏土层，向下压实，保证非常致密。让黏土层保持潮湿，每铺 150mm 的黏土层就捣实一次，直至达到最大高度。防渗墙的墙壁应该紧贴泉水箱。

渗水收集系统的建造比泉水箱更复杂，昂贵。集水管的安装需要经验，安装完集水管道后，防渗墙的修建与泉水箱的修建就没有什么区别了。必须遵守相同的步骤，使用相同的混凝土材料，另外，还必须遵守相同的混凝土养护和装置放置原则。

2. 湖泊和水库取水口的建造

修建取水口不仅取水简便，而且也能减少人为污染。水通过取水口，抽入蓄水池再通过居民区水塔或家庭给水管网供给用户。本节介绍了湖泊和水库取水口的建造方法。

（1）所需材料。施工之前，设计人员应提供如下资料：①标明取水口位置、距离以及施工区的地形图；②列明工程所需的人力、材料和工具的清单，见表 7-2、表 7-3；③取水口平面图。

表 7-2　　　　　　　　　　硬塑料取水口人力、材料和工具清单

项目	说　　　　明	数量	预算
人力	负责人，工人		
材料	PVC管，套管和管道胶，10mm 钢丝滤网，弯头（用于管道末端），夹具（若用混凝土支撑管道，则需要水泥、砂、卵石及制模用木材），球阀，绳索，木桩		
工具	开挖工具，弓形锯，木锯，锤子，钉子，筐，卷尺，小钻		

表 7-3　　　　　　　　　　混凝土取水口人力、材料和工具清单

项目	说　　　　明	数量	预算
人力	负责人，工人		
材料	PVC管或镀锌管，弯管，水泥，砂，砾石，钢丝滤网，混凝土块，球阀，制作模具用木材，防渗环，管道胶，套管胶，套管绳索，木桩		
工具	开挖工具，砂浆盒，锤，钉子，筐，弓形锯，皮尺		

（2）浮动式取水口的施工步骤。

1）用绳索或木桩标出施工地点，标出排水管道、水泵和蓄水池的位置。管沟宽约 0.5%，在取水口和泵之间接直线布置。

2）制备取水管。在管道上钻出 $8\sim10mm$ 的进水洞或切出沟槽并用 10mm 钢丝网包扎住孔区。孔间距约 25mm 并覆上 $0.2\sim0.5m$ 长管段。不要将网系得过紧，并用夹具将其固定于管道上。要注意将管道末端放入取水口，水应由钢丝网流入取水孔内。

3）在浮体上系上 3 条绳子，2 条绑在锚体上，1 条 $0.3\sim0.5m$ 长的绳子绑在浮动式取水口上。如果使用的是混凝土锚体，要确保混凝土必须养护 7 天。

4）将管道、锚体和浮体装在小船上。如果池塘浅，则趟水将这些材料放入水中。

5）将锚体放入水中。锚体应以定位标志为中心，两锚体之间的距离约址最高水位的 2 倍，见图 7-8。

图 7-8　浮体和锚的位置

图 7-9　用混凝土固定管道

6）开挖管沟。管沟的开挖深度应大于 0.5m。开挖管沟深度至少为 0.5m。从岸边向池塘方向挖出 1m 长的距离。这样可以减少进入管沟的水量。如果沟内进水，则用桶掏出，如图 7-9 所示。

7）在水库边，将进水管放入挖好的管沟中。回填管沟，回填到离塘边大约 0.5～0.6m 远或进入管沟水较少的地方。管沟应挖成直线以方便与泵的连接。留出 0.6m 长的管沟不予回填方便管道作业。若使用软管，软管应期加以锚固以防弯折。软管还会浮起应加配重将其压低。

8）水泵安装。有关水泵安装的详细情况，这里不做介绍。

（3）固定式取水口的施工步骤。

1）从清水井或水泵连一直线到取水口处。该线标出了管道与管道支撑物铺设的路径。

2）制备取水管。在塑料管上钻孔径为 8～10mm 的进水孔或切出沟槽，用 10mm 钢丝网包裹钻孔区。孔间隔 25mm。

3）安装管道支撑。若使用混凝土支撑管道，先建模型，抹上油，将水泥、砂、卵石配合比为 1：2：（3～4）的水泥砂浆倒入模具。养护 7 天后再拆除模型，如果使用木质支撑物，则可马上进行安装。

4）将进水管与其他管子连接，使管道从取水点伸向岸边。

5）沿着定位线在池塘或湖底安放管道支撑物。每个支撑物之间至少间隔 1.5m，每一管段一般要设置两个支撑物以便提供足够支撑力。用锤子将支撑体夯至湖底或将支撑物锚固于岩石上。若净水井由重力流补给，则朝井方向倾斜 1％的坡度安装水管。

6）挖一条 2m 长、0.5m 深的管沟，从岸上朝水体方向开挖以免水进入管沟。若水流入净水井内，管沟坡度应为 1％。

7）将管道安装在支撑物上。将水灌入管中使其下沉，开始沉管时，在每一支撑物的位置上站一人以将管道引导安装在支撑体上，在岸上开始回填时将其固定。

8）将管道放入管沟并回填。插入一节新的管道并与已固定好的管道进行对接。最后将管道插入蓄水井，回填管沟。

9）安装水泵或挖掘清水井。采用与浮动式取水口相同的步骤安装取水口，如图 7-9 所示。同时，遵循以下步骤：①制造 0.6m×0.6m 的模具，模具内预留出管道的位置，以便浇筑混凝土前管道能够就位；②将管道放入模具内并在浇筑混凝土前固定模具，浇筑后养护 7 天；③管道一端用一弯管接头和一加滤网的垂直取水管连接起来，另一端则连接到通向水泵的管道上；④用绳索将取水口放入水中，在绳索上系一浮标，标明取水口的位置，以便需要维修时容易找到取水口。

（4）混凝土箱取水口的施工步骤。该类型的取水系统只能安装在新的待建水库水坝上，而不能安装在已建成的水库水坝上。

1）打桩标出水库坝址以及水库内混凝土取水口的位置。取水口应位于坝后的深水点附近。

2）在取水口向坝的下游 2m 远处，标出管沟位置，引水管应该铺在堤坝下 45cm 处。

3）挖出一条约 0.45m 深的管沟，可使用塑料管或镀锌铁管。从取水点至下游 2m 外，将管道铺设在挖出的管沟内并进行对接组装。

4）如图 7-10 所示，为水坝坝体下的管道加装防渗环，避免对坝体的侵蚀破坏。防渗环可以减缓水流并将水流分散在更大的区域，从而防止侵蚀。防渗环可由混凝土或铸铁制成，直径 0.4m，壁厚 25～50mm。

图 7-10　安装水库的取水口

5）沿着堤坝下的管线，每隔 7m 设置一个防渗环。若使用镀锌铁管，并有焊接设备，则应将波纹金属片焊在管道上。如果不能焊接，则最好要制作浇筑混凝土管的模具。在使用混凝土管时，要确保与管道形成良好的结合力。

6）在取水口处管道末端安装弯头，在出水口处安装球阀来控制水流。

7）在水库库底取水口位置挖出 1m 长、1m 宽、0.1m 深的区域，该区域作为取水箱的地基。取水口位于该地基的正中间。

8）修建保护取水口的水箱。取水箱的模具尺寸为 1m×1m×60cm（长×宽×高）。壁厚 10cm。在模具底部管道弯头上方留一孔，用于安装取水管。如图 7-11 所示。

9）按 1:2:3 的比例混合水泥、砂、砾石，并将其倒入模具内，养护 7 天时间。

10）拆除模具，在弯头处安装一节管子，管子上部用砂浆密封管道四周以及底部。

11）在取水箱上方放置 10mm 孔径的钢丝网，并压上混凝土块。

3. 河流取水口的建造

可以在河流上修建多种类型的取水口。优良的取水口可以为居民提供优质生活用水，同时解决长距离运水的不便。本节讨论了 2 种类型的河流取水口的施工方法，它们分别是渗滤系统、重力流系统。

（1）所需材料。项目设计人员在施工前应提供以下资料。①地形图，该地形图包含取水系统的位置，如图 7-11 所示；②列明所需人力、材料及工具的清单；③取水口的详细平面图。

图 7-11　渗滤系统地形图

（2）渗滤系统的施工。本节讨论了两种渗滤系统，分别是河岸取水井系统和廊道渗滤系统。

施工之前，严格按照项目设计人员提供的位置图并用细绳、木棍或木桩标明施工区范围。

廊道渗滤系统由集水管、管沟和清水井 3 部分组成。

1）清水井的开挖。

2）开挖集水管管沟。施工时间应选择在枯水季节，此时水位较低。挖掘到水位以下 1m，以收集到尽可能多的水。确保挖掘深度不得超过工人身高，为了避免塌方事故，对管沟边壁进行支护。

挖掘期间，将会有水渗入管沟，因此需要一边挖掘，一边排水。如果渗入的水较少可以将水舀出；如果管沟中渗入的水较多，需要用水泵排水。

3）准备管道。如果采用陶土管或混凝土管，水从管子之间的连接处进入，因此，不需要对管子进行过多加工。如果采用塑料管，就必须在塑料管上钻圆孔或长孔。孔径为 5～10mm，孔间距 25mm。应该在管子上钻尽量多的孔，以收集更多的水。

4）为管沟铺设滤床。滤床铺设的方法见图 7-12，先在管沟里垂直放上木板，倒入第二层砂到所需的高度，在第一层木板内再放一层木板，一倒入第二层砂至所需高度后，慢慢抽出第一层木板，依次类推。最细的砂要离管子最远。将管子铺到滤床中后，按相反顺序铺设上层滤床，即先铺粗砂，最后铺细砂。

便于铺砂的木槽

中砂
细砂
粗砂

图 7-12　铺设滤床

5）在管沟里安装管子。先从运离水井折方向铺设管子，最后将管子透接到水井中。

6）回填管沟。用砾石和砂覆盖管子后，再在其上铺设 0.5m 厚的不透水土层。

7）在清水井中安装水泵。如果水井离村庄不远，而且供水人口小于 200，可以安装手动泵。

如果在河岸边不能修建集水沟，可建造渗滤廊道。如果河流的流速很慢且土壤非沙质，则可以在河流中部修建渗滤廊道。施工时河流应予改道。

1）修筑一座小水坝和导流渠，将水从施工区引开。

2）挖一条深 0.5～1.0m 的集水沟，铺设进水管，进水管的周围铺设滤床。集水管管长依所需水量而定。一般要在河床内铺设数米管道以保证充足的水量。

3）在水井的河对岸上安装一竖管，与主收集管道系统相连。该管道用作清洗管，平时盖上防护罩。

4）将管道的另一端连接到清水井。

如果具有适当的设备，可以修建伸到河床内的渗滤廊道。施工步骤如下：①在河岸边挖一水井，水井直径约 1.5m；②用混凝土圈、砖、灰浆对水井进行衬砌，如果井内进水很快，则用机动泵排空水井，保持井内干燥以便施工；③在井壁靠河一侧钻孔，当钻到 0.5m 深时，放入钻杆；④为了避免井筒破坏，对井壁进行特殊加固；⑤钻进设相应数目的管道，先钻进大孔径的钢管，完成后，将预先钻孔的小直径塑料管送进钢管内，再把钢管抽出。

　　（3）重力流系统的施工和安装。在山区和丘陵地区，可以收集河水。本节介绍了建造带翼墙的混凝土取水口的施工方法。

　　1）施工。将所有施工材料运至工作地点。严格按照项目设计人员提供的位置图和设计图进行翼墙式取水口施工。

　　a. 制作模具。墙的厚度应为 15cm。在浇注混凝土前，将模具抹油并予以支护。

　　b. 在模具上预留一 50mm 的取水孔。在浇注混凝土前在取水口安上一截水管。

　　c. 以 1:2:3 的比例将水泥、砂和卵石拌制成混凝土，加水拌和成稠状物。

　　d. 将钢筋放入模具内。

　　e. 将混凝土倒入模具内，确保捣实防止混凝土内含有空隙或气泡。浇筑后，抹平上部，盖上帆布、塑料布或稻草。每天至少浇一次水对混凝土进行养护。

　　f. 让混凝土硬化 7 天，然后拆除模具，就形成了高强度混凝土收集墙。

　　2）安装。小心谨慎地将翼墙安放就位。由于混凝土结构重，安放时有一定难度。安装时应遵循如下步骤：

　　a. 取出浇注混凝土前预埋的水管，放入一段新的可以连接到配水系统上的镀锌钢管或塑料管。用砂浆对水管周围进行密封。管长不应超过 0.5m 以免妨碍安装。

　　b. 在进水管处包上一块 10mm 钢丝网，并将其固定。

　　c. 确定管道与河岸交接，挖出一条管沟，使管道在河岸上安全就位。

　　d. 使用圆木或重金属棒在河岸上搭起一个三脚架。将每一支脚埋进地下 0.30m 深以增强安全。用粗绳将所有支脚连在一起。

　　e. 在三脚架顶端安一滑轮。如果翼墙很重，则安装两个滑轮。

　　f. 在翼墙四周系上绳索，并使其在空中能自由滑动。安排 2～3 人拉绳索吊起翼墙，另外 2 人在河流中将翼墙安装就位，见图 7-13。

　　g. 在将取水构筑物安放进河道之前，在河床上挖下约 10mm 的沟用于安放取水构筑物。

图 7-13　翼墙式重力流取水口

　　h. 将构筑物放进河流中，让其前面的翼墙紧靠着河岸。在翼墙的外侧堆放大块岩石，防止水流冲倒翼墙。河水要完全盖过水管。

　　i. 挖出一条管沟来埋设出水管。管沟深度至少 200mm，充分保护管道。

　　j. 翼墙式取水口对岸放置石块，避免河水冲击河岸。取水构筑物太重不易将其放进河道内。在这种情况下，如果水流不很急，可以直接在水中制作模具并浇筑混凝土。但这种技术仅适用于具有丰富混凝土处理经验的技术人员使用。

4．泵房施工

（1）泵房的常规施工。

1）常规泵房种类。常规泵站按形式分类有地面式、半地下式、地下式；按结构分类有砖石砌体、砖混、现浇钢筋混凝土；按用途分类有供水泵房、深井泵房、加压泵房、地下水位深的排水泵房、建在岸上，或干涸季节施工的取水泵房。

2）泵房常规施工注意事项。

a．泵房的地下和水下部分均应按防水处理施工，其内壁、隔水墙不得渗水，穿墙管均应采用预制防水套管在土建施工中预埋就位。但不宜马上安装管线，待泵房不再明显沉降后安装，或者在套管内安装了管线，但管道上皮与套管间预留较大的沉降空隙，待泵房沉降平稳后再作防水填塞，填塞宜采用柔性防水材料，防止泵房沉降，压断管道。

b．泵房地面施工必须按设计严格做出坡向，以保证泵房地面水流向排水渠或排水井，防止出现向电缆沟、管沟里淌水及地面积水的现象。

c．水泵和电机基础与底板混凝土不同时浇筑时，其接触面除应按施工缝处理外，底板应预埋插筋。

3）泵房现浇钢筋混凝土模板。

a．检查项目：模板安装必须牢固。在施工荷载作用下不得有松动、跑模、下沉现象；模板拼缝必须严格，不得漏浆，模板必须清洁。

b．整体式结构模板允许偏差见表7-4。

表7-4　　　　　　　　　整体式结构模板允许偏差见表

序号	项　　目		允许偏差/mm	检验频率		检验方法
				范围	点数	
1	相邻两板表面高低差	刨光模板钢模	±2	每个构筑物	4	用钢尺量
		不刨光模板	±4			
2	表面平整度	刨光模板钢模	±3		4	用2m直尺检验
		不刨光模板	±5			
3	垂直度	墙、柱	0.1%H且不大于6		2	用垂线或经纬仪检验
4	模内尺寸	基础	+10，-20		3	用尺量，长宽高各计1点
		梁、板	+3			
		墙、柱	-8			
5	轴线位移	基础	15		4	用经纬仪测量纵横各计2点
		墙	10			
		梁柱	8			
6	预留孔位移		10	每孔	1	用尺量
7	预埋孔位移		5	每件	1	用尺量

注　表中H为构筑物高度。

（2）泵房现浇钢筋混凝土钢筋加工。

1）检查项目。

a. 钢筋表面应洁净，不得有锈皮、油渍、油漆等污垢。

b. 钢筋必须平直，调直后表面伤痕及锈蚀不应使钢筋截面面积减少。

c. 钢筋弯曲成形后，表面不得有裂纹、鳞落或断裂等现象。

2）钢筋加工允许偏差见表 7 - 5。

表 7 - 5　　　　　　　　　　　　　钢筋加工允许偏差表

序号	项　目		允许偏差/mm	检验频率		检验方法
				范围	点数	
1	冷拉率		不大于设计规定	每根（每一类型抽查 10% 且不少于 5 根）	1	用尺量
2	受力钢筋成型长度		+5，−10		1	用尺量
3	弯起钢筋	弯起点位置	±20		1	用尺量
		弯起高度	0，−10			
4	箍筋（宽、高）		0，−5		2	用尺量宽、高各计 1 点

3）钢筋绑扎、钢筋焊接检查项目。

a. 绑扎成型时，钢丝必须扎紧，其两头应向内不得松动、折断、裂纹及移位。

b. 焊接成型时，焊前焊接处不得有水锈、油渍等；焊后焊接处不得有缺口、裂纹及较大的金属焊瘤，用小锤敲击时应发出与原钢筋同样的清脆声。

c. 绑扎或焊接成形的网片或骨架必须稳定、牢固、在安装及浇筑混凝土时不得松动或变形。

（3）泵房现浇钢筋混凝土结构。

1）检查项目。

a. 混凝土结构不得有孔洞、露筋、缝隙夹渣现象。

b. 混凝土表面应平整、洁净。

2）现浇混凝土结构允许偏差见表 7 - 6。

表 7 - 6　　　　　　　　　　　　现浇混凝土结构允许偏差表

序号	项　目		允许偏差/mm	检验频率		检验方法
				范围	点数	
1	混凝土抗压强度		根据《混凝土强度检验评定标准》（GBJ 107—87）执行		12 块	标准养护
2	混凝土抗渗性能		不小于设计规定	每台班 2 组	4	标准养护
3	轴线位移		20	每座	4	用经纬仪测量
4	各部底板标高		±20	每座	4	用水准仪测量
5	尺寸	长、宽直径	小于 0.5% 且不大于 50mm	每座	4	用尺量
6	构筑物厚度	<200mm	±5	每座	4	用尺量
		200~600mm	±10	每座	4	
		>600mm	±15			

续表

序号	项 目	允 许 偏 差 /mm	检验频率 范围	检验频率 点数	检验方法
7	墙面垂直度	≤0.15%H	每座	4	用垂线量测
8	麻面面积	≤1%	每侧	1	用尺量计算麻面面积与总面积的比值
9	预埋件位置	±5	每件	1	用尺量
10	预留件位移	±10	每件	1	尺量

注 H 为墙的高度。本表规定同时适用于预制阶段的质量控制。

（4）构件安装。

1）检查项目如下：①安装的混凝土构件不得有裂缝、露筋和破损现象；②两板之间的缝隙必须用细石混凝土或水泥砂浆嵌填密实；③搭接长度圆孔板堵孔等必须符合施工规范和设计规定。

2）构件安装允许偏差应满足表7-7的要求。

表7-7 构件安装允许偏差表

序号	项 目		允许偏差 /mm	检验频率 范围	检验频率 点数	检验方法
1	平面位置		10	每一个构件	1	用经纬仪测量
2	相邻两构件支点处顶面高差		±10	每一个构件	2	用尺量
3	焊缝长度		不小于设计规定	每一个构件	抽查焊缝10%每处计1点	
4	行车梁	中线偏差	5	每一个构件	1	用垂线或经纬仪测量
		顶面高程	±5		1	用水准仪测量
		相邻两梁端顶面高差	3		1	用尺量

（二）地下水取水构筑物施工

地下水取水构筑物，按其构造可分为：管井、大口井、辐射井、渗渠等。地下水取水构筑物施工特点：①与地表水取水构筑物相比，土石方工程数量比较小，施工周期短；②取水构筑物置于地层下部，施工时发生事故后的处理比较复杂，施工质量的好坏在很大程度上影响到构筑物的产水量和耐久性；③取水构筑物施工与工程地质、水文地质等关系极为密切；施工前必须掌握和了解足够的资料，才能保证施工的顺利进行，施工过程中实际的地质情况直接影响滤水结构的设置。

1. 管井施工

（1）管井结构。管井是集取深层地下水的地下取水构筑物。主要由井壁管、滤水管、沉淀管、填砾层和井口封闭层等组成。

管井的结构取决于取水地区的地质构造、水文地质条件及供水设计要求等。其结构设计包括井孔深度、井孔直径，采用井壁管的种类、规格，滤水管的类型及安装位置，沉淀管的长度、填砾层厚度、规格、填入量，井口封闭，有害含水层封闭和抽水设备的型号等。

（2）管井材料。

1）井壁管、沉淀管。井壁管、沉淀管多采用钢管和铸铁管。也可采用其他非金属管材，例如：钢筋混凝土管、塑料管、缸瓦管、砖管等。

2）滤水管。滤水管以结构形式分有圆孔过滤管、条孔过滤管、包网过滤管、缠丝过滤管、填砾过滤管、砾石水泥过滤管、无缠丝过滤管、贴砾过滤管等。一般常用缠丝过滤管和填砾过滤管、砾石水泥（无砂混凝土）过滤管。

管井过滤管一般选用钢管、铸铁管或其他非金属管材，其管材的质量要求与井壁管、沉淀管相同。要正确处理滤水管的透水性和过滤性这一对矛盾，就要正确选择滤水管的孔隙率。钢管孔隙率要求为 30%～35%，铸铁管孔隙率要求为 23%～25%，骨架孔隙率要求为 50%。石棉管、混凝土管等考虑到管壁强度，孔隙率要求为 15%～20%。

3）砾石滤料。对于砾石、粗砂、中砂、细砂等松散含水层，为防止细砂涌入井内，提高滤水管的有效孔隙率，增大管井出水量，延长管井的使用年限，在缠丝滤水管周围，应再充填一层粗砂和砾石。这种滤水结构也叫填砾滤水管，是松散含水层中最广泛采用的一种形式。

（3）管井施工方法。

1）施工前准备工作。施工前，应查清钻井场地及附近地下与地上障碍物的确切位置，选择井位和施工时应避开或采取适当保护措施。应做好临时水、电、路、通信等准备工作，并按设备要求范围平整场地。场地地基应平整坚实、软硬均匀。对软土地基应加固处理。

安装钻塔时，应将塔腿固定于基台上或用垫块垫牢，以保持稳定。绷绳安设位置合理，地锚牢固，并用紧绳器绷紧。

在施工方法和机具确定后，还应根据设计文件准备黏土、砾石和管材等，并在使用前运至现场。

泥浆作业时应在开钻前挖掘泥浆循环系统。开钻前还应安装好钻具，检查各项安全设施。井口表土为松散土层时还应安装护口管。

2）护壁方法和基本要求。

a. 护壁方法选择。泥浆护壁适用于基岩破碎层及水敏性地层的施工，既为护壁材料，又为冲洗介质，因而节省施工用水，护壁效果好，但成井后，洗井困难。水压护壁适用于结构稳定的黏性土及不大量漏水的松散地层，且具有充足的水源的施工，比较完整的基岩。其施工简便，成本低，但护壁效果不长久。管套护壁适用于泥浆、水压护壁无效的松散地层，特别适用深度较小的井的半机械化以及缺水地区施工时采用，优点是无需施工用水水源，护壁效果好，但需用大量的套管。

b. 护壁基本要求。泥浆及水压护壁，要求井孔应设护口管，其外径大于钻头直径 50～100mm，管长不得小于 3m。下入深度宜在潜水位下 1m 左右，护口管固定于地面，且管身中心与钻具垂吊中心一致，护口管外壁与井壁间应以黏土或其他材料填实。泥浆护壁还要求钻井或停钻时，井孔内泥浆面不得低于地面 0.5m，水压护壁则应保证井孔内压力水头高出静水位 3m 以上。套管护壁要求在松散层覆盖的基岩中钻进时，上部覆盖层应下套管，对下部坍岩层可采用套管或泥浆护壁，覆盖层的套管应在钻穿覆盖层进入完整基层岩0.5～2m，并取得完整岩心后下入，套管应固定于地面，管身中心与钻具垂直中心一致，套管外壁与井壁之间应填实。

3）凿井机械与钻进。

a. 冲击钻进。冲击钻进的工作原理是靠冲击钻头直接冲碎岩石形成井孔，主要有绳索式冲击钻机和钻杆式冲击钻机。绳索式冲击钻机适用于松散石砾层与半岩层，较钻杆式钻机轻便。其冲程为0.45～1.0m，每分钟冲击40～50次。钻杆式冲击钻机由发动机供给动力，通过传动机构提升钻具作上下冲击。一般机架高度为15～20m，钻头上举高度为0.5～0.75m，每分钟冲击40～60次。

b. 回转钻进。回转钻进的工作原理是依靠钻进旋转，同时使钻具在地层上具有相当压力，而使钻具慢慢切碎岩层，形成井孔。其优点是钻进速度快，机械化程度高，并适用于坚硬的岩层钻进；缺点是设备比较复杂。

c. 锅锥钻进。锅锥是人力与动力相配合的一种半机械回转式钻机。这种钻机制作与修理都较容易，取材方便；耗费动力小，操作简单，容易掌握；开孔口径大，安装砾石水泥管、砖管、陶土管等井管方便，钻进成本较低。

4）井管安装方法。下管方法，应根据下管深度、管材强度和钻探设备等因素进行选择。

a. 直接提吊下管法。井管自重不超过井管允许抗拉力和钻探设备安全负荷时，宜用直接提吊下管法。通常采用井架、管卡子、滑车等起重设备依次单根接送。

b. 浮板下管法。浮板下管法常在钢管、铸铁井管下管时使用。浮板一般为木制圆板，直径略小于井管外径，安装在两根井管接头处，用于封闭井壁管，利用泥浆浮力，减轻井管重量。采用浮板下管时，密闭井管体积内排开的泥浆将由井孔溢出，为此，应准备一个临时储存泥浆的坑，并挖沟使其与井孔相连。井管下降时，泥浆即排入此坑中。若浮板突遭破坏，井内须及时补充泥浆时，该坑应当便于泥浆倒流，避免发生井壁坍塌事故。

c. 托盘下管法。托盘下管法常在混凝土井管、矿渣水泥管、砾石水泥管等允许抗拉应力较小的井管下管时采用。钻杆托盘下管法中托盘的底为厚钢板，直径略大于井管外径，小于井孔直径4～6cm，托盘底部中心焊一个反扣钻杆接箍，并于托盘上焊以双层铁板，外层铁板内径稍大于井管外径，内层铁板内径与井管内径相同。

下管时，首先将第一根井管（沉砂管）插入托盘，将钻杆下端特制反扣接头与托盘反扣钻杆接箍相连，慢慢降下钻杆，井管随之降入井孔，当井管的上口下至进口处时，停止下降钻杆，于接口处涂注沥青水泥混合物，即可安装第二根井管。井管的接口处必须以竹、木板条用钢丝捆牢，每隔20m安装一个扶正器，直至将全部井管下入井孔，将钻杆正转拧出，井盖好，下管工作即告结束。

5）填砾石与井管外封闭。为扩大滤水能力，防止隔水层或含水层塌陷而阻塞滤水管的滤网，在井壁管（滤水管）周围回填砾石滤层。

回填砾石的颗粒大小通常为含水砂层颗粒有效直径的8～10倍。可参考表7-8选用。滤层厚度一般为50～75mm。滤层通常做成单层。

表7-8 回填砾石粒径参考值表

含水层名称	特性		回填砾石直径/mm
	粒径/mm	有效粒径所占百分比/%	
粗砂	2～1	80	10～8
中砂	1～0.5	60	5～4
细砂	0.5～0.25	50	2.5～2.0
粉质砂土	0.25～0.05	30～40	1.0～0.5

回填砾石的施工方法，有直接投入法和成品下入法两种。直接投入法较简单。为了顺利投入砾石，可将泥浆相对密度加以稀释，一般控制在1.10左右。为了避免回填时砾石在井孔中挤塞而影响质量，除设法减少泥浆的相对密度外，还可使用导管将砾石沿管壁投下。

成品下入法是将砾石预装在滤水器的外围，如常见的笼状过滤器，就是这种结构。此时，由于过滤器直径较大，下管时容易受阻或撞坏，造成返工事故。因此，下管前必须作好修井孔、试井孔、换泥浆及清理井底等准备工作。

回填砾石滤层的高度，要使含水层连通以增加出水量，并且要超过含水层几米。

砾石层填好后，就可着手井管外的封闭。其目的是作好取水层和有害取水层隔离，并防止地表水渗入地下，使井水受到污染。封闭由砾石滤层最上部开始，宜先采用黏土球，后用优质黏土捣成碎块填上5～10m，以上部分采用一般泥土填实。特殊情况可用混凝土封闭。

6) 洗井、抽水试验及验收。

a. 洗井。洗井是为了清除在钻进过程中孔内岩屑和泥浆对含水层的堵塞，同时排出滤水管周围含水层中的细颗粒，以疏通含水层，借以增大滤水管周围的渗透性能，减少井水阻力，延长使用寿命。洗井必须在下管、填砾、封井后立即进行。否则将会造成孔壁泥皮固结，造成洗井困难，有时甚至失败。

洗井方法有活塞洗井、压缩空气洗井、水泵或泥浆泵洗井、化学洗井、二氧化碳洗井、高速水喷射洗井等。应根据含水层特性、管井结构和钻探工艺等因素确定。

b. 抽水试验。抽水试验的目的在于正确评定单井或井群的出水量和水质，为设计施工及运行提供依据。

抽水试验前应完成如下准备工作：选用适宜的抽水设备并作好安装；检查固定点标高，以便准确测定井的动水位和静水位；校正水位测定仪器及温度计的误差；开挖排水设施等。

试验中水位下降次数一般为三次，最低不少于两次。要求绘制正确的出水量与水位下降值 Q-S 关系曲线和单位出水量与水位下降值 q-s 关系曲线，借以检查抽水试验是否正确。

抽水试验的最大出水量，最好能大于该井将来生产中的出水量，如限于设备条件不能满足此要求时，亦应不小于生产出水量的75%。次抽降中的水位下降值分别为 S_1、S_2、S_3，且各次水位抽降差和最小一次抽降值最好大于1m。

抽水试验的延续时间与土壤的透水性有关，见表 7-9。

表 7-9　　　　　　　　　　　　　　抽水试验延续时间表

含水层岩性成分	稳定水位延续时间/h		
	第一次抽降	第二次抽降	第三次抽降
裂隙岩层	72	48	24
中、细、粉砂层	24	48	64
粗砂、砾石层	24	36	48
卵石层	36	24	12

c. 管井的验收。管井验交时应提交的资料包括：管井柱状图、颗粒分析资料、抽水试验资料、水质分析资料及施工说明等。

管井竣工后应在现场按有关质量标准验收。管井的单位出水量应与设计值基本相符。管井揭露的含水层与设计依据不符时，可按实际抽水量验收。

7）凿井常见事故预防与处理。

a. 井孔坍塌。施工中应注意根据土层变化情况及时调整泥浆指标，或保持高压水护孔；作好护口管外封闭，以防泥浆在护口管内外串通；特殊岩层钻进时须储备大量泥浆，准备一定数量的套管；停工期间每 4～8h 搅动或循环孔内泥浆一次，发现漏浆及时补充；在修孔、扩孔时，应加大泥浆的相对密度和黏度。

发现井孔坍塌时，应立即提出钻具，以防埋钻。并摸清塌孔深度、位置、淤塞深度等情况，再行处理。如井孔下部坍塌，应及时填入大量黏土，将已塌部分全部填实，加大泥浆相对密度，按一般钻进方法重新钻进。

b. 井孔弯曲。施工中应注意钻机安装平稳，钻杆不弯曲；保持顶滑轮、转盘与井口中心在同一垂线上；变径钻进时，要有导向装置；定期观测，及早发现。

发现井孔弯曲时，冲击钻进时可以采用补焊钻头，适当修孔或扩大 L 来纠斜。当井孔弯曲较大时，可在近斜孔段回填土，然后重新钻进。回转钻进纠斜可以采用扶正器法或扩孔法。在基岩层钻进时，可在粗径具上加扶正器，把钻头提到不斜的位置，然后采用吊打、轻压、慢钻速钻进，可选用稍大的钻头，低压力、慢进尺、自上而下扩孔。

另外，还可采用灌注水泥法和爆破法等。

c. 卡钻。钻头必须合乎规格；及时修孔；使用适宜的泥浆保持孔壁稳定；在松软地层钻进时不得进尺过快。如在冲击钻进中，出现上卡，可将冲击钢丝绳稍稍绷紧，再用陶泥筒钢丝绳带动捣击器沿冲击钢丝绳将捣击器降至钻具处，慢慢进行冲击，待钻具略有转动，再慢慢上提。出现下卡可将冲击钢丝绳绷紧，用力摇晃或用千斤顶、杠杆等设备上提。出现坠落石块或杂物卡钻，应设法使钻具向井孔下部移动，使钻头离开坠落物，再慢慢提升钻具。

在回转钻进中，出现螺旋卡钻，可先迫使钻具降至原来位置，然后回转钻具，边转边提，直到将钻具提出，再用大"钻耳"的鱼尾钻头或三翼刮刀钻头修理井孔。当出现掉块、探头石卡钻或岩屑沉淀卡钻时，应设法循环泥浆，再用千斤顶、卷扬机提升，使钻具上下串动，然后边回转边提升使钻具捞出。较严重的卡钻，可用振动方法解除。

d. 钻具折断或脱落。应合理选用钻具，并仔细检查其质量；钻进时保持孔壁圆滑、孔底平整，以消除钻具所承受的额外应力。卡钻时，应先排除故障再进行提升、避免强行提升；根据地层情况，合理选用转速、钻压等钻进参数。施工中若发现钻具折断或脱落后，应首先了解情况，如孔内有无塌陷淤塞情况、钻具在孔内的位置，钻具上断的接头及钻具扳手的平面尺度等，分情况加以处理。

　　2. 沉井施工

　　(1) 沉井施工程序。沉井施工常用于地下泵房和地下水源井的施工，沉井施工就是先在地面上预制井筒，然后在井筒内不断将土挖出，井筒在自身的重量或附加荷载的作用下，克服井壁与土层之间的摩擦阻力及刃脚下土体的反力而不断的下沉直至设计标高为止，然后封底，完成井筒内的工程。其施工程序有基坑开挖、井筒制作、井筒下沉及封底，图 7-14 为沉井施工主要程序示意图。

图 7-14　沉井施工主要程序示意图
(a) 基坑开挖；铺砂垫层；(b) 沉井制作；(c) 抽取承垫木；(d) 挖土下沉；(e) 封底回填

　　(2) 井筒制作。井筒制作一般可分为一次制作和分段制作。一次制作指一次制作完成设计要求的井筒高度，适用于井筒高度不大的构筑物，一次下沉工艺。而分段制作是将设计要求的井筒进行分段现浇或预制，适用于井筒高度大的构筑物，分段下沉或一次下沉工艺。

　　1) 基坑及坑底处理。井筒制备时，其重量借刃脚底面传递给地基，为了防止在井筒制备过程中产生地基沉降，应进行地基处理或增加传力面积。

　　当原地基承载力较大，可进行浅基处理，即在与刃脚底面接触地基范围内，进行原土夯实，垫砂垫层、砂石垫层、灰土垫层等处理，垫层厚度一般为 30～50cm。然后在垫层上浇灌混凝土井筒。这种方法称无垫木法。

　　若坑底承载力较弱，应在人工垫层上设置垫木，增大受压面积。铺设垫木应等距铺设，对称进行，垫木面必须严格找平，垫木之间用垫层材料找平。沉井下沉前拆除垫木亦应对称进行，拆出处用垫层材料填平，应防止沉井偏斜。

为了避免采用垫木，可采用无垫木刃脚斜土模的方法。井筒重量由刃脚底面和刃脚斜面传递给土台，增大承压面积。土台用开挖或填筑而成。与刃脚接触的坑底和土台处，抹2cm厚的1：3水泥砂浆，其承压强度可达0.15～0.2MPa，以保证刃脚制作的质量。

2）井筒混凝土浇灌。井筒混凝土的浇灌一般采用分段浇灌、分段下沉、不断接高的方法。即浇一节井筒，井筒混凝土达到一定强度后，挖土下沉一节，待井筒顶面露出地面尚有0.8～2m时，停止下沉，再浇制井筒、下沉，轮流进行直到达到设计标高为止。该方法由于井筒分节高度小，对地基承载力要求不高，施工操作方便。缺点是工序多、工期长，在下沉过程中浇制和接高井筒，会使井筒因沉降不均而易倾斜。

井筒混凝土的浇灌还可采用分段接高、一次下沉。即分段浇制井筒，待井筒全高浇筑完毕并达到所要求的强度后，连续不断地挖土下沉，直到达到设计标高。第一节井筒达到设计强度后抽除垫木，经沉降测量和水平调整后，再浇筑第二节井筒。该方法可消除工种交叉作业和施工现场拥挤混乱现象，浇筑沉井混凝土的脚手架、模板不必每节拆除，可连续接高到井筒全高，可以缩短工期。缺点是沉井地面以上的重量大，对地基承载力要求较高，接高时易产生倾斜，而且高空作业多，应注意高空安全。

（3）井筒下沉。井筒混凝土强度达到设计强度70%以上时可开始下沉。下沉前要对井壁各处的预留孔洞进行封堵。

1）沉井下沉。沉井下沉时，必须克服井壁与土间的摩擦力和地层对刃脚的反力。根据沉井受压条件而设计的井壁厚度，往往使井筒不能有足够的自重下沉，过分增加井壁厚度也不合理。可以采取附加荷载以增加井筒下沉重量，也可以采用震动法、泥浆套或气套方法以减少摩擦力使之下沉。

2）排水下沉。排水下沉是在井筒下沉和封底过程中，采用井内开设排水明沟，用水泵将地下水排除或采用人工降低地下水方法排除地下水。它适用于井筒所穿过的土层透水性较差，涌水量不大，排水不致产生流砂现象而且现场有排水出路的地方。

井筒内挖土根据井筒直径大小及沉井埋设深度来确定施工方法。一般分为机械挖土和人工挖土两类。机械挖土一般仅开挖井中部的土，四周的土由人工开挖。人工挖土应沿刃脚四周均匀而对称进行，以保持井筒均匀下沉。人工开挖应防止流砂现象发生。

3）不排水下沉。不排水下沉是在水中挖土，当排水有困难或在地下水位较高的粉质砂土层，有产生流砂现象的地区的沉井下沉或必须防止沉井周围地面和建筑物沉陷时，应采用不排水下沉的施工方法。下沉中要使井内水位比井外地下水位高1～2m，以防流砂。

4）触变泥浆套沉井。在井壁与土之间注入触变泥浆，形成泥浆套，以减少井筒下沉的摩擦力。为了在井壁与土之间形成泥浆套，井筒制作时在井壁内埋入泥浆管，或在混凝土中直接留设压浆通道。井筒下沉时，泥浆从刃脚台阶处的泥浆通道口向外挤出，在泥浆管出口处设置泥浆射口围圈，以防止泥浆直接喷射至土层，并使泥浆分布均匀。为了使井筒下沉过程中能储备一定数量的泥浆，以补充泥浆套失浆，同时预防地表土滑塌，在井壁上缘设置泥浆地表围圈。泥浆地表围圈用薄板制成，拼装后的直径略大于井筒外径。埋设时，其顶面应露出地表0.5m左右。

（4）井筒封底。一般地，采用沉井方法施工的构筑物，必须做好封底，保证不渗漏。井筒下沉至设计标高后，应进行沉降观测，当 8h 下沉量不大于 10mm 时，方可封底。排水下沉的井筒封底，必须排除井内积水。超挖部分可填石块，然后在其上做混凝土垫层。浇筑混凝土前应清洗刃脚，并先沿刃脚填充一周混凝土，防止沉井不均匀下沉。垫层上做防水层、绑扎钢筋和浇筑混凝土底板。封底混凝土由刃脚向井筒中心部位分层浇灌，每层约 50cm。为避免地下渗水冲蚀新浇灌的混凝土，可在封底前在井筒中部设置集水井，用水泵排水。排水应持续到集水井四周的垫层混凝土达到规定强度后，用盖堵封等方法封掉集水井，然后铺油毡防水层，再浇灌混凝土底板。

不排水下沉的井筒，需进行水下混凝土的封底。井内水位应与原地下水位相等，然后铺垫砾石垫层和进行垫层的水下混凝土浇灌，等混凝土达到应有强度后将水抽出，再做钢筋混凝土底板。

（5）沉井故障及处理。

1）土体破坏。沉井下沉过程中，可能产生破坏土的棱体，土质松散的地方，更易产生。因此，当土的破坏棱体范围内有已建构筑物时，应采取措施，保证构筑物安全，并对构筑物进行沉降观察。

2）井筒倾斜及校正。井筒下沉时，可能发生倾斜。在校正井筒倾斜后有可能产生井筒轴线的水平位移。井筒发生倾斜的主要原因是刃脚下面的土质不均匀，井壁四周土压力不均衡，挖土操作不对称，以及刃脚某一处有障碍物所造成。井筒是否倾斜可采用井筒内放置垂球观测、电测等方法确定，或在井外采用标尺测量、水准测量等方法确定。

由于挖土不均匀引起的井筒轴线倾斜时，用挖土方法校正。在下沉较慢的一边多挖土，在下沉快的一边刃脚将土夯实或做人工垫层，使井筒恢复垂直。如果这种方法不足以校正，就应在井筒外壁一边挖土，而另一边回填土，并夯实。

在井筒下沉较慢的一边也可通过增加荷载校正。如果有浮力而使加载失效，则应抽水后进行校正。在下沉较慢的一边安装振动器或用高压水枪冲击刃脚，减少土与井壁的摩擦力，也有助于校正井筒轴线。

3）下沉过程中障碍物处理。下沉时，可能因刃脚遇到石块或其他障碍物而无法下沉，松散土中还可能因此产生溜方，引起井筒倾斜。小石块用刨挖方法去除，或用风镐凿碎，大石块或坚硬岩石则用炸药清除。

4）井筒裂缝的预防与处理。下沉过程中产生的井筒裂缝有环向和纵向两种。环向裂缝是由于下沉时井筒四周土压力不均造成的。为了防止井筒发生裂缝，除了保证必要的井筒设计强度外，施工时应保证井筒已经达到了规定的强度后才能下沉。

如果裂缝已经产生，必须在井筒外面挖土以减少该方向的土压力或撤除障碍物，防止裂缝进一步扩大，同时用水泥砂浆、环氧树脂或其他补强材料涂抹裂缝处进行补救。

5）井筒下沉过快或沉不下去。由于长期抽水或因砂的流动，使井筒外壁与土之间的摩擦力减少；或因土的耐压强度较小，会使井筒下沉速度超过挖土速度而无法控制。在流砂地区常会产生这种情况。防止方法一般多在井筒外将土夯实，增加土与井壁的摩擦力。在下沉将到设计标高时，为防止自沉，可不将刃脚处的土方挖除，下沉到设计标高时立即封底。也可在刃脚处修筑单独式混凝土支墩或连续式混凝土圈梁，以增加受压面积。

沉井沉不下去的原因，一是遇有障碍物，二是自重过轻，应采取相应方法处理。

二、调节构筑物的施工

供水工程调节构筑物主要包括各类水池、水塔等。由于这类构筑物本身的多样性、地区性和施工条件的不同，因而施工工艺和施工方法也是多种多样的。

（一）蓄水池施工

蓄水池在农村家庭饮用水供给中起着重要作用。在许多饮用水供给受到限制的地区，就地取材建造蓄水池和蓄水罐可以极大地改善供水状况，同时也在某种程度上改善了水质。本节主要介绍钢筋混凝土蓄水池、钢丝网水箱以大、中型加筋砂浆蓄水罐的施工步骤。这些步骤可以根据当地需要和具体情况进行修正。在施工之前，最好向具有钢筋混凝土施工经验的工人进行技术咨询。

常用水池有砖砌圆形水池、现浇钢筋混凝土圆形和矩形水池、预应力钢筋混凝土水池等。常用水池施工方法的选择见表 7-10。

表 7-10　　　　　　　　　　　　　常用水池施工方法的选择

结构分类	适用水池种类	常用施工方法
现浇钢筋混凝土水池	大、中型给排水工程中的永久性水池：蓄水池、絮凝池、滤池、沉淀池、曝气池、气浮池、消化池、溶液池等水处理构筑物	现浇钢筋混凝土施工
装配式预应力混凝土水池	大型圆、方形蓄水池，大型圆形蓄水池	装配式施工、后张预应力施工
砖石砌体水池	小型或临时性给水排水工程水池：蓄水池、沉淀池、滤池等	砌砖施工、石砌施工
无黏接预应力钢筋混凝土水池	大、中型给水排水水池，消化池等	无黏接预应力施工

1. 钢筋混凝土蓄水池施工步骤

钢筋混凝土蓄水池遵循下列步骤施工，并在施工过程中参考有关类似的施工流程图。

（1）在房屋附近挑选最合适修建蓄水池的场地。建设场地应位于排水顺畅的高地，并与最近的垃圾处置场的距离大于 15m。建设场地一旦确定，用皮尺、木桩和绳子标记施工场地。蓄水池放样如图 7-15 所示。

（2）按蓄水池设计尺寸挖出基坑。基坑深 50~100mm。这样便于在蓄水池底部附近安装出水管，有利于蓄水池的排空。并对开挖面进行平整。

图 7-15　蓄水池放样

图 7-16　蓄水池墙体模板

（3）准备模板。如果可能，使用胶合板作为模板面，小木桩作为支撑。在混凝土浇筑之前，应支好模板。

1）根据蓄水池设计尺寸，将所有模板钉在一起，预留墙体厚度为100mm。

2）将模板支好。在模板上开凿小孔，并穿过滑线。将每条滑线的末端固定在木桩上，拉紧滑线，直至模板有足够的强度支持浇筑混凝土产生的压力。蓄水池墙体模板如图7-16所示。基坑开挖出的土最好堆放在墙外，从而提供支持墙体重量的外力。

（4）在模板内布设钢筋。以如图7-17所示的网格形式进行底板钢筋绑扎。水平筋长度应大于底板宽度，并至少有300m长度深入墙体内，即钢筋弯入墙体模板内的高度应为300mm。其他部分钢筋与这部分钢筋绑扎在一起，从而提高整体的稳固性。由于这一技术能保证墙体与底板连接牢固，特予以推荐。图7-17说明了钢筋在混凝土中的位置。第一条钢筋与混凝土边沿的距离为75mm，其他钢筋的间距为150mm。钢筋安放在离墙体外墙面1/3厚度，或者如范例那样，到外墙面的距离为70mm。

图7-17　墙内和地基内钢筋配置

（5）预留溢流管和出水管孔洞。水管直接安装在模板内，在浇注混凝土时，可以确保水管安装质量。

（6）在浇注混凝土之前，在模板上涂一层油。使用旧动力油或润滑油，以阻止混凝土黏在模板上。

（7）盖板的支模与钢筋绑扎程序与上述方法类似。支完模后，每一袋水泥加23L水，将水泥、砂和碎石按1:2:3比例搅拌均匀，从而得到高稠度的砂浆。

1）底板浇注。第一次浇筑时，浇注高度高出墙体约200mm，然后用棍子捣实，以保证所有空隙被填实，浇注完后进行抹面。如果条件允许，可以用振动棒振动压实。

2）利用帆布、粗麻布、水泥袋、塑料布或其他材料覆盖在浇筑好的混凝土上，并经常洒水以保持覆盖物的湿度，这样可以防止混凝土中的水分丧失，不至于干裂。在浇筑盖板时，预留进水口。

3）也可以将钢筋混凝土蓄水池建造在地下，这种地下蓄水池常通过安装手动泵抽水。地下蓄水池的施二步骤与地面蓄水池类似。地下蓄水池墙体应有至少高出地面300mm的高度，以防止雨水进入。在盖板上预留进水口并安装手动泵基座。

2. 钢丝网蓄水池

钢丝网蓄水池常为圆形，并可以使用当地材料建造。施工中需要一些经验和技术。下面论述的施工步骤主要针对大容积（大约 10m³）蓄水池，更大或更小的蓄水池也可以参考下面的施工步骤。

（1）测量并标记一直径为 2.8m 的圆形区域。比较简易的方法是在区域中打入一根树桩，并系上一条长度为 1.4m 的绳子。在绳子的另一端，系上一根棍子或标记物，在地面上画出圆形。然后在圆形区域内开挖 300mm 深的地基。

（2）在开挖区域铺设 100mm 厚的砂和碎石层，并在其上面浇筑 75mm 厚的混凝土层。混凝土的配合比为：水泥∶砂∶碎石＝1∶2∶4。

（3）在浇筑混凝土前在地基内预埋直径 20mm 的出水管（图 7-18）。在蓄水池内出水管高出水箱底约 80～100mm，在蓄水池外出水管高出地面的高度则视放置其下面的水桶和盛水容器的高度而定。施工完成后，在出水管上安装水龙头。

图 7-18　钢丝网水泥蓄水池施工

（4）当底板混凝土变硬以后，可以开始蓄水池的支模工作。查看图 7-18 可以了解支模工作的细节。使用 16 片厚度为 0.6mm 的镀锌屋面铁片。将 4 片组合在一起，形成 4 部分。将每一部分以插销连接在铁竖杆上，形成圆形。在每一组铁片的末端，以 40mm×40mm×5m 的角铁作为插销，在内面垂向连接。在各部分的连接端安装一楔块。拔出楔块即可拆模。木材可以用于制造模板。这种方案在屋面铁材料缺乏的地区尤其适合。

（5）模板清洁，去除污物，并涂油。然后围绕模板缠绕 50mm 钢丝网、铁丝网。丝网应围绕同一厚度缠绕，并通过在模板下折叠来固定位置。丝网可以起垂向配筋的作用，并避免直铁丝出现波纹。

（6）从地基开始，以直径 2～5mm 的镀锌铁丝按以下间距紧紧缠绕模板。

1）从底部开始，前 8 条波纹每一条波纹使用 2 条铁丝。

2）除最顶端的波纹外，余下的每一条波纹使用一根铁丝。

3）顶端波纹使用 2 条铁丝。

（7）模板外边抹一层砂浆，盖住铁丝。砂浆应按水泥∶砂＝1∶3 的比例混合。砂浆层厚度为 15mm。当这一层覆盖层变硬以后，抹光砂浆层，使其表面光滑。

（8）砂浆施工 2～3 天后，拆除模板。拔下插销和楔块，模板就会很容易拆除。

（9）在蓄水池顶端安装直径 80mm、长 200mm 的溢流管。然后在蓄水池内抹平波纹。这一部分砂浆变干后，进行最后抹光层的施工。最后，在蓄水池底板铺设 50mm 厚的砂浆层。在砂浆变硬前，在蓄水池底板中间开设一条浅洼坑，便于汇集水中的沉降物。

（10）蓄水池顶部施工。为了防止水蒸发、藻类繁殖，以及垃圾、昆虫和老鼠等污染，蓄水池应安装顶盖。可选择如图7-19所示的两类顶盖。

图7-19 蓄水池顶盖

（a）钢丝网水泥顶盖施工；（b）竣工顶盖；（c）大型蓄水池顶盖

图7-19（a）是3～5mm厚的钢丝混凝土薄壳板。该结构连同墙体一体浇注。蓄水池干燥2天后，在由两层铁丝网制成的定型模板上浇筑砂浆，模板在其下方用木板支撑。将铁丝网与墙体延伸的铁丝网连接在一起。在上方顶部安装一个铁框，形成进入蓄水池的开口。施工完成后，再将铁框取下。抹上一层砂浆，并养护3天后，砂浆已具有足够的强度，拆除模板，在蓄水池内部再抹上层砂浆。

图7-19（b）为该类顶盖完工后的形状。顶盖养护不少于7天，在养护期内，注意保持表面的湿度。

图7-19（c）为更传统的木制屋顶结构。以轻质材料，如锚板、镀锌铁片，与铁丝一起铺设屋面。为了阻止昆虫和碎屑进入蓄水池，蓄水池与屋顶的开口处应设置帘幕。

（二）水塔施工

1. 水塔基础施工

（1）砖石基础施工。

1）砌筑基础前，应先检查垫层施工是否符合质量要求，将垫层表面浮土及杂物清除干净，即可放样砌筑。

2）砖石强度等级标准应符合设计要求和国家标准。

3）应设置防潮层。防潮层一般用1:2防水水泥砂浆，厚度2cm。

4）砖基础中的管道预留孔洞应准确，宽度超过50cm的洞口，其上方应砌筑曲拱或设置过梁。

5）基础施工完后，应立即进行回填土，回填土要在基础两侧同时进行，并分层夯实。

（2）毛石混凝土基础施工。

1）毛石应选用坚硬、未风化的石料，抗压强度不应低于30MPa；尺寸不应大于基础部位最小厚度的1/3，并不得大于30cm；表面污泥、水锈应洗净方可使用。

2）浇筑时，应先铺一层10～15cm厚的混凝土，再铺上毛石，浇筑混凝土。每浇筑一层（厚20～25cm）铺一层毛石，直至基础顶面；并保持基础顶面有不小于10cm厚的混凝土覆盖层。所掺用的毛石数量不应超过基础体积的1/4。

3）对于锥形基础，应保持锥形斜面坡度的正确和平整。

（3）壳体基础施工。

1）挖修土模时，宜按"十"字或"米"字形布置，用特制的靠尺控制，先挖成标准槽，然后向两侧扩挖成型，应做到尺寸准确，不破坏原土结构。

2）土模表面宜用 1：3 水泥砂浆抹面保护，厚度宜为 25～30cm，浇筑混凝土时不得破坏。

3）利用事先做好的木胎架，将钢筋绑扎成网罩形，安放于土模之上。壳边缘的圈梁应按一般钢筋混凝土的支模方法，支好里外模。

4）浇筑壳体混凝土时，用事先做好的活模找出弧度。混凝土浇筑厚度的允许偏差为 +5mm、−3mm，混凝土的坍落度宜小，表面应抹压密实。

5）基础内的预埋件、塔身纵向钢筋及滑模支承杆应位置准确，必须有防止浇筑混凝土时发生位移的固定措施。

（4）钢筋混凝土圆板基础施工。

1）垫层混凝土在验槽后应立即浇筑，并用平板振捣器进行振捣，要求表面平整。

2）垫层混凝土达到一定强度后，方可支模、绑扎钢筋。钢筋底部用与混凝土同强度、与保护层同厚度的砂浆块支垫，以保证钢筋的位置正确。

3）浇筑混凝土前，模板和钢筋上的各种杂物应清除干净，木模板应浇水湿润。

4）基础钢筋混凝土应分层连续浇筑。除基础和地下室壁连接处留有接茬外，其他部分不允许留有接茬。

5）有锥形截面的基础，应保证锥形截面坡度正确。模板随混凝土的浇筑分段支立，并顶压紧固，以防模板上浮变形。

6）基础上有插筋时，要有固定措施确保插筋的正确位置，防止混凝土浇筑过程中发生位移。

2．塔身施工方法

（1）塔身施工方法及适用条件。塔身施工方法及适用条件见表 7-11。

表 7-11　　　　　　　　　　　塔身施工方法及适用条件

序号	施工方法	使用条件及缺点
1	外脚手架法	适用于砖或钢筋混凝土水塔塔身的建造。需大量架杆，架子绑扎量大，影响施工进度，但操作简单，安全可靠，现已不常用
2	里脚手架法	适用于砖筒身水塔的建造，施工安全可靠。水箱封底比较方便，比外脚手架法节省脚手杆，应用较为普遍
3	钢筋三脚架脚手法	适用于钢筋混凝土或砖塔身的施工。尤其适用于建造小型水塔。这种方法设备比较简单，节省脚手杆，能保证施工进度
4	无脚手架法	适用于小型砖塔身水塔的建造。设备简单易行
5	提升式吊篮脚手法	适用于建筑砖塔身，具有施工方便，工人操作安全平稳，施工用地少等优点
6	提模法	适用于钢筋混凝土塔身的建造。能加快施工进度，提高工效，操作比较安全，设备比较容易解决
7	滑模法	适用于钢筋混凝土塔身的建造，是较为先进的施工方法。具有施工速度快、工效高等特点
8	装配法	适用于钢筋混凝土塔身的施工，塔身圆筒可预制，减少现场施工的时间

（2）钢筋混凝土圆筒塔身施工要点。

1）模板。

a. 筒身采用金属模板施工时，每节高度为 2.5m；当采用木模板施工时，每节高度为 1.25m。移动式模板的中心对塔身中心的误差不超过 10mm。

b. 金属模板下缘应同下面一节混凝土搭接约 100mm，模板应捆紧，缝隙应堵严，以防漏浆和错台。内模板应支牢顶紧，防止变形，模板接触混凝土的一面，在每次拆移时，应及时清除灰浆，并涂上润滑油。

2）钢筋。

a. 筒身的垂直钢筋，应沿圆周均匀分布。相搭接的钢筋两端应弯钩，搭接长度应为上接钢筋直径 30 倍。规律性变形钢筋两端不弯钩。其搭接长度为上接钢筋直径的 45 倍。垂直钢筋的接头应交错分布，每一水平截面不应多于钢筋总数的 25%。但直径为 18mm 以上的钢筋，在同一水平截面上可以有 50% 的接头。

b. 筒身的水平钢筋接头也应交错分布，每一垂直截面内不多于水平钢筋总数的 25%。

c. 变换筒身垂直钢筋的直径和根数时，应将其均布在整个圆周上。

d. 钢筋保护层厚度应用钢筋支承器或水泥砂浆垫块来保持，沿模板周长每米长度内不少于 1 个，筒身钢筋保护层厚度的误差不得超过 ±5mm。

3）混凝土材料。

a. 宜采用普通硅酸盐水泥；石子粒径不应超过筒壁厚度的 1/5 和钢筋间距的 3/4，且最大粒径不得超过 60mm，并采用石灰石作骨料。

b. 砂石材料的级配、含泥量等应符合有关规定。

4）混凝土浇筑。

a. 水塔施工对混凝土坍落度的要求见表 7-12。

表 7-12　　　　　　　　　　水塔施工对混凝土坍落度的要求表

灌筑顺序	部　　位	混凝土坍落度/cm	说　　　明
1	环基	5～7	
2	地下室地板	10～12	
3	筒壁	9～11	（1）筒壁过高时需分段灌注：先灌注护壁，后灌注池壁。其优点是：不受内模支撑影响，便于施工，如在冬季施工利于防寒；
4	下环梁（大锥底）	10～12	
5	水池底护壁下环梁	8～10	（2）筒壁、池壁混凝土的坍落底适用于一般方法施工时采用，不适用于滑模施工
6	护壁	10～12	
7	水池壁	8～11	
8	顶盖	10～12	

b. 应沿整个截面均匀的分层浇筑，每层厚度为 200～300mm，并应用振捣器捣实。筒身每节 2.5m 高度内必须制取试块一组 6 块试块，用以检验 28 天龄期的强度。

c. 浇筑混凝土时，不许倾倒下料冲击模板，应用串筒式溜槽以免变形。

d. 预埋穿墙套管及预埋件做法参见本书的水池章节。

5）养护与拆模。

a. 筒身内外模的拆除，应在混凝土的强度足以承受上部荷重而不变形时，方可进行。此时混凝土强度一般不小于 0.8MPa，但在塔身施工进出口处的承重板，混凝土强度至少达 50% 后才允许拆除。

b. 拆模后，应浇水养护。

（3）钢筋混凝土圆筒塔身施工允许偏差见表 7-13。

表 7-13   钢筋混凝土圆筒塔身施工允许偏差表

项　　目	允许偏差/mm	项　　目	允许偏差/mm
中心垂直度	1.5H/1000 且不大于 30	内外表面平整度（用弧长为 2m 弧形尺检查）	10
壁厚	+10 -3	预埋管、预埋件中心位置	5
塔身直径	±20	预留孔中心位置	10

注　H 为圆筒塔身高度，mm。

第二节　输配水管道工程施工

一、管道安装

（一）施工准备

1. 熟悉图纸和资料

认真研究施工图及所有施工文件，了解设计意图，分析地质勘探资料和管线布置及施工安装要求。

2. 现场核查

主要内容为：摸清现有的地下管线系统；调查工程范围内地上和地下构筑物；了解施工期间现场交通状况，交通运输条件以及对施工的影响程度；在水体中或岸边施工时，还应掌握水体的水位变化规律及有关管理部门的法规。

3. 施工测量

（1）交接桩。开工前应请设计单位或建设单位到工地共同进行交接桩工作。交接桩完毕，应即进行复测，双方应作交接记录。

（2）测量放线。管道放线一般沿管道中心每隔 50m 设中心桩，根据中心位置和沟槽开挖宽度，在地面上洒灰线标明开挖边界。同时定出井位等附属构筑物的位置。

由于管道中线桩在施工中要被挖掉，为了便于控制中线和附属构筑物的位置，应在易于保存桩位的地方，测设施工控制桩。

4. 施工排水机具准备

在沟槽开挖时，要重视地面水的侵入和地下水的排除，特别是在多雨季节和汛期，必须制定有效防止雨水侵入和排除的措施，事先准备好排水机具，确保施工安全和施工的顺利进行。

（二）管道运输及存储

1. 管道运输

因为管道是易损部件，所以其安装、存放要格外小心，要在厂家提供的保护措施下运抵现场。需要的保护工具包括：保护带、保护套、螺纹管头或保护感光材料的包装纸，以及为了分装管子而特殊预制的木板，这些保护工具直到管子安装时才去掉。例如，要防止塑料管长时间在阳光下直晒；储存长管时要把中间支撑起来，防止管子弯曲变形或折断；橡胶垫圈要放置在阴凉的地方，避开阳光直射。

2. 管材的装卸

装卸管子宜用吊车，捆绑管子可用绳索兜底平吊或套捆立吊（图 7-20），不得将吊绳由管腔穿过吊运管子。采用兜底平吊管子时，吊绳与管子的夹角不宜过小，一般夹角大于 45°为宜。装卸管子时严禁管子互相碰撞和自由滚落，更不得向地面抛掷。

3. 管材的堆放

管子堆放场地要平整，不同类别和不同规格的管子要分开堆放。跺与跺之间要留有通道，以便进出管料。管径较小时，金属管材可以纵横交错堆放，每层管子的承插口相间平放，但应注意堆放时将管子用木块垫好，以免管子滚动。非金属管材应用垫木垫起，每层管子之间的垫木必须上下对齐

图 7-20 管材捆吊
(a) 兜底平吊；(b) 套捆立吊

在一条直线上。铸铁管、钢管堆放管垛高度不得超过 3m，垛旁设支柱，防止管子滚动。

（三）管道安装

管道安装分 7 个步骤：管沟开挖及铺管、铺垫基坑、管道连接、安装支墩、压力试验、回填及消毒。以下对每个步骤进行简要介绍。

1. 管沟开挖及铺管

（1）挖土要点。

1）挖土沟槽两侧应设路障等明显标志，夜间应设红灯，以防止行人或车辆造成事故。并设法保护与沟槽相交的电杆、标桩及其他管道、构筑物等设施。

2）管沟开挖应确保沟底土层不被扰动，人工开挖时，可挖至设计标高以上 10～15cm，机械挖掘时应保留 30cm，待到下管之前由人工补挖平整沟底。

3）挖土一旦超挖在 15cm 以内且无地下水时，可用原土回填夯实，密实度为 95%；沟底遇地下水时，采用砂夹石回填。在湿陷性黄土地区开挖沟槽，尽量不在雨季施工，且在沟底以上预留 3～6cm 土层予以夯实。

4）当在深沟内挖土施工时，要注意沟壁的稳定情况，所有人员不得在沟槽内坐卧、休息，要在沟上设专人监视，并应采取措施，防止塌方伤人。

5）当沟槽位于旧坟墓区、沼泽地带时，要防止有害气体中毒。

6）采用机械挖掘时，要求挖掘沟槽平直，管沟中心线要符合设计的要求。单斗挖掘机要采用倒退方式工作，沿所划的沟槽线挖掘。

7）在软土地区开挖管沟时，施工前必须做好地面排水和降低地下水位工作，地下水位应降至基底以下 0.5～10m 后，方可开挖。降水工作应持续到回填完毕。相邻管沟开挖时，应遵循先深后浅或同时进行的施工顺序，并应及时做好基础，尽量防止对基底土的扰

动，挖出的土不得堆放在边坡顶上。

8）管沟的开挖过程中，应经常检查管沟壁的稳定情况并及时安装管道。作好原始记录及绘出断面图。如发现基底土质与设计不符时，需经有关人员研究处理，并做出隐蔽工程记录。

（2）堆土要点。

1）尽量堆土于沟槽一侧，堆土线距边线不小于 0.5～1.0m，对湿陷性黄土地区，沟边宽度留大一些，并作土埂，以防雨水流入沟内。

2）在电杆、变压器附近堆土时，其堆土高度要考虑到距电线的安全距离。

3）堆土不宜靠紧建筑物外墙，如靠外墙堆土，其高度不得超过 1.5m，防止土堆的侧压力将墙推倒。

4）堆土不得压盖邮筒、消防栓、井盖、雨水排出口和测量标志等，并不得阻碍交通。

管沟开挖前要立桩标出管线位置，如图 7-21 所示。一般只标出近几天能做的部分管线，避免管沟挖开的时间过长，而造成塌陷或者其他意外事故的发生。开挖的沟渠不要宽于工人安装管道时所需的宽度，因为这样不仅要多挖土方量，而且还要增加回填量。图 7-22 给出了开挖方法。表 7-14 为管沟顶部的宽度。

图 7-21 中心线和阶段标桩

图 7-22 管沟开挖方法

表 7-14   管沟顶部的宽度

管径/mm	沟宽/cm		管径/mm	沟宽/cm	
	最小	最大		最小	最大
30～50	15	45	250～300	60	90
80～100	45	70	350～400	75	105
150～200	50	80			

如果当地气候寒冷，必须深埋管子以防止冻结，并且通过对管子表面进行处理，防止车辆在铺设管道的正上方碾压，利用阳光照射使其升温等方法进行保护。通常覆土 60cm 深就已足够，如果开挖太深或土质疏松，容易造成塌方，此时面要做护土墙板和支柱，或者管沟采用斜坡结构，如图 7-23 所示。

正确：
管的上方沟渠较宽
但不增加管子的承受压力

错误：
在管的位置沟渠较宽
将增加管子的承受压力

图 7-23 倾斜或较宽的沟渠

图 7-24 放置水管

如果开挖过程中遇到岩石，沟渠不应挖得比设计深度深，一般推荐多挖 50cm 深。并使用不受岩石影响的管材。注意管道不能直接放在岩石上。挖出的泥土放在沟的一侧，可使管道紧靠对面边界，方便于铺设管子。直径小、轻的塑料管可以在地面上连接装配好后再放进管沟里，放入方法与单节管放置方法相同；重管由 4 名工人放入，如图 7-24 所示。大型管道要在地面上安装好管端连接件，以减少沟内的工作量，然后在沟内进行装配。

2. 铺垫基坑

如果管道直接接触岩石，会因为岩石撞击引起管道表面的变化，所以需要采取保护措施。因此，沟底要整平，保证管道能受到底面的支撑，没有架空的地方。连接和装配时，在连接处挖深一些，确保接头的同一水面上，如图 7-25 所示。

如果开挖的地方有岩石，要把大的石头筛分出去或重新搬运没有石块并且土质疏松的土铺在管底。

3. 管道连接

在管道连接和装配中，遵循厂家提供的相关资料。要特别注意不同的塑料管所使用

管道没有支撑

错误：连接处较高将管道架空

管道支撑不平滑　　　连接部没有支撑

错误：沟渠底部不平滑或有岩石

管道和连接处都有支撑

正确：在连接处沟底挖得较深

图 7-25 防止管道架桥

的黏合剂是不同的。接头上的垫圈看起来相似，其实它们也不可混用。所以用这些都应该和所用管材配套。在装配之前要确保管端、垫圈和连接件干净，垫圈上仅仅有几个砂粒都可能引起漏水。装配时尽量保持管道里面清洁，这将缩短冲洗时间，并且防止管道堵塞。

装配水泥管时，要给管子较细一端涂上一层由制造商提供的润滑剂，不要使用普通油脂或其他可能污染水源的替代品。用一根木棒和木块或一个特制杠杆型拉动器将一个装上垫圈的连接件推到管上，如图 7-26 所示。

图 7-26 连接水泥管 　　　　　　图 7-27 连接塑料管
(a) 杠杆型拉动器；(b) 用木棒和木块装配　　(a) 润滑管道端头；(b) 推管道到管内标记处

塑料管可以使用垫圈连接件或管箍连接，如图 7-27 所示；另外还要使用一种特殊润滑剂。塑料管通常可以手工安装，不需要其他辅助工具。

4. 安装支墩

在管道输水时，管道不仅侧面受压，而且整个管线上的任何部件都会受到水的压力，尤其管道接口处会因受压而容易漏水，因此，对于所有的管材和接头都需要支墩，特别是接头是倾斜连接件或垫圈时。支墩用在管接头、弯道和管道的端头，以防止水的压力而造成管道错位。支墩由混凝土制成，把它放在管接头处，其尺寸由管道的尺寸、接头类型、水压以及土壤的性质决定。支墩的典型放置方法如图 7-28 所示。管材的膨胀或收缩可引起纵向压力，如果在高温天气安装聚乙烯管并且马上就注满冷水，冷水造成的管道收缩力能将管口拉开，所以通常情况下，聚乙烯管应蛇形铺设，这样收缩力只能将管道拉直而不会引起接口故障，如图 7-29 所示。

图 7-28 支墩典型放置方法

5. 压力试验

管线安装完以后，在全部回填之前，管道要做压力试验。这个试验是将水在一定的压力下充满管道并停留几个小时，检查是否漏水。进水前要将远处的阀门打开让空气排出，当水流到达阀门时再关闭阀门。用轴流泵做此试验，管中水压高于正常工作压力 50% 比

管道为蛇形防止膨胀或收缩

沟泥

图 7-29　安装聚乙烯管道

较合适，但不要超过管道的抗压强度。在压力试验之前，安装好支墩并保证一定强度，并且管线不能全部回填，留出接口部分，以防止管线在水的压力下移动。

6. 回填

为了保护管道、防止侵蚀、保证管沟处和附近的地面平齐，适当回填是必要的。回填土采用没有石块和有机材料等杂物的干燥泥土。如果开挖出来的土中有石块，就要把石块筛分出来，或者用附近的干燥泥土。最好选择砂或砂质肥土。少量回填放在管道两侧并保证回填到位，每次回填土层厚度大约为 10~12cm，重复以上过程，直到管道上方的土层大约 30cm 厚为止。回填所有开挖出来的土，考虑到有可能会发生沉降，所以回填土要超过地平面。图 7-30 给出了正确的和错误的回填方法作为比较对照。

错误：土太多并且没有压实　　正确：10cm 土层并压实　　接着放 10cm 土到管道 1/2 以上

图 7-30　回填示意图

表 7-15　　　　　　　　　　　　沟 槽 填 方 要 点

回填部位	回 填 要 点
胸腔部分回填	(1) 管两侧应同时回填，以防管线发生位移； (2) 只能采用人工夯实，每次填方厚 15cm 用尖头铁锤夯打 3 遍，做到夯夯相连； (3) 夯填中不得掺有碎砖、瓦砾等杂物直径大于 10cm 的土块
管顶以上回填	(1) 对管顶以上 50~80cm 以内的覆土采用小铁锤夯打； (2) 管顶以上 80cm 以上，可采用蛙式打夯机夯填，每层虚厚 30cm
管顶以下回填	用脚踏实后，用水夯或小铁锤轻轻夯打

7. 消毒

管道安装完毕后，为了除去管道中的脏物和沉淀物，整个系统要用清水冲洗，然后再进行管网消毒。消毒时整个管网系统注入至少 50mg/L 的含氯溶液，并在主要部分静置 24h。

二、常规管道安装

（一）钢管安装

钢管自重轻、强度高、抗应变性能比铸铁管及钢筋混凝土压力管好、接口操作方便、承受管内水压力较高、管内水流水力条件好，但钢管的耐腐蚀性能差，应作防腐处理。

钢管有热轧无缝钢管、纵向焊缝和螺旋形焊缝的焊接钢管。大直径钢管通常是在加工厂用钢板卷圆焊接，称为卷焊钢管。

1. 钢管连接方式

表 7-16

钢 管 连 接 主 要 方 式

连接方式	操 作 程 序	接口施工要求	适应条件
焊接法	(1) 将管内污物清除干净，并将管口边缘与焊口两侧打磨洁净，露出金属光泽，制作坡口； (2) 将两管管端对口定出管道中心，沿管子圆周方向点焊 3 处，（点焊缝长约 4mm，高 5mm），并将两管定位； (3) 采用 2~3 层焊法焊满管子周缝	(1) 焊接表面光滑无裂缝、气孔、砂眼及其他缺陷； (2) 环境温度低于 −20℃ 时，接口 10cm 附近需预热至 170℃ 左右再焊接； (3) 环境温度低于 0℃ 时，焊毕须用石棉毡覆盖； (4) 焊毕将焊皮敲掉	适用于管径大于 50mm 的钢管，具有电源及操作条件
法兰连接法	(1) 将管内污物清除干净，将两个法兰盘放置平行，对正孔眼，使法兰盘与管道中心线垂直，并于法兰盘之间还将有置橡皮垫； (2) 先插置 3~4 个定位螺栓； (3) 采用对角两个螺栓同时拧紧的方式将插入的各螺栓拧紧即成	(1) 法兰表面光洁，无气孔、裂缝、毛刺； (2) 橡胶厚度垫圈均匀，厚度约为 5mm； (3) 全部螺母在法兰同一面上	适用于管径大于 50mm 的钢管，适用于与带法兰件连接的部位
丝扣连接法	(1) 将管内杂物清除干净，而后套丝； (2) 将连接管件试旋丝扣合适，即在丝扣上涂铅油、缠麻丝或四氟乙烯带，再用手将管件上紧约 3 扣； (3) 继而用管钳上紧丝扣	(1) 管端口外丝管与管件内丝无毛刺或乱丝； (2) 断口与缺口尺寸不大于全丝长度的 10%	适用于管径小于 50mm 的钢管

2. 焊接施工要点

(1) 管子对口时应检查平直度，在距接口中心 200mm 处测量，允许偏差 1mm/m，但全长允许偏差不超过 10mm。

(2) 管子对口后应垫置牢固，避免焊接或热处理过程中产生变形。

(3) 管道预拉伸（或压缩，下同）必须符合设计规定。

(4) 管道焊缝位置应符合下列要求。

1) 直管段两环焊缝间距不小于 100mm。

2) 焊缝距弯管（不包括压制弯和热推弯）起弯点不得小于 100mm，且不小于管外径。

3) 环焊缝距支、吊架净距不小于 50mm，需热处理的焊缝距支，吊架净距不得小于焊缝宽的 5 倍，且不得小于 100mm。

4) 在管道焊缝上不得开孔，如必须开孔时，焊缝应经无损探伤检查合格。

5) 卷管的纵向焊缝应置于易检修的位置，且不宜在底部。

6) 有加固环的卷管，加固环的，对接焊缝应与管子纵向焊缝错开，其间距不小于 100mm，加固环距管子的环向焊缝不应小于 50mm。

3. 法兰安装要点

（1）管道安装时，应对管道法兰的密封面及密封垫片进行外观检查，不得有影响密封性能的缺陷存在。

（2）法兰连接时应保持平行，其偏差不大于法兰外径的 0.15%，且不大于 2mm。不得用强紧螺栓的方法消除歪斜。

（3）法兰连接应保持同轴，其螺栓孔中心偏差一般不超过孔径的 5%，并保证螺栓自由穿入。

（4）法兰垫片应根据需要分别涂以石墨粉、二硫化钼油脂、石墨机油等涂剂。

（5）当大口径的垫片需要拼接时，应采用斜口搭接或迷宫形式，不得平口对接。

（6）采用软垫片时，垫片尺寸应与法兰密封面相符。

（7）管道安装，如遇不锈钢、合金钢螺栓和螺母或者露天安装或安装环境低于 0℃，螺栓、螺母应涂以二硫化钼油脂、石墨机油或石墨粉。

（8）法兰连接应使用同一规格的螺栓，安装方向一致，紧固螺栓应对称均匀，松紧适度。

（9）螺栓紧固后，应与法兰紧贴，不得有缝隙，需加垫圈时，每个螺栓不应超过一个。不得用大规格的螺帽或厚的铁片来调节螺栓的外露长度，更不能以短的管节作垫圈使用，以保证螺栓连接的稳定性能。

4. 丝扣连接安装要点

（1）螺纹加工。

1）管子应放置平整、垫实，纹板卡爪应夹紧，使管子中心线与绞板中心保持一致，防止绞出歪牙。

2）控制切削量，不论手工或机械套丝，应根据管径大小确定切削次数，管径大于 25mm 的，切不可一次套成，应分 2~3 次。

3）套丝时应用机油等冷却液使螺纹充分冷却，以防止烂牙。

4）采用机械套丝时，宜采用低速切削；手工套丝时应用力均匀，不能有冲击力。

5）套丝结束前应慢慢放松板牙，以保持螺纹紧度，保证连接紧密。

（2）管螺纹连接。

1）连接前，用手将管件拧上检查管螺纹松紧程度。用手拧上后，管螺纹应留有足够的装配余量可供拧紧，否则应选用合适管件或加工螺纹时调整螺纹切削量。

2）应正确地缠绕填料及上紧管件：填料应顺时针方向薄而均匀地紧贴缠绕在外螺纹上，上管件时应使填料吃进螺纹间隙内，不得将填料挤出。应使用合适的管子钳，使螺纹的连接紧密牢固。螺纹应一次上紧，不应倒回，拧紧后螺纹根部应有外露螺尾，一般管径 50mm 以下为 2~3 牙，管径 65mm 以上为 4~5 牙。

（二）球墨铸铁管安装

20 世纪 80 年代以前，我国城镇供水管道的材料大多采用普通铸铁管。由于铸铁管材质脆，易生锈、断裂，目前多用球墨铸铁管代替。

承插式铸铁管刚性接口常用填料有石棉水泥、膨胀水泥砂浆和青铅等。

石棉水泥是纤维加强水泥，有较高抗压强度，石棉纤维对水泥颗粒有很强吸附能力，水泥中掺入石棉纤维可提高接口材料的抗拉强度。水泥在硬化过程中收缩，石棉纤维可阻止其收缩，提高接口材料与管壁的黏着力和接口的水密性。

膨胀水泥在水化过程中体积膨胀，增加其与管壁的黏着力，提高了水密性，而且产生封密性微气泡，提高接口抗渗性能。

铅接口具有较好的抗震、抗弯性能，接口的抗震破坏率远较石棉水泥接口低。铅接口操作完毕便可立即通水。

球墨铸铁管属于柔性管，具有强度高、韧性大、抗腐蚀能力强的特点。球墨铸铁管管口之间采用柔性接头，管材本身具有较大的延伸率，使管道的柔性较好、在埋地管道中能与管周围的土体共同工作，改善了管道的受力状态，提高了管网的供水可靠性。

球墨铸铁管的接口主要有 3 种形式，即滑入式（简称 T 型）、机械式（简称 K 型）和法兰式（简称 RF 型）。前两种为柔性接口，法兰式可承受纵向力。球墨铸铁管一般采用 T 型接口，施工方便，只要将插口插入承口就位即可。

1. 滑入式球墨铸铁管安装

图 7-31 滑入式接口
1—胶圈；2—了口；3—插口；4—坡口

滑入式接口形式如图 7-31 所示。

（1）T 型接头安装程序。下管→清理管口→清理胶圈→上胶圈→安装机具设备→在插口外表面和胶圈上刷润滑剂→顶推管子使之插入承口→检查。

（2）安装要点。

1）上胶圈。将胶圈上的黏接物清擦干净；把胶圈弯成心形或花形（图 7-32）装入槽内，并用手沿整个胶圈按压一遍，确保胶圈各个部分不翘不扭，均匀一致地卡在槽内。

2）润滑剂。润滑剂可用厂方提供的，也可用肥皂水。

图 7-32 胶圈的安装方法
（a）心形安装；（b）花形安装

3）检查。用探尺伸入承插口间隙中检查胶圈位置是否正确。

2. 机械式球墨铸铁管安装

机械式（又称压兰式）球墨铸铁管柔性接口，是将铸铁管的承插口加以改造，使其适应一个特殊形状的橡胶圈作为挡水材料，外部不需要其他材料，不需要复杂的安装机具，施工较简单，但要有附设配件，如图 7-33 所示。A 型接口适用于 $DN75\sim350$ 的管子，K 型接口适用的管径为 $DN75\sim2600$。

图 7-33　机械式接口形式

(a) A 型接口；(b) K 型接口

1—压兰；2—胶圈；3—插口；4—承口；5—螺帽；6—螺栓

（1）安装程序。下管→清理插口、压兰和橡胶圈→压兰和胶圈定位→清理承口→刷润滑剂→对口→临时紧固→螺栓全方位紧固→检查螺栓扭矩。

（2）安装要点。

1）下管。按下管要求将管子和配件放入沟槽，不得抛掷管子和配件以及其他工具和材料。管子放入槽底时应将承口端的标志置于正上方。

2）压兰与胶圈定位、插口、压兰及胶圈清洁后，在插口上定出胶圈的安装位置，先将压兰送入插口，然后把胶圈套在插口已定好的位置处。

3）刷润滑剂。刷润滑剂前应将承口和胶圈再清理一遍，然后将润滑剂均匀地涂刷在承口内表面和插口及胶圈的外表面。

4）对口。将管子稍许吊起，使插口对正承口装入，调整好接口间隙后固定管身，卸去吊具。

5）临时紧固。将密封胶圈推入承插口的间隙，调整压兰的螺栓孔使其与承口上的螺栓孔对正，先用 4 个互相垂直方位的螺栓临时紧固。

6）紧固螺栓。将全部的螺栓穿入螺栓孔，并安上螺母，然后按上下左右交替紧固的顺序，对称均匀地分数次上紧螺栓。

7）检查。螺栓上紧之后，用力矩扳手检验每个螺栓的扭矩。

（三）聚乙烯（PE）给水管安装

1. 管材特性

聚乙烯（PE）给水管是以优质聚乙烯树脂为主要原料，添加必要的抗氧剂、紫外线吸收剂等助剂，经挤出加工而成的一种新型产品。能广泛应用于工作压力 $0.32\sim1.6\text{MPa}$ 的市政给水管道工程中。市政饮用水管材的颜色为蓝色或黑色，黑色管上应有挤出的蓝色色条。色条沿管材纵向至少有 3 条。其他用途水管可以为蓝色或黑色。暴露在阳光下敷设的管道必须是黑色。

根据材料密度分：高密度聚乙烯管（HDPE 管）、中密度聚乙烯管（MDPE 管）、低密度聚乙烯管（LDPE 管）。根据材料分级分：PE100、PE80、PE63、PE40、PE32。

2. 运输与保管

在聚乙烯产品运输和保管中应按下述方法进行：

（1）应用非金属绳捆扎和吊装。

（2）不得抛摔和受剧烈撞击。

（3）不得暴晒、雨淋，不得与油类、酸、碱、盐等化学物质接触。

（4）管材、管件应存放在通风良好，温度在－5～40℃的库房内，在施工现场临时堆放时，应有遮盖物；管件应放入密封塑料袋中，批量或单一包装，并放入厚纸箱内存放。

（5）在运输和存放过程中，小管可以套插在大管中。

（6）运输和储存时应水平放置在平整地面或车厢内，当其不平时，应设平整的支撑物。

（7）其支撑物的间距以1～1.5m为宜，管子堆放高度不宜超过1.5m。

（8）产品从生产到使用之间的存放期不应超过1年，发料时要坚持"先进先出"的原则。

3.连接方式

（1）电熔连接。将电热丝布置于管件的内表面，施工时将管子与管件配合后用专用的加热控制电源将管件中的电热丝通电加热，使管件与管材的接触表面熔化结合，冷却后使管件与管材牢固、密封地结合在一起。由于施工快捷方便，焊接效果好，电热熔管件是目前聚乙烯管材连接件中应用最为广泛的一种。此种管件的缺点是制造成本较高。

各生产厂家一般使用独有的设计和拥有专利的技术将电热丝布置嵌入管件中。因此，在使用这种管件时必须选择合理的与之相匹配的焊机才能产生最佳的焊接效果。

（2）热熔连接。采用专门的热熔设备将连接部位表面加热，使其熔融部分连接成整体的连接方式。

（3）机械连接。包括紧锁型承插式连接、非紧锁型承插式连接、法兰连接和钢塑过渡连接。钢塑转换接头是实现钢管向塑管、塑管向钢管转换的专用管件，在工厂加工成型。

4.埋地敷设

（1）聚乙烯管连接一般规定。

1）聚乙烯管道不同的连接形式应采用对应的专用连接工具。连接时，不得使用明火加热。

2）在寒冷气候（－5℃以下）和大风环境条件下进行连接操作时，应采取保护措施或调整施工工艺。

3）管材管件存放处与施工现场温差较大时，连接前，应将管材和管件在施工现场放置一段时间，使其温度接近施工现场温度。

4）聚乙烯给水管的连接应采用同种牌号材质的管材和管件，特殊情况时，可用性能相似的不同牌号产品，但应经过试验，判定连接质量能得到保证后方可进行。

（2）聚乙烯管施工注意点。

1）保证达到设计埋深。聚乙烯管道埋设在土壤中，除应遵守一般管道敷设的基本要求外，还应遵循聚乙烯管敷设的特殊要求。由于聚乙烯管较金属管的强度低，所以一定要注意埋深。聚乙烯管道的最小管顶覆土厚度应符合如下规定：埋设在车行道下时，不应小于0.7m；埋设在非车行道下时，不应小于0.6m；埋设在水田下时，不应小于0.8m；当采取有效的防护措施后，上述规定可适当降低。

2）管材敷设允许的弯曲半径。聚乙烯管柔性好，因此很容易使其弯曲，但弯曲后的管道内侧将产生压应力，外侧将产生拉应力。当材料形变超过一定限度时，会因蠕变发生破坏。聚乙烯管道敷设时，弯曲半径应符合有关规定。

3）蛇行敷设。由于聚乙烯管的线膨胀系数比金属管高 10 余倍，所以对温度的变化比较敏感。为避免产生拉应力，聚乙烯管应采取蛇行敷设。

4）特殊地段的敷设。特殊地段系指穿越铁路、河流、桥梁、重要道路等地段。由于聚乙烯管相对钢管而言较易遭受人为破坏，原则上在这些地段不宜使用聚乙烯管，若一定要使用聚乙烯管材，则应增加套管或采取其他防护措施。

此外，PE 管道不得从建筑物和大型构筑物的下面穿越；不得在堆积易燃、易爆材料和具有腐蚀性液体的场地下面穿越；不得与其他管道或电缆同沟敷设。

（四）非开挖施工敷设

当管线敷设不具备开挖条件时，常采用非开挖施工方法进行敷设，主要有两种方法：

1. 用衬入聚乙烯管修复管道（牵引穿管）

经过多年的实践经验证明，这是一种经济实用的方法。它可以形成一条新管线来代替旧管，同时把对地面交通的影响及挖掘造成的损失减到最小。衬管的设计要求如下：

（1）选择衬管的直径：一般聚乙烯衬管的外径比待修管内径小 10%，基本可以保持原有管道的流量，对于直径大于 630mm 的管道可选比待修管内径小 5% 的衬管。

（2）决定衬管的壁厚。

（3）分析流动能力，即水力计算。

（4）设计入口和出口、转换连接和分户连接处理。

（5）准备施工文件。

2. 水平定向钻孔敷设聚乙烯管道

水平定向钻孔的施工方法主要优点是施工速度快，且铺管方向准确，管径可以从 $DN300\sim1500$，管线最大长度可达到 1500m。

定向钻孔施工技术是在非开槽的情况下，用定向钻机导向仪引导钻头穿越土层，在泥浆护壁的作用下形成土孔。然后拖入一根或多根 PE 管，以达到非开挖敷设新管的目的。目前已广泛应用于跨城市道路、河流的管道施工新方法。

（五）阀件安装

1. 阀件安装一般要求

（1）安装阀件前应检查填料是否完好，压盖螺栓有无足够调节余量。

（2）法兰或螺纹连接的阀件应在关闭状态下安装。

（3）焊接阀件与管道连接焊缝的封底宜采用氩弧焊施焊，以保证其内部平整光洁。焊接时阀件不宜关闭，以防止过热变形。

（4）安装阀件前，应按设计核对型号，并根据介质流向确定其安装方向。

（5）水平管道上的阀件，其阀杆一般应安装在上半圆范围内。

（6）阀件传动杆（伸长杆）轴线的夹角不应大于 30°，其接头应转动灵活。有热位移的阀件，传动杆应具有补偿措施。

（7）阀件的操作机构和传动装置应做必要的调整和整定，使其传动灵活，指示准确。

（8）安装铸铁、硅铁阀件时，须防止因强力连接或受力不均而引起损坏。

（9）安装高压阀件前，必须复核产品合格证和试验记录。

2．室外消火栓安装

（1）安装位置通常选定在交叉路口或醒目地点，距建筑物距离不小于 5m 道路边不大于 2m，地下式消火栓应在地面上标示明显位置。

（2）消火栓连接管管径应大于或等于 100mm。

（3）地下式安装应考虑消火栓出水接口处要有接管的充分余地，保证接管用时方便。

（4）乙型地上式消火栓安装试水后应打开水龙头，放掉消火栓主管中的水，以防冬季冻坏。

3．排气阀安装

（1）排气阀应设在管线的最高点处，一般管线隆起处均应设排气阀。

（2）在长距离输水管线上，每隔 500～1000m 应考虑设置一个排气阀。

（3）排气阀应垂直安装，不得倾斜。

（4）地下管道的排气阀应设置在井内，安装处应环境清洁，寒冷地区应采取保温措施。

（5）管线施工完毕试运时，应对排气阀进行调校。

4．排泥阀安装

（1）安装位置应考虑有排除管内沉积物及检修时放空污物的场所。

（2）安装时应采用与排污水流成切线方向的排泥三通。

（3）排泥阀安装完毕，应及时关闭。

5．泄水阀安装

（1）泄水管与泄水阀应设在管线最低处或管线下处，用以放空管道及冲洗管道排水之用。一般常与排泥管合用。也用于排出管内沉积物。

（2）泄水管放出的水，可进入湿井，由水泵抽除，若高程及其他条件允许可不设湿井直接将水排入河道或排水管内。

（3）泄水阀安装完毕后，应予以关闭。

（六）管道通过障碍物施工

当供水排水管道通过河流、铁路、高速公路及重要建筑物等障碍物时，不能采用一般开挖沟槽的施工方法，而应视具体条件与要求，采用诸如不开槽的顶管施工、架空管桥施工、倒虹吸管施工、围堰法施工等一些特殊的施工方法，以便高效优质地完成管道工程任务。穿越铁路、高速公路的管道施工须经铁路、交通公路管理部门批准后方可进行施工。

三、管道穿越河流施工

供水排水管道可采用河底穿越与河面跨越两种形式通过河流。以倒虹吸管作河底穿越的施工方法可采用顶管，围堰、河底开挖埋设，水下挖泥、托运、沉管铺筑等方法。河道跨越的施工方法可采用沿公路桥附设、管桥架设等方法。

（一）管道过河方法的选择

管道过河方法的选择应综合考虑以下几个因素：河床断面的宽度、深度、水位、流量、地质等条件；过河管道水压、管材、管径；河岸工程地质条件；施工条件及作业机具布设的可能性等。对上述因素经过技术经济比较，可参考表 7-17 予以选择。

表 7-17 管道穿越河流施工方法比较表

过河方法		优 点	缺 点	适用条件
倒虹吸管过河	顶管过河法	(1) 适用范围广，不影响通航； (2) 技术有保障	施工费用较高	河底土质较好
	围堰过河法	(1) 施工技术条件要求较高； (2) 钢管、铸铁管、预(自)应力钢筋混凝土管过河均匀	(1) 需要考虑围堤被洪水冲击问题； (2) 工作量较大	河面不甚宽，水流不急且不通航的条件下
倒虹吸管过河	沉浮过河法	(1) 施工费用较低； (2) 影响通航时间较短	(1) 水下挖沟与装管难度较大； (2) 具有一定机械施工技术	河床不受水流的任何条件下均可
管道架空过河	沿公路桥过河	(1) 简便易行； (2) 节省人力、物力	露天敷管需考虑防冻问题	具有永久性公路桥跨越河流的条件
	管桥过河法	(1) 施工难度不大； (2) 能在无公路桥的条件下架设过河	与沿公路桥过河法比较要费人力、物力	河流不太宽，两岸土质较好的条件下

（二）水下铺筑倒虹吸管

供水管道河底埋管，为保证不间断供水，过河段一般设置双线，其位置宜设在河床、河岸不受冲刷的地段；两端设置阀门井、排气阀与排水装置。为了防止河底冲刷而损坏管道，不通航河流管顶距河底高差不小于 0.5m；通航河流其高差不小于 1.0m。排水管道河底埋管的设计要求及施工方法与供水管道河底埋管基本相同。

倒虹吸管通常采用钢管，应对钢管加强防腐措施，选用管壁厚度须考虑腐蚀因素；小管径、短距离的倒虹吸管也可采用铸铁管，但宜采用柔性接口；重力管线上的倒虹吸管也可采用钢筋混凝土管。

水下铺筑倒虹吸管施工方法有顶管法、围堰过河法和沉浮法等。

1. 顶管法施工

将穿越部位的河床断面尺寸与河底工程地质、水文地质资料实地勘测准确，然后采用直接顶进法将管道自河底顶过去。顶进中，管道埋深、防腐措施均应满足顶管施工要求。

在河床两岸设置的顶管工作井，可作为倒虹吸管运行时的检修井。顶管方法有套管人工顶进法和水平钻孔机械顶进法。

（1）套管人工顶进法。此法适宜套管管径应较穿越管径大 600mm，且不小于

图 7-34 套管人工顶进法施工示意图

407

1000mm 的地段；若穿越流砂地段，须采用带基础套管整体施工。套管人工顶进法如图 7-34 所示。此法操作程序如下：

1）开挖工作坑，处理基础，支设后背、导轨与顶进设备。

2）将一节套管置于导轨上，用经纬仪、水准仪校正其平面与高程位置，使其满足设计要求。

3）派两人至管内，一人在工作面挖土，一人用小车将松土运出管外至工作坑，再用电葫芦将土运至地面上。

4）启动千斤顶，将套管顶进，千斤顶行程终了，复位千斤顶，加塞垫块后复顶。第一节套管顶入工作面后，使其预留 0.3m 左右的管子在导轨上，供作第二节套管顶进前稳管用，第二节套管在导轨上就位后，即可续顶。

5）顶进中应用水准仪监测管道是否偏离中心位置，否则，应进行纠偏后再行顶进。为了防止顶进管管道节错位，需在两管节之间的接口处加设内撑环，待管子全部顶进土中后拆除内撑环，换上内套管，并打塞填料予以接口。

（2）水平钻孔机械顶进法。此法适用条件与套管人工顶进法相同。对黏性土与淤泥土，在不降低地下水条件下均可采用此法。

水平钻孔机械顶进法具有套管人工顶进法所有的上述优点；还减去了挖运土的操作，劳动强度低。但此法遇到地下障碍物无法排除；耗费专用机械，增加了一定的动力费用。

水平钻孔机械顶进法如图 7-35 所示。

图 7-35　水平钻孔机械顶进法施工示意图

水平钻孔机械顶进法是利用在被顶进管道前端安装上机械钻进的挖土设备，配上皮带等运土机械，以取代人工挖土与运土。当管前土方被切削成土洞孔隙时，利用顶进设备，将连接在钻机后部的管子徐徐顶入土中。管道顶进作业之前，亦应于工作坑内按设计的中线位置及标高安置导轨，支设后背，处理基础。

（3）顶管施工的技术问题。

1) 工作坑布置。顶管工作坑通常设置在穿越地面障碍物的顶管作业地段的两侧，且与地上被穿越障碍物保持一定的安全距离。当在地下水位以上且土质较好时，工作坑内一般采用方木基础；当在地下水位以下时，应浇筑混凝土基础。

　　2) 导轨设置。为保证管道在即将顶进土层前位置正确，应铺设导轨。导轨要求稳固，顶进过程中不能产生位置改变。

　　3) 后背设置。管道在顶进过程中所受的全部阻力，通过千斤顶传给后背，后背作为受力结构，必须有足够的稳定性。并要保证在施工过程中不得发生倾斜变形或不均匀变形；后背设置类型如图 7-36 所示。

图 7-36　后背设置类型
（a）原土后背；（b）块石后背；（c）混凝土管后背；（d）方木后背

　　2. 围堰法施工

　　管道埋设至河流处，先拦截一半河宽的河流修筑围堰，再用水泵抽出堰中河水，在堰内开挖沟槽，铺筑管线，管线铺筑后，塞住管端管口，囤填沟槽。再拆除第一道围堰。回填砂土，使水流在此河床上部通过。然后拦截另一半河宽的水流，建造第二道围堰，再用水泵抽去第二道围堰中的水，开挖沟槽并接管完工后清除第二道围堰。

　　在小河流中，通常采用草袋黏土或草木围堰进行施工。对于水面宽且水深流急的河流，应考虑采用木板桩围堰，但仅能在河床为泥砂构成的条件下采用；若河床由岩石构成，无法打桩，则不能采用木桩围堰。

　　围堰施工，应估计到施工期间河水的最高水位不致淹没堰顶。修筑围堰时，迎水流方向的堰体应做得平缓些，尽量减少河水的冲刷。

　　在河床埋管应考虑防止冲刷的措施，当河底土质不好时，应作管基础。当河底为流砂时，应于管道两侧加设固定桩，避免管道在流砂运动下发生滚动。

　　3. 浮运沉管施工

　　将在河岸上备好的管道采用拖船或浮筒将管道浮运到河中预定下管位置，再向管内充水沉入河底。浮沉法施工应尽量减少水下作业，通常多用钢管，以减少管道接口数量。施工前，首先应对管子进行内壁与外壁的防腐处理。

（1）水下沟槽开挖。按照测量好的管道在楚河底铺筑位置，于河两岸设置岸标，以此确定沟槽开挖方向。对于通航的河流，可采用挖泥船、吸泥泵开挖沟槽，挖泥船上装置抓斗挖泥机、高压水枪、螺旋输泥机及泥浆泵等不同的挖泥设施。

若河岸具备较宽空地，可采用索铲挖泥装置，如图7-37所示。

图7-37 索铲挖泥开挖沟槽
1—索铲；2—牵引索；3—空载索；4—绞车

对于松散土质的河底，则可采用水力冲射法挖泥开挖沟槽。沟槽开挖到一定长度后，须打管子定位桩。定位柱位于水流下游的沟槽一侧，与管壁紧贴。使用经纬仪于岸上对准水中测杆，测量距离，将套管置于已测定的测杆位置。再将长为2m、直径为0.15m的木桩插入套管中，打入河底，在河底上留出桩高约1m。

（2）浮运与沉管。当河面较窄时，可采用浮筒法浮运管子。管子于河岸上接口之后，在两端要安装法兰堵板，一端堵板上安装附阀门的排气管，另一端安装附阀门的进水管。沉管时可先向管内充水并予排气。管预沉下接近沟槽时，潜水员可由定位桩控制下管位置。

（3）水下回填。潜水员于水下使用水枪进行回填。为防管道损坏，管顶以上填一层土，再填一层块石予以保护，块石上再填砂土。沉管施工应严格把好管顶回填土一关，力求恢复原河床断面要求。

（三）河面修建架空管

跨越河道的架空管通常采用钢管。管距较长时，应设置伸缩节，于管线高处设自动排气阀；为了防止冰冻与震害，管道应采用保温措施，设置抗震柔口；在管道转弯等应力集中处应设置支墩。

1. 管道附设于桥梁上

管道跨河应尽量利用原建或拟建的桥梁铺设。可采用吊环、托架法、桥台法或管沟法架设。

吊环法安装在现有公路桥一侧，采用吊环将管道固定于桥旁。托架法将过河管架起在原建桥旁焊出的钢支架上通过。桥台法将过河管架设在现有桥旁的桥墩端部，桥墩间距不得大于钢管管道托架要求改道的间距。管沟法将过河管铺筑于桥梁人行道下的管沟中，管沟应在设计中预留。

2. 支柱式架空管

设计管道支柱时，应事先征得有关航运部门、航道管理部门及农田水利规划部门的同意，并协商确定管底标高、支柱断面、支柱跨距等。

管道宜选择于河宽较窄、两岸地质条件较好的老土地段。支柱可采用钢筋混凝土桩架式或预制支柱。连接架空管和地下管之间的桥台部位，通常采用 S 弯部件，弯曲曲率一般为 $45°\sim90°$。若地质条件较差时，可于地下管道与弯头连接处安装波形伸缩节，以适应管道不均匀沉陷的需要。若处强震区地段，可在该处加设抗震柔口，以适应地震波引起管道沿轴向波动变形的需要。

3. 桁架式架空管

桁架式架空管可避免水下操作，但应具备良好的吊装设施。施工地段应具有良好的地质条件及稳定的地形。修筑时，可于两岸先装置桁架，再由桁架支承管道过河。采用的桁架有双曲拱桁架和悬索桁架等形式。凡金属外露构件、钢索等均应作防腐处理。

4. 斜拉索架空管

作为一种新型的过河方式，斜拉索架空管是采用高强度钢索或粗钢筋及钢管本身作为承重构件，可节省钢材。

5. 拱管过河

拱管过河是利用钢管自身供作支承结构，起到了一管两用的作用。由于拱是受力结构，钢材强度较大，加上管壁较薄，造价经济，因此用于跨度较大河流尤为适宜。

四、地下工程交叉施工

城镇、街道下设置的各种地下工程，时常出现相互跨穿的交叉情况。此时，应使交叉的管道与管道之间或管道与构筑物之间保持适宜的垂直净距及水平净距。各种地下工程在立面上重叠敷设是不允许的，这样不仅使维修作业带来困难，而且极易因应力集中而发生爆管现象，以致产生灾害。

（一）管道与管道交叉施工

供水管道从其他管道上方跨越时，若管间垂直净距大于等于 0.25m，一般不予以处理；否则应在管间夯填黏土，若被跨越管回填土欠密实，尚需自其管侧底部设置墩柱支撑供水管。

当其他管道从供水管下部穿越时，若两种管道同时安装，除其他管道作局部加固四周填砂外，两管之间的沟槽可采用"三七"灰土填夯。当其他管道从原建供水管道下方穿越时，若管间垂直净距小于 0.25m，可在供水管管底包角 135°范围内的全部沟槽浇筑混凝土，处理沟槽长度约为供水管管径加 0.3m；如遇管间垂直净距大于 0.25m 时，可在供水管管底以下整个沟槽回填砂夹石或灰土，供水管道可铺筑 135°混凝土或砂浆的带形管座，其处理沟槽长度同前。

当供水管与排水干管的过水断面交叉，若管道高程一致时，在供水管道无法从排水干管上部跨越施工的条件下，亦可使排水干管保持管底坡度及过水断面面积不变的前提下，将圆管改为沟渠，以达到缩小高度目的。供水管设置于盖板上，管底与盖板间所留 0.05m 间隙中填置砂土，沟渠两侧填夯砂夹石。

（二）管道与构筑物交叉施工

1. 供水管道与构筑物交叉施工

当地下构筑物埋深较大时，供水管道可从其上部跨越。施工时，应保证供水管底与构筑物顶之间高差不小于0.3m；且使供水管顶与地面的覆土深度不小于0.7m，对冰冻深度较深的地区而言，还应按冰冻深度要求确定管道最小覆土深度，此外。在供水管道最处应安装排气阀并砌筑排气阀井。

当地下构筑物埋深较浅时，供水管道上跨构筑物不能满足覆土要求时，供水管道可以从构筑物下部穿越，施工时要求构筑物基础下面的供水管道应增设套管。当构筑物后施工时，须先将供水管及套管安装就绪之后再修筑构筑物。

2. 排水管道与构筑物交叉施工

排水管道为重力流，其与构筑物交叉时，仅能采用倒虹吸管自构筑物底部穿越。施工时，要求穿越部分管道增设套管，倒虹吸管上下游分别砌筑进水室与出水室。

五、引接分支管道的施工

城镇的供水管道工程建设的一项重要任务是自供水干管向用户接管，即要进行引接分支管道的施工。

（一）停水状态下引接分支管

停水状态下引接分支管的施工又称为"开三通"作业之前，应当预先向用户发出停水通知，关闭上、下游闸门，对受停水影响造成供水压力下降的区域应作妥善处理，安装完毕立即开闸通水。

1. 丝扣接口钢管上引接分支管

（1）锯管套丝法。将待引分支管的管段锯断一节长度，若两个端口离开管段上管箍较远时，采用活动丝板于沟槽中套丝，再安装三通、活接头等连接件即成。

（2）安装柔性三通法。将待引支管的管段上锯断长度 L_0 的短管节，再套上特制柔性接口三通，并采用胶垫密闭止水。此法省去在锯管上套丝，操作简单，停水时间短。

柔性接管三通公称规格与 L_0 见表7-18。

表7-18   接管三通锯断长度 L_0

公称规格/mm	15×15	20×20	25×25	40×40
L_0/mm	35	40	50	60

图7-38 铸铁管上引接镀锌钢管示意
1—管体；2—钻头；3—带螺旋千斤的棘轮扳手；4—顶铁；5—钻架；6—固位链条

2. 铸铁管上引接分支管

（1）铸铁管上引接镀锌钢管（图7-38）。使用链条卡具将钻架固定于铸铁管上，扳动带螺旋千斤顶的扳手使钻头旋转，徐徐钻进干管中。钻孔时应压紧钻架，待快钻透时，扳动扳手应放慢放稳，钻通须检查孔的质量是否满足要求。

将丝锥置于孔口，压紧且保持丝锥与管面垂直，采用三进三退攻丝法，在较慢速度下攻出完整合格的丝扣。最后接上对丝，引接分支管。

不同管径铸铁管上钻孔攻丝的最大范围见表 7-19。

表 7-19　　　　　　　　　　铸铁管上钻孔攻丝的最大范围

DN/mm	75	100	150	200	250	300	350	≥400
最大接管口径/mm	20	25	32	40	40	40	40	50

（2）铸铁管上引接铸铁分支管（图 7-39）。关闭作业点上下游闸门，用三通承口中心对准分支管管位中心线，量取待接三通长度，在干管上放线，开三通应考虑预留一定长度，然后刹管。铸铁管断管长度与预留尺寸见表 7-20。

启动水泵，抽吸干管断管后流入工作坑中的积水，再接三通就位并套上套筒。

图 7-39　铸铁管上引接铸铁分支管

表 7-20　　　　　　　　　铸铁管断管长度与三通预留尺寸

DN/mm	75	100	150	200	300	400	500
断管长度/mm	610	680	760	735～815	810～900	940～1190	1020～1320
三通预留尺寸	10～12	10～12	15	15～20	35～40	40～50	60～70

在沟岸上将分支管上插盘短管、双盘闸门与承盘短管等连接配件用螺栓撬好后用大绳吊入支钩底，并与三通对口，然后及时对接口灌注铅口或填塞膨胀水泥砂浆。

开三通作业工作坑参考尺寸见表 7-21。

表 7-21　　　　　　　　开三通作业工作坑参考尺寸　　　　　　　　单位：mm

DN	75	100	150	200	300	400	500
工作坑长 L_1	2600	2700	2800	3000	3300	3800	3900
承口前长 L_2	800	800	800	800	1000	1000	1000
工作坑宽 B	1500	1500	1600	1700	2000	2500	3000
工作坑深 H_1	200	200	300	300	300	300	400

3.预应力钢筋混凝土管上引接分支管

（1）马鞍铁接口引接法。采用人工錾切法打孔，其孔径较待接支管内径稍大。使用 1：2 水泥砂浆或环氧树脂砂浆将孔口填补到支管内径大小。再将马鞍铁接口置于孔口处，用 U 形螺栓及密封垫圈卡固在预应力钢筋混凝土管上，最后引接分支管道。

（2）套管三通引接法。在干管上先套上套管三通，采用人工錾切法开孔，用 1：2 水泥砂浆或环氧树脂砂浆处理孔口，然后将套管三通移至孔口处。再用石棉水泥或膨胀水泥砂浆接口，将套管三通固定。最后可自套管三通引接分支管。

（二）不停水状态下引接分支管

采用马鞍配件引接铸铁支管（图 7-40）是常见的不停水状态下引接分支管方法，操作步骤如下：

图 7-40　不停水施工原理

1—干管；2—管鞍；3—闸阀；4—钻孔轴；5—空心钻头；6—中心钻头；7—钻架座板；8—钻架螺母；
9—带圆盘丝杆；10—棘轮扳手；11—密封填料；12—平面轴承或垫圈；13—密封胶垫；14—放水闸门

先将管鞍安装好，在管壁开孔的四周装置密封胶垫（宜用"O"型橡胶圈胶垫），再在管鞍侧装上阀门，阀杆应与地面垂直，阀底须安置支座，阀端安置堵板，随即作灌水水压试验（应在 1.5 倍工作压力状态下无渗滴）。

钻头切削靠附有棘轮的扳手动作，钻头的进供靠带圆盘的丝杆操作，在丝杆与钻轴之间装上铜垫圈。钻孔时，中心钻头先钻穿管壁，起定位作用，以便空心钻头钻进。当压力表指针指到一定读数，即表明管壁钻穿。打开放水龙头将铁屑排除，钻脱的铁块由管内水压托住，不致掉入干管中。

开孔达到要求后，退出钻头，关闭阀门，用钻架座板上附设的放水旋塞将余水排除，拆除打洞机。最后自闸门口引接铸铁分支管。

六、管道附属构筑物

（一）检查井

供水排水检查井阀门井多为砖结构，部分用混凝土或钢筋混凝土现浇。对一部分小型构筑物也有用预制装配构件的，如雨水口、圆形井室及井筒、井盖板等。

1. 管道附件与井室的控制尺寸

供水管道的井室安装闸阀时，井底距承口或法兰盘的下缘不得小于 100mm，井壁与承口或法兰盘外缘的距离，当管径小于或等于 400mm 时，不应小于 250mm；当管径大于或等于 500mm 时，不应小于 350mm。

2. 井室砌筑

（1）井底基础应与管道基础同时浇筑。

（2）砌筑井室时，用水冲净基础后，先铺一层砂浆，再压砖砌筑，必须做到满铺满挤。砖与砖间灰缝保持 10mm。

（3）排水管检查井内的流槽，宜与井壁同时砌筑，当采用砖石砌筑时，表面应用砂浆分层压实抹光，流槽应与上下游管道接顺，管内底高程应符合非金属管道基础及安装的允许偏差。

（4）砖砌圆形检查井时，应随时检测直径尺寸，当需要收口时，如为四面收进，则每次收进不应于 30mm；如为三面收进。则每次收进不应大于 50mm。砌筑检查井及雨水口的内壁应用原浆勾缝，有抹面要求时，内壁抹面应分层压实，外壁用砂浆搓缝并应严实。

（5）砌筑井内的踏步应随砌随安，位置准确，踏步安装后，在砌筑砂浆或混凝土未达到规定抗压强度前不得踩踏。混凝土井壁的踏步在预制或现浇时安装。

（6）砌筑检查井的预留支管应随砌随安，预留管的管径、方向、标高应符合设计要求，管与井壁衔接处应严密不得漏水，预留支管口宜用低等级砂浆砌筑封口抹平。

（7）如井身不能一次砌完，在二次接高时，应将原砖面上的泥土杂物清理干净，然后用清水洗砖面并浸透。

（8）检查井接入圆管的管口应与井内壁平齐，当接入管径大于 300mm 时，应砌砖圈加固。管子穿越井室壁或井底，应留有 30～50mm 的环缝，用油麻-水泥砂浆、油麻-石棉水泥或黏土填塞并捣实。

（9）检查井采用预制装配式构件施工时，企口坐浆与竖缝灌浆应饱满，装配后的砂浆凝结硬化期间应加强养护，并不得受外力碰撞或震动。

（10）检查井及雨水口砌筑或安装至规定高程后，应及时浇筑或安装井圈，盖好井盖。

（11）雨水检查井或雨水口，在管道铺设后井身应一次砌起。为防止漂管，必要时可在检查井的井室底部预留进水孔、但回填土前必须砌堵严实。

（12）冬期检查井应有覆盖等防寒措施，并应在两端管头加设风挡。特殊严寒地区管道施工应在解冻后砌筑。

3．井室砌筑的质量要求

（1）检查井及雨水口的周围回填前各项应符合下列规定。

1）井壁的勾缝抹面和防渗层应符合质量要求。

2）井盖高程的允许偏差为 ±5mm。

3）井壁同管道连接处应严密，不得漏水。

4）闸阀的启闭杆中心应与井口对中。

（2）雨水口施工质量应符合下列规定。

1）位置应符合设计要求，不得歪扭。

2）井圈与井墙吻合，允许偏差不得大于 10mm。

3）井圈与道路边线相邻边的距离应相等。其相邻近两端允许偏差为 10mm。

4）雨水支管的管口与井墙相齐。

5）井圈的高程应比周围路面低 10～30mm。

（3）雨水口与检查井的连管应符合下列要求。

1）连管必须顺直、无错口，坡度符合设计规定。

2）连管埋设深度较小时，应根据施工荷载校核埋管负荷，超过破坏荷载时，对连管应采取必要的加固措施。

3）雨水口底座及连管应设在坚实土质上。

（二）支墩

压力管道为防止管道内水压通过弯头、三通、堵头和叉管等处产生拉力，以致接头产生松动脱节现象，应根据管径大小、转角、管内压力、土质情况设计设置支墩。

1. 支墩设置的条件

（1）管径不大于 350mm 的管道，且试验压力不大于 1MPa 时，弯头、三通处一般可不设支墩。在松软土壤中，则应根据管中试验压力和土壤条件，确定是否需要设置支墩。

（2）当管道转弯角度小于 10°时，可不设置支墩。

（3）在管径大于 700mm 的管上选用弯管，若水平敷设，应尽量避免使 90°弯管；若垂直敷设，应尽量避免使用 45°以上的弯管。

（4）支墩不应修筑在松土上，利用土体被动土压承受推力的水平支墩后背必须为原状土，并保证支墩和土体紧密接触，如有空隙需有与支墩相同材料填实。

（5）水平支墩后背土壤的最小厚度应大于墩底在设计地面下深度的 3 倍。

2. 支墩形式

支墩形式主要有：水平管支墩、水平三通支墩、水平管堵支墩、垂直向下弯管支墩、垂直上弯管支墩等形式。

3. 支墩材料

材料可采用砖、石、混凝土或钢筋混凝土，其材质应满足下列要求：砖的等级应不低于 MU7.5，片石的标号应不低于 MU20，混凝土或钢筋混凝土应不低于 C10，砌筑用砂浆应不低于 M5。

4. 管道支墩的施工要求

（1）管道及闸件的支墩和锚定结构应位置准确，锚定必须牢固。

（2）支墩应在密实的土基或坚固的基础上修筑。其后背应紧密与承载力相当的原状土或基背相接触。当无条件靠在原状土上时，应采取措施保证在受力情况，不致破坏管道接口。当采用砌筑支墩时，原状土与支墩间应用砂浆填塞。

（3）管道支墩应在管道接口做完，管道位置固定后修筑。管道安装过程中的临时固定支架，应在支墩的砌筑砂浆或混凝土达到规定强度后方可拆除。

第三节　水　厂　施　工

一、概述

（一）施工准备工作的重要性

施工准备工作是为了保证工程顺利开工和施工正常进行而必须事先做好的各项准备工作。它是施工程序中的重要环节，不仅存在于开工之前，而且贯穿在整个施工过程之中。为了保证工程项目顺利地进行施工，必须做好施工准备工作。

做好施工准备工作具有以下意义：

1. 遵循施工程序

"施工准备"是工程施工程序的一个重要阶段。现代工程的科学施工必须严格按工程施工程序进行。施工准备工作是工程施工中不可缺少的程序，只有做好施工准备工作，才能取得良好的建设效果。

2. 降低施工风险

就工程项目施工的特点而言，受外界干扰及自然因素的影响较大，因而施工中可能遇到的风险就多。只有充分做好施工准备工作，采取预防措施，加强应变能力，才能有效地降低风险损失。

3. 创造工程开工和顺利施工条件

工程项目施工中不仅需要耗用大量材料、使用许多机械设备、组织安排各工种人力及涉及广泛的社会关系，而且还要处理各种复杂的技术问题，协调各种配合关系，因而需要统筹安排和周密准备，才能使工程顺利开工，开工后能连续顺利地施工且能得到各方面条件的保证。

4. 提高企业经济效益

认真做好工程项目施工准备工作，能调动各方面的积极因素，合理组织资源进度、加快施工速度、提高工程质量、降低工程成本，从而提高企业的经济效益和社会效益。

实践证明，施工准备工作的好与坏，将直接影响工程施工的全过程。凡是重视和做好施工准备工作，积极为工程项目创造一切有利的施工条件，则该工程能顺利开工，取得施工的主动权；反之，如果违背施工程序，忽视施工准备工作或工程仓促开工，必然在工程施工中受到各种矛盾掣肘、处处被动，以致造成重大的经济损失。

（二）施工准备工作的任务及程序

施工准备工作的基本任务是：掌握工程特点、施工关键和进度要求，摸清施工的客观条件；合理部署施工力量；进行施工现场场地准备；从物质、人力、技术和组织等方面为工程施工创造条件。

（三）施工准备工作的分类及内容

1. 施工准备工作的分类

（1）按工程对象分类。

1）全工地性施工准备：是以一个施工工地为对象而进行的各项施工准备。其特点是施工准备工作的目的、内容都是为全场性施工服务，不仅要为全场性的施工活动创造有利条件，而且要兼顾单位工程施工条件的准备。

2）单位工程施工条件准备：是以一个构筑物为对象而进行的施工条件准备工作。其特点是施工准备工作的目的、内容都是为单位工程施工服务的，不仅要为该单位工程在开工前做好一切准备，而且要为分部分项工程做好施工准备工作。

3）分部分项工程作业条件的准备：是以一个分部分项工程或冬雨期施工为对象而进行的作业条件准备。

（2）按工程所处的施工阶段分类。

1）开工前的施工准备：是在工程正式开工之前所进行的一切施工准备工作。其目的是为拟建工程正式开工创造必要的施工条件。它既可能是全场性的施工准备，又可能是单位工程施工条件的准备。

2）各施工阶段前的施工准备：是在工程开工之后，每个施工阶段正式开工之前所进行的施工准备工作。其目的是为该施工阶段正式开工创造必要的施工条件。每个施工阶段的施工内容不同，所需要的技术条件、物资条件、组织要求和现场布置等方面也不同，因此在每个施工阶段开工之前，都必须做好相应的施工准备工作。

综上所述，不仅在拟建工程开工之前要做好施工准备工作，而且随着工程施工的进展，在各施工阶段开工之前也要做好施工准备工作。施工准备工作既要有阶段性，又要有连贯性，因此施工准备工作必须有计划、有步骤、分阶段地进行，要贯穿拟建工程整个施工过程的始终。

2. 施工准备工作的内容

（1）施工技术准备：它是施工准备工作的核心，是工程项目能否顺利竣工交工的根本保证。由于任何技术的差错或隐患都可能引起人身安全和质量事故，造成生命、财产和经济的巨大损失，因此必须认真做好技术准备工作，其内容包括施工图的审查和交底、施工组织设计、施工技术管理等。

（2）施工现场准备：它是施工准备工作的基础，是工程项目能否顺利竣工交工的基本保证。其内容包括施工原始资料的调查分析、施工测量、施工临时设施和机械设备的现场准备等。

（3）施工物资准备：它是保证施工顺利进行的物质基础。这些物资的准备工作必须在工程开工之前完成。根据各种物资的需要量计划，分别落实货源，安排运输和储备，使其满足连续施工的要求。主要包括：各类材料、构件和制品加工；施工机械、机具采购；生产工艺设备准备等。

二、施工技术准备

（一）施工图审查

1. 施工图审查的目的

施工图图纸会审是施工技术准备的一项重要工作，在设计交底前进行的全面熟悉和审查施工图纸的活动，其目的有两方面：

（1）使施工单位和各参建单位熟悉设计内容，了解工程特点和设计意图，找出需要解决的技术难题，并制定解决方案。

（2）发现并纠正施工图中存在的问题，减少图纸的差错，将图纸中的质量隐患消灭在萌芽之中，确保工程的顺利施工。

2. 施工图审查的程序

施工图审查程序通常分为自审阶段、会审阶段和现场签证阶段等3个阶段。

（1）自审阶段：施工单位收到拟建工程的设计图纸和有关技术文件后，应尽快组织有关工程技术人员熟悉和自审图纸，写出自审图纸的记录。自审图纸的记录应包括对设计图纸的疑问和对设计图纸的有关建议。

（2）会审阶段：一般由建设单位主持，由设计单位、施工单位和监理单位参加。图纸会审时，首先由设计单位介绍拟建工程的设计依据、意图和功能要求，并对特殊结构、新材料、新工艺和新技术提出设计要求；然后施工单位根据自审记录以及对设计意图的了解，提出设计图纸存在的问题和对设计单位的建议；最后通过三方讨论和协商，解决存在的问题，形成会议纪要，由建设单位正式行文，参加单位共同会签、盖章，作为与设计文档同时使用的技术文件和指导施工的依据，以及建设单位与施工单位进行工程结算的依据。

（3）现场鉴证阶段：在拟建工程施工的过程中，如果发现施工的条件与设计图纸的条件不符，或者发现图纸中仍然有错误，或者因为材料的规格、质量不能满足设计要求，或者因为施工单位提出了合理化建议，需要对设计图纸进行及时修改时，应遵循技术核定和设计变更的签证制度，进行图纸的施工现场签证。如果设计变更的内容对拟建工程的规模、投资影响较大时，要报请项目的原批准单位批准。在施工现场的图纸修改、技术核定和设计变更数据，都要有正式的文字记录，归入拟建工程施工档案，作为指导施工、竣工验收和工程结算的依据。

3. 施工图审查的内容

（1）是否无证设计或越级设计，图纸是否经设计单位正式签署。

（2）地质勘探资料是否齐全，设计中地震烈度设防是否符合当地规定和要求。

（3）设计图纸与说明是否完整、齐全，内容是否一致。

（4）几个单位共同设计的，相互之间有无矛盾；专业之间平面图、立剖面图和工艺图之间是否有矛盾；标高是否有遗漏。

（5）总平面图与施工图的几何尺寸、平面位置、标高等是否一致，技术要求是否正确。

（6）各专业图纸是否有差错及矛盾；表示方法是否清楚，是否符合制图标准；预埋件是否表示清楚；是否有钢筋明细表，钢筋锚固长度与抗震要求等。

（7）施工图中所列各种标准图册施工单位是否具备，如否，如何取得。

（8）建筑材料来源是否有保证。

（9）地基处理方法是否合理，是否符合当地水文、地质条件，是否存在不能施工、不便于施工，容易导致质量、安全或经费等方面的问题。

（10）设计图纸中的工程复杂、施工难度大和技术要求高的分部分项工程或新结构、新材料、新工艺，现有施工技术水准和管理水平能否满足工期和质量要求，有无可行的技术措施加以保证。

（11）工艺管道、电气线路、运输道路与建筑物之间有无矛盾，管线之间的关系是否合理。

（12）防火要求是否满足。

（13）施工安全是否有保证。

施工图会审是一项极为细致的技术工作，其综合性很强。要审核好图纸，除了审图者认真看图外，还与审图者的素质有关。审图者的综合素质包括：对设计图看图能力；对各相关设计、施工规范的理解和认识；对施工工艺和施工方法现场经验的积累；对建筑、结构、工艺的认识；对给水排水专业相关边缘专业的认识；对机械设备的交叉施工及各种管道综合布置的避让及处理等。只要在实践中不断地提高上述知识和技能，就能提高审图水平，更多预见性地解决施工图中存在的问题，确保工程施工质量。

（二）施工技术交底

1. 施工技术交底的任务与目的

工程项目从施工蓝图变成一个个工程实体，在工程施工组织与管理工作中，首先要使参与施工活动的每一个技术人员，明确本工程的特定施工条件、具体技术要求和有针对性的关键技术措施，系统掌握工程施工过程全貌和施工的关键部位，使工程施工质量达到国家施工验收规范的标准。

对于参与工程施工操作的每一个工人而言，通过技术交底，了解自己所要完成的分部分项工程的具体工作内容、操作方法、施工工艺、质量标准和安全注意事项等，做到施工操作人员任务明确，心中有数。通过技术交底，了解各工种之间配合协作和工序交接的要求，达到有序施工、减少各种质量通病及提高施工质量的目的。

因此，一项工程的施工，必须在参与施工的不同层次的人员范围内，进行不同内容重点和技术深度的技术交底。特别是对于重点工程、工程重要部位、特殊工程和推广与应用新技术、新工艺、新材料、新结构的工程项目，更需要作内容全面、重点明确、具体而详细的技术交底。

2. 施工技术交底的分类与要求

（1）施工技术交底的分类。施工技术交底一般按工程项目规模、施工难易程度及结构复杂性等情况，在不同层次的施工人员范围内进行技术交底，其内容与深度也各不相同。

1）设计交底：由设计单位的设计人员向施工项目技术负责人进行技术交底。

2）施工项目技术负责人向施工队或工区施工负责人（项目经理）进行技术交底。

3）施工队或工区施工负责人向单位工程负责人、质量检查员、安全员及有关职能人员进行技术交底。

4）单位工程负责人向各作业班组长和各工种工人进行技术交底。

（2）施工技术交底的要求。

1）技术交底必须满足工程施工及验收规范、技术操作规程、质量检验评定标准和建设单位的合理要求。

2）整个工程施工、各分部分项工程、特殊和隐蔽工程、易发生质量事故与工伤事故的工程部位均需认真作技术交底。

3）技术交底必须以书面形式进行，经过检查与审核，有签发人、审核人和接收人的签字。

4）所有的技术交底资料均应列入工程技术档案。

（3）施工技术交底的内容。

1）设计交底的内容主要包括以下几个方面。

a. 设计文件依据：上级批文、规划准备条件、人防要求、建设单位的具体要求及合同。

b. 建设项目所处规划位置、地形、地貌、气象、水文地质、工程地质、地震烈度等。

c. 施工图设计依据：包括初步设计文件，市政、规划、公用部门和其他有关部门（如绿化、环卫、环保等）的要求，主要设计规范，甲方供应及市场上供应的材料、设备情况等。

d. 设计意图：包括设计思想，设计方案比较情况等。

e. 施工时应注意事项：包括基础施工要求、主体结构设计采用新技术、新工艺、新材料、新结构等对施工提出的要求。

2）施工项目技术负责人向施工队或工区施工负责人（项目经理）进行技术交底的内容主要包括以下几个方面。

a. 工程概况和各项技术经济指标及要求的一般性交底。

b. 工程特点及设计意图。

c. 新技术、新工艺、新材料、新结构等施工技术要求和施工方案。

d. 施工准备要求。

e. 施工注意事项，包括地基处理、主体结构施工、设备和工艺管道安装工程的注意事项及施工组织设计网络计划、进度要求、施工质量标准和安全技术等。

3）施工队或工区施工负责人向分部、分项工程负责人、质量检查员、安全员进行技术交底的内容主要包括以下几个方面。

a. 设计图纸的具体要求。

b. 施工方案实施的具体技术措施及施工方法。

c. 土建与其他专业交叉作业的协作关系及注意事项。

d. 各工种之间协作与工序交接质量检查。

e. 设计要求及规范、规程、工艺标准、施工质量标准、检验办法。

f. 隐蔽工程记录、验收时间及标准。

g. 成品保护项目、办法与制度、施工安全技术措施。

4）单位工程负责人向各作业班组长和各工种工人进行技术交底的主要内容包括以下几个方面。

a. 侧重交清每一个作业班组负责施工的分部、分项工程的具体技术要求和采用的施工工艺标准。

b. 各分部、分项工程施工质量标准。

c. 质量通病预防办法及其注意事项。

d. 施工安全交底。

（4）施工技术交底的实施办法。

1）会议交底。施工项目技术负责人向施工队或工区施工负责人（项目经理）进行技术交底时通常采用会议交底形式。一般由施工单位总工程师或主任工程师主持会议，公司技术、安全、质检等有关部门、施工项目经理及各专业工程师参加会议。事先充分准备好技术交底的相关资料，在会议上进行技术性介绍与交底，将工程项目的施工组织设计或施工方案作专题讨论和研究，提出实施的具体办法和要求，再由技术部门对施工方案中的重点细节作详细说明，由质检、安全部门对施工质量与技术安全措施作详细交底。施工队项目经理和各专业工程师对技术交底中不明确或在实施过程中有较大困难的问题提出具体要求。会议对技术性问题应逐一给予解决，并落实安排。

2）书面交底。单位工程技术负责人向各作业班组长和工人进行技术交底，应强调采用书面交底的形式。这不仅是因为书面交底资料是工程技术档案中必不可少的一部分内容，而且是分清技术责任的重要标志。

单位工程负责人根据工程施工组织设计或施工方案和上级技术负责人的技术交底内容，按照工程施工及验收规范中的有关技术规定、质量标准和安全要求，按不同的分部、分项工程的内容，详细编写书面技术交底资料，一式几份向各作业班组长交底。班组长在接受技术交底后，要组织全班组成员进行认真学习与讨论，明确工艺流程和施工操作要点、工序交接要求、质量标准、技术措施、成品保护办法、质量通病预防办法及安全注意事项。

3）施工样板交底。所谓样板交底，就是根据设计图纸的技术要求和具体做法，参照相近的施工工艺和参观学习的经验，在满足施工及验收规范的前提下，在工程项目的某个实物工程、某道工序、某块样板上，先做出标准样板作为其他工人学习的实物模型，使其熟悉和掌握整个施工过程的性能特点、操作步骤和要领及质量标准等，一般用于新技术、新工艺、新材料和新结构的首次使用。这种交底办法直观易懂、效果较好。

4）岗位技术交底。一个分部分项工程的施工操作，是由不同的工种工序和岗位组成的，只有保证这些不同岗位的操作质量，才能确保工程质量。有的施工单位制定工人操作岗位责任制，根据施工进展情况，随时以书面形式向工人进行岗位交底，提出具体的作业要求及传达安全操作的要领。这种交底方式贯穿在整个施工过程中，是提高工程质量，减少安全隐患的重要手段。

（三）施工组织设计

施工组织设计由施工单位编制，是指导拟建工程进行施工准备和组织施工的技术经济文件，它是施工技术组织准备工作的重点和加强管理的重要措施。

1. 施工组织设计的分类

施工组织设计的分类一般分为施工组织总设计、单位工程施工组织设计、分部（分项）工程作业设计。

2. 施工组织目标控制

施工项目目标控制如下：

（1）进度控制：其任务是使施工顺序合理，衔接关系适当，均衡有节奏施工；实现计划工期（合同工期）要求。

（2）质量控制：其任务是使分部分项工程达到质量检验评定标准的要求；实现施工组织设计中保证施工质量的技术组织措施和质量等级，保证合同质量目标等级的实现。

（3）成本控制：实现施工组织设计的降低成本措施；降低每个分项工程的直接成本；实现项目经理部盈利目标；实现公司利润目标和合同造价。

（4）安全控制：实现施工组织设计的安全规划和措施；控制劳动者、劳动手段和劳动对象，使人的行为安全，物的状态安全；控制环境，消除环境危险源。

3. 施工组织总设计的编制内容

施工组织总设计的内容一般应包括：工程概况、施工部署和施工方案、施工准备工作计划、施工进度计划、材料和劳动力及各项需用量计划、施工总平面布置图、技术经济指标等。其主要内容和编制要点如下：

（1）工程概况。工程概况是以文字的形式描绘出该项工程总的形象。包括建设项目、建设地区的特征、施工条件等内容。

（2）施工部署和施工方案。施工部署包括施工任务的组织分工和安排、重点工程施工方案、主要工序的施工方法以及"四通一平"规划。

1）施工任务的组织分工：明确机构体制，建立施工现场统一的组织领导部门及其职能部门，确定综合的、专业化的施工组织；划分各单位的任务和区段，明确主要工程项目及工期；划分施工阶段，明确各单位分期分批的主攻项目和穿插配合的项目等。

2）重点工程施工方案：根据施工图纸、项目承包合同和施工部署要求，选择拟采用的新技术、新结构及主要的构筑物确定其施工方案，明确拟采用的施工工序与方法、施工机械和施工进度。

3）主要工序的施工方法：即提高工厂化和机械化程度。

4）"四通一平"规划：即水、电、通信管线的接通，道路畅通和场地平整。包括运输主干道，厂内临时路，生产和生活用水、用电及通信联络的设施引入，工地的排水防汛干线及拆迁完毕后的场地平整等。

（3）施工总进度计划。根据施工部署和施工方案，合理确定各主要单位工程的控制工期以及各单位工程之间的搭接关系和时间，即为总进度计划。在施工顺序安排上，一般应遵循先地下后地上、先深后浅、先主体后附属、先干线后支线的原则。一般还应考虑冬、雨期施工的特点，尽量做到正常施工、减少损失。

施工总进度计划属于控制性计划，其表达形式有：横道图、单代号网络图、双代号网络图和搭接网络图。表 7 - 22 是用横道图绘制的某自来水厂施工总进度计划。

表 7 - 22　　　　　　　　某自来水厂施工总进度计划

序号	工程名称	结构特征	单位	工程量	进度/月											
					1	2	3	4	5	6	7	8	9	10	11	12
	Ⅰ 准备工程															
1	场地平整及排水	砂土														
2	临时建筑															
	Ⅱ 主要工程															
3	取水构筑物	混凝土	m³	34140												
4	加矾间及加氯间	砖木	m³	38.0												
5	一级泵站	钢筋混凝土	m³	12.0					安装	调试						
6	澄清池	钢筋混凝土	m³	2800												
7	滤池	钢筋混凝土	m³	256							安装					
8	操纵室及化验室	砖木	m²	156												
9	上水管道	铸铁	10m²	386												
10	下水管道	钢筋混凝土	10m²	2.3												
11	清水池	钢筋混凝土	m³	1000												
12	二级泵站	钢筋混凝土	m³	530									安装	调试		
	Ⅲ 辅助工程															
13	机修间及管材库	砖木	m²	250												

续表

序号	工程名称	结构特征	单位	工程量	进 度/月
14	储药库及液氯库	砖木	m²	200	
15	办公、传达室	砖木	m²	210	
16	变电间	砖木	m²	24	
	Ⅳ 生活福利及其他工程				
17	工厂宿舍	砖木	m²	180	
18	厂内道路	砖木	10m²	0.75	
19	食堂	砖木	m²	250	
20	俱乐部	砖木	m²	250	
21	绿化工程、运动场		100m²	78	
22	围墙	砖石	10m²	30.5	

（4）施工技术管理。

1）施工技术管理的任务与作用。施工技术管理工作的主要任务，是运用管理的职能与科学的方法，去促进技术工作的开展，在施工中严格按照国家的技术政策、法规和上级主管部门有关技术工作的指示与决定，科学地组织各项技术工作，建立良好的技术秩序，保证整个施工过程符合技术规范、规程，符合技术规律的要求，以达到高质量地全面完成施工任务的目的。从而使技术与经济、质量与进度、生产与技术达到辩证的统一。

2）施工技术管理的主要工作。施工技术管理的主要工作包括施工图会审、施工技术交底、施工组织设计、施工技术措施计划、施工技术复核制度、安全技术公害防治等。

施工技术措施计划主要编制加快施工进度、保证和提高工程质量、节约劳动力原材料、保证安全施工等方面的措施。施工技术复核制度主要为避免发生重大差错，在分项工程正式施工前按标准、规定对重要项目如位置、尺寸、标高、预留孔等形成复查、校核制度。

三、施工现场准备

1. 施工原始资料的调查分析

（1）自然调查。自然调查的内容有地形勘察、工程地质勘察、水文和水文地质勘察、气象勘察等。

（2）社会调查。社会调查内容主要是建设地区对施工可能提供的条件，包括地方建筑生产企业的调查，主要设备和材料（包括特殊材料）的调查，地区交通运输条件的调查，水、电及其他动力条件的调查，社会劳动力和生活设施的调查，参加施工各单位的力量调查等。

2. 施工测量

工程项目的测量工作按其过程一般分为 3 个阶段，即施工准备阶段的测量、施工阶段的测量和竣工验收阶段的测量。工程项目的测量工作具有十分重要的作用，是整个工程施工中的关键技术环节。它关系到设计意图的实现、工程施工的质量目标、进度安排和成本控制。工程项目的测量工作贯穿了整个施工过程，但仅就测量本身的工作而言，施工准备阶段的测量工作显得尤其重要，它是整个施工过程测量工作的依赖点和关键点，同时也是整个施工过程的重点和难点，关系到整个工程项目施工的成败。

3. 施工临时设施及施工机械设备

开工前，在施工现场根据需要而进行的临时房屋、临时供水、供电、供热以及临时道路的建设，统称为施工临时设施的建设。供水工程的施工机械设备一般有：

（1）挖掘机械。挖掘机械是以开挖土、石方为主的机械。常用的挖掘机械为单斗挖掘机和挖掘装卸机等。

（2）铲土运输机械。这类机械包括推土机、铲运机、装载机、平地机与机动翻斗车，在施工中进行供水排水工程土方运移与填筑运输工作。

（3）混凝土机械。混凝土机械主要包括混凝土搅拌机、混凝土振动器、搅拌运输车、混凝土泵（泵车）及混凝土喷射机等，是基本建设的"常规武器"，广泛用于各类工程项目施工中的混凝土制取工序。

（4）夯实机械。夯实机械有振动冲击夯、打桩锤及长螺旋式钻孔机等。

（5）起重机械。起重机械主要有起重机、卷扬机、手拉葫芦、千斤顶等。在给水排水施工中，绝大部分采用高速机动的汽车吊，履带起重机由于稳定性、越野性能佳，也常在施工现场使用。

（6）管道安装机械。管道安装机械主要包括切管和弯管机械。

（7）其他机械。其他机械主要有钢筋加工机械、钻孔机械、电焊机、空压机等。

第八章 农村供水工程管理

第一节 概　述

一、农村供水工程运行管理的任务

农村自来水厂是村、乡建设公用设施的重要组成部分，是服务性的生产企业。水厂的管理水平直接影响人民生活和农村生产。为了保证安全供水，必须加强农村给水的管理，充分发挥给水设施的作用并经常保持给水设施的完好，满足农村居民和村、乡建设用水的需要。农村供水管理的根本任务是利用科学方法确保供水水质、水量，努力提高经济效益，全心全意为社会服务。

1. 实现科学管理

（1）必须具有责任心强并懂得生产技术的管理人员。

（2）具有一整套确保供水质、水量的有效措施。

（3）有正确反映生产过程的计量设备、原始记录和统计分析。

（4）有正确的工作标准、操作规程、安全规范和岗位责任制等规章制度，建立良好的工作秩序。

2. 确保供水水质、水量

保证供水水质、水量就要做到有良好的水质、充足的水量和水压、准确的计量和周到的服务。

（1）良好的水质。良好的水质是指供水水质必须符合国家《生活饮用水卫生标准》（GB 5749—2006）［农村用水要符合《农村实施〈生活饮用水卫生标准〉准则》］。水质关系到广大人民的身体健康和产品质量，因此要定时进行水质监测。

（2）充足的水量和水压。管网的压力和流量是管网技术管理的重要任务之一，要定时进行监测，达到经济调度的目的。在供水范围内为用户供水时，在所有用水点都需要的情况下，要保证各水龙头均能正常供水。

（3）准确的计量。准确的计量是指抄表按时无误，并按用水量准确计收水费。水表是测定水量的计量工具，安装水表，按时查表，及时更换故障表，有利于正确计量用水量，有利于准确核算水费，也有利于节约用水。

（4）周到的服务。水厂应制定服务公约、服务标准和服务规章制度，并付诸实施，使工作人员树立全心全意为用户服务的思想。对用户要热情诚恳，耐心周到，简化各种手续，提高办事效率，出现故障要及时维修，大的故障要立即组织抢修，保证安全用水。

3. 提高经济效益

经济效益是水厂维持和扩大再生产的根本保证。水厂要在保证供水水质、水量的前提下，加强经济核算，努力降低成本，节约开支，拓宽服务面，实现最大的经济效益。

（1）降低动力消耗。水厂的动力消耗主要是电耗。如果用柴油机作动力，按每公斤柴油耗电 4.6kW·h 折算。要核算单位耗电量，按下式进行：

$$单位耗电量（kW·h/km^3）＝\frac{总耗电量（kW·h）}{总制水量（km^3）}$$

如果单位耗电量大于一定范围，就要查明原因并采取有效措施加以处理。

（2）节约原材料。水厂的原材料包括混凝剂和消毒剂。在进行原水净化中，如果对药剂的品种及用量使用不当，将会影响净化效果并造成浪费。因此，要根据水质特征相净化工艺类型正确选用原材料。通过比较和计算确定最佳用量，走出消耗指标，并将具体计划落实到每道工序上。

（3）减少漏失水量和自用水量。水厂的总制水量包括售水量、漏失水量和自用水量。显然，漏失水量和自用水量增加，售水量相应减少，成本就会提高。因此，要控制管网漏失水量，加强厂自用水量的管理。一般管网漏失率不能大于 8%，自用水量不超过 6.5%。

（4）合理使用专项资金，增加营业外收入。对水厂提取的折旧和大修理等专项资金，要严格财务管理制度，有计划地合理使用，做到专款专用，不应挪作他用。水厂要实行产、供、销，服务一条龙管理，除水费收入外，要尽可能积极主动地提供接管、安装、修理等服务项目，增加水厂收入。

二、农村供水工程运行管理内容

（1）制定生产计划。

（2）进行水质监测，确保水质良好。

（3）组织设备保养、维修，提高供水保证率。

（4）做好原材料和零配件储备。

（5）掌握水源状况，做好水源卫生防护。

（6）测定管网水压、流量，查漏、堵漏。

（7）查表、收费，审批用户用水申请。

（8）掌握收支情况，进行成本分析，提高经济效益。

（9）调查用水发展状况，制定发展规划。

三、农村供水工程运行管理有关规章制度

1. 岗位责任制度

把责任分解落实到每个岗位上，使每个岗位上的工作人员都有明确的职责，按照工作标准、操作规程和技术规范完成各项任务。

2. 水质检验制度

水质检验制度包括原水水质检验制度、净化构筑物水质检验制度、出厂水水质检验制度、管网和用户水质检验制度。一般乡镇供水厂至少要对出厂水和管网水进行水质检验。检验项目一般指色度、浊度、嗅和味、肉眼可见物、pH 值、总铁、细菌总数、大肠菌、余氯、总硬度等。地面水每日一次，地下水除余氯、细菌总数、大肠菌三项指标每日一次外其余可每月一次。每半年按国家《生活饮用水卫生标准》各项指标进行一次全面分析。

3. 设备维修保养制度

建立设备维修保养制度，规定各种设备的维修周期、技术要求和质量标准，按规定时间和标准对设备进行大修、中修和小修，并进行性能测定，对电气设备和安全保护装置进行检查，保证安全供水。

4. 技术档案管理制度

实现水厂的科学管理必须建立技术档案，对设计、施工、竣工验收、运行中的文件资料应当整理归档，并妥善保管。如设计任务书、设计图纸、概预算、施工记录、验收报告及图表；统计报表、大事记载、设备明细表、维修记录、水质检验记录，制水量、售水量、耗电量、药剂耗量，制水成本、效益情况等。

5. 财务管理制度

水厂要根据国家有关财务政策、法令，对本单位的财务活动进行组织、指挥、监督、经营，实现资金的筹集、使用、收回和分配。如编制财务计划，处理财务关系，开展财务分析，检查财经纪律，固定资金、流动资金、成本费用、销售收入和盈利管理等。

6. 人员培训制度

按照先培训后上岗的方针，从水厂的服务要求和生产特点出发，考虑人员现有水平，师资力量，办学条件，社会条件等，制定切实可行的全员培训计划，分别举办管理人员和工人的培训班，以提高管理人员的技术素质和工人的运行操作能力。

第二节　供水系统水源管理

水源管理与维护的重点是水源的水量、水质和设施的管理、维护，这是保证农业用水的关键。因此，对水厂水源必须按照国家相关卫生标准的规定，进行严格的卫生防护，防止污染，确保水质安全；维持自来水厂正常生产、保证供水质量、降低制水成本都有着重要的意义。确保水量充沛，防止水质恶化，做到在任何情况下能使水源正常生产是水源管理与维护的主要目的。

一、水源的水量管理

农村给水系统的水源有相当一部分水量保证率较低，为了提高水量保证率，应对取水的水源以及所供水量的变化情况进行长期监测，积累资料，以此提高水量管理水平。

1. 地表水

（1）江河水。记录取水口附近的丰水、枯水、洪水、冰冻、解冻等不同时期的水文资料，包括流量、水位、取水量、色度、浊度、水温等。了解上游单位取水量变化情况，注意取水口附近河道施工作业对水源水量的影响；详细逐日记录给水系统的取水量。了解和掌握取水口附近的气象资料，包括气温、降水量、河运洪水特征、改汛情况、河流结冰情况等。观测河水含沙量的变化，应特别注意记录洪水季节河水泥沙的最大含量及其持续的时间。

（2）水库水。记录历年水库的入库水量、水位、取水量、放流量和库存量。了解库区范围内的气象变化，中长期天气通报和上游的洪水情况。观察水库不同深度的水温变化，注意水的色度与生物的变化。

2. 地下水

记录给水系统逐日的取水量。掌握区域内水文地质情况及附近地区地下水位变化情况、取水情况、取水量及减压漏斗的变化情况。同时掌握与地下水井有关的河水水文资料，包括河水流量与水位的变化，地下水的补给情况等。

二、水源的水质管理

1. 地表水

地表水容易受到周围环境的影响而被污染。对取水河流所在的取水点及其上游河段以及水库所在取水点和进库口设立长期水质监测点，定期对地表水进行水质分析，掌握年际间和年内所用的地表水水质变化规律。对取用的地表水上游地区的可能污染源进行调查了解，明确各污染源可能产生的污染物质，一旦发生水体污染，可迅速判断污染源，采取有效措施，保证安全供水。

2. 地下水

对取水点的水质进行定期化验，在取水点地下水补给上游地区，有条件的地方应设立监测点，定期取水做水质化验，及时发现污染迹象，采取措施，保护水源。

3. 水质污染

（1）生活污水污染。生活污水对水源的污染较常见。特别是在干旱季节，一些自净能力较低的河流污染更为严重。生活污水中含有大量的氨氮、氯化物、有机物质和病原微生物。

（2）工业废水污染。随着农村经济的发展、乡镇工业企业的兴建，其废水量也随之增加，对水源的污染应引起足够的重视。如氮肥厂与磷肥厂的废水中含有酚、氰、硫及氟等有害物质。生产有机磷农药的废水中含有高浓度的氰、酚、氟等毒物。

（3）农田排水污染。农村供水工程的水源多接近农田。农田施加农药后，含有农药的水或渗入地下，或流入水体，容易造成水源污染。

有机氯类农药，如六六六、滴滴涕、毒杀芬等，虽然毒性较低，但化学性能稳定，不易分解，在自然界能存留 5～10 年之久，并能蓄积于人体的肝、脾及脂肪中，对神经、心血管及内脏有损害。因此，在水源附近严禁使用。1605、1059 的毒性很高，属于剧毒农药，在水源附近禁止使用。有机砷农药在水源附近也禁止使用。

（4）矿藏污染。流经矿区的水往往含有矿物质。如流经铅锌矿的水含有铅、锌、镉等金属；流经萤石矿的水含有大量的氟；流经石煤层的水含有硫与矾。这些物质都有可能造成对水源的污染。

三、水源的卫生防护

1. 地下水源卫生防护

地下水源的卫生防护范围主要取决于水文地质条件、取水构筑物的形成类型和附近地区的卫生状况进行确定。井的防护范围与含水层的水文地质条件及抽取水量的大小有关，一般情况下，粉、细砂含水层为 25～30m；砾砂含水层为 400～500m；分散式水源井，一般为 20～30m。

地下水源在防护范围内，不得使用工业废水或生活污水灌溉农田，不得施用有持久性或剧毒的农药；不得修建渗水厕所、渗水坑；不得堆放垃圾、皮渣或铺设污水管道和化粪池；不得从事破坏深层土层的活动。分散式水泥井，还应建立必要的卫生制度，如规定不得在井台上洗菜、洗物、饮牲畜，严禁向井内扔东西；井台要加高、封闭，避免雨水流入，设置专用提水桶，定期掏挖淤泥，加强消毒等。

2. 地表水源卫生防护

地表水源的卫生防护范围：水库和湖泊取水点周围半径不小于 100m，河流取水点上游 1000m 至下游 100m。供生活饮用水的专用水库或湖泊，应视具体情况将整个水库、湖泊及其沿岸范围作为水泥防护范围，设立明显的范围标志。

地表水源在防护范围内不得停靠船只、游泳、捕捞和从事一切可能污染水源的活动；不得排入工业废水和生活污水。沿岸防护范围内不得堆放废渣、垃圾，不得设置有害化学品的仓库或堆栈，不得设立装卸垃圾、粪便和有害物品的码头，农田不得使用工业废水和生活污水灌溉及施用有持久性和有毒的农药，也不得从事放牧。在河流取水点上游，应严格控制向河流排放污染物，并实行总量控制。

第三节　取水系统运行与管理

一、地下水取水构筑物的维护与管理

1. 管井的维护管理

管井的维护管理直接关系到管井使用的合理性，使用年限的长短，以及能否发挥其最大经济效益。目前，很多管井由于使用不当，出现了水量衰减、堵塞、漏砂、淤砂、涌砂、咸水侵入，甚至导致早期报废。因此，要发挥管井的最大经济效益，增长管井的寿命，必须加强管井的日常维护管理。

（1）管井的维护与保养。管井建成后，应及时修建井室，保护机井。机房四周要填高夯实，防止雨季地表积水向机房内倒灌。井室内要修建排水池和排水管道，及时排走积水。井口要高出地面 0.3～0.5m，周围用黏土或水泥封闭，严防污水进入井中。每年定期量测管井的深度，若井深变小，说明井底可能淤沙，应使用抽沙筒或空压机进行清理。

要依据机井的出水量和丰、枯季节水位变化情况，选择合适的抽水设备。抽水设备的出水量应小于管井的出水能力，应使管井过滤器表面进水流速小于允许进水速度，以防止出水含沙量的增加，保证滤料层和含水层的稳定性。季节性供水的管井，因长期不用，更易淤塞，使出水量减少，故应经常抽水，可十天或半个月抽一次，每次进行时间不少于一天。

对于季节性供水的管井或备用井，在停泵期间，应隔一定时间进行一次维护性的抽水，防止过滤器发生锈结，以保持井内清洁，延长管井使用寿命，并同时检查机、电、泵诸设备的完好情况。对机泵易损易磨零件，要有足够的备用件，以供发生故障时及时更换，将供水损失减少到最低限度。

管井周围应按卫生防护规范要求，设置供水水泥卫生防护带。

（2）管井的故障排除。严格执行管井、机泵的操作规程和维持制度。井泵在工作期间，机泵操作和管理人员必须坚守岗位，严格监视电器仪表，出现异常情况，及时检查，查明原因，或停止运行进行检查。机泵必须定期检修，保证机泵始终处于完好状态下运行。

如管井出现出水量减少、井水含砂量增大等情况，应请专家和工程技术人员进行仔细检查，找出原因，并请专业维修队进行修理，尽快恢复管井的出水能力。管井在使用过程中，会出现水位变化和出水量减少等故障，其原因可参见表8-1。

表8-1   管井故障分析表

静 水 位	动 水 位	水位下降1m出水量	原 因
不变	比前次低	不变	水泵故障
比前次低	比前次高	不变	区域性水位下降
有时比前次低	有时比前次低	不变	受邻井抽水影响
不变	比前次低	减少	过滤器堵塞
比前次低	不变	不变	动水位以上井管损坏处漏水
比前次低	比前次低	减少	动水位以下井管损坏处漏水

（3）管井的技术档案。对每口管井应建立技术档案，包括使用档案和运行记录。运行过程中要详细记录出水量、水位、水温、水质及含沙量的变化情况，绘制长期变化曲线。要确切记录抽水起始时间、静水位、动水位、出水量、出水压力以及水质（主要是含盐量及含砂量）的变化情况。详细记录电机的电位、电压、耗电量、温度等和润滑油料的消耗以及水泵的运转情况等，若发现有异常，如水位明显变化、出水量减少等情况，应及时查明原因进行处理，以确保正常运行。为此，管井应安装水表及观测水位的装置。

2. 大口井的维护管理

因大口井适用于地下水位埋藏较浅，含水层较薄的情况，所以在使用的过程中应严格控制出水量，否则将使过滤设施破坏，井内大量涌沙，以至造成大口井报废。浅层地下水，丰水期和枯水期的水量变化很大，在枯水期要特别控制大口井的出水量。还需特别注意的是，要防止周围地表水的侵入；要在地下水影响半径范围内，注意污染观测，严格按照水源卫生防护的规定制定卫生管理制度；注意井内卫生，井内要保持良好的卫生环境，经常换气并防止井壁微生物的生长。

大口井取水井壁和井底易于堵塞，应每月测定井内外水位一次，及时发现堵塞，及时进行清淤。很多大口井建造在河漫滩、河流阶地及低洼地区，需考虑不受洪水冲刷和被洪水淹没。大口井要设置密封井盖，井盖上应设密封人孔（检修孔），井应高出地面0.5～0.8m；井盖上还应设置通风管，管顶应高出地面或最高洪水位2.0m以上。

对大口井的水泵应按照水泵的要求制定各项工作标准、操作规程、检修制度，大口井的运行卡片每天需要详细记录水位、出水量、水温，定期分析水质。

3. 渗渠的维护管理

渗渠在运行中常存在不同程度的出水量衰减问题。渗渠出水量衰减有渗渠本身和地下水源及渗渠设计诸方面的原因。属于渗渠本身的原因，主要是渗渠反滤层和周围含水层受地表水中泥砂杂质淤塞的结果。尤其是以集取河流渗透水为主的渗渠，这种淤塞现象普遍存在，有的还比较严重。防止渗渠淤塞一般可从如下几方面考虑：①选择河水含泥砂杂质少的河段，合理布置渗渠，避免将渗渠埋设在排水沟附近，以防止堵塞和冲刷；②控制取水量，降低水流渗透速度；③保证反滤层的施工质量。如果发生区域性地下水位下降，河流流量减少；或河床变迁，主流偏移等水文地质条件的变化，渗渠出水量必然降低。为减少渗渠淤塞，延长渗渠使用寿命，发挥其应有的效益，尤其在枯水期，渗渠的取水量可小于渗渠的设计出水量。有条件和必要时，可采取某些河道整治措施，改善河段的水流状况，稳定河床的水量。

渗渠出水量受季节影响很大，所以渗渠铺设时，一定要严格控制滤层的颗粒级配和施工质量。在运行中要随时观察河床的变迁，防止因河床变迁引起淤塞而影响渗渠的进水，不允许渗渠与地表水进水管合建在一起，这样会影响渗渠的进水。检查井要保持完好状态，检查后应将井盖盖好。

渗渠在运行时应注意地下水位的变化，地下水枯水期时，避免过量开采，以免造成涌砂或水位下降，使渗渠不能正常运行。

渗渠长期运行，滤料可能淤塞，应安排计划抓紧时间翻修和清洗滤料层。回填时，应严格掌握人工滤层的滤料级配和回填均匀。

二、地表水取水构筑物的维护与管理

1. 水源设施的管理

取水口是河床式取水构筑物的进水部分，取水口竣工后，应检查施工围堰是否拆除干净，残留围堰会形成水下丁坝，造成河流主流改向、影响取水，或导致取水构筑物淤塞报废。取水头部的格栅应经常检查及时清污，以防格栅堵塞导致进水不畅。对山区河流，为防止洪水期泥沙淤积影响取水，取水头部应设置可靠的除沙设备。水库取水常因生物繁殖影响取水，应采取措施及时消除水生物，以保证取水。

2. 进水管

进水管类型有有压管、进水暗渠和虹吸管 3 种形式。管内如能经常保持一定的流速，一般不会淤积，若达不到设计流量，管内流速较小，可能发生淤积。有压管长期停用，也会造成管内淤积，水中的漂浮物也可能堵塞取水头部。根据集水井的水位可判别进水管的工作好坏，若水泵正常工作，集水井与河流的水位差比正常增大，则表明进水管发生淤塞，这时应该采取冲洗措施。对进水管冲洗有顺冲法和反冲法两种。

（1）顺冲法：一种方法是关闭一部分进水管，同时加大另一条进水管的过水能力，造成管内流速快速增加，实现冲淤。另一种方法是在水源高水位时，先关闭进水管的阀门，将该集水井抽到最低水位，然后迅速打开进水管阀门，利用水源与集水井较大的水位差实现对水管的冲洗。此法简单，不必另设冲洗管道，但因管壁上附着的泥沙不易冲洗掉，所以冲淤效果较差。

（2）反冲法：将出水管与进水管连接，利用水泵的压力水进行反冲洗。此法效果较好，但管路复杂，运行管理费用较高。

3. 集水井

集水井要定期清洗和检修，洪水期间还应经常观测河中最高水位，采取相应的防洪措施，以防泵站进水，影响生产。

4. 阀门

阀门每三个月维修保养一次，6 个月检修一次。阀门螺纹外露部分，螺杆和螺母的结合部分，应润滑良好，保持清洁。机械传动的阀门，传动部分应涂抹润滑油脂，以利开关灵活。阀门停止运行时，要将阀门内的水放光，以防止结冰冻坏。

闸门的管理维护方法如下：

（1）要有严格的启、闭制度：进水孔、引水管上的闸门，不能随便启、闭。操作人员必须在得到有权决定闸门启、闭人员的指示后方可启、闭。启、闭要规定时间、开（关）度。

（2）要做好启闭前的检查：启闭前要检查闸门的开启度是否在原来记录的位置上，检查周围有无漂浮物卡阻，门体有无歪阻、门槽是否堵塞，如有问题应处理好之后，再进行操作。

（3）操作运行应该注意的事项：操作时要用力均匀，慢开慢闭。当开启度接近最大开度或关闭闸门接近闸门底时，应注意指示标志，掌握力度，防止产生撞击底坎现象。

（4）操作后应认真将操作人员、启闭依据、时间、开（关）度详细记录在值班日记上。

5. 地表水取水构筑物的定期维护

每季度对格栅、阀门和其附属设备应检查一次；长期开和长期关的阀门每季度都应开关活动一次，并进行保养，金属部件补刷油漆。对取水口的设施、设备，应每年检修一次，清除垃圾，修补钢筋混凝土构筑物，油漆金属件，修缮房屋等。对进水口处河、库的深度，应每年测量一次，并做记录，发现变浅，应及时对河床进行必要的疏挖。对输水管线及其附属设施，每季度维修一次，保持完好。对输水明渠要定期检查，及时清除积泥和污物、藻类，保证水量和水质。

6. 缆车式取水构筑物的运行与管理

缆车式取水构筑物在运行时应特别注意以下问题：

（1）应随时了解河流的水位涨落及河水中的泥沙状况，为了保证取水工作的顺利进行，及时调节缆车的取水位置。

（2）在洪水到来时，应采取有效措施保证车道、缆车及其他设备的安全。

（3）应注意缆车运行时的人身与设备的安全，管理人员进入缆车前，每次调节缆车位置后，应检查缆车是否处于制动状态，确保缆车运行时处于安全状态。

（4）应定期检查卷扬机与制动装置等安全设备，以免发生不必要的安全事故。

缆车式取水构筑物运行时，其他注意事项与一般泵站基本相同。

三、调节构筑物的维护与管理

1. 清水池（高位水池）的维护与管理

清水池（高位水池）在运行管理过程应注意以下几个方面：

（1）清水池（高位水池）必须装设水位计，并应连续检测，也可每小时观测一次。

（2）清水池（高位水池）严禁超越上限水位或下限水位运行，每个给水系统都应根据本系统的具体情况，制定清水池（高位水池）的上限和下限允许水位，超上限易发生溢流浪费水资源的事故，超下限可能吸出池底沉泥，污染出厂水质，甚至抽空水池而使系统断水。

（3）清水池（高位水池）顶上不得堆放可能污染水质的物品和杂物，也不得堆放重物。

（4）清水池（高位水池）顶上种植植物时，严禁施用各种肥料和农药。

（5）清水池（高位水池）的检查孔、通气孔、溢流管都应有卫生防护措施，以防杂物进入池内污染水质。

（6）清水池（高位水池）应定期排空清洗，清洗完毕经消毒合格后方可再蓄水运行。

（7）清水池（高位水池）的排空管、溢流管道严禁直接与下水道联通。

（8）汛期应保持清水池（高位水池）四周排水（洪）通畅，防止污水污染。

（9）清水池尤其是高位水池应高于池周围地面，至少溢流口不会受到池外水流入的威胁。

（10）厂外清水池或高位水池的排水要妥善安排，不得给周围村庄造成影响。

清水池（高位水池）平时要进行维护保养，包括日常保养、定期维护和大修理。

日常保养主要是定时对水位计进行检查，滑轮上油，保证水位计的灵活、准确；定时清理溢流口、排水口，保持清水池（高位水池）的环境整洁。

定期维修每1～3年进行一次清刷，清刷前池内下限水位以上可以继续供入管网，至下限水位时应停止向管网供水，下限水位以下的水应从排空阀排出池外。在清刷水池后，应进行消毒处理，合格后方可蓄水运行。清水池处地下水位较高时，如地下清水池设计中未考虑排空抗浮，在放空水池前必须采取降低清水池四周地下水位的措施，防止清水池在清刷过程中浮动移位，造成清水池损坏。清水池（高位水池）顶和周围的草地、绿化应定期修剪，保持整洁。电传水位计应根据其规定的检定周期进行检定，机械传动水位计宜每年校对和检修一次。1～3年对水池内壁、池底、池顶、通气孔、水位计、水池伸缩缝检查修理一次，阀门解体修理一次，金属件油漆一次。

大修理应每5年将闸阀阀体解体，更换易损部件，对池底、池顶、池壁、伸缩缝进行全面检查整修，各种管件经检查，有损坏应及时更换。清水池（高位水池）大修后，必须进行清水池（高位水池）满水渗漏试验，渗水量应按设计上限水位（满水水位）以下湿润的池壁和池底的总面积计算，钢筋混凝土清水池（高位水池）渗漏水量每平方米每天不得超过2L，砖石砌体水池不得超过3L。在满水试验时，应对水池地上部分进行外观检查，发现漏水、渗水时，必须修补。

2. 水塔的维护与管理

水塔运行管理时应注意以下几个方面：

（1）水塔水箱必须装设水位计。水位计可与水泵组成自动上水、停启水泵系统，自动运行；机械式水位计应随时观察水位；及时开停水泵，保持水箱的一定水位防止放空，防止出水管道进气。

（2）严禁超上限和下限水位运行。

（3）水箱应定期检查、排空、清刷，及时清除沉淀物，避免沉淀物从出水管进入供水系统，以确保水质良好。

（4）经常检查水塔进、出水管、溢流、排水管有无渗漏。定期检修水塔内的所有阀门和管道接头，保证阀门的灵敏性和接头的密封性，以保证水塔的正常运行。

（5）保持水塔周围环境整洁。水塔周围严禁开挖取土并防止雨水冲刷，使水塔基础不受侵害。

（6）避雷设施要定期检修，保证它处于良好状态。在冬季到来之前应对保温、采暖设施进行全面检修，确保安全过冬。

水塔应进行日常保养和定期维修。日常保养主要是定时对水位计进行检查，保持环境洁净。定期维护每1~2年清刷水箱一次。消刷水箱后恢复运行前，应对水箱进行消毒。每月对水塔各种闸阀检查、活动操作一次，检查一次水位计。每年雨季前检查一次避雷和接地装置，检测接地电阻一次，接地电阻值不得超过30Ω。大雨过后检查水塔基础有否被雨水冲刷，严重时应及时采取补救措施。保持水塔内各种管道不渗漏，管道法兰盘螺栓齐全。每年定时检查水塔建筑、照明系统、栏杆、爬梯，发现问题及时修理，金属件每年油漆一次。

3. 压力罐的维护与管理

压力罐在使用过程中应及时进行维护保养和检修。压力罐通常与水泵安装在一起，当对水泵进行保养维护时，应同时对压力罐进行保养与维护。使用的压力罐必须保有压力罐制造合格证书，须由有资格的生产厂家生产。定时检查、定期检修或更换压力罐的所有附属设备和配件。如补气装置、排气装置、隔膜装置、液位计、压力表、安全阀、放气阀、泄水阀、止气阀、止水阀等，以经常保持设备完好，正常运行。严格按产品使用维护说明书要求，对设备进行维护。

压力罐应按照《压力容器安全监察规程》（劳锅字〔1990〕8号）中有关规定的要求使用与管理。操作人员应经培训，考试合格后上岗，应严格遵守安全操作规程和岗位责任制，并应经常保持附件安全、灵敏、可靠，发现不正常情况应及时处理。为消除事故隐患，对压力罐应定期进行检验，检验工作应由劳动部门授权的单位进行。一般情况下，使用期达15年的容器，每两年至少进行一次内外部检验；使用期达20年的容器，每年至少进行一次内外部检验。出于结构原因，确认无法进行内部检验的容器每3年至少进行一次耐压试验。

第四节　供水水处理构筑物的运行与管理

一、水质的管理

水质管理是对给水系统的产品——水的质量管理和质量控制。给水系统的水质管理，就是给水企业为达到国家对水的质量要求，在企业内部采取的质量保证措施。水质管理是给水系统生产运行的灵魂，它渗透在生产运行的每个工序和环节，每一个运行管理人员都应把保证生产出合格的水作为天职。

水质管理的主要内容有：

（1）建立和健全规章制度：①建立各项净水设备操作规程，制定各工序的质量控制要求；②健全水源卫生防护、净化水质管理、管网水质管理、水质检验频率、水质化验的有关规定等以工作标准为中心的各项规章制度。

（2）加强卫生防护：①制定水源防护条例，对破坏水源卫生防护的行为提出有力的制止措施；②对水源防护地带设置明显的防护标志；③对污染源进行调查和检测，对消除重大污染源提出有效措施。

（3）确保净化过程中的水质控制：①确定投药点，及时调整投药量；②监督生产班组对生产过程中的水质检验，确保沉淀水、过滤水、出厂水的余氯、浊度、pH 值（地下水只有余氯）等，无论何时都要达到规定的要求点；③提出净化消毒设备及其附属设施的维修意见，对清水池、蓄水池、配水池定期清刷，保持水源、净化构筑物的整洁，严禁从事影响供水水质的活动。

（4）进行管网水质管理：①确定管网水采样点；②对每个采样点进行采水分析，确保管网水质达到要求；③对新铺设管道坚持消毒制度。

水质管理主要有 3 个环节，即水源水质管理、净水厂水质管理和管道水质管理。

（一）水源的水质管理

具体内容参照本章的第一节。

（二）净水厂水质管理

净水厂水质管理注意以下几个方面：

（1）各构筑物运行中，要根据进水量或水质变化及时调整投药量。

（2）及时排泥和冲洗。

（3）投产前的各构筑物内要保持无杂物，并宜每年对构筑物进行一次彻底冲洗与清理。

（4）在进行机泵大修和更换水表时，应防止污染水质。

（5）新投产的井，在使用前必须抽水洗井、检测水质各项指标合格后再投产使用。停用 3 个月以上的井，在恢复使用之前仍需水洗井，待水质合格后使用。

（6）遇有突然停电、造成停泵不停氯的情况，再开泵时，应先放水、检查余氯正常后再开闸送水。

（7）凝聚剂投加量一般应根据原水水质变化加以调整。实际操作中，可观察沉淀池絮体的形成情况或澄清池内悬浮泥渣的沉降比来确定药剂投加量。

（8）做好生产运行中规定的水质检测项目的检测工作。沉淀水、过滤水和管网末梢水的余氯应达到有关规定的指标。出厂水应符合《生活饮用水卫生标准》规定的各项指标。

（三）管道水质管理

管道水质管理注意以下几个方面：

（1）新建或改建管道的末端应设置闸门，以便及时排放管网末梢的"死水"；新建管道投产前，冲洗流速应不小于正常供水中的最大流速，一般应大于 1m/s。如水量不足应考虑加压缩空气冲洗，以保证足够的冲洗强度。

（2）新建管道与原有管道连接处尽可能安装闸门，防止放水时污染原管道水质，下管前要消除管道内以及管件内的泥土和杂物；施工间隙，管道内不能存放工具杂物，并应将管道两端用木塞堵严。

（3）遇有过河管时，应在出水侧安装永久性放水口和排水井，其口径一般不应小于管径的 1/3，对于具有排泥条件的应在过河管最低处一侧安装吐泥三通和排泥井。

（4）管道接口应优先采用橡胶圈，使用清洁的油麻；管道试压充水应使用清洁的自来水，试压合格后要立即进行管道放水冲洗，同时把沿途的预留放水口和消火栓放水冲洗 5min。

（5）自备水源单位欲与村镇给水系统联网，需经主管部门同意批准，并应负责进户管逆止阀的检查、维修与更换，防止自备水源水进入村镇给水系统。

（四）水厂水质管理的机构设置

设有科室管理的中小水厂应设立水质管理科，二级管理的小型水厂也应有专门负责水质管理的人员。水质管理和水质化验密切相关，水质化验室是水质的监测部门，有条件的水厂都应设立水质化验室；无条件的水厂也应配备化验人员，进行简单项目的水质化验并要挂靠附近较大的设有水质化验机构的自来水厂或卫生部门，定期完成应该进行的各项水质的化验工作。

水质管理机构或专职人员的主要职责有：

（1）负责贯彻执行国家、省、市、县有关水质的各项政策、法令、标准、规程和制度。

（2）负责水质净化工艺管理和水质化验、分析、监督、管理或委托工作。

（3）配合各级卫生防疫部门，对水源卫生防护状况进行监督，对重大水质事故进行调查处理。

（4）负责水源污染状况的卫生学调查。

（5）参与水厂和管网施工过程的卫生监督及竣工验收工作。

（6）对危及供水安全的水质事故，有权采取紧急措施，直至通知有关部门停止供水，事后逐级报告。

（7）掌握水质变化动态，分析变化规律，提出水质阶段分析报告及水质升级规划。

（五）水质的检验

水质检验工作是个科学技术性很强的工作。为了保证正常工作以及检验数据的可靠性必须建立健全各项规章制度，设专人管理。利用水质检验手段，可以定量地了解水中存在的各种物质；通过对诸多物质项目的检验，就可以反映水的各方面的性状、强度和数量，对该水质进行恰当的评价。

水质检验又是一个过程，从水样的采集、保存，到检验出数据结果和进行评价的全过程，以求水质检验结果的可靠性、准确性和有代表性。

农村水厂检验水质的目的是：①检查自己给水系统供应的产品水执行国家规定的合格程度；②作为净化过程质量控制的手段，以保证供出合格水；③了解和掌握原水的变化趋势和问题，调整净化过程，并向有关上级反映情况；④选择新水源。

1. 化验室的管理

（1）化验室仪器设备管理。在化验室里，凡仪器设备都要设专人负责保管和维修，使其经常处在完好的工作状态。对于精密的稍大型的仪器设备，如精密天平、气相色谱、原子吸收分光光度计等，都要设专门房间，要防震、防晒、防潮、防腐蚀、防灰尘。在使用仪器设备时应按说明书进行操作，无关人员不得随意乱动。要建立使用登记制度，以加强责任制。对于各种玻璃仪器，每次用后必须洗刷干净，放在仪器架（橱）中，保持洁净和干燥，以备再用。还要建立仪器领取、使用、破损登记制度。

（2）化验室化学药品的储存和管理。化验室的化学药品，必须专人保管，特别是有毒、易燃、易爆药品。保存不当，容易发生事故或变质失效。因此，保管药品的人员，必须具有专业知识和高度责任心。药品的储藏和试剂的保存，要避免阳光照射，室内要干燥、通风，室温在 15～20℃，严防明火。要建立药品试剂发放、领取、使用制度。

（3）化验室的卫生管理。

1）保持化验室的公共卫生。化验室是进行水质检验，获得科学数据的地方。因此，必须保证有一个卫生整洁的环境。室内要设置废液缸和废物篓，不准乱倒废液乱扔废物。强酸、强碱性废液必须先稀释后倒入下水道，再放水冲走。室内对暂时不用或用完的物品、仪器，一定要及时整齐地放回原处。地面保持清洁，应定期刷洗或冲洗。

2）讲究个人卫生。工作人员在化验室内，要穿白色工作服，戴白色工作帽，切忌穿杂色的工作服。工作前要洗手，防止检验工作中的交叉污染。工作台面和仪器要保持洁净。工作后或饭前要洗手，防止工作中药品污染，造成危害。

（4）化验室的安全要求。

1）所用药品、标样、溶液、试剂等都要有标签；留标明名称、数量、浓度等主要项目；瓶签与内容物必须相符。

2）凡剧毒药品或溶液、试剂要设专人专柜严加保管。

3）使用易挥发性溶液、试剂、一定要在通风橱中或通风地方进行操作。

4）严禁在明火处使用易燃有机溶剂。

5）稀释硫酸时，应仔细缓慢地将硫酸加入水中，绝不可将水加到硫酸中。

6）在使用吸管吸取酸碱和有毒的溶液时，不可用嘴直接吸取，必须用橡皮球吸取。

7）化验室要建立安全制度，下班时注意检查水、电、煤气和门窗是否关闭。

8）做每项水质检验时，操作前一定要很好熟悉本项检验的原理、试剂、操作步骤、注意事项。要仔细检查仪器是否完好，安装是否妥当。操作中，一定按要求、步骤谨慎地进行。检验结束后，应进行逐个检查，一切电、水和热源是否关闭。

2. 我国生活饮用水的卫生标准

生活饮用水是人类生存不可缺少的要素，与人们的日常生活密切相关。生活在城市里的居民，其生活饮用水的来源是出自来水公司集中供给的。一般而言，水质的好坏决定于集中供水的水质质量，个人是无法选择的。因此，为了能确保向居民供给安全和卫生的饮用水，我国卫生部颁布了《生活饮用水卫生标准》，它是关于生活饮用水安全和卫生的技术法规，在保障我国集中式供水水质方面起着重要作用。

生活饮用水是指人类饮用和日常生活用水，包括个人卫生用水，但不包括水生物用水以及特殊用途的水。制定《生活饮用水卫生标准》是根据人们终生用水的安全来考虑的，它主要基于 3 个方面来保障饮用水的安全和卫生，即确保饮用水感官性状良好、防止介水传染病的暴发、防止急件和慢性中毒以及其他健康危害。控制饮用水卫生与安全的指标包括 4 大类：

（1）微生物学指标。水是传播疾病的重要媒介。饮用水中的病原体包括细菌、病毒以及寄生型原生动物和蠕虫，其污染来源主要是人畜粪便。在不发达国家，饮用水造成传染病的流行是很常见的。这可能是由于水源受病原体污染后，未经充分的消毒，也可能是饮用水在输配水储存过程中受到二次污染所造成的。

理想的饮用水不应含有已知致病微生物，也不应有人畜排泄物污染的指示菌。为了保障饮用水能达到要求，定期抽样检查水中粪便污染的指示菌是很重要的。为此，我国《生活饮用水卫生标准》中规定的指示菌是总大肠菌群，另外，还规定了游离余氯的指标。我国自来水厂普遍采用加氯消毒的方法，当饮用水中游离余氯达到一定浓度后，接触一段时间就可以杀灭水中细菌和病毒。因此，饮用水中余氯的测定是一项评价饮用水微生物学安全性的快速而重要的指标。

（2）水的感官性状和一般化学指标。饮用水的感官性状是很重要的。感官性状不良的水，会使人产生厌恶感和不安全感。我国的饮用水标准规定，饮用水的色度不应超过 15度，也就是说，一般饮用者不应察觉水有颜色，而且也应无异常的气味和味道，水呈透明状，不浑浊，也无用肉眼可以看到的异物。如果发现饮用水出现浑浊，有颜色或异常味道，那就表示水被污染，应立即通知自来水公司和卫生防疫站进行调查和处理。

其他和饮用水感官性状有关的化学指标包括总硬度、铁、锰、铜、锌、挥发酚类、阴离子合成洗涤剂、硫酸盐、氯化物和溶解性总固体。这些指标都能影响水的外观、色、臭和味，因此规定了最高允许限值。例如饮用水中硫酸盐过高，易使锅炉和热水器内结垢并引起不良的水味和具有轻泻作用，故规定其在饮用水中的限值不应超过 250mg/L。

（3）毒理学指标。随着工业和科学技术的发展，化学物质对饮用水的污染越来越引起人们的关注。根据国外的调查，在饮用水中已鉴定出数百种化学物质，其中绝大多数为有机化合物。饮用水中有毒化学物质污染带给人们的健康危害与微生物污染不同。一般而言，微生物污染可造成传染病的暴发，而化学物质引起健康问题往往是由于长期接触所致的有害作用，特别是蓄积性毒物和致癌物质的危害。只有在极特殊的情况下，才会发生大量化学物质污染而引起急性中毒。

为保障饮用水的安全，确定化学物质在饮用水中的最大允许限值，也就是最大允许浓度是十分必要的，这是自来水公司向公众提供安全饮用水的重要依据。但是，在饮用水中存在众多的化学物质，究竟应该选择哪些化学物质作为需要确定限值的指标呢？这主要是依据化学物质的毒性、在饮用水中含合有的浓度和检出频率以及是否具有充分依据来确定限值等条件确定的。在我国《生活饮用水卫生标准》中，共选择 15 项化学物质指标，包括氟化物、氯化物、砷、汞、镉、铬（六价）、铅、银、硝酸盐、氯仿、四氯化碳、苯并（a）芘、滴滴涕、六六六。这些物质的限位都是依据毒理学研究和群流行病学调查所获得的资料而制定的。

（4）放射性指标。人类某些实践活动可能使环境中的天然辐射强度有所增高，特别是随着核能的发展和同位素新技术的应用，很可能产生放射性物质对环境的污染问题。因此，有必要对饮用水中的放射性指标进行常规监测和评价。在饮用水卫生标准中规定了总 α 放射性和总 β 放射性的参考值，当这些指标超过参考值时，需进行全面的核素分析以确定饮用水的安全性。

3. 水质检验项目

选择农村水厂检验项目要根据当地的情况和自己水厂的实际需要来确定，一般可以从以下几方面来考虑选择。

（1）与人民健康关系密切，而且变化很快的，也是系统运行、保证水质的控制指标，作为必检项目。有浑浊度、余氯、大肠菌群、细菌总数等 4 项。

（2）感官性状指标能使用户直接感到水质问题，也应该经常测定。除浑浊度外，尚有色度、臭和味、肉眼可见物等项。

（3）对与水厂净化处理有密切关系的指标，应根据净化处理要求进行检测。除浑浊度、余氯之外，还有 pH 值和水温。

（4）一些有卫生学意义的指标，有明显的地区性，例如氟化物在高氟地区是一项重要指标，但一般地区就可以不经常测定。这类指标有铁、锰、砷、硝酸盐、硫酸盐、氯化物等。

（5）当水源受污染时，受生活污水污染要检测氨氮和耗氧量、磷等指标，受工业污染要检测代表工业污染内容的有关指标。

（6）在选择新水源时要对原水源进行全面检验。

二、净水构筑物的运行与管理

管理与维护净水构筑物总的要求是：①建立健全以各种工作标准为中心的各项规章制度；②保证水质管理工作的标准化、制度化、经常化；管好、用好、维护好净水处理设备；③确保在任何情况下运行正常、安全可靠、经济合理，并且使出厂水质始终能达到国家生活饮用水规定的标准。

1. 絮凝池的维护与管理

絮凝池管理维护分经常性维护和定期技术测定。

（1）经常性维护：按混凝要求，注意池内矾花形成情况及时调整加药量；定期清扫池壁，防止藻类滋生；及时排泥。

（2）定期技术测定：在运行的不同季节应对反应池进行技术测定。

2. 澄清池的运行管理

对澄清池运行管理的基本要求是：勤检测、勤观察、勤调节，并且特别要抓住投药适当、排泥及时这两个环节：①投药适当，就是凝聚剂的投加量应根据进水量和水质的变化随时调整，不得疏忽，以保证出水合乎要求；②排泥及时，就是在生产实践基础上掌握好排泥周期和排泥时间，即防止泥渣浊度过高，又要避免出现活性泥渣大量被带出池外，降低出水水质。只要抓好以上两个环节并按规定的时间和内容对澄清池进行检测、调节，做好管理和维护的各项工作，澄清池的净水效果就可以得到基本保证了。

（1）起始运行。为加快泥渣浓度的形成，可使进水量为设计流量的 1/2～1/3，混凝剂（包括助凝剂）投放量可为正常用量的两倍左右。若原水混浊度较低，除投放适量黄泥外，还应考虑进水量和凝聚剂的投加量。所投黄泥颗粒要均匀，质重而杂质少，投放可干投或湿投。干投是将黄泥块粉碎，筛去石块和杂质后，放入水力循环澄清池第一反应室或加速反应池的第二反应室。湿投是把除去杂质的泥块加水搅成泥浆，并和适量的混凝剂调配，然后放入进水管或反应室。

澄清池出水后，仔细观察出水水质及泥渣形成情况。若出水夹带泥渣较多与反应室内水质相似，说明加药量不足，需增加投药量。还要考虑加泥量不足增投泥量问题。

水力循环澄清池的喉管与喷嘴间的距离若可以调节，则应调节其间距，观察泥渣回流情况，以确定喉管最佳位置。

培植泥渣的过程中，要经常取样测定池内各部位的沉降比。如第二反应室泥渣沉降比逐步提高，说明活性泥渣在形成。一般 2～3h 后泥渣即可形成。运行趋于正常后，可逐步减少药的投放量至正常用量。进水量亦逐渐增加到设计进水量，进入正常运行阶段。

泥渣沉降比的测定是：取 100mL 水样，放入 100mL 的量筒内，静放 5min，读出泥水分界的刻度，其刻度显示了泥渣沉降部分所占总体积的百分比，即 5min 泥渣沉降比。

（2）正常运行。每隔 2～4h 测定一次进出水的混浊度，各部沉降比及投药量，并做好记录。应根据进水量和水质的变化，调整投药量，不应中断。

控制净水效果的重要指标之一是加速澄清池第二反应室，水力循环澄清池反应筒，脉冲澄清池和悬浮澄清池悬浮层的 5min 泥沉降比，一般宜控制在 10%～20%，超过 20%～25%，应进行排泥。排泥时间不能过长，避免活性泥渣排除过量，影响澄清池的正常运行。

（3）停用后再运行。各澄清池应连续运行，均匀进水。如果停用最好不要超过 24h，不然活性泥渣会压缩，引起老化腐败。加速澄清池间歇运行时，搅拌机不要停顿，以免絮粒压实，堵塞回流缝。在恢复运行前 20min 开始投药，以增加絮粒活性。

停止运行 8h 以上再运行时，要排除部分老化泥渣，适当加大投药量和使进水量较大，促使底部泥渣松动活化。而后调整进水量在正常水量的 65% 左右运行，等出水水质稳定后，逐步减少药的投放量，并使进水量达到正常。

（4）运行中的问题和处理。当清水区有细小絮粒上浮，水质变得浑浊，第一反应池絮粒细小，泥渣层浓度越来越低，说明药的投放量不足，应增加投药量。当清水区大粒絮粒上浮，水色透明，说明投药量过大，应加强排泥并减少投药量。当反应室泥渣浓度过高，沉降比在 20%～25% 以上，排出的泥渣浓度其沉降比在 80% 以上，清水区泥渣层逐渐上升，出水水质变坏时，说明排泥不够。应缩短排泥周期，增加排泥时间。若清水区泥渣絮粒大量上浮，甚至出现翻池情况，说明进水温度高于清水池水温，进水量过大、投药中断或排泥不及时。应降低取水口位置，覆盖进水管路，避免阳光照射，检查进水量和排泥情况。

（5）提高澄清效果的措施。若水源污染较重，有机物或藻类较多时，可预先加氯，以降低色度，除去臭味和破坏水中胶体，以防池内繁殖藻类和青苔类生物。为了提高冬季的混凝效果，可加助凝剂。

对浑浊度低的水源，可定期投放适量泥土，增加泥渣量和提高出水水质，延长排泥周期。

（6）澄清池的检修。澄清池每半年应放空一次，以便清洗和检修，同时根据运行中所发现的问题，检查各部位和泥渣情况，为技术改造积累资料。进行检修的主要内容有：彻底清洗池底与池壁积泥；维护各种闸阀及其他附属设备；检查各取样管是否堵塞。

3．滤池的运行管理

（1）普通快滤池。翻换过滤料的滤池，其滤料面应铺高 10cm 左右。冲洗数次后的水其浑浊度在 50 度左右时，应放干滤料，将滤料层表面细粒滤料和杂物清除，然后放入用漂白粉或液氯配制成的 50mg/L 的含氯水，浸泡 24h，再冲洗一次，方可投入运行。

滤池在过滤和反冲洗时，应注意阀门开启次序，以防滤干或溢水。滤池滤干后反冲洗或倒压清水，排除滤料中的空气后才能运行。进水时滤料层上面应有一定的水深，防止破坏滤层。滤池冲洗时，滤料上面应有一定的水深（10～15cm），反冲洗时阀门应慢慢开启，注意反冲洗强度，以防冲乱滤料层和承托层。滤池冲洗后，要观察滤料层表面是否严整。水的混浊度应小于 50 度，否则应考虑重新冲洗。

（2）重力式无阀滤池。翻换滤料时，因滤料浸水后密实度增加，试冲会带走部分细粒滤料，滤料面应加高 70mm 左右。滤层冲洗消毒与普通滤池要求一样。滤池开始运行时，为排除集水区和滤料中的空气，要将水注入冲洗水箱，通过集水区，自下而上的通过滤料。滤池初次冲洗时，要将冲洗强度调节器调整到约为虹吸管下降管径的 1/4，然后慢慢增大开启度到预定的冲洗强度。滤池试运行时，要对冲洗时间（从冲洗水箱水位降低起到虹吸破坏止），虹吸形成时间（从排水井堰顶溢流起到冲洗水位下降止），滤池冲洗周围状况等进行测定，并调整到正常状态。滤池运行后，要定期检查滤料是否平整，有无泥球及裂缝等情况。

（3）接触双层滤池。为提高净水效果，应采用铁盐混凝剂。运行过程中应注意进出水水质的变化，随时调整进水量和混凝剂的投放量。不允许水量突然变化和间歇运行。滤池内水中的絮粒，以芝麻大小为宜。滤池冲洗后，进水量应适当减小，混凝剂投放量适当增加。

（4）滤池的保养与检修制度。滤池是净化设备中最主要的设备之一，一般的保养和检修制度是：①一级保养为日常保养，每天要进行一次，由操作值班人员负责；②二级保养为定期检修，一般每半年或每年进行一次，由操作值班人员配合检修人员进行；③大修理，为设备恢复性修理，包括滤池的翻砂和阀门的解体大修或调换，由厂部安排检修人员进行。

4. 净水器的运行管理

（1）压力式综合净水器。装滤料时，应先将排泥桶和污泥浓缩室充满水后，再倒注滤料。以防滤料进入浓缩室。水泵运行后，原水进入净水器，应将排气阀引开，直到出水为止。进水量不应超过净水器的制水能力，以保证净水效果稳定。运行时应严格控制加矾量，注意随时调整，不允许中断投药。滤层反冲洗周期，视原水水质而定，反冲洗时，要先停进水泵，再开排泥阀门，排除污泥和一部分水，使净水器中滤料面降至观察窗中间，然后开冲洗阀门进行冲洗，一般冲洗 2～3min 即可。

（2）JS 型和 JCL 型净水器。

1）投入运行后，应先形成活性泥渣，形成方法和工作程序，见本节的"澄清池的运行管理"。

2）压力式 JS 型一体化净水器的反冲洗，依靠水泵或高位水箱实现。反冲洗时，先关进水阀门，同时开启两个排泥阀门，使高位水箱的水经滤池底部集水系统进入滤层，进行对滤料的反冲洗。冲洗废水经排水阀排出，待排出水的浑浊度降到 50～100mg/L，或达到预定的冲洗时间后，关闭排泥阀。静止几分钟，逐渐开启进水阀门，开始下一周期运行。重力式 JS 型净水器，因采用无阀滤池过滤形式，所以反冲洗自动进行，亦可人工操作。

3）JCL 型净水器反冲洗时，先关闭进水和清水阀门，打开初滤水和中间排水阀门，以降低净水器内水位。或打开排泥阀，既排积泥又降净水器水位。若滤料层下至中视镜中间时，可关闭排泥阀或中间排水阀，然后启动冲洗水泵，打开冲洗管阀门，同时将冲洗

水压调到 $34.3 \sim 39.2 N/cm^2$。冲洗水由旋转管支管上的喷嘴排出，带动旋转管转动，实现对滤料层的搅动冲洗。冲洗继续进行，桶内水位逐步上升，带动滤料层升高，直到滤料层底面高出上视镜上部时，关闭冲洗水泵和冲洗管阀门，反冲洗结束（大约 2min）。静止 5min 后，可开启进水阀，初滤水应排放，约 5min，若测得水样水浑浊度小于 5mg/L，则打开清水阀门，关闭初滤水阀门，进入正常运行。

5. 沉淀池的运行管理

沉淀池维护管理的基本要求是保证出水浊度达到规定的指标（一般在 10 度以下）；保证各项设备安全完好，池内池外清洁卫生；具有完整的原始数据记录和技术资料。

对于平流式沉淀池在管理与维护中要着重做好以下几点：

（1）掌握原水水质和处理水量的变化。

（2）观察絮凝效果，及时调整加药量。

（3）及时排泥。

（4）防止藻类滋生，保持池体清洁卫生。

平流沉淀池主要运行控制指标包括以下几个方面：

（1）沉淀时间是平流沉淀池中的一项主要指标，它不仅影响造价，而且对出水水质和投药量也有较大关系，根据我国各地水厂的运行经验，沉淀时间大多低于 3h，出水水质均能符合滤池的进水要求，鉴于村镇供水规模小，为提高可靠度，因此规定平流沉淀池沉淀时间一般宜为 2～4h。

（2）虽然池内水平流速低有利于固液分离，但是往往会降低水池的容积利用率与水流的稳定性，加大温差、异重流以及风力等对水流的影响，因此应在不造成底泥冲刷的前提下，适当加快沉淀池的水平流速，对提高沉淀效率有好处。但水平流速过高，会增加水的紊动，影响颗粒沉降，还易造成底泥冲刷。设计大型平流沉淀池时，为满足长宽比的要求，水平流速可用高值。

（3）根据沉淀池浅层沉淀原理，在相同沉淀时间的条件下，池子越深截留悬浮物的效率越低，工程费增加，池子过浅易使池内沉泥带起，根据各地水厂实际运行经验，平流沉淀池池深一般可采用 2.5～3.5m。平流沉淀池宜布置成狭长的型式，以改善池内水流条件。

（4）平流沉淀池进水与出水的均匀与否直接影响沉淀效果，为使进水能达到在整个水流断面上配水均匀，宜采用穿孔墙，但应避免絮体在通过穿孔墙处的破碎。平流沉淀池出水一般采用溢流堰，为不致因堰负荷的溢流率过高而使已沉降的絮体被出水水流带出，故规定了溢流率不宜大于 $20m^3/(m \cdot h)$。

三、投药、消毒操作

溶药、投药操作是一项细致的工作，同时要注意人身安全及供水安全。

1. 溶药操作

（1）进行溶药操作前，必须戴好防护用具，因大部分净水药剂都有腐蚀性。对易挥发的药剂，如漂白粉，必须戴好口罩、风镜、胶质手套，人站于上风向。对腐蚀较强的药剂，如三氯化铁、硫酸（活化水玻璃用）、石灰等，应戴好胶质手套和防护眼镜。

（2）溶药浓度必须符合规定，不允许忽高忽低。

（3）溶解漂白粉液时，用多少取多少。剩下的漂白粉必须封好，储存于阴凉干燥处。溶好的漂白粉液不要放置时间过长，谨防逸氯。漂白粉液如已澄清，其余渣应用清水冲洗一两次，以达到充分利用的目的。

（4）调换药剂种类时，要注意不同药剂的性能，同时应将药剂贮液池冲洗干净，防止两种药剂发生作用。如硫酸铝与氯化铝混合，会发生化学作用，损坏贮液池。

2. 投药操作

（1）工作人员应熟悉水泵性能变化情况，了解送水管和投药管路情况和净水设备的容量和性能。

（2）从潮汐河流取水的水厂，工作人员应掌握潮汐变化对水质的影响，以便随时调整投药量。

（3）投药操作人员应掌握天气变化与投药量的关系。如遇久旱初雨，水质将突然恶化，投药量应随之增加。风大时，平流池水面将起浪花，影响沉淀。阴雨或雪天，池面水也与正常天气不一样。气温升高后，进水温度上升，可能造成异重流，影响净水效果。

（4）药剂的投放应与取水泵的开停紧密配合，特别是泵前投药，要在开泵前数分钟投放药剂，停泵时也在停泵前数分钟停止投药。既可保证水质又能减少水泵束的腐蚀。

（5）数种药同时投放时，投药点的位置和次序应依据取水的水质，药剂性能和设备情况，经试验确定。如硫酸铝与漂白粉加入水中时，投放次序与效果关系密切，两者不允许混合后一起投放。而硫酸亚铁与氯气，则必须在混合反应后才能投放到水中，否则水的含铁量增加，浑浊度增高。

（6）硫酸亚铁加氯气作混凝剂时，要严格投放比例，并按照沉淀水余氯和浑浊度进行调整，可控制余氯在 0.5～1.0mg/L 之间和沉淀水的浑浊度在 5～10 度之间。

（7）更换药剂品种时，应先进行搅拌试验。生产上正式使用时，开始时可适当加大药剂的投放量，而后调剂加药量至正常需要。

（8）投放硫酸铝要适量，不许过分增多，以防原水碱度不足而造成浑浊水。

（9）用压力滤池作为接触过滤净水时，混凝剂投放是否适当，除观察滤后水质外，也可在投药点后取水样，在水样瓶中摇动 1min。使水样在瓶中旋转，然后静止观察凝聚情况，供投放药量调节用。

（10）工作人员要注意投药室声音变化，勤跑、勤看，发现情况及时处理，以防浑浊度过高或余氯过低。

（11）沉淀池发生浑水事故时，应迅速增加药剂投放量，视浑浊度高低采取补救措施。若浑浊度尚好，可降低滤池滤速，保证清水水质。若浑浊度过高，只能排入下水道。若余氯过低，应在前道工序追加。万不得已时也可在后道工序追加。

3. 用氯安全操作

（1）氯瓶移动前瓶帽要拧紧，移动时瓶盖不受压，以防漏气。移动后要安放平稳，卧式氯瓶要用三角木楔固定，立式氯瓶用架子固定。氯瓶及加氯机安放处禁止阳光或其他热源直接晒烘。

（2）使用液氯应有防毒面具，防毒面具应放置在固定且取拿方便的地方。

（3）若氯瓶阀芯太紧难开时，不允许用工具敲击，亦不许用 300mm 以上的扳手硬旋。

（4）拧紧压盖或旋松较紧的阀芯时，要使用扳手在反方向卡住阀身，以防扭断阀颈。

（5）氯瓶阀冻结后不允许用开水冲浇。

（6）卧式氯瓶使用时，两个出口连续应垂直地面，并应使用上面一个出氯口。立式氯瓶不允卧置使用。

（7）发现氯气瓶有如下问题时，应联系有关部门共同研究处理，或退回厂家处理。氯瓶阀有砂眼，强度不可靠；瓶阀太紧，不能开启；氯瓶口正确接好后，液态氯不断喷出。

（8）若加氯机进氯导管阻塞，可用钢丝疏通或用气筒吹压，不允许用氯压硬行冲开。

（9）加氯机温度不允许低于进氯导管温度，导管温度不允许低于氯气瓶温度。以防气化后的氯气再度液化，影响加氯正常进行。

（10）开启氯瓶时要慢慢进行，人应站在上风处。

（11）检查是否漏气要用氨水，不允用鼻嗅闻。

（12）氯气接机使用后，要挂上"正在使用"的标牌。氯瓶用完后要挂上"空瓶"标牌，避免混杂。

（13）真空加氯机上方，不允许悬挂物品。

（14）真空加氯机在使用前，要先开有压水阀门，等玻璃罩内水位上升，放气阀正常后，方能开启氯气瓶出气阀。停止使用时，先关闭氯气瓶出气阀，等玻璃罩内空气不断进入无色后，关有压水阀门。进入水盘的补给水量，用阀门调节大小，使有一定的水量自盘内溢水管流出。

（15）转子加氯机使用时，要先升压力水阀门，使水射器工作，等中转玻璃罩有气泡翻腾后，开平衡水箱进水阀门，使水箱有少量水由溢水管流出，再开氯气瓶出氯阀和控制阀。停止使用时，先关氯气瓶出氯阀，等转子落到零位后，关氯气控制阀，再关平衡水箱进水阀，等中转玻璃罩翻泡无色后，再关有压水阀门。

（16）为防止氯气退出，调换转子加氯机所接氯气瓶至弹簧薄膜之间接头时。必须使氯气阀和平衡水箱进水阀门关闭，射水器仍在工作的状态，使用专用工具拉伸弹簧薄膜拉杆，抽去加氯机进氯导管和旋风分离器中残余氯气，等中转玻璃罩和转子流量计玻璃管透明无色后，再关有压进水阀门，方可拆卸加氯管。

（17）运行中的加氯机，若有压水突然中断或突然降压，要立即关闭氯气瓶阀，以防逸氯。

（18）若室内发现漏气现象，要立即打开门窗，戴好防护面具，用氨全面检查漏气位置，若漏气不在瓶身时，即关闭氯瓶阀，然后进行处理。

4. 液氯使用中的紧急情况处理

氯气瓶身有砂眼，发生少量漏气时，要迅速打开门窗，用白漆堵塞，然后运至室外，将瓶中余量转入其他氯瓶。若遇氯瓶阀颈断裂并大量喷氯时，应立即戴好防毒面具，用木楔迅速嵌灭。迅速求援，并将氯瓶移至近水地方。漏气地方要打开门窗使空气畅通。

四、水泵的运行与管理

（一）水泵的运行

1. 开泵与停泵

（1）离心泵。

1）启动前的检查。工作人员在水泵启动前，应先对水泵进行全面检查，各部件是否正常，机组转动是否灵活，泵内有无声响，轴承润滑是否清洁，油位是否符合标准，填料密封冷水水阀是否打开，压盖松紧是否合适，进水水位是否到位，出水管阀门是否关闭，电源、开关、仪表等是否正常。

2）水泵充水（灌水或启动真空泵）。水泵灌水时应同时打开水泵顶部排气阀。若用真空泵，抽真空时亦应先打开顶部抽气阀，关闭真空箱放水阀。真空泵启动后，注意真空泵真空度是否上升，同时注意抽气管，若抽气管中水位上升，说明水泵已充满水。

3）启动电动机。水泵启动后应立即关闭排气阀，注意真空表和压力表读数是否上升，轴承、填料函是否运转正常，通常填料处呈滴水漏水，若不滴水，则表明填料压盖过紧，应将压盖放松，若漏水多且进气，应将压盖压紧一些。

4）打开出水阀。水泵运行后，打开出水阀，压力表指针缓慢下降，直到出水管压力正常为止，电流表逐渐达到额定数值，表明水泵正常运行。再查、看、听机组运行及各种仪表等，填写运行记录。而后按规定进行巡回检查，监视机组运行情况，以确保供水。

5）停泵。停泵前要慢慢关闭出水管上的阀门，使电动机最后达到空载状态，阀门完全关闭后，切断电源，电动机停止运行。

（2）深井泵。

1）深井泵启动时必须降压启动，以防传动轴扭伤。降压启动设备，一般用自耦变压器或补偿器。

2）启动前均应加水润滑。直接向压力管路送水的深井泵，启动前要将出水阀门打开。

3）启动后或每运行 24h 后，应将填料黄油杯旋入一圈润滑填料，油杯内应随时将油填满备用。

4）电动机润滑油增加时，油杯的油面线以停机时为准。一般开机后油面下降，若在电机运行时加至油面线，则停机后油会溢出，再开机时飞溅到机组上，弄脏线圈，影响绝缘。

5）深井泵关机后不允许立即再启动，因出水管中满管水水位正在下降，若立即启动会增加传动轴上的扭力，使轴损坏，必须等管中水全部下降后才能再启动，一般 10min 左右。为快速再启动，可在预润水管上加设通气阀，打开通气阀，空气进入，可使管中水迅速下降。当没有空气进入时，关闭阀门可再启动水泵。

（3）潜水泵。

1）用 500V 兆欧表量测电机绕组对地绝缘电阻值，应不低于 5MΩ。

2）启动前应检查各控制仪表的接线是否正确可靠。

3）使用自耦降压器降压启动。

4）停机后再启动，必须间隔 3min 以上。

2．水泵运行中的注意事项

（1）声音与振动。水泵在运行中机组平稳，声音正常而不间断，如有不正常的声音和振动发生，是水泵发生故障的前奏，应立即停泵检查。

（2）温度与油量。水泵运行时对轴承的温度和油量应经常巡检，用温度表量测轴承温度，滑动轴承最高温度为 85℃，波动轴承最高温度为 90℃。工作中可以用手触轴承座，若烫手不能停留时，说明温度过高，应停泵检查。轴承中的润滑油要适中，用机油润滑的轴承要经常检查，及时补足油量。同时动力机温度也不能过高，填料密封应正常，若发现异常现象，必须停机检查。

（3）仪表变化。水泵启动后，要注意各种仪表指针位置，在正常运行情况下，指针位置应稳定在一个位置上基本不变，若指针发生剧烈变化，要立即查明原因。

1）离心泵。若真空表指针突然上升或过高，可能是进水水管被堵塞，或进水池水位过低，应停机检查。若压力表指针突然下降到零，要立即关闭出水阀，停泵进行检查。若水泵与出水压力同时下降，表明用水大增，或水管破裂大量漏水。也可能是供电线路发生问题，电机转速下降造成水泵扬程下降等。当然也可能是压力表损坏。电流表指数上升，指针摇摆不止，电动机绕阻可能发生问题，要及时切断电源停泵检查，以免电机被烧坏。电流表读数超过电动机额定电流，不一定立即停泵，要查明原因，使其在允许范围之内。电流表读数下降，可能是由于出水阀或底阀没有完全打开或水泵进气等原因造成。

2）深井泵。若电流表读数突然下降并接近零，且不再回升，而电动机仍在运行，水泵不出水，则表明传动轴已断裂，应立即停泵。若电流表读数突然上升，以至达到上限，则可能是扬水管脱焊、扬水管脱扣或水泵体故障所致，要立即停泵，以免造成更大的事故。此类事故发生之前可能出现机组振动增大，出水量减少，在机组旁可以听到较有规律而低沉的撞击井壁声等。电流表指针有规律地上下波动，正常值维持几分钟后又回落，几分钟或数十秒后又上升，循环不停。造成的原因是动水位降落过低，使水泵间歇工作，此时应立即停泵。增加叶轮轴向间隙，以减少出水量。彻底解决办法是清洗深井提高水位。

（4）水位变化。机组运行时，要注意进水池和水井的水位变化。若水位过低（低于最低水位），应停泵，以免发生气蚀。深井泵要经常量测井中水位的变化，防止水位下降过大而影响水泵正常工作。在运行过程中，若发现井水中含有大量泥沙，应把水抽清，以免停泵后泥沙沉积于水泵或井底中，影响水泵下次起动或井水水质。当发生大量涌沙而长时间抽不清时，应停泵进行分析。

（5）工作记录。值班工作人员，在机组运行中应认真做好记录。水泵发生异常时应增加记录次数，分析原因，及时进行处理。交班时应把值班时发现的问题和异常现象交代清楚，提醒下一班工作人员注意。

（二）水泵的保养与维修

1. 保养内容

（1）一级保养。保持水泵整洁，监视水泵油位，掌握水泵运行情况，做好运行记录；检查各部螺丝是否松动，真空表和压力表的波动情况。

（2）二级保养。除完成一级保养的全部内容外，应对真空表、压力表导管进行清理，确保真空表、压力表指示准确、可靠。对冷却和密封水管进行清理，以保证水泵运行的冷却和密封。

（3）小修。在完成上述二级保养的基础上，打开泵盖、卸下转子，轴承盖解体，清理、换油、调整间隙，同时对各部件进行检查，小的缺陷要修理，大的缺陷要更换，紧固各部件螺丝，调整联轴器的同心度，并确定下次大修时间。

（4）大修。将水泵解体，清洗和检查所有的零件。更换和修理所有损坏和有缺陷的害件，检修或更换压力表，更换润滑油，量测并调整泵体的水平度。

2. 保养周期

一级保养由值班人员承担，每天进行。二级保养由值班人员承担，每运行 720h 进行一次。小修由检修人员承担，值班工作人员参加，每运行 1800h 进行一次。大修根据小修的工作情况确定大修时间。

3. 检修质量标准

（1）主轴。主轴走向是否有伤痕，各部位尺寸是否在主轴技术要求的公差范围内，表面粗糙度小于 3.20mm（光洁度应达到 ▽6 以上）。轴颈的度与椭圆度不得大于轴径的 1/2000，且不得超过 0.05mm。泵轴允许弯曲度为 0.06～0.1mm，如超过该值可用机械或加热法调直。键与键槽应紧密结合，不允许加垫片。不合格的主轴要及时更换。

（2）转子部件。转子的晃动度见表 8-2

表 8-2　　　　　　　　　　转子晃动度

部　位	径向晃动/mm			轴向晃动/mm	
	轴颈	轴套	口环	叶轮	平衡盘
晃动值	<0.04	<0.07	0.1～0.14	<0.27	<0.05

泵轴与轴套不允许使用同种材料，以免咬死；泵轴与轴套接触面的表面粗糙度不应大于 6.30mm；轴套端面的轴线不垂直度不大于 0.03mm；轴套不允许有明显的磨损伤痕。叶轮不允许有砂眼、穿孔、裂纹或因冲刷、气蚀而使壁厚严重减薄的现象；叶轮应用去重法平衡，但切去的厚度不得大于壁厚的 1/3；新装的叶轮必须进行静平衡，检测允许差值见表 8-3；叶轮与轴配合时，键顶应有 0.1～0.4mm 的间隙；转子与定子总装后，应测定转子总轴的串量，转于定中心时应取总串量的一半。

表 8-3　　　　　　　　　　叶轮静平衡差值

叶轮外径/mm	叶轮最大直径静平衡允许差值/g	叶轮外径/mm	叶轮最大直径静平衡允许差值/g
≤200	6	401～500	20
201～300	10	501～700	30
301～400	15	701～900	40

滑动轴承轴瓦的下瓦背与底座应接触均匀，接触面积应大于 60%，瓦背不许加垫。轴瓦顶部间隙要符合表 8-4 的规定。乌金层与瓦壳应结合良好，不允许有裂纹、砂眼、脱皮、夹渣等缺隙。

表 8-4　　　　　　　　　　轴瓦间隙

轴径/mm	间隙/mm	轴径/mm	间隙/mm
10～30	0.05～0.10	51～80	0.08～0.15
31～50	0.06～0.13	81～120	0.12～0.20

（3）密封。压盖与轴套的径向间隙一般为 0.75～1.00mm；机械密封的压盖与垫片接触的平面对轴中心线不垂直度不大于 0.02mm；压盖与填料箱内壁的径向间隙通常为

0.15～0.20mm；机械密封与填料箱间的垫片厚度应在1～3mm之间；水封环与轴套的径向间隙一般为1.0～1.5mm；与填料箱径向间隙为0.15～0.20mm。

（4）联轴器。联轴器两端面轴向间隙一般为2～6mm。安装弹性联轴器时，橡胶圈与圆柱锁应是过盈配合并有一定的紧力，橡胶圈与联轴器孔的径向间隙为1.0～1.5mm。联轴器找同心度时，电动机下边的垫片每组不能超过4块。

4. 水泵机组的完好标准

（1）机组运行正常，配件齐全，其磨损、腐蚀程度在允许范围内。

（2）真空表、压力表、电流表、电压表等仪表，指示器灵敏，各种开关齐全，各冷却、润滑系统正常。

（3）机组设备良好，扬程、流量能满足正常需要。机组清洁，油漆完整、铭牌完好。

（4）开关柜及附属设备，如继电保护装置可靠，各种阀门完好，启动、关闭自如。

（5）机组不允许漏电、漏油、漏水。

（6）机组运行时，声音正常，电机与泵的振动量与串动量应在标准范围以内。

（7）基础与底座完整坚固，地脚螺栓完整、紧固。

（8）技术资料完整，应有设备卡片、检修及验收记录，电器试验记录，运行记录及设备更换部件图纸等。

（三）水泵常见故障及排除

水泵结构虽然简单，操作也不复杂，运行较可靠，但发生故障也在所难免，若不能及时排除，则会影响正常工作。其故障通常是选型不当或水泵质量问题，操作维护欠佳或零部件损坏等引起的。一旦发生故障，首先要分析故障发生的原因，然后排除。

1. 水泵启动后不出水

（1）水泵启动前抽真空不足或充水不够，造成水还没有淹没叶轮就启动。此时应重新灌水，使叶轮淹没后再启动。重新抽真空，一定要等到真空泵的排气管有大量的水排出后再启动。若真空度始终不能升高，则应检查出水管上的阀门是否关紧，看是否进水管路漏气或填料压盖不紧而漏气。

（2）水泵转速太低。如用电动机驱动，则可能是电动机转速用错，如4极电机错用成6极电机。若电压过低也会使电机转速降低。若用柴油机驱动，可能柴油机油门未开足，使转速降低。同时若传动比计算有误，也能使水泵转速降低。

（3）实际扬程远远超过水泵的总扬程。原因是选型不当所造成。只有更换水泵或再用一台与该水泵性能近似的水泵串联使用才能解决。

（4）若进水滤网被杂物堵塞，也会使水泵不出水，应进行清理。

（5）深井系可能由于传动轴断裂，或装配时锥形套紧固不够，造成叶轮打滑，或在调节轴间隙时过大造成叶轮松脱，均会使水泵不出水或出水量减少。

（6）潜水泵送电后不出水，又有声，则表明电缆线、开关接线或电动机定子绕组有一相不通。也可能叶轮被杂物卡住，必须立即停电检查，若送电后既不出水也无声，表明电动机电路不通。若是电动机绕组烧坏，应送厂修理。若电动机转动而不出水，可能导流壳、叶轮流道或出水管路堵塞，要停机提泵，检查清理。

2. 水泵流量不足

(1) 进水管路漏气，对水泵的流量影响很大。充水启动的水泵充满水后，应检查管路有无漏水处（此时漏水处开启后即为漏气处）。抽真空启动的水泵，在抽真空时，用点燃的蜡烛靠近进水管可能发生漏气的部位，若火焰被吸向管子，说明该处漏气，应进行修理。

(2) 填料密封处漏气。若填料函水封环与水封管不通，有压水进不到填料进行水封，外面的空气会从填料函进入泵内，穿过叶轮平衡孔进入叶轮进口处，破坏了叶轮进口处真空度造成流量不足。当发现填料函没有水流出时，若调整填料压盖后仍没有水流出，则可能是填料函漏气，必须停机重新安装填料和水封环。

(3) 进水管或水泵的淹没深度不足，结果进水池中产生旋涡，使空气进入水泵，造成流量减少。

(4) 水泵转速不够。除电压不足外，对皮带传动的机组，可能皮带过松或皮带上的油污造成皮带打滑，必须调紧皮带或清除油污。

(5) 口环磨损，造成叶轮与口环的间隙增大，使泵壳内的高压水回流到进水侧，使流量减少。

(6) 水泵滤网被杂物堵塞，叶轮被硬物打坏。主要以预防为主，清除进水池中的杂物。

(7) 进水水位变化幅度过大或选型不当，使泵的实际工作扬程超过泵的设计扬程，造成流量减少。

(8) 水泵进水管路安装不良。

(9) 半调节轴流泵，若叶片安装角调小了，或叶片紧固螺母不紧，在使用过程中使叶片安装角减小，造成水泵流量减小。必须重新调整叶片安装角，拧紧叶片紧固螺母。

(10) 对深井泵，除转速不足的原因外，还可能是：叶轮轴向间隙过大，水井淤积使滤网、进水管被泥沙堵塞或出水管漏水等。

3. 水泵功率过大

(1) 水泵转速过高。间接传动时转速比计算有误，使转速增高。必须重新核算选用合适的转速比。

(2) 叶轮与泵壳间的间隙太小，填料压得太紧，泵轴直，轴承润滑不良或损坏等，都会使水泵功率增大。所以在启动前应用手转动联轴器或皮带轮，转动应灵活，没有机械摩擦声，方能启动。否则，应进行检查修理，才可启动。

(3) 深井泵若传动轴弯曲，或出水管安装不直，造成传动轴与轴承支架的橡胶摩擦加剧，也会造成功率增加。

4. 水泵运行时噪音和振动过大

(1) 地脚螺丝松动或垫片未垫牢，造成振动，发生此种情况，要停泵拧紧螺丝，垫牢垫片。

(2) 泵轴弯曲，使叶轮失去平衡，产生附加离心力，造成水泵振动。应调直泵轴，修补叶轮或对叶轮进行静平衡。

(3) 进水条件不好或安装高程过大，使空气进入水泵或产生气蚀，产生噪音和振动。

应改善进水流态和降低水泵安装高程。

（4）轴承损坏或滑动轴承间隙过大，应修理或更换轴承。

（5）叶轮口环间隙小，应进行调整。

（6）深井泵。当橡胶轴承磨损过度或传动轴弯曲，应进行更换轴承或调查传动轴。

5. 轴承发热

（1）润滑不良或润滑油不洁，油内混有硬颗粒，或轴承内浸入水分而生锈，都会使轴承发热。

（2）间接传动时，若皮带过紧，造成轴承受力过大而发热。

（3）轴承安装不当，使用时间过长，滚珠破损等也会使轴承发热。

（4）叶轮平衡孔堵塞，使轴向推力增大。

6. 填料函发热或漏水过大

（1）主要因填料压得过紧，使压力水不能进入填料，对泵轴进行水封和润滑冷却。这时，应调松压盖，使水能连续滴出，以每分钟 60 滴左右为宜。

（2）填料装置不当，造成水封管开口没有对准水封环，同样造成压力水不能进入填料，不能对泵轴进行水封和润滑冷却。

（3）填料磨损，应进行更换。

7. 潜水泵电动机定子绕组烧坏

（1）长期超载运行。

（2）两相运行。

（3）电压过低，电流增大。

（4）电缆破损或接头不良，使水浸入电缆或定子绕组，造成短路，烧坏电动机。

（5）开、关次数过多，因启动电流大，使电机长期处于过热状态。

（6）电动散热不良。

（7）电动机离水运行时间超过规定值。

（四）水泵工作安全技术规定

（1）水泵运行必须按规定的送水时间和操作程序进行，特殊情况须经上级值班人员批准，才能进行。

（2）开机前必须进行全面检查，机电设备周围无人，才能送电。

（3）送电前必须检查绝缘用具是否齐全、完好。按照电器安全技术规定操作。

（4）电动机进风口、电缆头等应设防护罩。

（5）清扫运行中的设备时，应采取可靠的安全措施，绝对禁止擦抹转动部件和用水冲洗电缆头带电部分。

（6）值班工作人员应使轴承润滑良好，冷却和密封水畅通。定时检查电压、电流、水压等仪表变化情况，发现问题应立即处理并做好记录。

（7）下进水井检查时，严禁一人单独进行。工作者应采取必要的安全措施。

（8）高压设备和线路附近禁止存放和晾晒物品，不许在电动机上烘烤东西。严禁光脚工作。

（9）值班工作人员要做好防火、防洪、防止人身触电工作。非工作人员未经许可，不得擅自进入泵房。

第五节　供水管网运行与管理

输配水管网是给水系统的重要组成部分，它是给水系统中把符合标准的水输送分配给用水户的工具，它必须具备保证配水畅通，水质不受污染，确保用户对水量、水压的要求的功能。在给水工程系统中，管网的投资一般都占工程系统投资的一半以上，平时输配水还要消耗给水系统中绝大部分能源。因此，用好、管好管网，充分发挥管网的作用，是给水系统提高社会经济效益的重要手段。

管网管理是水厂的一项重要工作，其主要内容有：

（1）建立完善的管线图档资料。

（2）定期进行管网的测流、测压。

（3）对管线经常进行巡查、查漏、堵漏工作。

（4）经常维护管道、清洗和防腐。

（5）闸阀、消火栓、水表、流量计以及检查井的正常维护和检修。

（6）管道的小修、大修、抢修和公共水栓的防冻及事故处理。

（7）用户接管的审查与安装。

（8）分析管网运行状况，提出改造计划等。

一、管网的运行

管网在运行过程中，一定要加强巡查与检漏，加强各管道及配件的技术管理。

（一）管道巡查与检漏

1. 管道巡查工作

管理人员应掌握管网现状和长期运行情况，如各种管道的位置、埋深、口径、工作压力、地下水位及管道周围的土壤类型；管道的维修情况，使用年限等。沿输水管道检查管道、阀门、消火栓、排水阀、排气阀、检查井等有无被埋压、损坏等情况。检查套管内的管道是否完好，用户水表是否正常等。

2. 漏水特征及原因

在管网沿线地面发现有湿印或积水、或管网供水正常，但末端出水不足、或供水量与收费水量相差较大等现象，均可能是管网发生了漏水。主要原因是管道及管件加工工艺及施工质量不良，接口密封材料质量不好或插件柔性接头的几何尺寸不合格，造成密封性较差等。对于塑料管如使用时间长，形成老化，或埋设时用石块等硬质东西围塞将管道挤坏也会发生漏水。此外，金属管道或因温度变化引起胀缩，或因管道及配件锈蚀，造成管道刚性接口的松动等，也易发生漏水。

3. 管道检漏方法

应设专职人员进行检漏，查漏的顺序是表前、表后、干管。查暗漏是检察地面迹象及细听，查明漏可直接观察，可采用溶解气体法，在水中加 N_2O，用红外线探测漏气位置。

4. 阀门的管理

（1）阀门井的安全要求。阀门井是地下建筑物，处于长期封闭状态，空气不能流通，造成氧气不足，同时一些井内的物质又易产生有毒气体，所以井盖打开后，维修人员不可立即下井工作，以免发生窒息或中毒事故。阀门井设施要保持清洁、完好。

（2）阀门的启闭。阀门应处于良好状态，为防止水锤的发生，启闭时要缓慢进行。管网中的一般阀门仅作启闭用，为减少损失，应全部打开，关要关严。在管网中同时开启多处阀门时，其开启程序是：先开口径较小、压力较低的阀门，后开口径大、压力高的阀门。关闭阀门时，应先关高压端的大阀门，后关低压小阀门。启闭程度要有标志显示。

（3）阀门故障的主要原因及处理。

1）阀杆端部和启闭钥匙间打滑。主要原因是规格不吻合或阀杆端部四边形棱边损坏，要立即修复。

2）阀杆折断，原因是操作时搞错了旋转方向，而且用力过大，要更换杆件。

3）阀杆上部漏水，主要是由于填料原因造成，漏水轻时拧紧密封填料压盖可以解决，漏水严重时，应检查填料进行更换。

4）阀门关不严，造成的原因是在阀体底部有杂物沉积，可在来水方向装设沉渣槽，从法兰入孔处清除杂物。

5）因阀杆长期处于水中，造成严重锈蚀，以至无法转动。解决该问题的最佳办法是：阀杆用不锈钢，阀门丝母用铜合金制品。因钢制杆件易锈蚀，为避免锈蚀卡死，应经常活动阀门，每季度一次为宜，活动时应开足、关严数次，对锈蚀不能旋转的阀门，应大修或更换。

6）造成闸板与阀杆脱节的原因是丝扣挂销或箍销锈蚀损坏，要拆开阀门修整。

7）因密闭圈脱落、变形及接合面变形等，导致阀门关闭不严或无法关闭。除制造上的问题外，在使用的过程中，水中的杂质对密闭圈的磨损，开启过量，关闭时闸板偏斜卡坏密封圈等都是原因，应更换阀门进行大修。

8）自动排气阀漏水或不排气，是因排气阀浮球变形或锈蚀卡死，或因排气阀本身有问题造成的，要定期检查、清洗，更换变形的浮球。

（4）阀门的技术管理。要求建立阀门（包括排气阀、消火栓、排水阀等）现状档案。此档案资料必须由维修人员掌握使用，并补充和纠正。图纸应长期保存，其位置和登记卡必须一致。每年要对图、物、卡进行检查一次，三者必须相符，这也是水厂管理工作的一项重要指标。工作人员要在图、卡上标明阀门所在位置、控制范围、启闭转数、启闭所用的工具等。对阀门应按规定的巡视计划周期进行巡视，每次巡视时，对阀门的维护、部件的更换、油漆等均应做好记录。启闭阀门要由专人负责，其他人员不得启闭阀门。管网上的控制阀门，应在夜间进行，以防影响用户供水。对管道末端，水量较少的管段，要定期排水冲洗，以确保管道内水质良好。要经常检查通气阀的运行状况，以免产生负压和水锤现象。

（5）阀门管理要求。阀门启闭完好率应为100％。每季度应巡回检查一次所有的阀门，主要的输水管道上阀门每季度应检修、启闭一次。配水下管上的阀门每年应检修、启闭一次。

（二）管网运行技术档案

供水管道一般埋设于地下，属于隐蔽工程项目。建立管网技术档案，可以掌握设计、施工验收的完整图纸和技术资料，为整个供水系统的运行和日常管理、维修工作提供依据。更好地满足居民的生活用水和企事业生产用水的需要，使供水系统充分地发挥作用。

管网技术档案的内容包括以下几部分。

1. 设计资料

设计资料是施工标准又是验收的依据，竣工后则是查询的依据。内容有设计任务书、输配水总体规划、管道设计图、管网水力计算图、建筑物大样图等。

2. 竣工资料

竣工资料应包括管网的开工报告、竣工报告。管道纵断面上标明管顶竣工高程，管道平面图上标明节点竣工坐标及大样，节点与附近其他设施的距离。竣工情况说明，包括：开工完工日期，施工单位及负责人，材料规格、型号、数量及来源，槽沟土质及地下水情况，同其他管沟、建筑物交叉时的局部处理情况，工程事故处理说明及存在隐患的说明。各管段水压试验记录，隐蔽工程验收记录，全部管线竣工验收记录。工程预、决算说明书以及设计图纸修改凭证等。

3. 管网现状图

管网现状图是说明管网实际情况的图纸。反映了随时间的推移，管道的填增变化，是竣工修改后的管网图。

（1）管网现状图的内容。

1）总图。包括输水管道的所有管线，管道材质，管径及位置，阀门、节点位置及主要用户接管位置。用总图来了解管网总的情况并以此为依据运行和维修。其比例一般是1：2000～1：10000。

2）方块现状图。应详细地标明支管与干管的管径、材质、坡度、方位，节点坐标、位置及控制尺寸、埋设时间，水表位置及口径。其比例是1：500，它是现状资料的详图。

3）用户进水管卡片。卡片上应有附图，标明进水管位置、管径、水表现状、检修记录等。要有统一编号，专职统一管理，经常检查、及时增补。

4）阀门和消火栓卡片。要对所有的消火栓和阀门进行编号，分别建立卡片，卡片上应记录地理位置，安装时间、型号、口径及检修记录等。

5）竣工图和竣工记录。

6）管道越过河流、铁路等的结构详图。

（2）管网现状图的整理。

要完全掌握管网的现状，必须将随时间推移所发生的变化、增减及时标明到综合现状图上。现状图使用目的不同，其精度要求也不一样。方块图是现状详图，比例是1：500。现状图主要标明管材材质、直径、位置、安装日期和主要用水户支管的直径、方位的现状图，图的比例是1：2000，供管道规划设计用。标注管材材质，直径、位置的现状图用1：10000以上的比例，可供规划、行政主管部门作为参考的详图。

在建立符合现状的技术档案的同时，还要建立节点及用户进水管情况卡片，并附详图。资料专职人员每月要对用户卡片进行校对修改，进而修改1：500的现状图。对事故情况和分析记录，管道变化、阀门、消火栓的增减等，均应整理存档。

二、管网的维修与养护

（一）管道及附件的维修

1. 管材伤损的修补

（1）通常修理方法。由于运输和装卸的失误，造成钢管端口不圆是经常发生的。可用千斤顶、大锤及手拉葫芦校正。在校正的过程中要不断旋转对口可以较快地完成接口。

若铸铁管插口有纵向裂纹，应当切除。配件有裂纹应当更换。若管子上有裂纹、砂眼、夹砂等局部毛病可采取：①孔洞、砂眼等，可钻孔攻丝，装塞头堵塞；②在损伤部位加橡胶板，用卡箍固定；③用环氧树脂填补故障部位。

对于钢筋混凝土压力管，常见的损伤是：麻面蜂窝、保护层脱皮、承口不圆、缺角掉边等，可用水泥砂浆修补。

（2）环氧树脂砂浆法。修补时先将预修部位朝上。若是水泥压力管，要先清除保护层和混凝土的疏松部分，使钢筋外露；若是金属材料，应先将缺陷部位凿成燕尾形槽口，在比裂痕长 100～200mm 的范围内，消除油污，除锈，并使表面粗糙、干燥。修补后在常温下经 4h 固化，过 12～24h 方可通水。

刷环氧树脂底胶，使用时，将环氧树脂和增塑剂按比例调匀，若气温较低，可将环氧树脂加温，再按比例加入固化剂，与胶液调匀，涂刷在待修补的管面上。刷底胶时速度要快，涂刷要薄而均匀，以保证密实和粘牢。底胶固化后再填充环氧树脂砂浆。按比例将水泥（不允许有结块）、沙子（用 1.2mm×1.2mm 网筛淘洗过筛、晒干）搅拌均匀，放入调好的环氧树脂胶液内。工作时的温度应保持在 15℃以上，填充料的加入量与温度有关，气温高时加入量要多，以防发生流淌，气温低时加入要少，以便于搅拌和压实。

还可用环氧树脂腻子填补。在环氧树脂胶液中加入一定量的纯水泥构成。使用时，先用干净的刷子将未加填料的环氧树脂胶液，在待修的部位涂刷一遍，而后涂环氧树脂腻子填补层，再抹压密实。

（3）玻璃钢修补法（玻璃纤维增强塑料）。系用环氧树脂为黏结料，无捻方格玻璃纤维布为增强材料制作而成。修补方法为：同环氧树脂修补法一样，先对待修表面进行处理，再涂刷环氧树脂底胶，低胶固化后，再均匀地涂刷一次环氧树脂胶液，把准备好的玻璃纤维布沿着涂刷处铺开，立即用毛刷从中间向两边刷，使布贴实，不允许有气泡皱褶。再在布上涂一层胶，使被璃纤维被胶料浸透，再贴第二层、以此类推，粘贴的层数视管道的直径、压力和渗漏程度而定，一般为 1～6 层。每两层要间隔一定的时间，要等初步固化后，再贴后面各层。每层搭缝要错开，搭头长约 15cm，直径较小时可绕成一条玻璃钢环带。

玻璃钢强度是逐渐增加的，一般在常温下养护，若温度高于 15℃，养护时间应大于 72h，低于 15℃，养护时间应大于 168h。

2. 管道渗漏的修补

因管道材质欠佳，管材被腐蚀，不均匀沉陷和安装不合标准等可能造成渗漏。渗漏的表现形式有：接口渗水、窜水、砂眼喷水、管壁破裂等。

（1）铸铁管渗漏。管道在输水过程中发生渗水，若接口是灰接口，应将填料清除，重新填料封口。如果是铅接口，可用钢钻捻打几遍，使填料密实堵漏。若发现砂眼漏水，一般可钻孔攻丝加塞头处理。由于腐蚀、生锈造成孔洞不规则而孔洞较大时，可用U形螺栓管堵水。若管身出现有规则的纵向裂，可在裂纹两端加刚性填料管箍，若管本身破裂，则应更换水管。

（2）镀锌钢管渗漏。若接口螺纹有滴漏，可加麻丝、油漆重新拧好。如果管道因锈蚀引起渗漏，应更换新管，也可用金属卡胶垫嵌固堵漏。

（3）钢管嵌钢管的渗漏。对于局部锈蚀或开裂的管段，可在外壁焊上一块弧形钢板堵漏。焊接时要排除管内积水。如锈蚀严重，应切除更换新管。

（4）钢筋混凝土压力管渗漏。管身蜂窝造成漏水，可用环氧树脂腻子修补。管身裂缝，可用玻璃钢或环氧树脂腻子处理。柔性接口漏水时，可将插口挡胶圈凸台清除，将胶圈送至适当深度。把接口改成石棉水泥刚性接口。

承插部位漏水，纵向部位严重窜水等，可在承插口外焊接钢套圈，修补方法是：如有裂缝，应将裂缝部分凿开2～3cm的沟槽将钢筋露出，用环氧树脂胶打底，用环氧树脂腻子补平抹实。将接口全部改为水泥石棉接口。用两个半圆钢板箍，焊成一个套圈，铜板套圈外用水泥砂浆做防腐处理。

在进行修补工作时，应将管内水降至无压，使用防水胶浆止水。其制作方法是：将60份水，400份水玻璃，硫酸亚铁、硫酸铜、重铬酸钾和明矾各一份，把水加热至沸点，把硫酸亚铁等4种药品放入水中溶化，搅拌均匀，降到50℃左右，将其倒入水玻璃中拌匀即成。

3. 管道的切割

塑料管、钢管可用锯割。钢筋混凝土管、铸铁管等，可用錾割，切割前者时，应选好部位錾去水泥后，锯断钢筋，切断后对断口要进行修理。对后者，应先在管子錾切部位下和两侧垫上木板，用錾子对准切割线，錾出沟痕，而后沿沟用力敲打，即可将管子切断。钢管、铸铁管也可用刀割，通常使用旋转切割器、滚刀切割器、手动液压铸铁管剪切机、卡盘式电功切管机等。对钢管还可用氧气乙炔切割。

4. 管道结冰的处理

在严冬来临之前，应对管路进行全面的防寒处理，以免冬季结冰，给供水带来困难。一旦发生冰冻可针对不同情况，采取相应的方法进行处理。

（1）如果钢管内结冰，要打开下游侧的阀门，把积水放空，用喷灯或气焊枪或电热器沿管线烧烤烘，直到恢复正常为止。

（2）如果给水栓被冻结，可从水的出口开始，用热水逐步浇烫，或将浸油的布从下至上缠绕到管子上，然后点火由下往上燃烧。

5. 管件的整修

（1）水龙头常见的毛病是关不严、关不住等。这是由在长期的使用过程中，阀杆与填料互相摩擦产生了间隙所造成的。可将螺盖打开清除旧填料，换上新填料拧紧。而关不严多数是因皮垫磨损，也可能芯子损坏或阀座损伤所致，要更换皮垫和芯子。整修后仍关不严，就是阀有损伤，应当更换水龙头。

（2）阀门常见故障是开不动、关不严、盖母漏水等。由于阀长期关闭而锈死，造成阀门开不动，开启阀门时，可先敲打阀门。使阀杆与盖母间产生微小间隙，同时增加润材油，可借用扳手、管钳转动手轮。若开启后仍不通水，感觉上开不到顶或关不到底，可能是阀杆滑扣而不能带动闸板，则需要更换阀杆或阀门。

因皮垫损伤而关不严阀门，只要更换皮垫就可解决问题。经常开启的阀门，偶尔发生关不严，可能是阀杆、螺扣生锈，只要反复开关几次，同时敲打阀体底部就会解决问题。

盖母漏水，其原因是开关频繁，填料被磨损，只要更换填料就可解决。而不常开关的阀门，使用时往往会发生盖母漏水，造成的原因是填料老化变硬，与阀杆间间隙增大，可先将盖母松动再拧紧。若仍不见效，说明填料已无弹性，应予更换。

(二) 管道维修施工安全技术

1. 土方开挖及回填

(1) 维修施工前必须向施工人员进行安全技术教育，带领施工班组长进行实地勘察交底，对地面建筑物作出具体的安全保护措施，方能放线开工。

(2) 开挖前应依据管道的直径、土壤情况确定开挖的坡度，开挖中应根据实际土壤情况进行修改，经常进行检查。

(3) 人工开挖时，人与人间的距离不得小于 2.5m，挖出的土必须堆积于沟边 0.5m以外。

(4) 靠近建筑开挖时，要先采取加固措施后开挖，以免危及原有建筑物。

(5) 在开挖过程中若转发现电缆、煤气管，下水管道或其他物体，均应妥善保护，并报告施工负责人采取安全措施，以防发生其他事故。

(6) 沟深达 3m 以上时，应按阶梯形开挖，开挖后要采取必要的安全措施，以免塌方造成人身伤害事故。

(7) 在穿越道路处开挖施工时，必须设置护栏及标志灯。

2. 管道铺设

(1) 施工现场管材堆放要整齐、平稳，并设置明显注意或危险等警告标志。

(2) 放管时用的绳子必须仔细检查，绑好后慢慢放入沟内，沟内不准有人，禁止扔管。

(3) 切割管道之前要仔细检查使用的工具是否安全可靠，铺设时工作人员精力要高度集中，以免发生跑锤、飞剁造成人身伤害事故。

(4) 溶化青铅要由专人进行，场地用围不得有易燃、易爆物品，上空应无电线，工作人员要带好防护用品。向铅锅内添加的青铅不得带有泥水，运铅的道路事先应进行清理，不得有障碍物。灌铅前将铅口擦净，使不含泥水，先将围脖扎好，黄泥拌好后才能灌铅，头闪开铅口，一次灌入不得中断，直到铅高出灌入口时止。

3. 管路试压

试压时，沟内不得有人，工作人员要离开管路正面，以防发生人身伤害事故。要依据管道的材质标准和实际工作压力，由低到高逐步进行。如有损伤，要将压力降低后才能进行检修。试压位置不允许在电气线路下面。

4. 顶管

(1) 工作前应详细了解穿过建筑物的情况，如铁路、道路的交通情况，建筑物的埋没深度，使用年限、土质等。并与有关单位，共同研究可能发生的问题和解决办法，确保工作顺利进行。

（2）工作坑底宽要大于或等于顶管直径加 2m，坑长应大于或等于每节顶管长加顶镐长再加 0.5m，其坡度要大于管沟开挖坡度，障碍一侧保证不塌方，必要时需进行加固。

（3）管内挖土不得越过管头，随顶随挖，严防管外塌方。

（4）工作坑、管内照明，均应分别设置保险装置，照明设备电压≤36V。所有电线都要使用安全防水胶线。

（5）要保证顶管机械设备完好。

5. 机械设备使用

（1）所有机械设备均应设专人维护、检查、测试。试运合格后才能使用。

（2）所有设备的电气部分，都应按电气工作操作规程进行。

（3）所用机械设备应精心操作，出现问题及时请专人检查、修理。

（4）水中作业使用的潜水泵，必须捆绑完好，移动时应先切断电源，严禁带电移动和用于直接移动。

参 考 文 献

［1］ 刘自放，张廉均，邵丕红．水资源与取水工程［M］．北京：中国建筑工业出版社，2000．

［2］ 杨钦，严照世．给水工程（上、下册）［M］．北京：中国建筑工业出版社，1987．

［3］ 董辅祥．给水水源及取水工程［M］．北京：中国建筑工业出版社，1998．

［4］ 张志中．农村供水知识问答［M］．兰州：兰州大学出版社，2006．

［5］ 张淑英．河流取水工程［M］．郑州：河南科学技术出版社，1994．

［6］ 中央爱国卫生运动委员会办公室．中国农村给水工程运行管理手册［M］．北京：农村读物出版社，1988．

［7］ 吴正淮．渗渠取水［M］．北京：中国建筑工业出版社，1981．

［8］ 颜振元．乡镇供水［M］．北京：中国水利水电出版社，1995．

［9］ 周金全．地表水取水工程［M］．北京：化学工业出版社，2005．

［10］ 全达人．地下水利用（第三版）［M］．北京：中国水利水电出版社，2003．

［11］ 田家山．供水工程规划［M］．北京：中国水利水电出版社，1995．

［12］ 马树升．乡镇供排水［M］．北京：中国水利水电出版社，1999．

［13］ 王晓玲．加强水源管理 提高饮水卫生质量［J］．铁道劳动安全卫生与环保，1999（2）：90－91．

［14］ 张朝升，石明岩．小城镇水资源利用与保护［M］．北京：中国建筑工业出版社，2008．

［15］ 魏永曜，林性粹．农业供水工程［M］．北京：水利电力出版社，1992．

［16］ 张启海，原玉英．城市与村镇给水工程［M］．北京：中国水利水电出版社，2005．

［17］ 胡晓东，周鸿．小城镇给水排水工程规划［M］．北京：中国建筑工业出版社，2008．

［18］ 孙士权．村镇供水工程［M］．郑州：黄河水利出版社，2009．

［19］ 全国爱国卫生运动委员会办公室．中国农村给水工程规划设计手册［M］．北京：化学工业出版社，1998．

［20］ 牛文臣．徐建新．山丘区农村人畜饮水工程［M］．西安：陕西科学技术出版社，2001．

［21］ 严煦世，范瑾初．给水工程（第四版）［M］．北京：中国建筑工业出版社，1999．

［22］ 白丹．给水输配水管网系统优化设计研究［M］．西安：西安理工大学，2003．

［23］ 韩会玲．小城镇给排水［M］．北京：科学出版社，2001．

［24］ 曾永年．农村供水卫生基础知识［M］．贵阳：贵州人民出版社，2007．

［25］ 杨振刚．农村供水与凿井［M］．北京：中国农业出版社，1995．

［26］ 张朝升，方茜．小城镇给水排水管网设计与计算［M］．北京：中国建筑工业出版社，2008．

［27］ 陈维杰．集雨节灌技术［M］．郑州：黄河水利出版社，2003．

［28］ 鲁刚．新编农村供水工程规划设计手册［M］．北京：中国水利水电出版社，2006．

［29］ 李健，高沛峻．供水技术［M］．北京：中国建筑工业出版社，2005．

［30］ 田家山．供水工程施工与设备安装［M］．北京：水利电力出版社，1994．

［31］ 洪觉民．城镇给水排水工程建设与施工［M］．北京：中国建筑工业出版社，2009．

［32］ 中华人民共和国建设部．GB 50013—2006 室外给水设计规范［S］．北京：中国计划出版社，2006．

［33］ 中华人民共和国水利部．SL 310—2004 村镇供水工程技术规范［S］．北京：中国水利水电出版社，2005．

［34］ 中华人民共和国水利部．SL 267—2001 雨水集蓄利用工程技术规范［S］．北京：中国水利水电出版社，2001．